促进中国绿色转型

十年之路

2007—2016

Ten-Year's Efforts in the Promotion of Green Transformation of China from 2007 to 2016

中国环境与发展国际合作委员会
首席顾问及其专家支持组 ◎ 编著

中国环境出版社 · 北京

图书在版编目（CIP）数据

促进中国绿色转型十年之路：2007—2016/中国环境与发展国际合作委员会首席顾问及其专家支持组编著．--北京：中国环境出版社，2017.11
ISBN 978-7-5111-3407-3

Ⅰ．①促… Ⅱ．①中… Ⅲ．①生态环境建设－中国－2007—2016 Ⅳ．①X321.2

中国版本图书馆CIP数据核字（2017）第285659号

出 版 人 武德凯
责任编辑 田 怡
责任校对 任 丽
版式设计 彭 杉

出版发行 中国环境出版社
（100062 北京市东城区广渠门内大街16号）
网 址：http://www.cesp.com.cn
电子邮箱：bjgl@cesp.com.cn
联系电话：010-67112765（编辑管理部）
010-67175507（第六分社）
发行热线：010-67125803，010-67113405（传真）
印 刷 北京中献拓方科技发展有限公司
经 销 各地新华书店
版 次 2017年11月第1版
印 次 2017年11月第1次印刷
开 本 787×1092 1/16
印 张 47
字 数 900千字
定 价 258.00元

序　言

捕捉中国环境与发展战略转型机遇 为推进绿色转型建言献策①

中国环境与发展国际合作委员会（以下简称国合会）1992 年由中国政府批准成立，其宗旨是交流、传播国际环境与发展领域（以下简称环发领域）的成功经验，研究中国环发领域的重大问题，向中国政府提供前瞻性、战略性、预警性政策建议，促进中国的可持续发展。

国合会是中国环发领域的国际性高级政策咨询机构，每 5 年一届。每届邀请 50 名左右的中外政府高层人士、知名学者、商界领袖、国际组织和环境非政府机构代表担任委员。国合会主席一般由国务院主管环保工作的副总理担任，中国和加拿大国家环境行政主管部门的部长共同担任执行副主席。国合会每年根据中国环发领域的总体形势和重大问题，确立一个主题；围绕主题，设置若干研究课题（Task Force）和特别研究（special study），研究工作由中外资深的专家学者牵头组织开展，研究成果提交每年一次的由主席、副主席、委员和有关代表参加的国合会年会；围绕主题，以研究成果为基础，国合会年会经过广泛深入的讨论后形成综合性的政策建议，向国务院总理当面汇报，并提交书面报告。因此，国合会具有显著的独特性：组织层次高、委员代表广泛，主题与时俱进、研究基础扎实，咨询对象明确、政策建议直达政府高层，咨询效果显著，得到中国政府的高度肯定。国务院原总理温家

① 本序言由任勇起草，经专家支持组成员讨论、中方首席顾问沈国舫院士审定。

宝对国合会给予了充分肯定和高度评价。他表示，国合会要长期办下去，一直办到国际社会对中国的环保事业满意为止。国务院总理李克强指出，国合会长期致力于中国环境与发展事业，做了大量卓有成效的工作，提出的政策建议有不少被中国政府采纳，在实践中取得积极成效，为中国可持续发展事业贡献了智慧和力量。

第四届（2007—2011 年）伊始，国合会正式设立首席顾问制度，成立了首席顾问专家支持组。首席顾问及其专家支持组有两项职责：一是根据中国和国际环发进程与趋势，提出每届国合会关注的主题方向和国合会年会的具体主题及其研究内容建议，与国合会秘书处共同组织和指导课题研究工作；二是研究总结当年国际环发形势和中国环发领域的重大热点问题，并在所组织的课题研究成果基础上，形成两份报告：一份是向中国政府的政策建议报告；另一份是作为年会背景材料的关注问题报告。第四届以来的 10 年（2007—2016 年），国合会研究了众多生态环境、资源能源和经济发展模式等重大问题，但这些问题的研究始终是在关注中国的环境与经济、环境与社会、环境与政治、环境与国际等环境与发展关系状况的大背景下开展的，特别是环境与经济的关系规律及其战略与政策一直是国合会研究的重点。环境与经济关系是环境与发展诸多关系中的基本关系；环境与社会关系是公众对生存环境及其与经济关系的认知与态度及行为的具体体现；环境与政治关系是核心，是政党及其政府对环境与经济和社会关系状况的态度，并左右着这些关系发展的方向；环境与全球化的关系则是一国环境与发展关系在国际层面的反映，或者是经济全球化对一国环境与发展关系的影响，也是一国在国际环境治理体系和进程中的作用和贡献。

随着工业化和城镇化进程的迅速推进、资源环境状况的总体恶化和中国经济社会总体发展战略的统筹推进，中国政府对环境与发展规律的认识在不断深化，处理环境与发展关系的战略对策也在逐步调整，中国的这些变化和调整基本上与国际环发进程同步，在最近几年甚至有领先的态势。20 世纪 90 年代中期，中国政府就将实施可持续发展作为国家战略，提出转变经济发展模式要求。从 21 世纪初开始，中国政府对环境与发展规律的认识及其相关战略调整出现飞跃。2002 年的中共十六大报告指出，“生态环境、自然资源和经济社会发展的矛盾日益突出”，并将生态环境改善列为全面建设小康社会的四大目标之一，即可持续发展能力不断增强，生态环境得到改善，资源利用效率显著提高，促进人与自然的和谐，推动整个社会走上生产发展、生活富裕、生态良好的文明发展道路。在此后的5年中，中国政府在科学发展观的统领下，开始了建设资源节约型、环境友好型社会和节能减排等一系列前所未有的实践。

首席顾问及其专家支持组敏锐地察觉到中国政府在处理环境与发展关系问题上的理念、战略和行动方面的历史性变化。在中方首席顾问沈国舫院士的指导下，专家支持组于2007上半年完成了中国环境与发展的战略转型特别研究，形成作为年会的背景报告（收入本书开篇部分），首次提出中国开始进入环境与发展的战略转型期。

此后，国际国内环发领域的一系列重大变化不但证明了战略转型判断的确定性，而且明确了转型的方向，即绿色转型。就在专家支持组刚刚完成战略转型报告不久的2007年10月15日（国合会年会通常在11月上旬召开），中国共产党第十七次全国人民代表大会强调，经济增长的资源环境代价过大，首次提出生态文明建设，并将其作为全面建设小康社会的五大新要求之一。2008年，席卷全球的金融危机让各国政府思考应对的新的整体性战略，纷纷提出“一揽子”经济刺激计划和新政。联合国环境署在2009年2月召开的第25届理事会上提出“实行绿色新政、应对多重危机”倡议，发展绿色经济是其中的重要内容；随后于2009年4月1—2日在伦敦召开的G20金融峰会上，领导人承诺，以最佳方式使用财政刺激计划的资金，以达成帮助经济有活力、可持续且绿色复苏的目标。

为此，首席顾问及其专家支持组认识到中国环境与发展的战略转型的方向已明确，2009年国合会年会向中国政府提出推动绿色转型的建议（参见第一篇2节、第二篇20节和第八章）。

自2012年的中共十八大以来，以习近平为核心的党中央将推动中国的绿色转型纳入到治国理政的新理念、新思想、新战略中，全面加速中国推动发展绿色转型的进程。

在理念和思想方面，中国政府对环境与经济、社会和政治关系规律的认识上有新成果。国家主席习近平提出了“绿水青山就是金山银山”理念，这是对环境与经济之间辩证关系的形象化凝练，通俗易懂，为大众所认同。习近平关于“良好生态环境是最公平的公共产品，是最普惠的民生福祉”“环境就是民生，青山就是美丽，蓝天也是幸福”的精辟判断，充分体现中国执政党以人民为中心的发展思想。把环境问题作为经济问题和社会问题来看待，中国共产党必然会将其作为重要的政治问题去对待。

在总体战略上，中国将建设“美丽中国”作为实现“中国梦”的重要内容；将经济建设、社会建设、政治建设、文化建设和生态文明建设作为一个发展的整体，实施“五位一体”的总体布局，坚持“创新、协调、绿色、开放、共享”五大发展理念指导经济社会发展。这对加强生态文明建设和环境保护的意义在于，将环境保护的要求深刻融入经济社会发展的方方面面，从根本上减轻经济社会发展对资源环境的压力。例如，实行国土空间管控，建立生态保护的红线；实行资源能源消耗总量和全面节约制度，提高生态效率；走绿色发展之路，改变生产方式和消费模式；建立尊重自然和保护环境的文化价值等。

为推动总体战略的落实，中国政府实施了全面建设小康社会、全面深化改革、全面依法治国、全面从严治党的“四个全面”战略布局。这一战略布局是推动生态文明建设和环境保护的目标、动力、方法和保障。首先，2020年全面建成小康必须要实现生态环境质量总体改善的目标。其次，全面修订环境保护法律法规。被誉为史上最严的新的《中华人民共和国环境保护法》于2015年1月1日实施，经过两年最严格的执法，目前已见成效。2016年1月1日，实施了新的《中华人民共和国大气污染防治法》；9月，修改了《中华人民共和国环境影响评价法》；12月，颁布了历经10年努力的《中华人民共和国环境保护税法》。目前正在制定或修订的环境保护法律还有《中华人民共和国核安全法》《中华人民共和国水污染防治法》《中华人民共和国土壤污染防治法》等，全面依法建设生态文明和保护环境的新格局正在形成。最后，最引人注目的是中国在生态文明建设和环境保护领域的全面深化改革。2015年，中国政府一次发布了《生态文明体制改革总体方案》和6项配套的改革方案；2016年，又先后出台了近20项生态文明建设和环境保护的改革文件。这些改革方案构建了生态文明建设和环境保护制度体系的“四梁八柱”，形成“源头严防、过程严管、后果严惩”的全过程监管框架。同时，中国政府开始推动省以下环境保护机构监测监察执法垂直管理试点工作，以提高环境监管执法工作的统一性、权威性和有效性。这些基础制度的改革与管理体制的调整构成了中国推动实现环境治理体系和治理能力现代化的“一鸟两翼”。

在行动层面，中国《国民经济和社会发展“十三五”规划纲要》和《“十三五”生态环境保护规划》，通篇贯穿生态文明和绿色发展理念，以改善环境质量为核心，将10项资源环境指标全部作为约束性指标，提出了一系列加快改善生态环境的重大任务举措。从2013年开始，中国政府先后发布并实施了《大气污染防治行动计划》《水污染防治行动计划》《土壤污染防治行动计划》。经过坚持不懈的努力，中国目前的生态系统总体稳定，环境质量在国际范围和平均水平上总体向好。

在准确把握国际与中国环境发展状况和趋势后，2007—1016年，国合会的研究工作坚持了一条鲜明的主线，即始终致力于为推动中国环境与发展的战略转型建言献策，为推进中国发展的绿色转型贡献智慧，为解决中国突出的资源环境问题出主意想办法。第四届、第五届国合会先后确立了“创新与环境友好型社会（2007）”“机制创新与和谐发展（2008）”“能源、环境与发展（2009）”“生态系统管理与绿色发展（2010）”“经济发展方式的绿色转型（2011）”“区域平衡与绿色发展（2012）”“面向绿色发展的环境与社会（2013）”“绿色发展的管理制度创新（2014）”“绿色转型的国家治理能力（2015）”“生态文明：中国与世界（2016）”等主题，开展了深入广泛的研究工作和讨论，提出了不少对中国政府相关决策产生较大影响的建议。

对于中国全面实现绿色转型目标而言，这10年是破冰之旅、攻坚之程，还有较长的路要走，必须久久为功。对于第四届、第五届国合会委员和首席顾问及其专家支持组而言，这10年是辛勤耕耘之旅、贡献智慧之程，已然占据了人生中不短的路程和重要收获中不小的部分，编撰10年的成果成为首席顾问及其专家支持组近年来强烈的愿望。

本书收录了国合会2007—2016年的主要研究成果，分为三大部分。第一篇总证部分收录了首席顾问及其专家支持组独立完成的研究报告，包括中国环境与发展战略转型和绿色转型、“十三五”环境与发展趋势及政策选择、绿色新政：多重危机下的系统创新趋势；以及对国合会过去25年研究工作的回顾与评价，将其作为开篇是因为这些研究成果对确定国合会10年来的主题和研究课题发挥着基础性作用。第二篇政策建议部分，是历年的关注问题报告和政策建议报告。关注问题报告由外方首席顾问汉森博士起草，专家支持组参与讨论，中方首席顾问审定。政策建议报告是在首席顾问的指导下，由专家支持组起草，提交国合会年会讨论，在吸收委员和代表的意见修改后，由年会审议通过。政策建议报告一般由两部分组成：一是由专家支持组在对中国和国际环发进程和形势做出分析判断后，就一些环发领域的重大问题和热点问题研究提出宏观性战略与政策建议，一般是政策建议报告的第一个板块；二是根据各课题研究结论和所提出的政策建议，经过适当提炼、归纳和总结，形成政策建议报告的第二板块。第三篇收录了由专家支持组独立完成的政策影响报告，中外首席顾问审定。每年，专家支持组都会将中国政府在环发领域的决策、立法、政策和实践方面的进展与以往国合会提交的政策建议内容进行对比分析，间接反映国合会政策建议所产生的实际影响。

很显然，该书中的内容有首席顾问及其专家支持组的独特贡献，但它更是所有课题研究者的成果、国合会委员和相关代表的贡献，是国合会的集体作品。当然，此书若有有关编撰的错误，责任在首席顾问及其专家支持组，也敬请读者批评指正。

值此书出版之际，首席顾问及其专家支持组向第四届、第五届国合会历任主席、执行副主席、副主席、秘书长、委员表示崇高敬意和衷心感谢！向从事过国合会有关课题和特别研究的专家学者表示衷心感谢！向国合会历任副秘书长、助理秘书长、国合会秘书处及国际支持办公室的各位同人表示衷心的感谢！感谢诸位卓越的领导力、广博深邃的见识、富有建设性的意见建议、创新性的研究成果、悉心的指导和大力的支持！

是为序。

Preface

Seize Opportunities from China's Strategic Transformation of Environment and Development and Provide Recommendations on a Green Transition

Established in 1992 with the approval of the Chinese Government, China Council for International Cooperation on Environment and Development (CCICED) is committed to exchanging and disseminating international successful experience in the field of environment and development, studying major environment and development issues in China and providing forward-looking, strategic and early warning decisions and policy recommendations to the Chinese Government, so as to promote China's sustainable development.

CCICED is a high level non-for-profit international advisory body in the field of environment and development. CCICED members, numbering about 50, serve for five years in each phase and include high level Chinese and international figures, well-known experts, business leaders, and representatives of international organizations and environmental non-governmental organizations. CCICED Chairperson is served by Vice Premier of the State Council responsible for environmental protection, and Vice Chairpersons served by Chinese Minister of Environmental Protection and President of the Canadian International Development Agency. Based on China' s national context and major environment and development issues, CCICED identifies the annual theme, under which Task Forces (TFs) and Special Policy Studies (SPSs) are set up. These studies are jointly carried out by Chinese and international senior experts and the findings are presented to the Annual General Meeting (AGM) attended by Chairperson, Vice Chairpersons, members and interested representatives. Based on extensive discussions during the AGM, integrated policy recommendations are finalized and reported to the Premier of the State Council face to face and then submitted in the form of written documents. Therefore, CCICED is highly appreciated by the Chinese Government for its significant advisory contributions, which could be regarded as a result of its unique features such as high-level organization with broad range of participation, adaptive evolution of themes, solid studies with clear focus, and direct access to high-level decision makers. In a meeting with Chinese and international members in 2013, Premier Li Keqiang spoke highly of their support, contribution and constructive role in boosting China's progress in environment and development. He said the Chinese Government is willing to strengthen international cooperation with other countries, including idea exchanges and technical and industrial cooperation, in a joint effort to develop an ecological civilization. He expected CCICED to continue to contribute valuable recommendations on China's cause in environment and development. Former Premier Wen Jiabao also met with Chinese and international CCICED members many times. He made it clear that, as a platform for dialogue with the international community in the field of environment and development, CCICED gives full play to its advantages and contributes wisdom to China’s sustainable development. CCICED will continue to do so until the international community is satisfied with the cause of environmental protection in China, he added.

At the beginning of Phase IV (2007-2011), CCICED introduced the Chief Advisor mechanism and set up the Chief Advisors Support Team (CAST). The major responsibilities of Chief Advisors and CAST are: ① proposing research directions for each phase and theme and research topics for each AGM based on national and international processes and trends of environment and development, and organizing and guiding studies together with the CCICED Secretariat; and ② developing two major reports by studying China’s major hotspot issues in the international context and based on findings from TFs and SPSs of the year —he Policy Recommendations to the Chinese Government and the Issues Paper (as an AGM background report). Over the ten years (2007-2016),

CCICED has studied a number of major issues such as ecological environment, resource and energy, and economic development model. These studies have always been concerned about environment and development relations, including environment' s relations with China' s economy, society and politics, as well as the world. The focus of studies has been environment-economic relations, strategies and policies. With economy as the basis, the relationship with society is a concrete manifestation of public awareness, attitude and behavior towards the living environment and its relationship with economy. Politics is the core that reflects party and government' s attitudes towards environmental, economic and social situation, and determines the direction of development of these relations. The studies on globalization examine environment and development at the international level or the impact of economic globalization on national environment and development relations, and show the role and contribution of a country in the international environmental governance system and process.

With the overall deterioration of resource and environmental conditions in fast industrialization and urbanization, the Chinese Government has deepened the understanding of environment and development and gradually adapted the environment and development strategies, as well as economic and social development strategies. China's these changes and adjustments are in sync with and even ahead of international environment and development processes in recent years. In the mid 1990s, the Chinese Government began to implement a national strategy for sustainable development and put forward the transformation of economic development model. The new century witnesses a great leap forward in the government understanding of environment and development and strategic adjustment. The Report to the 16th National Congress of the Communist Party of China (CPC) in 2002 noted "the contradictions of ecological environment and natural resources with economic and social development become increasingly conspicuous ". It incorporated the improvement of ecological environment as one of the four objectives of building a moderately prosperous society. More specifically, the capability of sustainable development will be steadily enhanced; the ecological environment will be improved; and the efficiency of using resources will be significantly increased. Efforts will be made to enhance harmony between man and nature to push the whole society onto a path to civilized development featuring production growth, affluent life and sound ecosystem. In the following five years, under the command of the Scientific Outlook for Development, the Chinese Government embarked on a series of unprecedented practices of building a resource-saving and environment-friendly society.

Chief Advisors and CAST are keenly aware of the historic changes in the concept, strategy and action of the Chinese Government on the issue of environment and development. Under the guidance of Chinese Chief Advisor and Academician Shen Guofang, CAST completed the Special Policy Study on Strategic Transformation of Environment and Development in China in the first half of 2007 and delivered the findings as an AGM background report (included in the opening part of the book). It put forward for the first time that China began to enter strategic transformation of environment and development.

A series of major national and international changes in the field of environment and development since then justified the judgment on strategic transformation, and clarified the direction towards green transformation. On October 15, 2007, shortly after the completion of above-mentioned special policy study (AGM is usually held in early November), the 17th CPC National Congress stressed that "economic growth is realized at an excessively high cost of resources and the environment". It for the first time put forward ecological conservation as one of the five new requirements for building a moderately prosperous society in all aspects. In 2008, the global financial crisis forced national governments to think about new holistic strategies and introduce a package of economic stimulus programs and the new deals. At the 25th Session of the Governing Council in February 2009, the United Nations Environmental Program (UNEP) proposed "the launch of Green New Deal and the Green Economy Initiative to deal with multiple crises". At the London G20 Summit on April 1-2, 2009, the leaders agreed to make the best possible use of investment funded by fiscal stimulus programs towards the goal of achieving a resilient, sustainable, and green recovery.

To this end, recognizing the direction of China's strategic transformation of environment and development, Chief Advisers and CAST recommended the Chinese Government to promote green transition in 2009 CCICED AGM (02 in Part I and 20 in Part II).

Since the 18th CPC National Congress in 2012, the CPC Central Committee with Xi Jinping as the core has incorporated green transformation into the new concepts, ideas and strategies of governance, accelerating the green transition in an all-round way.

In terms of concepts and ideas, the Chinese Government refreshes the understanding of the laws of environmental, economic, social and political relations. President Xi Jinping put forward that “clean waters and green mountains are valuable assets” , a concise visualization of the dialectical relationship between environment and economy, which is easy to understand and accept for the public. “A sound ecological environment is the fairest public goods and the most common public welfare ” . "Environment is part of livelihood; green mountains are tantamount to beauty; and blue sky brings happiness." These incisive judgments fully embody the people-center development philosophy of the ruling party. Recognizing environmental issues as economic and social issues, CPC is bound to treat environment as an important political issue.

In terms of overarching strategy, China considers “beautiful China” as an important component of the “Chinese Dream” . It integrates the economic, social, political, cultural and ecological progress into the “Five-in-One” layout as a whole and adheres to the principles of “innovation, coordination, greenness, openness and sharing” in economic and social development. It means that environmental protection should be integrated into all aspects of economic and social development, so as to alleviate the pressure on resources and the environment fundamentally. The specific requirements include, for example, management and control of geographical space development, introduction of ecological red lines, imposition of caps on total energy consumption and resource use, establishment of comprehensive conservation system for eco-efficiency improvement, change of production and consumption patterns on the road of green development, and formation of cultural values with respect for nature and protection of the environment.

In order to promote the implementation of the overarching strategy, the Chinese Government determines to comprehensively build a moderately prosperous society, comprehensively deepen reform, comprehensively govern the nation according to law, and comprehensively strictly govern the party, collectively known as Four Comprehensives. This strategic layout outlines the objective, motivation, methodology and guarantee for ecological progress and environmental protection. First, the construction of a moderately prosperous society in an all-round way by 2020 rests on the achievement of target towards improvement of the ecological environment. Second, environmental laws and regulations have been comprehensively revised. The most stringent ever Environmental Protection Law has produced effects since coming into force on January 1, 2015. The newly amended Law on Air Pollution Prevention and Control took effect on January 1, 2016. The Environmental Impact Assessment Law was amended in September and Environmental Protection Tax

Law promulgated in December after ten years of efforts. There are also a number of laws under preparation and revision, covering nuclear safety, water pollution prevention and control, and soil pollution prevention and control. A new pattern of promoting ecological progress and protecting the environment in full accordance with the law is taking shape. Third, the most striking is China's deepening reform in the field of ecological civilization construction and environmental protection. In 2015, the Chinese Government unveiled the Integrated Reform Plan for Promoting Ecological Progress and six supporting reform programs. In 2016, it has rolled out nearly 20 documents on ecological progress and environmental protection. These "beams and columns" underpinning institutional reforms form a process-wide regulatory framework characterized by "rigorous source prevention, strict process control and severe punishment". Meanwhile, the pilot of vertical management of environmental monitoring, supervision, inspection, and enforcement by environmental departments below the provincial level is underway, in order to improve the uniformity, authority and effectiveness of environmental regulation and law enforcement. The reform of fundamental systems and adjustment of management system serve as powerful tools to modernize environmental governance system and capacity.

At the level of action, China's Outline of the 13th Five-Year Plan for National Economic and Social Development and 13th Five-Year Plan for Protecting the Ecological Environment integrates the concepts of ecological civilization and green development. Taking the improvement of environmental quality as the center, they set out ten binding resource and environmental indicators and a series of measures to accelerate the improvement. From 2013 onwards, the Chinese Government has promulgated the Action Plan for Air Pollution Prevention and Control, Action Plan for Water Pollution Prevention and Control, and Action Plan for Soil Pollution Prevention and Control. Owing to unremitting efforts, the ecosystems are generally stable and the environmental quality is generally better across the country and on average.

With an accurate grasp of national and international situations and trends, CCICED adheres to a distinctive main line from 2007 onwards, that is to offer advice on the strategic transformation of China's environment and development, contribute wisdom to China's green transition, and provide solutions to China's outstanding resources and environmental problems. In Phase IV and Phase V, CCICED conducted in-depth research and extensive discussion and put forward a lot of recommendations of considerable impact on government decisions. The themes of these studies are "Innovation and Environment-Friendly Society" (2007), "Harmonious Development through Innovation" (2008), "Energy, Environment and Development" (2009), "Ecosystem Management and Green Development" (2010), "Economic Transformation Mode: Green Development" (2011), "Regional Balance and Green Development" (2012), "Environmental Protection and Green Development" (2013), "Management and Institutional Innovation in Green Development" (2014), "Enabling Governance Capacity for Green Transformation" (2015) and "Ecological Civilization: China and the World" (2016).

For China's full realization of green transformation, the ten years are an ice-breaking crucial course, though there is still a long way to go and long-term strenuous work to do. For CCICED members, Chief Advisors and CAST, this decade of hard work and wisdom contribution has already taken an important part in the journey and harvest of life. The compilation of the results of ten years becomes a strong desire of Chief Advisors and the Support Team in recent years.

This book contains CCICED' s major research findings from 2007 to 2016. It consists of three parts. Part I presents independent research reports of Chief Advisers and CAST, including environment and development trends and policy options during the 13th Five-Year Plan period and China' s strategic transformation and new deal in environment and development, as well as a review for CCICED at 25. The research findings in the opening part indeed play a guiding role in identifying specific themes and key topics. Part II, spanning from Chapter 2 to Chapter 10, includes Issues Papers and Policy Recommendations to the Chinese Government over the ten years. The Issues Papers were drafted by International Chief Advisor, discussed by CAST and validated by Chinese Chief Advisor. The Policy Recommendations to the Chinese Government were drafted by CAST under the guidance of Chief Advisors and adopted at AGM based on discussion and revision according to the comments of members and representatives. A typical text of Policy Recommendations consists of two sections. Section 1 is developed by CAST based on analysis and judgment of China' s and international progress and trends, and provides overarching strategy and policy recommendations on major issues and hot topics in the field of environment and development; and Section 2 contains policy recommendations appropriately refined and summarized on the basis of research findings and policy recommendations from TFs and SPSs. Part III, the ending part, collects Impact

Reports independently developed by CAST and validated by Chinese and International Chief Advisors. Each year, CAST makes comparative analysis of CCICED’ s past policy recommendations and the progress made by the Chinese Government in decisions, legislation, policy and practice in the field of environment and development, to indirectly reflect the practical impact of CCICED’ s policy recommendations.

Apparently, the book is a collection of the unique contributions of Chief Advisors and CAST, achievements of all researchers and contributions of CCICED members and relevant representatives. Chief Advisors and CAST bear responsibility for errors in the book, if any, and are open to comments.

On the occasion of publication, Chief Advisors and CAST would like to express sincere gratitude and highest respect to CCICED Chairpersons, Executive Vice Chairpersons, Vice Chairpersons, Secretary Generals and members in Phase IV and Phase V. Experts and scholars engaged in relevant Task Forces and Special Policy Studies are highly appreciated. Heartfelt thanks are extended to all Deputy Secretary Generals and Assistant Secretary Generals and colleagues who have served in the CCICED Secretariat and Secretariat International Support Office. Chief Advisors and CAST own debt for their excellent leadership, deep insights, constructive opinions and suggestions, innovative research findings, delicate guidance and strong support!

Chief Advisors and their Support Team

April 2017

中国环境与发展国际合作委员会
首席顾问及其专家支持组组成

CCICED Chief Advisors and Chief Advisors Support Team (ST)

中方首席顾问

Chinese Chief Advisor

沈国舫（2007—2016 年） 中国工程院院士、原副院长

Shen Guofang (2007–2016) CAE Academician, Former Vice President of CAE

外方首席顾问

International Chief Advisor

阿瑟・汉森（2007–2016 年） 加拿大可持续发展国际研究院特邀高级顾问、原院长

Arthur Hanson (2007–2016) Distinguished Fellow and Former President, IISD, Canada

专家支持组组长

ST Coordinator

任勇（2007—2016 年） 研究员，国合会秘书长，环境保护部环境发展中心主任

Ren Yong (2007–2016) Research Fellow Assistant Secretary General of CCICED, Director General of Environmental Development Centre of MEP

专家支持组副组长

ST Deputy Coordinator

周国梅（2007 年—2016 年） 研究员，中国—东盟环境保护合作中心副主任

Zhou Guomei (2007–2016) Research Fellow ， Deputy Director General of China-ASEAN Environmental Cooperation Center, MEP

专家支持组核心成员

ST Core Members

张建宇（2007—2016 年） 美国环保协会北京代表处首席代表

Zhang Jianyu (2007–2016) Director of Environment Defense Fund China Program

俞海（2007—2016 年） 环境与经济政策研究中心处长

Yu Hai (2007–2016) Division Director of Policy Research Center for Environment and Economy, MEP

陈刚（2007—2016 年） 环境发展中心副处长

Chen Gang (2007–2016) Deputy Division Director of Environmental Development Centre of MEP

秦虎（2007—2016 年） 美国环保协会北京代表处项目总监

Qin Hu (2007–2016) Project Manager of Environment Defense Fund China Program

张世秋（2014—2016 年） 北京大学环境科学与工程学院教授

Zhang Shiqiu (2014–2016) Professor of College of Environmental Sciences and Engineering, Peking University

专家支持组助手

ST Assistants

彭宁（2012——2016 年） 中国 - 东盟环境保护合作中心工程师

Peng Ning (2012—2016) Engineer of China-ASEAN Environmental Cooperation Center, MEP

张永亮（2013—2015 年） 环境与经济政策研究中心助理研究员

Zhang Yongliang (2013—2015) Assistant Research Fellow of Policy Research Center for Environment and Economy, MEP

蓝艳（2014—2016 年） 中国 - 东盟环境保护合作中心高级工程师

Lan Yan (2014—2016 年) Senior Engineer of China-ASEAN Environmental Cooperation Center, MEP

李霞（2014—2015 年） 中国 - 东盟环境保护合作中心处长

Li Xia (2014–2015) Division Director of China-ASEAN Environmental Cooperation Center, MEP

石峰（2015—2016 年） 中国 - 东盟环境保护合作中心副处长

Shi Feng (2015–2016) Deputy Division Director of China-ASEAN Environmental Cooperation Center, MEP

专家支持组外方成员

ST International Members

科纳特（2012—2016 年） 挪威国际环境与气候研究所原所长

Knut H. Alfsen (2012–2016) Former Head Research Director of Center for International Climate and Environmental Research, Oslo (CICERO)

刘健（2013—2016 年） 联合国环境署国际生态系统管理伙伴关系主任

Liu Jian (2013–2016) Director, International Ecosystem Management Partnership, United Nations Environment Programme

目　录

第一篇　总　论

第二篇　政策建议

Table of Contents

第一篇

总论

中国“十三五”环境与发展趋势及政策选择①

引言

中国经济社会发展已经进入新常态。“十三五”时期，中国将努力迈向高收入国家，全面建成小康社会。在此过程中，全面深化改革和经济社会发展转型是中国政府关注的首要问题。总体上，“十三五”将是中国发展转型的重要窗口机遇期，中国肩负着重大的历史任务，需要保持经济持续增长，全面建成小康社会，解决社会深层次矛盾，改善生态环境质量，跨越“中等收入陷阱”。特别在环境领域，虽然中国主要污染物排放总量可能在未来 5 ~ 10 年达到峰值，但并不意味着环境质量也将在短期内出现拐点。中国仍需在消化历史累积环境污染存量的同时，应对日益凸显的生态环境风险，环境质量的全面改善依然面临巨大挑战。因此，“十三五”也是环境保护关键的攻坚期。把握好这个时期，中国将奠定未来 15 ~ 30 年可持续发展以及实现“中国梦”的坚实基础；如果错失这个机遇期，中国可能失去转型与改革的主动权，付出更多的发展成本特别是生态环境代价，中国在世界格局中的地位也将受到很大影响。

抓住“十三五”窗口机遇期，加快推动经济社会的绿色转型进程，是中国政府当前面临的一个重大而紧迫的课题。寻求“十三五”绿色发展与环境保护的解决之道，需要系统分析中国经济社会发展的趋势，清晰把握中国发展的战略部署，准确研判生态环境保护面临的机遇和挑战，在此基础上，对中国“十三五”环境与发展政策

① 本文是国合会与联合国环境发展署联合举办的中国“十三五”规划环境与发展国际咨询会的背景报告。报告指导：李干杰，沈国舫。报告执笔：任勇、周国梅、俞海、陈刚、张永亮。专家组成员：夏光、王金南、周宏春、潘家华、王毅、范必、张建宇。技术支持：彭宁、张燕。

方向提出基本思路。

为了向中国政府提出“十三五”环境与发展的总体思路和建议，作为中国环境与发展领域的国际性高级咨询机构，国合会组织中外专家开展深入研究并编制了本报告，为中国“十三五”规划环境与发展国际咨询会的会议讨论提供参考，同时也为国际咨询会向中国政府提出政策建议提供基础。

一、中国“十三五”经济社会发展趋势与国家战略目标

经过 30 多年的改革开放和长周期经济繁荣，普遍认为，中国发展已进入新的阶段，处于重要的历史转折点，经济与社会发展的转型和变革迫在眉睫。科学谋划中国“十三五”环境与发展方略和行动需要准确认识和判断中国经济社会发展的可能趋势和特征，系统把握中国国家发展战略方向和目标。

（一）经济社会发展趋势

1. 经济增长[①]

中国的 GDP 总量在 2010 年超过 5.8 万亿美元，成为世界第二大经济体；2014 年超过 10 万亿美元，成为继美国之后全球第二个“10 万亿美元俱乐部”成员。2010—2014 年，中国人均 GDP 由 4 300 美元增长到 7 500 美元，按照世界银行标准，中国已经进入上中等收入国家，世界排名在 90 名左右。总的来看，中国经济开始进入新常态，呈现以下趋势和特征：

经济增长由高速转向中高速。2010—2014 年，中国的 GDP 增速分别为 10.4%、9.3%、7.8%、7.7%、7.4%。2015 年，中国政府将经济目标第一次定在 7% 左右，进一步下调了增长预期和要求。相关预测表明，中国的 GDP 增速在 2020 年之前将保持在 6.5% ～ 7%。

产业结构由第二产业为主开始转向第三产业为主。2013 年，中国第三产业比重达到 46.1%，首次超过第二产业。2014 年，三次产业结构为 9.2 ∶ 42.6 ∶ 48.2，第三产业占 GDP 比重进一步提高，比第二产业高出 5.6 个百分点。

需求结构由投资主导转向消费主导。2014 年，中国需求结构中最终消费的比重

① 数据来源：2010—2014 年中国国民经济与社会发展统计公报。

在提升，最终消费对经济增长的贡献率超过 50%，成为经济增长的重要驱动力。

消费结构由生存型转向发展型。中国城镇居民人均医疗保健、交通通信、文教娱乐三大消费支出占人均消费的比重从 1985 年的 12.8% 上升到 2013 年的 34.1%。

经济驱动将由要素规模扩张转向创新发展。随着中国人口老龄化日趋发展、农业富余人口减少、投资边际收益率下降，要素规模驱动力正在不断减弱，经济增长将更多依靠人力资本质量和技术进步。

经济风险逐步由隐性转向显性。有观点认为，钢铁和水泥等部分行业产能严重过剩，房地产泡沫、地方债和金融杠杆等经济风险逐步显现。

经济发展面临全球性压力。全球经济复苏乏力、国际竞争加剧、传统的低成本国际竞争优势减弱，国际产业和能源格局调整等因素给中国的经济发展带来了巨大的外部压力。

2. 社会发展

改革开放 30 多年来，中国人民福祉明显增进。2014 年中国内地总人口约为 13.7 亿人，自然增长率为 5.21‰。全国流动人口为 2.53 亿人，人均预期寿命为 75.3 岁[①]。城镇累计就业由 2010 年的约 3.5 亿人增加到 2014 年的 4 亿人，城镇登记失业率稳定在 4% 左右。城乡居民收入比从 2010 年的 3.23 ：1 缩小到 2014 年的 2.75 ：1。按照年人均收入 2 300 元人民币（2010 年不变价）的农村扶贫标准计算，2014 年农村贫困人口为 7 017 万人，比 2013 年减少 1 232 万人。

城乡居民大病保险试点扩大到所有省份，全民医保覆盖面超过 95%。新型农村社会养老保险和城镇居民社会养老保险制度实现全覆盖。2012 年以来，国家财政性教育经费支出占 GDP 比重超过了 4%[②]。

在中国经济发展进入新常态的宏观背景下，中国社会发展也进入新阶段，呈现出以下主要趋势和特征[③]：

人口老龄化加剧。截至 2014 年年底，中国 60 岁以上老年人口已经达到 2.12 亿，占总人口的 15.5%。未来中国人口老龄化将呈现出老年人口增长快、规模大等特征。与之相伴的是，老年人养老呈现多层次差异需求，劳动力结构性短缺问题将更加突出，职业结构将出现显著变化，服务业的就业弹性高于工业和农业。

---

① 数据来源：2014 年人类发展报告。

② 数据来源：2014 年中国国民经济与社会发展统计公报。

③ 中国社会科学院，社会蓝皮书 :2015 年中国社会形势分析与预测。

收入分配差距缩小。改革开放以来，中国的总体居民收入差距一直呈现扩大态势，这一态势在 2008 年达到顶点，基尼系数为 0.491。2008 年以来，得益于城乡收入差距缩小、中西部地区经济增速加快、人工成本增加和大规模减少贫困等因素，中国的基尼系数缓慢回落至 2014 年的 0.469。“十三五”期间，中国的贫困人口数量将进一步减少，总体居民收入差距也将进一步缩小。

社会公众的高品质生活需求日益提高。随着经济增长和收入提高，社会公众对劳动争议、房价、食品药品安全、环境质量和环境污染导致的健康损害等社会问题日益关注。“十三五”期间，中国公众将会对生活质量、健康、食品安全、水和空气清洁和幸福感提出更高要求和期待。

社会利益和诉求日益多元化。随着社会发展，中国社会利益主体趋于多元，社会诉求日益多样化，社会矛盾错综复杂，在公众更多地关注自身权益保护和生活质量提高的同时，也对追求社会公平正义以及参与公共事务表达出强烈的意愿。这意味着中国将进入一个更加注重社会发展质量和社会治理的新阶段。

3. 城镇化

与经济增长相呼应，中国城镇化进程经历了 30 多年的快速发展。城镇常住人口由 2010 年的 6.66 亿人增加到 2014 年的 7.49 亿人，城镇化率由 2010 年的 49.95% 提升到 2014 年的 54.77%，超过世界平均水平。城市数量从 1978 年的 193 个增加到 2013 年的 658 个，建制镇数量从 2 173 个增加到 20 113 个①。

在快速的城镇化进程中，中国的城镇发展呈现出规模大、速度快、不均衡、城乡二元结构突出、城市资源能源利用强度高、城市污染和生态退化严重等主要特征。在新常态下，中国政府于 2014 年发布了《国家新型城镇化发展规划（2014—2020 年）》，城镇化开始出现一些新的趋势和特征。

城镇发展的市民化水平将不断提高。长期以来，中国的城镇化依靠投资拉动和工业化驱动，以追求城市发展短期效益为导向，重视城市规模的扩张而忽视了人的城镇化。进入“十三五”时期，中国的城镇化导向将逐步转向市民化，更多的人口将从农村转移落户并真正融入城市。

城镇发展的整体布局将进一步优化。“十三五”期间，中国将根据资源环境承载能力构建科学合理的城镇化布局，对大城市和特大城市的发展边界进行管控，促

---

① 数据来源：国家新型城镇化发展规划（2014——2020 年）。

使各种经济和社会公共资源将向其他地区分散，中心城区的功能也将向外围地区疏解，区域协同发展将成为新的城镇化模式。

城镇发展的内在质量将进一步提升。“十三五”期间，城镇化规模扩张的空间将进一步受到制约，中国将更加注重提升城镇发展的文化底蕴、特色产业、宜居环境和社会服务保障等内在质量，着重解决交通拥堵、空气污染、水和食品不安全、生态系统退化等“城市病”，城镇发展将由棕色化转向绿色化。

服务业对于城镇发展的支撑作用将进一步增强。中国过去的城镇化重视工业化对城市基础设施、税收和就业的拉动作用，服务业发展滞后。“十三五”期间，随着中国整体上步入工业化后期，东部地区进入后工业化阶段，服务业在拉动就业等方面的优势将进一步显现，将成为部分地区城镇化的主要支撑产业。

（二）中国经济社会发展目标取向①

自 20 世纪 80 年代以来，中国政府根据经济社会发展的实际状况和进展，提出和制定了一系列国家中长期战略发展目标。这些目标一直引领着中国过去 30 多年的进步和发展。

1.“两个一百年”发展目标

第一个一百年，到中国共产党成立 100 年时（2021 年）全面建成小康社会的目标一定能实现； 第二个一百年，到新中国成立 100 年时（2049 年）建成社会主义现代化国家。“十三五”时期，全面建成小康社会，实现第一个百年目标。

2. 国家治理体系和治理能力现代化目标

中国政府在 2013 年提出了全面深化改革和全面推进依法治国的总目标，即完善和发展中国特色社会主义制度，建设中国特色社会主义法治体系，建设社会主义法治国家，推进国家治理体系和治理能力现代化。到 2020 年，要在重要领域和关键环节改革上取得决定性成果，包括建立完备的法律法规制度体系、形成完善的国家治理结构、大幅提高政府的治理能力等。

3. 经济发展目标

中国政府提出，到 2020 年国内生产总值和城乡居民人均收入比 2010 年翻一番、转变经济发展方式取得重大进展、基本实现工业化。

---

① 中国共产党的十八大报告，2014 年中国政府工作报告，国家新型城镇化发展规划（2014—2020 年）等。

4. 社会发展目标

到 2020 年，一是人民生活水平全面提高，基本公共服务均等化总体实现；二是基本实现教育现代化，全民受教育程度和创新人才培养水平明显提高，进入人才强国和人力资源强国行列；三是就业更加充分；四是收入分配差距缩小，中等收入群体持续扩大，扶贫对象大幅减少；五是社会保障全民覆盖，人人享有基本医疗卫生服务，住房保障体系基本形成。

5. 城镇化目标

到 2020 年，常住人口城镇化率达到 60% 左右，户籍人口城镇化率达到 45% 左右。未来 5 ～ 10 年要推进以人为核心的新型城镇化，着重解决“三个 1 亿人”问题，即促进约 1 亿农业转移人口落户城镇、改造约 1 亿人居住的城镇棚户区和城中村、引导约 1 亿人在中西部地区就近城镇化。

（三）国家新的重大战略部署

为推动实现上述国家中长期发展目标，在新常态背景下，中国政府近年提出了一系列新的重大战略部署。这些战略部署的目的是适应和引领经济新常态，保持经济合理增长，推动发展方式转变和结构调整，促进经济稳定健康发展及社会稳定。

1. 总体战略布局

2013 年，中国政府提出了包括经济建设、政治建设、文化建设、社会建设和生态文明建设的“五位一体”发展总体战略布局。“五位一体”总体布局突出了生态文明建设的重要地位，要求将生态文明建设融入经济建设、政治建设、社会建设和文化建设的各方面和全过程。2015 年，中国政府进一步提出了全面建成小康社会、全面深化改革、全面依法治国的总体发展战略框架，其中，全面建成小康社会是 2020 年发展目标，深化改革与依法治国是共同推动全面建成小康社会目标顺利实现的重要手段和途径。此外，中国政府发布了《关于加快推进生态文明建设的意见》，指出要协同推进城镇化、工业化、农业现代化、信息化和绿色化。其中，绿色化是新增加的要素。这反映了中国政府在处理环境与发展关系问题上的又一重大变化和进展。

2. 重大区域发展战略

2013 年以来，中国提出了“丝绸之路经济带”和“21 世纪海上丝绸之路”（简称“一带一路”）、京津冀一体化和长江经济带三大区域发展战略。

“一带一路”战略：提出了沿线国家政策沟通、设施联通、贸易畅通、资金融通、民心相通5个方面的合作重点，共同打造政治互信、经济融合、文化包容的利益共同体、责任共同体和命运共同体，是新时期重大的外向型区域合作战略。

京津冀协同发展战略：主要任务包括调整优化城市布局和空间结构，构建现代化交通网络系统，扩大环境容量和生态空间等，推动北京、天津和河北的区域均衡协同发展。

长江经济带建设战略：主要任务是提升长江黄金水道功能，建设综合立体交通走廊，促进产业转型升级，全面推进新型城镇化，培育全方位对外开放新优势，建设绿色生态廊道，推动区域协调发展。

3. 创新驱动战略

中国政府在2012年明确提出实施创新驱动发展战略，将科技创新摆在国家发展全局的核心位置，实现到2020年进入创新型国家行列的目标。2015年，中国提出了制定“互联网+”行动计划、实施“中国制造2025”、推动“大众创业、万众创新”三项具体措施。其中，“互联网+”是指互联网与其他传统行业相融合，产生出的新业态和新商业模式。“中国制造2025”是指通过创新驱动和绿色发展，加快推动中国从制造大国转向制造强国。而“大众创业、万众创新”将为“互联网+”和“中国制造2025”提供更为有利的市场主体和动力。

（四）基本结论与判断

综上，改革开放30多年来，中国经济社会发展已经取得令世界瞩目的成就。对于未来国家发展，中国政府制定了清晰的、也是雄心勃勃的目标、战略以及行动计划，并正在努力付诸实践。对于中国“十三五”发展，有理由得出以下基本判断。

1. 中国将实现全面建成小康社会目标

经过30多年的发展，中国已经进入上中等收入国家行列，下一个目标就是要全面建成小康社会。与这一发展趋势相适应的特征是，中国经济社会将进入后工业化时期，推进以人为核心的城镇化，区域发展更加均衡协调，社会和谐更加稳定，生态环境更加良好。

2. 全面深化改革与发展成功转型是未来中国政府关注的首要问题

中国经济社会发展所依赖的人口红利、城乡二元差异红利、资源红利、环境红利以及全球化红利等逐渐减弱，要跨越“中等收入陷阱”，实现中长期发展目标，未来发展需要更加倚重全面深化改革红利和创新驱动红利。而改革的目的则是要消除阻碍发展的各种障碍，解决经济社会发展中出现的深层次矛盾，推动国家发展转型，包括转变发展方式、促进社会治理、提高环境可持续性、推动社会和谐稳定等。

3.“十三五”是中国实现宏伟发展目标的关键机遇期

2020 年是实现中国经济社会发展中长期目标的重要历史节点，因此，未来 5 年将是中国转型发展的重要窗口机遇期。在这一时期，中国肩负着重大的历史任务：需要保持经济持续增长，全面建成小康社会，保持经济持续增长，解决社会深层次矛盾，改善生态环境质量。解决以上难题，中国需要攻坚克难。如果把握好这个时期，中国将奠定未来 15 ～ 30 年可持续发展的坚实基础，如果错失这个机遇期，中国可能失去转型与改革的主动权，付出更多的发展代价（特别是生态环境成本），中国在世界格局中的地位也将受到很大影响。

二、中国“十三五”环境保护形势分析

基于当前生态环境保护的现状，综合考虑经济社会发展趋势、国际环境与发展进程对环境保护的影响，以及中国环境治理体系与能力面临的挑战，在此对“十三五”生态环境保护形势作出以下分析。

（一）生态环境状况①

国家环境保护“十二五”规划实施以来，在经济较快发展的同时，主要污染物排放有所减少，污染防治取得成效，生态环境恶化趋势得到遏制，核与辐射安全水平得到提高。按照规划的执行情况来看，总量减排目标任务预计能够完成；环境质量有所改善，但部分城市空气质量难以实现新标准的要求；环境风险防控稳步推进；环境基本公共服务明显提升；法规制度政策保障得到加强。

1. 城市空气质量总体有所改善，但大气污染形势依然严峻，区域性复合污染更加突出

一是达标城市比例和达标天数增加，2014 年，161 个城市按照空气质量新标准进行监测，其中 16 个城市空气质量达标，即好于国家二级标准，占 9.9%。二是主

① 调查范围未含香港特别行政区、澳门特别行政区和台湾地区。主要参考历年的环境质量公报和有关研究成果。

要污染物浓度有所下降，但大气复合型污染特征突出，主要大气污染物 SO_2、NO_x 与新型大气污染物 VOCs 等复合叠加，颗粒物污染严重。京津冀三地 $PM_{2.5}$ 浓度比上年分别下降了 4%、13.5% 和 12%，但是京津冀区域空气污染依然十分严重；三是重污染天气发生频次和强度降低，但重污染天气高发势头尚未得到有效遏制。

2. 按照现有地表水环境质量标准判断，地表水总体为轻度污染，水质保持稳定，但水环境状况不容乐观

根据化学需氧量、总磷和生化需氧量指标评价，一是十大流域片①干流总体水质较好，支流污染较重，海河等流域的水环境问题突出；二是集中式饮用水水源地总体水质稳定，饮用水水源水质安全；三是重点湖（库）水质稳定，太湖、巢湖、滇池湖体藻类高发季节水质稳中趋好。2014 年，423 条河流和 62 座湖库的 969 个国控断面中，劣 V 类水质断面占 9.2%，同比下降 1.0 个百分点；I ～ III 类水质断面占 63.2%，同比下降 0.9 个百分点。由于减排战略的实施，主要水污染物排放增长得以遏制，但在污染类型上，正呈现出从传统污染物（COD、BOD、NH_3-N、总氮、总磷）向传统、新型有毒有害污染物（POPs、藻毒素等）转变的复合污染特征。

3. 土壤环境状况总体不容乐观，部分地区土壤污染较重，耕地土壤环境质量堪忧，工矿业废弃地土壤环境问题突出

全国土壤污染状况调查的初步结果表明，中国土壤环境质量总体下降。土壤总的点位超标率为 16.1%，其中轻微、重度污染点位比例分别为 11.2%、1.1%。从污染分布情况看，南方土壤污染重于北方；长江三角洲、珠江三角洲、东北老工业基地等部分区域土壤污染问题较为突出，西南、中南地区土壤重金属超标范围较大。土壤污染成为威胁食品安全的重要因素。

4. 生态环境质量保持稳定，部分生态系统功能退化，生态赤字不断加重

2000—2010 年，中国的森林、湿地、城镇生态系统面积增加，灌丛、草地、农田生态系统面积减少。从空间上看，东部地区生态系统类型变化大，中西部变化较小，农田转化微城镇面积最大，占变化面积的 21.0%。全国森林覆盖率在增加，但是森林生态系统质量低，趋于简单化，部分生态系统功能退化；水土流失和荒漠化严重有所好转，但形势依然严峻；自然保护区面积逐年增加，生物多样性保护力度不断加强，但物种栖息地丧失、生境破碎化，生物多样性丧失和流失严重，物种濒危程

① 十大流域片是指长江、黄河、珠江、松花江、淮河、海河、辽河、浙闽片、西北诸河、西南诸河。

度加剧，遗传资源不断丧失和流失，外来入侵物种危害严重。

5. 温室气体排放总量仍在上升，碳排放强度呈下降趋势

中国是温室气体的排放大国。根据历史观测资料，1990—2014 年，中国温室气体浓度变化与全球趋势相同，都呈增加的趋势。与 2005 年相比，2013 年中国碳排放强度已下降 28.56%，相当于减少了 25 亿吨二氧化碳排放。能源结构正在优化调整，非化石能源占一次能源比重达到 9.8%，2014 年提升至 11.1%。

（二）“十三五”经济社会发展与环境保护

1. 经济发展与环境保护①

“十三五”时期，中国经济社会步入新常态，环境保护既蕴含着重大机遇，也面临着严峻挑战。具体体现在以下 4 个方面：

一是经济进入新常态，经济增速减缓，资源效率有所提升，污染物排放强度下降。按照中国政府对新常态的要求，经济增长进入中高速发展通道，根据有关机构研究，重化工业快速发展的势头减弱，生产性服务业发展迅速，创新驱动成效显现，第三产业成为拉动经济增长的重要驱动力。粗钢、水泥及主要有色金属产品产量预期在 2015—2020 年前后出现峰值，传统污染物新增量同比下降，污染物排放高位趋缓，其他资源消耗进入涨幅“收窄期”。

高耗能行业增长缓慢、能源强度下降等促使经济总量与化石能源需求呈现“相对脱钩”状态。能源消费结构发生变化，煤炭消费比重逐年下降，越来越趋近煤炭消费总量峰值，经济下行趋势客观上有利于缓解环境压力。但是能源、资源对环境的挑战与压力并未发生根本性变化。

二是环境承载力仍将处于严重超载期。预测表明，“十三五”期间尽管污染物排放量有所下降，但仍处于高位运行，全国主要污染物排放量仍将远远高于环境容量，中国绝大部分地区环境承载能力已经达到或超过上限。以大气为例，据分析，如果中国 333 个地级城市 $PM_{2.5}$ 年均浓度达到环境空气质量标准二级标准，全国 31 个省市区 SO_2、NO_x、一次 $PM_{2.5}$ 及 NH_3 的最大允许排放量（即通常所说的大气环境容量），分别为 1 363 万吨、1 258 万吨、619 万吨和 627 万吨，目前四项污染物全国的排放量分别超过环境容量的 66%、81%、96% 和 52%。

① 环境保护部规划院研究报告。

三是生态环境风险凸显。一方面，大气、水体等环境质量改善不明显；另一方面，新型污染物、重化工产业布局合理等问题带来的生态环境风险、环境污染事故等隐患凸显，公众高度关注。最近几年重大环境事件都是一些重化工项目的建设环境问题。东部沿海地区已经上升为重化工密集区之一，而且有向中西部蔓延之势。特别是大江大河沿岸工业园区及化工企业的不合理布局，可能蕴含着潜在重大的环境风险。

四是环境问题进入多型叠加期。中国的环境问题呈现复合型、压缩型特征。以氮、磷、重金属等为代表的传统污染物尚未得到有效控制，以 POPs、EDCs 等为代表的新型污染物正持续进入水环境。城市空气质量持续得不到改善，农村环境污染尚未有效控制，出现农村、城市环境问题叠加、陆域环境海洋环境叠加、生态系统功能退化叠加环境污染、国际环境问题叠加国内环境的复合特征。

2. 社会发展与环境保护

中国 2020 年将全面建成小康社会，生态环境质量是衡量这一目标全面与否的关键指标，社会发展与环境保护的关系呈现以下趋势。

一是全社会更加关注环境保护，更加重视生态环境质量。生态环境质量成为老百姓生活质量的一部分，成为国家发展建设目标的一部分，既有利于国家推动环境保护，也有利于社会的和谐稳定、包容发展。

二是随着环境意识的提高，社会公众成为保护环境的重要力量。公众参与环境保护的热情、能力在提升，社会推动环保的力量在增强。既推动了环境保护事业的发展，也加大了对环保工作成效的监督。

三是人口、贫困、健康风险等社会问题与环境问题相互交织，带来社会风险。经济社会发展与环境保护的矛盾更加突出，环境污染造成的健康损害和风险问题进一步显现，健康影响风险越来越引起公众高度关注，社会舆论与公众诉求对环境保护影响深远，处理不当可能激化矛盾，引发社会风险，导致一系列社会问题。

3. 新型城镇化与环境保护

城镇化是伴随工业化发展，非农产业在城镇集聚、农村人口向城镇集中的自然历史过程。国家新型城镇化规划（2014—2020 年）是指导中国城镇化健康发展的宏观性、战略性、基础性规划。这一规划与“十三五”在时间上有较大重合，为加强环境保护带来了新的契机。

一是新型城镇化，通过布局优化、高效集约、绿色低碳的发展理念，为缓解资源环境压力、提升生态环境质量带来新的机遇。新型城镇化进程，要根据资源环境承载能力构建科学合理的布局，节约集约利用土地、水、能源等资源，强化环境保护和生态修复，尽可能减少对自然的干扰和损害，有助于形成绿色低碳的城市建设运营模式和生产生活方式。

二是随着城镇化水平的提高、规模的扩大，对资源环境的压力还在提升。根据研究预测，新增 1 亿城镇人口，将年均增加能源消耗 9 309 万吨标准煤，钢铁 1 531 万吨，水泥 4 864 万吨。同时，污染物年均排放量也在增大，其中生活污水排放增加 10.7 亿吨，生活垃圾产生量增加 953 万吨。在新型城镇化使城市环境质量变好以前，可能局部或某些指标因接近资源环境承载上限而变得更差。

此外，现有城市发展模式，易产生路径依赖，转型升级难度加大。城市发展的利益格局出现固化，利益维系将阻碍环境问题的根本解决。而城市基础设施的技术锁定效应，将增加环境治理的投入。城市生态刚性的硬约束将进一步强化，大气污染、水污染、水资源短缺等环境容量趋紧，将制约城市发展的空间拓展，增大治理投入。

4. 重大区域发展战略与环境保护

按照区位优势、功能定位与战略目标的差异，四大区域发展战略对环境保护既有新的机遇和平台，又提出了新的要求。

长江经济带目前已发展成为中国综合实力最强、战略支撑作用最大的区域之一。依托黄金水道推动长江经济带发展，有利于促进经济增长空间从沿海向沿江内陆拓展、优化沿江产业结构和城镇化布局、缩小东、中、西部地区发展差距，也有利于保护长江生态环境，从而引领全国生态文明建设。中国政府明确要求，长江经济带发展必须“江湖和谐、生态文明”，建立健全最严格的生态环境保护和水资源管理制度，加强长江全流域生态环境监管和综合治理，保护和改善流域生态服务功能。推动长江经济带战略为保护长江生态环境提供了难得的机遇，但如果环境保护措施落实不到位，执行不严格，反而会加大本已不堪重负的环境压力。

京津冀协同发展的目标是通过经济结构与空间结构的调整，有序疏解北京的非首都功能，用内涵集约发展的模式，促进区域协调发展，重点解决以雾霾为代表的公众普遍关心的生态环境保护问题。按照京津冀协同发展规划纲要的要求，未来将在京津冀交通一体化、生态环境保护、产业升级转移等重点领域率先取得突破，并大力促进创新驱动发展，推动要素市场一体化，构建京津冀协同发展的体制机制，加快公共服务一体化改革。京津冀将在区域一体化的基础上，深度融合生态环保一体化，实现统一监测、信息、标准、监管，用环境空间优化区域发展格局。

“一带一路”建设，既面临生态环境挑战，又为生态环保区域合作提供了重要平台。“一带一路”沿线大多是新兴经济体和发展中国家，普遍面临工业化和全球产业转移带来的环境污染、生态退化等多重挑战，加快转型、推动绿色发展的呼声不断增强，生态环保合作迎来重要机遇。

“一带一路”愿景和行动计划将加强生态环境保护合作列为积极推动务实合作的重要领域之一，重点突出生态文明、合作共建绿色丝绸之路，统筹推进区域生态建设和环境保护，要求各领域开展合作时都要高度重视生态环境保护。在建设过程中，如果忽视环保要求，建设进度与合作成果很可能因生态环境问题而受到严重干扰，造成不必要的损失。如果将生态环保作为“一带一路”的重要支撑，将有力推进政策、设施、贸易、资金相通，使沿线国家受益。同时“一带一路”也为中国进一步推动参与南南环境合作奠定了基础，搭建了平台，中国的生态文明与环境保护经验可以为这些国家所分享。

（三）国际环境发展进程与环境保护

1.2015 年后发展议程与可持续发展目标

以减贫为主要宗旨的千年发展目标极大地推动了全球发展事业，中国是千年发展目标的受益者和贡献者，在实施千年发展目标方面取得了巨大成就。2015 年是千年发展目标执行的最终期限，拟于 2015 年 9 月联合国首脑峰会上通过的 2015 年后发展议程（以下简称后 2015 议程）将成为继千年发展目标之后的新一代全球发展纲领，引领全球发展总体趋势。

目前联合国秘书长发布的综合报告，提出了实现可持续发展目标的 6 个基本要素——尊严、人、繁荣、地球、公正、伙伴关系，从而加强可持续发展议程的普遍性、变革性和在国家一级的可操作性。

相比千年发展目标，目前的后 2015 议程讨论中关注的环境议题包含了至少十余个子项，涵盖了气候变化、生物多样性、荒漠化、野生动物保护、灾害风险、海洋、河流、大气、可持续农业、渔业和粮食系统、水资源、废物和化学品的可持续管理、可再生能源、可持续消费和生产等诸多领域，更为全面地反映了人类当前面临的环境挑战，大大扩展了环境目标的覆盖范围，凸显了环境目标在后 2015 议程全球发展进程中的支柱性地位。后 2015 议程关注可持续发展各个方面的一体化，强调环境可持续目标与经济目标、社会目标的进一步融合，对后 2015 议程的讨论再次提出了将环境指标纳入核算体系改革的迫切性。这些新的发展态势，对于中国生态环保积极参与后 2015 议程，提升对全球及区域可持续发展的贡献度具有重要意义。

2. 气候变化

2015 年是全球应对气候变化的又一个重要节点。按计划，一项新的全球协议——《巴黎协定》于 2015 年年底在法国首都巴黎达成，成为 2020 年后全球应对气候变化行动的依据。欧盟、中国和美国在 2014 年先后公布量化减排计划，绿色气候基金获得超过 100 亿美元注资承诺，这些都为 2015 年气候谈判注入信心和动力。

对中国而言，2013 年碳强度已经比 2005 年下降 28.5%，相当于已经实现至 2020 年下降目标的 63%。预期随着经济增速进入新常态和经济结构转型，以及相关节能措施的出台，“十二五”碳强度下降目标可望超过原定的 17%。综合各方面研究，到 2020 年中国碳强度目标有望实现降低 45% 的高限甚至更多，完成中国在哥本哈根联合国气候大会上的承诺。因此“十三五”时期低碳发展应制定更为积极的目标，系统科学谋划，尽早达到碳排放峰值。

3. 贸易与环境

2014 年，中国进出口总值 26.43 万亿元人民币，贸易顺差 2.35 万亿元，继续保持世界第一货物贸易大国。尽管中国已成为世界贸易大国，但要成为贸易强国仍然任重而道远。中国出口产品附加值较低，国内资源环境成本巨大，粗放型的贸易增长方式在拉动经济贸易增长的同时，也给国家资源与环境带来了巨大压力和严峻挑战。

2001 年后中国贸易顺差大量积累，但由于对外贸易结构不尽合理，出口产品的环境效率较低，巨额外汇财富积累的背后隐藏着不容忽视的环境逆差。据研究，2001—2010 年，中国贸易隐含“三废”进出口量积累为：隐含废水 845.27 亿吨、隐含废气 73.44 万亿标立方米、隐含固体废物 5 164.65 万吨。一方面，支撑中国出口导向型贸易政策的低成本劳动力、资源、环境等要素的比较优势正在迅速变化，加工贸易的出口产品正在逐步萎缩；另一方面，与环境相关的贸易保护主义倾向越来越多地影响中国的对外贸易。中国对外贸易面临转型的临界点，亟须通过发展绿色贸易促进经济发展方式转变及产业结构调整，实现经济效益、生态效益和社会效益的多赢目标。

（四）中国环境保护的重大行动

中国政府高度重视环境保护工作，为解决公众反映强烈的环境问题，实施了一系列重大行动。这些行动立足当下，但也是“十三五”的重要目标和任务。

1. 环境保护法

新修订的《环境保护法》于 2015 年 1 月 1 日正式实施。该法确立了人与自然和谐理念与保护优先原则，明确要求建立资源环境承载能力监测预警机制，实行环保目标责任制与考核评价制度，建立跨区域联合防治协调机制，划定生态保护红线，实行总量控制和排污许可管理等制度，授予环保部门一些新的监管权力，强化了地方政府的环境保护职责，被称为“史上最严环境保护法”。法律明确，各级政府对环境质量负责，企业承担主体责任，公民进行违法举报，社会组织依法参与，新闻媒体进行舆论监督。

中国政府将2015年确定为新《环境保护法》实施年，将通过深入宣传、严格执法、严肃问责，努力使环境守法成为新常态。

2. 大气污染防治行动计划

2014 年 4 月，中国政府发布《大气污染防治行动计划》（以下简称“气十条”），提出经过 5 年努力，使全国空气质量总体改善，重污染天气较大幅减少；京津冀、长三角、珠三角等区域空气质量明显好转。力争再用 5 年或更长时间，逐步消除重污染天气，全国空气质量明显改善。

为实现以上目标，“气十条”确定了 10 项具体措施：一是加大综合治理力度，减少多污染物排放；二是调整优化产业结构，推动经济转型升级；三是加快企业技术改造，提高科技创新能力；四是加快调整能源结构，增加清洁能源供应；五是严格投资项目节能环保准入，提高准入门槛，优化产业空间布局，严格限制在生态脆弱或环境敏感地区建设“两高”行业项目；六是发挥市场机制作用，完善环境经济政策；七是健全法律法规体系，严格依法监督管理；八是建立区域协作机制，统筹区域环境治理；九是建立监测预警应急体系，制定完善并及时启动应急预案，妥善应对重污染天气；十是明确各方责任，动员全民参与，共同改善空气质量。

3. 水污染防治行动计划

2015 年 5 月，中国政府发布《水污染防治行动计划》（简称“水十条”），提出到 2020 年，全国水环境质量得到阶段性改善，污染严重水体较大幅减少，饮用水安全保障水平持续提升，地下水超采得到严格控制，地下水污染加剧趋势得到初步遏制，近岸海域环境质量稳中趋好，京津冀、长三角、珠三角等区域水生态环境状况有所好转。到2030年，力争全国水环境质量总体改善，水生态系统功能初步恢复。到21世纪中叶，生态环境质量全面改善，生态系统实现良性循环。

为实现以上目标，“水十条”确定了10个方面的措施：一是全面控制污染物排放；二是推动经济结构转型升级；三是着力节约保护水资源；四是强化科技支撑；五是充分发挥市场机制作用；六是严格环境执法监管；七是切实加强水环境管理；八是全力保障水生态环境安全；九是明确和落实各方责任；十是强化公众参与和社会监督。行动计划共列出238项具体治理措施。除136项改进强化措施、12项研究探索性措施外，重点提出了90项改革创新措施。

此外，中国政府正在研究制定《土壤污染防治行动计划》，力争到2020年，实现农用地土壤环境得到有效保护、土壤污染恶化趋势得到遏制、全国土壤环境状况稳中向好的目标。

（五）中国环境治理体系与能力面临的挑战

中国的环境治理体系和能力建设，随着经济发展进程不断取得进展。过去30年，国家的环保机构和能力得到大幅度加强，但与生态环保形势发展和实践的需要不相适应，环境治理体系与能力依然面临巨大缺口和挑战。

1. 环境与发展综合决策体制机制不健全

在国家层面缺乏专门协调环境与发展的综合决策机制。生态环保的理念和要求难以融入生产、流通、分配、消费等经济社会发展的全过程和各领域，环保部门尚不能有效参与国土开发、国民经济发展、区域开发等重大规划的编制并对其开展环境影响评价。生态保护红线、规划环境影响评价、环境功能区划、城市环境总体规划等新的手段尚未建立起来或真正发挥作用。地方政府履行环境与发展综合决策责任未落实，且动力不足。牺牲环境换取经济增长的现象依然较普遍，生态环保工作和要求难以在各级政府综合决策占据应有地位和发挥应有作用。

2. 部门职责分散交叉，难以落实统一监督管理

生态环保职责分散在10多个部门。以大气污染防治为例，二氧化碳与一氧化碳分割管理，温室气体控制与大气污染防治难以形成协同效应。在环境监测方面，有9个相关部门直接或间接从事环境监测工作，造成“数”出多门。由于历史原因，自然资源的生态保护监管独立性缺失，导致自然资源管理部门重资源开发、轻环境

保护倾向严重。

3. 中央和地方事权财权不匹配

相关法律对生态环保职责范围只有原则性规定，未形成分类分级的事权明细目录，缺乏可操作性。事权划分不明确，导致中央与地方的财政在一些环保领域投入缺位。另外，中央与地方事权财权不匹配，地方政府在事权大、财权小的情况下，可能选择性开展生态环境保护，一些环保职责难以落实。

4. 治理能力与目标任务不匹配

环保部门缺乏统一规划、标准、监测、考核问责的权威和手段，生态环境监管职责分散于多个部门，统一监管职责难以到位。现行法律法规对环保部门执法授权仍有不足，无法进行独立执法。执法力量严重不足，据统计，目前单位面积环保执法人员为63.2人/万开米^2，“小马拉大车”现象普遍。政府、企事业单位及社会组织、公众多元共治体系尚不健全，各个治理主体发挥的作用不平衡，重行政手段、轻市场机制。土壤环境保护、核安全、环境监测、危险化学品环境管理等领域尚存立法空白，排污许可、机动车污染防治等方面的环境管理制度不健全，未发挥应有的作用。

（六）基本结论与判断

综上，根据经济社会发展对环境的影响分析，结合国际环境发展进程，中国“十三五”生态环境保护形势总体上可以得出如下判断：

1.“十三五”时期是中国环境保护的“历史性窗口机遇期”

从中国经济社会发展阶段与重大战略部署看，“十三五”是跨越“中等收入陷阱”、全面建成小康社会的关键节点，是经济转型升级的临界点，是全面深化改革的攻坚期，是全面推进依法治国的关键期。从环境形势及其对经济社会的影响看，环境承载力已接近或超过上限，对经济结发展构成硬约束，公众对部分环境质量的承受能力也可能接近极限。

“十三五”是推动中国环境治理能力与治理体系现代化的“拐点性窗口期”。环境治理水平提高了，能够启动系统解决环境问题的进程，尽早达到环境质量全面改善的拐点。

2. 污染物排放量有望在未来5～10年达到峰值，但环境质量改善仍需要更长时间的努力

随着中国经济社会发展进入新常态，出现了一些有利于环境保护的积极因素，经济高速增长向质量效益型中高速增长转变，工业化进入中后期、产业结构不断优化，主要重化工产品峰值初现，城镇化增速放缓，区域发展战略优化空间布局等。这些因素相互作用，使中国主要污染物叠加排放总量有望在未来 5 ～ 10 年内达到峰值。

但是环境质量总体改善仍需要 15 年甚至更长时间的努力。与发达国家在人均 GDP 达到 1 万美元左右出现污染排放拐点相比，中国污染物排放出现拐点的时间要比发达国家有所提前。但排放量的拐点并不意味着环境质量总体改善的“拐点”，某些质量指标仍存恶化趋势，中国可能要以更低的收入水平来应对最严峻的环境质量恶化形势，环境质量全面改善仍需要 15 年甚至更长时间的努力。

3. 资源环境约束矛盾依然尖锐，环境保护面临更大挑战

传统经济增长方式积累的生态环境问题正在全面凸显，环境严重超载，生态环境问题多型叠加，传统污染物和新型污染物交织复合，重化工产业布局不合理等因素，环境保护进入高风险、环境污染事故多发时期，形势严峻，挑战巨大。

新常态本身是一个历史过程，进入新常态并不意味着实现了新常态。经济下行期存在环境保护可能有所放松，治污主体担当意识不强，以及社会公众对环境质量及健康效应的高度关注与诉求，都可能导致环境质量改善速度与公众需求差距加大，资源环境“瓶颈”约束与发展矛盾更加尖锐。特别是当前中国的环境治理体系与能力，与经济社会发展的形势及国际环发进程的要求还存在差距。

总体来看，“十三五”期间，中国迎来了改善环境质量、实现绿色转型的历史性窗口机遇期。

三、“十三五”环境与发展政策选择

在经济新常态背景下，中国正面临着由环境污染临界状态走向环境质量全面改善转折点的重要窗口机遇。中国政府应当以“绿色化”为理念谋划好“十三五”规划，抓住“十三五”窗口机遇期，加快推动经济社会的绿色转型进程。

（一）用“绿色化”引领中国“十三五”国民经济社会发展规划

“十三五”期间，一方面，在“十二五”规划重视绿色发展和环境保护的基础上，中国政府要确立更高水平的“绿色+”的理念和原则，并将其贯穿和渗透到经济、政治、文化和社会建设各个领域和全过程；另一方面，各级政府的决策者要有“绿色定力”，在经济增速换挡过程中不但不放松“绿色化”的要求，反而要更加坚定、长期地将“绿色化”目标作为推动经济社会转型的驱动力。

1. 彰显“绿色化”的国家意志

将对环境要素的考虑贯穿“十三五”规划的经济社会发展领域，构建经济、社会和环境并行的政策体系，实现经济、社会与环境政策体系的有效衔接。

2. 突出 “绿色化”重点领域

在“十三五”规划中，设立经济结构调整、深化改革、科技创新、生态文明建设专章。重点考虑水资源保护、生态保护红线、资源利用脱钩、自然资本核算、绿色技术创新和绿色消费等问题。

3. 确定“绿色化”的具体衡量指标

在规划中明确产业发展、城镇化、科技创新、民生改善、社会治理和文化建设等领域“绿色化”的具体衡量指标和必要的约束性目标，促使相关部门制定实施相应行动计划以实现目标。

4. 完善“绿色化”的约束性指标

在改革主要污染物总量控制约束性指标的基础上，将大气和水污染防治行动计划及土壤领域确定的环境质量目标转化为“十三五”规划的环境保护约束性指标，以环境质量指标为龙头带动和部署环境保护行动。约束性指标设置要针对不同区域，体现出差异化，增强可行性。

5. 注重规划的系统性和协调性

应对气候变化与改善空气质量应双管齐下，系统制定污染物减排、碳减排和水资源保护等政策，实现协同增效。注重国内规划目标与国际发展议程的相互协调，统筹全球环境议题与国内环境问题。

（二）全面深化改革，大幅提升环境治理能力

在环境与发展领域的改革进程中，一方面要着重消除当前存在的体制机制障碍，建立完善的治理体系；另一方面还要着力强化法律法规和制度政策的落实与执行，全面提升治理能力。

1. 理顺生态环境保护管理体制机制

中国政府应充分借鉴国际相关经验教训，结合中国实际，特别重视自然资源开

发管理与生态环境保护监管相对独立、污染防治与生态保护统筹协调两个基本原则。在此基础上建立责权一致、相互合作的生态环境保护管理体制架构，优化生态环境保护的行政资源配置。

2. 提升生态环境保护监管执法能力

中国政府应特别注重将地方政府及其相关部门履行环境保护法律法规职责作为监管的重要对象，加强国家督查、实行责任追究。提升环境执法队伍的规模、人员的专业能力和执法装备水平。增强司法在环境保护中的作用，更多地运用司法手段解决环境纠纷，全面实施行政执法与刑事司法联动，探索建立独立的环境刑事调查队伍，增加环境法庭数量。开展提升全民环境法律意识的教育和行动，引导非政府组织监督和推动环境保护执法。

3. 增强生态环境保护的社会治理能力

应优先制定落实公众参与、信息公开、环境诉讼的具体制度，培育发挥环保组织的作用。将企业纳入环境保护政策决策过程，鼓励企业承担更多的环境责任，建立 PPP 的环境治理模式，推动私营部门参与环境保护进程。

4. 提升生态环境保护法规政策的执行能力

应建立生态环境保护法规政策执行过程的数据监测、收集和汇报反馈机制，对法规政策的实施进行监督。建立绩效管理体系和问责机制，确保严格的法规政策取得良好的实施效果。增强各政府部门之间的协调，制订一致的行动计划。有效解决不同层级政府实施和执行规划存在的问题，在制定国家层面规划的同时，推动政策在地方层面落地。增强地方政府的执行能力，通过财税改革建立激励机制，加强中央对地方生态环境保护资金使用的监管。

5. 提高运用市场机制的能力

应减少各级政府对自然资源的直接配置和不合理干预，善于运用绿色金融、资源有偿使用、生态补偿和第三方治理等市场机制和手段，充分发挥市场手段的激励作用，以较低的成本、更高的效率保护生态环境。

（三）实施“十三五”重大“绿色化”行动

在严格执行新环境保护法，全面落实大气、水和土壤污染防治行动计划的基础上，进一步推动实施一系列重大“绿色化”行动。

1. 实施“智慧环保”重大工程

利用大数据、互联网、物联网、“3S”（遥感技术、地理信息系统和全球定位系统）和云计算等智能技术建立全球首个全国性的绿色大数据网络。用大数据创新环境管理，建设智能化环境监管平台，形成“天地一体化”的环境监测预警与信息系统。建立统一的环境数据共享与公开平台，便于公众获取环境信息、金融机构评估和追踪企业环境记录、政府设计实施相关法律法规和政策措施。

2. 制订实施国家生态创新行动计划

借鉴欧盟的经验做法，在创新驱动发展战略下制订实施以产业和企业为主体，以环境保护技术创新为核心，对产业和企业进行生态化改造的生态创新行动计划。

3. 推动实施绿色产业行动计划

扩大本地可再生能源消费市场，加强风能、太阳能产品知识产权保护。针对石油、天然气、汽车等行业制订具体的计划、标准及相应的激励措施，推动清洁燃油、电动汽车及充电设施的发展。推动农业现代化，鼓励农药、化肥生态化。淘汰不环保的、低效的制造业生产设施和产能，鼓励基于生物质的化学品生产和使用。

4. 推动“一带一路”战略绿色化，建立全球绿色价值链和产业链政策框架

将生态环保要求全面纳入“一带一路”战略实施全过程，建立“一带一路”生态环境信息共享平台，建立评估和降低海外投资与经济活动环境影响的综合政策框架。通过亚洲基础设施投资银行、金砖银行等金融机构，推动实施一系列绿色金融、投资和贸易措施。加强与相关国家在绿色价值链与产业链领域的密切合作，推动中国全球产业链的绿色化。建立南南环境合作的政策交流平台，实施一批生态环保支撑项目。

5. 制订实施公众绿色行动计划

形成一系列绿色行动指南、激励措施和保障措施，建立政府引导、市场响应、公众参与、协调联动的运行长效机制。

6. 研究制定到 2030 年的生态环境保护中长期战略

超前分析研判中国未来环境形势与问题，构建中长期的生态环境保护制度和政策框架，提高生态环境保护管理的系统化、科学化和专业化水平，实现科学决策、系统治污、精细管理和精准发力。

7. 推动实施绿色国民经济核算体系

开展生态资本核算，编制全国性的生态环境资产负债表，以核算经济增长的资源环境代价为重点，研究建立相关大数据库、编制技术规范，将经济活动过程中的资源环境因素充分反映在国民经济核算体系中，形成包容性的国民经济与财富核算体系。同时，围绕这一核算体系建立干部责任考核、离任审计和环境承载力监测预警等制度。

（四）创新“绿色化”政策工具

1. 创新绿色城市发展政策

在新一轮城镇化进程中提高绿色建筑标准，制定针对绿色基础设施建设的财政激励措施，实施鼓励房地产开发商建设绿色建筑和消费者购买绿色住宅的融资与信贷政策。

2. 全面实施绿色采购政策

发挥政府和国有企业绿色采购对绿色产品消费和绿色产业发展的拉动作用，在“十三五”规划中设定绿色采购的指标和目标，并制定相应的财政激励措施。

3. 加快金融体系绿色化进程

通过绿色金融政策和监管措施，以及绿色债券等新资产类别和金融市场的建立，引导金融机构加强对环境保护的融资和对其他领域的绿色投资，减少对环境造成损害的相关投资。在“一带一路”等重大战略实施的投融资进程中遵循严格的环境标准，按照国际准则和最佳实践开展工作。加强绿色金融的国际协作推动，建议中国在2016年担任G20峰会主席国期间提出绿色金融合作倡议。

4. 建立有利于环境保护的绿色税收体系

针对主要污染物排放征收环境税，基于自然资源价值对煤炭利用增税，进一步增加燃油税，征收城市拥堵税。

中国环境与发展的战略转型①

前言

从科学发展观、建设和谐社会的奋斗目标、又好又快的经济发展指导思想，到“三个转变”和“十一五”节能减排约束性指标等一系列迹象无不表明，中国开始进入环境与发展的战略转型期。这种转型期的到来不是突发的和偶然的，而是中国的资源环境与经济社会发展关系从矛盾冲突开始走向协调与融合的历史趋势和必然规律，是一定历史阶段的产物，具有鲜明的特征。战略转型不是现实转折，转型只是环境与发展这两个矛盾的对立面，其相对地位、相互关系在战略层面发生了根本性的和方向性的变化，此弱彼强、此消彼长的状态将要发生变化，当然，要实现实际转型，仍面临许多制度和技术挑战。从战略转型到现实转型无疑是一个漫长的过程和一项艰巨的任务，而且由于中国之大、发展差异之巨，现实转型不会在中国所有地区同时出现。

其实，环境与发展战略转型不是中国独有的历史现象，只是各国表现的方式不尽相同。在20世纪70年代初，日本就曾发生了类似的转型。当“公害事件”使支持环境与经济同等重要或环境优先的人数在1970年第一次超过反对的人数的时候，当公众选择使执政党国会席位及其市长人数急剧下降的时候，日本在1970年召开了“公害国会”，一次颁布了14部公害防止法律，日本的污染防治与经济增长的关系从此发生了根本性的转变。随后，在2000年，日本又确立了建设循环型社会元年，类似的战略转型再次出现，并呈现螺旋式上升。在欧洲，两次能源危机、酸雨、切

① 本文完成于2007年。报告执笔：任勇、陈刚。研究组成员：周国梅、国冬梅、李霞、李丽平、周军。

尔诺贝利核电站事故、绿党参政等一系列事件，同样使德国在20世纪70年代末或80年代初在处理环境保护与经济发展的关系上出现了重大转变。

因此，在中国刚刚出现的这一历史性转变的重要时刻，只要意识到环境与发展战略转型的幸临，把握转型的趋势和规律，认识推动转型面临的挑战，认真研究对策，就抓住了中国现代化建设和可持续发展的战略机遇期，环境保护就可以突破多年形成的锁定状态，获得历史性的进展。中国的环境与发展战略转型对中国和全球具有同样的重要意义，既需要中国自己的艰苦努力，也需要国际社会的大力支持。

一、中国环境与发展关系的历史演进

环境与发展关系的内涵丰富，包括环境与经济、环境与社会、环境与政治、环境与全球化等关系。中国正在出现的环境与发展战略转型是由近几十年，特别是改革开放以来这些关系内部逐步发生的质的变化所引起的，是一种集成转变的结果。作为经济活动的资源要素和废物的受纳体，环境与经济的关系是环境与发展诸多关系中的基本关系；环境与社会的关系是环境与经济关系在社会中的反映，是公众对生存环境及其与经济关系的态度的具体体现；环境与政治的关系是核心，是政党及其政府对环境与经济和社会关系状况的态度，并左右着这些关系发展的方向；环境与全球化的关系是一国环境与发展关系在国际层面的反映，或者是经济全球化对一国环境与发展关系的影响。

（一）中国环境与经济关系的演进：以牺牲资源环境为代价的经济增长走到了尽头

在一定条件下，发展就是燃烧，烧掉的是资源，留下的是污染。中国环境问题的产生及特征是中国经济发展速度与规模、工业化和城市化进程、经济增长方式等因素综合作用的结果。

1. 中国经济增长和工业化进程及其环境问题特征

在改革开放以来的30多年里，中国GDP总量扩张了58倍（当年价），跃居世界第四位，年均增速9.78%（图1）。GDP从1978年的0.36万亿元增加到2006年的1.03万亿元，中国用了8年的时间；增长到第二个1万亿元用了5年；第三个1万亿元用了不到2年，此后，每年增加1万亿元，2003年后，每年增加2万亿元左右。

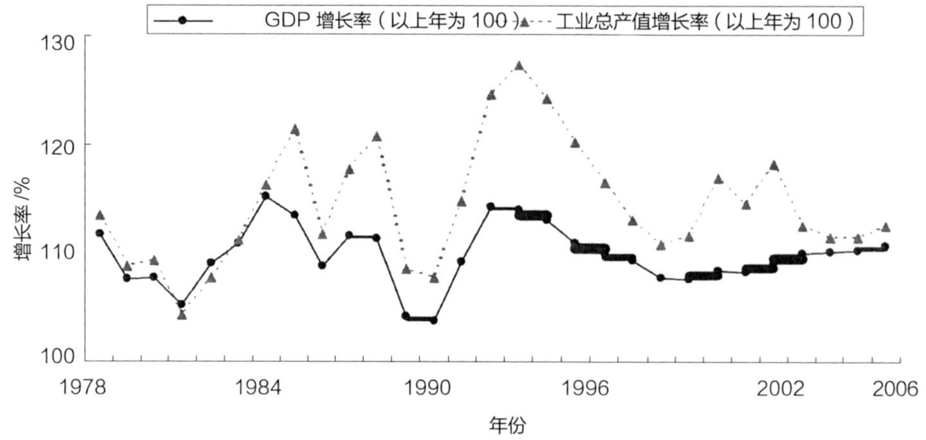

图 1　GDP和工业总产值增长速度（1978—2006 年）

注：数据引自《中国统计年鉴（2006）》，本章图表如无特别说明，均引自《中国统计年鉴》各卷。

在这一增长过程中，工业始终是主导力量。1978 年后，工业生产总值基本保持了两位数的增长速度（图 1）。从1978年到2004年，中国的第一产业增加值由28.1% 下降到15.2%，第二产业由48.2% 上升到53%，第三产业由23.7% 上升到31.8%（图 2）。自 1991 年以来，第二产业对GDP的贡献率基本上在60% 以上，两个峰值出现在1994年和2003年，分别达到70.5% 和69.8%。

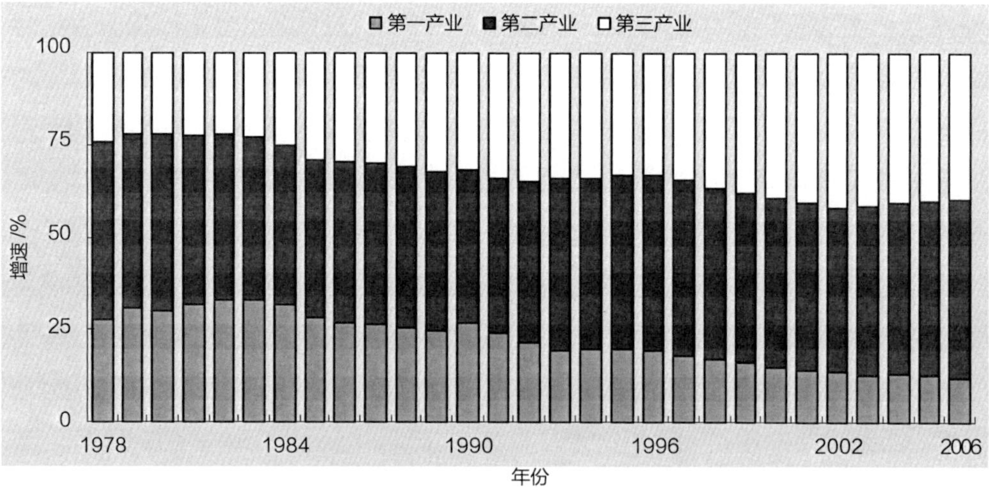

图 2　中国三次产业构成（1978—2006 年）

中国走了一条赶超型或压缩型的工业化道路。从 18 世纪下半叶工业革命开始到

20 世纪 80 年代中后期，欧美部分国家用了 200 年左右的时间完成了其工业化进程。从明治维新开始，日本的工业化过程用了 100 年。在 20 世纪，韩国、新加坡等亚洲新兴工业化国家和地区在 50 年之内，基本走入后工业化时代。按照中共十六大报告的战略部署，中国在 2020 年要基本完成工业化过程，即从目前的工业化中期阶段进入后工业化时期。如果从 1978 年进入工业快速发展时期算起，中国的工业化也将在 50 年左右的时间内完成；即使从新中国成立算起，也不会超过 70 年。

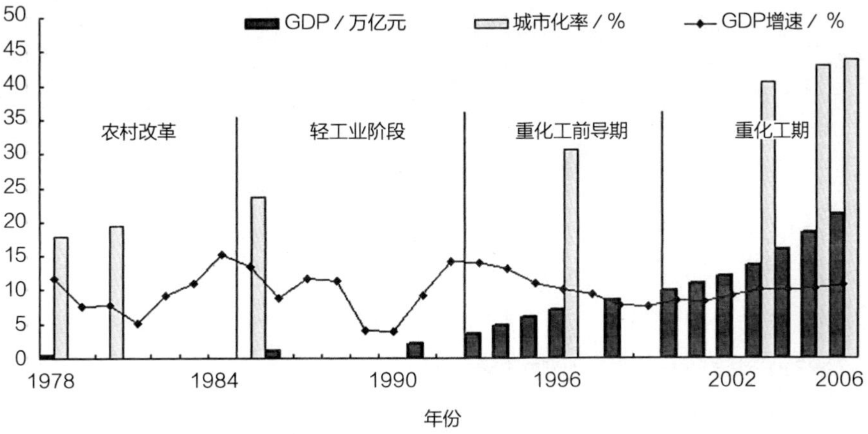

图 3　中国经济增长及阶段划分（1978—2006 年）

从工业化进程看，改革开放后中国经历了 4 个阶段（图 3）。第一阶段是 1978—1984 年，是中国经济的恢复阶段，以农村改革和农业大发展为特征，第一产业在国内生产总值的比例超过第三产业（在 1985 年持平，28.5%）。第二阶段是 1985—1992 年，是非农产业较快发展时期，其显著特征是以轻工、纺织为主导的增长期，以满足居民的吃、穿为主。第三阶段是 1993—1999 年，是中国重化工时代的前导时期，重工业产值比重开始明显超过轻工业（图 4），高增长行业包括能源和原材料行业，如石油及天然气等开采业；基础设施和基础产业，如公路、港口和电力等；家电产品，如彩电、冰箱、洗衣机和空调机等。除了满足居民“用”的需要和解决能源、原材料短缺问题等因素之外，城市化加快是驱动这些产业发展的重要力量。1999 年中国的城市化率较 1978 年的 17.92% 增加了 1 倍，到 2005 年提高到 43%。第四阶段是 2000 年以后，中国进入重化工时代，电力、钢铁、机械设备、汽车、造船、化工、电子、建材等产业成为经济增长的主要动力，以满足居民住、行的“大额消费”需求。

上述经济增长和工业化进程决定了中国环境问题的四大特征。

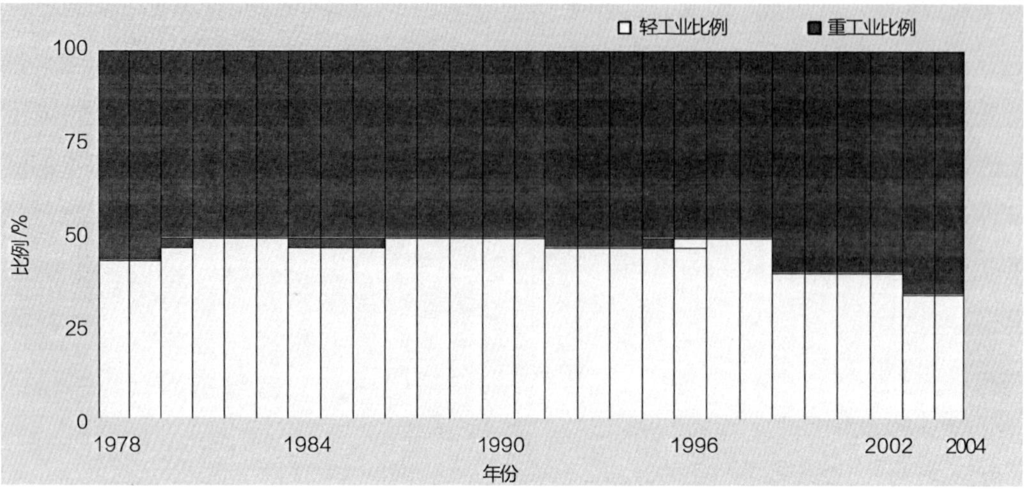

图 4　中国轻重工业结构（1978-2004 年）

（1）环境问题的类型和恶化程度与经济增长和工业化进程密切相关

20世纪70年代出现点状污染，80年代城市河段和大气污染严重，生态环境呈现边建设边破坏、建设赶不上破坏的状态，进入20世纪90年代以后，环境污染和生态恶化呈现加剧发展的趋势，特别是1994年淮河爆发的特大污染事故和1998年长江、松花江和嫩江洪涝灾害给中国敲响了生态环境全面恶化的警钟。从有关环境保护历史文件对不同时期环境形势及保护目标的描述看，对中国环境问题发展进程大致可以得出这样的结论，20 世纪 90 年代中期以前是“局部恶化、整体发展”，之后是“局部改善、整体恶化或恶化的势头尚未根本改变”。之前的“局部恶化”是工业化初期的产物，之后的“整体恶化”是全面工业化及其中期阶段的结果，“局部改善”则是环境保护努力的主要成就。

（2）压缩型工业化进程带来了复合型环境问题

发达国家上百年工业化过程中分阶段出现的环境问题，在中国近20多年来集中出现，呈现结构型、复合型、压缩型的特点。以日本为例，20世纪60年代以前主要是产业污染问题［1967年日本人均GDP约9 000美元（1990年价）］，所以，整个70年代是日本集中防治产业污染的时期；到80年代，日本的环境投资开始集中于城市环境基础设施建设，治理城市生活型污染；进入90年代后，气候变化、酸雨、臭氧层保护、生物多样性等国际和区域环境问题进入日本环境保护的重要日程；从90年代末期开始，解决消费型社会引起的废弃物问题成为突出课题，促成了日本循环型社会战略的形成。相比较，中国在 21 世纪初人均 GDP 为 1 000美元时，同时遭遇产业污染、城市生活型污染（1998年城市生活污水排放量首次超过工业废水排放量）、酸雨、生态退化、全球环境问题、微量有机物、持久性有机污染等问题。这种复合型的环境问题又与中国的重工业结构和能源结构密切相关，呈现出明显的结构型特征。2005 年，中国重工业产值占整个工业产业的 66.5%。2003 年煤炭占一次能源消费比例达67.9%，比世界平均水平高了41.5个百分点，比经合组织（OECD）国家高了46.5 个百分点。烟尘和二氧化碳排放量的70%、二氧化硫的90%、氮氧化物的67%来自燃煤。2006 年，中国煤炭消费的比例上升到68.5%。结构型、复合型和压缩型的环境问题特点决定了中国环境保护的复杂性、艰巨性和长期性。

（3）快速扩张的经济带来巨大的污染排放总量

中国从1999年进入重化工时期，工业废气和废水排放量（去除治理部分）以及固体废物产生量也进入迅速增长阶段，年均增速分别达到22%、8.5% 和17%（图 5）。进入 20 世纪90年代后，城市生活垃圾清运量也以每年9.7% 的速度增长。

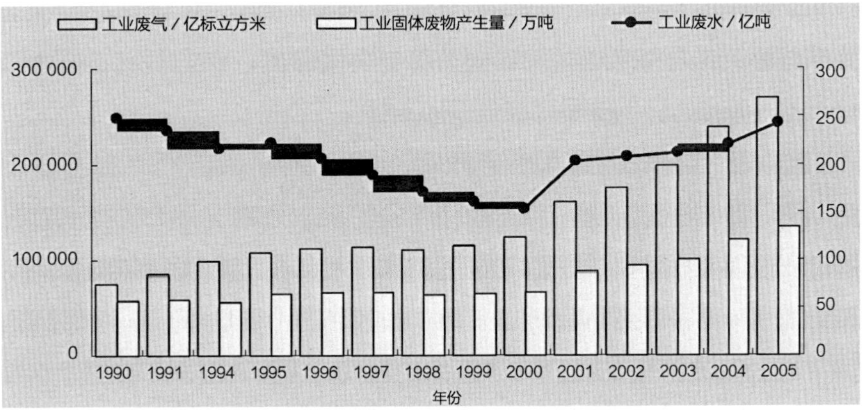

图 5　工业“三废”总量变化（1978—2005 年）

另外，快速扩张的经济规模产生了巨大的污染物排放总量。据测算，目前中国二氧化硫和消耗臭氧层物质（ODS）居世界第一位，二氧化碳排放量居世界第二位；化学需氧量（COD）和二氧化硫排放量也居世界前列。2006年，中国 COD排放量为1 431万吨，二氧化硫排放量为 2 594万吨。据专家研究，中国十大水系按正常年景水量，要达到地面水标准，COD排放最大允许量不应超过800万吨，但目前实际排放总量超过容量600 万～ 700万吨；若保证大气环境中二氧化硫达标，排放总量不应超过1 200万吨，但目前实际排放总量超过该容量 1 倍，如按每 5 年10% 的速度削减，也要20年才能达到要求。

（4）经济发展的二元性结构造成了环境问题的“二元化”趋势

中国的工业化最先发端和壮大于城市和东部沿海地区，所以环境污染首先出现并恶化于这些区域，西部地区和农村的环境污染状况在20世纪90年代以前较轻。但由于经济实力、环境保护能力、污染产业转移和农村城镇化等因素的作用，目前中国的许多城市环境质量得到了明显改善，但中西部地区、城郊和农村城镇的环境污染形势加剧，形成新的环境二元化趋势。中国生态环境二元化现象还普遍表现在资源开发地区内外之间、流域上下游之间、重要生态功能保护区内外之间的环境利益及其相关经济利益的不公平分配，即生态补偿问题。在中国的计划经济时代，矿产资源富集的西部和东北等地区曾将廉价的资源输送给国家的经济建设，但却将严重的生态破坏和环境污染留在了当地，即使在今天的市场经济条件下，由于生态补偿机制的缺失，矿产资源开发依然给当地造成了严重的生态环境问题。在中国为数众多的河流中，存在下游无偿分享着清洁的水资源等上游保护生态环境的成果，或者下游无辜承受着上游造成污染的恶果。在黄河、长江等大江大河水源涵养地区、生物多样性等重要生态功能区，当地群众为保护全国的生态安全付出了努力，但没有得到应有的经济回报，出现保护与发展的矛盾冲突。

2. 中国的经济增长方式及其生态效率

从纵向看，改革开放以来，中国经济增长的生态效率有很大的提高。这其中，既有采取转变经济增长方式、节约资源能源和保护环境等方面措施的效果，也有经济发展和技术进步自身规律的贡献。1980—2000年，中国取得了GDP翻两番而能源消费仅翻一番的成就。按可比价格计算，这期间GDP年增长率高达9.7%，而相应的能源消费量年均仅增长4%，能源消费弹性系数基本维持在0.6以下。1990—2005年，中国单位GDP能耗下降了46.6%，累计节约和少用能源约8亿吨标准煤，相当于少排二氧化碳约18亿吨。1995—2004年，全国单位GDP主要工业污染物排放量都呈现显著下降趋势，与1995年相比，2004年单位GDP工业废水、工业化学需氧量、工业二氧化硫、工业烟尘和工业粉尘排放量分别下降了57.3%、71.7%、42.3%、54.7%和39.3%。中国科学院的研究表明，中国基于10大类主要资源和污染物的节约指数[①]持

① 某一种资源的节约指数或污染物的减排指数可以用一个国家、地区或部门该资源消耗或污染物排放量占世界或该国的份额与对应的该国、地区或部门GDP（或产值）占世界或该国的份额之比来表示，而整个国家或地区的节约指数则是个类别资源节约指数或污染物减排指数的加权平均。

续下降，从1980年的2.359降至2002年的0.726。

然而，总体上，中国的经济仍然是粗放式增长方式，以牺牲资源环境为代价，表现出高资本投入、高资源消耗、高污染排放和低效率产出四大特征。

（1）高资本投入

近50年来，中国GDP增长10多倍（不变价），而矿产资源消耗增长40多倍。以2004年为例，中国消耗的各类国内资源和进口资源约50亿吨，原油、原煤、铁矿石、钢材、氧化铝和水泥的消耗量，分别为世界消耗量的7.4%、31%、30%、25%和40%，而创造的GDP却只相当于世界总量的4%（按现行汇率计算）。中国资本形成占GDP的比重，1980年为34.9%，1995年为40.8%，2000年为36.4%，2003年为42.7%，远高于美国、德国、法国一般20%左右的水平。“六五”“七五”“八五”“九五”和“十五”头4年，每增加1亿GDP需要的固定资产投资分别是1.8亿元、2.15亿元、1.6亿元、4.49亿元和5.01亿元。

（2）高资源消耗

目前，中国五类主要资源（淡水、一次能源、钢材、水泥、常用有色金属）的节约指数为1.8%（GDP按购买力平价计算），意味着中国这五类资源的平均消耗强度高出世界平均约90%，位列世界59个主要国家（占世界GDP的93.7%）中第54位。中国目前的综合能源效率约为33%，比发达国家低10个百分点；农业灌溉用水利用系数是国外先进水平的一半左右，工业万元产值用水量是国外先进水平的10倍；工业用水重复利用率比发达国家低15%～25%；矿产资源的总回收率为30%，比国外先进水平低20%；单位建筑面积采暖耗能高于气候条件相近的发达国家的2～3倍。

中国工业部门的能源消耗占全国能源消费总量的70%以上，而钢铁、有色金属、化工、建材等高能耗行业的能源消费占整个工业终端能源消费的70%以上。也就是说，中国高能耗行业差不多消耗了全国能源消费总量的一半。

（3）高污染排放

2001年，中国单位GDP的废水排放量比发达国家高4倍，甚至比印度高出59%，是巴西的4倍；单位工业产值产出的固体废物比发达国家高10多倍。目前，中国单位GDP二氧化硫和氮氧化物排放强度分别是OECD国家的9倍和8倍。

（4）低效率产出

高资本投入、高资源消耗、高污染排放，必然导致低效率产出。中国第二产业劳动生产率只相当于美国的1/30、日本的1/18、法国的1/16、德国的1/12、韩国的

1/7。资源生产率相当于美国的28.6%、欧盟的16.8%、日本的10.3%。

3. 中国以牺牲资源环境为代价的经济增长走到了尽头，转型势在必行

经济增长的速度、规模及其粗放型方式、重化工工业阶段特征给中国带来了两个严重的资源环境问题：资源短缺与环境污染和生态退化，这两个问题目前又反过来对中国经济的持续增长构成了“瓶颈”约束。温家宝总理对此曾做过这样的判断，中国在发展中遇到了两种矛盾，一个仍然是落后的生产力与广大人民群众不断增长的物质文化需求之间的矛盾，二是资源环境对社会经济发展的严重制约。

（1）严峻的环境形势及其巨大的经济损失

综合官方的文献和专家的判断，中国的环境形势大致是：长期积累的环境问题尚未解决，新的环境问题又在不断产生，一些地区环境污染和生态恶化已经到了相当严重的程度。主要污染物排放量超过环境承载能力，水、大气、土壤等污染日益严重，固体废物、汽车尾气、持久性有机物等污染持续增加。流经城市的河段 95% 以上受到严重污染；70% 的江河水系受到污染，其中 40% 基本丧失使用功能；3 亿农民喝不到干净的水。1/5 的城市空气污染严重，4 亿城市人口呼吸不到新鲜空气，世界上污染最严重的 20 个城市中，中国占了 16 个；1/3 的国土面积受到酸雨影响。全国水土流失面积 356 万千米 ^{2}，沙化土地面积 174 万千米 ^{2}，90%以上的天然草原退化，生物多样性减少。一些地区已经出现了“有河皆干、有水皆污、土地退化、沙漠碰头”等现象。

生态破坏和环境污染，造成了巨大的经济损失。1983—2004年，先后有8家国内外研究机构或学者对中国部分环境污染造成的损失进行了估算，其占同期 GDP 的比例最大的是 9.7%（世界银行，1995）， 最小的是2.1%（美国东西方研究中心，1992）。国家环境保护总局和国家统计局2006年发布的数据是，2004年环境污染损失占同期GDP的3.05%。4 家机构或学者对生态破坏造成的损失占同期GDP的比例在 5.4% ～ 12.47%。

（2）资源短缺，中国如何奔小康

迄今，中国以占有世界 9% 的耕地、6% 的水资源、4% 的森林、1.8% 的石油、0.7% 的天然气、不足 9% 的铁矿石、不足 5% 的铜矿、不足 2% 的铝土矿和不足世界平均水平的一半的其他多数矿产资源，养活着占世界22% 的人口。

然而，如果继续沿用粗放的经济增长方式，中国这样的资源家底能否实现2020年全面小康社会的目标和2050年达到中等发达国家的水平，是一个令人质疑的问题。

据预测，到2010年，中国45种主要矿产品中，关系国计民生的大宗矿产将难以保证需求；到2020年，石油的进口依存度将可能达到58%、铁为52%、锰为38%、铜为82%、铅为52%、锌为69%。

中国科学院对2020中国经济社会发展的资源环境影响进行了3种情景分析：以2000年的情况为基点，即假定2000年经济社会发展的资源环境影响为1。情景一，按现有资源、能源效率和污染排放水平，2020年经济社会发展对资源环境的影响将是2000年的4 ～ 5倍；情景二，保持2000年的环境质量，那么2020年资源生产率（单位资源消耗的GDP产出）或生态效率（单位污染排放或生态消耗的GDP产出）就必须提高4 ～ 5倍；情景三，如果使2020年的环境质量有很大改善（资源环境影响比2000年减少一半），则资源效率或生态效率必须提高8 ～ 10倍。

很显然，今天的中国已没有部分发达国家完成工业化进程所具备的可以通过武力和廉价贸易掠夺的世界范围供给资源的环境，纵然时光倒流百年，中国全面小康社会建设和现代化建设即使有了资源供给的国际环境，现有的经济增长方式也会使中国的美丽山河污浊不堪，丧失安居的家园。中国目前以牺牲资源环境为代价的经济增长方式已走到了尽头，唯有上述情景二和情景三可供选择，也就是说环境不仅要主动去优化经济增长，经济增长也要主动反哺环境，经济增长必须与资源环境相协调，必须发生历史性的转型，别无他途。

（二）中国环境与社会关系的演进：从“漠视和无知”到参与和维权

环境与社会关系的实质表现是，环境问题对公众生活的影响状况，公众对环境质量的关注程度和对环境保护的态度，这也是判断环境与社会关系是否发生本质变化的标准。影响环境与社会关系状况的因素非常复杂，涉及环境问题的危害程度、公众的生活水平和环境意识、环境保护的进程、信息公开程度、社会民主发育程度等诸多方面。

总体来看，中国的环境与社会关系状况大致经历了3个阶段。

20世纪90年代以前，除污染较重的局部地区和一些工业污染源附近的居民对环境问题关切外，公众总体上对环境和环境保护的知识了解得很少、环保意识低、更少直接参与，脱贫致富基本上是整个社会的主流意识。这是一个回顾性的判断，可能未必准确，但至少目前尚无文献能推翻这一判断。

进入20世纪90年代，特别是90年代中期后，有5个方面的因素使中国的环境与社会关系发生了显著变化。一是环境污染形势出现整体恶化的趋势（参见第一部分），对公众特别是城市居民的生活造成较大影响，处理处置环境污染事故进入环境管理的议事日程，1994 年，国家环境保护局首次成立了重大环境污染与自然生态破坏事故应急处理工作领导小组。二是从“九五”开始，中国启动了大规模的区域污染综合治理计划（“33211”工程）①，实施了声势浩大的污染源达标排放“零点行动”和污染总量控制计划，给公众留下了深刻的影响，许多农村和偏远地区的居民也知晓了环境保护行动的厉害。三是随着中国政府对环境保护的高度重视，环境宣传教育力度明显加大，如 20 世纪 90年代初开始连续开展的“中华环保世纪行”②。四是环境信息公开制度开始建立，如 20 世纪90年代后期建立的通过媒体报告和预报城市空气质量制度。目前，空气质量预报在许多中国城市居民心目中与天气预报一样重要，成为日常生活出行的两个重要参考因素。五是中国在 20 世纪80年代末实现了经济发展“三步走”战略的第一步③，基本解决了温饱问题，正在向初步小康目标迈进，社会民主进程也明显加快，公众初步具备了关注环境的能力和兴趣。

在 21 世纪初，当中国人均GDP达到1 000美元并开始奔向全面小康社会的时候，中国的环境与社会的关系开始步入新的阶段。上述20 世纪 90年代的一些积极影响因素更进一步得到强化，此外，关注民生、亲民和建设和谐社会等新一届中国政府的执政理念极大地鼓舞和推动了公众参与环境保护等社会公共事务的兴趣和力度。总体上，目前中国的环境与社会的关系呈现出五大特点。

1. 公众的环境意识普遍提高，环境问题不再乏人问津

2005年，生态小康指数调查显示：94.7% 的被访者关注自己生活的环境状况④。2006年，公众环保民生指数显示，63%的公众认为现阶段我国环境问题严重，32%的被访者对总体环境质量表示不太满意或不满，86% 的被访者认同环境污染对现代人的健康造成了很大影响，39% 的被访者认为环境污染给本人和家人健康造成了很

① 3 河：淮河、海河和辽河；3 湖：巢湖、滇池和太湖；2 控区：酸雨控制区、二氧化硫控制区；1 市：北京市，1 海：渤海。

② 中华环保世纪行是由全国人大环资委牵头，会同中宣部、财政部、国土资源部、水利部、农业部、国家环境保护局等 14 个部委联合组织的大型环保宣传活动。该活动自 1993 年开始，每年围绕一个宣传主题，组织中央新闻媒体的记者，深入现场，调研采访；并成为社会公众共认同和关注的环保宣传舆论品牌。

③ “三步走”战略，1987 年中国共产党第十三次代表大会提出，即第一步到 1990 年，实现国民生产总值比 1980 年翻一番，解决人民的温饱问题；第二步到 20 世纪末，使国民生产总值再增长 1 倍，人民生活达到小康水平；第三步到下个世纪中叶，人均国民生产总值达到中等发达国家水平，人民生活比较富裕，基本实现现代化。

④ 数据来源：http://news.sina.com.cn/2005-04-01/10266256461.shtml。

大影响或较大影响[①]。这些数据说明，社会公众已经普遍意识到环境问题的严峻性，并在主观意识中关心、关注周边环境。

2. 公众对环境的诉求不断提高

随着公众环境意识和对环境质量的要求不断提高，反映环境权益被侵害的来信来访数量逐年增加，“十五”期间增幅更为显著。其中，来信数量年均增加4.8万封，超过“九五”水平的1/3；来访批次由“九五”期间年均4.4万批增加到“十五”期间的8.6万批，数量上翻一番。

与信访强度相对应，各级人大、政协环保提案、议案的数量也明显增多，由1996年不足6 500件增加到2005年接近13 000件，由“九五”期间年均8 911件攀升到“十五”期间的11 781件，增幅近1/3。此外，通过环保热线，过去3年来公众投诉环境污染114.8万件，环境意识引发了环境诉求的高速增长。

3. 环保部门与社会公众之间初步形成了公开透明、良性互动的交流机制

除松花江水污染事件外，2005年引起全社会高度关注的环保事件还有“圆明园环评事件”[②]。该事件第一次在环保领域引入了听证会的做法，第一次公开环境执法的全过程，公众主动参与的热情得到尊重，政府造福百姓的举措获得认可，环境保护的手段收到实效，可谓“三赢”。从某种角度看，2005年中国的环保赢得了公众的信任和支持。“圆明园环评事件”后，国家环境保护总局即出台了《环境影响评价公众参与暂行办法》，从制度层面保证了公众参与的程序和肯定了公众参与的意义。2007年4月11日国家环境保护总局又发布了《环境信息公开办法（试行）》，对环境信息公开的主体、范围、程序责任等进行了规定，为保护公众的环境知情权和参与权建立了新的制度保障。此外，民间组织和环保志愿者是环境保护公众参与的重要力量，中国目前有非政府环保组织1 000余家[③]，2005年开始的“绿色中国年度人物”评选活动，对NGO、环保人士等民间机构或个人给予认可和表彰。这些兼收并蓄的举措，表明了主管部门标本兼治的务实态度，促进了公众与主管部门的良性互动。

---

① 数据来源：http://news.xinhuanet.com/politics/2007-01/15/content_5608136.htm。

② 圆明园环评事件：2005年3月，有学者因旅游发现圆明园进行防渗工程，在媒体上公开质疑该工程的环境影响问题；2005年4月1日，国家环境保护总局叫停圆明园防渗工程；4月13日，圆明园湖底防渗漏工程听证会在国家环境保护总局举行后，清华大学就防渗工程展开环境影响评价；7月7日，国家环境保护总局要求防渗工程进行全面整改；8月中旬，圆明园管理处按要求进行了整改。

③ 数据来源：中国政府环境保护白皮书《中国的环境保护（1996—2005）》。

4. 中国进入环境事故频发期，对公众的影响是深刻的，参与和维权不可避免

2005 年 11 月 13 日松花江水污染事件在中国环保历史上的影响是深远的。由于污染的历史积累效应和目前环境治理滞后等原因，中国目前进入环境事故频发期：一是突发环境事件频率高，自松花江水污染事件发生以来，中国共发生各类突发环境事件76起，平均每两天就发生一起。二是特大事故多、危害大。以 2004 年为例，全年共发生事故总数 1 441 起，其中特大事故25次，其直接经济损失占所有事故损失（36 365.7万元）的92.3%，各类事故共造成伤亡339人，其中死亡12人[①]。从环境污染与破坏环境事故的构成来看，水污染事故占将近50%，大气污染事故占近40%。

总之，目前中国环境与社会的关系也明显进入转型阶段，首先是环境问题对公众造成不利影响的冲突与公共参与、维权及与政府的合作并存，只要将“冲突”处理得好，都可以转为环境保护的社会合作；其次是初步具备促进环境与经济关系转型的公众意识、能力等社会基础。

（三）中国环境保护战略思想与方法的演进：从“点”“线”到“面”

纵观中国的环境保护历史，与相关国际进程一致，大致经历了从末端治理到源头与过程控制，然后开始向环境与经济、社会、文化和技术等方面相融合方向迈进的3 个战略阶段。可以形象地将其比喻为“点”“线”“面”3 个阶段，同时，从环保所涉及的对象和范围，“点”“线”和“面”也可以理解为“点源”“产业”和整个“经济社会系统”。从“点”到“线”，再到“面”的发展，意味着中国对环境问题及其与经济社会发展的规律，在认识深度和广度以及解决问题的战略方法上发生了质的飞跃。

20 世纪70年代初，中国环境保护从治理工业企业“三废”(废水、废气和固体废物）起步，这种以点源污染末端治理方式一直到90年代初基本上处于环境保护战略方法的主流。进入20 世纪 90年代，特别是90年代中期以来，中国根据整体环境形势恶化的局面，积极吸收和借鉴国际经验，与时俱进，环境保护的战略方法实行了一系列重要转变：一是环境保护领域由污染防治为主转向污染防治和生态保护并重转变。二是以“33211”污染综合治理工程[②]为标志，污染防治由点源治理向区域、流域综合

① 数据来源：中国环境年鉴（2005）。

治理转变；以《中华人民共和国环境影响评价法》和《中华人民共和国清洁生产促进法》为标志，污染防治真正实现由末端治理向源头、全过程控制以及依靠产业结构调整转变；以"九五"总量控制计划为标志，污染防治由浓度控制向总量控制和浓度控制相结合转变；从"九五"开始，污染防治也由控制工业污染为主，向控制工业和生活污染并重、兼顾农业污染控制转变；三是生态环境建设和保护中开始强调预防为主、保护优先，生态保护正在实行"三区"（重要生态功能区、资源开发区和生态良好区）推进的战略。

同时，近10多年来，中国引入了一些先进理念，创造了一些适合国情的具体做法，积累了环境与经济相互协调的经验，有了一批典型。

在产品层面，建立了环境标志、无公害和有机食品认证制度。目前，中国环境标志已经在家电、办公设备、日用品、纺织用品、建筑装修材料等领域开展了56大类产品的认证，共有2 000余家企业的20 000多种产品获得了中国环境标志产品认证，环境标志产品的年产值超过900亿元人民币。

在企业层面，推行了清洁生产，建立了1SO 14000环境管理体系认证制度，开展了环境友好型企业创建活动。目前，全国已有5 000多家企业通过了清洁生产审核；截至2005年年底，获得国家环境友好企业命名的有32家；截至2006年年底，经国家认可委认可的认证机构颁发的环境管理体系认证证书18 979份。

在消费领域，积极倡导绿色消费。2006年10月，财政部和国家环境保护总局联合发布了《关于环境标志产品政府采购实施的意见》，要求各级国家机关、事业单位和团体组织用财政性资金进行采购的，要优先采购环境标志产品，不得采购危害环境及人体健康的产品。

在区域层面，开展了生态省建设和环境优美乡镇、生态示范区和环保模范城市创建活动，探索区域环境与经济协调发展的做法和模式。截至目前，全国378个乡镇获得环境优美乡镇称号，63个城市和5个直辖市的城区获得国家环境保护模范城市（区）称号，4个城市获得国家生态市称号。截至2005年年底，已有14个省市已开展或将要开展生态省建设。

在宏观经济管理方面，一方面积极借助经济结构调整的有利时机，淘汰落后的生产技术、工艺、设备和过剩的生产能力，关闭污染严重、经济效益差、治理无望的"15小"企业；另一方面，利用环境影响评价和总量控制制度，推动经济结构调整，限制和禁止不符合国家产业政策的产业发展，把住资源能耗高、污染排放大的技术、工艺和设备的市场准入关口。这两种方式对减轻经济发展给环境带来的压力有重要作用。

在这些实践探索的基础上，21 世纪初，中国又引入了循环经济的理念，旨在从根本上转变传统的生产和消费模式。目前，中国有10个循环经济试点省市，13个试点循环经济产业园区，42 家涉及钢铁、有色金属、煤炭、电力、化工、建材、轻工七大高能耗、高污染行业的循环经济试点企业，4 个国家生态工业示范园获论证，全国已有25个园区通过规划论证。

从 21 世纪初开始，倡导环境文化成为中国环境宣传教育的一个更高层次的新内容，旨在使人们树立环境友好的新价值观。《环境影响评价公众参与暂行办法》和《环境信息公开办法（试行）》标志着中国公众参与环境保护的新阶段。

当然，30 多年来中国环境保护战略思想和方法的重要进步，并不是说在实际工作中就足以应对中国目前面临的严峻环境形势，这是一个涉及许多其他因素的复杂问题。但是，有一点是肯定的，这些进步为中国促进环境与发展战略转型做好了战略思想和方法上的某些准备，也为战略转型的到来奠定了一定的理论和认识基础。

（四）中国环境与政治关系的演进：不断深化和提升

环境问题是经济问题，是社会问题，也是文化问题，必然也是政治问题。国内外的经验表明，环境问题在一国政治议程中的战略地位，往往决定着解决环境问题的成败。中国的环境与政治的关系主要表现为中国共产党和中国政府对环境保护问题的重视程度，对环境保护与经济社会发展规律的认识程度，以及对保护环境和处理环境与经济社会发展关系的战略部署情况。

1972年中国正处“文化大革命”时期，新中国第一代领导人在当时十分艰苦的情况下，敏锐地观察到世界将要掀开环境保护的历史帷幕，派政府代表团参加了斯德哥尔摩联合国人类环境会议，这也是中国重返联合国舞台之后派团参加的第一个国际多边会议。在之后的 1973年，中国召开了第一次全国环境保护会议，启动了中国环境保护的进程。

在改革开放之初的1978年年底，中国的第二代领导人邓小平在拨乱反正的重要关头，强调环境保护很重要，要依靠科学技术，并对环境立法提出了明确要求。所以，中国的第一部《中华人民共和国环境保护法》（试行）在1979年的9月13日就得以施行，并于1989年正式颁布实施。在改革开放初期的20世纪80年代，中国政府对加强环境保护工作进行了一系列的重要战略部署。1983年年底召开的第二次全国环境保护会议，首次提出，保护环境是中国的一项基本国策，并制定了“三同步、三统一”①的环保战略方针。同期，中国建立了“预防为主、防治结合、综合治理”“谁污染、谁治理”“强化管理”的环境保护三大基本政策。为了加强环境保护工作，中国政府在20世纪80年代发布了两个国务院的决定（1981年和1984年）。

进入20世纪90年代，中国政府对环境与发展的关系有了全面系统的把握，把环境保护摆上了关系国家前途和命运的战略高度，环境保护的战略措施力度更大、内容更丰富，同时，中国开始全面积极和务实地参与相关国际进程，系统借鉴和吸收国际经验。

1992年里约环发大会之后，面对全球和国内环境保护与经济发展关系日益密切的形势，中国制定了《环境与发展十大对策》，率先发布了《中国21世纪议程》首次提出转变传统发展模式，走可持续发展道路。接着，中国共产党十四次代表大会把加强环境保护列为20世纪90年代改革开放和现代化建设的十大任务之一。针对一些地方片面理解“发展是硬道理”，将经济增长与环境保护对立起来的倾向，中国共产党十四届五中全会将正确处理经济建设与环境保护的关系作为社会主义现代化建设中的12个重大关系之一予以高度重视。在这次会议上，党中央把可持续发展和科教兴国确定为我国现代化建设的重大战略，实施社会主义市场经济体制和经济增长方式两个转变。在1996年第四次全国环境保护会议期间，江泽民同志提出了“保护环境的实质就是保护生产力”的科学论断，奠定了环境与发展协调发展的理论基础。在2001年中国共产党建党八十周年大会上，江泽民同志系统描绘了中国特色的可持续发展道路，提出“要促进人和自然的协调与和谐，使人们在优美的生态环境中工作和生活。坚持实施可持续发展战略，正确处理经济发展同人口资源环境的关系，改善生态环境和美化生活环境，改善公共设施和社会福利设施。努力开创生产发展、生活富裕和生态良好的文明发展道路”。2002年，江泽民同志又进一步提出“发展不仅要看经济增长指标，还要看人文指标、资源指标、环境指标”，使发展的内涵更加全面。

在中国政府环境保护的战略部署上，20世纪90年代最大的变化有5个：一是

① 经济建设、城乡建设、环境建设，同步规划、同步实施、同步发展，使环境保护与国民经济和社会发展相协调。

从1997年开始，中国政府连续9年召开“中央人口和环境保护工作座谈会”，具体部署当年的环保工作，同时，20世纪90年代中国政府还发布了加强环保工作的国务院决定（1990年和1996年）；二是发布了中国第一个独立的、有明确数量目标（如总量控制目标）的环境保护五年计划，即《国家环境保护“九五”计划和2010年远景目标》（1996年）；三是从经济结构调整、实施积极的财政政策等宏观经济的层面，减轻污染负荷（如关停“十五小”企业），加大环保投资力度；四是在削减中央机构的大背景下，1998年将国家环境保护局升格为国家环境保护总局，提升地位，加强职能；五是中国共产党第十六次代表大会将环境保护和可持续发展能力纳入中国未来20年建设全面小康社会的目标之中。

进入21世纪，以胡锦涛同志为核心的新一届中央领导集体，提出了科学发展观、和谐社会和和平发展的重要思想。将环境保护和经济社会发展纳入一个有机的和统一的体系之中，把环保摆上了更加重要的战略位置。2005年颁布的《国务院关于落实科学发展观加强环境保护的决定》（以下简称《决定》），是历史上党和国家对环境保护与社会主义现代化建设的发展规律这一重要问题的最系统、最科学的认识。《决定》指出，加强环境保护是落实科学发展观的重要举措，是全面建设小康社会的内在要求，是坚持执政为民、提高执政能力的实际行动，是构建社会主义和谐社会的有力保障。加强环境保护，有利于促进经济结构调整和增长方式转变，实现更快、更好地发展；有利于带动环保和相关产业发展，培育新的经济增长点和增加就业；有利于提高全社会的环境意识和道德素质，促进社会主义精神文明建设；有利于保障人民群众身体健康，提高生活质量和延长人均寿命；有利于维护中华民族的长远利益，为子孙后代留下良好的生存和发展空间。因此，必须用科学发展观统领环境保护工作，痛下决心解决环境问题。

经过近30年，中国政府把握了环境与经济社会的发展规律，将环境保护提升到了空前的战略高度，目前已体现出了推动中国环境与发展战略转型的坚定的国家意志，并在理论认识、科学战略和具体措施等方面做好了充分准备。

（五）经济全球化与中国的环境保护：新的挑战

20世纪90年代以来，以信息技术为基础，以资本流动为主导的经济全球化趋势，以惊人的速度席卷世界每个角落，渗透到人类社会的方方面面，极大地促进了生产要素及其产品和服务在全球范围内的自由流动和重新配置，使国与国之间的经济关联更加密切。可以说，全球化已经成为我们这个时代的显著特征。

全球化正惠及世界经济发展和环境保护。全球化大大促进了国际经济分工合作和贸易自由化的发展，世界经济在全球化浪潮推动下，取得了长足发展；全球化打破了封闭经济下的资源约束，促进了资源合理配置，提高了资源的使用效率；全球化也为科学技术进步、转移和知识传播创造了更有利的条件。正因为这些积极作用，全球化也为各国和国际社会解决环境问题提供了更多可供选择的现实途径和潜在机遇。

然而，由于全球化利益的不均衡分配，南北贫富差距进一步扩大，贫困、饥饿、灾荒、疾病等问题继续蔓延，严重阻碍着人类社会的可持续发展。20世纪90年代以来，伴随着快速的经济全球化，全球环境也在以前所未有的速度恶化。环境污染、能源短缺、资源匮乏、气候变暖、森林退化、生物多样性锐减和土地退化等资源环境问题日益凸现。至少可以说，在全球化进程中，我们的环境面临着更大的和更新的挑战。

经济全球化与新的环境挑战之间有其内在的必然联系。经济全球化的本质是市场机制支配下的生产要素及其产品和服务的全球流动与重新配置。全球化进程中的环境恶化是经济全球化模式及其内在机制的某些缺陷所导致的结果。所以，在经济全球化背景下，中国环境保护面临着来自世界的压力和挑战，同时，中国也对世界产生了影响。

首先，中国处于新一轮全球产业结构调整的下游，承接着产业转移和积聚的污染风险，加剧了局部地区的环境问题。

世界银行的研究显示，世界 28 个行业中，仅钢铁、炼油、食品、工业化学、纸及纸制品、有色金属、水泥 7 个部门的大气和水污染物排放就占全球的 90%，这一污染负荷在 1960—1990 年的 30 年里几乎没有大的变化，所变化的只是从一地转移到另一地。中国目前是世界第三贸易大国，在国际贸易中的比重超过了 7%；中国工业制成品出口已占其整个货物贸易出口的 90% 以上，但主要从事地段产品或环节的生产加工，发明专利仅占世界的 1.8%，国内具有自主知识产权核心技术的企业仅占万分之三左右，中国的对外技术依存度高达 50%，高技术含量产品的 80% 以上依靠进口；外资企业出口在中国出口中所占比重达到 58%。这 3 组数据基本可以说明，中国正是上述行业转移的集聚地和“世界工厂”。

其次，中国在赢得贸易顺差的同时，也承担着“生态逆差”。

改革开放的 30 多年来，中国进出口总额从 1978 年的 206.9 亿美元扩大到 2006 年的 1.76 万亿美元，累计增长近 70 倍。在庞大的货物贸易中，中国既遭受着环境贸易技术壁垒造成的经济损失，也承受着贸易留下的环境代价。中国出口贸易中，初级产品出口比重在 20 世纪 80 年代曾高达 51.6%。中国出口的很多商品价格很低，甚至不能真实体现劳动力成本，更不要说支付环境成本。目前，中国为世界每一个人生产 1 双鞋、2 米布和 3 件衣服，出口服装 177 亿件，而每件只售 3.51 美元；出口鞋子 60 亿双，每双仅售 2.5 美元。2004 年中国稀土出口量是 1990 年的 9 倍，平均价格却下降 46%。据测算，中国每年出口的高能耗产品相当于出口掉全国能源消耗总量的 1/5，中国为此牺牲的环境污染代价是可想而知的。

再次，中国面临着严峻的危险废物越境转移的挑战。有报道称，全世界电子废物的 80% 被运到亚洲，其中 90% 丢弃在中国，近年来，中国每年要容纳全世界 70% 以上的电子废物。尽管该报道未必符合实际情况，但可以反映出危险废物越境转移在中国的严重程度。

最后，中国巨大的贸易量在给世界人民带来经济和生活实惠的同时，也会有一些不利的资源环境影响，如资源能源进口问题，这些问题经常会被别有用心的人作为“中国资源或环境威胁论”的口实。同时，中国目前是温室气体的第二排放大国，尽管中国在“共同但有区别的责任”原则下，对减缓气候变化作出了实质性的贡献，但关于在后京都进程中的承诺问题，目前中国承受着空前的国际压力。

因此，在全球化背景下，中国与世界之间出现了一些新的双向环境挑战，要有效应对这些挑战，仅依靠 WTO 规则和外交手段不能解决本质问题，中国必须调整国内的环境与发展的战略关系，转变经济增长方式和贸易方式，以和平发展和绿色发展屹立世界。

二、中国环境与发展战略转型的特征

目前，中国已迈开了环境与发展战略转型的征程，在发展理念、发展目标、发展道路、发展原则、战略部署、工作目标和措施等方面有了鲜明的转型特征。

（一）特征1：树立科学发展观和建设社会主义和谐社会目标

发展观是关于社会经济发展的本质、目的、内涵和要求的总体看法和根本观点。有什么样的发展观，就会有什么样的发展道路、发展模式和发展战略，就会对发展的实践产生根本性、全局性和方向性的重大影响。中国共产党第十六届三中全会

（2003 年）提出了“坚持以人为本，树立全面、协调、可持续的发展观，促进经济社会和人的全面发展”。

这一科学发展观是中国共产党和中国政府关于中国未来社会经济发展问题的世界观和方法论，统领着中国社会经济发展的全局。

专栏1　科学发展观的内涵和基本要求

关于科学发展观的内涵和基本要求，胡锦涛同志在2004年中央人口资源环境工作座谈会上指出：坚持以人为本，就是要以实现人的全面发展为目标，从人民群众的根本利益出发谋发展、促发展，不断满足人民群众日益增长的物质文化需求，切实保障人民群众的经济、政治和文化权益，让发展的成果惠及全体人民。全面发展，就是要以经济建设为中心，全面推进经济、政治、文化建设，实现经济发展和社会全面进步。协调发展，就是要统筹城乡发展、统筹区域发展、统筹经济社会发展、统筹人与自然和谐发展、统筹国内发展和对外开放，推进生产力和生产关系、经济基础和上层建筑相协调，推进经济、政治、文化建设的各个环节、各个方面相协调。可持续发展，就是要促进人与自然的和谐，实现经济发展和人口、资源、环境相协调，坚持走生产发展、生活富裕、生态良好的文明发展道路，保证一代接一代地永续发展。

按照科学发展观要求来发展的中国，将是一个和谐的社会。中国共产党第十六届五中全会（2006 年）提出的社会主义和谐社会的内涵是，按照民主法治、公平正义、诚信友爱、充满活力、安定有序、人与自然和谐相处的总要求，以解决人民群众最关心、最直接、最现实的利益问题为重点，着力发展社会事业、促进社会公平正义、建设和谐文化、完善社会管理、增强社会创造活力，走共同富裕道路，推动社会建设与经济建设、政治建设、文化建设协调发展。在和谐社会建设的八大目标和任务中，“资源利用效率显著提高，生态环境明显好转，加快建设资源节约型环境友好型社会①”

① 中国共产党第十六届四中全会（2005 年）正式提出建设资源节约型、环境友好型社会的概念和任务。

是重要内容之一。

因此，科学发展观和建设社会主义和谐社会目标是标志中国进入环境与发展战略转型的最大特征，也是指导和推动转型的总纲领。

（二）特征2：新型工业化道路和和平发展道路

针对传统的工业化模式和快速发展的工业化阶段的现实，中国政府在2002年召开的中国共产党第十六代表大会上，就以什么样的工业化模式来实现全面小康社会的目标问题提出了明确的要求，即从现在起，中国要坚持以信息化带动工业化，以工业化促进信息化，走出一条符合5项标准的新型工业化道路：科技含量高、经济效益好、资源消耗低、环境污染少、人力资源优势得到充分发挥。

针对日趋复杂的国际政治经济新形势和全球化趋势加快的大背景，中国政府又提出要走和平发展道路的新战略。温家宝同志指出，“中国走和平发展道路，是由中国国情决定的，是由中国文化传统决定的，是由中国适应世界发展潮流决定的，归根结底，是由中国共产党领导的社会主义国家的性质决定的，由中国实现社会主义现代化的目标决定的。和平发展道路的精髓是什么？就是争取和平的国际环境来发展自己，又以自己的发展促进世界的和平。走和平发展道路，既是外交，也是内政，因而，要统筹国内国际两个大局”。简单讲，国内的大局就是科学发展和建设和谐社会；国际大局就是和平、友好、共赢、合作，不对任何国家造成威胁的发展。

（三）特征3：处理环境保护与经济发展关系的“三个转变”

温家宝同志在2006年召开的第六次全国环境保护大会上指出，“做好新形势下的环保工作，关键是要加快实现三个转变：一是从重经济增长轻环境保护转变为保护环境与经济增长并重，把加强环境保护作为调整经济结构、转变经济增长方式的重要手段，在保护环境中求发展。二是从环境保护滞后于经济发展转变为环境保护和经济发展同步，做到不欠新账，多还旧账，改变‘先污染后治理、边治理边破坏’的状况。三是从主要用行政办法保护环境转变为综合运用法律、经济、技术和必要的行政办法解决环境问题，自觉遵循经济规律和自然规律，提高环境保护工作水平”。

“三个转变”是中国政府推动环境与发展关系转型的战略部署和指导原则，是落实科学发展观、建设和谐社会和走新型工业化道路的具体化。

“三个转变”的精髓要义就是“并重”“同步”和“综合”。“并重”阐述的是环境保护与经济增长的辩证关系，要从“重经济增长，轻环境保护转”变为二者并重；“同步”阐述的是要实现环境保护与经济发展同步，是对各级政府落实“并重”的工作部署和对环保工作提出的要求；“综合”阐述的是环保工作的方法，要综合运用法律、经济、技术和必要的行政办法解决环境问题。

简言之，“三个转变”是“并重”“同步”和“综合”。从战略到战术，三者逐步深入具体，相互依赖、相辅相成，共同构成新时期环保工作的总路线。“并重”阐述的是环境保护与经济增长的辩证关系，强调的是国家处理环境保护与经济增长关系基本原则的重大变化，即从重经济增长轻环境保护转变为二者并重。“并重”的依据是，《国务院关于落实科学发展观加强环境保护的决定》所体现的“痛下决心解决环境问题”的国家意志和为此提出的“经济社会发展必须与环境保护相协调”的新要求，标志着中国从环境换取经济增长进入环境保护优化经济增长的新时期。“并重”的含义是，国家提升了环境保护事业在国民经济和社会发展中的战略地位，“有位才有为”，这是做好新时期环保工作的根本。

在“并重”这一新的战略定位下，“同步”是对各级政府如何落实“并重”的工作部署和对环保工作提出的要求。要实现环境保护与经济发展同步，各级政府就必须一方面调整经济增长的方式、改变社会经济活动行为，另一方面给环境保护工作配置足够的资源，包括体制、法律、能力和资金等。在这些保障下，环境保护就要做到不欠新账，多还旧账，改变“先污染后治理、边破坏边治理”的状况。“综合”阐述的是环保工作的方法。遵循社会主义市场经济规律和自然生态规律，综合运用法律、经济、技术和必要的行政办法解决环境问题，提高环境管理工作的水平和保护的效果。如果说“并重”和“同步”的主动权更多的是在各级政府，那么“综合”则是环保部门的直接责任。这并不是说，环保部门坐等转变的到来，而是要始终站在“三个转变”的前沿阵地，率先在思想认识和行动上实现“三个转变”，并促进各级政府实现“三个转变”，为抓住“并重”和“同步”转变所带来的机遇做好思想和能力准备，全面开创环保工作的新局面。

（四）特征4：经济发展从“又快又好”转向“又好又快”

几十年来，中国对经济发展的要求一直提倡的是要“又快又好”。这一指导原则，在实际中往往被片面理解为“重经济增长速度，轻经济增长质量”。在切实落实科学发展观的背景下，中国政府在2007年召开的第十届五次会议上，将多年使用的“又快又好”改为“又好又快”。虽为一字之差，但对经济与社会、经济与资源环境的协调发展有着重大的不同意义。最直接的表现是，中国政府确定经济增长目标的原则变了，即在优化结构、提高效益和降低消耗、保护环境的基础上，确定GDP的增长速度。“又好又快”是科学发展观、“三个转变”在经济领域的具体落实。

（五）特征5：设置节能减排等人口资源环境约束性指标

2006 年，中国政府第一次在五年国民经济和社会发展规划（第十一个五年规划纲要，简称“十一五”规划）明确系统地设立人口资源环境数量目标，而且有些目标是约束性指标。约束性指标是中国政府作出的承诺，关乎可持续发展的大局，必须完成。“十一五”规划有五大类22个数量指标（表 1），几乎都是直接关系可持续发展的关键指标：2个经济增长指标；4经济结构指标；8个人口资源环境指标，占总指标的1/3多，其中约束性指标占所有约束性指标近4/5；8个公共服务人民生活指标。

表 1 “十一五”时期经济社会发展的主要指标

类别	指标	2005 年	2010 年	年均增长 / %	属性
经济增长	GDP / 万亿元	18.2	26.1	7.5	预期性
	人均 GDP / 元	13 985	19 270	6.6	预期性
经济结构	服务业增加值比例 / %	40.3	43.3	[3]	预期性
	服务业就业比例 / %	31.3	35.3	[4]	预期性
	研究与试验发展经费支出占 GDP 比例 / %	1.3	2	[0.7]	预期性
	城镇化率 / %	43	47	[4]	预期性
人口资源环境	全国总人口 / 万人	130 756	136 000	＜ 8‰	约束性
	单位 GDP 能耗降低 / %			[20]	约束性
	单位工业增加值用水量降低 / %			[30]	约束性
	农业灌溉用水有效利用系数	0.45	0.5	[0.05]	预期性
	工业固体废物综合利用率 / %	55.8	60	[4.2]	预期性
	耕地保有量 / 亿公顷	1.22	1.2	–0.3	约束性
	主要污染物排放总量减少 / %			[10]	约束性
	森林覆盖率 / %	18.2	20	[1.8]	约束性
公共服务人民生活	国民平均受教育年限 / 年	8.5	9	[0.5]	预期性
	城镇基本养老保险覆盖人数 / 亿人	1.74	2.23	5.1	约束性
	新型农村合作医疗覆盖率 / %	23.5	＞ 80	＞ [56.6]	约束性
	五年城镇新增就业 / 万人			[4 500]	预期性
	五年转移农业劳动力 / 万人			[4 500]	预期性
	城镇登记失业率 / %	4.2	5		预期性

	城镇居民人均可支配收入／元	10 493	13 390	5	预期性
	农村居民人均纯收入／元	3 255	4 150	5	预期性

注：GDP和城乡居民收入为2005年价格；带 [ ] 的为 5 年累计数；主要污染物指二氧化硫和化学需氧量。

2007 年 4 月中国还成立了以温家宝同志为组长的国务院节能减排工作领导小组，将采取 10大措施，以确保节能和污染减排两项约束性指标的实现。

（六）特征6：循环经济立法和其他政策动向

2008 年《中华人民共和国循环经济促进法》颁布，并于 2009 年 1 月 1 日起施行，这是国际上第一个以循环经济命名的法律①。该法的颁布实施，对中国经济活动减少资源消耗、降低污染排放、提高经济效益发挥重大的作用。

为了加快资源节约型环境型社会建设的步伐，促进节能减排指标的实现，近来，中国政府在相关经济政策方面进行了大刀阔斧的改革。在节约资源能源方面，对高能耗产品和行业的生产用电，实行高于一般行业的价格；将部分特种钢材及不锈钢板、冷板、涂镀等高端产品的出口退税率降为 5%，普碳钢、热板、型材、盘条等钢材产品则取消出口退税，其他数种高能耗高污染产品也不再享受出口退税优惠；资源税改革也进入“快车道”，预计不久发布。在污染减排方面，国家投入了不少资金，用于相关的能力建设，如减排指标、减排监测和减排考核三大体系建设。

三、中国环境与发展战略转型面临的挑战

中国在近20多年的环境与发展的矛盾冲突中艰难地迎来了战略转型，实现战略转型同样将是一个漫长而艰辛的过程，面临着一系列困难和挑战。

（一）挑战1：认识问题远没有解决

上述中国环境与发展战略转型的特征的出现先后用了4年左右的时间，许许多多各级政府的决策者、企业家和公众可能并未意识到战略转型的来临，缺乏迎接转型的激情、思想准备和推动转型的紧迫感。甚至有不少人仍在坚持“发展阶段论”，信奉“先污染后治理”的经验规律。所以，中国推动环境与发展转型的最大障碍首先是相关者的认识问题。

① 德国 1994 年颁布了《物质闭路循环与废物管理法》、日本 2000 年颁布了《建设循环型社会基本法》。

（二）挑战2：经济增长方式的惯性和政府宏观调控的效力

经济增长方式是历史基础、工业化阶段、技术、结构、资本、劳动力素质和制度等多种因素的复合函数。转变经济增长方式非一朝一夕之功，其实，中国早在20世纪90年代就提出并采取措施转变经济增长方式。从发达国家的工业化历史看，目前中国居民消费升级势头、世界制造业中心地位和新技术等条件看，中国的重化工工业化阶段预计还将持续15 ～ 20年。这对中国的节能和污染减排是一个较难攻克的障碍。

另外，从2002年开始的新一轮经济高增长态势看，还能高位运行一段时间，而且会周期性出现，给资源环境指标的实现带来一定的不确定性。例如，根据2007年一季度情况的分析，预计2007年上半年GDP增速在10.5%左右；国内和出口订单与其指数均达历史最高水平；重工业增速快于轻工业，2007年一季度，重工业增长19.6%，轻工业增长15.6%。

经济运行惯性和增长方式惯性直接考验中国政府为了资源节约和环境保护目的的宏观调控效力。2006年，单位国内生产总值能耗由前三年分别上升4.9%、5.5%、0.2%转为下降1.2%；主要污染物排放总量增幅减缓，化学需氧量、二氧化硫排放量由上年分别增长5.6%和13.1%减为增长1.2%和1.8%。但是，全国没有实现年初确定的单位国内生产总值能耗降低4%左右、主要污染物排放总量减少2%的目标。在总结其原因时，温家宝同志指出，主要是产业结构调整进展缓慢，重工业特别是高能耗、高污染行业增长仍然偏快，不少应该淘汰的落后生产能力还没有退出市场，一些地方和企业没有严格执行节能环保法规和标准，有关政策措施取得明显成效需要一个过程。

（三）挑战3：政府职能转变滞后

中国本身处在一个社会转型时期，在经济体制改革大幅前进之后，许多难以解决的问题都往往归结到政府体制改革及其职能转变滞后方面的原因。在众多体制弊端中，有两个问题对中国协调环境与发展关系产生了重要的制约作用。

一是中央与地方的关系问题。在大力落实科学发展观过程中，为什么不少地方政府仍热衷GDP之上，对资源环境问题设置地方保护障碍？因为地方政府不光有“政绩”压力，更有“经济”压力。10多年来，财政税收制度虽然经过重大改革，但一直没有弱化“地方政府行为经济化”的强激励机制，同时也没有彻底约束其在处置国土资源等事权上的过大权力。鼓励短期政绩竞赛固然有考核制度问题，但经济原因是中央与地方的财权、事权关系还远没有规范化和合理化，迫使和诱发了地方政府职能的变形，即为完成社会职能而成为准经济创收机构。

二是资源环境等公共管理部门的公共职能与资源配置问题。一个时期以来，在中国，不直接创造GDP的领域的公共管理部门，如教育、卫生和资源环境保护等部门的支出水平（与 GDP的比例）低于许多发展中国家，而且是公益性质越强支持水平往往越低，威胁到公共管理部门的使命，甚至诱发这些部门模仿盈利部门的市场化改革的误区。体制问题涉及深层次的根本利益的调整，解决的难度较大。

（四）挑战4：资源环境保护的法律、体制、政策和能力问题

多年来，中国的环境保护一直为法律授权不足、体制地位不高、能力不够、有法不依、执法不严等问题所困扰。现有环境保护法律法规对环境违法的处置力度不足，造成违法成本低、守法成本高的显现，变相鼓励违法行为，有法不依。环保部门体制地位不高，一方面造成不能充分参与经济社会发展的综合决策，另一方面难于抗衡地方保护主义，导致有法不依，执法难严。环保部门，特别是基层部门，环境监测和执法能力普遍薄弱，难以严格执法；同时环保能力不足，还表现在环保投入普遍不足，不能与繁重的环保任务相适应。近年来，中国政府开始着力解决这些问题，但仍需时日才能完善。

综上，中国政府必须下大力气，首先解决好上述认识、体制、转变增长方式和环境保护制度等主要问题，才能切实推动环境与发展战略转型的进程。

主要参考文献

[1] 任勇 . 日本环境管理及产业污染防治 [M].1 北京：中国环境科学出版社，2000.

[2] 周生贤 . 全面落实新时期环保工作的部署，努力促进经济社会又好又快发展 .2007 年全国环保厅局长会议讲话 .2007.

[3] 王梦奎 . 中国中长期发展的重要问题2006—2020. 北京：中国发展出版社，2005.

[4] 中国科学院可持续发展战略研究组 . 2006 中国可持续发展战略报告 . 北京：科学出版社，2006.

[5] 国家环境保护总局 . 国家环境安全战略报告 . 北京：中国环境科学出版社，2004.

[6] 国家环境保护总局，中共中央文献研究室 . 新时期环境保护重要文献选编 . 北京：中央文献出版社，中国环境科学出版社，2001.

[7] 王玉庆 . 新时期环境保护与对策 . 环境与经济，2006(8).

[8] 任勇，等 . 生态补偿机制的概念需要科学界定 . 中国环境报，2006-10-20 .

[9] 马凯 .《中华人民共和国国民经济和社会发展第十一个五年规划纲要》辅导读本 . 北京：科学技术出版社，2006.

[10] 国家环境保护总局 . 第六次全国环境保护大会文件汇编 . 北京：中国环境科学出版社，2006.

[11] 尹卫国 . 治污成本不能有社会和公众扛 . 中国环境报，2007-4-27.

[12] 张坤民，等 . 当代中国的环境政策：形成、特点与评价 . 中国人口、资源与环境，2007，17（2期）.

[13] 我国国土资源知多少 . 中国国土资源报 .2007-4-22.

[14] 任勇，等 . 环境友好型社会的认识基础和特征 . 环境与经济，2005（5）.

[15] 顾龙生 . 新时期环境保护学习读本 . 北京：中国环境科学出版社，2001.

[16] 朱坦 . 中国环境保护与可持续发展 . 北京：科学出版社，2007.

[17] 世界银行 . 世界发展报告 2005. 北京：中国发展出版社，2006.

[18] 陈文玲 . 加快转变对外贸易增长方式 . 中国经济时报，2007-03-27.

[19] 中国环境报 .2007-1-5（3）.

[20] 上半年我国经济将处于高位运行状态 . 中国经济时报，2007-04-23.

[21] 中国社会科学院环境与发展研究中心 .中国环境与发展评论(第三卷). 北京：社会科学文献出版社，2007.

绿色新政：多重危机下的系统创新趋势①

摘要

当我们全力以赴应对金融危机提振经济的同时，要清醒地认识到我们同时还面临着影响的时间和空间跨度更大的资源环境等多重危机。多重危机是“世界问题复合体”的必然结果。表面上，多重危机有着各自的直接原因并沿着不同的方向发展，但本质上相互之间存在着必然的内在联系，过去大量资本的错误配置就是多重危机背后的共同根源。应对多重危机需要系统创新。为此，联合国环境规划署最近提出了“实行绿色新政，应对多重危机”的倡议。在绿色新政中，政府的“绿色领导力”是基本要义，“绿色经济”是基本目标，“绿色投资”是基本方法，“绿色政策改革”是基本保障。绿色新政理念提出以后，得到了各主要国家和集团的积极响应，具有广阔的发展前景。

无论是从政治意愿还是从战略思想和具体行动上看，中国特色的绿色新政是坚强的、清晰的和务实的。我国要以应对金融危机为机遇推动绿色投资，加快经济增长方式转变的步伐，在着力解决高物耗、高污染等基本问题的同时，要放眼世界、着眼未来，着力培育和发展清洁能源产业、再生能源产业和环保产业，研发传统产业的清洁化技术，抓住下一轮技术和产业革命先机。环保部门既要做科学发展观统领下的绿色新政的忠实实践者，也要做绿色新政理念的积极倡导者，为中国的绿色发展在理论思想和实际行动上都作出重要贡献。

---

① 本报告由中国环境与发展委员会（国合会）首席顾问专家支持组组长任勇执笔。本报告得到了专家支持组成员俞海博士、周国梅博士的大力支持，也得到了中外首席顾问沈国舫院士和 Art Hanson 博士的指导和国合会秘书处的支持，在此一并致以衷心的感谢！

一、应对多重危机需要系统创新

应对金融危机和实体经济衰退是目前国际社会、各国政府和民众的主流声音及压倒一切的要务。然而，当我们冷静回溯和深入思考 2008 年 9 月爆发金融海啸前后的世界局势，不难发现我们不仅遭遇着百年一遇的金融危机，而且面临着更长时间和空间跨度上的其他危机。在 2008 年之前的若干年里，石油价格总体上一路飙升，2008 年每桶达到 150 美元后又大幅跌至 2009 年年初的 40 美元。国际能源署预测，到 2030 年，石油价格将攀升至每桶 200 美元左右。铁矿石等其他矿产资源也有着类似的价格振荡。能源和自然资源供给短缺已经引发了地区战争和政治动荡。可以肯定，能源和自然资源危机是长期的，而且会不断加剧。2007 年出现的粮食价格飙升使得发展中国家花费了 3 240 亿美元来养活她的人民，这个金额相当于 3 年全球所有对外援助资金的总和。然而，粮食安全问题目前并没有缓解。据预测，到 2050 年，要养活不断增长的人口，世界粮食产量需要翻番。粮食危机引发的社会动荡和生态破坏已成为不争的事实。水资源危机长期存在。目前发展中国家 1/5 的人口没有足够的清洁水，一半人口（约 26 亿人）没有基本的水卫生设施。根据联合国环境规划署 2007 年发布的《全球环境展望 4》，除了诸如臭氧层破坏和酸雨等少数相对简单的全球和区域环境问题的解决取得了积极进展外，全球层面的环境总体状况在恶化，环境问题的地区及社会分布失衡加剧。在众多全球环境问题中，气候变化问题在近两年进入前所未有的“危机”阶段，一方面，诸多方面的观点认为，目前大气中的二氧化碳浓度已处于生态阈值水平，人类受气候变暖威胁的程度和广度达到了非常严重的状态；另一方面，全球应对气候变化的国际合作进程进入了后京都制度框架谈判的关键阶段，各国对 2009 年的哥本哈根进程寄予厚望，但艰苦曲折的谈判又使人们产生了不少的失望情绪和很大的担忧。正在肆虐全球的甲型 H1N1 流感，使金融危机雪上加霜。

总之，尽管目前仍处在“全力以赴应对金融危机、提振信心恢复经济”的重要时刻，但我们必须清醒地意识到，实际上，经济、资源和环境等多重危机正在同时肆虐地球家园。表面上，这些危机有着各自的原因并沿着不同的方向在发展，但本质上相互之间存在着必然的内在联系。除了人们熟悉的传统经济增长方式和消费模式是造成资源环境危机的根源这一认识外，联合国环境规划署在 2009 年 3 月发布的《全球绿色新政》报告对多重危机的共同根源有更新的见解，这就是大量资本的错误配置，即过度地将有限的资本配置到物质财产、化石能源、结构化的金融资产及其衍生品方面。金融危机迅速导致经济下滑，资源能源危机和环境危机同样可以逐渐地并从根本上摧毁传统经济增长的基石。反过来，经济危机正在削弱人们应对环境危机的决心和能力。

多重危机印证了罗马俱乐部关于"世界问题复合体"的判断，即当今世界的政治、经济、社会、环境和全球化等问题相互影响、相互交织，共同制约着人类的可持续发展。"世界问题复合体"有两层寓意：要么全面崩溃，要么系统创新。目前的多重危机正在或多或少地预示着前者，同样，国际社会在应对危机中正在思考着和探索着后者。正如联合国环境规划署的《全球绿色新政》报告所指出的，国际社会在多重危机下取得了一项重要的共识：旧的体系难以为继，必须寻求新的解决问题的途径，我们不能错过这次彻底改变人类文明轨道的机会！

二、绿色新政强调应对危机的政府领导力和发展绿色经济

面对金融危机，人们不禁想起20世纪30年代的经济大萧条。1929年10月24日，股票资产一夜蒸发，出现了美国历史上的"黑色星期四"。以往蒸蒸日上的美国社会逐步被存货堆积如山、工人失业、商店关门的凄凉景象所代替。86 000家企业破产，5 500家银行倒闭，美国金融界陷入窒息状态，千百万美国人多年的辛苦积蓄付诸东流；农产品价值降到最低点，农民将牛奶倒入大海，把粮食、棉花当众焚毁的现象屡见不鲜。美国GNP由危机爆发时的1 044亿美元急降至1933年的742亿美元，失业人数占整个劳动大军的1/4还多，整体经济水平倒退至1913年。

应对金融危机，人们也不会不想起富兰克林·罗斯福新政。罗斯福新政又称"3R"新政：复兴（Recover）、救济（Relief）、改革（Reform）。具体包括整顿金融业、社会救济事业、振兴工农业、建设民生工程和基础设施。罗斯福新政不仅使美国乃至世界摆脱了经济大萧条，而且形成了使美国在20世纪保持繁荣的治理结构和政策体系。

根据这一历史经验，在应对本次金融危机时，人们自然会呼唤另一个"新政"。其实，自从2008年年底，许多国家纷纷发布了经济刺激方案和计划，逐渐勾画出了"新政"的轮廓。然而，此"新政"非彼"新政"。20世纪30年代的大萧条与今天的经济衰退相比，虽然都有"金色（金融）危机"的种子和生产过剩的恶果，但没有

今天的"褐色（资源环境）危机"的叠加和不可持续发展的长期挑战，也没有全球化背景下迅猛蔓延的速度和对全球密切合作的迫切需要。这就必然要求今天的"新政"要有新的成分。为此，联合国环境规划署在2009年2月召开的第25届理事会上郑重地提出了"实行绿色新政、应对多重危机"的倡议。

根据该倡议，绿色新政包括4个方面的含义：

第一，多重危机需要全球范围和广泛领域的政府领导力。所谓政府的"领导力"（leadership），就是政府引导和激励社会朝某一目标努力的行为组合，既包括提振信心，更需要采取行动的措施和综合能力。无论从这次金融危机是自由市场经济"惹的祸"的事实出发，还是从环境保护和可持续发展的公共物品属性看，强有力的政府领导力都是应对多重危机的关键。

第二，绿色新政需要全球协调的、大规模的刺激计划和政策措施。这些计划和措施的近期目标是要复苏全球经济，保证并增加就业，保护弱势群体；中期目标是减少经济对碳的依赖，减少生态系统退化，使经济走上清洁、稳定的发展轨道；长期目标是实现可持续的和开放的增长，实现千年发展目标，在2050年消除绝对贫困。

第三，要实现上述目标，联合国环境规划署建议在绿色经济部门投入3万亿美元的资金，投资重点应包括7个领域：高能效建筑、可持续能源、可持续交通、淡水资源、生态基础设施、可持续农业以及诸如废物循环利用等其他领域。

第四，改革国内政策架构，确保绿色投资在国内经济发展中的成功。

第五，改革国际政策架构和国际协调，支持各国的努力。

可以看出，在绿色新政中，政府的"绿色领导力"是基本要义，"绿色经济"是基本目标，"绿色投资"是基本方法，"绿色政策改革"是基本保障。

从影响的猛烈程度看，金融危机首当其冲；从影响的深刻性和长期性看，要数资源环境危机。解决多重危机，毫无疑问必须先从金融危机下手；但缓解资源环境危机，应对金融危机为其提供了难得的历史机遇。所以，这就是绿色经济（发展）成为绿色新政的基本目标的原因。

绿色经济是一个宏观层面的、广义的概念。凡是朝着有利于资源节约、环境保护和可持续发展方向的经济活动都是绿色经济。从资源开发、到产品生产、流通和消费的再生产全过程是经济活动的永恒的主题。然而，从不同发展目的出发可以对这一主题提出不同的要求。例如，为了强调知识和技术要素对经济增长的贡献，倡导知识经济；为了降低经济增长过高依赖化石能源，减少二氧化碳排放，缓解气候变暖，提出发展低碳经济；针对传统经济发展对资源的线性利用方式问题（从资源到废物），要发展循环经济。这些都是实现绿色经济的途径和方法。当然，绿色经济还要求培育新的清洁产业，发展清洁技术等。只有正确把握这些概念的本质，在实践中才不会混淆和盲从。

三、实施绿色新政的潜力和国家动态

绿色新政概念提出后，各主要国家和集团积极响应。2009 年 4 月 2 日伦敦 G20 领导人峰会声明就明确承诺："我们同意尽力用好财政刺激方案中的资金，使经济朝着有复原能力的、可持续的、绿色复苏的目标迈进。我们将推动向清洁、创新、资源有效和低碳技术与基础设施的方向转型。我们认识到并共同努力采取措施建立可持续经济。"

欧洲环境研究所最新资料表明（表 1），在美、德、法等国的经济刺激计划中，绿色投资都保持在 10%~20% 水平。韩国高达 80%。绿色投资主要集中在能源效率（包括建筑、低碳汽车和公共交通）和可再生能源领域。据一家德国研究机构估计，目前全球经济刺激计划总投资额约为 2.796 万亿美元左右，其中绿色投资约 4 360 亿美元，占 15.6%。这一数额与环境署 3 万亿美元绿色投资的建议尚有极大的距离。

表 1　主要国家绿色投资比例和投资领域

国家	刺激方案	资金总量	绿色投资比例 /%	主要绿色投资领域
德国	双刺激方案 (2008 年 11 月和 2009 年 2 月）	810 亿欧元	13.2	能源效率（建筑）、低碳汽车、公共交通
法国	经济复兴计划（2008 年 12 月）	260 亿欧元	21.2	能效（建筑、低碳交通工具汽车）、可再生能源、电网改造
意大利	紧急方案 (2008 年 11 月）和汽车刺激方案（2009 年 2 月）	820 亿欧元	2.8	铁路、汽车、高效能机动车
英国	恢复计划 (2008 年 11 月）和汽车工业支持计划（2009 年 2 月）	221 亿英镑	6.9	能效（建筑、新客车、水网、低碳汽车）、可再生能源、防洪

国家	刺激方案	资金总量	绿色投资比例 /%	主要绿色投资领域
西班牙	刺激方案 (2008 年 11 月)	110 亿欧元	5.8	水和废物设施
中国	刺激方案 (2008 年 11 月)	5 861 亿美元（4 万亿元人民币）	37.8	环保、基础设施和经济结构调整
美国	经济稳定法案（2008 年 10 月）和美国恢复与再投资法案 (2009 年 2 月)	9 720 亿美元（不包括救济银行的 7 000 亿美元）	11.5	清洁能源、可再生能源、碳捕获、能效（建筑、低碳汽车、铁路）
韩国	绿色新工作创造计划（2009 年 2 月）	381 亿美元	80.5	能效（低碳汽车、建筑）、河流和森林恢复、大坝、低碳能源
日本	经济刺激计划（2009 年 4 月）	15 万亿日元（1 500 亿美元）	不清楚	不清楚

资料来源：欧洲环境研究所。

对于绿色投资的潜力，特别是其对振兴经济的效果如何是人们普遍关注的一个关键问题。根据现有资料，就环境署推荐的 7 个绿色投资领域的情况看，答案是肯定的。世界资源研究所对美国经济刺激方案的评价结果显示，向绿色领域每投入 10 亿美元，可以创造 3 万个就业岗位，取得 4.5 亿元的节能效果。

从全球范围看，建筑领域能耗及其温室气体排放和废物产生量占总能耗及相应排放量的 30%~40%。如果采用现有好的技术，就可以使建筑能耗降低 80%。全球建筑行业年营业额在 3 万亿美元左右，若将现有建筑改造为高效建筑，就可以创造 1.11 亿个就业岗位。

世界交通能耗每年以 2% 的速度增长，到 2030 年交通能耗较 2002 年将增长 80%；到 2050 年，全球汽车总量将增加 3 倍，90% 的增加量在非 OECD 国家。如果用好现有的技术，交通领域可以节省 60 亿桶汽油、每年减少 20 亿 t CO_2，这相当于欧盟目前 CO_2 排放量的一半。如果转向生产低排放汽车，全球可以创造 3 800 万个工作岗位和 1 900 万个辅助性工作岗位。同时，向清洁和高效的城市公共交通转型具有明显的就业放大效应，每创造一个直接的工作岗位，就业的乘数效应在 2.5 ～ 4.1。例如，美国 10 年联邦高速铁路系统投资计划可以创造 25 万个就业岗位；韩国未来 3 年将在公共运输和铁路系统投资 70 亿美元，创造 13.8 万个就业岗位。

城市公共运输体系对直接就业岗位影响显著，例如，在美国有 36.7 万人、在欧盟有 90 万人。

据估计，全球范围的供水、水处理和水效率领域的市场规模在 2 530 亿美元左右，到 2020 年将增加到 6 580 亿美元。

废物循环利用是一个具有巨大经济、社会和环境效益的领域。2006 年，全球城市固体垃圾产生量 20.2 亿 t，自 2003 年以来以每年 7% 的速度在增长。在美国，废物循环利用行业年产值 2 360 亿美元，超过 100 万人在 5.6 万个相关的公共和私人部门或企业就职。美国的废物再循环利用率约 30%，节省的原油可以满足 2 200 万辆汽车一年的使用。全球再制造行业每年可以节省 1 000 万桶油，相当于 5 个核电厂的发电量。欧盟成员国 2000 年的再制造产值占到其 GDP 的 4%。据 1997 年日本通产省产业结构协会提出的《循环型经济构想》，到 2010 年，发展循环经济将使日本新的环境保护产业创造近 37 万亿日元产值，提供 1 400 万个就业机会。

目前，全球可再生能源产业提供了相当于 2% 的一次能源供给，就业人口 230 万；石油、天然气和炼油产业就业人口也就 200 多万。据估计，到 2030 年可再生能源投资在 6 300 亿元的水平，形成至少 2 000 万的就业。我国目前可再生能源行业的产值为 170 亿美元，就业人口 100 万。国际能源署的研究结果显示，到 2020 年，我国若能执行更严格的空调和冰箱能效标准这一项措施，就能节省一座三峡大坝的发电量。

金融危机爆发以来，不少国家的绿色产业出现了“口红效应”[①]，即逆势上扬。英国一家报纸最近发布的《绿色富豪排行榜》显示，世界最大的富豪对电动汽车、太阳能和地热能源的投资热情并没有受经济衰退的影响。100 个资产超过 2 亿英镑的大亨或富有家族对绿色技术和企业进行了投资，或承诺对环保事业投入巨资。“100 名绿色富豪”的投资总额接近 2 670 亿英镑。巴菲特投资分离发电和电动汽车，比尔·盖茨支持替代燃料开发。一家研究中心发布的《2008 年中国清洁技术行业投资研究报告》显示，自 2006 年以来，清洁技术行业共有 28 家中国企业在海外上市，其中 17 家有风险或私募投资机构的支持。从投资项目看，2007 年的清洁技术市场投资案例仅为 20 笔，2008 年则激增到 55 笔，比上年增长了 175%，投资金额也不断上升，比 2007 年增长 120.3%。在 2008 年，德国所有银行的收益增长率都降到了

① 人们发现，当经济不景气时，口红却卖得很好。主要是因为人们休闲、约会的频率增大，口红消费量增加。

5% 以下，但一家从事绿色投资的银行（GLS）的收益增长率却维持在 27% 左右。

四、实施中国特色的绿色新政，迎接新一轮的技术和产业革命

可以毫不夸张地讲，中国的绿色新政是坚强的、清晰的和务实的。

从政治上看，我国领导人的绿色新政意愿是非常坚定和明确的。胡锦涛总书记在论述应对金融危机过程中加强环境保护问题时强调指出：在扩大内需的过程中千万千万不要搞简单的重复建设；千万千万不要搞“两高一资”行业；千万千万不要搞能力过剩项目。温家宝总理在 2007 年接见国合会外方委员时曾坦诚地说，要成为一个环保总理，内阁应该是一个环保内阁，我们不仅要创造一个繁荣的中国，还要使中国保持蓝天白云的良好环境。在 2008 年的接见中又明确指出，在国际金融危机和经济遭受影响的情况下，中国仍将坚持环境保护和可持续发展，高度重视环境保护和应对气候变化，高度重视实现千年发展目标。中国政府应对气候变化所采取的措施和力度坚定不移；实现节能减排的目标坚定不移。

从战略思想上看，中国提出的以人为本、全面协调和可持续的科学发展观是当今世界最典型的绿色新政理念，并逐渐形成了清晰的、具中国特色的绿色新政的战略路线图。在科学发展观的统领下，我们确立了以“人与人、人与自然和谐相处”为核心价值的和谐社会建设的发展目标。为实现这一发展目标，将指导经济增长的原则从“又快又好”调整为“又好又快”；对内，通过走一条科技含量高、经济效益好、资源消耗低、环境污染少、人力资源优势得到充分发挥的新型工业化道路来转变发展模式；对外，通过走和平发展道路，促进建立和谐世界。在处理环境与发展的关系方面，我国也进入了一个重要的战略转型期：国家将环境保护作为关系到人类发展文明全局的大问题来认识，提出建设生态文明的新理念；确定了建设资源节约型、环境友好型社会的奋斗目标；为了协调好环境保护与经济发展的关系，正在推进“三个历史性转变”。

在实践层面，节能减排、发展循环经济、在再生产的全过程建立环境经济政策体系、实施国家应对气候变化方案等都是实施绿色新政具体务实的行动和措施。在应对金融危机扩大内需的 4 万亿刺激方案中，直接用于环境保护的投资占 5%，如果考虑到基础设施建设、调整结构和技术、灾后恢复重建等方面投资中用于环境保护的投资或对环境保护有间接推动作用的投资，我国绿色投资为数可观，按照国外

机构的估计，可能会达到 38% 左右。除电子信息和物流 2 个产业外，汽车、钢铁、纺织、制造、有色金属、轻工和化工七大产业振兴规划都明确提出了结构调整、技术更新、节能减排、淘汰落后产能等绿色的目标、任务或措施。

然而，我们必须清醒地认识到，与联合国环境规划署有关绿色新政的重点领域和发达国家相关绿色投资的方向相比，尽管我国绿色新政的战略体系是先进的，但有关行动和措施的出发点和目标还停留在解决资源浪费和污染严重等初级发展阶段面临的基本问题上，缺乏新型产业的培养以及在提高能效和再生能源开发方面的集中投资。所以，虽然我国经济刺激方案的绿色投资比例可能较高，但总体上仍处于较低水平的绿色投资。这尽管在很大程度上是由国情决定的，但我国为此有可能失去下一轮产业和技术革命的先机，未来仍将继续处于追赶状态。

从 18 世纪末期开始，人类社会大致经历了 5 轮技术和产业革命：第一轮是机械化带动了纺织工业的发展；第二轮是蒸汽机和蒸汽动力引发了铁路运输和钢铁业的发展；第三轮是电气化和内燃机技术带动了化工和汽车工业的发展；第四轮是电子技术带动了电视、航空、计算机以及石化工业的发展；第五轮是生物技术和信息产业。那么，关于下一轮技术和产业革命的方向，众多研究结果认为，应该是清洁技术、绿色产业、再生能源，当然也包括生物仿真。

因此，我国要及时把握国际绿色新政的潮流，继续扎实推进中国特色的绿色新政，以绿色新政应对多重危机，以应对金融危机为机遇推动绿色投资，加快经济增长方式转变的步伐，在着力解决高物耗、高污染等基本问题的同时，要放眼世界，着眼未来，着力培育和发展清洁能源产业、再生能源产业和环保产业，研发传统产业的清洁化技术，抓住下一轮技术和产业革命先机。

在我国进入环境保护优化经济增长的新时期，发展需要环保，环保为了发展，两者高度融合是这个时期的新特征，也是走中国特色环保新道路的基本要求。环保部门既是环境保护的执法监督者和统一管理者，也是环境与发展的一个综合决策者和协调者。环保部门既要做科学发展观统领下的绿色新政的忠实实践者，也要做绿色新政理念的积极倡导者，为中国的绿色发展在理论思想和实际行动上作出重要贡献。

中国环境与发展国际合作委员会二十五周年回顾报告①

一、引言

中国环境与发展国际合作委员会（简称国合会）是一个非营利的国际性高层政策咨询机构，基本宗旨是就中国环境与发展领域的重大问题，为中央政府与各级决策者提供前瞻性、战略性、预警性的决策与政策建议。国合会于 1992 年由中国政府批准成立。国合会由中外环境与发展领域高层人士和知名专家组成，历任主席团主席均由中国国务院主管环境保护工作的副总理担任。中国政府领导人定期参加国合会委员全体会议、会见国合会委员，当面听取政策建议。国合会政策建议提交中国政府有关部门供借鉴参考，很多转化成了实际政策，并产生了积极影响。本报告简要回顾了国合会成立 25 年来取得的成就，尤其是国合会研究成果、政策建议及其产生的影响，总结了国合会的成功经验。国合会经验不仅对中国，也对其他国家和地区具有重要的借鉴意义。

（一）中国环境与发展国际合作委员会概述

1992 年联合国环境与发展会议召开前夕，中国政府批准成立了中国环境与发展国际合作委员会，作为中国环境与发展领域的国际性高级政策咨询机构，为中国的高层决策者提供有关解决环境与发展领域重大问题的政策建议。国合会成立并发展壮大的 25 年间，正值中国经济快速增长、在环境与发展方面有所作为的重要时期，

① 本报告由中国—东盟环境保护合作中心彭宁、石峰、周国梅执笔，杨昆、蓝艳等提供支持，感谢首席顾问及专家支持组的指导，感谢国合会秘书处和国际办公室的支持。

也是可持续发展理念获得全球普遍共识、中国积极参与的关键时期。国合会得到了中国政府强有力的支持以及国际伙伴的积极资助和参与，并在中国的环境与发展进程中发挥了独特作用。

（二）国合会的组建

国合会的发展与中国环境与发展进程密不可分。自 1972 年 6 月在斯德哥尔摩召开的第一次全球环境会议后，中国积极关注和参与全球的环境事务，国内的环境保护工作也相应取得了长足进展；1978 年开始大规模实施改革开放，这些都为国合会的成立奠定了基础。

1991 年国务院批准成立国合会，1992 年 1 月召开了国合会成立预备会。洛克菲勒基金会和福特基金会为国合会成立提供了初始资金，随后加拿大国际发展署开始为国合会提供资助。1992 年 4 月，第一次国合会全体会议在北京召开。

国合会自成立伊始，便致力于更好地协调中国经济发展与环境保护的关系，并不断依据中国环境与发展形势以及迫切需求适时调整重点任务与活动。目前国合会的主要任务表述为，“对中国和全球环境与发展领域的重要问题开展研究，向中国政府提出前瞻性、战略性、可操作性的政策建议；针对中国全面建设小康社会的目标以及社会经济发展五年规划，提供政策咨询、技术支持和经验示范，协助中国政府实施可持续发展战略，推进资源节约型、环境友好型社会建设”。

（三）运行机制

国合会每 5 年一届，由国合会中外委员、主席和副主席、秘书长、首席顾问和秘书处组成。每届国合会由 50 ～ 60 名中外委员组成，原则上中外委员各半，均为相关领域知名专家、学者和具有相应级别和影响力的政府官员，一届任期 5 年。迄今已有 300 余位中外委员先后参加了国合会的工作。主席由中国国务院领导人担任。国合会设主席团，由主席、执行副主席、副主席和秘书长组成。主席团负责审议并决定国合会的主要战略性问题，审议国合会本年度工作报告，批准国合会次年度工作计划，确定国合会次年年会的主题及召开日期。秘书处由秘书长领导，设在中国环境保护部国际合作司，主要负责日常业务运行与行政管理，同时在加拿大西蒙·弗雷泽大学（Simon Fraser University）设有国际支持办公室，为国合会的国际活动提供支持服务，并管理大部分国际资金。

国合会基于国际环境与发展现状及趋势、根据国内环境与发展政策需求设立政策研究项目，邀请中外专家共同开展政策研究活动，并提出政策建议。政策研究项目分为课题组、专题政策研究和政策示范项目 3 种类型，通过研究形成政策建议提交国合会年会讨论，并随后提交国务院和相关政府部门。从 2007 年起，国合会开始实施首席顾问咨询制度，由两名资深专家分别担任中外首席顾问并带领其支持专家组，针对国合会工作的重点内容（尤其是研究重点内容）提供独立的监督和咨询。随着国合会工作的复杂性日益增加，首席顾问机制的作用也越来越重要。

国合会每年召开一次全体会议（年会），向委员们介绍政策研究的工作成果，讨论需关注问题，听取高层领导和受邀嘉宾的意见，并且在此基础上形成给中国政府的政策建议。每年年会历时 3 天，参加者超过 200 人。年会期间，中国总理还将单独会见国合会委员，进行小规模政策对话。国合会还设立了圆桌会议制度，讨论与年会主题相关的重点议题或探讨国合会需要关注的主题，同时将国合会的政策建议介绍给包括各级地方政府官员、商界领袖和民间团体代表在内的一系列决策者。2012 年以后，国合会增设了战略沙龙，邀请知名专家学者，从多学科视野、理论实践并重的角度，围绕中国环境与发展领域中的难点、重点问题展开头脑风暴，为国合会提出研究课题建议。近年来，国合会还利用中国举办各类重大国际会议、活动的契机，举办各类主题论坛、边会活动，探讨环境与发展领域的最新问题、趋势和重大需求。例如，2015 年 6 月国合会举办了“中国‘十三五’规划环境与发展国际咨询会”，向国际环发领域的知名人士征询意见，助力中国“十三五”规划制定；2016 年 6 月，国合会与世界经济论坛在夏季达沃斯论坛召开之际，在天津联合举办了“分享经济高层论坛”，探讨移动互联网时代催生出的新经济形态对环境与发展的影响。

（四）独特优势

国合会成功发展了 25 年，在中国与世界环境与发展领域打造了一个独特品牌，成为中国的高层政策直通车。国合会主要发挥了 4 个作用：第一，作为连接中国与国际社会、政府与社会的桥梁，共同推进人与自然的和谐发展。第二，成为向中国各级政策制定者传播可持续发展新观念和先进国际经验的智库。第三，作为一个高级国际咨询机构，提供中国和国际专家坦率交换意见的平台。第四，作为中国与国际社会分享其成功经验和解决方法的媒介。国合会的独特性重点体现在 3 个方面：

1. 组织层次高，参与广泛

国合会委员由中外政要、知名学者、商界领袖、国际组织和环境保护非政府组织代表组成。国合会主席一般由中国国务院主管环保工作的副总理担任，中国国家环境行政主管部门的部长和加拿大国际发展署署长共同担任执行副主席。25 年来，先后有 29 个国家、联合国机构、地区组织、非政府组织、跨国公司和基金会为国合会提供资助（表 1）。每年有 200 多位中外专家学者参与国合会的研究工作，共同讨论形成给中国政府的政策建议，同时分享中国可持续发展的经验和成效。事实表明，类似国合会这样高级别、范围广、时间持久的中外方共同参与机制，在其他国家非常鲜见。高层次的委员、优秀的研究团队、众多的参与方，使得国合会具备了提供高水平、多样性和包容性政策咨询的基本条件。

表 1 第一至五届国合会资金捐助方（1992—2016 年）

资助方	第一届	第二届	第三届	第四届	第五届
政府					
中国	■	■	■	■	■
加拿大	■	■	■	■	■
挪威	■	■	■	■	■
德国	■	■	■	■	■
英国	■	■	■	■	
日本	■	■	■	■	
荷兰	■	■	■	■	■
瑞典		■	■	■	■
欧盟		■		■	■
法国				■	
意大利			■	■	■
澳大利亚				■	■
丹麦				■	
瑞士			■		
国际机构					
联合国开发计划署		■		■	■
联合国环境规划署				■	■
联合国工业发展组织				■	
世界银行		■			

<table>
<tr><th>资助方</th><th>第一届</th><th>第二届</th><th>第三届</th><th>第四届</th><th>第五届</th></tr>
<tr><td>亚洲发展银行</td><td></td><td></td><td style="background:#ccc"></td><td></td><td></td></tr>
<tr><td colspan="6">其他机构</td></tr>
<tr><td>美国环保协会</td><td></td><td></td><td style="background:#ccc"></td><td style="background:#ccc"></td><td style="background:#ccc"></td></tr>
<tr><td>福特基金会</td><td style="background:#ccc"></td><td style="background:#ccc"></td><td></td><td></td><td></td></tr>
<tr><td>洛克菲勒基金会</td><td style="background:#ccc"></td><td></td><td></td><td></td><td></td></tr>
<tr><td>洛克菲勒兄弟基金会</td><td></td><td></td><td></td><td style="background:#ccc"></td><td></td></tr>
<tr><td>壳牌集团及壳牌（中国）公司</td><td style="background:#ccc"></td><td style="background:#ccc"></td><td></td><td style="background:#ccc"></td><td style="background:#ccc"></td></tr>
<tr><td>世界自然基金会</td><td></td><td></td><td style="background:#ccc"></td><td style="background:#ccc"></td><td style="background:#ccc"></td></tr>
<tr><td>能源基金会</td><td></td><td></td><td></td><td></td><td style="background:#ccc"></td></tr>
<tr><td>香港大学</td><td></td><td></td><td></td><td></td><td style="background:#ccc"></td></tr>
<tr><td>世界资源研究所</td><td></td><td></td><td></td><td></td><td style="background:#ccc"></td></tr>
<tr><td>苹果公司</td><td></td><td></td><td></td><td></td><td style="background:#ccc"></td></tr>
<tr><td>国际可持续发展研究院</td><td></td><td></td><td></td><td></td><td style="background:#ccc"></td></tr>
</table>

2. 针对重大环境与发展问题，成果直达高层

国合会每年根据国际和中国环境与发展形势确定年度主题，围绕主题识别出中国迫切需要解决的重大问题，开展相应研究。研究成果提交年会供委员讨论，并形成国合会给中国政府的政策建议。

国合会的政策建议通过 3 条途径传递到中国政府高层：一是国家领导人每年接见出席国合会年会的委员和代表，当面听取政策建议；二是国合会主席和相关部委、机构负责人参加年会，就政策建议进行交流和讨论；三是政策建议以书面形式报送国务院和相关部委，并备有课题组和专题研究的全文报告以供参考。这种“直通车”机制，确保了国合会政策建议能够直达国家领导人。因此，其政策咨询对中国决策的影响是一般研究机构所难比拟的。此外，政策建议还通过国合会网站、圆桌会议、出版物等形式向地方政府和社会相关者发布。

专栏 1　对话高层领导——国合会独特品牌的重要一环

自国合会成立，委员们每年都会与一名中国政府高层领导人举行会议，针对尚未提交国务院的关键政策建议进行讨论。多年来，会见过国合会委员的中国领导人包括国家主席江泽民、全国政协主席李瑞环、国务院总理李鹏、朱镕基、温家宝和李克强、国务院副总理张高丽。温家宝总理在任副总理和总理期间，总共 13 次会见国合会成员；李克强担任副总理和总理期间，7 次会见国合会委员；张高丽副总理担任国合会主席不足 4 年，已会见国合会委员 4 次。这些会见都得到了国家领导人和国际社会的高度评价，因而也成了国合会独特品牌的重要一环。这些对话为深刻理解中国关注的事务以及认识新生问题提供了交流的机会。中国得益于国内外合作互动基础上得出的专家观点，而外方则了解了关于中国发展决策复杂性的第一手情况。这些会议讨论不仅涵盖了中国国内的问题，而且也包括中国在全球和地区环境事务中日益加强的参与。

3. 支持有力，与时俱进

除了中国政府的高度重视和国际合作伙伴的持续支持、协助等因素外，国合会的活力也与其内部的高效管理模式和机制创新密不可分。国合会内部管理层次清晰、分工明确：主席团对重大事项和工作规则进行决策；国合会秘书处和国际支持办公室维持国合会行政运作；中外首席顾问及其支持专家组负责拟定国合会的主题和研究方向，指导课题组研究工作，起草每年的关注问题报告和向中国政府的政策建议。为了提高政策咨询的质量、效率和效果，国合会在中外委员组成、研究主题的识别、研究工作的组织形式和运行机制等方面进行了多次改革和阶段性调整。通过管理培训、提升综合分析能力等方式，国合会内部的技术支持能力得到不断提升。

（五）主要贡献

经过 25 年的不断研究和探索，国合会已经形成了关于中国环境与发展以及如何处理多重挑战的独特知识体系，对中国国内甚至国际环境与发展进程产生了持续的影响。对于国合会的成果、贡献与价值，中外高层人士给予了充分肯定与高度评价。

更值得肯定的是，国合会的有关政策建议，在中国政府的重大决策和政策制定中得到了应用和体现。国合会的贡献可以体现在以下 4 个方面。

1. 识别战略重点与方向

国合会在 25 年间亲历了中国经济高速发展和资源环境形势严峻的重要时期，每届国合会都在根据不断变化的世界和中国环境与发展形势，围绕中国迫切需要解决的重大问题（例如，从引进环境经济手段到当前的生态文明建设）开展政策研究，提出政策建议，特别是持续提出将环境保护纳入国家经济社会综合决策过程的战略性关注，以推动中国可持续发展的整体不断进步；同时，国合会也不断分享着中国环境保护和可持续发展进程中的经验、成果。这是在整体战略层面上的一种交互响应的进程。

2. 借鉴制度经验

引进及借鉴国际上先进的理论、政策、技术和最佳实践是国合会研究工作的主线。目前中国环境管理领域应用的许多理念、法规条文、管理制度和手段都能在国合会政策研究中找到相关建议，例如，资源环境离任审计、排污收费、排污交易、环境税、绿色信贷、资源核算与生态补偿、绿色供应链管理等，不胜枚举。

3. 前瞻发展潮流

前瞻性与借鉴性相关联，主要是根据国际上环境与发展潮流，结合中国国情进行前瞻性研究，促进中国尽快进入国际主流，与世界实现互动和共赢。例如，在生物多样性保护、清洁生产、循环经济、低碳经济、绿色发展、生态补偿、可再生能源、绿色金融等领域，国合会都是在中国社会、产业和政府尚未完全意识到这些问题之前就开始着手研究并提出政策建议，发挥了很好的引领作用。

4. 预警重要问题

在诸如贸易中的环境问题、农村环境问题、退耕还林还草中的政策问题、交通污染、海洋污染、汞等重金属污染等方面尚未进入中国政府的重要议事日程之前，国合会就开展了相关研究。事实证明，这些政策研究工作对提醒中国政府及早给予重视发挥了很好的预警作用。

二、国合会二十五年发展历程

（一）国合会主要研究活动

国合会的任务是向中国政府提供具有前瞻性、战略性、可操作性的政策建议并产生实质性影响。为此，国合会在 25 年中建立了百余个政策研究项目，组织了上千名专家学者对中国环境与发展领域的主要问题开展了较全面和深入的研究工作，完成了近 200 份研究报告，向中国政府提出了 250 余项政策建议，并向相关部门和机构提出了更多、更加具体的建议。

第一届国合会（1992—1996 年）正值里约峰会引领世界进入追求可持续发展的新纪元，国际环境与发展合作也进入新阶段。中国政府积极提出《环境与发展十大对策》，率先发布了《中国 21 世纪议程》，首次将可持续发展概念及战略纳入国家经济社会发展的长远规划。因此，第一届国合会的政策研究主要是围绕一些重点领域开展基础性研究，并以引进基本理论和借鉴实践经验为主，涉及生物多样性保护、能源战略与技术、科学技术、资源核算与定价、环境监测、污染控制、环境与贸易、经济计划和环境保护等方面。

第二届国合会（1997—2001 年），国际环境与发展合作进展明显，以《京都议定书》和《生物多样性保护公约》执行为标志的全球环境合作取得阶段成果，双边环境合作活跃，联合国千年发展目标发布，可持续发展的实践探索涌现出不少良好做法。世纪之交，中国进入快速工业化阶段，环境污染整体加剧的态势明显。对此，中国从 20 世纪 90 年代中期开始大规模实施以城市为中心的环境综合整治和区域环境污染治理行动，并将可持续发展和科教兴国作为两大国家战略，首次提出转变经济增长方式的要求。这期间，中国还遭遇了亚洲金融危机、1998 年特大洪水，经过艰辛努力于 2001 年加入世界贸易组织（WTO）。在这一形势下，国合会的政策研究项目在继续第一届有关生物多样性、污染控制、环境与贸易、能源等重点领域研究的同时，增加了一些前瞻性、预警性研究，涉及清洁生产、环境与交通、经济计划与环境保护、西部开发中的林草问题、可持续农业等方面。尽管这些议题当时并没有全面进入或尚未处于中国环境保护和可持续发展的中心议程，国合会的研究对中国政府后来采取有关行动提供了比较充足的理论和政策储备。总体而言，学习和借鉴国际上的理论和经验仍然是第二届国合会研究工作的主线。

基于国际环境与发展观念的转变和中国的战略转型，第三届国合会（2002—

2006 年）成为国合会研究活动的重要改革时期。国际环境与发展进程中有两件大事对第三届国合会政策研究方向影响较大：第一是约翰内斯堡世界可持续发展大会召开，国际社会的可持续发展实践进入新的活跃阶段，出现了许多值得研究的新做法和新经验，如循环经济问题等；第二是对生态服务价值和保护需求的持续关注。世界可持续发展大会对于第三届国合会而言影响显著——随着中国出口迅速递增，需要更好地理解中国在世界中的作用。在国内，中国政府 2002 年提出全面建设小康社会战略，并将“GDP 在 2020 年翻两番”（2007 年改为人均 GDP 翻两番）和“城乡可持续发展能力不断增强”同时作为这一战略的目标。中国经济进入新一轮的高速增长周期，“十五”（2001—2005 年）环境目标未能实现，资源环境不堪重负的矛盾凸显，有关反思发展方式的讨论也非常热烈。针对这一迅速变化的环境与发展形势，国合会在总结过去经验教训的基础上，对组成人员和政策研究重点进行积极调整：第一，更新了大批委员，增加了一位国际副主席，国际出资方数目也显著增加。政策研究的组织形式也由工作组调整为课题组，缩短了研究周期，提高了成果产出效率。第二，实行了首席顾问制度，为国合会研究和其他实际工作提供指导和建议。第三，随着中方研究人员能力不断提高，其在第三届国合会政策研究中的作用迅速提升，研究队伍壮大。基于这些变化，研究课题设置更具系统性、科学性，逐步集中在几个重点领域。第三届国合会的 21 个研究项目主要集中在可持续农业、可持续工业、可持续城市化、环境管理 4 个领域。从研究成果看，经验借鉴仍然丰富，适应中国国情的原创性成果不断增多，开始避免直接使用“拿来主义”的解决方案。

基于前三届国合会改革成果和对“十一五”规划（2006—2010 年）的关注，第四届国合会（2007—2011 年）取得了长足发展。第四届国合会最大的成功是准确判断出中国环境与发展进程开始发生战略转型的形势，更加注重从整体上和宏观层面把握中国的需求，增强了研究主题的针对性、前瞻性和战略性，增加了政策研究成果的集成度和系统性，国合会政策建议对中国环境与发展进程的引领作用得到强化。在第四届国合会期间，中国经历了全球金融危机、汶川大地震、冰雪灾害、北京奥运会、上海世博会等历史性大事件，也形成了以科学发展为主题、以转变发展方式为主线、以建设和谐社会为目标等诸多新的发展战略思维和方法，提出了建设生态文明和资源节约型、环境友好型社会的新要求，“十一五”规划首次为节能减排设定了约束性指标，绿色发展观念也开始引起广泛关注。第四届国合会准确地把握了中国环境与发展战略转型的新形势，针对关键性的重大问题，先后确立了创新与环境友好型社会，机制创新与和谐发展，能源、环境与发展，生态系统管理与绿色发展，经济发展方式的绿色转型五大主题，紧紧围绕五大主题开展了 15 个课题组、6 个专题政策研究以及其他 7 项研究。

第五届国合会（2012—2016 年）的时间段恰好与中国大力推进生态文明建设的中国“十二五”规划（2011—2015 年）时期相吻合，也与全球重新审视环境与发展、推动实施 2030 年可持续发展议程的时机相契合。随着中国经济发展逐渐步入新常态，中国政府陆续发布了一系列重大战略和政策部署，提出了经济、政治、社会、文化、生态文明“五位一体”的总体布局，生态文明成为可持续发展理念的中国升级版；将生态环境保护提升到前所未有的高度，在环境与发展领域开展了影响深远的行动，也更加积极地扮演着推动本国与国际绿色发展的重要角色。同一时期，全球范围内也掀起了环境与发展新一轮的务实行动。“里约 +20”峰会重申了世界对可持续发展的政治承诺，2030 年可持续发展议程设定了未来 15 年可持续发展的目标与行动，《巴黎协定》为全球经济向低碳排放和适应气候变化方向转型奠定了基础。第五届国合会更加密切地关注并深入参与中国战略转型进程，与世界环境与发展进程的互动显著增强，成为 25 年中最活跃、也更成功的一届。第五届国合会更加从宏观上把握中国的现实需求，研究成果和政策建议向现实成果转化的力度也在不断增强。第五届国合会将绿色发展和绿色转型作为核心关注贯穿始终，更加注重环境、经济、社会三者的互动，对国家治理体系改革、治理能力提升予以充分关注，相应设置了区域平衡与绿色发展、面向绿色发展的环境与社会、绿色发展的管理制度创新、绿色转型的国家治理能力、生态文明—中国与世界五大主题，开展了 11 个课题组、14 个专题政策研究、5 项背景研究以及 5 个领域的政策试点示范项目。

（二）国合会关注重点的演变

随着环境与发展理念的演变，国合会的研究关注重点与工作方式、方法在 25 年间经历了很大改变。国合会的政策研究重点从最初阶段针对单一问题借鉴国际经验提供解决方案建议，转变为针对环境、经济与社会发展有关问题提出创新性的综合解决方案；从早期重点关注基本法规框架、激励制度和机构建设，转变为高度关注环境与发展领域的综合性议题。政策研究领域也发生了极大扩展，涵盖了绿色发展与生态文明建设、治理能力与制度创新、环境与社会、能源与环境、生物多样性保护与管理、可持续工业化、农业、森林和草原可持续发展、环境经济政策、低碳经济、绿色经济、循环经济、科技创新、城市和交通的环境与发展问题等多个方面。关注重点的转移很大程度上反映了国际上关于环境与发展观念的变化，更反映了中国自身需求的变化。研究提出的政策建议也不仅满足中国国内的需要，还要兼顾中国参与国际事务的需要。专栏 2 简要总结了国合会 25 年来研究主题和工作的演变情况。

专栏 2　国合会第一届至第五届的主要研究议题

1992—1996 年 第一届

传播先进理念，理解新的国际协定对中国的影响（主要是里约协定）。

1997—2001 年 第二届

环境保护、自然资源利用和生态恢复创新机制，特别关注环境与经济的关系，包括基于市场的手段、贸易与环境。

2002—2006 年 第三届

环境与发展执政能力、综合管理、行业可持续发展（城市化、工业化、农村和地区发展，包括西部地区）、中国在多边环境与发展协定中的地位、中国在国际经济合作中的地位（如 WTO）。

2007—2011 年 第四届

环境友好型社会的规划和管理转型，重点关注环境与经济的协调。课题包括生态系统服务、创新战略、环境税、低碳经济和产业战略、循环经济、绿色经济、海洋可持续发展、中国的投资贸易与环境关系（包括向海外直接投资）。

2012—2016 年 第五届

以促进中国可持续发展和生态文明建设为目标，把政策研究重点转向环境与社会发展问题。重点关注发展的平衡、绿色发展转型、生态文明建设（生态文明背景下的环境保护制度体系创新、城镇化发展、法治、南南合作等）、环境质量提升（大气、土壤、生态保护红线、生态风险等）、治理能力现代化。

（三）历届研究项目与政策建议概览

国合会的工作始终围绕中国政府重点关注的领域，与中国的环境与发展进程紧密相连，尤其与中国绿色发展转型密不可分，并从很大程度上与国际环境与发展进程、国际社会先进理念与共识形成呼应。因此国合会提出的政策建议具有较强的政策相关性。实际上，国合会的影响不仅在于其具体建议得到采纳和落实，更在于其宣扬的可持续发展理念对中国环境与发展决策的持久影响。

1. 第一届（1992—1996 年）

第一届国合会通过工作组开展研究工作。工作组在工作形式上类似常务委员会，围绕关键主题进行长期研究，每年定期向国合会报告研究进展情况。工作组研究时间充裕，在汇报的内容方面拥有很大自由度，出现了很多高质量的研究成果。第一届国合会共成立了 8 个工作组（专栏 3）。

专栏 3　第一届国合会工作组

- 生物多样性保护工作组
- 能源战略和技术工作组
- 科学研究、技术开发与培训工作组
- 资源核算和价格政策工作组
- 监测、信息收集工作组
- 污染控制工作组
- 环境与贸易工作组
- 经济计划与环境保护工作组

国合会初期的活动，重点关注环境经济、环境科技创新的潜在作用（尤其是能源多样化和污染控制技术）、自然环境面临的威胁，特别注重提供最新的环境信息用于决策。工作组建立了很多重要的工作模式，一直延续至今。工作组也提出了一些十分有价值的政策建议，其中一些建议在后来被反复强调。第一届国合会工作组的主要政策建议包括：①在决策之初就将环境放在经济和社会政策的中心位置；安排足够的资金用于环境法律法规、标准和规定的实施；在项目评估中广泛引入环境影响评价；确定中国 21 世纪议程的优先行动。②采取清洁生产和清洁技术。③寻求命令控制式的管理和市场手段的平衡；引入许可、有实际意义的排污费和其他环境收费；改革重要资源的价格机制，在煤炭、水、木材等商品定价时考虑环境因素；消除不合理的补贴。④改善煤炭和其他能源的利用，寻求替代能源技术。⑤防止濒危物种贸易；扩大保护区范围，通过严格执法保护这些地区；动员社区支持退化栖息地恢复。⑥改善环境监测，建立完备的环境质量数据库。

第一届国合会最关注的问题是如何协调经济快速发展与环境质量保护和恢复。这一阶段国合会工作最大的贡献就是强化了里约地球峰会传达的信息，即环境与经济密不可分。国合会每年强调，经济手段既可以实现环境可持续性与自然资源合理使用，又能保证经济的适度发展，这为中国打开了路径选择之门。

在当时的中国，环境保护仍然让位于经济决策。中国早期的环境质量公报和很多独立的研究报告都对此提出了警告，国合会也根据其他国家的经验提出了很多属于“拿来主义”的解决方法。由于中国的环境政策中还没有市场手段的概念，对先进的污染治理技术和污染预防也极少关注，这一阶段国合会政策建议的影响主要是将当时还不为中国所熟悉的环境与发展政策手段引入中国，如如何利用环境经济政策减少污染和对自然资源的需求。

当时，中国缺乏系统的生物多样性保护方法。国合会生物多样性工作组的研究成果和政策建议将生物多样性保护从科学研究层面提到了高层政策制定者层面，带来了巨大且实质性的改变。国合会利用环境技术应用方面（特别是能源领域）的研究成果建议中国应高度重视科技创新的作用。由于时任国合会主席为中国负责科技工作的国务委员，这一建议在中国经济发展的早期阶段得到了采纳。

国合会有关环境与贸易的研究结论和建议也通过类似方式发挥了作用。在第一届国合会后期，时任国家环境保护局局长解振华担任执行副主席，为在经济决策中纳入环境与贸易因素创造了有利条件。这种早期介入使得中国为参与世界贸易及时做好了准备，主要政府部门也意识到了环境与贸易存在重要联系。

第一届国合会的许多建议得到了中国政府的接受和采纳，促成了中国在环境与发展领域的一系列实际行动。

2. 第二届（1997—2001 年）

第二届国合会开始之际，恰逢中国遭遇亚洲金融危机影响。在应对亚洲金融危机以及随后的特大洪水灾害这两大事件时，中国政府展现了相当强的适应能力和改革重要系统的能力。在这样的背景下，第二届国合会保留了第一届的 8 个工作组，同时根据新形势增加了 3 个工作组。工作组的总数达到了 11 个（专栏 4）。

专栏 4　第二届国合会工作组

- 生物多样性保护工作组
- 清洁生产工作组
- 能源战略和技术工作组
- 环境与交通工作组
- 环境经济工作组
- 经济计划与环境保护课题组
- 西部开发中的林草问题课题组
- 污染控制工作组
- 可持续农业工作组
- 环境与贸易工作组
- 企业发展与环境课题组

第二届国合会重点研究了农村发展和生态系统保护的问题。可持续农业工作组对中国贫困边远地区、主要草原地区以及农灌区都进行了研究，还关注了激励机制、草原可持续牧业机制、鼓励农户保护农村生态环境的措施等内容。在此基础上，国合会在 2001 年的政策建议中提出不含杀虫剂、化肥和转基因作物的农产品市场将会快速发展。中国利用这一有利趋势，迅速成为有机食品的出口国，并获得了国内和国际上的标准认证。

生物多样性工作组重点关注了中国在解决作物和本地草种基因多样性贫乏、自然生态系统中动植物多样性丧失问题方面的需求。工作组建议编制一个综合的、全国性的生物多样性清单；使用新的管理模式确保农户生计的可持续性，包括提供更好的运输服务、城市市场渠道，鼓励更加合理利用草原的措施。

西部开发中的林草问题课题组重点评估了中国林草恢复项目的效率和效果。评估结论表明，虽然这些恢复项目取得了一些成绩，但其总体可持续性和效果则有待商榷，特别是关于草原的恢复项目。课题组建议对中国林草恢复项目开展一个全面的成本效益分析，充分考虑生态和社会经济效益。这些结论和建议得到了中国政府的极大关注。

国合会在1997年年会上强调，“九五”计划（1996—2000年）是将可持续发展观点纳入中国的政策指导方针的良好机遇。同时强调，需要深化环境与发展领域的国际合作；应关注中国企业在环境保护事业中的作用，包括作为技术转让和发展环保产业的载体。在当时，这些概念还比较新，尚未在政策中体现，也缺乏相应的激励体系。国合会还明确地提出需要广大的公民参与环境决策，这一点在国合会后来的工作中也得到了多次强调。

2000年联合国千年发展峰会提出了联合国“千年发展目标”，消除贫困成为环境与可持续发展的组成部分。这为中国重新审视环境与发展的关系和目标又提供了一次机会。2001年联合国启动了千年生态系统评估项目，以便更好地了解全球生态退化情况。这些国际动态与国合会提出的建议达成了一致：1999年国合会建议将生态保护与消除贫困结合起来，特别是对于中国西部生态退化地区；2001年国合会建议中国应该积极参与千年生态系统评估项目，以便更好地了解国家的生态现状和功能。中国随后参与了千年生态系统评估。1999年和2000年的年会针对“十五”规划制定提出了十分丰富的政策建议，重点关注了综合决策与规划机制，例如，主要流域的可持续利用、西部发展、海洋和沿海地区（如渤海湾）的发展等。国合会针对中国五年规划制定提供决策参考的实践也一直延续至今，并且取得了积极成效。

2001年中国加入WTO，加速了中国出口经济增长的步伐。此前几年里，国合会通过与商务部和国家环境保护总局的合作机制提出了有关贸易与环境的建议，帮助人们了解到环境因素可能成为针对中国出口产品的非关税贸易壁垒，也认识到如何在各种政策中纳入环境考虑从而满足世贸组织的要求。在国合会研究的基础上，中国很多行业都开始针对贸易增长的环境影响进行评估。国合会还研究了国际上新兴的生态标识对中国的影响。国合会还针对多边环境协议中的贸易问题、环境财政改革、清洁生产、污染控制以及可持续能源战略等方面提出了有益的建议。

在第二届国合会期间，国合会在环境经济政策方面的建议变得更加完善和具体。课题组对环境影响的真实成本进行了研究，考虑了不利于环境的补贴、税收措施等。对于国家经济核算体系如何改革以在环境经济指标中体现对资源与环境的考量提出了建议。对电、水和集中供热的价格机制提出了边际成本分析的建议。提出了引导交通转向公共交通的税收建议。到第二届结束时，国合会已经提供了一套相当全面的环境保护与管理的市场手段建议。国合会在环境经济领域的工作对于中国而言极具突破性，得到了广泛认可。

第二届国合会关于清洁生产的政策建议得到了中国政府和各个行业的及时采纳。在 20 世纪 90 年代末，清洁生产这个议题在众多跨国公司中引起了共鸣，环境管理认证体系也应运而生，这对很多中国企业来说非常具有吸引力。国合会建议成立清洁技术转让中心，在全国推广有关经验；建议设立省市的清洁生产示范区，也被政府迅速采纳。2001 年国合会建议出台清洁生产法；2002 年 6 月中国政府即通过了《清洁生产促进法》，并于 2003 年 6 月正式施行。

从 1998 年起，国合会开始关注城市和城际交通问题。在当时，中国已经决定将发展私人汽车作为刺激国内经济发展的一个重要支柱，同时决定将扩大公共交通作为城市化战略的重要组成部分。这两个领域在随后得到了极大的发展，也带来了一系列环境问题。2000 年和 2001 年提出的政策建议力图说明补贴会导致交通决策的扭曲这样一个事实，还强调了部门之间的协作需求。国合会还一直建议，中国需要考虑发展紧凑型城市，形成可持续的交通网络（包括步行和自行车），还有严格的低排放标准。这些建议得到了部分采纳。

第二届国合会期间，国合会委员和各工作组在汇总融通政策需求方面作出了巨大贡献。很多政策建议在塑造和强化环境与发展政策方面都发挥了有益的作用。

3. 第三届（2002—2006 年）

第三届国合会在研究领域进行了重大改革。以 5 年为期设置工作组的机制已经不再适用，国合会需要针对特定问题在较短时间内提出建议。因此第三届国合会以后，工作时限为 1 ～ 2 年的课题组取代了工作组；增加了能在更短时间内完成研究并提供专项政策建议的专题政策研究。实施了国合会首席顾问制度，增加了《关注问题报告》，聚焦当年需要关注的重点问题，为设计政策建议提供设计框架。这些改变符合加速政策变革、针对当前问题提出具体建议的整体需求。

第三届国合会着重研究了重点行业，包括 2003 年的可持续农业与自然资源，2004 年的可持续工业化，2005 年的可持续城市化。2006 年，国合会针对国内外关注的中国环境与发展管理进行了综合回顾。专栏 5 列出了第三届国合会开展的所有研究与课题（21 个）。

专栏 5　第三届国合会的研究主题和课题组

可持续农业与自然资源

- 农业与农村发展
- 西部开发中的林草问题（继续第二届国合会课题）
- 生物安全
- 生态补偿
- 农业面源污染控制
- 环境与自然资源定价和税收
- 新农村建设中的环境问题与对策

可持续工业化

- 企业发展与环境
- 中国环保产业发展
- 能源战略与技术
- 循环经济
- 推进循环经济与清洁生产的战略与机制研究

可持续城市化

- 可持续城市化战略
- 中国环境保护投融资机制
- 可持续交通

环境管理

- 流域综合管理
- 环境经济
- 经济增长与环境
- 世界贸易组织（WTO）与环境
- 环境执政能力
- 中国环境与发展回顾与展望

第三届国合会期间，世界和中国的环境与发展进程加速。2002 年约翰内斯堡世界可持续发展峰会召开，为国际社会的可持续发展新实践注入了活力。同年召开的中国共产党第十六次代表大会（十六大）确立了全面建设小康社会的宏大目标，明确将可持续发展作为经济发展和实现小康社会目标的基本原则。2003 年，中国共产党十六届三中全会又提出了科学发展观，实现了发展观念的重大飞跃。第三届国合会期间又是中国加入 WTO 后经济增长明显加快的时期，能源消耗增长和工业化产生的环境影响迅速加大。因此，这一时期国合会的研究与讨论除了关注中国加入 WTO 后的经济、环境问题与相关政策需求，也密切围绕中国全面建设小康社会的目标开展。

2002 年，国合会针对可持续国家经济提出很多建议，包括改善环境与发展问题的政府管理结构，重点工业结构调整和重新设计，改善城市设计提高能效和减少排放，用环保理念塑造未来经济发展模式、生产和消费，应对环境健康问题。相关研究与建议为中国后来的发展转型提供了重要基础。国合会还建议，中国应开展出口行业的战略环境评价，提高贸易协议中环境谈判的能力。国合会的研究和建议为中国应对钢铁、棉花和其他生产行业的环境与贸易问题以及与环境有关的非关税贸易壁垒做好了准备。此外，中国政府赢得 2008 年夏季奥运会主办权时承诺要改善环境。国合会在 2002 年建议将这种做法扩大到中国主办的其他体育赛事和活动中，使之成为城市发展中引入环境友好型实践的先驱。2008 年奥运会、2010 年上海世博会以及一系列后续活动中都体现了这一建议。

2003 年，国合会围绕“可持续工业化”这一年会主题，建议推行循环经济，实施“经济—环境—能源”（3E）相互协调的发展战略，建立可持续消费方式，改善“走新型的可持续工业化道路”的政策环境。针对私营部门，国合会提出了企业社会责任的建议以及政府需要营造公平竞争环境的需求。参与国合会研究的主要企业对此迅速反应，采纳了很多关键建议。国合会针对改善环境投融资机制提出了一整套 12 条政策建议，以便为商业生产设施和城市的基础设施的环境改善提供资金，包括城市债券保险、中小企业特殊基金和鼓励机制、银行贷款可持续原则、外国直接投资发挥环境改善的带头作用、鼓励环保产业和环保投资的折旧政策和税收手段等。其中多条建议通过各种形式得到了实施。2003 年，国合会还针对煤炭利用的现代化、可持续生产先进技术、污染预防、绿色设计、政府绿色采购以促进绿色消费和绿色技术的采用、开发可持续发展指标体系、加强环境事务的公众参与以及改善管理等领域提出了详细建议。相关建议在“十一五”规划以及后续措施中得到了体现；其中一些具体问题又在以后的国合会课题组中得到了跟进。

2004 年年会重点关注了可持续农业和农村发展议题。国合会建议构建新时期农村发展与国家粮食安全的新框架。这需要在农村发展、流域管理、保护区和控制农业污染的综合规划和管理工作中考虑生态服务、环境影响、资源稀缺性以及整个中国的生物多样性保护需求；需要改革农村的财政机制，加强对农村的教育和健康服务、农业基础研究和技术创新的投资，尤其要为贫困地区提供更多的资金以满足当地的需求；需要对农业开发进行更好的监测和环境影响评价以改善农村的环境管理。国合会关于农业和农村发展改革建议的总体方向与中国 2006 年年初在“十一五”规划中提出的“社会主义新农村”发展目标相一致。国合会还关注了一些具体的农村环境管理问题，例如，逐步引入用于支付生态服务功能维护的生态补偿，对流域上游贫困人口的劳动力进行补偿。2004 年国合会还就一直关注的中国生态保护问题建议，改善生态系统服务、推动有关负责部门更好地合作、改善保护区附近农村居民的利益、对重要保护区实施更严格的保护。

2005 年国合会的建议重点关注了可持续城市化议题。政策建议主要针对四点：①充分利用现代工具进行科学的区域规划，评估和支持在环境容许的限度内进行建设，规避环境影响（特别是对贫困人群的影响），促进文化和生态多样性；②通过“十一五”具体行动使城市地区成为资源节约型城镇，包括实施更好的建筑标准、制定循环经济规划、与企业合作推动清洁生产以及淘汰老旧污染企业、优先发展公共交通等；③通过设立具体目标和绩效指标，以及通过更严格的大气和水污染管理规定，控制城市的影响并持续改善城市环境；④公众参与可持续城市决策。国合会还针对城市循环经济、“流动性管理”综合城市交通等政策提供了详细的建议。国合会的研究为决策者的重要需求提供了与现实一致的分析，很多建议都与目前中国大部分城市的发展现状相呼应。国合会提出的机动车燃料的消耗和排放的建议就与当前情况相一致；早期有关建筑规范、促进循环经济、“十一五”规划中的污染物约束性指标方面的建议以及一直倡导的促进环境经济政策等，都是国合会建议有助于城市环境改善的例证。

2006 年国合会回顾了过去 15 年发挥的作用，识别了到 2020 年中国将面临的重要挑战。研究发现，中国的环境与发展关系面临着历史性转变，中国需要加强各级政府的管理能力以及与全球的伙伴关系。为此，国合会建议改革和提高政府的环境管理能力（包括把国家环境保护总局升格为环境保护部；通过调整地方环境管理体制形成省以下垂直管理，强化各级政府环境执政能力等），为实现可持续发展提高效率和调整产业结构，进行有利于“资源节约、环境友好、社会和谐和可持续发展”的综合财政体系改革等。即使在十几年后的今天，很多建议仍然具有现实意义，符合中国当前环境与发展的大趋势。在随后的 5 年里，中国取得了一系列进展，其中一些进步使得中国成为重要的领先者(例如,生态补偿以及清洁发展机制资金的利用)。

2003—2006 年，国合会开展了大量关于环境与发展信息需求、信息公开、官员政绩考核以及环境早期预警方面的研究。研究结果表明，中国需要加强环境指标和其他有关环境信息的质量、可靠性、可比性和可用性。这对促进信息公开、建立有效透明的信息报告系统起到了有益作用。

第三届国合会强调，中国需要创新和变革实现经济的可持续发展，即中国既需要努力借鉴其他国家的可行经验，更要进行原创性的努力，针对中国的情况和需求因地制宜地创造更好的方法。国合会研究识别的环境与发展优先领域、创新的方法，很多已经被纳入“十一五”规划。“十一五”规划第一次安排了大量资金开拓环境保护和环境友好型发展的新道路。国合会的工作对这一进程产生了积极影响。

4. 第四届（2007—2011 年）

第四届国合会期间，环境与发展问题变得越来越复杂，越来越受到关注，需要采取行动的最后期限越来越紧，多方协作日益重要；第四届国合会也愈加活跃。专栏 6 列举了第四届国合会历次年会的主题和提交的政策研究报告。

专栏 6　第四届国合会课题组和专题政策研究（2007—2011 年）

2007 年 创新与环境友好型社会

- 中国环境与发展战略转型：全球经验和中国的对策（专题政策研究）
- 中国实现“十一五”环境目标政策机制（课题组）
- 化学品管理（专题政策研究）

2008 年机制创新与和谐发展

- 创新与环境友好型社会（课题组）
- 环境与健康研究（课题组）
- 中国生态足迹报告 2008

2009 年 能源、环境与发展

- 中国发展低碳经济途径研究（课题组）
- 煤炭可持续利用和污染控制政策（课题组）
- 促进城市发展的能源效率政策（建筑和交通）（课题组）
  中国农村发展中的能源、环境和气候变化政策（课题组）
- 提高能源效率的环境经济政策（课题组）

2010 年生态系统管理与绿色发展

- 中国生态服务和管理战略（课题组）
- 中国海洋可持续发展的生态环境问题和政策（课题组）
- 中国生态足迹报告 2010
- 提高水生态系统服务功能政策框架（专题政策研究）
- 中国土壤环境保护（专题政策研究）

2011 年 经济发展方式的绿色转型

- 中国绿色经济发展机制与政策创新（课题组）
- 中国低碳工业化战略（课题组）
- 投资、贸易与环境（课题组）
- 中国绿色供应链实践与创新（专题政策研究）
- 中国汞管理（专题政策研究）
- 中国环境与发展展望可行性研究

2007 年是中国环境与发展进程中具有转折意义的一年。2007 年 10 月召开的中国共产党第十七次代表大会提出将建设生态文明作为全面建设小康社会的奋斗目标之一，为中国未来若干年处理环境与经济发展之间的关系和制定相关的政策提出了指导原则。国合会认为中共十七大是中国实施新的环境与经济社会协调发展战略体系的转折点，因此在 2007 年建议中国政府充分利用环境与发展战略转型的机遇期，解决好利益相关方参与、战略原则的具体落实、提高环保投资效率和实际效果 3 个突出问题，通过创新建设生态文明，积极探索中国发展低碳经济的途径。

国合会建议强化和制定新的实现污染减排目标的政策与机制，重点实现污染控制手段的 5 个转变：一是从单纯注重排放总量减排向总量减排与环境质量改善相结合转变；二是从过分偏重重点行业减排向全面削减转变；三是从单一污染物的总量控制向多种污染物协同控制转变；四是从关注落实减排工程能力向关注减排工程质量和减排实际效果转变；五是从依赖行政手段向更多地利用市场经济手段转变。中国基本按照建议的方向实施了随后几年的减排行动。“十一五”末期，中国实现了污染物减排和单位 GDP 能源效率提高的约束性目标，这预示着中国环境与发展转型的开始。

2007 年国合会还关注了全球化影响。出口商品中的隐含能源和资源对中国污染物排放和能源负荷贡献巨大，因此，国合会建议中国采取措施，减少这类高耗能和高排放商品的出口。中国已经出台了针对这类商品出口退税政策。

2008 年，国合会将工作重点放在科技、管理和体制等创新对实现环境与可持续发展目标作用方面。2008 年正值中国全面实施 2006—2020 年中长期科技发展规划之时，其中很多项目都与改善环境与发展直接相关。国合会重点研究了创新在构建环境友好型、资源节约型社会所能发挥的作用，提出了建立清洁技术创新平台、环境创新国家研究中心、可持续创新实验室，开展政府与企业合作行动等建议。相关建议被纳入了正在制订的环境创新国家计划，随后得到了广泛实施。

中国在环境健康方面的主要问题源于空气、水和土壤的污染以及有时出现在食品或消费品当中的有毒物质。中国政府为解决这些问题采取了逐步强化和有针对性的措施，这些措施与国合会环境与健康课题组的政策建议相吻合。国合会还提出，中国化学品生产能力的快速提升、工厂有毒原料的大量意外泄漏、污染矿业与老工业场地的遗留问题以及环境危害的其他来源已经成为主要关注问题，需要通过完善的管理与大量的补救措施加以解决。国合会建议，所有新建设施必须在污染和有毒泄漏最小化的前提下运行。为满足这些需求，必须在今后 10 年中加速环境保护工作的转变。

2008 年，为应对全球金融危机给经济带来的动荡，国合会建议中国“必须坚持节能减排、提高能源效率与应对气候变化不动摇”，把“又好又快的可持续发展”从挑战变成新的机遇。国合会敦促政府强化有效监督避免不良项目、增加环境技术应用支出，并转向低碳经济这样可以帮助中国从全球金融危机解脱出来的新兴经济模式。其结果是，中国在经济刺激计划中投入了更多环境支出，建立了更多的供水和污水处理设施而带来环境效益；中国政府在 2009—2010 年针对发展低碳经济以及其他能源与环境倡议很快就有了积极的跟进。

2009 年，国合会能源与环境系列课题研究针对中国发展低碳经济提出了一系列建议，认为中国实现低碳经济路线图中的五大支柱是可持续的工业化、新型城市化与交通、低碳能源、可持续的消费模式与农村土地利用；实现中国低碳经济的三大基础是技术与创新、市场机制与定价改革以及制度的变革。国合会根据不同经济与能源模式进行的情景分析表明，中国能源消费将很可能在 2030 年达到峰值。针对煤炭可持续利用问题，国合会建议实施煤炭绿色开采战略；设立全国统一的机构来监督与煤炭相关的行业活动，包括发电、煤化工、煤矿开采与运输以及节水等其他方面的工作；推进更先进的清洁煤技术利用；更多地关注碳捕获与封存技术的试验性研究。国合会关于可持续煤炭利用的一些建议从不同渠道被纳入国家政策，如长期煤炭生产的总量限制策略等。

国合会 2009 年有关城市能源利用效率与环境的研究指出，中国能源消耗的天平将从目前的以工业使用为主导向居民消费倾斜，需要将单位能源需求保持在相对较低的水平。可以采取的措施包括削减城市建设规模和速度，设定低碳指南并根据“低能耗 - 低碳建筑”构建低碳城市，建设格局更为紧凑的城市以减少道路和其他基础设施建设中的能耗，广泛实施集中供热等。上述很多建议在中国的不同地区落地，也出现了很多低碳城市。

2009 年年会还针对“十二五”规划制定提出了建议，包括采纳绿色经济理念、实施低碳经济措施、推广循环经济、建立环境税收体系、关注可持续工业化、改进建筑物的节能和环保标准、继续和扩大污染物控制并将氮氧化物纳入约束性指标、节能和温室气体目标以及改善重金属污染控制。所有这些建议都融入了 2011 年通过的“十二五”规划中。

2010 年正值国际生物多样性年，国合会关注了生态系统保护和管理、生物多样性现状和需求、生态服务功能保护（特别是流域）、海洋可持续发展以及土壤污染，并与 WWF 共同发布了第二个《中国生态足迹报告》。研究结果表明，2007 年中国的人均生态足迹低于世界平均水平，但仍然达到了中国生态系统承载力的 2 倍；生态赤字在逐年加大。大多数森林的总蓄积量都不足，生态服务功能薄弱；草原和湿地质量总体下降；土壤污染等问题日益严重。中国的海洋也面临着生态退化严重、海洋资源急剧消耗、海洋生态容量持续下降等重大挑战。国合会因此建议，中国应实施综合性生态管理手段，维持健康的生态系统和高效的生态服务功能；修订国家生态保护和开发战略，制定生态保护和开发指南；修订生态系统保护和管理的立法，制定生物多样性和生态补偿的综合立法；建立并不断改善针对全国，特别是重点生态地区的可测量、可报告和可核查的监测和评估体系。

国合会还指出，为实现“十二五”环境与发展目标，必须关注生态管理、农村环境管理、土壤污染防治、将气候变化减缓和适应目标纳入生态系统管理行动等需要立即采取行动的薄弱环节。这些行动将强化生态保护在推动经济发展绿色转型过程中的作用。

2011 年发布的“十二五”（2011—2015 年）规划堪称一部绿色发展的五年规划，成为中国探索环境保护新道路的标志。转变发展方式是中国“十二五”规划纲要的中心内容，以绿色经济为核心的绿色转型得到了较充分的体现。国合会认为，中国实现发展方式的绿色转型是一项长期、复杂和艰巨的过程，不仅要关注经济领域，还需要从根源性问题入手，系统思考和调整传统发展方式赖以形成的社会基础和制度因素。鉴于此，国合会 2011 年年会重点关注了“经济发展方式的绿色转型”，审视中国绿色经济蓝图中最新的环境与发展关系，探讨了中国低碳工业化发展战略、中国的外国直接投资的改善，以及其他一些贸易与环境相关的政策。

2011 年的 3 个课题组报告针对中国绿色转型具体议题提供了大量的信息和路线图。国合会建议，中国要坚持推动发展方式绿色转型的国家意志不动摇，形成有利于转型的社会价值、政府职能和人力资源等支撑体系。具体措施包括：将生态文明观念纳入社会文化体系建设；强化政府在发展绿色经济中的公共管理和社会服务作用；建立有利于发展方式绿色转型的干部政绩考核体系；强化企业在发展方式绿色转型中的责任等。

从中国的实践看，绿色经济的实质是要在发展经济与保护环境之间建立良性互动关系，使之相互平衡、相互协调、相互促进，发展绿色经济是实现绿色转型的核心动力和重要途径。国合会为此建议，构建中国绿色经济发展体系，全面推动经济发展方式的绿色转型。国合会认为，中国应构建绿色经济发展的战略目标与框架，实施“差异化”的区域均衡绿色发展战略，从工业、农业和服务业三大产业全面推动产业调整，加速经济向劳动力密集型和技术密集型转变。

国合会低碳工业化战略课题组的研究显示，中国要实现到 2020 年将单位 GDP 碳排放在 2005 年的基准上降低 40% ～ 45% 这一目标，7 个现有重工业行业和 7 个战略新兴行业的碳减排将为总体减排作出最大的贡献；提高重化工业能源效率、能源结构优化和调整产业结构3项措施对碳强度减排目标的贡献率可以达到90%以上。中国的低碳发展，特别是工业化转型，有望成为环境和经济双重转型的重要范例。国合会指出，应以建立低碳工业体系为抓手，引领经济发展方式的绿色转型，包括：制定低碳工业化发展规划，设立主要重化工业的碳强度减排目标；加大对战略性新兴产业的支持力度；促进技术创新与应用；针对低碳生产体系和产品建立完善的强制和自愿性标准体系。

投资和贸易是拉动中国经济增长的重要因素，也是造成许多环境问题的直接原因。国合会建议中国政府构建绿色贸易体系、绿色投资体系、绿色供应链，引导和倒推发展方式绿色转型。重点应放在以下几个方面：推动环境友好的外商直接投资战略；促进中国海外可持续投资；坚持绿色贸易政策；建立和完善中国绿色供应链体系，以绿色消费和绿色市场带动整个生产体系绿色转型。

第四届国合会涉及的领域比第三届更多，议题更加广泛，研究成果丰富，很多政策建议都在第五届期间逐渐被采纳落地。第四届国合会对中国发展转型趋势的宏观判断，为第五届国合会开展研究奠定了基础。第四届国合会开始实施的创新研究思路，在第五届国合会期间得到了延续和进一步发展。

5. 第五届（2012—2016年）

第五届国合会期间，中国的环境与发展事业迎来重大机遇。新一届政府深谙中国环境与发展领域的优先需求，将生态文明建设与环境保护提升到新的战略高度，不仅对环境、经济、社会三者的关系进行了深入解读，还从体制机制和政策上做出了一系列安排。需要迫切研究的问题逐渐增多、日趋复杂，中国与国际社会的交流、互动、借鉴与分享越来越重要。第五届国合会因此成为更具活力的一届。专栏7列举了第五届国合会历次年会的主题和开展的政策研究项目。

专栏7　第五届国合会课题组和专题政策研究（2012—2016年）

2012年区域平衡与绿色发展

- 中国实现“十二五”环境目标机制与政策（课题组）
- 中国西部环境与发展战略及政策研究（课题组）
- 中国东部发展转型中的环境战略与对策（专题政策研究）
- 中国区域空气质量综合控制体系研究（专题政策研究）
- 以渤海溢油为案例的中国海洋环境管理机制研究（专题政策研究）

2013 年 面向绿色发展的环境与社会

- 环境保护与社会发展（课题组）
- 可持续消费与绿色发展（课题组）
- 促进中国绿色发展的媒体和公众参与（专题政策研究）
- 中国绿色发展中的企业社会责任（专题政策研究）
- 促进城市绿色出行（专题政策研究）
- 绿色供应链政策示范（上海市，天津市）

2014 年 绿色发展的管理制度创新

- 中国绿色转型进程评估与展望（课题组）
- 生态文明建设背景下的环境保护制度体系创新（课题组）
- 基于生态文明理念的城镇化发展模式与制度（专题政策研究）
- 生态保护红线制度创新（专题政策研究）
- 政府环境审计制度（专题政策研究）
- 大气污染防治行动计划绩效评估与区域协调机制（专题政策研究）
- 绿色供应链政策示范（上海市，天津市）
- 媒体与公众参与示范（河北省）
- 可持续消费政策示范（湖北省 + 襄阳市）

2015 年 绿色转型的国家治理能力

- 国家绿色转型治理能力研究（课题组）
- 法治与生态文明建设（课题组）
- 绿色金融改革与促进绿色转型（课题组）
- 土壤污染治理（专题政策研究）
- 生态环境风险管理（专题政策研究）
- 应对气候变化与大气污染治理协同控制（专题政策研究）
- 绿色供应链政策示范（上海市，天津市）
- 媒体与公众参与示范（河北省）
- 可持续消费政策示范（湖北省 + 襄阳市）

2016 年生态文明：中国与世界

- 中国绿色转型展望 2020—2050 年（课题组）
- 生态文明与南南合作（课题组）
- 法治与生态文明建设（课题组）
- 中国在全球绿色价值链中的作用（专题政策研究）
- 环境风险管理示范（江苏省，四川省，重庆市）
- 上市公司环境信息披露项目

2012 年“里约 +20”峰会突破重重困难，力图通过可持续发展和消除贫困背景下的绿色经济，推动世界尽快走出金融危机阴影。中国环境与发展对全球的影响在此时愈加显现。时任总理温家宝在峰会上呼吁用“绿色繁荣世界”，作出了赠款承诺。温家宝还出席了“里约 20 年，国合会 20 年”主题边会活动，与中外高层人士深入探讨世界形势、中国面临的挑战、国合会的价值，特别提到了其他国家借鉴国合会模式开展国际合作的可能性，极大地肯定了国合会的工作。

国合会深刻地认识到中国环境与发展形势的紧迫性，认为中国的绿色转型已经进入攻坚期，必须尽快解决中国发展中不平衡、不协调、不可持续的问题。2012 年，国合会围绕“区域平衡与绿色发展”主题开展了 5 项重大研究：①探讨了中国实现“十二五”规划约束性指标的实施机制需求、区域差异化的监管需求，针对未来若干五年规划提出了可能的环境保护战略；②研究了西部地区的环境与发展战略，提出了西部地区绿色发展的路线图；③研究了相对富裕的东部沿海地区如何实现绿色发展，关注了如何避免高污染企业从富裕城市向其他地区的转移；④重点关注了 $PM_{2.5}$ 等新出现的空气污染问题，探讨了区域大气污染防治战略；⑤分析了 2011 年渤海溢油案例，针对灾害应急反应战略等问题提出了建议，这也回应了 2011 年国合会针对渤海生态系统健康状况提出的预警和建议。

2012 年 11 月召开的中国共产党第十八次代表大会进一步强化了生态文明的愿景，提出了经济、政治、文化、社会、生态文明“五位一体”的总体战略布局，为中国绿色转型描绘了清晰方向。2012 年国合会在政策建议中指出，中央政府应做好生态文明建设的顶层设计与中长期远景规划；从各个维度和领域推进以绿色为导向的整体性制度和政策创新，即生态化改造；建立生态文明建设目标指标体系，推动全社会广泛参与生态文明建设。国合会还建议，以东部地区为引领、中西部地区为重点，构建中国区域绿色均衡发展战略。至于环境质量改善问题，国合会认为，应加强大气污染联防联控，改善区域大气环境质量；加强海洋区域环境保护，建设海洋强国；同时以改善环境质量与保障公众健康为目标，推动环境管理战略转型。

尽管中国政府在环境保护上的投入持续增加，但仍不足以遏止环境恶化趋势，2013 年在中国城市大范围出现的雾霾天气就是其中一项严峻的环境挑战。中国已经进入新型环境与社会关系的关键时期，而国合会针对社会与环境之间联系的深入研究尚显不足，需要就社会变革如何影响环境进程，以及环境因素又将以何种方式如何影响社会发展与进步进行针对性的研究。国合会 2013 年的课题研究了社会发展将如何促进环境保护、服务绿色发展并推进中国生态文明建设，也探讨了环境与发展关系的改善将会如何强化中国的社会发展以及法治、人民健康和公民整体生活质量等相关事宜。

环境保护和社会发展课题的研究提出了促进中国环境保护与社会发展相协调的四阶段目标框架，将 21 世纪中期实现生态文明的目标与短期需要采取的决策和行动联系起来。基于课题研究发现，国合会在 2013 年年会上建议要加强生态文明制度顶层设计和高层领导，制定实施规划，系统全面有计划、有步骤地实施。通过示范试点、建立考核体系、建立良好的治理体系等手段促进生态文明建设，抓住“十三五”机遇期，做好“十三五”的规划，实现绿色转型。中国政府应加快生态文明制度创新与实践进程，全面构建绿色发展以及更加和谐的环境与社会新型关系；尤其要集中力量切实解决大气、水和土壤污染等突出环境问题，全面满足公众对良好环境质量的基本需求。国合会还特别建议，应在实践层面上将生态环境保护提升到与经济、社会发展并列的高度，把中国政府每 5 年的规划改为“国民经济、社会与环境发展规划”，从而使环境政策与规划真正成为与经济和社会并列的重要内容。这一观点也在后续几年国合会的政策建议中反复重申。

其他 4 个研究项目关注了环境与社会中的几个重点领域。可持续消费与绿色发展课题组发现，中国的经济结构逐渐转向国内消费，新兴城市中产阶级将成为中国未来经济增长的主要驱动引擎。为此，国合会建议将可持续消费作为生态文明建设的重要组成部分，以可持续消费驱动绿色发展。一些重点措施包括：制定并实施与生态文明和绿色发展相适应的国家可持续消费战略和行动计划；加大绿色公共采购力度，向绿色供应链生产的产品倾斜；建立国家、区域和地方可持续消费评价指标体系，开展可持续消费试点示范；构建利益相关方参与的可持续消费伙伴关系等。

前几届国合会都研究了企业在绿色发展中的作用。2013 年，绿色发展中的企业社会责任专题研究项目进一步分析了影响企业绿色发展和履行社会责任的因素、政策需求与存在问题。国合会研究后认为，必须明确企业在发展与保护中的主体地位，推动企业履行环境和社会责任。可以采取的措施包括：建立国家推动企业履行社会和环境责任的战略和行动计划；建立促进企业履行环境责任的工作机制；在企业守法的基础上强化企业履行社会与环境责任的激励机制；完善企业社会与环境责任信息披露制度，提高透明度等。

针对中国近年来环境群体事件高发的现状，国合会研究了促进中国绿色发展的媒体和公众参与政策，提出中国应发挥媒体与公众参与的积极作用，将社会对环境的关注转化为推动绿色发展的动力。特别要促进依法有序、科学理性的公众参与；促进环境信息公开制度的实施和完善。国合会也继续关注了城市和交通发展问题，建议中国政府高度关注城镇化进程中的资源环境挑战，探索绿色城镇化模式。

2014 年可能是中国政策转型期间发生转变最多的一个时期。人们普遍认识到生态环境破坏对生活质量的影响和造成的经济代价。根据国合会的判断，中国正处在重大环境与发展问题临界点或转折点的交叉口，也处在一个难得的窗口机遇期。国合会 2014 年研究工作的目的就是研究如何为中共三中全会所提出的重点工作的实施提供快速有效的政策建议。中国绿色转型进程评估与展望课题研究了选定的经济政策措施在过去 10 年里的适用性及其对污染控制所起到的作用，以便为未来提出新型的、更加适合的经济决策。生态文明建设背景下的环境保护制度体系创新研究课题则探讨了现行制度体系在强调未来需求方面的不足之处，并在研究中国和国际创新经验的基础上提出政策建议。4 个专题政策研究就特别强调了中共十八届三中全会所提出的重点问题和相应措施。

国合会研究认为，中国的环境与发展逐渐进入了新常态，中国面临的挑战是如何通过不断强化解决问题的政治意愿，坚持全面深化改革的方向，加大依法严格保护环境的力度，实现从环境污染临界状态走向环境质量全面改善的转折点。因此，在 2014 年的政策建议中，国合会建议中国政府应抓住“十三五”机遇期，全面深化改革，加快绿色转型进程。这就要求决策者要增强危机意识，树立最佳机遇期观念；制定推动绿色转型发展的长期路线图；同时加快生态文明体制建设和生态环保体制改革进程，提高环境治理能力。

国合会研究发现，中国的环境管理制度改革面临着环境管理战略转型的重大问题，包括环境管理目标、方式和工作重点的调整和转变。因此建议围绕生态文明建设目标总要求，改革创新环境保护制度体系。具体措施包括：全面推动国家治理体系现代化，提高治理能力；加强环境保护社会治理，形成多元共治格局；改革包括污染物总量控制在内的一系列环境管理制度；建立有利于环境保护的激励机制；实施政府和党政干部环境审计制度。这些建议涵盖了治理体系顶层设计、高层领导机制、环境法治体系等方面，也探讨了环境部门权威、能力和资源与其职责及任务相匹配的问题。

国合会始终强调，实现中国绿色转型的核心是实现经济的绿色转型。2014 年，国合会再次提出，要创新经济绿色转型政策，实现经济结构再平衡。应将重点放在以下几个方面：纠正以高投资-低消费和过度投资为特征的经济和产业结构失衡；改革资源税、资源价格，设立环境税；实行能源消费总量控制目标；构建绿色金融体系等。

在生态文明建设背景下，国合会讨论了新型城镇化发展的问题，并建议以综合性空间规划来诊断城镇化问题，制定城镇化发展目标与约束条件；建立城市资源环境有效利用和生活质量等绿色发展监测和评估体系。

大气污染防治与生态红线制度创新是 2014 年国合会另外两大关注点。为顺利实现历史上最严格的大气污染治理措施——《大气污染防治行动计划》的减排目标，国合会建议中国政府建立基于质量改善的大气污染防治管理模式，完善区域大气污染联防联控机制，进一步强化区域大气污染防治政策。为落实中共十八届三中全会关于中国实施生态保护红线制度的设计，国合会建议将国家生态保护红线体系及相关制度纳入立法；完善陆地和海洋利用空间规划体系与自然保护地体系；并以生态保护红线为基础，完善生态补偿制度和激励机制。

2014 年国合会呼吁要充分认识“转折点”，使中国避免出现诸如空气污染危机等这样的临界点，实现环境与生态条件的改善。由于中国所面临的主要环境问题已成为威胁社会稳定、人类健康，并最终威胁发展目标实现的政治问题，2015 年成为中国环境与发展改革“重拳出击”的一年。“史上最严”的新《中华人民共和国环境保护法》于 2015 年 1 月 1 日正式生效；《水污染防治行动计划》启动；《大气污染防治法》得到强化。几乎每个月都能看到环境与发展政策和实践的进展，而这些进展常常与过去几年国合会提供的政策建议有着千丝万缕的联系。

尽管政策在进步，生态环境质量出现了一定改善，但在预期目标和实际绩效之间还存在着差距，其中很大一部分原因是治理能力的问题。国合会以“绿色转型的治理能力”作为 2015 年主题，设立了绿色治理能力、绿色金融改革、法治与生态文明建设 3 个课题组，评估当前形势并提出改进建议。其中，法治与生态文明建设课题组是国合会首次全面地审视法治改革。此外，国合会还针对当前的形势，开展了土壤污染管理、生态环境风险管理、应对气候变化与大气污染治理协同控制政策 3 项专题研究。所有这些研究都对治理能力进行了深入的探讨，都提出了加强监管的具体需求，尤其对法治课题组的工作提供了必要的补充。

2015 年 6 月，国合会于北京专门召开了针对“十三五”规划环境与发展相关国际经验交流的咨询会，邀请了包括国合会委员在内的众多中国和国际高层人士参加。会议就“十三五”规划提出了广泛建议，主要集中在九大方面：采取协调和全面的方法统筹绿色发展和生态文明；加强和理顺体制的作用；加快实施步伐和提高效率；进一步明确经济与环境的联系；强化自然资本；采用多样化的监管手段；扩展商业、金融和投资活动；改善部门行动，重点关注交通、建筑和食品领域的绿色化；实施绿色“行星伙伴关系”。国合会主席、时任国务院副总理张高丽会见了与会代表，并肯定了中国在“十三五”及未来的五年规划中坚持绿色发展和低碳增长的承诺——是“实现国家实力并对子孙负责的正确道路”。这是中国政府首次就国民经济和社会发展五年规划征求国际社会意见，也是国合会作用的一次重要体现。

国合会认为，“十三五”期间中国将进入全面深化的绿色转型期，以重污染天气频发、生态环境风险加剧为突出特征的环境问题，将成为制约 2020 全面建成小康社会的短板。因此，2015 年国合会建议中国政府加快生态文明体制改革，建立多元共治的环境治理体系，即通过适时召开中央生态文明工作会议、成立国务院环境保护协调机构、强化地方政府与典型区域的环保统一监管职责、建立健全市场激励机制并开展重点政策示范、激励和保障全社会共同参与环境保护行动等措施，着力构建政府、企业、公众共治的国家治理体系，全面提升环境治理能力。国合会同时建议完善生态环保法律体系，加强法律解释工作，提高法律可操作性，为推动绿色转型提供坚实的法治支撑。其中加快推动《民法典》生态化编纂并适时启动《环境法典》研究编纂是一项重点措施。在环境与经济方面，国合会继续建议改革创新绿色金融体系，利用设立国家绿色发展基金，推动绿色信贷、绿色债券和绿色保险，建立跨部门的绿色金融协调机制等措施，推动产业绿色转型升级。面对中国累积型、突发型环境风险不断加大的严峻态势，国合会建议中国政府应以保障公众健康和生态安全为目标，建立环境风险决策与防控体系，有效应对影响公众健康、公共安全和社会稳定的潜在重大环境风险问题，实现环境风险管理常态化。尤其要注重实施“一带一路”战略过程中的生态环境风险防控。

国合会第25次年会将于2016年12月召开。这次会议将重点关注“生态文明：中国与世界”，主要任务是讨论中国与世界环境与发展热点及未来方向。会议还将展望中国绿色转型2020—2050情况，探讨中国法治、南南合作、生态文明建设与落实可持续发展议程的关系，检视中国在全球绿色价值链中的作用。

三、结语

25年来，国合会始终深度参与中国环境与发展综合决策支持进程，坚持从战略高度倡导环境与经济、社会的和谐与可持续发展，通过前瞻性研究提出了大量具有重大价值的政策建议，为中国的政策发展作出了积极、有益、意义深远的贡献。国合会的政策建议通过多种渠道影响着中国环境政策实践。有些政策建议或者被直接采纳，或者引发国内对某项政策议题讨论，以间接的方式加速或改变了政策进程；有些政策建议是在当年就引起决策者的注意，而且有些建议则是在几年后逐步变成政策现实。

25年来，国合会能够成功地保持发挥环境与发展高层顾问作用的原因归纳起来主要有六点：第一，中国的高层决策者已经深刻意识到资源与环境是决定中国经济社会持续发展的核心因素，积极探索中国环境保护与经济发展相协调的新道路；第二，高层决策者高度重视和支持国合会的重要作用，认真倾听来自国合会的声音；第三，国合会具有中外顶尖专家储备，能够根据国内外经验和事实证据提出可靠建议，具备及时识别中国政府优先需求并提出前瞻性分析的能力；第四，国合会持续关注中国环境与发展领域的核心主题，保持敏锐性和前瞻性，研究议题和关注重点做到与时俱进；第五，国合会研究一贯立足中国国情，考虑从国外引进的观念和技术如何能适应中国的特点和情况，研究与示范相结合；第六，国合会拥有优秀的支持团队、高效的工作机制、融洽的合作伙伴关系，保证了国合会这一复杂系统持续25年的良好运作。

“十三五”时期是中国全面建设小康社会，实现经济转型和绿色发展关键时期，是任务艰巨、攻坚克难的挑战期，更是中国与世界分享发展成果的机遇期。环境与发展问题将变得越来越复杂，很多问题都会带来全球或地区性的后果；中国的进一步发展需要更先进的理念、更合理的制度、更发达的科学知识与更大规模的投入。第六届国合会将继续陪伴中国度过这一关键时期，继往开来，持续推动中国环境与发展事业前进；进一步加强中国与世界的互动，协助中国政府积极落实可持续发展议程，实现《巴黎协定》减排承诺，并通过推动“南南合作”、中国“一带一路”发展战略的实施，与世界分享中国经验与中国实践。

第二篇

政策建议

生态文明：中国与世界

——国合会 2016 年关注问题报告[①]

当今世界，各国相互依存、休戚与共。我们要…… 打造人类命运共同体…… 我们要构筑尊崇自然、绿色发展的生态体系…… 国际社会应该携手同行，共谋全球生态文明建设之路，牢固树立尊重自然、顺应自然、保护自然的意识，坚持走绿色、低碳、循环、可持续发展之路。在这方面，中国责无旁贷，将继续作出自己的贡献。同时，我们敦促发达国家承担历史性责任，兑现减排承诺，并帮助发展中国家减缓和适应气候变化。

——习近平主席在 2015 年 9 月 28 日第七十届联合国大会一般性辩论中的讲话

一、导言

2017 年 1 月，经历了 25 个春秋的国合会将翻开崭新一页，第六届国合会（2017—2021 年）需要考虑时代背景的重大转变。在过去几年里，国际和国家层面的发展势头为一些重大环境和发展问题的解决带来了新的希望。环境保护行动的主流化达到了前所未有的高度，出现了一大波绿色企业家，私营部门和金融部门绿色承诺不断涌现。实现绿色发展的一个关键时间点是 2030 年——一个许多创新将得以实现的重要里程碑。对中国和很多其他国家来说，这是一个一代人才能遇到一次的重大历史机遇。因此，在第五届国合会即将落下帷幕之际，应及时地将关注重点转移到中国生态文明建设与世界相互关系上来。

① 本报告由国合会中外首席顾问汉森博士和沈国舫院士撰写，首席顾问支持专家组提供技术支持。这是国合会第十五份关注问题报告。

我们清楚地意识到，虽然我们达成了很多全球和区域协定或公约，但仍然没有任何一个国家的生态安全能够得到足够的保障。国家和国际层面的绿色治理框架落后于环境和发展压力的增加，现有的投资和金融体制依然有利于不可持续的产业，法律仍不足以满足现实社会复杂的需求。正因如此，2015 年通过联合国 2030 年可持续发展目标重启可持续发展议程和 2015 年气候变化《巴黎协定》的达成才显得如此重要和珍贵。令人振奋的是，中国和许多其他国家已经批准了这些协定，并采取了重大举措付诸实施。

然而，在全球范围内，如果实现 2030 年可持续发展目标的努力不足，如果世界海洋饱受生态压力和资源枯竭，如果最严重的气候变化频繁肆虐，那对所有国家来说都将是一个艰难的时刻。核心问题是，无论中国国内做得有多好，除非世界其他国家都能够按照习近平主席所呼吁的："国际社会应该携手同行，共谋全球生态文明建设之路"，否则中国或任何其他地方都不会实现长期的环境安全。事实上，为了防止出现这种情况，我们必须采取更加有力的措施，加速环境与经济协调发展步伐——需要制定比目前更深远的目标和更紧迫的时间表。当然，我们还需要更好的能力来分享创新思想、技术和产品，让所有人（特别是那些绿色能力有限的国家）都能融入绿色发展进程。

二、中国的机遇

本次年会的根本问题是，中国如何通过加快自身绿色转型进程，并与其他国家合作，成为环境与发展事务的领导者。这不仅是为了中国自身的长久繁荣，同时也为了这个星球和全人类的福祉。在 21 世纪前 50 年的现代化进程中，中国面临着 3 个伟大的时刻：2020 年，在中国共产党诞生 100 周年之际，全面建成小康社会；2030 年，中国有望成为前沿的创新型国家，温室气体排放达到峰值、《生物多样性公约》框架下的国家行动目标和《中国落实 2030 年可持续发展议程国别方案》[①] 等重大发展目标得以实现；到 2049 年新中国成立一百周年之际，有望成为一个全面领先、繁荣的国家（包括先进的环境创新能力），基本实现现代化。

从新的、更绿色的"十三五"规划（2016—2020 年）开始[②]，中国已经做好"绿

① 中国外交部 2016 年 9 月发布 http://www.fmprc.gov.cn/mfa_eng/zxxx_662805/W020161014332600482185.pdf .

② 见《"十三五"中国绿色增长路线图》，全球绿色增长研究所和环保部经济政策研究中心，76 页。又见 http://www.chinafile.com/reporting-opinion/environment/how-chinas-13th-five-year-plan-addresses-energy-and-environment 。

水青山就是金山银山”的顶层设计，支持国家生态文明转型①。这一概念还很新，还不为世界各国所周知，但是一些发展中国家和联合国环境规划署已经对此表示了相当的兴趣。随着中国最近对加强“南南合作”的承诺②、主导亚投行和金砖银行③等金融机构以及实施“一带一路”倡议④，生态文明可以成为中国“走出去”战略不可分割的部分。

（一）2030 年：全球绿色转折点

有理由相信，中国能对全球在 2030 年之前实现绿色转型发挥如下几方面重要作用：① 由于中国经济规模巨大，国内的成功对世界影响显著；② 将生态文明、绿色增长和绿色发展作为海外投资和国际援助的重要组成部分；③ 更加广泛、主动地参与全球绿色治理事务和倡议。从现在起至 2030 年，中国将经历 3 个五年规划，届时中国的城市化和农村发展将达到一个完全不同的阶段，现代化的交通网络得以建立，经济和社会改革将带来新的机遇，绿色转型成为发展的必要元素。所有这些经验都可能有助于其他国家和地区的绿色转型。

（二）2016 年国合会开展的课题研究

2016 年国合会完成以下 3 个课题研究：

- 法治与生态文明建设
- 生态文明与“南南合作”
- 中国在全球绿色价值链中的作用

此外，国合会还启动了绿色转型展望研究，课题组将于 2016 年年会提交一份进展报告和初步政策建议，并在 2017 年继续完成课题研究。国合会还与世界经济论坛（WEF）合作，于 2016 年 6 月举办关于分享经济的高层论坛，取得了一系列在环境与发展方面有益的成果。本次年会还将发布一些背景文件：建设绿色“一带一路”的愿景和行动方案；美国成本效益分析的理论、方法和实践：$PM_{2.5}$ 政策分析

---

① 关于生态文明的更多信息请参见 UNEP、环保部政研中心、国合会 2016 报告 *Green is Gold. The Strategy and Actions of China's Ecological Civilization*. UNEP. 第 43 页 . http://web.unep.org/greeneconomy/sites/unep.org.greeneconomy/files/publications/greenisgold_en_20160519.pdf .

② http://www.ipsnews.net/2015/11/opinion-chinas-new-south-south-funds-a-global-game-changer/ .

③ http://euweb.aiib.org/html/aboutus/AIIB/?show=0 ; http://ndb.int/our-purpose.php .

④ http://english.gov.cn/beltAndRoad/ .

案例研究；分享经济：生活方式引领的新经济革命；国合会海洋倡议框架。

过去一年是中国绿色政策活跃期，颁布了一系列新政策。此外，中国还于 2016 年 9 月主办了 G20 峰会。由国合会首席顾问及支持专家组为本次峰会编写的《中国环境与发展重要政策进展与国合会政策建议影响（2015—2016）》报告[①]对此进行了阐述，本关注问题报告不再重复。

此外，2016 年，国合会在规划第六届工作内容方面开展了大量工作，很多都与今年年会主题相关，因为我们认识到国合会未来的工作必须更多地关注中国与世界的关系。第六期国合会的规划草案将提供给国合会委员和相关人员。

（三）“共享绿色未来”的机遇

显而易见，我们在实现 2030 年可持续发展目标议程和气候变化等共同目标方面加快进展是十分必要的，越短时间内解决这些主要问题将产生滚雪球效应，因为为解决这些问题所采用的改革和创新将为进一步变革创造空间，也可以说是“成功孕育成功”。

（四）越早实现目标越好？

2030 年的重要目标是否有可能在 2025 年或者更早的时间得以实现？正如斯特恩爵士等国合会委员们指出：在中国在煤炭和化石燃料方面尽早达到用量峰值对于减缓全球气候变化具有十分重要的价值[②]。类似的行动还有很多：除能源领域的努力外，大力减少农业用水，绿化城市基础设施，避免高污染行业过度投资带来的锁定效应，加快绿色金融体系改革等，都将大有裨益。因环境健康风险降低而改善生命质量，以及绿色经济就业增长等将带来巨大而持久的效益。

显然，不仅仅是中国应该提出这个问题。事实上，对于广大发展中国家来说，加速变革步伐是当务之急。鉴于中国过去 30 年成功的经济增长，许多国家都希望借鉴中国经验，寻求中国建议和帮助。中国在应对经济发展中环境与社会影响方面积累的经验非常独特而重要，值得借鉴。虽然发达国家发展机会多、能力强，但更需要加强国际合作，建立伙伴关系才能使利益最大化。因为面对失控的全球变暖、

---

① *Progress in Environment and Development Policies in China and Impact of CCICED's Policy Recommendations* 2015-2016. 早期版本请见 https://www.sfu.ca/china-council/council-documents.html.

② Ye Qi, Nicholas Stern, Tong Wu, et al. July 2016. *China's Post Coal Growth.* Nature Geoscience. 9: 564–566.

生态系统功能丧失以及海洋和大气中污染物远距离传输，或自然资源消耗对人类的影响面前，没有任何一个国家能够做到独善其身。幸运的是，在先进的科学技术合作，全球绿色信息技术实施，以及改善投资模式和国际绿色治理方面有很大的合作空间。 但是，实现这一切，我们需要大胆地行动起来，中美两国在 2015 年关于能源和气候变化的联合申明向人们展示了行动的重要性。

创造机会的倡议往往是受欢迎的，因为它们能带来双赢的局面。让我们审视一下在中国国内、“南南合作”以及国际社会 3 个层面推动实现环境与发展目标中存在哪些机会。

三、中国环境与发展目标加速进展的潜在机遇

中国的机遇和利益比较均匀地分布在生态文明的各个组成部分。

（一）环境

- 成功的伙伴关系和绿色投资增长带来的滚雪球效应将加速“向污染宣战”、应对气候变化和其他环境保护目标的实现步伐。
- 中国（包括与其他国家合作）开发的绿色技术、产品、服务正在供给全球，特别是那些符合国际、国家标准的技术、产品和服务具有全球重要性。
- 中国及邻近地区和国家的生态系统得到有效保护。

（二）经济

- 更大的国内和国际市场等待中国具有先发优势的、绿色产品、技术和服务进入。
- 作为中国制造 2025 的一部分，对制造业和其他行业的绿色质量标准作出重要贡献。
- 绿色转型加速经济改革步伐，促进（包括服务业）就业增长，推动企业成长。

（三）社会和文化

- 降低环境健康风险。
- 加速国内可持续消费进程，转变消费者观念。
- 通过教育、意识提高和公众参与，促进社会发展。

- 价值观向生态文明理念转变。

（四）政治

- 扩大中国在全球绿色治理体系改革和决策中的作用。
- 树立中国与其经济规模和生态足迹相符，对环境负责任的国际形象。
- 通过分享处理环境和发展问题的能力而惠及他人。

（五）促进“南南合作”成功

世界上许多较贫穷的国家缺乏充分实现“2030年可持续发展目标”所需的机构能力、资金和技术手段，他们会在与中国合作、贸易、接受发展援助过程中受益。通过“一带一路”倡议、“南南合作”基金（气候变化）、“南南合作”援助基金（可持续发展目标）以及亚投行和其他中国相关资金渠道支持，形成紧密型伙伴关系的可能性巨大，因为这些资金的运作将能够做到快速、高效，并且在启动之初就作出绿色承诺。但是，仍然有必要强调这些资金应优先支持绿色行动。以下是加速绿色“南南合作”，促进双方（中国和伙伴国家）双赢的一些做法。

- 中国的绿色发展经验可以影响许多其他国家、地区以及全球层面的绿色转型。
- 中国有能力在流域管理、海洋保护或区域空气污染防治等问题上与邻国建立合作机制，减少其他领域冲突，扩大发展效益。
- “一带一路”倡议提供了让沿线国家中产生可相互借鉴绿色经验的可能性，并将这种经验应用到诸如东南亚和非洲等主要地区。
- 通过“南南合作”，加快绿色发展，有助于中国生态文明价值观在其他国家和地区的传播、理解和接受。
- 良好的“南南合作”有助于销售中国绿色商品和服务，增强贸易潜力。
- 加速的绿色转型将会有助于贫穷国家农村和城市地区更快速地脱贫，改善人群健康，并产生其他社会效益。
- 中国在绿色基础设施方面经验，有助于很多发展中国家避免由于不良的城市规划、能源或交通基础设施带来的锁定效应。

（六）国际社会的效益

包括中国在内的一些大国是推动全球环境与发展进程不可或缺的参与者。虽然这些国家在各自的绿色转型中，主要考虑本国优势，但是他们在决策中应当考虑其全球贡献。

- 尽快控制各类全球环境问题，有利于树立榜样，有利于形成全球意愿促进其他行动。经典例子就是《蒙特利尔议定书》在淘汰消耗臭氧层物质包括氟氯化碳等方面取得的成功。
- 目前通常只有 10% ～ 30% 的产品能够获得绿色认证，如果这一比例能够提高，则将有助于促进通过全球供应链的绿色采购。需要加快针对木材、海产品、大豆和棕榈油等农产品以及多种制造业产品的绿色采购进程。
- 在改善生活质量和改善生态服务的同时，大多数国家的人均生态足迹可以被大幅减少。这种情况发生得越快，我们就将有更大的灵活性来适应全球人口的预期增长，并确保世界上的贫困人口能够充分获得必需品和服务。
- 由于环境友好型的实践做法被纳入主流，它们将成为另一种“新常态”，并为下一步持续改善奠定基础。从智能手机的全球影响中我们可以借鉴很多，它带来了关于信息交换、社交媒体和消费者习惯的虚拟革命，而所有这一切都仅仅发生在过去的 15 年间。
- 雄心勃勃的 2030 年可持续发展目标如果能在全世界范围内普遍实现，并尽早实现，那么 2025 年环境与发展的对话将迥异于今天。事实上，我们期待对话将更接近于中国的生态文明价值观。2030 年可持续发展目标的快速实现将使世界走上一条更好的生物多样性保护、减缓气候变化和消除贫困的道路，而成功的关键在于包容性。

（七）结论

我们知道，领先者的行动可以影响落后者，可以帮助那些能力较弱的人实现目标，最重要的是能够分担责任。是否所有国家都有能力实现为响应全球承诺而设定的目标，人们还有很多的争论和怀疑。还有那些“搭便车者”，即使他们没有作出贡献，或者甚至他们是减缓气候变化等重大问题的反对者，他们也将分享全球改善的利益。此外，在现实层面，那些准备为全球利益作出贡献的主体，是否会在贸易或其他经济竞争上处于不利地位，尤其是在漫长、充满不确定因素的过渡时期，绿色转型可能意味着竞争偏弱。当然，这些挑战实际上可能会由于那些进行绿色转型的国家率先采取加速行动而消失。中国当然是属于这一类的国家，因为它已经明确了要走上一条稳步绿色发展的道路，并且中国的转型对国际、国内都有重要的意义。

综上所述，我们期待中国和其他国家绿色转型的最终效益是均衡的、全面的，并可能在全世界广泛传播，具有深远的历史意义。当然，前方的道路仍然充满挑战。

四、十项关注问题

下面提到的十项问题不代表所有需要关注的问题全部，有可能挂万漏一。然而，中国如果要在环境与发展领域与世界全面互动，就一定不能忽视这十个问题。当然，中国政府已经意识到并正在努力解决这些问题。但是，如何顺利实现绿色转型，支持新型经济，促进社会发展，使公众更好地参与决策，建立健康的生态系统，中国仍然需要做大量工作。从区域到全球，各个层面都要作出贡献，必须着重关注治理体系、法治体系和绿色金融领域的改革。目前，最需要通过创新提供实现可持续的方案，并推而广之。

虽然针对每个问题的简短论述并不能全面阐述该议题的复杂性，但希望这些论述能为下一步讨论问题提供一个窗口。

（一）更快更好地实现“十三五”规划绿色目标

如果“十三五”规划目标成功实现，特别是如果中国能够通过其国内外的实践活动，促进全球可持续发展议程的实现，那么中国将被视为全球环境与发展领域的领军贡献者。

- 这个最具环保意义的五年规划将会促成“向污染宣战”、绿色发展以及生态文明各项工作取得重大进展。
- 目前的“十三五”规划应为未来两个五年规划奠定基础，是补齐生态环境质量对于全面建成小康社会的短板的关键时期。
- 执行非常关键，中国需要制定更强有力的实施 / 执行政策。

（二）强化绿色治理和制度 / 机构变革

为了在未来 10 年或更长时间内保持必要的速度和规模实现转型，必须加强跨部门的综合性变革。亚投行所提出的“精简、清洁、绿色”决策应得到其他机构响应。无论在中国还是其他国家，实现可持续发展和生态文明建设的制度安排仍不确定。国际组织正致力于解决决策过程的复杂性问题，而且也迫切需要创新手段，全面执行全球协议。

- 在中国甚至全球范围内，环境与发展进程继续受到治理能力不足的制约，主要体现在执法力度不足、相关法律缺位、机构设置过时以及金融部门存在问题。
- 中国生态文明建设的治理框架虽已初具形态，但是离具体落地实施还有差距。如果中国的政治意愿依然保持强劲，那么这一问题在今后的 5 到 10 年内将会得以解决。
- 中国需要更多地参与和领导全球活动。中美气候变化合作、亚洲基础设施投资银行和其他一些实例都是中国参与和领导全球活动的证明。然而，中国在有些协议的参与中还存在不足，表现不尽如人意，而且每年都会出现新的问题，如推动分享经济以及海洋纳米颗粒污染物的问题。

（三）建立更为一致的综合绿色增长战略

2009 年以来，G20 强调了取消化石燃料补贴的必要性、在国家层面实施绿色增长战略的愿望以及采取低碳战略行动的坚定性。在 2016 年 9 月的杭州峰会上，G20 还提出要拓展绿色金融[①]。在未来一年，如果中国和德国将与领先的发达和发展中经济体一道努力，增加对绿色增长、金融以及低碳经济的关注度，那么将有助于推动这个进程。

- 2016 年 G20 峰会，中国号召全球共同努力推动经济增长，虽然挑战和困难依然存在。保持可持续增长的关键是推动实现绿色转型，虽然任重道远，特别是如何改革旧的经济体系非常困难，但中国在这方面已经取得进展，但在如何使得经济和生态改革的协调并进方面还存在差距。
- 2020—2030 年全球绿色转型的关键时期是，在这一期间对低碳经济和 2030

① http://www.g20.org/English/Dynamic/201609/t20160906_3396.html .

年可持续发展目标取得实质性进展至关重要。如果中国在这一时期国内绿色经济转型中表现出色，那么中国在21世纪后半叶的未来发展可能将会更加稳固。此外，这还可使中国更好地帮助其他发展中国家，并有可能成为世界上最大的可持续经济体。

- 气候变化是影响未来绿色经济发展中跨领域因素，因此我们需要在最重要的经济和投资决策中更多地加以考虑。为此，需要开展不断的跟踪监测，以确定事情尽快地朝着预期的方向发展，并需要充分考虑如何在国内争取并维持公共部门和私营部门的支持，当然也包括在国外做出相关努力的伙伴国家的支持。

（四）实现综合绿色发展和生态文明

生态文明是将价值观、关键优先事项以及影响国内外发展的跨部门综合决策联系起来的一种手段。这些不仅是中国政府的关注重点，也是中国企业和投资的关注要点，还是涉及众多致力于塑造环境与发展成果的中国机构、金融组织和其他组织的行动的关注要点。问题的关键在于如何在生态文明的背景下实现综合发展决策。

- 建立综合战略，如“一带一路”，以及为应对区域空气和水污染、适应气候变化等问题而制定的长江和其他主要河流、经济开发区的综合战略等。在未来城乡规划、产业布局、河流流域、沿海地区和海洋规划中需要更为有效地应用综合手段。虽然各级政府对这一点有所认识，但具体的实施政策尚未得到很好的制定和完善。
- 中国的综合绿色发展应成为其国际合作和在海外进行土地、水域开发活动的规范做法。
- 能源决策需要更加综合性的考虑，应充分重视气候变化议程，包括性别影响、协同效益和环境评估。
- 必须更加注重绿色规划、生态红线以及城市化和农村发展的各个方面，以避免过早地丧失选择余地和陷入不良的锁定效应。

（五）继续扩展绿色“南南合作”，加强南北行动

中国正通过双边和多边承诺以前所未有的方式向南部国家“走出去”。在实施“走出去”战略的过程中，中国分享了自己的经验、技能和技术，并探索出了自己的政府开发援助模式，即着重于贸易和投资以及直接资金援助。同时，中国也表示了对

南北合作的兴趣。通过“一带一路”和新的融资机构，中国正以前所未有的规模进行着一代人的努力奋斗。中国的成功将改变许多伙伴国家的增长前景和生活质量。

- 中国对发展中国家投资的大量增加有可能改变未来 10 年及其后的重大游戏规则。多方信息表明，一些资金将用于环境与发展领域，当然也包括气候变化和 2030 年可持续发展目标。然而，这种投入目前仍处于初期阶段，未来会出现一些优先领域竞争这些资金的情况。各种政府开发援助资金必须得到良好的协调，并在健全的绿色指南指导之下进行操作。此外，还应有长期的承诺，以解决生态和其他的关注问题。
- 无论“生态文明”这个术语是否被普遍接受，走向生态文明的道路是坚定不移的。各国需要对可持续发展进行调整以适应不同国家的具体条件。中国在评估供应侧方面具有很强的能力。但是需求侧方面尚不明了。此外，需要采取灵活适应的手段，确保互惠互利。
- 所有中国的海外投资都应以绿色发展目标和标准为指南，也包括必要的绿色能力建设。共享绿色技术创新可以而且应该成为中国海外投资的一部分。

（六）确保绿色发展全面纳入贸易与投资协定

新的区域和双边协定必将促进全球化发展，即使世界某些地区出现了一些“反全球化”的趋势。新的区域和双边协定近年来蓬勃发展，其中许多协定是由中国发起或支持的。当然，这种情况的不断出现部分原因是世界贸易组织的谈判过程过于缓慢。然而，这种区域和双边协定更为细致，能更具体地针对具体国家或地区以及中国的优先领域。但这些协议应该以促进和采取绿色发展的最佳实践做法为己任。

- 需要在所有新的协议中都同等对待环境和可持续发展问题，并建立绿色发展和环境影响的监督及执行机制。此外，还要为伙伴国家的绿色能力建设提供足够的机会，并避免任何可能导致不可持续的结果或未经缓解的环境影响（包括气候变化）的活动。
- 绿色贸易协定可以支持中国的长期绿色转型前景，因为新的绿色经济将依赖于对绿色产品和服务的优惠定位。市场准入将取决于产品能否达到国外的绿色标准。而那些在中国经营的国际公司以及在海外经营的中国企业的企业社会责任将通过环境友好型贸易和投资的要求得到改善。生态文明的概念至少可以被纳入一些协定中。

（七）推行贸易与商业绿色标准和体系

国际组织和各个国家（包括中国）如何才能更为紧密地合作，解决绿色标准的许多下游问题？这些问题包括执法、可追溯性和其他实际需要解决的问题[①②]。在过去的 20 年中，在全球范围内出现了一个非常复杂的绿色标准网络，其中一些以自愿为基础，另一些与贸易协定相关。这些绿色标准有许多局限性，被接受的程度相对缓慢，有时还会导致贸易壁垒或争端。如何验证影响以及如何真正遵守标准的问题确实存在。非法贸易就是一个重要问题。

- 虽然中国在这个问题的许多方面取得了进展，但仍然存在很大的弱势，而且在一些重要商品领域的参与度较低。当前，在扩大国内消费和实施国内低碳经济发展的关键阶段，标准、信用报告和核查等新的问题也不断涌现。许多这样的问题都包含了公众参与，包括如何解决产品中的食品和环境安全保证问题。
- 绿色贸易和商业是一个正在日趋成熟的领域，需要中国政府相关部门企业给予更多的关注。必须开展的行动包括促使中国标准与国际标准的对接、消除非法贸易、鼓励可持续消费和改善消费者的选择、绿化“中国制造 2025”以及扩大绿色采购。

（八）关注“行星界限”和生态足迹

将中国建设成为一个极致的节约型 / 环保型社会，同时又是富裕的国家，这是一个巨人的挑战，但却是一个必须完成的任务，不论是基于国内还是全球的原因。同时，它也是“绿水青山就是金山银山”范式的一部分。

需要特别关注的是“行星界限”[③]中的几个组成部分，包括主要地球化学循环。例如，环境中的过量氮（来自农业肥料、汽车排放和工业用途）必须尽快得到控制。

- 另外一个令人严重关切的是海洋状况不断下降，包括生态服务和气候变化影响。中国的“蓝色经济”正在发展，而且当然不仅限于邻近的海洋空间。必须重新定位全球和中国的“蓝色经济”，采用比过去更有效的方式接受绿色

---

① http://www.oecd-ilibrary.org/governance/international-regulatory-co-operation_9789264244047-en .

② See various reports of WWF China and of IISD on some concrete needs, for example: http://awsassets.wwfcn.panda.org/downloads/wwf_china_trade_report_en.pdf ; http://www.iisd.org/sites/default/files/publications/sustainability-impacts-chinese-outward-direct-investment-literature-review.pdf .

③ http://www.greattransition.org/publication/bounding-the-planetary-future-why-we-need-a-great-transition .

发展原则和行动。扩大国际合作是至关重要的，包括加大力度应对海洋保护和气候变化。

随着财富增长，中国的消费水平不断上升，并正趋向不可持续的消费模式，尤其是在城市尤为明显。WWF 中国关于生态足迹的报告表明，在各个方面，特别是碳足迹，中国的生态足迹目前已经超过了“一个地球”的水平①。这种趋势必须通过更有效的资源利用或通过转变生产者和消费者的价值观从而减少需求加以遏制。虽然在这两个方面的工作都在进行当中，但进展速度仍然低于预期。

（九）绿色 IT 硬件和软件的颠覆性创新

中国已经采用“互联网 +”“大数据”方法和许多其他领先的前沿手段，结合创新的软件和技术，应用于环境、资源效率和可持续发展领域。电池技术、智能电网和环境监测是众多例子中的几个实例。最近，“共享经济”的效益和成本也已经成为一个讨论的焦点问题。

- 未来在利用快速发展的 IT 技术，结合纳米技术、生物技术、绿色工业化学和软件开发等其他技术创新来实现生态文明方面具有更为广阔的潜力。这其中充满了竞争与合作，但需要格外关注的是相应的治理措施，及时、有效地保障创造有利的竞争与合作环境。同时，还应更多地关注社会、经济和环境影响。
- 当然，未来的变化将不会像新技术、软件应用程序和其他创新那样在几年内顺利或线性地增长。我们可以展望未来，但无法准确地预测结果，特别是在 2040 年或 2050 年后可能出现的情况。例如，从化石燃料经济向可再生能源转变、更为严格的水环境管理、更为精细的环境风险监测能力以及诸如消费者偏好等许多其他问题的大局趋势正变得越来越清晰，这主要得益于计算能力、大数据以及越来越多地应用于海洋、大气、土地利用等方面非常复杂的遥感技术。

（十）评估与验证

决策和进展评估的基础必须是高度可信的，并以中国和全球的最佳实践为基准。

① http://www.zujiwangluo.org/ecological-footprint-results/ and http://www.footprintnetwork.org/images/article_uploads/China_EF_Sustainable_Consumption_2014_English.pdf .

事实上，真正的挑战在于如何超越当前的最佳实践，特别是通过利用跨越式发展和新技术、更好的验证手段和其他工具的运用。有的问题需要给予持续的关注，例如，基于对生态服务价值评估的成本效益分析以及对碳交易的详细评估。

- 中国将需要提供远超出目前状况的更为透明和可信的信息，以满足国内和国际社会的需求。在许多情况下需要加强国际合作，例如，减少针对海产品的非法、未报告和不受管制（IUU）的开发和国际濒危物种贸易，也很可能包括那些涉及国际碳交易的任何贸易体系。
- 一般来说，环境效益和生态服务在决策中仍未加以充分考虑，在国民核算中也被低估。在这一领域中国已取得一些进展，但事实上仍有许多工作要做。中国与其他发展中国家相比，情况可能类似，因为基础数据可能无法获得。这方面的工作还需要以大量的科研工作为基础稳步推进。
- 各级地方政府官员个人绿色绩效问责制是一个全新的概念。成功与否取决于在绩效评估中是否能够公平地应用可靠的信息。这一模式具备广泛应用的可能性，但也需要针对该制度的影响和公平性进行不断的优化。

五、结论

本篇已经涵盖了关乎地球和人类未来的一些紧迫性问题，并提出应加快行动步伐的建议。然而，我们必须牢记的是，绿色转型只是世界大局中的一个部分。“世界经济论坛”提出了10项最大的全球挑战[①]。这些挑战包括气候变化、食品安全、包容性增长和在全球创造5亿个新的就业机会、性别平等、互联网的未来，以及能够长期改善贸易和投资的监管框架。加快绿色转型进程必须有助于解决这些问题和其他挑战，例如，各个国家和地区的人口变化。

最重要的是一系列需要关注的问题，例如，如何在暴力冲突或政治功能失调以及其他治理失败后仍能实现可持续发展和环境安全。发达国家向欠发达国家提供适当水平的资金支持（和技术转让）这一长期存在的问题是全球绿色发展各方面问题的核心。解决这一问题的方案远超出发行绿色债券和其他最近的金融创新等重要手段。此外，如何才能确保人们不仅能够获取生存需求的基本权利，还能享受到繁荣

① https://www.weforum.org/agenda/2016/01/what-are-the-10-biggest-global-challenges/ .

生活方式的成果？到 21 世纪中叶，全球人口有可能上升到联合国预测的 97 亿[①]，这将使可持续发展面临更大的挑战。但同样具有挑战性的是新近富裕和已经富裕起来的国家的消费需求不断上升的问题。

人们可能会说，超出已经是艰难达成的《巴黎协定》或其他环境与发展协定中要求的目标，强调再进一步加速环境和发展进程的努力是徒劳的。但是我们没有别的选择。我们知道，各种已批准的环境与发展协定仍然不能构成一个整体，从而足以保障我们星球的未来。目前，没有一个国家可以声称已经达到了可持续的状态，因为我们是相互依存的，都会受到全球环境变化的影响。

维护这种相互依存的关系是所有国家的责任。然而，现在到未来的 10 年（甚至可能更长的时间）是中国时段。世界上没有一个国家可以在未来几年在绿色转型上比中国投入更多。中国这样做是出于构建更良好的社会、经济和环境的原因，且这些与中国自身的未来安全休戚相关。在国际上，中国有机会走在前列，不仅是在创新技术的开发和应用上，还可以示范如何快速实现所期望的变革，并带动全世界践行这样的行动。

我们希望国合会通过目前和将来的工作能够对此有所贡献。当然，目前国合会将采取两个重要的途径：一个是构建一个能够满足创新型绿色转型短期和长期政策需求的展望方法，另一个是通过拓展所有中国在海外活动中绿色发展实践来支持中国在其他发展中国家开展的合作活动。

中国在悠久的历史和价值观基础上构建了生态文明理念。我们所有人，无论中国人还是外国人，都需要认真思考这种综合性的方法如何引领我们进入一个更加美好的全球格局。未来的 5 年中国将帮助我们证明这一理念的价值。如果是这样，那么生态文明就应该成为我们全球可持续发展探索中的一个重要组成部分。

① http://www.un.org/en/development/desa/news/population/2015-report.html .

国合会 2016 年年会给中国政府的政策建议

过去 25 年来，国合会每年都向中国政府提出关于环境与发展的政策建议。近年来，政策建议的关注问题和涵盖领域都发生了显著变化。国合会也见证了中国政府为应对环境与发展挑战所作出的巨大努力与成就。经过长期不懈探索和努力，中国已经建立了卓有成效的推进生态文明建设和绿色发展的战略方针和制度设计。

然而，当前中国仍然面临着巨大的挑战，总体生态环境形势依然严峻，生态文明体制机制改革各项措施亟待落地；全球层面的生态环境保护、气候变化、生物多样性、海洋资源可持续利用等问题也需要充分应对。我们认为，这些问题将会制约全面建成小康社会目标的实现，进而影响中国未来 10 年的经济和社会进步。解决这些问题需要深化体制机制和法律制度改革，推进技术和管理创新，在环境与发展综合决策、新型可持续消费等方面扩大公众参与。可喜的是，中国已经开展了大量工作并取得积极进展。

基于以上考虑，国合会认为，中国有能力在未来全球绿色发展中发挥更加积极的引领作用，主要体现在：① 通过当前及未来的努力为全球树立榜样；② 在国际合作和治理体系中发挥更加重要的作用；③ 加强对其他发展中国家的支持。这三个方面的引领作用正是国合会 2016 年政策建议的关注点。

2016 年的政策建议紧紧围绕"生态文明：中国与世界"这一主题，提出一个总体结论和三项重点行动。总体结论为：首先，要实现 2020 年全面建成小康社会的目标，中国需要大力推动生态文明建设，全面改善环境质量。第二，未来几年是《中国落实 2030 年可持续发展议程国别方案》和《巴黎气候变化协定》的关键时期，中国需要加大推进力度，努力实现目标。第三，中国已经宣布的国际合作倡议及相关行动对推动绿色发展有重大意义，包括“一带一路”建设、亚洲基础设施投资银行、金砖国家开发银行、“南南合作”基金，以及中国官方发展援助和海外直接投资等。

国合会认为，推进生态文明建设，实现绿色转型，中国需要落实三项行动：一是将生态文明作为政策的核心支柱，不仅运用于指导国内创新转型，同时也要应用到国际合作事务中。二是以落实 2030 年可持续发展议程为机遇，通过“南南合作”推进全球可持续发展；推动应对气候变化在全球和区域层面取得实质性进展；强化双边和多边协议中的环保要求，促使企业在国内和海外采取绿色行动。三是以绿色金融倡议引入 G20 杭州峰会为起点，利用 G20 等国际合作平台持续推进绿色创新与合作。中国的经济、社会和政治优势将有利于这三项行动的顺利实施。

主要政策建议汇聚了国合会课题组和专题政策研究成果及委员们的深入研究和思考，如下：

一、加快生态文明建设与绿色转型

中国已经确立了“创新、协调、绿色、开放、共享”五大发展理念。目前中国发展面临重要的十字路口，必须切实践行生态文明理念加快转变经济发展模式。“十三五”期间要实现若干重要的绿色转型，建议将“十三五”之后的五年规划名称修改为“国民经济、社会与环境发展规划纲要”。

（一）深化生态文明体制机制改革

1. 建立绿色发展国家治理体系

在“十三五”期间内，将生态文明理念、原则和规范纳入宪法之中，建立以生态文明为统领的法律制度和行政管理基础体系。继续完善国家和地方的干部考核制度，推进省区市间的绿色竞争。理顺资源环境管理的行政交叉矛盾，在城市化建设、农村土地管理和水资源开发利用等方面体现生态文明理念。配合绿色金融体系指南，建立配套机制限制高污染、高能耗企业融资渠道，确保绿色标准得到严格遵守。

2. 为绿色科技创新营造良好竞争环境，促进绿色经济发展

加速绿色税收改革步伐，开展符合绿色发展需求的补贴政策改革，取消对化石能源不当补贴。通过绿色信贷、差异电价水价、环境责任强制保险、专项奖励等办法鼓励环境绩效好的企业。推动企业在落实 2030 年可持续发展议程国别方案中发挥更大作用。

3. 建立绿色国民经济核算体系

改革现有国民经济核算系统，引入生态环境价值评估和环境成本核算，落实“绿水青山就是金山银山”理念，彻底改变单纯追求 GDP 增长的情况。将绿色核算应用于生态补偿制度安排、干部考核以及各项“十三五”规划任务落实工作中。

（二）加快推进农业、工业和服务业等社会经济重大领域的绿色转型

1. 推进农业绿色转型

现代农业以大规模单一化种植和集中养殖为特征，大量消耗水资源、化肥农药等。应大力发展种养结合式的生态循环农业，达到改善品质和保护环境的目的；创新淡水、海水水产绿色养殖系统，确保持续发展；采用农牧产品绿色加工方式，减少对气候变化的影响；结合 2030 年可持续发展议程，推动农业及混农林业创新发展。

2. 推进重点工业行业绿色转型

注重应用创新科技和管理手段提高传统工业部门运行效率，通过规制、税收、关税、出口限制等政策，提高中国现有工业体系效率和社会资源配置效率。推动传统制造行业的绿色化改造，通过加强环境监测，推动信息公开等培育企业社会责任。通过综合规划，协同控制气候变化和空气污染物，如实施短寿命气候污染物（SLCP）控制措施，采取控制室内空气污染的环境健康措施。

3. 推进服务业绿色转型

重视新兴服务业和分享经济等新型商业模式对可持续发展和绿色转型的推动作用，并给予政策支持。重视旅游业对当地环境、自然保护区和国家公园生态系统以及经济社会的综合影响，将其作为生态文明建设重点领域之一。

4. 深化跨行政区综合规划和管理，推动区域绿色发展

京津冀协同发展和长江经济带发展规划中对生态环境保护和污染防治给予极大关注。这种综合开发战略符合绿色城镇化和区域协同管理的未来趋势，应该制定实施更多类似的区域发展规划。规划应充分考虑农村和郊区的低碳绿色产业布局、绿色发展城市，并支持改善生活福祉和环境质量的相关活动。

二、强化生态文明法治保障

近年来，中国环境与发展领域法治建设取得了长足进步。尽管如此，中国政府仍需在立法、司法、执法和守法方面继续加大力度，为推进生态文明建设及落实

2030 年可持续发展议程国别方案提供法治保障。

（一）加快推动相关环境立法，制定环境法典

1. 编纂环境法典并推动法律体系全面绿色化

建议着手研究编纂以生态环境保护为主要内容的环境保护法典，分阶段做好编纂研究论证工作，将制定环境法典列入立法规划。在宪法和其他法律中明确规定“环境”的法定内涵和外延，将环境权作为公民权的一项重要内容。

2. 补充完善重要环境立法

为充分发挥法治在推进可持续发展中的重要作用，建议制定《中国可持续发展法治保障方案》。定期开展《巴黎气候变化协定》实施效果和相应的法律需求评估；着手制定《京津冀地区大气环境保护特别法》和《危险化学品安全和环境管理法》；修改完善现行《中华人民共和国环境影响评价法》，进一步明确环境影响评价对各级政府规划、政策制定的约束力。强化排污许可体系，推动实施更加严格的强制性排放标准，促进技术创新。

3. 把生态文明建设和可持续发展的理念、原则和规范纳入具体法律中

这些法律包括宪法、民商法、行政法、经济法、社会法、刑法、诉讼与非诉讼程序法等相关法律。

（二）加强生态环境司法保障体制机制建设

1. 保障公民、企业、社区和社会组织在环境事务方面获得司法公正

支持公民、企业、社区和社会组织参与环境法律事务（包括预防环境损害案件），保障他们在环境损害案件中的权益和司法公正。确保法官以事实为依据、以法律为准绳做出公正判决。

2. 改革跨行政区域环境司法制度

由于环境要素的流动性，环境案件的发生经常会跨行政区划，目前基于行政区划划分管辖权，不利于案件调查、审理和纠纷解决。建议人民法院按流域设立环境巡回法庭，审理跨行政区域的重大环境案件。鼓励相关法院借助环境领域专业人才，应对生态环境损害案件审判专业化的需求。

3. 推进生态环境损害公益诉讼

虽然近年来公民、社会团体在环境问题上诉诸法院的能力有所提高，但在信息

获取、诉讼人身份和资助来源以及诉讼能力方面仍然需要加强。建议健全完善环境公益诉讼制度，放宽适格原告，鼓励公民、环保社会组织等积极参与环境公益诉讼，加大环境资源审判公众参与司法公开力度。推动设立环境公益诉讼基金制度。促进环境司法诉讼程序与非诉讼程序的衔接，支持人民检察院依法提起环境公益诉讼。

4. 完善刑法中对于环境犯罪的规定

结合中国环境保护现实需求，建议增加水环境污染罪和污染海洋罪等新罪名，增加危险犯的规定，发挥刑法惩治危险犯的先期屏障作用，防患于未然。

（三）强化全民守法与依法行政

1. 扩大环境信息获取途径

建立企业环境信息公开名录，健全企业环境信息公开中各方主体的鼓励激励和处罚机制，推动企业自觉守法。

2. 加强环境保护行政执法

教育、引导、支持企业环境守法，辅以监测体系及时发现违法行为。提高执法能力。提高监测装备标准化，加强自动监控、卫星遥感、无人机等技术运用。健全环境监管执法经费保障机制，将环境监管执法经费纳入同级财政全额保障范围。

三、积极推动生态文明“南南合作”

实现全球可持续发展目标需要发达国家和发展中国家按照共同但有区别责任原则、各自能力原则共同担当，在继续加强南北合作的同时，积极推动“南南合作”。中国应继续坚持“平衡、平等、保护、包容、透明、合规”原则，结合“一带一路”建设等重大倡议，深入推动与亚洲、非洲、拉丁美洲、小岛屿国家开展生态文明“南南合作”，回应发展中国家绿色发展需求，共同推动2030年可持续发展议程落实，为改善全球环境治理作出中国贡献。

（一）确立生态文明“南南合作”优先领域选择原则

用如下五项原则确定生态文明“南南合作”优先领域：（1）与实施2030年可持续发展议程相契合；（2）适应发展中国家的发展阶段与多元诉求；（3）提供生态与生计兼顾的系统解决方案；（4）运用创新型的技术和发展模式；（5）促进环

境友好型和低碳基础设施建设。通过上述原则将向“南南合作”伙伴国发出生态文明建设的强烈信号。

（二）建立生态文明“南南合作”协调机制

1. 适时建立部级“中国国际发展合作机构”，统筹整合国际发展援助以及“南南合作”工作

该机构负责将生态文明理念全面贯彻到各项决策与规划中，包括宏观层面的目标设定与政策制定，微观层面的机制安排、过程管理、监督、评估工作。

2. 制定中国对外援助综合绿色行动指南

这份指南应识别有助于绿色发展的对外援助项目，评估中国对外援助项目可能存在的环境影响，并为消除环境影响提供支持与指导。指南应充分发挥对外援助对于实现 2030 年可持续发展目标、应对气候变化等方面的积极促进作用。

（三）构建生态文明“南南合作”保障体系

1. 制定生态文明“南南合作”中期和长期发展纲要

纲要应综合考虑全球环境与发展要求和发展中国家诉求，选择中国具有技术、科学和管理的优势领域优先开展“南南合作”，重视与气候变化、生物多样性、荒漠化、景观恢复与造林、河流、海洋等领域，应特别关注中国周边发展中国家所关注的议题。

2. 建立“南南合作”多元主体广泛参与体制

积极调动中国地方政府、非政府组织和企业积极性，探讨与其他援助方、开发银行、国际非政府组织和跨国公司开展多方合作。

3. 加强机构与人员基础能力建设

提高从事“南南合作”人员的生态环保意识，加强基础研究，为政策制定和决策提供更好的理论和数据基础，培养和选派具有国际视角、环境意识和专业知识以及“南南合作”经验的人员承担相关工作。

4. 加强对外宣传

系统阐释生态文明与可持续发展目标之间的关系，使生态文明理念进一步国际化。加强对生态文明“南南合作”信息和数据的收集、项目实施前后资料整理与公开，建立官方权威发布制度，并建立“政府—民间”对话平台。

（四）加大资金支持力度

搭配组合政府援助资金、发展援助机构资金、商业银行资金、社会资本，发挥资金集成效应。发挥政府资金的带动作用，鼓励更多商业资金投入。充分利用亚洲基础设施投资银行、新开发银行、全球环境基金、绿色气候基金等多边资金平台提高融资能力。

（五）完善过程管理

1. 了解伙伴国与利益相关方需求，推动生态文明“南南合作”项目实施

积极了解伙伴国需求，拓展项目伙伴关系，使生态环保项目能够更多地进入中国“南南合作”项目库。

2. 整合现有对外援助方式，进一步加强技术援助和知识分享的力度

推广中国在绿色农业、工业及其他行业的成功经验，促进新技术在生态文明“南南合作”中的应用。

3. 重视对基础设施、能源、矿业、农业等领域大型项目环境影响全过程评估

把生态环境作为与经济和社会影响同等重要的评估指标，形成立项、评价、监测与评估的循环互动机制。

四、积极引领和融入全球绿色价值链

全球价值链是指通过国际经贸合作连接各国生产、流通、消费、回收等各个环节，实现原材料、商品与服务的价值流动与提升。全球绿色价值链将可持续发展理念和原则融入全球经济的规则与行动中。中国应以绿色“一带一路”建设以及生态文明“南南合作”为载体，加快提升其在全球绿色价值链中的作用，这对保障中国经济安全、推动国际产能合作，提高国际竞争力以及推动全球可持续发展都至关重要。

（一）发挥政策协同作用，积极参与全球绿色价值链

制定实施投资、贸易、标准、认证以及能力建设等一揽子政策。在 2017 年下届 G20 峰会上与德国等国家创建“生态 20（E_{CO}-20）”，通过环境产品和服务的 WTO 谈判等多边进程推动全球价值链绿色化，推动中国的绿色标准和国际标准接轨。

（二）明确政策导向，推动中国企业参与全球绿色价值链

许多行业领先的跨国公司已经开始采取行动推动可持续发展。中国企业在全球绿色价值链领域有些滞后，需要政府引导和支持。采取财政和金融激励措施鼓励企业采购和生产绿色产品，并加入减少毁林和降低海洋渔业压力等自愿性国际承诺，建立绿色价值链标准和可追溯体系。

（三）提出全球绿色价值链倡议，并作为“一带一路”建设优先领域

建设“一带一路”国家间绿色伙伴关系，分享绿色价值链的最佳实践，倡议构建全球绿色价值链，帮助“一带一路”国家提升参与绿色价值链的能力，建立政府、企业非政府组织全面参与的合作伙伴关系。

（四）加大面向全球绿色价值链的国际投融资援助

使用双边援助以及新成立的多边金融机构，帮助贸易、投资和生产伙伴国更好地管理水、森林和渔业等自然资源，提高资源管理能力和农业生产力。

（五）在“十三五”期间着力推进绿色价值链建设

具体包括：（1）建立主要国际贸易商品和原材料可追溯系统，确保中国进出口商品绿色和可持续，进一步推动建立保障合法性及可持续性的国际贸易系统。（2）启动包括大豆、棕榈油、林产品和渔业全球绿色价值链最佳实践试点。（3）在“气候变化南南合作基金”平台下建立“全球绿色价值链“南南合作”平台”，促进绿色商品和原材料贸易，提升各国在绿色价值链管理方面的能力。

绿色目标、治理能力和创新——认识并消除差距

——国和会 2015 年关注问题报告①

一、导言

我们正处于全球环境与发展新一轮务实行动的风口浪尖。新的联合国 2030 年可持续发展议程提出了一系列深具挑战性的目标和指标②。计划于 12 月在巴黎召开的联合国气候变化框架公约大会能否取得满意的成果令人期待。这些呼吁背后的驱动因素是新兴绿色金融行业、清洁技术和能源创新等行业中的领军企业以及发达国家和发展中国家的意愿和需求。中国比以往任何时候都更加积极地扮演着推动本国和国际绿色发展的重要角色，包括对“南南合作”投入大量资金，以及在中美温室气体减排协议中作出承诺。我们有理由确信，中国领导的新的国际行动从创立之初就坚持了绿色起点，包括总部设立在上海的金砖银行、亚洲基础设施投资银行（AIIB）以及促进丝绸之路海陆沿线贸易和发展的“一带一路”战略。

中国在近期的国内政策声明和行动中已经清楚表明，从“十三五”（2016—2020 年）开始，将更加着重于采取统筹协调的发展方式，不遗余力地构建生态文明的新型关系。

2014 年，国合会呼吁要充分认识“转折点”，使中国避免出现诸如空气污染危机等这样的临界点，实现环境与生态条件的改善。现在，中国所面临的主要环境问题已成为威胁社会稳定、人类健康，并最终威胁发展目标实现的政治问题。因此，在目前的发展阶段，中国应比其他一些国家更多地关注环境保护。

① 本报告由国合会中外首席顾问汉森博士和沈国舫院士撰写，首席顾问支持专家组提供技术支持。这是国合会第十四份关注问题报告。

② 2015 年 9 月 25 日联合国大会通过了 17 项目标和 169 项具体行动目标 . 见：改变我们的世界—2030 年可持续发展议程 .https://sustainabledevelopment.un.org/post2015/transformingourworld.

（一）2015 年：环保行动“重拳出击”的一年

2015 年是中国环境与发展改革“重拳出击”的一年。修改后的《环境保护法》于 2015 年 1 月 1 日正式生效。《水污染防治行动计划》已经启动，《大气污染防治法》得到了加强并于 2016 年 1 月生效。过去一年中每个月都能看到环境与发展政策和实践的进展，而这些进展常常与过去几年国合会提供的政策建议有着千丝万缕的联系。《中国环境与发展重要政策进展与国合会政策建议影响（2014—2015）》将会展示这些进展的具体细节。有证据表明，中国的“向污染宣战”行动正在发挥作用，至少对于空气污染而言，已经产生明显的实效。同时，也出现了诸多其他令人鼓舞的转变迹象，其中最重要的是针对覆盖了中国总人口近 10%的京津冀地区协同发展规划与管理的重大举措①。这将有助于创造更宜居的城市，并进一步强化区域大气污染防控。

人们逐渐认识到，加大环境领域投资是与当前经济增速放缓、注重高附加值和效率的“新常态”相适应的。环境问题有待成为未来中国新型高价值经济的主要驱动力之一。新型经济将在绿色技术和完善的跨行业绿色规划与管理基础上展现出创新性的解决方案，并将着重于服务经济。

迈向绿色发展的进程被中国领导人称为“绿色化”。由习近平主席主持的中共中央政治局于 2015 年 3 月 24 日召开的会议出台了环境保护的指导意见，强调了生产方式、经济发展和生活方式绿色化，重点是降低资源消耗，促进绿色产业，提倡低碳、节俭的生活方式②。中共中央政治局领导人指出，绿色化将有助于增强“国家软实力”，并提升“国际竞争新优势”。文件发布以后，中国又出台了两个重要文件，为生态文明的改革指明了具体方向。

第一份文件是 2015 年 4 月发布的《中共中央国务院关于加快推进生态文明建设的意见》③。随后，中共中央、国务院又于 2015 年 9 月发布了《生态文明体制改革总体方案》，为生态文明建设指明了中期政策方向（约至 2030 年）。这份文件在范围、幅度和行动任务的难度上都相当令人瞩目④。它提出了八项制度（见专

① IntroducingChina’sFutureMegalopolis:TheJing-Jin-Jihttp://blogs.wsj.com/chinarealtime/2014/04/04/chinas-big-ambitions-for-the-jing-jin-ji/.

② Chineseleaderspushfor‘greenization’.http://news.xinhuanet.com/english/2015-03/24/c_134094125.htm.

③ SamGeall.July2015.InterpretingEcologicalCivilization.Parts1(Vision),2(Policy)and3(Standards,MechanismsandAssessment).https://www.chinadialogue.net/article/show/single/en/8018-Interpreting-ecological-civilisation-part-one-.

④《生态文明体制改革总体方案》全文见：http://english.gov.cn/policies/latest_releases/2015/09/22/content_281475195492066.htm;alsoseeDimitrideBoer.China’s‘EcologicalCivilization’SetsChinaonaGreenerCou

栏 1）的转变。生态文明制度改革的框架应该是一个潜在的驱动因素，因为它提供了一个长期和综合的方法。如能很好地纳入“十三五”规划，该战略将得以尽快实施。

专栏 1　中国生态文明体制改革的八项制度

2015 年 9 月，《生态文明体制改革总体方案》确定了需要改革和强化的八项制度：

健全自然资源资产产权制度；

建立国土空间开发保护制度；

建立空间规划体系；

完善资源总量管理和全面节约制度；

健全资源有偿使用和生态补偿制度；

建立健全环境治理体系；

健全环境治理和生态保护市场体系；

完善生态文明绩效评价考核和责任追究制度。

这八项制度着重于管理改革方面，而不是体制方面，因为在后续的体制改革中仍有很多的探讨和工作要做。

（二）绩效差距

尽管政策在进步，生态环境改善也出现了一些可喜的迹象，但在预期目标和实际绩效之间还存在着重要的差距，而且对于某些问题而言，这种差距正在加大。没有什么事件比 2015 年 8 月发生的天津化学品仓库爆炸更具有现实的悲剧性①。爆炸造成了巨大的人员生命和经济损失（以百亿人民币计）。而爆炸所造成的城市空气污染等持续污染的长期成本还会更高②。在中国，由于气候变化和不良土地利用

rse.https://www.chinadialogue.net/article/show/single/en/8229-OPINION-China-s-Ecological-Civilisation-sets-China-on-a-greener-course.

① 国务院天津爆炸事故调查 .http://thediplomat.com/2015/09/chinas-state-council-probes-the-tianjin-explosions/.

② http://newclimateeconomy.report;FeiTengandFrankJotzo.2014ReapingtheEconomicBenefitsofDecarbonizationforChina.https://ccep.crawford.anu.edu.au/sites/default/files/publication/ccep_crawford_anu_edu_au/2014-08/ccep1413.pdf.

活动，土壤和地下水污染等导致的社会成本非常高昂，并且可能会继续增长。人们对环保绩效差距知之甚少且缺乏量化理解，因此，绩效差距所造成的全面影响有可能被低估。

治理能力能否满足环境需求受到体制、财务和人力资源短缺的制约。无论是技术、管理或其他形式的创新努力都必须得到加强。总之，中国不仅需要“认识差距”从而使环境问题的各个领域都同时取得进展，而且也必须要努力“消除差距”，使中国能够充分达成绿色发展目标，实现生态文明转型。可喜的是，这种努力是与新的全球目标（如联合国可持续发展2030年目标，以及最大温升2℃的目标）完全一致的。

摆在我们面前的道路将依赖于更大规模的环境与发展投资，其中只有一小部分直接来自中央财政收入。因此，必须建立创新性的金融机制。环境领域的法治还有待探索，需要制定一些新的法律，并对现有部门法规进行大幅修改。必须加强执法，建设更具推动力的、基于市场的法律法规。这将是未来十年甚至数十年的长期挑战。总体而言，治理能力还存在很多不足之处。

（三）2015年国合会主题和活动

“绿色转型的治理能力”是国合会2015年年会的主题。绿色治理需要政府、企业和公民社会（社会组织）三者的有机互动，充分认识到各方的职责和参与途径。需要建立保障措施，使上述所有部门和组织充分发挥其作用。

在现实中，三者关系大部分仍处于形成阶段，真正发挥作用的情况还很有限。信息共享仍然相对有限，而且正如以前国合会研究曾经指出的，信息的质量也是一个限制因素。向基于市场的环境监管方式转变还远未能实现，因此市场激励机制仍很薄弱或者管理不善。至于目前的行政命令体系，执行政策才刚刚开始充分发挥作用。绿色治理能力在国家和地方层面仍然有限。因此，国合会设立了一个绿色治理能力课题组，评估当前形势并提出改进建议。事实表明这是一项非常艰巨的任务。

结合这项研究，国合会还设立了两个课题组，即绿色金融改革课题组和法治与生态文明建设课题组。绿色金融课题组的设立恰逢其时，因为这一问题在国际上得到了很多关注[①]，并且相应的工作也扩展到了中国[②]。这个课题组在综合现有工作的基础上，结合中国的国情和特点，提出了独到的想法和建议。法治与生态文明建设课题组将在 2015 年年会上提出初步政策建议。由于本项研究是国合会首次全面地审视法治改革，事实证明这项工作十分复杂，因此该课题研究将继续开展工作，最终报告将于 2016 年国合会年会上提交。

此外，国合会还针对当前的形势，开展了三项专题政策研究，即土壤污染管理研究、生态环境风险管理研究，以及应对气候变化与大气污染治理协同控制政策研究。所有这些研究都对治理能力进行了深入的探讨，尤其是对法治课题组的工作提供了必要的补充，因为这些研究提出了加强监管的具体需求。

2015 年 6 月 8—10 日，国合会于北京专门召开了针对“十三五”规划环境与发展相关国际经验交流的咨询会。这次会议邀请了包括几位国合会委员在内的众多中国和国际高层人士参加。国合会主席、国务院副总理张高丽接见了与会代表。

以下将对上面提到的一些问题进行更进一步的阐述，并就九个关注的问题进行了特别论述。

二、绿色治理能力：挑战和进展

（一）挑战

中国的绿色治理挑战为何如此错综复杂难以解决？专栏 2 列举了一些需要改革或正在改革的问题，可以部分回答这个问题。在任何情况下改革都涉及一整套的治理问题：制度变革、法治、更完善的公共监督，以及效率和效益的问责制，即用于环境与发展领域的大量公共和私人支出的价值体现。

① UNEPInquiryReport.October2015.The Financial System We Need.Aligning the Financial System with Sustainable Development.84pp.http://web.unep.org/inquiry.

② SeeIISD2015.Greening China’sFinancial System.https://www.iisd.org/publications/greening-chinas-financial-system.

专栏 2　目前中国的环境治理问题示例

•问题本身的严重性以及因目标冲突和部门间利益争夺使得水和土壤污染防治行动计划实施进展缓慢。

•环境风险规划和管理明显存在不足；缺乏一致的国家和地方体系。

•环境管理中的腐败现象，如环境审批和监管不足。

•公众监督作用受限，特别是由于地方政府信号不一致；在环境问题上，企业和政府的工作关系效率低下；政府部门间职责交叉和模糊不清。

•中央和下级地方政府之间环境目标的分歧。

•一些政府部门人员和管理能力不足。

•依赖行政手段而不是全面推行法治。

未来几年里，有很多差距需要加以关注。值得注意的是，虽然环保部等机构难以在不增加人员的情况下圆满完成任务，但是实际的差距并非总是与人员不足有关。尽管环境管理在向更多地依靠市场和自我监管转变，但在国家和地方层面进一步强化治理能力还是十分有必要的。

至关重要的一点是，应认识到政府必须与非政府组织、社区和企业、大学以及国际机构开展有效的合作，才能更好地应对环境治理问题。应努力创造条件，以使上述各方能够充分发挥其作用。

总的来说，能力差距主要体现在下列与环境治理相关的领域：

- 沟通交流
- 环境事务中的公信力和诚信感知度
- 机构加强和部门间的协调
- 自身可持续的绿色金融机制
- 适应性规划与管理方面的知识
- 绩效：效率和效果，及时性、综合性

这一清单还可包括其他一些问题，例如，加快创新科技顺利市场化的能力、推进可持续消费监管的能力、环境健康风险的监测和控制能力，以及开展区域综合生态、资源和环境管理的能力。最后这个问题对于诸如陆源海洋污染和京津冀城市区域规划等问题来说，具有相当的重要性。

很多缺陷和不足都是源于治理体系以及相应的金融机制和法律框架方面的原因。在完善现有体制安排之外，更重要的是尽可能通过透明和基于市场的手段，制定创新性的业务政策和管理措施。这在中国的经济体制改革中通常都是被认为十分重要的，而这种做法同样也应该被应用于环境与发展领域。

（二）进展

令人鼓舞的是，中国在许多问题方面正在取得进展，使得绿色发展的前景相当乐观。以下几个例子可以让我们期待未来 5 年中国还将取得更多的进展：

- “向污染宣战”的大量投资
- 对绿色发展、“绿色化”和生态文明的重视程度
- “十三五”规划对环境重点关注以及制定中期战略的意图
- 环境法律法规的完善和执法行动的强化
- 煤炭消耗峰值已经显现，有迹象表明其他化石燃料消耗峰值将可能提前
- 中国在国际合作中对绿色发展的强调

2015 年中国在环境问题上的行动之所以意义重大，是因为这些都是在经济下行和行政体制改革困难的情况下开展的。应对经济增速放缓、股市波动以及结构调整进程缓慢等挑战并没有使得政府忽视对环境改善的重点关注。

实际上，温和的经济动荡和结构调整可能会带来一定的环境效益。领导层一直强调的进一步刺激服务经济可以降低单位国内生产总值的能耗。对发展质量的关注包括了与环境相关的目标。强化基于市场的决策如果将环境监管纳入考量，则会有助于开展环境保护工作。此外，技术、制度和管理创新以及经济领域的深化改革将对改善环境管理、提高治理效率产生直接和间接的效益。有证据表明，反腐败行动也对改善环境规划和管理具有重要意义。

三、消除目标、治理能力和创新之间的差距

（一）愿望和能力

全球对绿色增长和绿色经济的日益重视为绿色创新提供了很多新机遇，这些

绿色创新可能会远远超过过去 10 年中清洁技术和其他重要目标方面的成就。生态文明框架应该是一个有力的驱动因素，因为它提供了一个长期和综合的方式来释放这种潜力。中国可以依靠不断增长的、更加绿色的国内消费市场和不断增加的绿色国际贸易机会两者之间的相辅相成来推动绿色创新。

中国继续设置针对具体问题的目标，但在这个过程中也为总体发展开启了新的经济和社会机会，例如，低碳城市化、循环经济、绿色化工产业发展、将环保领域的合作纳入新的贸易和发展计划（如“一带一路”和亚投行）。

这些美好的愿望不断为高层决策者所推动，但是治理能力不足仍然是实际实施过程中的一个主要问题。技术可能会很快地商业化，如太阳能和风能等可再生能源技术。然而，这些创新遇到了很大的难题，因为相应的智能电网技术实施进展缓慢。从体制上看，出现了供应链运营商拖后腿的情况，它们更喜欢传统能源供应商，尤其是煤炭供应商。从国际上看，中国遭遇了贸易挑战，妨碍了其可再生能源设备在国外市场的销售。因此，尽管多数可再生能源的装机容量大幅提升，其对绿色电网的实际贡献却低于预期水平，使得污染减排和控制温室气体排放的预期大打折扣。随着装机容量的增加，上述差距甚至可能会越来越大。

对于普及电动汽车的绿色行动，替换所有政府公用汽车和为私家车主提供补贴的计划也面临严峻挑战。充电站及其网络建设需要仔细地规划以满足用户需求。在车辆的全生命周期环境影响，特别是大量电池组的生产与处置方面还存在着问题。毫无疑问，颠覆性技术可能带来的不可预期的后果以及适当的监管框架问题将日益凸显。中国有机会来研究解决这些问题（即便这些问题的规模是很少有其他国家经历过的），因为中国政府希望尽快地实现转变，一方面是为了保护环境，另一方面也是为了确保中国成为这种全面转型的领导者。

其他例子还包括各种生态补偿规划，保护和改善生态系统服务功能。目前中国有着世界上最大的生态补偿项目承诺。但是目前的体制框架不足以保证实现最佳的效率和效果，特别是在生态服务获益者（如下游城市）与保护者（如上游的农民）之间缺乏足够的关联。类似的例子也困扰着遍及中国的自然保护区的可持续管理工作。

新的规划也提出了特殊的挑战，例如，在全国施行生态功能区划和生态红线。国合会不久前曾针对这个题目开展过研究，这里不再赘述。另一项最新的承诺是在目前示范省试点的基础上，于2017 年前启动国家碳排放总量限额和交易体系。

这一体系可能成为世界上最大的国家碳交易体系。这一体系的管理将是十分复杂的，如果在部门层面不谨慎对待，则有可能被滥用。许多针对中国未来环境与发展关系的规划措施中，都存在着总体治理能力方面以及相应的金融机制和法律框架方面的弱点和差距。因此，有必要尽可能通过透明和基于市场的方法来确定创新性的业务政策和行政措施。

（二）治理能力的原则

治理能力可以通过很多原则进行衡量。在专栏 3 中，这些原则被划分成为可以适用于任何治理能力的“标准原则”和包括更加适用于环境与发展的“绿色备选原则”。这两个列表都是示例性的，而不是完整的清单。最好的办法是将两边的原则相结合，以便加强中国的绿色治理能力。

专栏 3 环境治理问题的标准原则和绿色备选原则

标准原则	绿色备选原则
法律法规和合规性	公众监督
机构设置和明确职责	协同规划与管理
领导者的能力和承诺	零影响开发
能力建设	绿色税收
融资规模和分配效率	可持续消费
其他激励手段	绿色投资
技术修复和创新	综合协调规划
	分享经济

（三）环境治理 2015–2030 年

图 1 是一个基于 20 世纪 70 年代欧洲以及其他地方的国际经验而得出的简单的环境与发展能力理论框架示意图。早期的重点是关注具体法律法规的合规性，通常是通过行政命令的手段得以实现。这种方法在一定时期是必要的，但是它也会抑制创新，必定会对那些愿意做到比政府规定的更好的对象产生抑制作用。因为这种方法缺乏激励机制，对于那些试图做得更好的对象可能具有市场不确定性甚

至是惩罚性。下一个层次是认识到环境风险管理不仅仅会产生直接效益，而且也是应对环境问题的新手段。因此，“责任关怀计划”如雨后春笋般出现在世界各地企业中。通过拒绝为有损环境的活动提供支持，保险和金融行业在其中起到了重要的推动作用。政府方面，通过适当的环境评估，开发项目的风险可以得到有效的降低，使得投资更加富有成效。另外，保障措施使得新的清洁技术、可再生能源和其他创新解决方案能够以有利于经济发展和环境保护的方式更好地解决环境与发展问题。

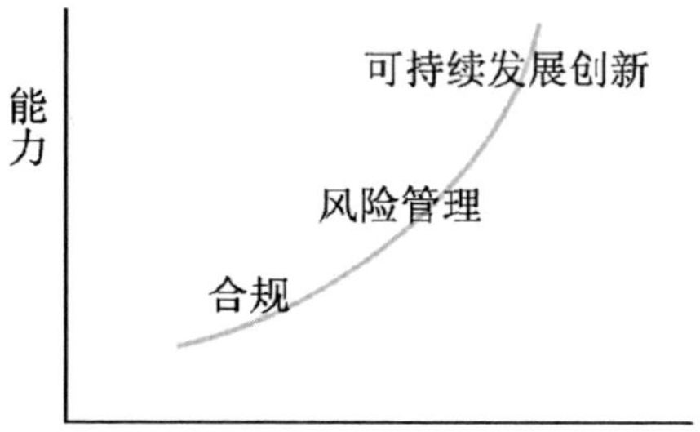

图 1　环境与发展能力水平

目前中国处于 3 种层次并存的阶段，虽然过去一年中几次化工厂的爆炸事故表明中国至少在一些工业企业的环境风险规划和管理方面的工作还很薄弱。针对突发事件构建环境风险管理体系可能会导致对长期累积性风险的重视持续性不足。而且，可持续科技的创新能力还远远没有充分发挥作用。现有环境法律法规的监督和执行能力还相对薄弱。

因此，如何找到这 3 个互动的宏观战略之间的平衡是未来几年内中国面临的巨大挑战。预计随着时间的推移，中国在创新领域的重大投资将获得丰厚的回报，因为新的产品和技术将更容易地被成功推向市场。此外，这也意味着政府、企业和社会应当做好准备去实现和超越那些今天看起来似乎很困难、甚至是不可能实现的目标。

研究社会应对不同经济发展阶段环境问题的治理能力的另一个方法是通过环境库兹涅茨曲线（图 2）。这一经常被人诟病的概念工具表明，国民生产总值或其他社会财富衡量指标达到一定程度以上时，就会出现对环境质量的更高需求。显然，中国目前正处于或正接近这一状态。所以，环境恶化的趋势应当开始下降，各种转折点将在未来 5 ～ 15 年内到来。因此，有必要研究未来每 5 年（直至 2030 年）中达到可接受的环境质量目标的速度，以及需要采取怎样的环境治理手段来加速这一步伐，或者这一步伐是否主要取决于人均收入水平。当然，这种概念方法很可能是相当粗糙的。

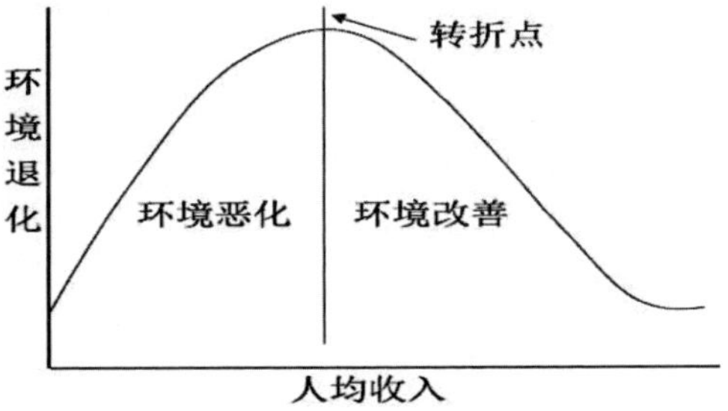

图 2　环境库兹涅茨曲线

（四）“十三五”规划思考

下个 5 年期间最重要的是如何尽快达到各种环境改善的转折点。这必须通过可信和持久的方式来实现，使公众能够切实感受到环境的改善和生活质量的提升。如何应对在全国范围内开展环境保护行动的巨大需求是一个长期问题。因此，中国需要制定一项中期战略，面向 2015—2030 年甚至更长尺度。“十三五”时期的环保工作进展将为这一长期目标的实现奠定良好开局。“十三五”是新中国历史上的一个决定性时刻，是向现代化、更加富裕国家转型以及描绘民心所向之未来的重要时期。到 2020 年，中国将实现全面小康社会的目标。

“十三五”时期，中国人均 GDP 将突破 1 万美元。更高水平的收入将伴随着更趋于平均的分配。不可避免地，人们要将中国同其他国家在经济发展过程中的相同阶段进行比较。但是，中国不应仅仅满足于达到这个收入水平，还需要做得更多，因为中国已经开始脱离担任世界廉价工厂的阶段，特别是沿海相对发达的省份。这些省份（有些污染非常严重）需要加速改善环境质量。

“十三五”为解决过去一段时期发展的遗留问题提供了机遇，包括遗留的污染问题、自然资源的过度开发，以及城市和农村的不可持续发展状况。这将是一个逐步给环境减压的有利时机。目前，中国环境与经济不均衡的状况远比欧洲国家五六十年代经历的状况还要严峻。“十三五”加快实施环境保护行动能够使得中国比许多经合组织国家在 20 世纪工业化时代经济发展的相似阶段更好地改善环境状况。这不是预测，而是一种希望或者期待。

在2015年6月国合会关于“十三五”规划的咨询会上，与会者提出了广泛的建议，其中一些观点列举如下。会议的讨论充分反映了涉及与中国相关的国际和国内经验。

采取协调和全面的方法：

- 需要采取“一体化政府”的方法统筹绿色发展和生态文明。整合跨部门的协调；强化环境事务的纵向联系，确保地方政府有更好的方法成功实施中央政府制定的目标。制定清晰的国家环境与发展目标，而不是依靠单独的各个部门。
- 环境必须成为发展的一个核心支柱及中国未来增长的刺激手段。确保环境问题与总体深化改革的紧密契合。
- 当前应致力于复杂目标的整合，以使重要的发展议程在实施中避免矛盾内耗，而是相辅相成、发挥协同作用。
- 借助创新优势，设置可能超越眼前范围的“阶段性目标”。
- 建立完善的跨地区污染联防联控机制。
- 确保在所有污染防治行动计划中设定约束性指标。总之，为“十三五”规划设定阶段性目标，并展示这种方法如何有益于启动长期行动。
- 应该将空气质量和大气污染防治统筹考虑，以有效地优化结果产出。

加强和理顺体制的作用：

- 做到财力与管理需求和活动规模相匹配，但要避免过度投资。在财力范围内开展工作，避免制造过多的债务负担，特别是在需要进行大量环境基础设施建设的地方层面。
- 明确将自然资源保护与开发相分离的机构安排，尤其是对水资源、森林、海洋和沿海地区的问题。加强环境与发展的独立监管。

加快实施步伐和提高效率：

- 注重实施效果和效率，包括零污染战略、大幅降低能源和资源使用（如“Factor10”）、工业绿色底线和绿色市场供应链。
- 加快从“试点项目”到“一般做法”再到“习惯”的转变。
- 在一般做法和创新努力中形成“从学习到引领”的模式。

经济与环境的联系：

- 将新常态模式纳入“十三五”规划，并充分考虑环境需求。寻求建立经济与环境相权衡的发展模式。
- 关注就业与环境的联系，将纳税负担从劳动者转移到污染者头上。
- 以“绿色化”为机制转变管理模式。

强化自然资本：

- 将自然当作“绿色基础设施”，例如，将沿海湿地作为水体净化和抵御风暴的前线设施。
- 提出更好的手段来认识和加强自然资本在发展中的作用。生态红线是一个重要的组成部分，应该包括在计划之中。
- 强化生态文明综合指标，如与人们感知生活改善有关的“生活指标”。
- 制定计划，使企业、政府和公众更好地认识到人类对自然资本的依赖性。
- 关注生态恢复和自然资源的更新，包括生物多样性。
- 在国家核算体系中强化生态环境核算。

监管手段的多样化：

- 制定不易被规避、忽略或否决的规章制度。
- 建立法律保障框架，鼓励公民和企业践行可持续实践。加强扩大政府资助机构的绿色采购。支持最佳实践而不是惩处最差实践，推动绿色转型的成功。
- 采取基于市场的手段加强环境监管，包括适当的市场失灵应对机制。在市场监管和激励手段中充分认识到企业（供给）和消费者（需求）的需求。
- 逐步采取污染防治总量限额和交易体系，因为在开始阶段对其制度安排和绩效评估的理解还可能存在不足。
- 继续加强绿色税收行动。碳排放交易不一定与碳税制度相排斥，两种手段可以同时采用。
- 将环境影响评价法扩展至涵盖所有活动，而不仅仅是建设项目。

拓展商业、金融和投资活动：

- 强化商业界（无论是生产、金融、建设、旅游或其他领域，如环保科技等）

作为政府实施绿色发展的伙伴。

- 拓展 PPP 模式。
- 鼓励新型绿色产品、提高生产效率、消除污染。
- 建立绿色投资论坛，为企业提供安全的平台，形成先进的方法为业界制定“开明利己”（enlightenedselfinterests）准则，提升绿色化能力。可以与 2016 年的 G20 会议相结合。
- 与行业领先企业合作，以改变整个行业。
- 通过大型企业的行动着重关注国有企业的绿色化，中小企业可以通过建立绿色市场供应链而获益。
- 完善将投资从零星试点扩大到全面实施的工作程序以及债务融资机制。
- 继续摆脱高消耗、高污染行业，而不是将这种影响转移到全国其他地区。
- 淘汰落后、鼓励先进，面向更高生产力和生产效率加强助推。
- 投资重点更明确地围绕可持续的绿色增长机遇。
- 寻求能够真正促进绿色跨越的投资和标准，例如，CAFE（企业平均燃油经济性）的标准导致轻型汽车的技术突破。

改善部门行动：

- 重点专注三个领域的绿色化：交通、建筑和食品。
- 农业现代化：扩大绿色化学工业的作用，改善加工工艺过程，鼓励诸如老旧农用化学品企业等闲置资产的报废。
- 注重鼓励新兴产业，而不是支持夕阳产业。
- “中国制造 2020”应当设定产品质量和生产改善的绿色目标。需要在绿色认证流程方面作出承诺。
- 需要特别关注的领域包括：水务投资、能效、分布式发电、住房、天然气基础设施和公园。

“走出去并走向绿色”和“行星伙伴关系”：

- 金砖银行、亚投行、“一带一路”战略应该制定先进的绿色战略。
- 在伙伴中达成环境共识，如循环经济。
- 开始减小中国的总体生态足迹。

- 创新战略需要更多地利用国际伙伴关系，如碳捕获和封存即为一例。有时这种伙伴关系可以为“南南合作”提供借鉴，如沙漠化防治方面。
- 在国际合作中应将公众健康与环境作为优先领域。
- 将生态文明与星球伙伴关系相衔接，作为国际合作的框架。
- 考虑 G7 国家“到 21 世纪末完成经济脱碳”的承诺对中国的影响。
- 中国应优先关注 40 ～ 50 个谋求工业化的非洲国家，促进绿色工业化。

在 2015 年 6 月 9 日与张高丽副总理会见期间，与会者认识到绿色发展的机遇最终战胜了目前面临的经济困境。因此，“十三五”规划是迈向生态文明转型的关键节点。中国有必要在考虑长期目标的前提下制定阶段性的目标。绿色发展必须被看作是新就业和新经济的重要源泉。治理能力不仅仅只是涉及政府，还包括企业和全社会。中国将把绿色发展纳入亚投行、“一带一路”战略等的国际举措值得赞赏。

张高丽副总理提到“中国绝不向其他国家出口污染”，中国有充分的理由促进绿色投资，例如，在未来的城市发展中采取更高标准。张高丽副总理对中国未来的环境与发展充满希望，也对国合会继续为此作出贡献寄予厚望。他肯定了中国在“十三五”及未来的 5 年规划中坚持绿色发展和低碳增长的承诺——是“实现国家实力并对子孙负责的正确道路”。

四、九项关注问题

（一）在决策过程中需要给予环境与经济、社会问题同等的关注

国合会已经把这一问题纳入过去几年的政策建议当中，并向总理与副总理分别作了汇报。虽然这种观点得到了普遍的接受，很多相关行动已经或计划开始实施，但是信号仍不明朗。例如，将“环境”二字加入 5 年规划的标题当中（目前是“国民经济和社会发展规划”）将是一个非常强烈的信号。然而，这并不是有助于解决问题的唯一方法，其他的方法还可以包括：

- 修订后的《环境保护法》不是一个基本法，因此与其他基本法相比（比如关于农业的基本法）还缺乏份量。

- 国家和地方核算体系和指标不够完善。虽然中央政府已考虑将环境和发展指标纳入其核算和决策制定当中，并决定在一定程度上降低国内生产总值在衡量进展和目标实现中的比重，但是到目前为止，绿色发展的评估仍然是零散的，没有形成一个完整的绿色核算和指标体系。
- 环境恶化的影响在决策和开发监管中往往被严重低估，甚至依然不为人所知，因此，与社会、经济和其他发展因素相比，环境影响尚未被给予充分的认识。特别值得关注的是：环境对人类健康的影响，对地下水、土壤污染、跨界影响、生态产品和服务损失的全面了解。
- 没有资金保障的环保责任（如土壤污染、地下水枯竭和空气污染、采矿和工业用地遗留场地，以及陆源性海洋污染）在中国是非常普遍的现象。

（二）有必要制定一份 2015—2030 年国家环境与发展法制改革

方案中国在法律修订上要想赶上欧盟以及美国、德国和澳大利亚等一些国家在环境与发展法治框架方面所付出的努力，达到令人满意的水平，所需时间远不止 10 年。同时全球的环境立法还将继续发展，以应对气候变化框架、生物多样性保护、海洋法、贸易与环境，以及在可持续发展中关乎中国利益、且需要对国内法律法规进行调整的很多其他各方面的问题。

尽管中国已经取得了一些重大进步，但是进展依旧缓慢，这是因为涉及整个法律制度的改革，其中包括司法机关以及相应的法治程序。立法机构，如全国人民代表大会在预算和能力配备方面存在不足，难以及时制定完整的改革方案。最近几次法律获得通过都花费了数年的时间。对于每一部新制定或修订的法律，通常都需要许多配套法规来支持以及对其他法律的修订，使其具备可操作性。随着最近对生态文明以及基于市场的改革的重视，将会带来更多的立法和法律修订的需求。因此，有必要制定一份完整的方案，从战略高度来应对法制改革的需求。

法制改革的第二部分是需要更加独立的司法以及更易为公众所用的操作程序。在过去的两年，在这方面的努力已经取得了进展，包括环保法庭的启动，以及为满足这一需求而专门经过培训的法官。同时，随着环保执法工作的强化，法院很可能会更多地忙于处理与环保相关的案例。

法制改革的第三个部分是为许多新兴的技术和中国现代商业发展的其他方面提供保障条件。这些需求包括与中国正在签署的许多新的投资和贸易协定相关的环境问题，与环保新技术知识产权相关的监管措施，以及在中国和国外发展这些技术的必要法律框架，如正在到来的电动汽车革命。

具体法制问题的一些实例包括：

- 到2020年环境与发展基本法成型，包括一部强有力的环境权利法案。
- 在现有的“命令与控制”型法律和以市场为基础的法律法规之间寻求平衡和互补，这将刺激企业、金融部门和其他相关人士更加积极地投身于绿色发展。
- 正在拟议的国家碳排放限额和交易体系就是一个新型环保解决方案的例子，这将需要非常精心的法律调整，并在绩效监督、潜在的欺诈以及其他方面做出一定程度的制度安排。
- 需要大力协调不同行业的法律，如水资源利用和环境法的关系；以及不断变化的国际法律框架（如气候变化）与国家法律法规的协调。
- 至关重要的是，确保那些保护公共利益（如健康和安全）和生态服务功能的主要目标不会在法制改革中被遗漏。这种情况在其他一些国家出现过，往往是由于既得利益集团强大的游说力量。
- 环境法从20世纪70年代开始在许多经合组织国家蓬勃发展，因为法院认可了环保团体和环保律师的立场。尤其是在美国，这已经成为环境监管体系的一个重要的、甚至是必不或缺的一部分。中国将需要建立这样一种法治和公众参与程序，为市民就所关心的环境进展和问题诉诸法庭而做出努力。

（三）环境与发展领域仍然缺乏连贯一致的行政管理方式

伴随着生态文明体制改革总体方案的实施，环境与发展方面行政体制改革的步伐也必将加快。但是协调整合专栏1中列举的八项制度改革绝非易事，尤其是考虑到许多现有机构会有抵触情绪，它们都在寻求强化自身的地位。行政改革不是简单地整合部门和单位形成更大的机构，或建立大量新的协调机构（如领导小组或委员会）。改革需要根本性的转变，以确保环保监管机构是与那些负责发展和开发自然资源的机构分开的。当地人民的监督作用必须作为行政管理体制的一部分加以强化，尤其是在那些生物多样性丰富、环境状况敏感及正在接受大量生态补偿资金的地区。其中最关键的问题包括：

- 需要解决与大多数资源和环境相关的机构的垂直和水平责权分割问题。这完全可能通过挑选和使用现有的行政手段，找到对具体利益最为有利的方法。

- 需要在国家和地方政府层面确保环境保护和开发利用功能的分割。
- 与其他先进国家相比，中国环境保护部的地位还不够强大，人员配置也不足。这一重要的现实问题应尽快得以解决，使其人员配备与职责要求和工作的复杂程度相匹配。如果环保部将承担绿色发展的更多责任，则需要增加更加广泛的专业力量。
- 环境监督职能（如绩效审计、环境影响评价和风险管理、环境健康和安全）分散在整个政府的各个部门，各级政府之间联系有限。当“向污染宣战”和新的生态文明改革方案付诸实施，这个问题将更加凸显。
- 目前政府和企业腐败问题实际上还是与制度相关，这个制度在过去主要依赖行政管理手段，领导者个人具有高度的自由裁量权而又没有充分的问责制度。解决环境问题也是反腐败工作的众多原因之一。腐败行为会加大环境风险，使环境影响评价在决策过程中失去作用，加剧公众的怀疑态度从而导致社会问题。有时，腐败被认为是“权力和金钱相结合”的结果。良好的行政措施可以打破这种联系，重建对决策过程的信心。

（四）理顺“绿色化”进程

“绿色化”这一独特词汇在中国深具含义，因为它为所有重要的部门树立了绿色发展的理念，并融入各级决策当中。它是领导者、企业界、城市和区域规划师以及教育工作者有益的交流工具。问题是关于绿色化如何操作还缺乏标准化的支撑体系。因此，推动绿色化的工作（如将绿色行动纳入“十三五”规划的实施）可能会非常复杂，甚至相互矛盾（特别是涉及众多部门情况下）。所以，有必要就理顺“绿色化”尽快做出决策，否则绿色发展的声誉就会受到影响。

绿色化可以用来延缓或叫停那些不必要的项目。李克强总理曾在一次政府会议上有过这样的谈话：

> “我们需要做环境影响评价（环评）、水影响评价（水评）、能源评估（能评）、安全评价（安评）、交通影响评价（交评）、地质灾害评估（灾评）、地震安全性评价（震评）、文物影响评估（文评）、雷击风险评估（雷评），还有气象评估（气评）……”，李克强总理引用项目负责人的话说：“没有一两年根本下不来”。李克强说，必要的评估评价当然需要，比如环境评估、水评估、安全评估，等等。但有些

地方政府部门根本没有那么多专业人员，都是外包给中介服务人员，进而从中收取中介费。他说：“有些中介机构，戴着政府的帽子，拿着市场的鞭子，收着企业的票子。”①

这件事给人的感觉是通过各种评估，一些公务人员或干部可以避免承担个人责任，但是会造成决策的拖延。

在各级政府和企业中，存在着一种真正的危险，即，本来应该是一项严肃的改革却有可能沦为公关“漂绿”的过场甚至更糟。因此，“绿色化”应当得到切实监督，具备可操作性，受到持续的关注以确保取得真实的成果。

理顺关系可以包括整合各种风险评估，包括环境影响评价，或者采用简单的筛选工具，而不是进行不必要的全面分析。显然，这些选择需要有力的监督，以避免绿色化在审批过程中成为表面文章。

另一项值得注意的方法是将权力下放原则应用于绿色审批过程。权力下放原则将行动的职责置于最适合的政府（或治理）层级②。这种方法在很多情况下都适用，可以根据可能的影响和效益，在最合适的层面开展综合评估。

例如，一个并非关乎国家重大环境影响的矿山可以在省级甚至更低的层面进行评估。这个概念通常是在欧盟的治理中采用，其中出现了“最合适的水平”的概念。

（五）绿色发展可持续融资机制

未来 10 年，中国将成为在环境改善方面投入最多的国家之一。再加上绿色发展（包括环境基础设施建设和新型城镇化），则投资总数将会是十分巨大的，关于这一点国合会的绿色金融课题组有详细的报告。在如此巨大的投入中，只有一少部分（约 20% ～ 30%）直接来自政府。即使是这部分资金，也将来自很多渠道，有些甚至还没有着落。因此，联合私营部门和国有企业共同分担资金投入是至关重要的，包括公私合营（PPP）。

中国从改进后的自然资源定价政策以及各种环保收费中获得收入的总量预计还会增长，虽然增长速度可能不像过去几年那样快。中国通过很多渠道获得税收

① SouthChinaMorningPost.22April2015.http://www.scmp.com/news/china/economy/article/1773314/chinas-premier-blasts-delays-created-big-projects-risk.

② “权力下放是一项组织原则，即将事务的处理下放到最低、最小或者最下层相关的主管部门。政治决策应该尽可能在地方层面做出，而不是中央层面”(维基百科)。

收入，但是还没有像世界其他一些国家那样通过财产税来支撑当地发展和地方政府运行。

中国虽然在国家层面对绿色税收体系做了很多探索，但是迄今还没有具体的计划。在近期全面实行环境税的可能性似乎也不大。不久前宣布的计划于2017年启动的国家碳排放限额与交易体系可能也预示着“广泛征收碳税”设想的终结。

无论怎样，用于环境保护的资金必定还会继续增长，特别是针对某些环境问题尤其如此。“向污染宣战”的目标是通过具体行动实现的，其中大气污染防治行动计划有着充足的资金保障，水污染行动计划似乎也是如此。但是，对于土壤污染行动计划来说，由于尚未发布，因此情况还不十分明朗。从欧洲、北美、日本等其他地方的经验来看，中国的土壤清理可能会位于最昂贵的污染治理行动之列。

预计中国也会同其他国家一样，采用“污染者付费”的原则。在这方面，存在着各种机制，包括矿山审批时要求设立专项基金等。但是，目前的体系还不成熟，仍受到所有权和责任划分等众多因素的制约，例如前些年的渤海石油泄漏事件。一般的原则是设立合理的机制，确保全部的财务责任都由从使用自然资源中获利的一方承担。这显然是合理的，但是要想做到这一点，还需要对现有的机制进行较大的修订和完善。

银行和金融机构被要求对贷款项目开展尽职调查，以保证资金资助的项目不会造成严重的环境破坏。它们还可以做得更多，例如，为绿色发展活动提供优惠利率。在新型环保技术和其他创新产品商业化过程中，它们也是重要的资金来源。此外还有包括“天使投资人”在内的国内外其他潜在资金来源。大规模的合资项目已经帮助中国奠定了现代化的工业基础，建设了先进的电厂。外资也是今天中国众多环保先进企业的重要资金来源。

在不久的将来，中国可能会出现绿色债券、绿色银行和各种支持可持续发展的融资模式。其中一些资金也会支持中国在国际上的项目活动（如通过亚投行资助的项目）。迈向绿色金融机制的转型有可能很快就会出现，并且造成绿色发展的强劲势头——只要能够保证开放、公平的竞争从而使投资人能够进行明智的投资选择。这些条件将取决于消除腐败、任人唯亲和特殊利益集团的干预，尤其是地方和其他既得利益者。

可持续绿色增长尤其需要对绿色金融有更深刻的理解，以避免大量资金浪费在不成功的活动上。正如风能和太阳能领域由于没有考虑需求方的需求而出现了过度投资一样，其他绿色发展活动的投资步伐应该进行仔细规划，不能仅仅根据供给方，还应考虑实际消化能力和需求。这一点对中国大规模的城市化运动来说尤为重要。

中国需要的是一个绿色发展融资需求和绩效表现的综合评估方法。目前，无论是审计系统、财政和环境保护部等单独的部门，还是国家发展改革委，都还不具备这种能力。部分原因是目前的体制是高度部门化的，正如改革国家电网和公交系统所呈现的，试图进行现代化改造和收集真实的用户收费数据都被证明是非常困难的。

当涉及中国经济的重要支柱——中小企业时，可持续绿色发展的融资问题就变得尤其尖锐。没有耗资不菲的技术援助以及安装、运行污染控制设施的专门资金，小型制造企业很难实现绿色升级。这个问题还没有得到很好的解决，目前的解决之道主要是关停这样的小企业（从而间接使大企业受益），或者促进低污染的服务型经济。

将来应当可以通过募集社区资金资助社会组织和其他方法来推进公众参与环境问题的解决。在很多其他的国家，这种方法被证明是十分有效的。无论是清理一条溪流，还是建立环境知识基地、保护地方环境资源，这些组织都成为国家、省或市级环境治理能力的重要组成部分。

中国有很多民间的环保先行者组织，它们确实需要一定程度的资金支持。目前它们获得的支持远比其他国家类似组织所获得的支持少得多。中国最大的优势是能够为其绿色可持续发展提供资金来源。但是，目前这样的资金分配还没有达到最优化，因此其结果也就不能达到完全的成功。这些问题在下一个 5 年规划中应当予以高度重视。

（六）综合绿色创新

在生态文明建设过程中，中国将推进循环经济、低碳经济和国内的绿色消费，同时也在科技教育和制度建设方面投入了大量的资金以支持创新。这比世界上任何一个国家都令人印象深刻。但是，真正的考验是在未来的 15 年中验证这些付出是否能够得到回报。无论是先进的电厂、蓬勃发展的信息技术、绿色汽车，还是先进的污染防治设施，更好的陆域、水域或海域生态管理，等等，都需要综合应对整个系统的问题。

综合的绿色创新需要额外的能力，将众多单个问题的新、老解决方案整合成一个有效的综合解决方法。例如，可再生能源方案（连同清洁煤和天然气的使用）通过控制柴油发动机和电厂的黑炭和氮氧化物的排放实现大气污染和温室气体的协同减排。另一个主要的问题是大幅削减农业非点源污染，这将事关“向污染宣战”行动的成败。

第三个例子是应对日益累积的固体废物问题。如何在全国范围内将这些废物变成有用的资源？解决方法是否只限于建设更多的像已经在上海浦东运行（正在扩建中）的那种规模的焚烧厂？

这仅仅是需要综合绿色创新解决方案的几个例子。这与10多年前在中国非常成功的早期循环经济和其他解决方案遥相呼应，当时那些方法由于人们对铜、纸以及其他物品的需求而改变了整个世界的循环利用产业。

有很多重要的手段都可以推动综合绿色创新。其中一个就是建立更好的机制，缩短绿色创新商业化的周期。这一点很重要，因为综合绿色创新需要所有必要的元素在需要时都随时可用。此外，还需要建立快速的监管和审批程序，避免成为障碍。至关重要的一点是区域绿色创新规划的监管框架，目前还处在零散的试验阶段。可以开展一项大都市（如京津冀地区）综合规划试点。如果成功，那么将对“向污染宣战”、绿色公交、生态服务功能等改善大区域内生活质量的方方面面大有裨益。

（七）数据质量和可信度

中国一直受到其数据可靠性以及与国际上数据兼容性差的问题困扰。这个问题涉及各个方面，而不仅仅限于环境和发展领域。由此产生了可信度的问题，重要的决定可能是基于错误或者是不完整的信息做出的。在数据收集、分析、利用过程中，包括地方和更高层级政府对数据的“润色”以及企业在报告环境信息环节的腐败造假问题更是值得关注的问题。此外，在知识共享方面虽然取得了很大的进展，但是还存在着很多限制。科学发展观取决于全面的数据披露以及方法的透明和公开。

这些问题如果得不到妥善解决，将会妨碍生态文明建设的成功、制约绿色发展的努力。更进一步讲，可能强化公众的怀疑态度、增大“邻避效应”发生概率或制约公众监督的效果。

鉴于各省和地方层面都有环境科学、规划和研究单位，因此存在着很多能力建设的机会。环境监测网络也可为最新的环境知识提供数据来源。在未来 5 年内，这些资源都应被更好地纳入决策，帮助人们拓宽对环境与发展关系的认识和理解。

目前缺乏的是采用综合手段应对本报告所列问题的能力。对于政策制定、进展评估以及重大项目的适应性规划和管理来说，这种分析十分必要。这需要与生态文明范畴相适应的团队合作，也需要技术专家、公众和企业界提供的实际实施经验。

人们常说环保部门需要像科学机构那样思考问题。它们当然需要这样的技能，但是必须同时具备消化吸收科学知识并进一步将其转化成治理工具的能力。在这方面，美国国家环保局和欧洲环保署做得非常好，可以成为中国学习的榜样。

（八）探索分享经济的必要性

分享经济可能成为绿色发展的重要元素。目前，由于对基于互联网的创新业务（如嘀嘀出行、易到用车和 Uber）展开管治存在困难，分享经济在很多国家备受关注，并有望成为绿色发展的重要元素。据预测，“充分利用资产”的概念，无论是公寓、汽车、拥挤城市中的停车位或其他未被利用的不动产和服务，都有助于减少生态足迹，或者是减少星球资源的消耗。这个概念并不是真正的新概念——也许除了包括微信和百度在内的 IT 界在其中扮演的角色：它们将有特定需求的人与能够满足这种需求的人联系起来（有时大量投资于分享经济公司），这种联系通常是非正式的，有时甚至不用货币交易。

根据针对分享经济的一个研究网络的负责人 JulietSchor[①] 所述，分享经济活动分为四种类型：

> “物品的循环利用、提高耐用资产的利用率、交换服务、共享生产性资产……很多网站标榜自己为绿色，把共享宣传为减少碳足迹的一种方式。针对共享者之间，不言而喻，这种共享比传统的购买物品和服务（如旅馆、出租车、购物商场等）能够减少资源消耗，因为减少了对新的物品和服务的需求。但这些网站实际的环境影响要远远复杂得多 ......”

① JulietSchor.2014.DebatingtheSharingEconomy.http://www.greattransition.org/images/GTI_publications/Schor_Debating_the_Sharing_Economy.pdf.

在某种意义上，分享经济概念接近中国长期实行的政治经济模式，即通过农村公社共享土地和其他资源。甚至在城市的胡同里，也存在某种程度的共享。这种概念可能与今天的生态文明和绿色发展的理想以及小康社会相契合。另一个理解分享经济的思路是认识到它能够利用更少的资源做更多的事。

为什么本报告将分享经济列入中国未来发展的重要问题清单？

第一，分享经济的要素以及本身的概念在全世界范围内（包括中国国内）引起了关注。毫无疑问，在未来几年里，关于它的政策争论还将继续发酵，因为它对现有的某些物品和服务治理机制产生了潜在的干扰效应。

第二，还不清楚分享经济对生态足迹的贡献是正面的还是负面的。正如 Schor 写道：

> “共享的生态效益通常被认为是显然的：二手市场减少了对新物品的需求，因此减少了生态足迹。居住在现有房屋里减少了新建旅馆的需求，就像共享工具可以减少新工具的购买一样。但是，尽管人们普遍认为分享经济减少了碳排放，但是却几乎没有人对其影响进行全面的研究……关于生态影响通常的假设一般是表层可见的行为变化，即购买了使用过的物品而不是新物品，或者住在私人家中而不是旅馆。但是如果要评估全面的生态影响，我们还需要考察连锁效应。卖家或房主挣到的钱用来做什么？他／她可能会拿这笔钱购买高生态影响的产品。二手市场的表象是否会导致人们更多的新产品，因为将来他们可以再次出售？如果旅行变得更加便宜，人们是否会增加旅行的次数？所有这些都会增加生态足迹和碳足迹。在分享经济对整个经济层面的生态影响方面也存在疑问。因为它创建了新的市场，扩大了商业规模，也刺激了购买力。

第三，《经济学人》① 杂志提到，“分享经济是互联网对消费者创造价值的最新例子……这种新兴的模式是如此强大和具有足够的破坏性，以至于监管机构和企业不得不清醒地对待它。这正是这种模式具有巨大潜力的标志。现在是该关注分享经济的时候了”。文章中用来描述这种模式的词汇是“协作消费”②。

第四，分享经济是环境、经济和社会发展之间重要的桥梁。它为实现可持续消费提供了另一种方法，同时也建立了社会网络的新模式，包括在陌生人之间建

① http://www.economist.com/news/leaders/21573104-internet-everything-hire-rise-sharing-economy.

② ColinShek.2014.NoPurchaseNecessary.http://english.ckgsb.edu.cn/sites/default/files/CKGSB201412-Online.pdf.

立互信。正如 Schor 所说："这种新型分享经济的独特性在于它调动了技术、市场以及'大众智慧'而将陌生人聚集在一起。"从这个角度看，分享经济扩大了社会资本，也有利于环境保护。

（九）将生态文明推向世界

过去这些年来中国对待国际倡议的积极主动的姿态为中国创造了史无前例的机会，让中国可以将其构建人与自然相互尊重关系的努力提供给其他国家和国际社会作为借鉴。中国已经为其企业在海外的活动制定了绿色指南①，尽管其具体实施效果还不得而知。在 2014 年于天津召开的 APEC 领导人会议上，中国关于建立 APEC 绿色供应链合作网络及示范中心的倡议获得一致认可，并已付诸实施。

亚投行、金砖银行、"一带一路"等新的倡议以及中国签署的各种双边、多边贸易协议都需要制定具体的环境操作指南。这些指南的制定应该在适当的情况下植入绿色发展理念，在某些情况下，可以作为开展生态文明倡议活动的基础。遍及全世界的、尤其是那些在发展中国家的中国项目和中国公司，应特别关注培养当地绿色发展的能力。

中国可以帮助实现新的 2030 年可持续发展目标，这不仅仅是通过承诺提供资金②（如最近承诺的 20 亿美元）和免除债务，而且也是通过能力建设和经验分享，例如，联合国环境规划署和中国科学院联合开展的"国际生态系统管理伙伴计划③"。中国还承诺向新设立的气候变化"南南合作"基金注入 200 亿元人民币资金④。中国在 2015 年 9 月的联合国可持续发展峰会上作出了资金承诺，旨在满足世界上一些最贫穷国家可持续发展的需要。

中国这些倡议受到了很多国家领导人和国际机构的欢迎。它们为建立新型伙伴关系指明了方向，为推广生态文明和绿色发展创造了重大机遇。从某种意义上说，它们对现有的发展援助方式提出了挑战。它们将大量借鉴中国自己在消除贫困、

① HuTao.2013.ALookatChina'sNewEnvironmentalGuidelinesonOverseasInvestments.http://www.wri.org/blog/2013/07/look-chinas-new-environmental-guidelines-overseas-investments.

② Reuters,26September2015.Chinapledges$2billiontohelppoorstatesmeetU.N.goals.http://ca.reuters.com/article/topNews/idCAKCN0RQ0HW20150926?sp=true.

③ http://www.unep-iemp.org.

④ Xinhuanet.15October2015.InternationalCommunityLaudsChina'sClimateFundforSouth-SouthCooperation.http://news.xinhuanet.com/english/2015-10/15/c_134716775.htm.

科技、生态环保以及技术创新领域的成果，也将借鉴与国际组织和其他国家合作的成果。

中国在“绿化”重大国际活动方面也有着良好的声誉，包括 2008 年的北京奥运会和 2010 年的上海世博会，以及计划于 2016 年秋季在杭州召开的 G20 峰会。在这次峰会上，理当将促进绿色金融机制作为会议的重要组成部分。2022 年北京冬季奥运会将是另一个展示绿色发展的机会，希望可以集中展示中国大规模实施的生态文明创新成果。

中国已经实施了宏大的绿色发展议程，在未来 5 年及至下一个 10 年中，将极大地提升中国在地区和全球的形象。中国已经做好了准备，通过贸易和改善国际关系，实现互惠互利。正如中国必须寻求其资金和技术在国内的有效利用一样，它也必须理解并且遵照世界上其他合作伙伴的需求行事。这并非易事，因为涉及的国家和地区是多种多样的，并且各自拥有不同的生态、社会和经济状况。

五、结论

（一）消除差距

对于那些乘坐地铁或火车的人来说，一定对那充盈耳边的语音提示和随处可见的“小心缝隙”（Mind the Gaps，意同“认识差距”）警示牌非常熟悉。如果我们忽视危险，就有可能失去生命或肢体。同样，对于国家和我们的星球来说，如果生态系统达到了临界点或者生活质量开始退化，人类文明和星球边界就会出问题。而这正是今天很多国家甚至整个世界都正在面临的现实。

然而，“认识差距”只是让我们注意到了危险，凭感觉去避免最坏的情况发生。而现在最重要的是要强化能力，全面地解决问题。未来的 10 年里，无论在中国还是在其他国家，环境与发展需求之间的矛盾不太可能得到全面解决，要实现这一目标还任重道远。这就是我们在这里强调“消除差距”的原因。未来这段时间，我们期望可以看到发展方向的转变和改善，通过最好的创新、金融手段和完善的治理，为未来开创新的机遇。

再过 10 年，中国应该能够牢固地确定生态文明的发展路径，并且看到这个理念对全球产生的影响，无论外界对这个概念如何称呼。我们必须紧扣诸如联合国 2030 年可持续发展倡议中确定的这些最终目标，也必须认识到实现目标还需要我们不懈的努力。如果能成功消除这一差距，最终我们将会消除理想和现实的差距。另外，如果目标和现实相距越来越远，那么将会出现更多的临界点，使我们难以实现环境改善的转折点，也将大幅增加我们实现预期转变的边际成本。

（二）三点重要的观察结论

1.“十三五”规划是2020年实现小康社会的最后冲刺

这一点具有重要的象征意义，因为2021年将是中国共产党诞生100周年。因此，中国需要大力关注可持续增长、就业和创新以实现全面小康。但是，除非环境问题的解决能够纳入正轨，否则这些努力就不能算是成功。因此，“十三五”规划必须是一个绿色规划，而仅仅把环境保护作为其中的一章是不够的。

2. 中国的长期环境保护、绿色发展和生态文明目标将随着国内和国际外来压力而调整

未来的三个五年规划至关重要，将为中国长期的环境改善奠定基础，包括化石燃料和温室气体排放峰值。中国还需要制定针对经济、社会和环境发展成熟阶段的2030、2050，或者其他的规划。愿景、目标和实施战略必须是适应性的，充分借助新兴技术以及中国国内和在世界舞台上的优势。在每个发展阶段，中国都应迈出“舒适区”，否则思想和行动就会被局限在仅仅是应付眼前的技术、管理理念和感知需求，而不能着眼于长远的未来。

3. 国际合作将在中国未来的环境与发展领域发挥更大的作用

贸易和投资的绿色化将在中国的双边、地区和多边事务中发挥更大的作用。南北绿色技术和经验共享（如中美、中欧、双边合作、国际企业界合作以及智囊合作）将日益拓展，对经济发展有着重大意义。“南南合作”将在气候和其他领域开辟创新型国际合作的新途径。全球环境与发展倡议行动将通过联合国机构、发展银行、国际环境组织、跨国企业、科研机构和大学而日益壮大。

（三）将环境与发展领域的经验用于其他部门

中国处理复杂的多方利益相关者关系以及应对环境与发展问题挑战的经验可以应用到其他地方、国家甚至区域和全球层面上的治理问题当中。在这个意义上说，如果环境与发展实现了成功的绿色转型，其经验也将惠及其他问题的解决，如卫生系统的发展、就业战略以及向可持续增长的转型。

国合会 2015 年年会给中国政府的政策建议

国合会 2015 年年会（第五届第四次年会）于 11 月 9—11 日在北京举行，会议主题是“绿色转型的国家治理能力”。

2015 年是国际环发进程中值得称赞和期待的一年。2030 年可持续发展议程凝聚了国际社会的共识和政治承诺，为未来 15 年全球可持续发展确立了行动方向、目标和方法。即将召开的巴黎气候大会承载着国际社会对各国应对气候变化的热切期待。国合会委员也高兴地注意到，中国政府一年来在推动全球可持续发展、应对气候变化等国际环发领域所作的重要贡献和在推动相关国际进程中越来越重要的作用，并对中国政府在加强“南南合作”、实施“一带一路”战略、建立亚投行等方面的重大行动和承诺给予了很高的期待。

2015 年也是中国环发进程中具有标志性意义的一年。总的来看，“十二五”规划中的绿色发展与环境保护目标基本都能够如期甚至超额实现，中国经济发展与资源环境消耗呈现出相对脱钩趋势，经济绿色转型取得阶段性进展。在生态文明建设领域，中国政府今年完成了总体工作部署和体制改革的顶层设计，发布了《生态文明建设指导意见》和《生态文明体制改革总体方案》两个纲领性文件。中国共产党第十八届五中全会（以下简称五中全会）关于“十三五”规划的建议确定了全面建成小康社会的目标和重大措施，特别是提出了创新、协调、绿色、开放和共享等指导目标实现的 5 大理念，可以期待未来五年中国将进入全面深度的绿色转型期。

委员们认为，“十三五”既是绿色转型决胜的关键期，也是诸多矛盾叠加、任务艰巨的严峻挑战期。全面建成小康社会要让全体中国人民全面受益和共享成果，就必须保障政治、经济、社会、文化和生态文明五大建设协调发展、整体推进。从目前的情况看，生态环境质量是全面建成小康社会的短板和“瓶颈”。五中全会为此提出：到2020年生态环境质量要得到总体改善，并以环境质量改善为核心，实行最严格的环境保护制度。这一环境目标意味着，中国要在比现有科学研究预测更短的时间内，达到环境质量“库兹涅茨曲线”的拐点，需要更大的环境保护力度、更多的资源投入、更强的治理能力。

总体上看，中国生态文明建设和绿色转型的顶层设计和路线图基本完成，现在的关键是执行有力、落实到位。这是关乎中国国家治理体系和治理能力现代化的大问题，也是国合会一直关注的问题。为此，国合会将2015年的主题确定为“绿色转型的国家治理能力”。围绕主题，设置了若干课题组，开展了专题政策研究、政策背景研究和试点工作。2016年是中国“十三五”规划期的开局之年，是中国绿色转型的关键时间节点。对此，国合会给予高度关注。基于课题研究以及年会讨论结果，国合会提出以下政策建议，期望能够对“十三五”绿色转型以及其他有关工作提供借鉴。

一、“十三五”应以环境治理体系改革为突破口，提升国家绿色转型的治理能力

美好的蓝图在于落实，落实的基础在于能力。历史的经验教训和现实的迫切需求都表明，国家治理能力是国家实现现代化进程中的一个决定性因素。中国政府要把提升绿色转型的治理能力问题放到能否成功推动绿色转型和实现全面建成小康社会目标的高度来重视。提升绿色转型的治理能力的重要前提是全面改革环境治理体系、强化环境立法和执法。“十三五”期间，应以环境治理体系改革为突破口，加强环境立法和执法，加快提升推动绿色转型的治理能力。

为此，建议：

（一）建立多元共治的环境治理体系

国家治理体系是政府、市场和社会相互配合的共治体系。环境治理体系改革的目标是建立环境多元共治体系。在此进程中，需要注意紧密地将坚定的政治意愿与理性的科学分析相结合，将稳定的顶层设计与多元的落地方案相结合，将明确的转型方向与灵活的实施措施相结合。此外，要构建良好的制度环境和合理的激励体系，提供与责任相匹配的资源保障，提高个体能力和环境意识，从而保障充分发挥政府、

市场和社会能力。

1. 国家环境治理体系改革在五大领域扎实开展工作

一是加强环境法治建设，坚持依法保护环境。实施好新《环境保护法》和《大气污染防治法》，加快推进水污染防治、土壤污染防治等法律法规的制修订，严格环境执法监管。二是完善环境预防体系，推动空间布局和产业结构优化。体现和强化预防，包含生态红线、战略环评、环境标准以及资源能源总量与强度双控制度等重要举措。三是改革环境治理基础制度，推进环境质量改善；重点是建立覆盖所有固定污染源的企业排放许可证制度和污染防治区域联动机制，健全环境保护的市场体系，建立健全评价考核和责任追究制度。四是建立健全评价考核和责任追究制度。适度上收生态环境质量监测事权，建立全国统一的实时在线环境监控系统。五是全面推进信息公开，倡导全民参与。加强资源环境国情和生态价值观教育，提高公民环境意识；推进绿色消费革命，健全环境信息公开制度和建设项目环境影响评价信息公开机制；建立健全环境保护网络举报平台和制度。

2. 制定绿色转型治理能力 2030 年路线图

未来 5 年内通过立法创建绿色转型的制度环境和激励体系；10 年内通过厘清与绿色转型有关的政府机构的资源需求，配备与责任相匹配的资源；15 年内通过示范、宣传教育等措施引导全社会绿色价值理念的形成，最终大幅提高政策制定科学化和民主化能力、环境司法和行政执法能力、环境公众参与能力、消除环境外部性能力和创新驱动能力等。同时，选择一些行政区域或者特定领域如环境保护部门，实施绿色转型治理能力综合改革试验计划与行动，稳步推进和提高治理能力。绿色转型应是全面综合的战略转型，借鉴国际经验，推动能源低碳转型，提升资源效率，实现能源资源利用与经济增长的脱钩。

3. 加强政府推动绿色转型的科学决策和执行能力，加快资源环境行政体制改革步伐

一是由国务院牵头，组织第三方机构，梳理绿色转型中不同政府部门和不同层级政府的职能；通过立法和行政体制改革落实绿色转型政府职能在横向和纵向政府体系的合理配置；按照权力与责任一致，资源与职能匹配的原则，合理优化配置绿色转型的行政资源；将资源环境问题主流化到各个部委的决策中并加强各部委的合作。二是建立绿色转型科技咨询体系，通过法律法规保证各级科学委员会在相关政府绿色转型的决策中发挥关键作用。同时，规范和提升决策支持相关专业委员会的

行为和能力，通过完善法律法规确立立法过程中利益相关方的参与权利、途径和程序，提高决策透明度，减少利益集团对决策的影响，加强对各级公务人员进行绿色转型的知识培训。三是在落实《生态文明体制改革总体方案》过程中，要加快生态环境管理的行政体制改革步伐，整合统一各部门的生态保护与环境污染防治职能，强化生态环境保护的系统性和整体性；合理划分中央政府与地方政府的环境管理职能；配足配强各级政府的行政管理和技术支持力量。

4. 提升市场推动绿色创新和内化环境外部性的能力

一是建立健全环境产权制度，改革重要资源性产品的价格机制，促进资源节约利用。二是制定财税政策将生产和消费领域所产生的环境成本显性化。激发市场活力和社会创造力，创建有序竞争的绿色产业发展市场环境。通过优惠税收政策，发展环保市场。三是推动政府绿色采购，鼓励领先企业自愿推行绿色供应链管理，带动行业技术与管理升级。四是通过企业环境信用评价使企业资金成本与环境成本形成联动，同时为企业实施绿色信贷提供基础信息。五是推动政府、企业和研究机构联手建立绿色资源和技术共享网络。积极管理和大力支持政府和企业之外的第三方市场主体参与环境污染治理和生态保护，解决资金短缺并提高治理和保护的效率。

5. 培育社会组织和公众参与环境保护的能力

一是通过完善法律明晰公众的环境权利和义务，明确公众参与各类环境保护事项的渠道和程序。二是在环境保护行政管理部门建立环境社会治理机构，统筹与推动公众与社会组织参与的行动和能力，推动全社会绿色价值体系的形成。三是完善政府与社会力量在环保领域合作的体制与机制，建立各级环保部门与从事环保工作的社会组织、企业、合作社等的沟通协调机制、信息共享机制、项目合作机制等。四是加大政府对环保社会组织的监管与支持力度，特别是在资金、人才、信息等方面给予扶持，并降低环保社会组织登记注册的门槛，促进环保社会组织依法有序参与。五是创新可持续消费和环境保护宣传教育的方式方法，利用互联网平台和技术，鼓励公众在环保领域的创新创业。

6. 提高绿色科技的创新和应用能力，大幅提高环境管理的信息化能力

一是在创新驱动发展战略下制定国家绿色低碳发展创新行动计划，提高绿色科技研发程度，提升技术创新对绿色增长的产业化支撑能力。二是实施以产业和企业为主体，以环境保护技术创新为核心，对产业和企业进行生态化改造的生态创新计划。三是加强生态环境保护数据监测、搜集、整合以及反馈能力建设，利用大数据、互联网、物联网、3S（遥感技术、地理信息系统和全球定位系统）和云计算等智能技术建立全国性的环境大数据网络、信息系统和环境平台，增强生态环境保护大数据的整合、分析及决策服务能力，用大数据创新环境管理方式。

（二）建立保障生态文明建设的立法和执法新模式

完善的环境法制和畅通无阻的实施，是生态文明建设的根本保障。当前环境立法存在三方面问题：一是诸多关键的环境保护领域至今无法可依；二是诸多环境法律之间存在矛盾冲突造成效应抵消；三是诸多外部法律对现行生效的环境法律的实施形成阻挡力量。环境执法存在四方面问题：一是现有法律手段在运用中共治不足，执法监督不力，效果不佳；二是各级政府环境保护责任不清、部门间及区域协调不足，部门保护主义突出，力量分散；三是执法能力和资源不足，存在不适当的行政干预；四是缺乏各级责任问责制度和公众监督制度。“十三五”要建立保障生态文明建设的立法和执法新模式，需要解决立法“空白”，提高立法质量；解决环境法律之间的“内耗”；解决外部立法对环境法律的“外损”；确保环境法律的有效实施。

（1）改革危险化学品多部门分管体制，制定适用全部危险化学物质的《危险化学品安全和环境风险应对法》。整合现有环保、安全、交通、公安等部门涉及危险化学品管理的行政监管职能，建立由环境保护部门为主的统一监管体制。建立完整的事故应急和环境污染处置的管理制度体系。明确规定生产者、使用者和监管者各自的法律责任，建立、形成安全和环境保护一体化的管理和责任体系。

（2）修改现行《环境影响评价法》，扩大环评范围，增强环评的独立性和科学性。将对环境有重要影响的重大经济、技术政策和综合经济规划纳入环境影响评价范围。将国土空间规划和相应的生态红线作为规划环评、政策环评、区域环评和建设项目环评的重要依据。构建有关业主、环评单位和监管部门各负其责的责任体系，加大对各类环评违法行为的法律责任追究力度。

（3）研究制定《环境标准法》和《排污许可法》。以提高环境质量为核心，建立系统的环境标准体系，提升环境标准科技支撑，完善环境标准制定程序，强化环境标准的法律效力，将特别重要的环境质量标准和排放标准指标直接纳入环境保护法律，环境质量标准应考虑对健康的影响，并研究制定《环境标准法》。整合排污许可与环评、“三同时”、排污申报、总量控制、环保设施监管、排污口设置管理等相关环境管理制度，充分发挥排污许可制度在环境管理中的核心作用，并研究制定《排污许可法》。同时，抓紧制定《土壤环境保护法》以及关于自然保护区域管理、自然资源与环境产权管理、环境投资、环境交易、环境责任等方面的法律。

（4）组织起草《环境法典》，解决环境法律之间重复性和冲突性规定过多、互相制约及抵消力量、执法部门和公众无所适从的实际困难。

（5）依法明确环境具有公共资源或公众共用物属性，解决外部立法对环境法律的“外损”。将“环境不得恶化”作为一项重要原则在各项法律中确定下来，将经济社会领域的法律绿色化，充分体现环境保护要求，确保外部立法不得对环境造成损害。尤其要在民法典的制定中将生态文明理念、绿色发展理念和绿色法律理念，制度性地加以体现，实现民法典的绿色化。

（6）构建协调有序和高效运转的环境监管、责任追究及公众参与机制。一是确保环保部门和其他依法行使监督管理职权的部门，依法独立行使环境执法监管权，防止地方政府的不当干扰。二是抓紧起草落实“党政同责、一岗双责和失职追责”的实施办法，强化环境法律的督促落实机制。三是充分发挥公众参与作用，完善环境公益诉讼制度。加快进行环境行政公益诉讼的试点，确保政府的环境行政行为在阳光下运行，增强各级政府执行环境法律的自觉性。

二、“十三五”应高度重视环境治理中的薄弱领域，确保生态环境质量总体改善

为确保“十三五”期间，实现生态环境质量总体改善的目标，需要明确环境治理中的薄弱领域与环节，特别是在环境风险、土壤环境保护、大气环境质量改善与气候变化协同控制等方面，补齐环境质量管理领域的短板。

为此，建议：

（一）以保障环境健康与生态安全为目标，构建完善、高效的环境风险决策与管理体系

中国目前面临着严峻的风险态势，虽然环境风险逐渐被纳入国家层面的决策体系中，但仍以“事件驱动型”环境风险管理模式为主。与发达国家相比，中国的环境风险管理存在四个方面的差距：一是环境风险决策体系尚不完善，二是未形成系统的环境风险管理目标和战略，三是环境风险管理的支撑体系不完善，四是环境风险交流与公众参与体系仍然薄弱。未来针对三种类型风险（即突发事故型环境风险、

累积到一定程度以突发事件爆发的风险、长期慢性环境风险），应以保障环境健康与生态安全为目标，构建完善、高效的环境风险决策与管理体系。

1. 构建基于风险的环境治理体系

（1）设立高层次的国家环境风险委员会。委员会负责全国以及区域性环境风险评估与排序，制定不同层次环境风险管理目标与战略；指导协调不同环境风险之间，以及经济发展与环境风险管理目标之间的权衡，协调与监督不同部门之间环境风险管理的事务；2025—2030 年，推动环境风险全过程管理和优先管理体系得到全面实施。

（2）建立国家重大宏观战略环境风险评估与预防制度。针对新型城镇化、“一带一路”、京津冀一体化、长江经济带等宏观战略开展近、中、远期的环境风险评估，形成预防性环境风险策略，构建环境风险防范与削减路线图。

（3）全面推进环境风险管理常态化。将环境风险评估与管理纳入各级政策、规划、标准等制定和实施过程中。推进在“多规合一”中纳入环境风险评估，识别风险优先管理区及优先管理风险，制定环境风险管控的生态红线。

2. 制定分阶段、分区、分类的环境风险管理目标与战略

（1）制定中国环境风险管理目标。结合环境风险评估、成本效益、公众风险感知等，设立国家层面的环境风险防范与削减综合目标；建议各省 / 区域根据自身实际情况，设置不同的环境风险管理目标和实现路线图。

（2）制定综合性的环境风险管理战略。开展全国以及区域性环境风险评估与排序工作，建立国家和区域环境风险管理优先级清单，构建与应用基于环境风险全过程链的环境风险管理体系。

3. 完善中国环境风险管理的支撑体系

（1）重构以实用性环境预案为核心的、多部门协作的环境应急体系。提高各级、各类环境应急预案的有效性，建立健全的、权责明晰的、信息共享的部门协调联动机制，优化区域环境应急资源配置。

（2）明确和落实企业环境风险控制的主体责任。工业企业全面落实环境风险责任体系，建立企业环境健康安全（EHS）管理体系。强制要求将环境风险信息披露纳入上市企业财务报告中。

（3）构建和完善环境风险控制的金融体系。实施强制的工业企业污染责任保险，建立高风险行业环境风险保证金、污染场地修复与环境健康赔偿基金等制度。

(4) 进行环境风险信息整合。系统整合分散在不同部门的环境风险信息，并纳入全国统一的生态环境信息平台。

4. 建立环境风险交流和公众参与体系

(1) 构建透明、有效的环境风险交流平台。围绕公众关注的环境热点问题，实现政府、公众、企业、媒体、社会组织等利益主体之间的充分交流，形成获取公众对环境风险的认知、向公众传输正确环境风险知识的机制。

(2) 建立高效的环境风险公众参与模式。构建包含受影响社区对话与反馈在内的社区与公众参与的模式，将利益相关方引入环境风险管理策略制定与评估过程。

(二) 高度重视土壤资源的价值，加强土壤环境保护

土壤是国家经济、社会发展不可或缺、不可再生和不可替代的基础性资源，土壤污染将直接威胁粮食安全、人居安全和生态安全。当前，中国的土壤环境状况总体不容乐观，部分地区土壤污染较重，耕地土壤环境质量堪忧，工矿业废弃地土壤环境问题突出。中国土壤污染管理刚刚起步，基本法律依据缺失，土壤环境标准体系和管理机构不健全，缺乏稳定的资金保障，土壤污染管理困难重重。

1. 将保护土壤确定为一项基本国策，强化土壤环境保护的政策和保障措施

一是制定土壤环境保护法律，并逐步形成完善的土壤环境法律规范体系。二是构建最严格的土壤环境保护法律制度，防止土壤环境质量下降和新污染的产生。三是加快构建支持土壤环境保护的政策保障体系，全面保障土壤保护工作的开展。四是明确土壤环境保护的基本思路和框架体系。以保护清洁土壤和防控污染土壤的环境风险为重点，优先保护清洁耕地土壤。采取差异化措施，有针对性地解决不同时期的土壤污染问题。五是加强土壤污染管理和土壤环境法律实施的能力建设。

2. 更新土壤立法理念，将制定《土壤污染防治法》修改为制定《土壤环境保护法》

从中国土壤环境的基本状况来看，中国土壤立法的基本目的应当是保护目前占80%以上暂时还未受到污染的清洁土壤。从这点出发，建议中国政府将制定《土壤污染防治法》修改为制定《土壤环境保护法》。《土壤环境保护法》的主要内容为：一是保护清洁土壤，特别是清洁的耕地土壤；二是改善现有的土壤环境质量，防止土壤环境质量下降；三是防止人为活动对土壤的污染；四是防控污染土壤的环境风险；五是治理和修复污染土壤；六是污染场地的再开发利用。重点是清洁土壤的保护和受污染土壤的环境风险防控。

3. 建立健全土壤环境标准体系，提升土壤环境监管能力

土壤环境标准是土壤环境保护和管理工作的重要依据。加强或完善土壤污染管理，应当有一套科学完整的环境标准。中国应当以立足国情、满足管理需求、优先目标和持续改进为原则，建立由农用地土壤环境质量标准、建设用地土壤污染风险筛选指导值、区域土壤环境背景值标准、土壤污染调查、监测、评估、修复等技术标准以及土壤环境基础标准等共同构成的土壤环境标准体系。土壤环境标准分为国家土壤环境标准和地方土壤环境标准。土壤环境标准的地位和作用应在土壤环境法律中予以明确。

4. 建立特殊的责任机制和基金机制解决历史遗留的土壤污染问题，有效减少污染土壤的环境风险

政府应建立特殊的责任机制和基金机制解决历史遗留土壤污染问题。一是建立清晰的责任机制，明确治理、责任主体，落实污染治理或修复责任；二是建立专门基金，解决治理、修复问题；三是由国家和地方组织开展对历史遗留污染场地或污染地块的调查、分类和评估。针对土壤污染产生的主要类型和成因，研究开发专用治理技术并推广应用。

5. 建立和完善土壤污染管理的激励机制和系列措施，构建政府、企业、公众共治共赢的土壤环境管理模式

完善政府引导、经济刺激和公众参与等方面的激励机制和措施。其一，政府应制定、公布污染场地再开发利用规划；明确污染场地再开发利用的基本流程；实行“谁投资谁受益，谁修复谁优先利用”的政策，刺激、鼓励企业和社会资金投入污染场地修复。其二，鼓励和支持设立“土壤银行”，珍稀土壤资源。其三，将土壤资源价值纳入自然资源核算体系。其四，设立土壤保护基金，以资金补助方式刺激发展有机农业等经济手段，引导解决土壤污染问题。其五，完善公众参与机制，主动公开土壤环境信息，开通公众检举、投诉土壤污染行为渠道，创新公众和企业合作共赢管理模式。

（三）聚焦短寿命气候污染物和非道路移动源，协同应对空气污染与气候变化

中国当前面临协同治理空气污染和应对气候变化的机遇和挑战。其中，短寿命气候污染物战略对于未来几十年间减缓温升和其他气候变化的影响有显著效果，且

能够一定程度减缓空气污染影响。短寿命气候污染物减排与非道路移动源污染物控制关联紧密，但目前的相关政策框架中往往将其忽略。当前，我国大气污染防治工作中对短寿命气候污染物和非道路移动源的关注程度不够，相关管理系统不足以确保非道路部分短寿命气候污染物的有效控制，相关排放法规、标准和政策相对滞后。新修订的《大气污染防治法》也为短寿命气候污染物和非道路移动源的监管体系的完善提供了机会。

1. 制定并完善短寿命气候污染物和非道路移动源法规、标准及政策

完善短寿命气候污染物排放标准体系，并基于减排最佳实用技术规定相应的排放限值。尽快制定针对新的和在用的工程机械、农业机械和海洋船舶的排放削减法规，以力争实现 2020 年达到国际最佳实践水平的目标。

2. 建立健全短寿命气候污染物和非道路移动源污染减排管理体系

（1）明确监管主体和各部门分工。将短寿命气候污染物控制目标纳入大气污染防治和应对气候变化目标体系，针对不同污染物及其来源确定监管部门和协作部门。进一步明确生产企业应承担非道路移动源大气污染控制的主体责任。

（2）建立国家 - 地方分工明确的非道路移动机械环保管理模式。国家层面建立新生产非道路移动机械环保达标管理体系，包括企业信息公开、生产一致性、在用符合性、环保召回、环保标志等管理制度，要求企业公开产品环保控制相关信息。地方层面建立在用非道路移动机械环境管理体系，包括环保定期检验、环保抽查、低排放控制区、环保升级治理、加速淘汰等管理制度。

（3）强化排放标准达标管理，创新标准实施机制。建立短寿命气候污染物主要排放源和重要非道路移动源的排放监测与监管网络，建立非道路移动源油品质量监管网络，提高对短寿命气候污染物和非道路移动源的环境监管水平。加强制度创新，开展短寿命气候污染物和非道路移动源总量控制、绿色领跑者计划、排污交易、环境税费等政策研究。择机向国际海事组织申请建立覆盖全国沿海专属经济区的船舶排放控制区，实施全球最严格的船舶大气污染排放控制要求。

3. 尽快组织实施“国家清洁柴油及柴油机行动计划”

结合《中国制造 2025》国家战略，在“十三五”期间尽快组织实施“国家清洁柴油及柴油机行动计划”，重点开展道路柴油车、工程机械、农业机械、船舶等关键柴油机领域的清洁化专项工程。在尽可能多的车辆和发动机上、尽可能快地安装颗粒物捕集器等先进设备；出台高排放柴油机限期强制淘汰制度，运用财政资金和市场化手段相结合的方式鼓励提前淘汰老旧柴油机；加大船舶岸电设施建设与使用力度，在船舶中推广天然气等清洁能源的应用。尽早实施柴油标准分级，特别是大幅降低柴油中硫含量。

4. 强化科研技术创新和行业减排国际合作

持续加大投入，推动短寿命气候污染物和非道路移动源排放控制最佳实用技术的自主研发。建立统一的数据核算体系，建立相关大数据监管和控制决策平台，完善相关科研和监管数据的公开和共享机制。中国在建立减排战略的过程中，应充分参考和利用现有的针对短寿命气候污染物治理的多边国际合作机制。

三、“十三五”应创新绿色金融体系，为中国绿色转型提供动力与资金机制

作为新型政策工具，绿色金融是新常态下推动绿色转型的动力源泉，是保障环境与生态安全、实现绿色产业升级的重要推动力，是支撑生态文明建设的创新金融体系。

当前中国绿色金融改革面临五大挑战：一是绿色融资需求巨大，据核算，为达到 2015 年国家制定的绿色发展目标和 2015 年制定的环境保护标准，2014—2030 年，中国绿色融资需求至少为 123.4 万亿元（约合 19.4 万亿美元）；二是绿色金融供给严重不足，资金缺口巨大，2013 年绿色金融资金缺口为 2.8 万亿元（约合 0.44 万亿美元）；三是绿色金融发展缺乏综合的法律保障体系，目前相关法律保障存在立法层次低、可操作性不强、内容不全面等问题；四是缺乏推进绿色金融发展的国家层面协调机制，目前绿色金融相关职能分属不同部门，绿色金融制度体系难以协调有序运转；五是绿色金融改革缺乏清晰的战略路线图，导致绿色金融改革的总体协调性、阶段性、操作性较差，难以发挥其对绿色转型的良好支撑作用。

为此，建议：

（一）实施绿色金融改革的战略路线图

1.2016—2020 年启动绿色金融改革

重点任务包括：完善资源与环境定价机制；创新金融政策和市场工具；在京津冀、长江经济带、“一带一路”、自由贸易试验区等国家确定的战略区域进行绿色

金融改革试点。

2.2021—2025 年深化绿色金融改革

重点任务包括：推进自然资源资本化和金融化；将战略区域试点进行全局性扩展；将绿色金融发展的重点由支持环境治理逐渐向支持低碳发展转换；创新开发适合清洁生产等项目需求的金融政策、融资平台和市场工具。

3.2026—2030 年全面绿色化中国金融体系

重点任务包括：构建以生态文明建设为基础的绿色金融文化和价值体系；促进金融制度的全面绿色化；在全球绿色金融体系中发挥重要作用。

（二）明确“十三五”期间绿色金融改革重点任务

1.“十三五”期间需要优先突破六大领域

① 大力发展绿色债券，由监管部门发布绿色债券指引，构建绿色债券的环境绩效跟踪评价体系。

② 建立国家级绿色发展基金，基金应由中央财政的引导资金、开发性金融资金、其他金融机构和企业的资金共同构成，规模不低于 3000 亿元人民币，按照公司制模式，实行市场化和专业化管理。基金投资模式以股权投资为主，也可采用债权、提供夹层投资、担保等方式，主要投资范围为符合国家绿色发展和绿色转型要求的大中型、中长期战略性绿色项目及有较大示范效应的绿色项目，不追求高额回报，但应强调商业可持续性。为发挥绿色基金的杠杆作用，可建立 PPP 模式和 PPP 项目相结合的行业和区域子基金，以及结构化的风险分担和回报机制。同时，利用资金池发行绿色债券，以股权投资形式增加项目资本金，撬动更多社会资金。

③ 推动银行体系绿色化，加强银行的环境法律责任，在银行内部建立专业化的绿色信贷机构，加大对绿色贷款的贴息力度，完善贴息机制。

其他优先领域还包括：推行强制性环境责任保险，发展绿色 PPP 融资，建立碳交易体系，发展碳金融。

2. 将生态文明与绿色金融创新纳入 2016 年 G20 首脑峰会共同声明

借助 G20 平台分享中国生态文明建设与推行绿色金融改革经验，鼓励各成员国和国际性金融机构发展绿色金融，引导世界金融体系绿色化改革和制度创新。

3. 尽快启动国家战略区的绿色金融改革试点

在京津冀、长江经济带、“一带一路”等国家战略区率先试点，引导资金流向战略区内的绿色产业，通过加快实现国家战略区的绿色转型，发挥其示范引领作用，促进绿色金融在全国范围内的推广。

（三）加快构建促进绿色金融持久发展的保障体系

1. 建立中央层面的绿色金融协调机制

按照中央全面深化改革领导小组的统一部署，建立中央层面的绿色金融协调机制，并在相关部委设立绿色金融指导推动机构，形成有利于推进绿色金融改革的工作格局。

2. 理顺绿色产业定价和收费机制

要实现绿色金融的持久供给，必须要满足金融运作所必需的收益率，理顺绿色产业的定价和收费机制才能使绿色项目有合理的收益回报，才能吸引绿色投资，这是实现绿色金融持久供给的基础。

3. 完善支持绿色金融制度的财税政策

完善绿色信贷的财政贴息机制，建立非税收入对绿色金融的鼓励措施，建立公共财政支持的担保体系，统筹环境保护的整体资金需求，加大节能环保类政府性基金的使用力度，对认购绿色金融债券的机构投资者取得的利息收入减免企业所得税。

4. 搭建绿色金融需求与供给的桥梁

充分发挥环保部门在推动绿色金融改革中的作用，提高绿色融资需求信息传导能力，推动环境信息与金融信息双向转化；由“一行三会”（中央银行、银监会、保监会、证监会）设立绿色金融指导执行机构，协调金融与环保政策，研究具体的绿色金融政策措施、新兴工具和产品，与环保部门合作开展金融政策、指南、新型工具和产品的试点和推广，指导金融机构开展绿色投资。

从临界点到转折点[①]

——国合会 2014 年关注问题报告

一、引言

中国已经开始放眼未来并寻求转变，这一点在 2013 年 11 月召开的中共十八届三中全会上得到明确体现。为解决诸如腐败、市场机制拓展与环境改善等更为挑战与棘手的问题，中国新一届政府已经制定出一条引领中国走向持续繁荣、社会发展与生态安全的道路，最终完成生态文明建设，实现美丽中国的梦想。

十八届三中全会提出的全面布局“五位一体”方针，首次把生态文明建设提升至与经济、政治、文化、社会四大建设并列的高度。因此，作为中国政府从 2007 年就开始讨论的概念，生态文明建设将为环境与发展政策和行动带来新的视角和优先领域。2014 年 9 月 2 日，李克强总理主持召开国务院组成部门和相关单位负责人会议并发表重要讲话，研究部署“十三五”国民经济和社会发展规划（简称“十三五”规划）编制启动工作，提出“十三五”时期（2016—2020 年）将是全面建成小康社会最后冲刺的五年[②]。他指出：“十三五“规划的编制要对推进社会建设、生态环保、改善民生作用显著的重大项目，对解决突出矛盾、增进公平效率有力有效的重大政策，为补短板、增后劲、促均衡、上水平提供支撑。”[③]

2013 年中国环境状况极其严峻，城市空气质量的危害水平达到了一个临界点。如果今后几年环境与发展问题得不到非常有效解决，那么这样的灾难性环境问题将会有频发、突发的危险，后果严重，且解决问题的成本高昂[④]。环境临界点案例包

① 本报告由国合会首席顾问阿瑟·汉森博士和沈国舫院士撰写，首席顾问支持专家组成员提供了技术支持。

② China Daily. 5 September 2014. *Li: Plan to be Driving Force of Economy.*

③ South China Morning Post. 5 September 2014. *State Council Kicks Off Drafting of Five-Year Plan.*

④ 环境临界点可能具备以下一个或几个特点：当超过某一阈值后生态环境将会发生质变，虽然这一阈值很难

括矿难、尾矿库事故、土壤和地下水污染等环境灾难、气候变化造成的后果、破坏性虫害和疾病等。这种令人沮丧的前景是否会在中国未来成为现实？我们希望不会。

世界上许多国家都经历过严重的环境临界点①，即环境事件催生了公众的担忧与愤怒，进而迫使政府采取有效行动面对挑战。在中国，面对严峻的环境问题，政府于 2014 年 3 月宣布“我们要像对贫困宣战一样，坚决向污染宣战”②，制定了《大气污染防治行动计划（2014—2017）》，其他两个环境行动计划（水污染和土壤污染行动计划）正在编制中，将于晚些时间出台。

在这样大好的形势以及中国高层领导人一系列的决心承诺（见表 1）下，中国可以到达一个逐渐走向环境质量改善、可持续发展和进步并最终走向生态文明的转折点。显然，最关键的问题是缩小或消除国家环境质量改善目标与地方实施能力之间的差距。要抓住这一转折点的机遇，必须加大推进新型绿色发展模式和推动绿色转型。这些工作与 2015 年后可持续发展目标和行动所采取的全球范围的现实行动相符，也与联合国在全球范围内探讨的气候变化、生物多样性和其他环境与发展热点问题所采取的措施相一致。

中国正处在重大环境与发展问题临界点或转折点的交叉口，可以说我们处在这样一个窗口机遇期，而这个机会一经失去，恐难再来。

这一窗口期产生的第一个原因是公众对环境问题的关注。美国民调机构皮尤研究中心最近在 40 多个国家展开了一项关于全球五大威胁的公众调查③，在 3 000 多名参与调查的中国人中有三分之一将环境和污染列为全球 5 大威胁的第一位。这一比例在全球所有被调查国家中最高，也是中国参与者列出的 5 个威胁中最受关注的一个。第二个原因是中国新一届政府上任后几乎立即就开始着手国家治理改革。第三个原因是人们普遍认识到了生态环境破坏对生活质量的影响和所带来的经济代价。第四个原因是中国在国际上由于环境污染问题而付出了形象代价，特别是关于大气污染事件和其他污染问题的持续报道。这些问题会影响中国的旅游业、竞争力

精确预测；这种变化持续时间长，难以逆转；驱动这种变化的压力与效果的显现之间存在时间滞后，因此给生态环境管理带来很大的困难。（欧洲生物多样性信息系统，http://biodiversity.europa.eu/topics/tipping-points）。Alex Wang. 2012. China’s Environmental Tipping Point. Chapter 5 in China in and beyond the Headlines. Timothy Weston, Lionel Jensen, eds. Rowman and Littlefield Publishers. http://papers.ssrn.com/sol3/papers.cfm?abstract_id=2130452.

① See examples in the database of the Resilience Network. http://www.resalliance.org/index.php/database.

② http://www.reuters.com/article/2014/03/05/us-china-parliament-pollution-idUSBREA2405W20140305 .

③ http://www.pewglobal.org/files/2014/10/Pew-Research-Center-Dangers-Report-FINAL-October-16-2014.pdf.

以及对高端人才和企业的吸引力，进而影响中国下一阶段的经济增长。

国合会 2014 年度的工作重点放在制度创新和其他促进生态文明建设和绿色发展的必要转变上[①]。我们希望这些转变可以带来好的转折，催生符合 2020 年全面建设小康社会目标的新型环境与经济的关系，并为今后几十年的生态文明建设创建美好前景。

在为政策转型窗口期提供建议方面，国合会具备得天独厚的条件。事实上，国合会目前的工作日程就是针对如何为三中全会所提出的重点工作的实施提供快速有效的政策建议而设置的。2014 年的 4 个专题政策研究就特别强调了三中全会所提出的重点问题和相应措施[②]。而 2014 年的两个课题组则考虑了与生态文明建设相一致的长期视角。

国合会“中国绿色转型进程评估与展望”课题研究了选定的经济政策措施在过去 10 年里的适用性以及它们对污染控制所起到的作用，以便为未来提出新型的、更加适合的经济决策。“生态文明建设背景下的环境保护制度体系创新研究”课题则探讨了现行制度体系在强调未来需求方面的不足之处，并在研究中国和国际创新经验的基础上提出政策建议。

二、中国的窗口机遇期

过去的一年可能是中国政策转型期间发生转变最多的一个时期。一个新的窗口机遇期以前所未有的姿态展现在我们面前。一些长期存在的社会与经济发展问题正在得到关注和解决，例如，取消居民户口的地域限制，引进财产税，调整完善独生子女政策，放宽管制和推动市场机制改革，避免重工业过度投资，促进服务经济的发展，拉动国内消费以及向新型城市化模式的转变等[③]。

2015 年 1 月即将生效的《环境保护法》修订版强调了对一些重点问题的关注，例如，大幅加大环境违法行为的惩治力度，加强公众参与和环境信息公开的透明度，

① 2014 年国合会的主题是：绿色发展的管理和制度创新。

② 国合会 4 个专题政策研究包括：大气污染防治行动计划绩效评估与区域协调机制研究；生态环境红线制度创新研究；基于生态文明理念的城镇化发展模式与制度研究；政府环境审计制度研究。

③ See Barry Naughton. July 2014 *'Deepening Reform': The Organization and the Emerging Strategy.* Hoover Institute. China Monitor No. 44. http://www.hoover.org/sites/default/files/research/docs/clm44bn.pdf.

以及推动企业对环境改善的有效参与[①]。在过去的一年里，几乎每个星期都有环境与发展政策和措施的重大改善举措 出台（见表 1），环保投入持续增长，如在大气污染防治行动计划上的投入就增长显著。

表 1　2013 年 11 月至 2014 年 10 月期间出台的环境与发展举措

- 全国人大批准《环境保护法》修订案（2014 年 3 月）
- 向污染宣战行动，包括大气、水和土壤污染防治行动计划（2014 年 3 月颁布大气污染防治行动计划，其他计划尚未颁布）
- 政府官员环境绩效考核终身责任制（2014 年 6 月）
- 生态红线制度，圈出重要生态功能区和保护环境脆弱地区（2013 年 12 月）
- 强化法庭作用，任命专职法官，协助法庭提升处理环境问题的能力（2014 年 6 月）
- 通过政府机构采购电动汽车推动绿色采购；免除 10% 电动汽车购置税；政府大力投资建设电动汽车国家充电网络（2014 年 8 月—9 月）
- 绿色供应链 / 绿色采购中心，APEC 绿色供应链及天津试点（2014 年 5 月）
- 包含环境保护条款的新型城镇化指南（2013 年 12 月）
- 国务院再次确认中国应对气候变化 2020 年目标（2014 年 9 月）
- 《大气污染防治法》修订草案征求意见稿发布（2014 年 9 月）
- 全国统一碳市场预计于 2016 年开始实施（2014 年 8 月）

过去一年里中国政府在污染控制、绿色发展和生态建设方面表现出前所未有的关注度，充分体现了中国政府对生态文明建设的高度重视。这种高度关注部分源于公众的关心，更是由于传统经济发展模式不适用于未来、可持续发展需要更为全面统一的发展模式等观念已深入人心。一些重大问题已经关系到执政党的权威性，因此与各级治理体系息息相关。

目前中国政府所做出的种种努力，表明其已经克服在政治和机构方面的认知困难，所以进一步采取迅速的行动不仅非常可行，而且符合政治意愿。这意味着当前中国处在一个实施环境与发展理念的极佳窗口机遇期。首先引入环境税将是一个极有可能实现的转变；其次提高环境影响评价和其他规划的公众参与程度，接受公众

① 关于新环保法的细节，有诸多的文章和报导，例如：http://www.npc.gov.cn/englishnpc/news/Legislation/2014-04/25/content_1861275.htm
http://www.chinalawinsight.com/2014/05/articles/compliance/environmental-protection-law-big-changes-in-2014-2 ; http://switchboard.nrdc.org/blogs/bfinamore/new_weapons_in_the_war_on_poll.html ; http://news.xinhuanet.com/english/china/2014-04/24/c_133287570.htm ; http://asiafoundation.org/in-asia/2014/05/28/chinas-environmental-protection-law-lays-groundwork-for-greater-transparency

的监督；最后金融界在贷款发放过程中全面纳入环境风险与绩效评估考量。

需要改进的方面还有很多，而且可以想象这个窗口期仍将继续存在。但是这样的窗口期会随着多种压力和其他原因开启或关闭。因此，趁其存在时充分利用这一有利时机将是明智之举。可喜的是，此刻适逢第十三个五年规划阶段，在这一段时间内充分利用这个有利时机将会推动中国取得更大的成就，达成本世纪初设定的2020年的宏伟目标。

然而，还有一些重要问题，在当前的改革中尚未能得到足够的关注。

一是从根本上建立环境与经济的密切联系。环境与经济发展是紧密结合的，环境状况的改变将影响经济发展，反之亦然。但是，目前的经济改革包括现在提出的市场改革并没有全面认识这种联系并采取有针对性的行动。环境的外部性还未能全面纳入到当前的价格、企业奖惩机制改革之中，目前经济结构改革的能力也不足以解决这个问题。因此，目前经济（无论是外贸驱动还是内需驱动）与环境的和谐关系还远远没有实现。中国的生态环境负债和人民健康问题某种程度来说仍处于上升期，且尚未得到清楚的认识和理解。

二是跨行业环境问题可能严重影响发展进程。人们对这一问题的关注存在已久，但是还没有找到综合、全面的措施予以应对。这一困局的另一种表现是环境问题无法靠环保部门独立解决，鉴于环保部门同那些强大的行业部门、大型国营企业和利益团体相比，通常处于弱势地位。

三是需要更清晰地明确生态系统完整性和生态服务功能在社会、经济和政治决策中的地位。中国政府在这方面采取了很多积极行动，但是总的来说，中国的生态保护机制依然很薄弱。例如，虽然人们对生态红线制度寄予厚望，但是在自然保护区的管理方面仍存在一些问题。

本届中国政府将工作重点放在了顶层设计上。这考虑了注重转变、强化绩效、根除腐败等治理工作的需要，完全合乎情理。其中，关于环保制度创新和完善的需求也得到了充分的讨论和重视。最突出的表现就是深化改革领导机构的设置①，中央设立了由习近平总书记领导的全面深化改革领导小组，下设六个专项小组，其中一个就是经济体制和生态文明体制改革专项小组。这是第一次明确地将经济与环境联系在一起。那么这种领导层的设置将会对各级政府以及政府部门内部的机构改革

① Barry Naughton 在他的文章中对此进行了阐述．*'Deepening Reform': The Organization and the Emerging Strategy.* China Leadership Monitor. No 44.

产生怎样的影响呢？

诚然，这份关注问题报告无法直接回答这个问题，但是显而易见，环境与发展相关改革的核心主题（实际上也是中国总体改革的核心）是如何实现综合、包容的治理和发展。这也是全球 2015 年后发展议程所关注的议题——包括新的可持续发展目标、气候变化谈判、各国在绿色增长、绿色经济上的努力以及企业和国际组织的作用等。当前，加快体制机制创新是推进生态文明建设的内在需求和根本保障。作为“五位一体”总体布局的组成之一，生态文明建设不仅要发挥重要的成员功能，还要与其他“四大建设”融为一体，共同发展。这就要求适时修订相关法律法规，调整市场改革机制，改变机构行为和公众行为，以及调整社区治理决策。本关注问题报告将针对其中一些转变进行论述。

三、环境与发展的国际趋势

在环境与发展领域，一些重要国际谈判可望能在 2015 年达成目标，而 2014 年成为考验各国决定迈出多大的步伐来共同打破日趋紧迫的环境与发展问题困局的试验期，特别是针对气候变化、消除贫困等社会问题以及这些社会问题与可持续发展的关系等。

令人遗憾的是，在一些地区的国家层面出现环境与发展政策严重“开倒车”的现象。如澳大利亚取消了碳税，多数欧洲国家面临着难以实现欧盟 2020 年能源和气候目标[①]的困境，美国存在着无法让国会通过几乎任何有关重要环境问题决议的难题，全球热带雨林消失的速度依旧不可遏止。总的来说，由于世界上大部分地区存在发展困难和经济复苏缓慢的问题，给近一两年环境保护工作的开展带来了障碍，很多国家都出现了环境支出收紧、环保部门机构削减和职能合并、监管放松等现象。

国家层面的这些退步却恰恰带来了地方层面、特别是在城市层面逐渐增多的环境实践行动，例如，在加拿大或其他国家的很多省、市为实现诸如温室气体减排等重要目标所做出的非凡努力。在城市层面的环境实践也出现了大量的创新，例如 C40 城市气候领袖群网络、生态城市网络和 ICLEI（地方政府可持续发展国际理事

---

① *Trends and Projections in Europe 2013 – Tracking progress towards Europe's climate and energy targets until 2020.* European Environment Agency (EEA). http://www.voxeurop.eu/en/content/article/4263331-europe-united-failure.

会）[①]。随着未来全球城镇化的进一步发展，这些城市网络组织在环境实践中所扮演的角色将会日趋重要。

作为2015年巴黎世界气候大会的预备，联合国秘书长于2014年9月召集组织了气候变化峰会[②]。这次会议为世界气候大会提供了一个重要试水机会，各国均表现出倾听意愿，但并没有在协议达成方面实现任何重要突破，温室气体排放大国间也没有达成一致。就在该峰会召开之前，全球经济和气候委员会[③]发布了名为《更快的增长，更安全的气候》的报告，列举了10项低碳经济增长行动方案。行动方案指出："决策者必须将气候及其他环境影响纳入其经济、发展和投资战略。并采取长期策略，将这些因素纳入投资和商业决策，减少投资者的风险但不影响绩效。"该报告传达的一条重要信息是这种经济增长的可持续性，它被认为是迈向未来的最佳途径，将减少气候变化带来的大规模破坏和高昂成本代价。

第二个重要的国际议程是作为千年发展目标后续行动的2015年后可持续发展目标的制定，其进展迄今仍十分缓慢。这是一项根据里约+20成果文件所开展的议程。目前已经就很多问题和领域（如水行业和地区事务）开展了多轮协商。2015年后可持续发展目标计划提交给第六十八届联合会大会讨论。

毫无疑问，可持续发展的融资问题得到了广泛的关注。例如，可持续发展政府间专家委员会最近针对后2015年可持续发展目标的制定发表了一份报告[④]；联合会环境规划署（UNEP）开展了一项关于可持续金融体系的问卷调查[⑤]，以了解如何资助全球经济的绿色转型。在全球经济不稳定的背景下，绿色转型的任务艰巨且成本高昂，但是全球经济的绿色转型又是十分必要的，因为目前气候变化、生物多样性保护以及很多绿色经济的努力都由于金融困境而陷于停滞，尤其是在南北合作层面。

全球企业继续在绿色增长和绿色经济中发挥重要作用。在很多方面，先进企业都通过扩大投资、开展技术研发和公私合作而起到带头作用。在2013年达沃斯会议上世界经济论坛发布的《绿色投资报告》[⑥]指出，达到将气候变暖控制在2℃之内

---

① http://www.iclei.org ; http://www.c40.org.

② IISD. A Summary Report of the 2014 Climate Summit. Climate Summit Bulletin. 26 Sept 2014. http://www.iisd.ca/download/pdf/sd/crsvol172num18e.pdf .

③ http://newclimateeconomy.report/global-action-plan/ .

④ http://sustainabledevelopment.un.org/content/documents/4588FINAL%20REPORT%20ICESDF.pdf .

⑤ http://www.unep.org/NEWSCENTRE/default.aspx?DocumentID=2758&ArticleID=10698 ; http://www.unep.org/.greeneconomy/financialinquiry/Portals/50215/Inquiry_summary_final%20June%202014.pdf .

⑥ http://www3.weforum.org/docs/IP/2013/ENVI/WEF_GreenInvestment_Report_2013.pdf .

的目标需要每年 7 000 亿美元的额外绿色投资，而这些投资将大部分来自私营部门，私营部门和公共资金的比例可能会是 5：1。

绿色债券是国际上正在探讨的一个相对较新的概念。目前它主要是世界银行、国际金融公司和一些其他开发组织在有限基础上使用的一项金融工具，其理念是利用有意投资债券市场（80 万亿美元）的巨大投资群体，达到支持环保、绿色产业的目的。世界银行将绿色债券定义为："专注用于气候适应以及其他环境友好型项目融资的一种固定收益的流动性金融工具。"目前这一概念正在被推广到企业、城市和国家层面，使绿色债券作为一种安全的投资选择被广泛认识。随着这一概念的不断推广，2014 年全球绿色债券规模可能会达到 300 亿—400 亿美元，主要用于基础设施、森林、流域管理，清洁技术，可再生能源或其他可持续发展的实体项目[①]。

另一个重要的金融行动是在 2014 年 7 月巴西金砖国家峰会期间宣布成立的金砖国家开发银行。银行总部设在上海，五个金砖国家同等比例提供总计 500 亿美元的资本金，并另外设立 1 000 亿美元的应急储备金（中国提供 41%）[②]。成立该银行的目的是为发展中国家的基础设施和可持续发展提供额外的资金支持，而设立应急储备金则是为可能遭受金融困难的成员国提供帮助。金砖银行目前刚刚成立，其在可持续发展与环境保护方面的作用尚有待观察。

四、建立强化生态文明制度和实践的框架

随着时间的推移，生态文明将为中国国家制度的发展以及那些影响生产和消费的重大决策的制定提供有力指导，并引导经济增长、社会发展和政治决策的观念转变。在这一概念正式纳入中国治理体系两年后的这个关键时刻，我们有必要对可能影响其具体实施的重要因素作出仔细思量。本文下述内容是建立在广泛的交流以及国合会政策研究的基础上汇总形成的。

生态文明建设的含义：

- 形成全社会尊重自然的观念，包括政府部门、企业、社会组织、媒体、教育界以及其他负有指导和监督职责的机构。

---

① http://www.worldbank.org/en/topic/climatechange/brief/green-bonds-climate-finance .

② http://www.economist.com/news/finance-and-economics/21607851-setting-up-rivals-imf-and-world-bank-easier-running-them-acronym.

- 生态系统的完整性和生态服务的保持和改善是满足中国基本需求、改善人民生活质量、实现持续繁荣以及服务全球可持续发展的根本要求。
- 建立环发领域从地方到中央、从区域到全球的各部门、机构合作的有效工作机制。
- 推动个人和家庭在各方实践中做出有利于生态环境的决策，并为此提供政策制度保障。
- 保护文化价值，充分尊重人们根据各自不同的环境和需求所做出的不同的可持续发展选择。

这些含义与“以人为本”的理念是相一致的，但是我们需要认识到必须把生态环境保护放在优先的地位，才能实现长期的“以人为本”。生态文明的建设的根本价值观念是“以人为本”，这与注重短期效益的社会理念是有着本质区别的。

当今，中国乃至世界上任何其他国家的制度都不能满足生态文明建设的要求，这表现在无论目标、实施方法、激励机制还是治理模式都不足以完成生态文明建设的任务。此外，还存在其他的问题，包括发展阶段落后、人力和财力不足、管理不善等。那么，该如何强化?

开展生态文明建设背景下的制度改革需要但不仅限于围绕以下总体方向和具体领域：

总体方向：

- 所有的规划和环境管理决策都必须以生态文明理念为基础，并开展监测考核。
- 生态文明的制度建设需要提供强有力法律保障。
- 发展决策向生态——经济模式转变。
- 采用综合、空间优化的手段进行所有与环境管理相关的规划，包括城市设计、土地利用、资源开发、工业污染防治、交通规划和灾害预防。虽然近几十年来，政府在这些方面做出了大量努力，也取得了较大成效，但是当前的方法和手段仍存在不足。
- 继续严格履行生态红线、污染防治和环境标准，如有违反立即处置。
- 改革环境保护管理的制度框架，提供高层协调机制，保证各级政府职责的有效实施，推进公众监督。针对政府官员实施全面的环境保护责任制，将环境保护纳入绩效评估。
- 与市场经济改革相结合，建立能为绿色发展和生态文明创新提供激励和保障的制度框架。

- 转变金融制度，限制污染环境的项目获得资金支持，对有利于生态环境的行动提供优先支持，例如，积极支持环境风险减缓行动（如气候适应）、生态补偿行动（保险、生态系统恢复），鼓励生态创新科技和生态服务。
- 推动企业自觉履行企业环境和社会责任，强化企业面向生态文明目标发展技术、管理和投资创新能力。

一些具体的优先领域：

- 提高制造业、生产和自然资源开采（包括矿产加工、农业用水施肥、渔业）的生态效率，实现 10 倍级（Factor 10）的目标。
- 深化循环经济。
- 绿色供应链、绿色采购和可持续消费。
- 生态城市和低碳城市。
- 将环境健康标准纳入生态文明建设措施，例如，大气、水和土壤污染行动计划。
- 针对流域和沿海地区，实现从高山到海洋的生态服务规划。
- 自然保护区和生态红线的保护和管理。
- 加强制度建设，实现气候适应和气候变化减缓目标以及能源行业转型。

基于生态文明背景下的治理体系应该是一个公开、透明、对公众负责的体系。建立该体系框架，必须清楚地认识到提升治理能力的必要性，包括在政府和公众之间建立新型关系的制度安排；必须强调加强企业承担更大责任和提供更多资金以实现生态文明的必要性。城市层面的治理体系为中国探索绿色发展道路，实现生态文明提供了最好的机会。

任何生态文明相关的活动都必须为以下主要发展转型阶段服务：“十三五”阶段，2020—2030 年中期绿色转型阶段，这一阶段将包括重要的能源转型，如达到煤炭峰值、化石燃料使用峰值、可再生能源使用量大幅上升；2030—2050 年长期机遇和行动阶段。在如此长的时间跨度内，毫无疑问将会出现多次的路径调整、新技术引进以及其他难以预测的挑战和机遇。因此，生态文明仍然需要被当作一个重要的组合概念，而其重点则是不断地探索如何实现全面建设生态文明。

因此，我们将列举了一系列重要问题来明确构建这一新型模式的可行做法，但不仅限于此。

- 如何加速推进生态文明建设和绿色发展转型，在实现经济和社会发展的同时避免环境临界点？

- 如何通过改善治理（包括根治腐败、强化监管和金融激励、政治改革、公众参与和监督）实现生态文明目标？
- 从“五位一体”的指导思想中我们能期待哪些政策进展？在生态文明与其他四项建设的众多关系组合中，应该优先考虑哪些？例如，未来几年是将精力主要放在建立新型的生态和经济的关系上（布伦特兰委员会 1987 年提出的观点[①]，但无论在中国还是其他地方都尚未实现）？还是更加均衡地考虑“四大建设”加上生态文明建设？
- 怎样做才能使环境保护与经济发展真正具备同样的地位？
- 生态文明的制度创新需要针对发展问题采取综合协调的方法，包括高层指导、监测以及相当程度的综合规划和管理。大部制或其他方法如何能够帮助在国家层面推进部门协调实现生态文明的综合规划和管理？除了环境审计之外，还需要什么手段来保证生态文明责任制的全面落实？
- 中国大规模的城镇化进程如何能够帮助实现生态文明？
- 生态红线制度被认为是改善生态产品和生态服务、保障保护生态环境安全的一项重要措施。但是，它仅仅是实现生态文明的众多手段之一。要想全面保护生态系统，发挥生态系统对实现生态文明的重要作用，还需要采取哪些额外的措施，特别是在公众行为、企业、社会组织和政府部门方面？
- 是否需要进行全面的法律制度改革，以确保各项法律法规都将生态文明的需求和方法纳入完善的考量之中？是否需要像以往制定专门法律推进清洁生产那样制定一项关于国家生态文明建设的法律？
- 中国的生态文明建设成功多大程度上会受到外界的影响（如绿色市场供应链、能源转型）？在将生态文明纳入“走出去”战略方面中国还需要做哪些工作？

五、重点关注问题

绿色转型是中国实现绿色发展的必由之路。但在转型的进程中会出现各种不同的声音。毋庸置疑，既得利益者会不断地制造障碍来阻碍转型的步伐，以期避免模

① World Commission on Environment and Development. 1987. *Our Common Future*.

式的根本转变。可喜的是，当前中国政府已经表现出了迎接挑战、充分利用这一窗口机遇期的决心。

以下列举了 10 个需要重点关注的问题，包括一些迫在眉睫的问题，尤其是问题 1 现代治理体系的基石，问题 5 保障生态服务功能，以及问题 10 实现从环境临界点到转折点的绿色转型。这 10 个问题分为四类，即制度创新（问题 1 ～ 4）、生态服务（问题 5）、可持续生产和消费（问题 6 ～ 7）、监管和激励机制（问题 8 ～ 9），以及缩短绿色转型时间（问题 10）。

（一）制度创新

问题 1：构建高效、包容的治理体系

环境管理制度转变落后于社会转型和经济发展。

这些落后表现在：环境保护和环境管理工作的实效性、绿色税收改革、气候变化排放交易体系、行业之间和各级政府之间的协调等。中国当前的环境治理体系由政府主导，与企业和社会组织也能在其中发挥重要作用的现代治理体系有一定差距。政府的行政管理体系在人员数量和能力上都不能满足应对诸如大气污染、环保融资、全面监管以及转向环境质量管理的长期战略（此战略尚未形成完整的体系）等重要工作的需求。环保实践与中国快速的经济增长和经济发展政策转型相比通常滞后几年甚至几十年。中国的环境保护工作仍在遵循西方国家 20 世纪 70 年代的模式，而不是可能更加适合中国现状和未来发展的新模式。

现任领导提出和推行的明确举措能在一定程度上缓解上述问题。但是，环保工作的滞后迹象仍十分明显。例如，三大污染行动计划中只有一个得到全面实施。"十二五"规划中更加严格的能源和温室气体减排目标的实现依然存在困难，同样，大气污染防治行动计划的氮氧化物减排目标的实现形势也相当严峻。这些问题也说明了将主要行业纳入污染防治工作的必要性。

关于是否需要推行"环保大部制"的争论可能并未触及问题的根本，更关键的是中国能否建立一套强大的机制实现各级政府间的综合管理，以打破环境与发展问题仅由环保部门单打独斗的局面。这是一个长期存在的问题，而且绝不是中国独有的问题，需要建立一个长期的顶层协调机制，为环境与经济相关事务提供权威的指导协调。

另一个主要的问题是引入基于市场的环境制度改革所需要的时间，特别是绿色

税收体系、纳入了环境外部性（负面和正面）的价格机制以及确保必需的惩治和执法力度的监管框架改革。这样做可以提高行政效率，扩大目标覆盖面。在这一体系建立之前，环保行动的成本仍将保持虚高，并且效率较低。

实现更广泛的治理是一个亟待解决的问题，它直接关系到社会和政治问题的考量，例如在治理过程中公众和企业的参与。公众参与将在下述问题 2 中加以讨论。而企业需要在解决因其经营带来的环境问题上发挥更大、更有效的作用，公司无论大小，都应在遵纪守法的基础上应对与其经营相关的环境风险。虽然一些企业已经在绿色转型（包括技术[①]和管理创新）方面出了大量的投入，但是距离形成绿色繁荣的商业驱动模式的要求还有很大的差距。大量临时或永久性关闭工厂的方法能在短期内见效，但是不是长久的解决之道。

问题 2：强化社会治理

公众对政府环境绩效的监督方面还存在严重的政策冲突，包括信息公开、环境风险评估的沟通、项目审批以及环境规划和影响评价决策的透明度问题。

公众参与已纳入治理模式一段时期，构建信息公开、报告和投诉渠道等工作非常重要，但是还不足以确保公众在环境与发展领域的监督中发挥应有的作用。河北省最近起草了关于公众参与环境保护的地方性法规，成为一个良好的范例，为公众参与环境保护在全国推广提供了良好的借鉴。

如何界定公众作为参与者的责任是一个棘手的问题。显然，有人担心会出现公众示威游行事件，但是因公众不明真相引起的游行与真正构成公众安全威胁或者有正当理由要求惩治相关人员的游行是有区别的。在其他国家，从生态破坏型的发展转向环境友好型的发展均经历了广泛的公众参与，这一点在中国赋予公众参与更广泛空间的过程中需要予以注意。通过司法行动也可以达到区分群体性事件性质的目的。

需要更多地建立能够提供权威资料的信息公开独立平台（机构、网站和个人）。例如，环境影响评价或其他规划文件存在篇幅长、技术性强、理解困难的问题，合格的“第三方”机构可以为公众提供适当简化的信息，并且针对诸如化工厂或地方环保工作等特定问题提出意见。

① See the *China Greentech Report 2014*. http://www.china-greentech.com .

问题 3：开展适应性的规划和管理

污染防治和其他环境行动计划未经实践检验，需要采取适应性的管理手段，避免采用僵硬的手段导致走入死胡同。

短期的行动计划可能存在成本高、期望高的风险，并且可能未经检验、综合性欠佳。在这方面，《大气污染防治行动计划》就是一例。另外，类似《中国生物多样性保护战略与行动计划》（2011—2030 年）这种时间尺度较长的计划则有可能被固化在一条路径上而不能适应外部条件变化（如气候变化）的影响，而且可能为了回避决策难题而把本应在早期就采取行动的决策推迟到未来才进行。所有正在制定和将要制定的行动计划都会为将来开创先例，因此必须针对实施效果进行密切的跟踪监测。行动计划的实施效率必须不断改善和提高，必须能够根据需求的变化进行调整，尽管这些变化和调整在短时期内可能难以确定。如果计划的实施滞后于严重、快速的环境恶化，就可能进一步导致大范围、复杂的累积影响，例如，土壤污染以及地下水的污染和过度开采就存在这样的问题。

对于《大气污染防治行动计划》来说，最重要的一点显然是如何构建有力的、成本效益高的区域解决方案，否则很难有望取得长期的成功。而且，无论从政治角度还是从公众角度，大家都希望在短短几年内就能看到显著的成效。显然，由于问题如此严重，我们只能寄希望于此。如果我们没有把握能够取得成功，那么会出现什么结果？公众不会对主要污染物排放的逐年下降感兴趣，而是会对今年 10 月北京出现的那种严重空气污染的天数每年减少多少更感兴趣。鉴于将空气质量改善到令人满意的程度是一场可能持续 15 ～ 20 年的长期工作，我们需要重点关注现有《大气污染行动计划》的后续措施、地方和区域层面公众对话机制以及需要强化的金融机制和其他机制的创新。我们还需要关注和认识到，即使某些行动没有明显改善灰霾的天空，但是加速实施这些行动会带来广泛的协同效益。

像《中国生物多样性保护战略与行动计划》这样的长期计划，可以与生态文明建设进行紧密结合。但是由于计划的制定先于目前的政治意愿，因此计划需要更新。此外，中国的生物多样性保护虽然取得了一些成功，但是仍然面临着严重的威胁，一些物种已经达到了局部性和区域性灭绝的临界点。海洋中一些物种大量减少，而且这一减少的趋势预计仍将继续。中国经济的繁荣伴随着自然资源的消耗，城市化、交通基础设施建设以及沿海大量的填海造地导致了栖息地的分割，因此中国生物多样性保护的形势在未来 10 年内将可能会显著恶化。就世界范围来说，生物多样性保护已经到了危机关头，世界自然基金会（WWF）针对大约一万种动物种群数量的监测资料显示，从 1970—2010 年，这些物种的种群数量下降了大约 50%。[①]

问题 4：减轻腐败对环境保护的影响

环境影响评价、排污许可等制度的实施中存在弄虚作假、规避法律法规、掩盖事实真相等腐败行为（尤其在地方层面）。

中国目前的反腐战役尚未特别强调环境事务。对于腐败行为可能造成的污染损害或其他形式的环境损害尚没有公开发表的估算。事实上，还没有任何一个研究综合涵盖中国的腐败与环境问题。大部分可用信息都是传闻，通常是针对地方官员的。

曾出现在地方层面的其他普遍问题还包括发电厂事故以及各类企业污染控制设备不正常运行（或者只在可能有检查的情况下才运行）。

2013 年 11 月，环境保护部针对环境影响评价资质单位进行了大规模的审查，结果 34 家单位因为“弄虚作假”或“质量较差”等原因受到处罚，一些单位因严重违规而被取消资质。[②]

还有很多报道指出高尔夫球场建设的地方审批不合法[③]，而这仅仅是涉及土地利用的众多腐败类型之一。《金融时报》的一篇文章[④]这样写道：

一些地方政府甚至用建设绿化带和公园、开展环境保护和环境重建的专项经费建高尔夫球场，不顾这些球场可能对环境造成的损害。

诺丁汉大学中国政策研究所张静（音译）最近表示，“中国的密集型污染不单纯是环境或经济问题，它也与腐败和渎职有关[⑤]”。与以往世界银行和其他机构的研究不同，张静（2014）[⑥]指出，国外对华直接投资（FDI）“很可能被吸引到环境法规相对薄弱的省份……我发现当反腐力度加大时，FDI 的负面影响将可以转变成正面影响……但是，当前的反腐平均努力还不足以补偿 FDI 所带来的负面环境影响。”

那些有可能影响环境措施有效性的腐败行为，其潜在来源广泛、表现方式多样，而且可能在不同尺度上发生。透明国际（Transparency International）[7]以及其他机构

---

① http://www.livingplanetindex.org/projects?main_page_project=LivingPlanetReport&home_flag=1 .

② http://www.cleanbiz.asia/news/china’s-environmental-watchdog-punishes-assessment-agencies#.VEiOp751RLF

③ Washburn, Dan. 2014. *The Forbidden Game. Golf and the Chinese Dream*. Oneworld Publications Ltd.

④ http://www.ft.com/cms/s/0/e514b5cc-74d7-11e0-a4b7-00144feabdc0.html#axzz3FzOXIjWv .

⑤ http://blogs.nottingham.ac.uk/chinapolicyinstitute/2013/04/16/environmental-protection-and-anti-corruption-in-china/ .

⑥ Zhang Jing 2014. *Foreign Direct Investment, Governance, and the Environment in China: Regional Dimensions*. Palgrave Macmillan.

⑦ U4 Anti-corruption Resource Centre www.u4.no .

已经开始起草清单，此类清单涵盖了通过航运文件造假将危险废物运输到中国进行再加工，非法捕捞、捕猎鱼类和其他动物产品，以及过去曾经发生的从中国非法出口臭氧层消耗物质等渎职行为。

腐败行为肯定会削弱中国为开展生态文明建设所做出的努力。尽管调查和惩治是重要的方法，但我们不能仅仅依赖于此，而必须寻求一种新型的、道义上的方式，从根本上发挥社会功能，使环境犯罪和与之相伴的腐败被全社会所唾弃。

我们正在探讨的政府官员离任环境审计程序是帮助实现此种转变的方法之一。利用环境审计以及相应措施为地方官员留下永久性记录，这可以帮助他们改变行为习惯。在接下来的几年里，新修订的环保法当中新的法律制裁措施的有效施用将为清除腐败导致的非法行为提供强有力的手段。

（二）生态服务

问题 5：保护生态环境质量和价值

环境质量问题对人群健康和福祉构成了长期的风险，生态系统的破坏使得环境修复难度增加、成本高企，这一点还没有得到足够重视。

这些问题包括生态服务功能的丧失，生态脆弱性可能带来的生态灾难，人类和生态生产力的损失，影响旅游、贸易和投资的声誉破坏，以及难以聘用和留住技术人才到污染严重的地方工作，特别是那些有小孩的家庭。很多城市的污染水平都不适合老年人生活。

由于生态服务功能难以货币化，而且对其健康影响的了解还很有限，因此中国的环境和生态累计欠账总体上是被低估了的。显然，这些因素需要更多地体现在决策考量之中。例如，世界上其他地方单个污染场地和废弃矿场的修复清理费用就可能达到 10 亿美元甚至更高。而在中国，需要清理修复的场地将会多达数千个。

像日本这样在 20 世纪 50 至 70 年代经历了严重污染的国家，有很多被详细记载的案例，例如，与四日市五十年代中期大量石化企业有关的四日市哮喘病。该市慢性阻塞性肺病、支气管炎和其他肺病导致的死亡率比周边地区高 10 ～ 20 倍[①]。类似的问题在德国莱茵河地区和美国的多个地方也都出现过。公众对这些问题的认

---

① *Mortality And Life Expectancy Of Yokkaichi Asthma Patients, Japan: Late Effects Of Air Pollution In 1960–70s*. Environmental Health Journal. (as cited in http://en.wikipedia.org/wiki/Yokkaichi_asthma).

识是环境改善最重要的驱动因素，正如各种食品质量问题推动了中国食品安全改革一样。新一轮工业发展的环境规划中如何应对历史遗留场地带来的健康风险问题，在这方面中国仍处于起步阶段。

中国的生态系统退化一定程度上被多种生态补偿计划的大规模投入所缓解。中国的森林、草原、湿地恢复工作成为世界上规模最大的生态恢复项目①。但正如习近平主席在新书《习近平谈治国理政》中指出的，中国还需要做更大的努力②。制定生态红线，以及对现有生态功能区划的强化，无疑是最明确的进步。所有这些工作都值得称颂。

但是，人们仍对是否有足够的监测、执法以及资金投入以确保划定地区的生态价值得到充分尊重存在疑虑。生态红线可能意味着将中国国土面积的35%划作生态系统保护的用途。关于如何对待城乡接合部和郊区的问题也存在各种不同的观点，因为这些地区通常也被开发商所看好。

此外，一些较大面积的保护区中旅游和休闲产业日益发达，其生物多样性保护存在问题，例如，闻名世界的吉林省长白山自然保护区。这处风光秀丽的火山和高山湖泊每年接待大量的游客，经营包括滑雪在内的各种休闲娱乐活动。直至几十年前，这个保护区还栖息着一些东北虎和其他大型肉食动物，但目前几种哺乳动物（可能还有其他动物）的数量已经急剧下降，甚至达到了局部性灭绝的程度③。

（三）绿色生产和消费

问题6：提高研发投资的回报率

由于实施能力有限，且既得利益削弱了转型的动力，中国很难充分利用清洁技术、可再生能源等科技投资密集型环境与可持续发展项目的研究成果。

中国在太阳能和风能、循环经济、绿色经济以及绿色增长等领域取得的巨大成就为其他国家提供了很好的借鉴。与10年前相比，中国已经逐步走上了一条环境、能源和绿色基础设施的创新之路，但是成本很高，而且还需要更迅速地实现科技成

---

① Scherr S J , Bennett, M.T. 2011.*Buyer, Regulator, And Enabler—The Government's Role in Ecosystem Services Markets: International Lessons Learned for Payments for Ecological Services in The People's Republic of China.* Asian Development Bank. http://www.greengrowthknowledge.org/sites/default/files/downloads/resource/adb-buyer-regulator-enabler.pdf .

② Xi Jinping. 2014. *The Governance of China.* Foreign Language Press. http://www.china.org.cn/arts/2014-09/28/content_33640716.htm .

③ http://www.unesco.org/new/fileadmin/MULTIMEDIA/HQ/SC/pdf/Changbaishan_BR_GLOCHAMOST-2011.pdf .

果的商业化。目前通过各种专项资金开展的科研项目中大约有一半涉及环境与可持续发展，这很了不起。但是从实验室到试验场，再到全社会推广，这条路并不是一帆风顺的。氢能经济就是一个国际案例，此外，中国和其他国家对于电动汽车的接纳和采用情况也很好地表明了这一过程可能远比预期的要长。

造成这种现象的部分原因是激励机制和组织结构的扭曲。中国继续依靠煤炭发电就是一个实例，复杂的煤炭定价问题、建立智能电网优化风能和太阳能的传输所面临的困难以及各种制度问题都延缓了摆脱煤炭作为主要能源的工作进展。煤炭使用峰值可能很快到来，也可能推迟10年或更长，这主要取决于替代能源问题的解决速度以及能否制订更严格的需求削减计划。

科技发展带来了快速实现新型绿色经济的重大机遇，这一新型经济将更加依赖数字革命，更加强调高附加值的经济活动，同时极大地减少了制造业和服务业的能源和材料使用。同理，即将到来的中国农业革命必须摒弃过量使用化肥和水资源的传统模式。

问题7：寻求环境可持续的消费模式

为应对当前国内消费扩大的趋势，中国需要付出更大的努力避免不可持续消费模式的出现，对城市居民更是如此。

中国刺激国内消费增长从战略经济角度来看无可厚非，但是预期消费能在多大程度上促进绿色转型、是否可以被认定为可持续消费尚不明朗。被《濒危野生动植物物种国际贸易公约》明令禁止的野生动物制品（如象牙和犀牛角等）加速流入中国与财富水平的提高有一定关系。中国人饮食习惯的改变，如对肉食的需求增加，带来对农业土地和水资源的需求增加，也引发对国内外环境的污染和其他环境影响。中国人境内和境外旅游数量的快速增长也对旅游目的地和其他自然保护地承载能力施加了更大的压力，并带来其他与旅游相关的问题（例如温室气体排放），因为关于出行的碳抵消计划在中国和其他国家还很不成熟。

关于高尔夫球场和滑雪场的土地和水资源消耗、拥有多套住房等高消费生活方式的问题争议很大。然而，现存政策未能得到全面实施，甚至在某种程度上无法实施。预计在未来的10年或更长时间里，中国将有可能像一些西方国家一样，不得不面临由高收入群体带来的过度消费问题。

中国人对汽车的热爱程度一点也不逊于其他许多国家。很多大城市已经被机动车占领。尽管人们普遍认识到机动车带来的环境与能源使用问题，但是这些问题并没有得到全面重视，在严格控制汽车的购买使用、采用先进燃料和污染控制系统方面做得还不够。当然，最终这些目标都会实现，但是却比期望的来得晚很多。

近年来中国在对绿色市场供应链的理解和采用方面取得了长足的进步。其中一个很好的实例就是天津努力开发以环境规划为标准的金融商务区，如便利的公交系统，并确保建筑物设计施工材料都是由绿色市场供应链提供的。在深圳也可以看到与此类似的令人振奋的尝试。但是这些案例还都是个案，尚未形成惯例。

总而言之，国内实现可持续消费面临着巨大的挑战，并有可能成为中国走向绿色发展和生态文明的最大压力。

（四）监管和激励机制

问题 8：建立生态文明的法律基础

仅仅一项环保法尚不能满足建设生态文明法律基础的需要，也不足以为环境管理相关的市场改革提供强有力的法律依据。新修订的环保法是现代环境治理的一个良好开端。

经过 5 年多的协商，2014 年初全国人大通过了环保法修正案。新的环保法就像一个楔子，撬动了污染者环境观念的转变，促使政府工作更加透明，并且提供包括法庭在内的各种渠道从而让公众在环境问题上发出更大声音。为此，可能需要花些时间制定相关后续法规。在今后一个相当短的时期，比如 3 ～ 5 年内，还应该对环保法进行进一步修订，这是因为很多关键事宜尚未达成共识。

针对重点行业的环境立法改革进展缓慢，这很可能阻碍整体进展的实现。新环保法这一楔子已经就位，但是大部分环境问题都同时涉及水、土壤、工业、能源、城乡发展等其他法律。除此之外，财政部等中央机关在绿色税收和排放交易等方面担当重要角色。司法行政的改革正通过现有法院体系开展，但是脚步还没有达到预期的速度。尽管目前可以设定有实质意义的罚款额度，但是仍缺乏行之有效的执法政策。

在更广泛意义上的一个重要问题是确定法律依据，巩固生态文明建设的新举措。这些法律依据的主要是目的是为生态文明建设新举措提供支持保障，还是应该包括规制或惩治手段？如何使这些法律依据与现有经济、社会和环境法律法规以及市场机制相关联？也许起点应该放在界定大多数现有相关法律上，并依照生态文明标准和要求对它们进行检验，然后考虑是否有必要对现行法律加以改革，或是否需要制定新的法律。

实际情况可能是，与其制定很多新的法律法规，不如将重点放在充分利用现有法律法规上面，强化执法，改善法院的审判能力，使其能够审判新环保法赋予部门、个人和组织机构权利提交诉讼的案件。在缺乏法制环境的前提下，生态文明不可能成为一个可操作的概念。

问题 9：发展面向绿色转型的金融体系

对成功实现生态文明建设所需的投资水平与能力还缺乏足够的理解，资金来源也没有得到全面落实。

本报告前面的章节曾提到，环境与可持续发展的投融资正受到各方的关注。部分原因是需要为应对气候变化适应和减缓寻求大量资金的支持。然而，随着城市的迅速扩张，提高生活质量所需的基础设施建设以及涉及能源、农业和交通领域的绿色转型都需要大量的资金——全球可能需要数万亿美元的资金，特别是发展中国家。

中国比很多国家都幸运，部分原因是过去几十年的投资为迎接今后更大的挑战提前奠定了基础。但是，中国想要每年筹集大约 2 500 亿美元的投资来满足绿色发展的需要仍然较为困难。国务院发展研究中心（DRC）和国际可持续发展研究院（IISD）正在研究金融体系的现行能力，破解绿色经济的金融需求，以及如何通过创新提供支持。该报告的初步结论指出中国在这方面还处于起步阶段[①]。在绿色发展的一些主要方面取得可喜进展的同时，在中国和其他国家，绿色金融资金流远远低于所需的水平，而碳密集和自然资源密集的投资仍在继续增长。

进一步来说，在中国：① 对于绿色金融体系，包括定义、标准、机构、政策及其在特定背景下可能引起的连锁反应，尚无全面理解；② 发展绿色金融体系的政策在地方和国家层面上可能很先进，但是在区域和国际层面上仍需要进一步加以制定；③ 目前机构建设、个人与组织机构的竞争力仍然不足，因此需要得到大幅提升，以便有效地优化绿色金融体系。所有这些问题在其他国家也曾出现，因此中国不是特例。

使中国与众不同的是未来可能出现的大规模行动。中国非常有可能成为世界上最大的绿色发展投资者。这不仅仅因为中国是个大国，也因为中国快速的绿色城市化以及绿色能源和交通网络的发展对基础设施建设提出了更大的需求。另外，中国

① http://www.iisd.org/pdf/2014/greening china financial system_en.pdf .

也在考虑加大对清洁技术和其他新兴绿色工业发展的投资。

走生态文明转型道路，可能成本高昂，也可能物美价廉，这将部分取决于核算方法，特别是生态服务价值的核算方法。健康的生态环境与经济的关系可以保护和增强生态服务功能，进而最终促进人类健康和生态系统生产力。毫无疑问，金融投资必须有益于经济，因此，原来仅被算作附带成本的生态投入在未来应当能够为社会以及个体和机构投资者带来潜在的收益。这也是绿色债券的前提。

今后 10 年，生态文明的实施途径将会日渐清晰，各种为低碳行动和现代手段解决环境与发展问题提供资金支持的试验也会得出明确的结果。危险的是，如果创新失败，那么传统的高能耗、高耗材的经济模式将再次在中国和其他国家占据主导地位。中国不可能独立完成创新这项任务。投资和贸易政策非常重要，要确保新技术不被不合理的壁垒排除在市场之外。国际融资机制和国际合作是绿色发展的重要伙伴，毫无疑问，也是中国生态文明成功的重要支撑。

问题 10: 缩短绿色转型时间表

目前的绿色转型时间架构比预期的要长，必须在保证其有效性的前提下加速实施。

中国正步入 2020 年实现小康社会目标的最后阶段。一个社会的真正繁荣显然依赖于环境目标、经济目标以及其他发展目标的齐头并进，而如同本报告中所探讨的，中国尚未达到这一程度。尤其是环保转型，它要比社会或经济转型都更难实现。

在未来，大幅缩短绿色转型时间至关重要。考虑到目前中国经济的整体规模和复杂程度，单纯依靠降低经济增长率可能不会有太大帮助。与小型经济体的高速增长相比，中国经济逐年增长的速度即使保持在一个相对较低的水平，依然会给环境带来相当大的损害。尽管这种损害可以通过污染减排和能源强度降低来适当缓解，但如果我们不能快速做出反应，环境损害会产生累积效应，同时也存在滞后和再合成效应（$PM_{2.5}$ 就是再合成效应的一个例子）。如果绿色转型能在 5 年内加速实现，而不是花费 10 年或者更长时间，那么其效益会给改善环境滞后于经济的现状带来一线希望。

这一问题的另外一个关注点是亟须实现中国城镇化的快速绿色转型。中国城镇化预计将在未来 10 ～ 15 年达到顶峰。首先，应充分重视以环境为导向的空间和基础设施发展规划，使之与城市发展的所有其他方面、如能源消费以及降低钢铁与水泥等材料的使用等相契合。正像李克强总理以及其他高层领导人所期望的那样，此类规划必须和“以人为本”的需求紧密相连，因为城市规划必须紧紧围绕生活质量标准，并考虑经济和社会发展因素。面对这一千载难逢的机遇，生态城市以及其他好的城市发展模式能够以环境友好的方式为满足中国人口向城市转移和发展的高峰需求提供良好的基础。

总之，经济与发展绿色转型所需要的资源与能源使用峰值预计将在 2020—2030 年出现，而不是更晚的时候。①

六、结论

中国的经济增长常常超额完成目标，而环境管理却明显落后于经济增长。中国环境的累积负荷已经到达了临界点，形势之严峻以及修复之艰难已经充分显现。大气污染仅仅是未来几年可能爆发危机的环境问题之一。土壤和地下水污染形势可能更加严峻。气候变化效应还可能会导致其他环境临界点的到来。

鉴于对生态系统和人群健康损害的修复需要花很长的时间，中国政府能否能就这一问题获得公众信任将是一个严峻考验。因此，中国需要到达一个转折点，即让普通民众看到，尽管完全解决问题还需尚待时日，但环境问题正逐步得到有效解决。为设定和实现中国环境保护奋斗的转折点，特别要将“向污染宣战”转化成一项长期任务。多数情况下，要实现这样的目标可能需要远超过 2020 年的时间节点。

中国政府近期的一系列举措，如深化改革、根治腐败、推进生态文明、实施生态红线以及重新修订环保法等，已为中国未来的环境与发展奠定了坚实的基础，尚缺乏的就是一个清晰的绿色发展中期战略。如同下文将要论述的，中国当前正面临着制定和实施这一绿色转型战略的巨大的窗口机遇期。可喜的是，中国目前的政策走向以及公众和政府对改革的关注都为构建可持续的未来创造了一扇明亮的机遇之窗。中国可以起到表率作用，为全球绿色增长作出重要贡献。

（一）绿色转型战略

绿色转型战略的时间跨度应涵盖 2015—2030 年这一段时期。虽然通过“十三五”的最后冲刺可以实现中等小康的目标，但是真正的环保“长跑”才刚刚开始，至少

---

① 例如 Fergus Green and Nicholas Stern. 2014. *An Innovative and Sustainable Growth Path for China: A Critical Decade*. http://www.cccep.ac.uk/Publications/Policy/docs/An-innovative-and-sustainable-growth-plan-for-China-a-critical-decade.pdf .

需要 3 个五年计划才能完成。中国目前在这一时间尺度上还缺乏与环境相关的目标和行动计划。

中国需要加快速度尽早使煤炭和石油用量在这一时间段内达到峰值，这实际上是实现工业、生态城镇化以及可持续消费绿色发展结构转型的重要一环。未来 15 年也是充分利用绿色技术优势造就中国新型绿色经济形态的重要时期。

（二）改革的步伐

环保工作的进展必须跟上其他方面快速推进的改革的步伐。虽然在这一点上大家都有共识，但是过去 10 年来并没有真正做到，这是全世界都存在的问题。生态负债正在迅速地积累，不可持续的发展模式仍在大行其道。

最重要的一点是要认清市场机制改革是环保制度创新改革的重要组成部分。需要进行资源定价政策、绿色税收和补贴机制的改革。诸如城市基础设施的绿色债券、全面推行国家排放交易体系等创新机制也是改革的重点。

（三）金融投资

未来一段时期内，环保投资的增长速度应该跟上或超过经济增长速度。一方面，环保投资需要解决过去快速经济发展带来的生态欠债和环保投入的不足；另一方面，更重要的是需要遏制环境的继续恶化趋势，确保城市基础设施领域大量的投资能够符合最佳环境实践的要求。

绿色转型将需要花费巨大的成本，这些成本可以由政府和企业共同承担，而且这一成本很可能远远小于环境继续退化的成本。绿色经济产生的经济效益以及绿色发展带来的社会效益将共同推进生态文明建设。环保的投入至少需要上升到占 GDP 的 3%。相比之下，最近一项对气候变化影响给中国造成成本的估算表明，这一成本占中国 GDP 的大约 12%，这一比例在所有大国中排名最高。[①]

我们需要建立一套多样化的绿色融资机制，包括：向绿色税收体系转变，将收缴资金投入环境改善事业；发行基础设施绿色债券，特别是对于那些可以通过收费回收成本的项目；加速实施碳排放交易体系；基于污染者付费原则设立专项基金，

① Global Commission on Economy and Climate. 2014. *Better Growth Better Climate.* http://newclimateeconomy.report/#; http://www.economist.com/news/briefing/21618682-policies-slow-down-warming-may-be-more-attractive-if-framed-ways-speeding-up-growth-try .

以解决污染场地修复等环境问题；取消涉及导致“绿地”丧失和填海造地的城市土地交易权限；构建新型环保公私合作模式。

（四）绿色市场供应链

要想通过促进国内消费释放环境红利，中国需要一个不同的消费文化。城市可以塑造或打破这一绿色转型的要素。天津新金融区建设中采用了绿色采购的做法，这为我们提供了一个市政府和公共资金项目消费的重要案例。

对于普通市民来说，还缺乏一个值得信赖的绿色产品认证体系和相关信息来帮助他们在购买产品时做出有利于环保的决策，包括选择电器、家具、建筑材料（如油漆）以及食品（如棕榈油）。他们需要具备绿色采购习惯的意识，也需要区分绿色产品与环境损害型产品的信息，并且需要能够便利地以适当的价格购买合适的产品。

绿色供应链大多涉及国际范围，并且超出了简单的零售环节，包括了从原材料的采购、制造到用后回收的整个产品生命周期。

环境可持续消费对于贸易竞争力来说也很重要。绿色市场供应链应该被纳入中国正在建立的新型贸易体系。尤其是重启通往中亚和欧洲的“新丝绸之路经济带”和通过亚洲其他国家、中东和非洲的“海上丝绸之路”这一宏伟目标为推进可持续发展实践提供了一个特殊的机遇。这将可能成为中国在国际上推广生态文明理念的一个有效途径。

（五）贯彻执行现代化的法律法规

需要加强实施环境与发展现代化法律法规、保证司法公正的能力。必须尽可能迅速、有效地应对地方（特别是省级）法治的薄弱环节和影响环境的腐败行为。只有采取这些措施，才能保证公众发挥良好的监督作用。强有力的环境规划和管理法律法规需要设定标准，建立长期的监测，改善数据分析以及采用便于理解的方式将结果进行公开。虽然这些方面已经有所改善，但有关问题尚未得到足够的重视。

（六）保护生态用地和强化区域管理

中国充分认识到了保护生态系统服务功能的必要性，因此生态红线概念的提出是在过去几十年保护区建设成就的基础上又前进了一大步。然而这一新的举措可能会引发那些致力于保护生态脆弱地区的人们与那些想开展其他开发活动的人们之间的争论。中国有大面积的国土仍被划为荒地，可以用于几乎任何经济和社会用途。事实上，所有的土地都被广义地赋予一定的生态服务功能。因此，有必要废除“荒地”这一概念。如果土地还没有被划作农业或其他限制使用的用地类型，那么就应考虑将其划为生态用地，然后将极其重要的生态用地划为生态红线保护地区。

采用区域性的环境管理方法是实现生态文明最重要的创新之一。中国应该在很多问题上朝着这个方向努力，包括现有的《大气污染防治行动计划》和即将实施的其他行动计划、流域管理、海岸带和亚区域海洋规划和管理、生态补偿，以及具体的中西部发展问题。

现在应该将整个中国东部作为一个整体开展环境管理。针对整个东部地区进行统一的规划（如考虑新项目的区域大气污染影响），采用综合的手段进行经济和能源结构调整，推进城市化和交通发展，构建区域联合执法机制。应当建立综合的基础科学研究和监测体系，以满足国家和省级层面对于区域信息的需求。

（七）环保制度创新

制度改革需要战略转型，其中包括建立政府、市场和社会之间的现代化的关系，形成多元共治的治理体系；对环境问题实施统一监督管理；通过环境审计深化政府环保责任制。在所有这些方面中，应该高度重视社会治理，并对所有国务院机构的职责进行梳理，确保其具有充足的能力储备，以解决实现生态文明和应对绿色转型的优先问题。

长期以来，由于制度设计和机构能力，或者由于为经济利益所笼罩，腐败行为以及过时的方法等，环境保护和行政管理一直处于弱化的位置。环保工作缺乏足够的权威性，面临着来自各个部门和地方政府的阻力。生态文明建设对现有的环境管理体制提出了更高的要求，需要在高层建立一个长期的协调机制，才能实现环保工作的统一监管。

在国家和省级层面，应该将分散在各个部分和机构中的污染防治职能整合到强化的环境管理部门之中，增强环保部门的权威性，配备足够的人力、财力来成功领导“向污染宣战”工作和其他迫切的环保行动。其中一个优先领域就是加强环境影响评价程序管理，使其不受腐败行为的影响，侧重针对政策和主要规划的战略环境评价。

这一强化体系应该能够根据环境审计结果对官员的环境责任做出公正的判断，一方面衡量环境目标的实现情况，另一方面评估官员的个人绩效表现。审计结果应该基于经过独立验证的信息，并使用已经过实践检验的国际审计方法得出。审计结果除了要上报有关政府部门和党委之外，还应该提交给人大，并向公众公开。

（八）中国环境与发展展望

目前政府公布的信息范围较窄，尤其是关于某些污染物和绿色转型最新实践的信息不足。而且，政府公布的信息对公众来说有时不一定充足和易懂。编制《中国环境与发展展望》（以下简称《展望》）应该能够为实现生态文明的进程提供一份清晰的图景。这需要审视现有指标体系的不足，制定一套更加完善的指标体系。为了提供更加可信的信息，需要提高环境监测和分析的质量。现在比以前有更多的技术手段可以帮助实现这些目标，尤其是现代科技在精细尺度的空间规划和管理信息技术方面已经取得了惊人进步。一个好的《展望》需要依赖模型预测和情景分析相结合的方法，而中国目前在生态文明相关领域的模型预测和情景分析尚未完全开展，有待进一步全面、细致地审视环境与经济发展的关系。

国合会 2014 年年会给中国政府的政策建议

国合会 2014 年年会（第五届第三次年会）于 12 月 1—3 日在北京举行，会议主题是“绿色发展的管理制度创新”。

一年来，国合会委员非常关注中国全面深化改革进程，注意到在政府简政放权、户籍制度和人口生育政策等方面改革的显著进展。结合 2014 年 10 月召开的十八届四中全会所作出的决定，委员们认为，“全面深化改革”和“依法治国”方略构成了中国实现中国梦和推进生态文明建设的正确路径和制度保障。

在环境与发展领域，中国政府在 2014 年中取得的成绩给委员们也留下了深刻的印象。例如，经济增速始终保持在合理区间，就业稳步增加，结构调整和释放市场活力政策正在发挥较大作用。发布了中国史上最严的新《环境保护法》，大气行动计划取得初步成效，“十二五”规划中的约束性环境指标按计划推进。确定了新型城镇化的国家战略。

亚太经济合作组织领导人会议的成功举办，一方面彰显了中国政府以更积极的态度融入到全球治理中，在地区和全球经济社会发展中发挥更为重要的作用；另一方面，有效的大气质量保障行动说明，中国近年来治理污染策略和措施的方向是正确的，只要加大实施力度，就会有明显成效。委员们还特别注意到，APEC 北京宣言充分反映了绿色、循环、低碳发展和绿色供应链的内容，中美对温室气体减排的承诺，这些都是国合会长期坚持研究并向中国政府持续建议的议题。委员们很高兴看到这些建议最终被付诸行动。

委员们确信，过去十几年来，中国政府一直沿着绿色转型的方向和道路不断探索和努力，并有所建树。但总体上，中国绿色转型的进展慢于预期，仍处于负重爬坡阶段，正面临一个不同以往的内外双重复杂形势，充满巨大挑战。从国际环境与发展形势看，世界经济复苏乏力、国际政治新秩序尚在孕育和重构，2015 年后发展议程和可持续发展目标达成困难重重。从国内形势看，中国正处于一个艰难的攻坚时期，集中了增长速度换挡、结构调整、消化前期刺激政策、社会矛盾凸显、资源环境约束趋紧等多重矛盾和挑战。上述这些问题交织叠加，构成了中国环境与发展的新常态特征。

在这种新常态背后，中国环境保护滞后于经济社会发展的问题始终没有得到解决，一些环境问题的累积已接近临界状态，一旦爆发危害极大，近两年出现的雾霾就极具代表性，水和土壤污染、生态服务功能损害等也有类似趋势。如果这些问题得不到及时有效的解决，将可能成为中国实现全面建成小康社会的关键性阻碍和风险。但同时这种临界状态也意味着，中国政府只要不断强化解决问题的政治意愿，坚持深化全面改革的方向，加大依法严格保护环境的力度，中国就能从环境污染临界状态走向环境质量全面改善的转折点，而且目前是最关键的时期，也是最佳的时间窗口。

我们强调未来 15 年是绿色转型战略实施的关键阶段，因为它是实现 2030 年发展目标的过渡阶段，同时也是主要基础设施和城镇化完成的关键时期。更重要的是，这也是“向污染宣战”、生态服务和生物多样性保护、减缓气候变化风险领域可能取得重大成就的一个时间段。如果错过了这个环境保护的窗口机遇期，那么长期的繁荣将难以得到保障。

经过这一时间段的努力，我们认为中国将能够到达“向污染宣战”（尤其是大气污染防治）的转折点，促进调整以化石能源为主体的能源结构，落实生态红线制度，实现生态服务和生物多样性保护的显著改善，以及正在研发的环境技术在 2020—2030 年得到全面推广。未来 15 年的环保成就取决于中国绿色城镇化、市场手段在环境保护中的应用以及环境可持续的经济发展模式的形成。

根据中国环境与发展的新常态，国合会将 2014 年的主题确定为“面向绿色转型的管理制度创新”。围绕主题，设置了生态文明建设背景下的环境保护制度体系创新、中国绿色转型进程评估与展望两个课题组，同时开展了 4 个专题政策研究，包括：大气污染防治行动计划绩效评估与区域协调机制、基于生态文明理念的城镇化发展模式与制度、生态保护红线制度创新、政府环境审计制度。

2015 年是中国“十二五”规划期的最后一年，也是谋划“十三五”规划的关键之年，对此，国合会给予高度关注。基于课题研究以及年会讨论结果，国合会给中国政府的建议包括两个方面，一是“十三五”中国环境与发展的总体思路，即政策建议一；二是“十三五”中国环境与发展制度创新的重点领域，即政策建议二至六。

一、中国政府应要抓住“十三五”窗口机遇期，全面深化改革，依法严格实施，加快绿色转型进程

（一）决策者要增强危机意识，树立最佳窗口机遇期观念

一方面，2016—2020 年是中国进入实现全面小康社会目标的最后一个五年规划期，工业化进入中后期，城镇化进入快速发展期，经济增速进入换挡期，结构调整进入攻坚期，生态环境状况又不断显示正处在高度危险的临界期；另一方面，中国政府过去十多年推动转型发展的实践已积累了较丰富的经验与教训，全面深化改革和依法治国明确了转型发展的路径和制度保障。因此，对于即将到来的“十三五”时期，中国的各级决策者必须既要具备“解决不了危机就会带来更大危机”的强烈忧患意识，又要树立“抓住最佳窗口机遇期就能迎来全面向好”的坚定信心。特别是在经济新常态下，要更加重视环境保护，在经济增速换挡期不但不能放松环境保护的要求，而且要强化相关目标，倒逼经济绿色转型。

（二）将国家五年“国民经济和社会发展规划”名称改为“国民经济、社会与环境发展规划”

环境保护长期滞后于经济发展是造成中国严重环境问题的重要原因，修改政府五年规划的名称，确保更明确的信号和实质内容支撑两者的并重，使新修订的《环境保护法》中关于“使经济社会发展与环境保护相协调”的规定落到实处。中国共产党第十八次代表大会提出，生态文明建设要全面融入经济、政治、社会和文化建设、，使“五大建设”成为有机的整体，修改五年规划名称就是这一要求的具体落实。在规划中单独设立“生态文明建设”专章，强化生态环境保护内容，明确生态环境质量改善和保障公众健康等目标。

（三）制定推动绿色转型发展的长期路线图

中国的绿色转型有其国情的特殊性和巨大的复杂性。与工业化国家相比，中国的绿色转型与经济社会转型相重叠，尽管资源环境问题是加剧经济社会转型的一个原因，但保护资源环境为促进经济社会转型提供了机会和手段，复杂性和艰巨性程度很高。所以，中国的发展转型是经济社会与资源环境的综合转型，绿色转型的任务就是使常规经济社会转型的进程绿色化，必然是一个较长的过程，抓好最佳窗口机遇期，还应该制定出未来 10 ～ 20 年的绿色转型路线图，包括大气、水、土壤等环境质量改善的路线图和时间表，确保 2030 年前后或更早实现二氧化碳排放达到峰值，尽早迎来环境质量全面改善的转折点。

（四）加快生态文明体制建设和生态环保体制改革进程，提高环境治理能力

按照十八届三中全会对全面深化改革的全面部署，中国政府应加快生态文明体制建设和生态环保体制改革的进程，力争尽早取得突破。相关体制改革的重点包括四个方面。

一是构建生态文明建设高层领导和协调机制，负责国家生态文明建设总体战略、规划、目标和政策设计，协调中央各个部门的力量，形成合力。例如，成立中央生态文明建设领导小组，设立国务院环境保护委员会。

二是按照生态系统管理方式，科学界定自然资源开发利用监管与生态环保监管的职能界限，建立职能科学、结构优化、权责统一、运行高效的生态环保管理体制。整合各部门污染防治职能，对所有污染源、污染物和环境介质实施统一监管；在生态保护领域，优先解决生物多样性保护与自然保护区管理等方面的职能分散交叉问题，强化统一监管的手段，确保自然资源开发管理职能与生态环境保护监管职能相分离。

三是强化环保统一监管职能和独立执法权力，提高执行力。加强对地方履行环境保护职责的国家监察职能，将环境质量作为地方政府政绩考核的硬约束。建立对国家相关部门履行生态文明建设与环境保护职责的协调、评估和监督机制和手段，组织第三方对有关部门履职情况进行评估，结果公开。强化生态文明与环境法治中立法、执法、司法、守法及保障体系，提升基层环境监管的能力建设，提高执行力。

四是按照“五位一体”的要求，对经济、社会和文化等领域提出生态环境保护

改革的具体要求，创新促进环境与经济社会协调发展的深层次制度。

（五）环境与发展领域的制度创新应取得突破性进展

中国政府应抓好以下几个领域的制度和政策创新：一是在经济领域，落实面向绿色转型的市场化改革及经济结构调整，矫正环境、能源与发展之间的关系；二是在环境保护领域，全面创新环境保护制度，促进环境治理体系现代化，提高环境治理能力；三是加快新型城镇化战略的实施，探索基于生态文明理念的城镇化模式，制定具体的政策方案，抓好落实；四是创新区域大气污染防治机制，加强温室气体和大气污染物的协同减排；五是强化环境立法，尽快实施一些新的重要制度，如生态红线、环境审计等。

二、围绕生态文明建设目标总要求，改革创新环境保护制度体系

当前中国严峻的环境形势凸显出国家环境治理体系的缺陷，突出表现在环境治理制度不健全、不到位；环境治理体制不协调、不完整；环境治理机制不完善、不畅通，相互之间缺乏支撑、激励与约束。

究其根源，一是经济社会发展的阶段性，不断增加的“环境负债”在一定程度上支撑了经济的高速发展；二是在体制上，环保部门长期处于弱势地位，中央对地方政府环保工作监督缺乏体制上的安排，各部门之间环保职能配置不合理；三是在机制上，对党和政府决策者的监督考核体系中环保要求长期以来未得到应有重视，部分环保制度设计不合理，导致执法成本高、违法成本低的现象，基层环保执法缺乏强制手段，公众有序参与环保、维护自身权益和监督政府、企业遵守环保法规的机制尚未建立；四是在指导思想上，长期存在经济发展收益大于环境破坏成本、当前经济收益重于未来环境成本的错误思想。国家治理体系与治理能力现代化，要求不断完善制度，理顺体制和机制，用制度保护生态环境，以环保大部制和增强环保部门权威为总体改革方向，构建有利于环境质量改善的法律法规体系和经济体系，打造政府主导的“多元共治”环境治理模式，从而推进环境管理各领域的转型与制度创新。为此，建议：

（一）全面推动国家环境治理体系现代化，提高治理能力

1. 构建现代化的国家环境治理体系，大力提高国家环境治理能力

要根据制衡、公平和效率原则，建立国家环境保护法规制度、管理体制和运行机制有机结合、相互关联、共同作用的综合系统。形成有效的制衡机制，包括体制、机制和制度之间的制衡、各治理主体之间的监督、同一治理主体内部关系的平衡等；确保环境治理主体之间的公平、当代与后代之间的公平；同时提高环境、经济、社会和行政效率等。

一是提高与整个国家和公民利益密切相关的公共环境事务解决和治理能力，如环境服务和产品的生产与供给、环境资源的配置与协调、环境政策的制定与实施、国家环境安全的维护、国际环境问题的解决等；二是提高所有与环境相关的其他公共决策、市场化、社会化的管理和分配能力；三是提高与环境相关的社会教育水平、政治社会化程度、公众参与能力、社会认同和凝聚力等软实力。

2. 推动建立体现生态文明建设目标的环境法治体系

一是构建体现生态文明建设目标的法律体系。以生态文明建设目标要求为指向，修改环境保护领域的专项法，将生态文明建设中关于生态环境保护的要求以及相关配套的体制、机制和政策工具固化到法律文本中，体现强制性、严肃性和约束力。对民法、经济法、刑法、行政法等传统部门法进行“生态化”改造，将生态系统管理的基本准则贯穿于立法和修法全过程，注重立法质量，保障公民的环境权益和健康权力。二是大力推动环境司法，使之成为解决环境问题的重要途径和手段。改革和完善环境司法制度，强化环境司法实践，更多地使用环境司法途径解决环境纠纷问题。推动环境和司法部门之间的协调，为环境公益诉讼扫清程序、组织和技术等方面的障碍。加强环境法庭和环境法官队伍建设，提高环境司法实践能力。三是加强环境执法和监管。加强当前环境法规之间的统筹与协调，尽快制定新环境保护法相关条款的细则，确保新环保法实施取得预期效果。建立体现独立性、权威性和刚性的执法体系，探索环保和公安部门联合执法的联动机制，提高环境执法和监管的有效性。

3. 确保环境保护部门的权威、能力和资源与其监督管理职责及任务相匹配

一是落实环保法中环境保护主管部门“对全国环境保护工作实施统一监督管理”的规定，国务院制定相关行政法规，明确规定环保部门监督同级政府相关部门及下级政府环保工作的权责及工作程序，加强部门间协调。二是建立统一的环境信息平

台，实现可供公众获取的、及时准确的数据信息共享。建立环境保护部统一管理的国家环境质量监测网，向公众报告生态系统状况和环境质量，改革和完善环境统计制度。三是加大财政对环保科学研究、监测及信息化能力、监督执法能力的扶持力度，鼓励按市场机制由社会化方式提供各种环境服务。显著加强环保部门人力资源配置，提高执法人员素质，尽快做出环境管理执法人员尽职免责的司法解释。

（二）加强环境保护社会治理，形成多元共治格局

1. 优先制定落实公众参与、信息公开、环境诉讼的具体制度，借鉴国际上公众参与环保的经验和多方共治的模式

认真执行环境信息报告和公开制度，使环境保护制度在科学的基础上、在法律的约束下、在公开透明的条件中得到有效的执行。

2. 培育发挥环保组织的作用，营造有利于其发展的社会环境

应制定法规，保护社会组织的合法权益，规范其行为；建立有利于为社会组织提供公共和私人资金、有利于政府购买其服务的机制；建立对公益环保组织的社会考评制度。

3. 鼓励基层组织关注环境问题的治理

反映公众环境诉求，制定环境保护的社规民约，倡导绿色生活方式。吸收借鉴国际上公众参与环保的经验与模式。

4. 推进工商企业治理现代化

一是提高企业财务绩效和环境、社会绩效的透明度和可比性；二是逐步实施企业财务与非财务绩效综合报告的标准化制度；三是推动企业将气候变化和环境风险要素纳入其主要决策工具和进程。

（三）以提高效率、确保制度有效实施为目标，改革环境管理制度

1. 改革并继续实施污染物总量控制制度

研究制定包括主要污染物排放、煤炭消费、二氧化碳排放的全面总量控制制度。探索实施以环境容量为基础的区域性、流域性污染物总量控制制度和行业污染物总量控制制度。

2. 出台污染物排放许可制度相关法规和实施细则，将排污单位纳入统一监管

改革环境影响评价制度，废除“三同时制度”，做好与排污许可制度的衔接。

环境影响评价制度应重点用于战略、规划、政策和国家跨区域流域对生态环境有重大影响项目的评价。

3. 完善环境与健康相关制度

将环境污染健康风险评估纳入环境政策、标准的制定过程，建立风险管理机制，降低人群健康风险。健全环境公益诉讼制度，强化生态环境损害赔偿和责任追究。强化司法系统追究环境违法行为的责任和能力。

（四）建立有利于环境保护的激励机制

1. 尽快落实国家鼓励环境保护的各项财税、物价、金融等政策

中央财政带头确保环保投入资金增长率不低于财政收入增长率。设立专项环境污染治理基金为治理污染筹资。环境基础设施的建设运营鼓励公私合作模式，降低投资成本，提高运营绩效。

2. 抓紧建立企业环境信用评价体系

对以达标排放为基础、持续不断改进环境绩效的企业给予鼓励，为大量中小企业提供治理服务平台与贷款支持。积极推动行业、企业自愿追求良好环境绩效的行动。加强企业对“企业社会责任与环境信息公开透明”理念的培训。

3. 加快推进和完善生态补偿制度

坚持“谁污染谁付费，谁破坏谁赔偿，谁保护谁受益”的原则，调动地方政府特别是财政困难地区保护环境的积极性。

（五）实施政府和党政干部环境审计制度

强化政府环境审计和政府官员环境责任审计是落实各级政府和各类产污主体环境责任的一个主要着力点。中国已经建立了政府官员的经济责任审计制度，并一直积极推动规范经济责任审计中“资源环境审计”的内容，但总体上，中国各级审计机关在开展资源环境审计时仅重点关注资金、政策、管理、项目四个方面内容，还未充分体现出环境绩效审计的特征以及干部环境责任审计的内容。中国政府已在省市等不同层面开展了针对领导干部离任自然资源资产审计的试点活动，引入和实施政府环境审计制度包括政府官员环境审计制度的时机和条件已经具备。为此，建议：

1. 制定政府环境审计制度实施路线图

强化现有经济责任审计制度，明确环境审计内容，结合《大气污染防治行动计划》的实施，开展重点区域地方政府的环境审计。制定政府环境审计方法，建立独立的环境审计制度，明确各级地方政府、党政领导干部为环境审计的主要对象。强化政府环境审计的独立性、公开性和透明度，提高经济责任审计制度的绿色化程度，强化环境审计与资源审计的协调。探索建立人民代表大会下的政府环境与资源一体化的审计制度。

2. 建立和完善政府环境审计的相关法律法规基础

一是修改审计法、审计条例及相关审计准则体系，在条款内容上强调政府环境审计的重要性，明确政府环境审计的概念、分类、主体、对象等，完善环境审计结果公开相关管理办法。二是修改环境保护相关法律法规，增加环境审计相关内容；在出台的政府相关重要文件中，增加环境审计相关内容。三是审计署和环境保护部加强沟通协作，联合出台《关于开展政府环境审计的指导意见》，明确双方合作内容，实质性推进这项工作。

3. 加强政府环境审计技术规范体系建设

一是逐步研究建立政府专项环境审计、干部离任环境审计等不同类型政府环境审计的体系。二是编制政府环境审计准则、规范标准等技术体系。三是加强政府环境审计制度与其他相关制度的协调，包括与环境绩效评估、污染减排目标考核、地方党政领导环境绩效考核制度、领导干部经济责任审计、政府向同级人大报告制度、责任追究制度、环境信息公开制度、公众参与等制度之间的协调，形成合力，完善政府环境审计制度，提高环境审计制度实施的效率。

4. 加强政府环境审计的能力建设

一是加强各级政府审计部门环境审计职能、机构和人才队伍建设。二是提高政府环境审计的独立性和权威性，逐步完善和强化环境审计的工作体制机制。三是加强环境审计信息化建设和培训教育。四是启动政府环境审计试点。增加政府环境审计能力建设的资金投入。

三、创新经济绿色转型政策，实现经济结构再平衡

绿色转型的核心是中国经济的绿色转型，首要解决的问题是以传统粗放模式为基础的快速增长所带来的高能耗、高污染和高温室气体排放。从宏观经济学视角看，造成这些结果的原因和政策主要包括：一是投资—消费结构失衡；二是产业结构中

工业份额过大，服务业比重偏低；三是经济运行中采用的行政性政策较多，基于市场的激励性政策偏少；四是清洁能源使用的需求方政策和市场创造政策不足等。因此，中国经济要实现绿色转型，需要从“结构调整”和“路径选择”方面进行突破，特别是从能源消费入手。中美达成的温室气体减排目标提出，中国计划2030年二氧化碳排放达到峰值且将努力早日达峰，并计划到2030年非化石能源占一次能源消费比重提高到20%左右。实现这个目标需要更大力度的结构调整和经济改革措施。为此，建议：

（一）矫正以高投资—低消费和过度投资为特征的经济和产业结构失衡，实现再平衡

1. 将储蓄—投资—消费结构比例调整到适当的水平

在2020年之前，将消费 / GDP比重增加10%，以及相应减少投资 / GDP比率10%来实现经济结构再平衡；2020年后，根据新的情况再进一步调整相应比例，并大力鼓励可持续消费。

2. 调整政策，促进投资—消费结构的再平衡

推进财税体制、行政体制、户籍制度和社会保障制度等方面的改革，使政府支出结构合理化，减少过度投资，改善社会保障和公共服务。改善收入分配格局，缩小收入差距，使中、低收入居民的收入和消费能够较快提高。

3. 推动产业结构的绿色转型

适度降低重工业比重，大力推动服务业发展。取消对工业部门的一系列特殊优惠，实行同地同价、同电同价、同等条件同等利息、同等税率，消除因特惠政策导致的资源配置扭曲和低效率。

（二）改革资源税、资源价格，设立环境税，采取经济手段促进绿色转型

1. 改革资源税

根据资源级差，对石油征收10% ～ 15%的资源税，对进口石油征收同等税率的资源税。根据资源级差，对煤炭征收10% ～ 15%资源税，对进口煤炭征收同等税率资源税。天然气资源税税率继续保持5%。进口天然气免征资源税。设置水资源税目，根据资源级差，制定税率。资源税从价计征。

2. 改革消费税

扩大根据发动机排量实行的累进税率的级差。

3. 改革资源价格

除限额内居民用电和农业用电外，所有用电实行同电同价，提高到合理市场价格，不允许例外。根据用水的全成本制定各项用水价格。

4. 设立环境税

根据污染者付费原则对污染物排放单位征收环境税。

（三）实行能源消费总量控制目标，构建基于需求方的能源政策

1. 实行能源消费总量控制政策

到 2020 年，中国能源消费总量力争明显低于 48 亿吨标准煤，煤炭消费总量不超过 40 亿吨标准煤，并力争在 2030 年以前尽早实现二氧化碳排放达到峰值。

2. 确定能源结构调整战略目标

建议 2020 年前使煤炭比例明显下降，并控制石油增量。2025 年前后非化石能源增量高于化石能源；2030 年前后化石能源消费实现绝对量下降。

3. 构建基于需求方的可再生能源发展政策

运用强制性的法律法规推动可再生能源发电能力和使用；有效解决可再生能源发电的并网问题；综合利用税收和政策补贴手段降低可再生能源发电的成本；鼓励可再生能源技术在所有的工业与民用建筑以及汽车中的应用；创新商业模式，将政府资助的可再生能源项目转移到私人部门进行融资。通过促进可再生能源的利用以及需求侧管理等能效措施，应将非化石能源所占比重每年至少提高 0.7 个百分点，使之在 2030 年占到能源消费的 20% 以上。

4. 建立和实施能源消费指标交易系统

制定关于能源消费指标交易体系的标准或法规。建立灵活的质量控制目标系统，考虑不同地域的禀赋以及经济发展阶段不同，设定不同的能源消费总量控制目标，根据效率和公平标准设置不同地域的能源消费交易配额；在总结试点经验、统筹碳交易和节能量交易的基础上，逐步在全国推开。

（四）构建绿色金融体系，为绿色转型提供金融支持

1. 研究成立中国绿色银行

以绿色债券为主要融资来源，考虑由政府作为发起人组建专业从事绿色投资的银行，充分发挥绿色债券的杠杆作用和专业评估能力的规模效益。

2. 完善财政贴息机制，鼓励绿色贷款

建议财政部门、发展改革委与银行监管部门和金融机构合作，制订一套科学、有效、便捷的针对绿色项目的贴息计划。

3. 建立绿色信贷体系

银行和评级公司在项目评估中引入环境风险因素，建立绿色信贷体系。建议强化银行对贷款的环境风险控制，减少绿色项目的融资成本。

4. 建立公益性的环境成本信息系统

建立基于自然资本负债概念的公共环境成本信息系统，为决策部门和全社会投资者提供依据。

5. 在若干领域实行强制性绿色保险

如石油和天然气开采、石油化工、钢铁、塑料等行业均强制投保。

6. 建立上市公司和发债企业的环境信息披露机制

国内的证券交易所应强制要求上市公司和发行债券的企业定期发布社会责任报告，披露其环境影响信息。

四、探索基于生态文明理念的城镇化发展模式

中国正在进行着规模巨大、快速变化且拥有短暂政策窗口期的城镇化进程。从生态文明角度来看，城镇化进程面临如下挑战：一是现有规划体系未能充分发挥资源环境管控作用，政府部门间缺乏政策协同；二是城镇化片面追求空间扩张和发展速度，导致不可持续的资源过度消耗；三是城市及周边自然和文化遗产的大量消失削弱了城市特质和吸引力，城市设计缺乏宜居性和人性化尺度。

城市是增长的引擎、创新发展模式的榜样和环境保护的领跑者，同时也是拥有高品质生活、繁荣和健康的地方。拥有这些特质的城市可以认为是好的城市，可以通过好的治理过程来构建好的城市。这些特质在一定程度上已经存在于中国的很多城市，但是需要得到加强，这样城市才可以在中国迈向生态文明的道路上承担更多

的责任。为此，建议：

（一）以综合性空间规划来诊断城镇化问题，制定城镇化发展目标与约束条件

1. 建立健全省、市两级空间管制体系

在省级层面建立基于整体生态安全和环境保护的空间管制制度；立足省级空间管制，制定特大城市地区和城镇密集地区的城乡一体化规划，确定城市增长边界，统筹生态空间、生产空间、生活空间布局。

2. 构建有利于环境与居民健康的城市布局

从城市规划、建设到管理各个方面都以人的健康为中心，保障公众健康工作和生活。以多中心和保护“绿心”的城镇群发展替代单个特大城市持续蔓延的模式，促进绿色交通发展。

3. 严格执行国家建设用地标准

对于超过国家人均城镇建设用地标准 30% 以上的城镇，由中央政府出台限制新增建设用地的相关政策。严控城镇空间不合理增长与无序蔓延，鼓励存量建设用地和旧建筑的再利用，确保城市扩张不会越过生态红线。

4. 立足多部门协作，推进区域协同治理和生态文明城镇化试点工作

将生态文明城镇化试点纳入现有的国家生态文明示范创建体系，重点对京津冀地区（针对大气污染和产业转型）、长三角地区（针对区域水环境污染和水资源配置）、珠三角地区（针对土壤污染和综合治理）开展区域协同治理试点；在城市层面选择试点，推进“生态文明的城镇化模式”示范工程。

（二）建立健康的财税体制和适应性的发展模式

1. 地方财政应逐步和土地开发与出让脱钩

实行以目标导向为分配原则的中央财政预算，建立地方财产税或城市开发建设其他税费，以替代现有的土地财政模式。

2. 更加关注城市应对气候变化的能力和其他城市环境类规划

建立适应气候变化风险评估框架以及相应的财政应急资金。

3. 通过发行绿色债券等方式鼓励社会资本参与

如绿色债券可投资公共交通、垃圾处理（管理）等绿色基础设施建设，并通过

使用者收费、租金和税收等方式偿还；建立长期有效的财税鼓励机制，降低城市生活对资源与能源的消耗，以及应对老龄化的挑战。

（三）落实以人为本、尊重生态系统、生态服务和绿色空间的城镇化

1. 加强对城市发展决策者（尤其是市长、书记）的培训教育

提高其绿色、低碳、循环发展方面的知识水平，建立奖惩考核机制。构建面向公众的生态文明宣传教育体系。

2. 城市设计应立足人的尺度

加强对自然与文化遗产的系统保护，增强居民的文化认同感；倡导“小规模、渐进式、多方参与”的更新方式，促进居民生活条件改善、业主获利，延续历史文脉和传统记忆。

3. 建立城市资源环境有效利用和生活质量等绿色发展监测和评估体系

监测可以为评估各个城市实现生态文明的进展提供支持。监测内容应该包括污染、极端气候灾害等信息。定期更新和发布未来对城市人口造成健康威胁的空气、水和土壤污染、气候变化影响和应对的预测结果，作为政府官员绩效考核的重要依据。省、市级有关法律法规中应当明确定义个人和社会组织的参与权，为社会治理的公众参与提供可靠的法律依据。

五、创新区域大气污染防治机制，切实遏制和扭转严重的大气污染局面

为改善空气质量和保护公众健康，中国政府于 2013 年出台了历史上最严格的大气污染治理措施——《大气污染防治行动计划》（“大气十条”）。针对京津冀地区控制预评估的案例分析表明，实施“大气十条”后京津冀地区 $PM_{2.5}$ 浓度降幅显著，但天津市和河北省仍存在达不到 2017 年浓度降低 25% 目标的风险。根据研究结果，为实现 2030 年重点城市空气质量达标，需要采取更加严格的控制力度。中国政府宣布了力争到 2030 年达到温室气体峰值的目标，这就需要更加注重大气污染和温室气体减排的协同控制。

缺乏区域协调是当前区域大气污染防治的一个突出问题。由于长期实施以 SO_2 和 NO_x 两项污染物总量减排为主的政府绩效考核，地方政府在一定程度上忽视了

辖区空气质量改善。同时，由于大气环境管理以城市为基本单元，区域内各城市在PM、VOCs等非总量控制因子的准入、控制、监测、监管、考核等方面不统一，制约了区域空气质量改善进程。现有区域协调机制较为松散，区域协作多停留在重污染天气的预警与应急联动，区域内各地方政府以及相关部门的交流与沟通也有待加强。为顺利实现“大气十条”减排目标，亟须开展多污染物、多污染源和多区域的协同控制，采用调整能源结构、提高能源效率、加强末端治理等全过程的控制措施。为此，建议：

（一）建立基于质量改善的大气污染防治管理模式

1. 确立空气质量达标的法律地位

应在《大气污染防治法》中明确规定实施以空气质量达标为核心的大气环境保护目标责任制和考核评价制度，明确相关制度措施实施的目标和方法。空气质量不达标地区的各级政府应在五年规划中制定空气质量明显改善的定量控制目标，作为约束性指标，并设定具体的达标时限。依照新《环境保护法》的精神，建立约束指标和责任追究制度，加大违法行为的惩治力度。

2. 采用科学的大气环境管理分区

在考虑大气污染特征时空分布规律、污染气象、地形因素、污染扩散和输送规律的基础上，以空气质量改善为核心，研究开发空气质量模型，进行科学的大气环境管理分区。在分区内通过统一的机构、法规和政策对空气质量实施统一管理。

3. 建立科学的大气污染防治绩效评估制度

建立“大气行动计划”实施的预评估、年度评估和终期评估制度。预评估指标应包括：$PM_{2.5}$浓度下降比例，重污染日减少天数；年度评估指标应包括：$PM_{2.5}$浓度下降比例，污染物减排、能效提高、能源结构调整等措施完成进度；终期评估指标应包括：$PM_{2.5}$浓度下降比例，重污染日减少天数，经济、产业、能源结构变化，人体健康等效益。

（二）完善区域大气污染联防联控机制

1. 制定统一的区域空气质量达标规划

针对污染严重的大气环境管理分区，从国家层面以区域空气质量整体达标为目标，提出区域内不同城市实现空气质量达标的时间表、分阶段空气质量改善目标及合理可行的控制方案。

2. 建立明确、统一、完整的区域大气污染防治管理机制

构建区域内统一的环境决策协商机制，推进区域大气环境管理关键信息共享，建立区域环境影响评价会商机制，完善区域联合执法机制，实施区域重污染天气应急联动。保障预警、应急信息及时传达给公众。

3. 建立区域决策支持和规划机构

充分利用国家及地方科技资源，成立由环境保护部等多部委资助的区域规划组织，组织开展区域大气污染成因溯源、传输转化、来源解析等基础性研究，筛选推荐先进适用的、区域共性的、工程化的大气污染治理技术。

（三）进一步强化大气污染防治政策

1. 推进煤炭清洁高效可持续利用，加速能源结构调整

将煤炭优先用于控制水平较好的电厂等大型燃烧设备，着力提高电厂、工业等高耗煤行业的煤炭利用效率，提高煤炭洗选比例，推广使用洁净煤技术。

实施煤炭总量控制，2030 年煤炭占总能源消费不超过 50%。加快清洁能源利用，2030 年天然气、核能、可再生能源（不包括生物质）占比应高于 30%。鼓励生物质清洁利用。

2. 完善机动车污染防治的经济激励政策

适时征收机动车燃油附加费，控制机动车使用强度，所收费用建立大气污染治理基金，专项用于各地公共交通等基础设施建设和大气污染防治。在燃油质量提高的前提下，实施最严格的车辆排放标准。通过财税手段促进老旧机动车和黄标车的淘汰。

3. 强化多源、多污染物的协同控制

坚持“协同”“综合”“联动”的战略思路，在控制对象上对 SO_2、NO_x、一次 $PM_{2.5}$、VOC、NH_3 等多污染物协同控制，在控制领域上对工业源、民用和农村面源、机动车和非道路机械综合控制，在控制策略上实现区域和城市之间的联防联控。推行充分体现区域特点的差异化大气污染防治策略。

六、实施国家生态保护红线制度

十八届三中全会决定明确提出要在中国实施生态保护红线制度。生态保护红线制度将对环境敏感地区、生物多样性保护栖息地以及需要生态恢复的地区提供长期的保护。国际经验表明，生态红线必须建立在精细的空间规划基础上，划定可操作的边界，制定适当保护和限制不当利用的激励措施，取得当地社区的理解并就红线保护区域达成共识。当前，中国各部门和地方已经开展了生态保护红线的有益探索和尝试。但总体上，生态保护红线制度在实践中仍面临众多挑战，主要包括生态红线概念与内涵的认识不统一，缺乏制度、部门、区域之间的协调机制，缺乏生态保护红线管护标准和制度等。为此，建议：

（一）将国家生态保护红线体系及相关制度纳入立法

1. 明确生态保护红线的内涵与体系构成

生态保护红线是指为维护国家、区域和地方生态系统和环境服务持续供给所必须严格保护的最小空间范围，必须能够确保关键生态系统功能的完整性，避免优先保护物种栖息地的破碎化。广义的界定包括生态功能红线、环境质量红线和资源利用红线；狭义的界定主要包括生态服务功能保障线、人居环境安全保障线和生物多样性保护线。需要进一步明确内涵与体系构成，尽快开展红线划定试点工作。

2. 将部分国土面积确定为国家生态保护红线

红线的划定应依据中国的生态问题、生态敏感性和生态系统服务重要性空间特征。这个生态红线总量将涵盖大部分（但可能不是全部）现有的保护区。

3. 在未来 3 ~ 5 年内通过生态保护红线立法

建议国务院尽快制定《生态保护红线管理办法》，对生态保护红线的定义与内涵、划定方法、管理体制等作出规定。

（二）完善陆地和海洋利用空间规划体系，明确划定生态保护红线

1. 完善土地利用规划分类体系

在现有的土地利用规划体系中，增设生态用地类型，形成包括农业用地、建设用地、生态用地与未利用地四个类型的新的土地利用规划分类体系。在国土规划、土地利用规划、城乡规划等空间规划中明确划定生态保护红线，从规划层面强化生态保护红线划定的重要地位。

2. 划定海洋生态保护红线

在协调海洋各类战略性规划的基础上，通过海洋生态功能区划和海洋其他空间规划，划定海洋生态保护红线，保护海洋保护区、重要河口生态系统、重要滨海湿地等具有重要保护价值的海域，维护海洋生态健康和生态安全。

（三）建立新的生态保护、监测和执法国家协调机制

成立自然生态保护管理机构，统一对中国自然保护区、国家公园、生态功能保护区等主要类型自然保护地进行管理，强化生态保护红线监管。具体职能包括制定国家生态保护战略与政策，统一管理国家自然保护地，制定国家生态保护红线规划与国家生态保护地规划，生态保护红线监督与报告，规划、组织区域重大生态建设与恢复工程，实施生态补偿机制等。

（四）完善自然保护地体系，建立生态保护红线分部门、分类、分级管理机制

1. 完善自然保护区体系

进一步明确和整合中国现有不同类型的保护区的功能定位与管理体制，建立由自然保护区、国家公园、风景名胜区、农业种质资源保护区、生态功能保护区等类型构成的自然保护地体系。

2. 建立生态保护红线分部门、分类、分级管理机制

统筹生态保护红线区域与自然保护地，将生态保护红线区域落实到自然保护地体系中，针对自然保护地体系中的生态保护红线区域实施统一协调和分类分级、分部门管理，实现生态保护红线区域的有效保护。

（五）以生态保护红线为基础，完善生态补偿制度和激励机制

以生态保护红线区为载体，综合考虑土地权属与利益相关者建立生态补偿长效机制，将生态补偿直接支付到生态保护红线区的土地所有者或经营者。以生态保护红线区为重点布局重大生态建设工程，促进退化生态系统恢复，增强生态保护红线区的生态服务功能，构筑生态安全格局。依据生态保护红线区面积及保护成效，完善生态转移支付政策，实现生态转移支付强度与生态保护红线区域面积和保护成效挂钩。

环境与社会①

——国合会 2013 年关注问题报告

2013 年是中国新一届政府的开局之年，正值实施国民经济和社会发展第十二个五年规划过半。各项指标表明，中国可以实现到 2020 年全面建成小康社会的 GDP 目标，届时中国的教育、部分健康和社会发展目标方面将得到较大改善，同时中国还将继续推动高速的城镇化进程。然而，尽管发展规划宏伟，但中国目前正面临着严重的环境挑战，2013 年在中国许多城市出现的雾霾天气就是其中之一。这同时也考验着政府部门的管理能力，不仅涉及中央也涉及地方政府。以灰霾为代表的严重环境污染问题有可能动摇发展规划的实施和成果，削弱公众的信心和对政府的信任，影响人民生活质量，降低社会发展所需的生态服务水平。

虽然中国在环境保护上的投入持续增加②，但仍不足以遏止恶化趋势，实现环境质量的持续改善。既有发展模式以及转型时期出现的新问题，也有气候变化和不断增加的国内消费压力等，为人们敲响新的警钟。特别需要注意的是，致力于实现自然环境与人类社会之间可持续关系的制度建设和管理方面的进展尚未跟上经济增长和发展的脚步。

中国在寻求环境和发展问题的解决方案方面已经取得了重要的技术上和管理上的进步，其中很多进步对于 2015—2030 年中期发展来说至关重要。但是更为重要的是，需要更进一步识别中国还需要开展哪些工作，才能在中国国内以及在其国际关系中构建自然环境与人类社会之间的和谐关系。

---

① 年度政策报告由国合会首席顾问阿瑟·汉森博士和沈国舫院士共同编写，编写工作得到了首席顾问支持专家组和其他专家的投入和支持。

② 环保进程的实例详见环保部发布的《2012 中国环境状况公报》和中国环境工作者协会。2012 中国环境年报

2012 年 11 月召开的中国共产党第十八次全国代表大会上，生态文明被写入大会报告，并写入新修订的党章，同时大会也要求加快环境改善行动的步伐①。在 2013 年 3 月全国人大期间政府换届过程中，这些观点得到再次强调。可以说，中国正处于走向可持续发展道路的重要十字路口。

如何才能使中国社会转变成为高度尊重自然和生态系统，并同时满足人类需求的社会。这是催生生态文明理念的根本性问题。生态文明建设已经与社会建设、经济建设、政治建设和文化建设一道成为中国最重要的政策领域。生态文明建设是中国未来发展前景的重要组成。这一广阔前景就是习近平总书记所倡导的“中国梦”，它是为中国全社会、特别是年轻一代确定的、走中国特色社会主义道路的民族复兴之梦。

根据中国问题观察家罗伯特·劳伦斯·库恩（Robert Lawrence Kuhn）的论述，中国梦“有四个部分：强大中国（经济、政治、外交、科学、军事）；文明中国（公平公正、文化繁荣、道德高尚）；和谐中国（不同人群和社会阶层之间的和睦）；美丽中国（健康环境、低污染）”②。另一个得到中国明显支持的观点来自非政府组织中美清洁能源合作组织（JUCCCE）③联合创始人刘佩琪（Peggy Liu），她强调了中国梦的可持续发展特性，她指出：

中国的中产阶级数量有望在 2025 年从现在的 3 亿人口增长到 8 亿人口，中国有可能从“中国制造”转移到“在中国消费”。中国梦走向成功必须选择健康和充实的生活方式——享受更多而不仅仅是拥有更多财富。中国梦倡导可持续的生活方式，而不一定是绿色，对于中国来说，没有时间采取渐进的方式。必须在新兴中产阶级形成西方中产阶级那样不可持续的生活习惯之前引导他们转向更加绿色的生活方式，中国的情况是独一无二的，因为政府可以通过地方政策推动人们行为的转变。“中国梦”可以为鼓舞全世界的可持续消费主义提供了一个新的繁荣模式。④

毋庸置疑，随着中国正转型为一个以消费者为主导的城市化社会，不断增加的中产阶级和居民通过社会媒体建立起了紧密的联系网络，新的需求和期望极大地改变了人们的行为习惯和价值观念。这些现象表明，尽管中国的经济正在发生结构性

---

① 见孟斯 2012. 共产党怎样“说”环保 . 中外对话 (https://www.chinadialogue.net/article/show/single/en/5339) 主要环境与发展词汇的解释，包括生态文明；另见国合会 2008 年关注问题报告《和谐社会的环境与发展》 pp.26.

② https://globalbalita.com/2013/06/12/what-exactly-is-the-china-dream/.

③ http://juccce.org/chinadream

④ 刘佩琪（Peggy Liu），英国卫报官网，2012 年 6 月 13 日。《中国梦：以可持续性为核心的生活方式运动》，http://www.theguardian.com/sustainable-business/china-dream-sustainable-living-

转变，但是社会的变革需要得到更多的关注。

回顾过去 20 年国合会对环境和经济之间关系的研究，尽管有些课题也提出了与社会相关的政策建议，比如环境决策需要公众参与等，但是我们发现专门针对社会与环境之间的联系进行深入研究尚显不足。因此，国合会适时地针对社会变革会如何影响环境进程，以及环境因素又将以何种方式如何影响社会发展与进步进行针对性的研究。

国合会 2013 年的课题研究了社会发展将如何促进环境保护、服务绿色发展并推进中国生态文明建设。这些研究也探讨了环境与社会关系的另一面，即：环境与发展关系的改善将会如何强化中国的社会发展以及相关事宜，如法制、人民健康和公民整体生活质量。这些研究包括两个课题组和三个专题政策研究：

- “环境保护与社会发展”课题组；
- “可持续消费与绿色发展”课题组；
- “促进中国绿色发展的媒体与公众参与政策”专题研究；
- “绿色发展中的企业社会责任”专题研究；
- “促进城市绿色出行”专题研究。

本关注问题报告紧扣 2013 年国合会年会“环境与社会”这一中心主题。关于这个主题，有众多的研究和著作，也存在很多意见相左的观点，其中包括：马尔萨斯人口增长论、“公地悲剧”、“环境库茨涅茨曲线”以及人类活动对气候变化的影响等观点。环境与社会的关系是很多学科以及跨学科领域的基础，包括环境伦理学、环境健康学、人类生态学、生态人类学、人文地理学等。在这方面有很多很有价值的著作①，包括环境历史方面的书籍②，其中很多都是关于中国和亚洲其他国家的著作③。但是，关于环境与社会的关系尚无统一的理论，也许以后也不会有，因

① 见 John Walsh，2007 年，*Encyclopedia of Environment and Society*.Sage Publications，5 Volume Set，第 2105 页；Paul Robbins、John Hintz 和 Sarah A. Moore。2010 年，Environment and Society: A Critical Introduction.Wiley-Blackwell，第 312 页；Stewart Barr，2008 年，Environment and Society: Citizens, Culture and Nature.Ashgate 关于环境政策与实践的研究。

② Jared Diamond，2005，Collapse: How Societies Choose to Fail or Succeed.Penguin Books， 第 575 页；A.W. Crosby，2004，Ecological Imperialism: The Biological Expansion of Europe,900-1900，（环境与历史研究），剑桥大学出版社，第 390 页；Clive Ponting，2007，A New Green History of the World: The Environment and the Collapse of Great Civilizations.Penguin Books，第 464 页。

③Mark .R.B. s，2011 年，China: Its Environment and History.Rowman& Littlefield，第 464 页；Bryan Tilt，2009 年，The Struggle for Sustainability in Rural China: Environmental Values and Civil Society. 哥伦比亚大学出版社，第 216 页；Mark Elvin，2006 年，The Retreat of the Elephants: An Environmental History of China. 耶鲁大学出版社，第 592 页；亚洲科学院协会（AASA），2011 年，《走向可持续发展的亚洲，文化视角》，Science Press Beijing and

为这一议题所涵盖的内容实在过于宽泛。

一、2013 年的国际形势

全球经济仍处于恢复期，对环境目标与承诺的放松与退缩似乎难以避免。但是，中国仍然在持续加大环保投入力度，不仅包括改善水环境和卫生设施，也包括对环境技术创新以及很多其他环境领域的投入。中国期望通过这些投入带动环境与经济的转型，使中国拥有未来竞争的优势地位和更好的环境状况。

尽管如此，自从 2013 年 1 月以来中国很多城市出现了严重的雾霾天气，引起了世界的关注，也引发了公众高度的关注以及中央政府的重视。国务院于 2013 年 9 月发布了针对大气污染防治的十项具体措施①。雾霾问题以及关于 $PM_{2.5}$ 危害的高度关注意识一定程度上超过了政府与公众之间信任的红线。这一问题成为中国面临严重环境挑战的一个典型事例，它正在影响着中国环境与发展事业的国际形象。

即使是在经济动荡的情况下，世界上很多地区仍表现出让人感到乐观的做法。在很多经合组织国家，伴随着新技术的成熟和进入多种行业，一场绿色革命正在悄然进行，涉及多种混合动力和电动汽车、海运减排、能接受更多可再生能源的电网、绿色建筑以及更多的生命周期内环境成本较低的消费品等诸多方面。在欧洲②和美国③，污染减排进程仍在继续。但是也有一些重要的例外。

国际上，温室气体减排仍无望得到突破性进展，采纳碳税和碳排放交易体系进展缓慢，问题重重④。经合组织秘书长指出，为尽快完成化石燃料零净排放的目标，必须加大力度制定碳定价政策。这一观点的提出与地球还要额外承载 20 亿～ 30 亿人口和保护全球生态环境直接相关。他还指出这也是各地环境影响的紧迫需求。由气候灾难和其他极端气候事件所造成的保险和社会成本的增加已经在一些国家发出了强烈信号。

Springer，第 93 页；Ma Jianbo，2013 年，《中国土地发展运动》，Lexington Books，第 267 页；Michael J. Hathaway，2013 年，Environmental Winds - Making the Global in Southwest China. 加州大学出版社，第 272 页。

① http://english.mep.gov.cn/News_service/infocus/201309/t20130924_260707.htm.

② EEA，2013 年，Towards a Green Economy in Europe – EU Environmental Policy Targets and Objectives 2010 – 2050. 欧盟环境局 http://www.eea.europa.eu/publications/towards-a-green-economy-in- europe.

③ http://science.house.gov/hearing/subcommittee-environment-state-environment-evaluating-progress-and- priorities.

④ OECD，2013 年，Climate and Carbon: Aligning Prices and Policies.http://www.oecd.org/environment/climate-carbon.htm.

全球来看，联合国后 2015 发展议程高级工作小组[①]的报告指出，国际社会在后 2015 年可持续发展议程的准备中应强调加大扶贫力度和采取包容性的可持续发展方式（特别是针对极度贫困地区），综合考虑环境、经济和社会因素以及可持续的消费和生产方式。这一总体方法也得到了 G20 优先发展重点的支持。另外，G20 相信，气候变化公约缔约方应该在 2015 年达成一份适用于所有缔约方的“具有法律效力”的协议[②]。绿色发展行动联盟已经开始将私营部门投资引入 G20 的活动[③]。

政府间气候变化委员会（IPCC）2013 年报告更加确定地对不采取足够行动情况下未来的发展路径提出了警告。[④]

二、中国处于一个新的时代，但历史遗留问题仍然存在

（一）生态文明、绿色发展与环境保护

生态文明是一个独具中国特色的理论，自从 2013 年进入主流政策讨论以来，已经吸引了相当多的国际关注。中国国内围绕生态文明这一主题已经进行了广泛的讨论，召开了各种重要的会议[⑤]，并且开展了相关的研究和示范活动。正如沈国舫院士所指出的[⑥]，生态文明一词有其“自身丰富和深刻的内涵”，是一个“中国政府真正的创新”，“对生态环境保护如此的高度重视是其他国家前所未有的”。生态文明的确是一个理想目标，但是事实上中国在研究如何实施以及如何衡量生态文明进展方面已经开展了大量的工作。生态文明可以被看作是最高层次的政策目标，而其思想观念和行动可以在社会的各个层面以及国家和地方各级政府中生根和践行。

---

① 《新型全球伙伴关系：利用可持续发展根除贫困转型经济》，http://www.post2015hlp.org/wp- content/uploads/2013/05/UN-Report.pdf.

② 圣彼得堡 G20 领导人峰会，2013 年 9 月 5-6 日，http://climate-l.iisd.org/news/g20-leaders-adopt- declaration-action-plan/.

③ http://www.weforum.org/reports/green-growth-action-alliance-progress-report-first-year-catalysing- private-investment

④ IPCC，2013 年 9 月，《气候变化 2013——自然科学基础》。http://www.ipcc.ch/report/ar5/wg1/#.UlSVDxaQsqg.

⑤ 一个突出的例子是 2013 年 7 月在贵阳举行的生态文明贵阳国际论坛年会。结合这次年会，国合会 2013 年圆桌会议同期也在贵阳召开。

⑥ 重视生态文明的英文翻译 . 国合会中方首席顾问，2012 年 12 月。

习近平主席在其讲话中给出了关于生态文明建设的重要论述。其中，最重要的是“经济发展决定人们的生活水平，生态环境决定人们的生存条件”。同时也提出了把握生态文明建设的根本要求。[①]

- 尊重自然、顺应自然、保护自然。
- 坚持保护优先方针，在保护中发展、在发展中保护。
- 要牢固树立生态红线的观念……形成划定并严守生态红线的完整方案，抓好组织实施。
- 探索环境保护新路……借鉴发达国家治理污染的经验教训……结合我国国情和发展阶段，用新理念、新思路、新方法来进行综合治理。
- 着力解决损害群众健康的突出环境问题……取得阶段性成果，逐步改善环境质量……做好打持久战的准备。
- 再也不能简单地以国内生产总值增长率来论英雄……要把资源消耗、环境损害、生态效益等体现生态文明建设状况的指标纳入经济社会发展评价体系，增加考核权重。
- 对那些不顾生态环境盲目决策、造成严重后果的人，必须追究其责任，而且应该终身追责。

值得称道的是生态文明理念迅速地进入中国的环境与发展领域。这为强化政策间的协调提供了契机，来自高层的政治关注也促使政府和社会认真对待这一理念。国内外普遍认为，生态文明是中国探索一条具有自己特色发展道路的一个重要机遇。

有两个层面的环境与发展行动将对生态文明目标的实现产生积极的促进作用[②]。一个层面是各种致力于推动中国绿色发展的部门行动和公共治理。这些行动与国际上的绿色发展、绿色增长和可持续发展密切相关。这需要中国在未来几十年中在投资方向、城镇化和农村发展方面付出巨大努力和实现根本性的转变。绿色发展是中国环境与国合会第五届工作的核心主题。

另一个与生态文明和绿色发展相关的层面是主导环境保护部门和其他政府机构行事日程的核心议题。目前，中国的很多工作需要针对区域大气、江河流域、城市群、产业部门和进一步改善生态服务保护等方面采取更加综合的手段。遏止生态环境的

---

① 环境保护部长周生贤发表于环境保护部网站上的体会。2013 年 9 月 2 日。走向生态文明新时代 ——学习习近平同志关于生态文明建设的重要论述 .http://english.mep.gov.cn/Ministers/Activities/201309/t20130917_260331.htm.

② 三个层次，生态文明、绿色发展、环境保护，强调了政策和实施行动的不同重点。具体详见 Arthur Hanson 撰写的短报告 . 2013 年 1 月 .《中国与生态文明》. 7 pp. 国合会。

恶化趋势，解决与土壤污染、海洋和海岸带发展相关的历史遗留问题以及其他迫切需要解决的问题是至关重要的。某些问题需要立即采取行动，例如，中国多地出现的区域性空气污染问题。中国探索环境保护新道路[①]的转型已经开始，但是在手段、能力以及实现目标所需资金方面仍然存在着不足。各种发展目标的不一致依然阻碍着环境保护工作的进展。

（二）中国正处于新型环境与社会关系的关键时期

中国社会已经处于能够在2020年或者提前实现“小康社会”经济和其他目标的阶段[②]。对于那些经济发展尚未达到这个程度的地区，预计其经济发展规模还将进一步扩大，GDP增幅还将延续沿海地区2008年前那样的高速增长态势。同时，一些生态系统脆弱的地区为迅速恶化的环境影响（如地下水枯竭、草场退化等）问题所困扰。但是，很多地方（如贵州、新疆和陕西等省）在恢复受损生态系统、通过旅游或其他产业创造新的生计方面开展了大量的工作，并取得了很好效果。

在相对富裕的省份，经济发展速度正在放缓，通常低于8%，但是其基数较5年前或10年前大了很多。从环境的角度看，仅是放慢经济增长速度仍可能无法实现可持续发展，因为环境问题的产生不仅与经济增速、总体规模有关，也与产业结构特别是消费增加和人们生活方式改变有关。所幸的是教育、医疗和其他社会发展方面的显著进步正在帮助改善经济发展的成效。然而，环境质量一直是一个主要问题，有时尽管个别污染物减排目标得以实现，但是由于环境污染形成的复杂性，导致总体上环境质量改善的目标并未实现。

领导层已经发出了明确的政治信号，但是通往成功之路尚待探索，实施环节仍存在不足。应对问题的机制和政策的有效性仍然被特殊利益诉求、重要机制和政策（如环境税、消除补贴、经济激励体系）的实施缓慢和执法不力以及其他一些问题所掣肘。

在中国的很多地方，社会关系的紧张程度正在增加，部分原因是由于对发展方向的担忧，有时也掺杂着其他因素，如地方腐败和贫富差异等。迅速发展的社会网络和先进的电子通信技术会使通常只是局部人群关注的问题得以放大，这已是中国政府高度关注的一个问题。

---

① http://www.cciced.net/encciced/event/AGM_1/2011agm/speeches2011/201205/P020120524356500627645.pdf.

② 指标描述见许宪春2009年《小康社会指标体系：中国发展衡量框架》，第三届OECD世界论坛，釜山9 pp.http://www.oecd.org/site/progresskorea/44120516.pdf.

一方面，政府明确表示希望提高公众参与影响他们生活质量的决策，监督政府管理绩效和参与项目规划。如习近平主席指出:“任何人行使权力都必须为人民服务、对人民负责并自觉接受人民监督①。”另一方面，维护社会稳定仍然是一个主要关注点，例如，中国最近对通过网络散布虚假信息的行为进行严惩。

知情权以及建设性地用好知情权与中国致力于不断创建新型基础设施和现代社会这两个目标是相辅相成的。但是目前，中国还在努力地寻找两者之间的最佳平衡点。中国在创建科技领先社会的不断努力为拓宽公众参与决策渠道提供了良好的契机，但是也不要幻想争论会因此而消失。中国迫切需要建立风险评估体系、冲突解决机制和保障环境权益。

伴随着政策转向刺激国内消费的新重点，中国亟须在企业社会责任、产品安全与环境标准改进方面立即采取行动，以减少在政府采购、商业和家庭消费中产生过度的、有损于环境的消费。中国在国内和国外获取资源方面已经接近或超过一些重要的生态足迹限值②。

可持续消费对于政策制定者以及中国的商界和消费者来说，都是一个新的领域。它与生态文明、绿色发展紧密联系，并为公众、商业和政府的购买决策提供了重要机遇。可持续消费需要重点关注绿色市场供应链，这一点对于中国的贸易和“走出去”战略来说也十分重要，因为从境外采购产品需要更多地关注产品的全生命周期，需要更多地参与各类国际认证和绿色标准体系。可持续消费是实现绿色发展和建设生态文明的重大机遇。

虽然要实现环境质量目标的迅速改善还尚待时日，但是中国亟须转变环境保护的工作方式。新近的关注重点仍然也一直是最基本的空气、水和土壤污染的防治问题。虽然在一些问题上取得了进展，但是新的问题仍不断出现，例如，地下水污染的程度以及空气污染源的变化和复杂性。中国对相关行动计划提供了前所未有的投入，这为加速迈入环境保护新道路（包括解决下列问题）提供了时间和机遇。新的投资将能被有效地管理以产生最佳的效果吗？能否积极地寻求和优化潜在的协同效应，例如，应对温室气体同时确保公众健康的切实改善？长期以来人们翘首以待的更多地利用基于市场机制的手段和绿色税收改革是否能够得到全面实施？

很显然，下列问题需要加以应对，并且可以被看作新一届政府的近期和中期的

① http://news.xinhuanet.com/english/china/2013-01/22/c_132119843.htm.

② http://www.footprintnetwork.org/images/article_uploads/China_Ecological_Footprint_2012.pdf.

机遇。

- 基于减排目标的环境保护方式转向基于科学论证的环境质量、生活质量、环境健康和生态系统健康不断改善为准则的环境保护方式。
- 另一个转变是从依赖地方的“本地”努力向有利于生态保护的区域性合作转变（特别是空气、水和土壤污染）。
- 需要为“公众监督”创造新的机会，这需要更大程度的信息透明、参与式手段以及杜绝腐败。
- 由于环境破坏已经达到了严重程度，累积生态欠账仍不断增长，要实现绿色发展就必须大幅增加投资。如果考虑到所有的费用支出以及技术、社会和治理的创新与管理，这一数字可能会达到 GDP 的 10% 或更多。

这些问题还将在本报告后面的部分中加以详述。

（三）社会因素以及环境与发展关系的转型

研究社会因素一般主要取决于下列相关问题和主题：人的价值观、道德规范、权利和义务、不平等、个人和组织行为、脆弱性 / 风险与公众安全、生活质量、环境和战争 / 灾难中的安全、削减贫困、获得生计、获得社会福利、需求和欲望的满足。公共治理取决于社会因素，利益相关者之间的关系、获得服务、决策和绩效透明、诚信水平、政府绩效质量和杜绝腐败。

这一长串令人畏惧的清单充分说明了为什么在对环境与社会关系的认识方面充满了重重困难，同时也说明了不仅在中国，也包括在其他国家，为什么在涉及诸如垃圾焚烧厂选址、担心污染导致环境健康以及自然资源获取问题时，以及涉及规划决策的参与、环境投诉的公平处理和解决时就会产生社会关系的紧张情况。虽然没有一个大家一致认可的单一的理论存在①，但是我们仍然可以勾画出环境与社会关系的许多重要因素，并努力研究和识别其实际关联和反馈环节。

---

① 不同作者之中，AmartyaSen 教授提出了也许是最重要的关于社会选择和有关环境和社会等方面的人类发展的理论概念（见 A. Sen. 2009. The Idea of Justice. The Belknap Press of Harvard University Press).ParthaDasgupta 教授采用不同的方式开展了相关研究，例如 Human Well-Being and the Natural Environment. Oxford University Press, Rev. ed. 2004. Combining theory and experience from various parts of the world, Jeffrey Sachs 综合世界各地理论和经验方面，为千年发展目标的制定发挥了重要作用，并强调了关键的方法，例如他在 2008 年发表的 Common Wealth: Economics for a Crowded Planet.Penguin Press.

（四）中国的社会发展

社会发展是可持续发展的重要组成部分。对此，中国国内已经开展众多的研究，包括 21 世纪议程、中国人类发展系列报告以及一些国内顶尖研究机构和大学的研究报告。专栏 1 列举了中国在社会发展领域所取得的重要成就。

专栏 1　中国社会发展取得的关键成就

- 人口出生率下降；
- 削减贫困的成功和众多方面的农村发展；
- 寿命延长及更好的医疗条件；
- 社会保障网络的完善；
- 大多数人生活质量和经济条件的改善；
- 中国的“开放”政策，放松中国公民出国旅游、商务和学习的限制；
- 相对的政治稳定和其他因素使经济得以快速发展；
- 针对目前和未来机会的教育和培训；
- 创造大量就业岗位，城乡私营企业的发展机会；
- 交通基础设施以及国内人口和货物流动性的改善；
- 公共环境基础设施，包括水、污水和废物管理；
- 相对成功的大规模城市化；
- 粮食保障；
- 职业安全的改善；
- 防灾减灾；
- 大范围的加强生态系统服务工作（森林、草原和湿地）以及部分取得的成功，对农村居民的生态补偿。

虽然中国过去几十年在社会发展领域取得了相当的成就，但是一些关键的挑战依然存在。这其中包括：

- 社会管理政策

  o 计划生育政策的调整；

o 城市居住要求（家庭户口登记制度）；

o 土地所有权和资源所有权，特别是关于农村居民和农村向城市的移民；

o 人口老龄化问题。

- 社会保障体系

o 社会基本保障体系仍然有限；

o 公众健康和医疗得到改善，但是应对环境健康问题的手段有限，很多问题的监测存在不足；

o 教育和培训；

o 工作保障问题。

- 信息管理和机构组织自由

o 国家保密要求；

o 国家宣传机构；

o 关于事故、开发审批程序、环境决策的信息披露；

o 媒体和信息交流；

o 社会媒体发育并广泛用于社会和环境事务；

o 社会组织的监管；慈善组织、地方和全国性社会环保组织活动和作用等。

（五）社会因素与环境改善

对于中国环境改善工作中社会因素的理解目前还不是很清晰。国际上情况也大致如此。

中国正致力于构建和谐社会，这需要切实地深化公众对环境科学知识的理解，加大决策的透明度和提供环境状况的准确信息。这些是改善公众参与开发监督的前提条件，而且有助于了解公众对未来良好生活质量的需求和愿望。新兴的城市和农村中产阶级十分重要，因为正是这些人对现代甚至后现代中国的消费水平和生活方式起到了决定性的影响作用。

中国面临着转型时期，包括多种转型，例如，快速城镇化和新技术的引入。这段转型时期在社会和环境因素方面可能会比较复杂。不平等问题将长期存在，某些方面可能还会加剧。我们不能想当然地认为：仅凭个人和家庭自觉就可以顺利实现可持续消费生活模式的转变。现在已经有很多人，特别是在城市生活的一些人，已经达到了非常高的能源和物质消费水平。在人们关注发展对环境影响的同时，也一定会有强大的利益集团继续影响地方甚至国家的决策向他们的意愿方向倾斜。邻避行动（“不要在我家后院”）会越来越频繁，其中有些是因为担心或真或假的风险。此外，还会有一些根本不可能达成环境一致意见的争论，例如，关于修建大型水坝的争论。

这些观察结果对环境与社会关系提出了警示，也提出了问题，即在和谐社会中什么程度的分歧和异议是适度的？在很多国家，包括多数西方国家，也包括韩国、印度、南非、哥斯达黎加、巴西和印尼，社会对于环境保护和发展问题所容许的异议程度都相当高。

国际上针对如何在规划和管理中考虑社会和环境需求，已经存在很多成熟的经验，见专栏 2。中国在这些方面均广为尝试，尽管并不一定是以系统和整体的方式。

专栏 2 环境与社会规划和管理方法

基本机制

- 公众参与决策；
- 信息公开；
- 利益相关者参与；
- 协商过程；
- 免受骚扰和报复；
- 投诉渠道，法律补救措施；
- 社会沟通和媒体。

公共治理和管理的共同责任

- 企业社会责任 (CSR)；
- 共同管理和以社区为基础的管理；
- 基于公民需求的科学和监测；
- 非法活动的报告和监控；
- 环保志愿行动。

规划与评估

- 环境和社会影响评估；
- 风险管理和防灾规划；
- 综合城乡区域规划；
- 区划，包括生态功能区划；
- 粮食安全和生态安全红线。

可持续消费推广和分析

- 通过激励、法律规定和志愿行动转变消费者行为；
- 能源和材料的生命周期分析；
- 绿色市场供应链；
- 绿色认证。

（六）协调环境与社会发展的成功与挑战

现在说中国在解决环境与社会发展问题方面已经成功过半恐怕还为时过早。但是，全国各地确实在很多方面、有很多行动取得了良好效果。当然，一些类型的问题由于系统性的原因而难以取得进展。下面列举几个实例。

1. 成功的例子

- 高层领导提供了协调环境与社会关系清晰的理论和方法，包括生态文明、科学发展观、低碳经济。
- 循环经济推动了个人、政府部门、社区和企业向资源节约转变，也带动了全球循环回收行动的转变。
- 生态建设和植树造林（也包括一定程度的湿地恢复和草原保护）的生态补偿行动。向当地农民和下游居民提供诸如生物多样性保护、上游和流域恢复力改善等社会效益。
- 自然灾害防灾规划和早期预警行动，减少极端气候事件（如台风）的人员伤亡。
- 在主要城市引入环保设施和其他改善生活质量的设施，如一些城市的绿化带、良好的公共交通、河道整治等。
- 农村清洁能源项目、安装沼气灶和其他改善农村家庭室内空气质量的措施。

2. 深具挑战性问题的例子

- 导致环境执法行动失败的原因很多，但通常都体现为没有提供足够的激励措施促使企业转变行为。
- 不同政策目标的相互冲突，例如，刺激购买和使用私家车，但同时又缺少减缓或控制雾霾和其他环境与社会影响的手段。
- 一些流域和海域（如渤海）已经制订了环境管理综合行动计划，但是这些计划不仅没能制止不可持续的行为，甚至还出现了大量严重的污染事件（如沿海地区的赤潮、主要湖泊的绿藻、重要物种的灭绝，如长江的白鳍豚）。
- 需要采取更有力的措施解决大量与土壤污染相关的全国性问题（全面补偿、及时修复）。
- 全国公众面临的长期健康和环境问题迹象的出现。
- 未能转变与追求 GDP 增长相关的“先污染、后治理”的态势。
- 在为公众提供必要的信息和机会采取志愿行动参与环境改善和可持续消费活动方面成绩有限。

（七）中国面临的机遇

中国在创建新型环境与社会关系方面存在着一系列切实的机遇，见专栏 3。

专栏 3　抓住机遇、强化中国社会发展与生态文明、绿色发展和环境保护之间的联系并相互促进

• 制定生态文明的总体构想，建立社会发展愿景（“十二五”规划及未来规划所描绘的社会发展愿景）与生态文明的有机关联。

• 将绿色发展目标纳入社会发展领域指标，包括公众健康、中初级教育、就业培训，在重要进程中（特别是城镇化和农村社区搬迁）实现人的观念与行为的转变。

• 中国不断强化在总体发展方向和具体规划 / 项目中公众监督的作用，包括腐败问题、规划不足、项目的环境与社会监督以及项目设计和实施过程的国家和地方官员的不公正行为等。

• 中国进一步扩大听取公众对发展的环境与社会影响意见的渠道，并不断完善听取公众意见（的制度安排）。同时，社会媒体在环境与发展事务中的作用将越发重要。

• 建立一个更加透明的环境与社会信息公开系统。可以借鉴美国和很多 OECD 国家的环境和社会信息公开的经验，以研究和确定中国的环境和社会信息公开制度和政策。有必要进一步放宽对媒体报导环境和社会问题的限制，媒体在报导重要环境事件和问题时已经表现出了相当高的水准。

• 可以采取多种形式，对重点关注环境与社会发展问题的中国民间组织更好地扶持，既可以是有具体目标和措施的支持，也可以是一般性的支持。与国际 NGO 和专业机构的联系及合作将有助于这项工作。

• 提升和推进国有和私营企业（包括中小型企业）的企业社会责任，包括无论是在国内运营还是通过海外直接投资和“走出去”战略而在国外经营的企业。这项工作可以通过法律法规和激励措施等保障措施得到加强。但是企业社会责任要求企业和他们的协会在自愿基础上的直接承诺。

• 建立国家认证体系和其他措施，例如，产品和生产标准，促进家庭可持续消费，公共机构（医院大学）、政府和企业等各类组织的可持续采购。虽然这些工作在中国都在进行当中，但是仍处于初期阶段，还没有得到政府的有力支持。

• 利用银行和其他信贷机构作为伙伴，来帮助排除那些可能带来不好的环境与社会后果的国内或国外的项目。

• 在削减贫困项目中更多地利用环境改善手段，使这些努力与国际上后 2015 年可持续发展目标（在符合中国利益的情况下）相结合。

三、政策与实施问题

（一）应对日益增高的期望值、环境观念与中国现实环境状况和问题之间的差距问题

即便中国在未来5年内能够显著降低那些看得见的诸如雾霾和水污染等问题的污染程度（应该可以，公众也当然期望能够），但是公众仍旧可能对环境质量和城市宜居性表示不满，还会出现很多“邻避效应”案例，还会出现针对不可避免的环境事故以及环境状况改变的公众反应。有关公众健康和环境安全的担忧也将一直存在。无论在公众教育和提高意识上投入多大，观念的巨大差异仍将存在。环境意识和观念的差别是人类生存状况的一个正常组成部分，因为人类生存状况是由文化、固有价值观、历史和经验以及各种其他因素诸如收入水平和对管理体系的看法等决定的。对于很多甚至大多数环境问题，公众一定会有各种意见分歧，从赞成发展，限制和保护性发展，到反对发展。许多国家已经成功地解决了这些分歧。

考虑到中国发展问题的复杂性、发展规模与速度，世界上没有哪个国家可以作为中国今后20年及以后发展的综合范式。因此，中国在借鉴其他国家经验的基础上探索一个独具特色的方法变得至关重要。生态文明建设为寻求这一全新方法提供了机会，新方法将能够沟通公众对环境与发展问题的理解与支持政策决策的科学、经济和专家观点之间存在的差距。

这一全新方法必须赋予公众更多的时间了解问题的具体细节，鼓励公众更多地参与决策过程并跟踪监控。在环境教育上还有很多工作要做，确保公众有能力理解问题和参与决策。但是因为观念问题很大程度上与信任的建立和政府/企业诚信度的提高紧密相关，所以必须能够对有分歧的观点给予相当程度的容忍，并开展对话。多数人都认为开展对话是积极、富有成效的手段。

许多积极的环境措施对健康和生活质量、生态系统和服务的保护都是有益的，是可行的。确定所需投入的大小应该是根据可信的分析得来的，这些分析必须为利益相关方和大多数公众所接受。这是一项艰巨的任务，例如，许多其他国家正在尝试应对气候变化问题、城市发展问题，以及平衡共同利益与私人利益冲突（特别是短期冲突）。诸如一些北欧国家已经开发和应用的那些有力且协调一致的方法为此提供了良好的范例，值得借鉴。

（二）平衡传统中国价值观念、中国当代社会价值观与外界影响，寻求走向生态文明、绿色发展和环境保护之路

像中国这样在过去 30 年里发生快速社会变革的社会，需要具备很高水平的适应能力，也应该找到可以满足新老两代人需求的合理平衡。自改革开放以来，中国接受了国外很多对环境损害最为严重的发展方式，包括面向郊区化的交通基础设施建设、倡导过度消费的宣传以及那些有损于自然和人类健康的工业企业。而在另一方面，中国的技术革命前所未有地促进了通信与其他技术的创新。中国也参与了很多环境与发展的国际协议，这有助于制定和实施可持续发展未来的国家行动规划。

从现在到 2020 年、2030 年和 2050 年期间，这些相互矛盾的利益诉求之间正确的平衡点究竟在哪里？这个问题的答案依旧很零散，而且多数明显倾向于国内外强大的既得利益者，要么是追求现在稳定但是最终导致不可持续发展（比如增加化石燃料的使用），要么是遵循西方发展模式寻求如汽车和其他消费品市场的显著扩张。坦率地讲，其结果就是，到 2030 年，上海的消费者与巴黎、休斯敦或圣保罗的消费者将会有什么区别呢？

包括儒家哲学在内的过去几个世纪的思想无疑对构建一个良好的环境与社会关系是大有裨益的，例如，到 2020 年实现小康社会。然而，起到更主要作用的因素则可能是农村迁入城市、教育和社会服务的获得、生计的转变带来的现代社会价值观的重塑，以及随着人们生活富裕而四处旅行和增长见识带来的影响。

（三）更具包容性、效果和效率的环境与发展治理模式

中国的环境危机实际上是治理上的危机，因为它反映了人民对政府能否真正做出令人满意的环境改善的信任度的下降。当然，治理一词反映的是利益相关方处理问题的相互关系，所以超越单纯的政府行为。因此，治理的改善必须依靠相互信任的建立和公众参与、更大的责任分担（例如，政府和企业之间）、环境保护和恢复投资更好的价值体现以及不一定要牺牲发展效率来实现环境改善。这些观点都不是新的，但是它们在问题和应对问题的行动同时增长时显得更具有重要意义。

有几个问题需要协同努力才能得到解决。需要更多地注重采取综合的方法来解决跨部门的冲突，优化各种发展目标。要想解决中央和地方在给予环境保护优先于经济发展这一关键问题上的分歧是非常困难的，但却十分关键。毋庸置疑，涉及腐败和“廉政”的问题对于环境保护来说十分重要。许多问题与城市化进程中的现行

土地转让模式相关。区域发展和项目的环境影响评价和其他规划工作必须以更为透明的方式、在真正的公众监督机制下进行。在设计新型绿色发展模式时，需要采用示范的方法以建立信任。示范方法应包括哪些内容需要由利益相关方共同制定。

（四）将经济与社会结构性转型与环境行动转型联系到一起

中国经济转型重点强调的转向第三产业为主导，推动国内消费，加快城镇化进程的步伐，这些都是非常重要的。但是，它们没有完全与正在进行的环保机制的转型联系起来，某种程度上也很可能没有与绿色发展联系起来。

中国的环境政策体系还主要是基于强政府的特点，对基于市场的政策手段的采纳和实施还远不足以满足需要，且目前命令与控制性措施的执法力度不够，政策实施不到位引致诸多问题，也给经济与社会转型变革带来了困惑。大幅改善环境质量和生活品质的真正进展需要把环境保护与经济和社会结构的变革结合在一起。近年来国合会曾多次提到这一观点，比如在 2011 年进行的绿色经济研究和低碳工业化研究，以及 2012 年的几个研究都有所涉及。

习近平总书记、李克强总理，以及环境保护部周生贤部长在他的探索中国环保新道路的阐述中都已经发出积极的信号。但是，实际工作是复杂和艰巨的，采用综合的方法推进实施存在着困难。关键领域包括：基础性的绿色税收和补贴改革；在工业、能源、金融行业和信息技术行业、矿产开发、旅游和农业经营等行业广泛推行企业社会责任；强力推进绿色市场供应链方法，包括建立信用证体系，确定政府绿色采购的有效方法；以及为环境友好型消费者提供更好的选择方案。其中的一些领域在下文进行了更为详细的论述。

（五）实施生态文明、绿色发展和环境保护的综合财政与税收改革

尽管国内有很多团体以及世界银行、亚洲开发银行、经合组织等国际组织，还有国合会早就提出中国应进行这项改革，但是实施进展十分缓慢。改革的时机看起来总是不对，但现在正是有利时机。部分原因是因为我们对于问题有了更好的理解，同时也认识到采取行动需要鼓励机制。此外，由于不作为而产生的健康和生态服务损失成本得到了更为细致的核算。同时，人们也对那些依赖命令和控制模式的传统管制的效率和效果提出了疑问，尽管这种做法仍然是必需的。

需要强调的一个重要的新观点是，在同一框架下同时支持生态文明建设、绿色

发展和环境保护，可以为扩大财政和税收改革效益创造良好的契机，即能产生协同效应，提高效率。例如，如果能改变目前以土地出售和转化收入支撑市政府支出的做法，过度开发的状况就会减少，郊区化扩张也会降低，污染就会随之减少，城市的宜居性就会随之提升。如果税收能影响到消费者的购买决定，那么人们就可能买得少一些，而且买那些更耐用的产品，最终减少他们的生态足迹。财政和税收改革可以同时针对社会发展和环境保护目标，例如，那些与公众健康和大气污染削减相关的目标。

财税改革应优先考虑那些可以量化的环境质量改善目标，包括：财政和税收措施与大气、水和土壤污染直接挂钩；直接使农村人口、当地环境和其他受影响地区受益的综合、长期生态补偿计划；环境税改革制定合适的碳价，并为推进中国碳交易做出更多努力；为生态产品和服务制定更为合理的价格；改革城市税收政策，鼓励取消大规模土地划拨；继续努力建立完全考虑外部成本的制成品和资源结构的价格体系。所有这些措施都需要政府做出进一步的努力，开发一套改进的绿色核算体系，加紧为环境改革制定一个合理的成本 / 效益方法，该方法应考虑到环境健康和生态产品和服务因素。

（六）利用教育体系和提高公共意识，动员全社会开展促进环境与社会和谐的行动，同时增进社会繁荣

也许可以这样假设，中国在某种程度上具备独特的能力，可以通过更好地利用正规和非正规教育体系以及传统和新型媒体机制，引导社会的可持续消费观念，影响环境与社会关系的其他方面。但是，当今的中国社会完全暴露在各种渠道和类型的商业广告之中，还有很多政策鼓励增加消费，因此在塑造生活方式的过程中会出现很多矛盾。另外，仅仅了解知识并不足以保证可以做出绿色选择。因此，尽管提升意识和教育水平很重要，但是不能认为这仅仅是政府的责任，或者是政府和企业的责任。在这种情况下，真的需要开展一场“运动”，使公众成为解决问题的重要一环，通过个人生活方式的选择，通过他们的工作场所以及所参与的各种机构得以实现。到底应该开展多少运动，这个问题可以探讨。最为有趣的例子是“地球日”，特别是早期在 1969—1975 年的地球日运动。这项运动由大学和少数政客发起，但

是很快就吸纳了大众和私立学校，并得到媒体、商业和社会各界的参与[①]。在短短几年内，“地球日”就成为了一项全球性活动。

在中国和其他一些国家（比如英国），近来最重要的相关运动就是把低碳经济作为一种新型综合性方法，解决能源、气候变化、消费与生活方式的问题。这一理念通过由政府、市长、科学家、一些企业、媒体以及“意见领袖”推动的公众意识和教育相结合的方式得以广泛传播。然而在大多数地方，该理念被体制的障碍所阻挠。Andrews-Speed 指出：“为加快向低碳经济转型，中国必将对政治、经济和社会进行重大甚至是彻底的体制转变[②]。”也就是说为了让教育和意识引起的运动真正带动现状、行为或许是整个社会价值的实质转变，就必须同时完成体制转变，制定更好的政策并改进协调机制。

社会媒体的兴起和通过互联网实现的全球联系正极大地改变教育活动和意识提升的形势。中国非常积极地发布官方批准的信息来引导公众舆论，非常警惕通过社会媒体“散布谣言”的事件，对信息披露设定严格的限制，例如，对环境评价或其他项目及规划文件的信息披露。目前，有很多困难的问题都正在讨论之中，例如，关于像有毒废物这样的政府信息的披露和发布；以及如何界定公众在发布意见（在当今这个时代，任何看法都可能在几分钟之内“像病毒一样扩散开来”）时哪些是可以接受的，哪些是不可以接受的。

中国目前拥有全世界最多数量的“网民”以及通信技术最为复杂的用户群，因此必须制定新的协议，确保这些技术支持不仅满足教育和意识的需求，也同时作为改进各方利益对话的基础。唯有如此才能实现真正的公众参与。如何界定公众、企业和政府的责任和义务，这是一个需要通过各种方法加以检验的问题，在世界其他地方亦是如此。如果中国确实能够找到方法，让受到良好教育的公众成为环境与发展进程的最好监督者，那将是非常令人鼓舞的。

（七）在中国企业中全面推行企业社会责任

包括许多中国企业在内，很多企业已经为实施企业社会责任树立了典型，开展

① Adam Rome. 2013.The Genius of Earth Day: How a 1970 Teach-In Unexpectedly Made the First Green Generation. Hill and Wang.368 pp.

② P. Andrews-Speed. 2012. China’s Long Road to a Low-Carbon Economy - An Institutional Analysis. Transatlantic Academy Paper Series. 26 pp. http://www.transatlanticacademy.org/sites/default/files/publications/AndrewsSpeed_China’sLongRoad_May12_web.pdf.

了各种类型的活动。关于这些典型和活动有着很多的记载，也存在着各种奖项（如企业社会责任“金蜜蜂奖”）和鼓励参与企业社会责任的其他机制。①②

但是与需求相比，推行企业社会责任的进展仍相对缓慢。如发展绿色市场供应链这样的先进做法还远达不到令人满意的程度。但是，企业社会责任很可能成为今后 10 年中国环境与发展关系的最重要的亮点之一。如果企业社会责任被中国中小企业以及从事海外活动的各种规模的中国公司广泛传播，那么将不仅仅对中国的绿色发展带来效益，也会令其他国家受益。

需要采取哪些必要的措施才能加速企业社会责任被接受的步伐？在美国等国家，企业社会责任由产业协会和公司本身的具体行动所驱动，并与利益相关方的对话和参与方式联系在一起。在中国，政府可能会发挥更为积极的作用，也许会利用法律或其他“强制性”机制。另外，政府还可能利用包括经济激励、教育以及让国有企业参与绿色市场供应链的等多种工具，也可以要求在中国的一些跨国公司分享他们的经验。

政府也可以采用针对行业的方式，策略性地与汽车、重化工、农产品等行业一道合作，以提升各种具体的需求，如绿色认证和标准、自然资源开发中的企业社会责任等。政府下属的商会、组织和产业协会在推进企业社会责任上起着重要的作用。

虽然在中国广泛实施企业社会责任是合乎情理的，但是挑战和问题仍旧存在。一个主要问题就是很多企业担心短期效益受到影响。与此相关的是对企业行为所造成的污染和社会问题罚款仍然偏低，其他处罚也较轻。另外一些问题包括金融行业推进环保条款纳入贷款批准条件力度有限，投资者对在中国股市上推行企业社会责任兴趣不大，保险公司较少使用环境风险评估准则。可喜的是情况在这些方面都有所进展。另一个问题是很多企业的运营缺乏透明度，关于污染排放、环境影响评价报告和其他承诺实施的监测数据与资料的公开程度远远不够。还有一个主要问题是地方政府在环境和社会事务中的地方保护主义等。所有这些问题都广为人知，但却难以解决。

① http://www.csr-china.net/en/second.aspx?nodeid=ddd0b45c-b7c4-4947-b2e3-e20374708733.

② Li-Wen Lin. 2010. Corporate Social Responsibility in China: Window Dressing or Structural Change?Berkeley J. of International Law. 28(1):64-100. http://scholarship.law.berkeley.edu/cgi/viewcontent.cgi?article=1377&context=bjil.

（八）应对农业可持续性的问题及其对绿色发展的影响

粮食安全一直将是中国政府和社会的主要问题，幸运的是，中国在粮食自给方面已经取得了令人瞩目的进展。但是，有几项重要的转变正在进行，将对中国绿色发展产生重大影响。一个是农场的整合，以及围绕土地分配、城乡人口迁徙和农业人口的老龄化的复杂问题。另一组问题与农业生产和加工所带来的大量不断增加的环境影响有关。随着人们的饮食转向动物蛋白，水产养殖和畜牧养殖场不断扩张，提供草料的农业用地也必须扩大，这些都带来了压力。这个问题延展到了农业用水需求上。农业活动污染土壤、空气和水，而且非点源污染等问题非常难以控制。另外，农产品加工已经在中国不同地区造成重大污染。

农业可持续发展与中国生物多样性和生态系统的健康有着本质的和错综复杂的联系。草原面临巨大压力，这是畜牧业扩张和土地的交替使用所造成的后果。尽管中国对自然保护区、个别类型的土地、水资源节约与保护有着高度承诺，但是社会用途的管理、感觉上的不平等、非法采伐以及其他问题等都有悖于可持续利用的原则。生态功能区划和生态服务保护红线仍处于实施的初级阶段。沿海地区和河流流域综合管理战略还不尽人意。

除此之外，近年来的极端天气现象表明，中国无法保证在今后几十年免于气候变化的报复。为了减少中国不同地区因洪水、干旱和冬夏季出现的极端天气的影响，中国需要采纳一系列重要的、代价不菲的适应和减缓措施。中国农村和郊区的适应能力值得称赞，虽然对自然资源的利用强度不断加大，但在防灾规划和管理上还是取得了相当的进展。然而，会有一个重要的临界点存在，特别是在地表水、农业土地毒化以及传粉昆虫这样重要物种的丧失等其他生态问题上。

从社会角度来看，农业传统方式的继续可能会被农村人口向城市迁徙、土地整合和转作他用所限制。因此，中国将不得不继续进行创新，比如正在引进的生态旅游、葡萄酒生产等新型经济活动，以及在沙漠和半干旱地区种植药用作物。

（九）新型城镇化面向生态文明愿景和绿色发展的需求

城镇化理所当然应该受到前所未有的重视。这是中国在其建设资本中最重要的长期投资，对环境和人民未来的繁荣有着巨大的影响。大规模的城镇化将在未来 15 ～ 20 年达到顶峰。但是，目前建设的基础设施却决定了未来 50 ～ 100 年的发展背景。因此，诸如在城市设计、郊区的增长和扩张、城市间交通模式和环境联系方式等方面错失选择机会的问题是非常重要的。大多数城市居民现在或最终都会感觉自己是中国“中产阶级”的一部分。他们将决定可持续消费、“邻避效应”以及其他环境和绿色发展事宜的步伐。根据麦肯锡公司[①]的估计，在消费者当中最重要的群体是“上层中产阶级”，2012年这个群体包括大约3 600万个城市家庭。到 2022年，它们的数量可能会达到 1.93 亿个城镇居民家庭。这些家庭手中的可支配收入对于决定可持续消费的实现和高品质城市生活需求来说是极其重要的。

“新型城镇化”是在李克强总理主导下正在开展的一项工作，这项工作将把人的城镇化放在核心地位（“以人为本”），但同时也注重城市是经济增长的引擎这一现实，寻求在城市发展布局和运营中实现“质量和效率”的双赢。城镇化不能仅仅关注大城市的改善，也需要更多地关注中小城市，以及新城镇的开发速度。

在过去 5 年中，当经济刺激资金容易获取时，很多地方迅速建起了少有人入住的“鬼城”[②]。这方面的媒体报道为人们呈现出了一幅关于地方政府不合时宜规划决策的令人不安的画面。高速发展的国家交通网络和城际间交通连接也引发了关于实际需求水平的疑问。对诸如解决供水、远离市场、生态影响等问题的基础设施投资常常让位于地方政府发展经济和体现形象的投资考量。很显然，中国各地所需要的是一个基于现实目标的综合性的基础设施改造和建设方法，正如李克强总理所指出的，一条融合绿色理念和高效增长的道路[③]。

为正确把握新型城镇化，必须将下列议题纳入规划和实施政策：

- 创造就业，重点关注服务业、绿色产业园和制造设施、适于移民的新工作。
- 城市居民的可持续生活方式，使各阶层民众都能享受基本服务，绿色交通，环境友好、安全和清洁的社区，舒适和可持续生活的手段，以及平等享受社会福利。
- 转变收入来源以满足不断扩大的交通、环境和社会发展的需要。特别是地方政府的土地转让过程造成了很多的损害，如鼓励城市扩张。
- 改变不公平的户口政策和其他针对新移民及其家庭的歧视性社会和经济政

---

① http://www.mckinsey.com/insights/consumer_and_retail/mapping_chinas_middle_class.

② 位于内蒙古的鄂尔多斯在经过国际媒体（包括时代周刊）的报导后成为“鬼城”的典型代表。这里以及其他类似地区，闲置的楼房和空荡的街道反映出了快速完工的基础设施与出售和使用之间的时间差。但是问题是更深层次的，包括过高的经济发展预测、不合理的规划、腐败的土地开发做法以及个人和公司购买多处资产导致空置。

③ http://english.peopledaily.com.cn/90785/8393033.html.

策。很多中国的专家学者一直在呼吁改变或结束这些不平等的做法，但是实际操作起来依然困难重重。

- 针对城镇化采取区域性方法，应对环境保护问题和提高基础设施发展效率。目前在应对空气污染、防洪和其他自然灾害、地下水枯竭以及其他环境问题方面的不力表现，在很大程度上是区域发展规划和监测能力薄弱的结果。这些问题将会随着气候变化和快速的粗放式增长模式而不断扩大。中国已经通过生态补偿活动在连接内地和城市环境保护方面取得了良好的进展，但是这些还没有达到最佳的效率。那些享受主要生态效益的城市地区没有为此支付相应的财务成本。
- 紧凑型城市设计和生态红线。环路鼓励了城市扩张，高速公路的扩张促进了郊区的开发，并在很多中国城市形成了依赖汽车通勤的生活方式。城市扩张占用了农田，有时也侵入生态敏感地区。这些问题表明我们需要重新考虑城市的设计，使城市更加紧凑和功能完善。一个新的尚未有效推广的理念是生态红线概念，这样能使对于粮食生产、供水、文化或其他用途来说重要的区域得以很好的保护，一旦发现被占用，则施以重罚。这对于如果不加控制，郊区就会无序发展的地方来说十分重要。
- 从国内外生态城市、低碳经济以及其他示范活动中汲取经验。在全世界和中国的城市中存在着大量的关于城市可持续发展的经验基础。虽然中国学习了很多的经验，但是这些经验和教训还没有完全地被纳入区域规划。一般来说，在目前中国快速的城镇化以及政府各部门职能条块限制的情况下，综合的方法并没能占据一个重要的地位。

虽然上面围绕中国的城镇化列举了一长串但并不完整的问题清单，但是关于中国迄今取得的进展以及地方政府解决问题的动力和意愿方面还是存在很多积极的事例。很多城市已经开始认真考虑绿色发展的挑战，并开展了可持续发展、最终实现生态文明这一新道路的探索试验。很清楚的一点是，在未来的几年中，城镇化的提高是实现更好的环境与社会关系的核心。

（十）中国环境与发展改革与主要全球环境公约、协议和后 2015 年可持续发展目标相结合

中国参与了很多与环境相关的国际协议，有些协议是联合国全球协议的组成

部分，也有些是 G20 或其他论坛上制定的约束力较弱的协议。为了兑现这些承诺，例如气候变化公约的承诺，中国制定了降低温室气体排放强度的明确目标。今后几年还会有其他的履约义务陆续出现。由于探索绿色增长和绿色经济已经取得成效，中国将更有机会与其他国家紧密合作，完成必要的转型。在联合国对新型可持续发展方法的讨论中，中国当然希望发出自己的声音，并与其他国家分享绿色发展的经验。

上述每一个观点都存在许多实际问题。进展成果的监测框架仍然相对薄弱，需要更加重视实际监测工作，确保所收集的信息具有国际可比性。这一点对于诸如温室气体排放报告以及汞削减等协议来说是尤为重要的。对于绿色技术补贴这类事宜，中国需要避免再次出现像风能和太阳能国际贸易上发生的争端。关于后 2015 年可持续发展和减贫目标方面，需要称道的是中国在实施千年发展目标过程中取得了巨大成功，中国应在此基础上做出更大的成绩，并与其他国家分享经验。

今后的 10 年，中国应该可以清晰地证明其国内所实施的行动为全球环境与发展的进步作出了贡献。为了可信地证明这一进程，中国需要谨慎地分析与思考如何强化体制并发挥其他优势。从长期角度来看，中国在生态文明建设中所取得的成就应该引起国际社会的相当重视，也值得其他一些国家从中汲取具体经验。到那时，中国必将已经做好充分准备，将其重要的理念融入到“走出去”战略的实践活动当中。

四、结论

在中国社会与环境之间复杂的关系中一定存在一个转折点，届时与空气、水和土壤相关的尖锐的环境问题将得以缓解。这个转折点何时到来还不能确定，但是对于 2020 年实现“小康社会”的目标来说，它已是当务之急。因此，在“十二五”余下的几年特别是“十三五”规划期间，中国必须显著提升其环境保护和绿色发展绩效。所以，环境管理战略从污染物减排向环境质量改善的转变极为重要，因为单靠个别污染物减排目标已经被证明是不足以全面有效地改善环境质量。此外，目前政府和企业的环保投资持续增加，且随着新行动计划的实施，这一趋势仍将继续。因此，有必要对这些环保投资的质量和效果进行审慎评估并总结经验和教训。

显然，中国社会更加关注环境问题，期望环境质量不断改善并降低各类环境风险，包括食品安全等问题。随着收入水平的提高以及公众对“美好生活”的追求，人们对生活质量的期望必然不断提升。同时，随着数以百万计的农村居民进入城市并从事新的职业，随着电子产品、汽车和其他一些改变人们兴趣和行为的现代生活方式的影响，人们逐步失去了与土地和自然的联系。这种快速发展和变化，既是环境与发展问题的挑战，同时，也为社会反思何为重要以及何为适宜的发展模式提供了重要机遇。能否在转型中抓住机遇这是中国政府及社会，事实上即公共治理进程所面临的重要挑战。

公民表达意见的方式有很多种，有时作为“网民”或消费者发表评论，有时会因为对发展决策、腐败、食品安全监管不力和其他问题表达强烈的不满。这种互动提供了一种特定的条件，使得政府可以向民众学习，也如高层领导经常提到的，使得人民得以监督政府的行为。困难和关键之处在于设置足够但又不过分制约的制衡机制。广义来说，这事关权利、责任和义务，也包括完善正规的公众参与决策机制和信息公开的透明度。在正确的情况下，环境改善应该是一个双赢局面：首先，环境改善带来切实的人类发展、福利改善和生态效益提高，造福当今和子孙后代；其次，利用有效的促进社会和谐的手段来解决因不同利益诉求而产生的各类冲突与矛盾。

在当前中国转型和改革阶段，我们还不能确定环境与发展议程在长期会获得怎样的成功，包括在集约开发水资源、气候变化的减缓与适应、生物多样性和生态服务功能的保护等方面可以取得何种进展。这些都存在着不确定性并面临严峻挑战，这与中国所面临的各类历史遗留问题以及不断增长的人口和消费需求的解决和转变密切相关，我们必须认识到解决环境与发展问题的长期性和艰巨性。长期问题是其中最重要的，需要通过生态文明建设来解决。同时，解决这些问题必须落实到技术和管理方法，同时也需要更加有效地限制过度消费，即通过环境意识、态度和行为以及价值观的改变来促进问题的解决。社会必须变得更具弹性和适应性，以达到社会与环境的最佳互动关系。这不仅适用于中国，对其他国家和社会亦是如此。

在过去的 20 年中，针对环境改善这一主题中国领导层已经制定了一套渐趋协调一致的理念来指导国家、企业和公民的行动。这些理念融汇了本土思想（如生态文明）以及国际上流行的概念（如绿色增长和绿色经济）。如今，“美丽中国”的愿景让我们不仅仅为已经取得的成就感到自豪，同时也要珍视自然恩赐的禀赋，理解我们为什么要在塑造和建设与地球资源限制相适应的新的生活方式和基础设施的同时，更加注重保护和珍惜自然环境、文化及历史的积淀。

国合会 2013 年年会给中国政府的政策建议

国合会 2013 年年会（第五届二次年会）于11 月13 —15 日在北京举行，会议主题是“面向绿色发展的环境与社会”。

国合会委员深切地感受到中国新一届政府的绿色战略思维和重大举措：“十二五”规划中的绿色发展任务在扎实推进，对生态文明建设的认识在不断深化和具体化，实践内容在不断丰富，美丽中国愿景下的“中国梦”正在激励着中国人民的绿色繁荣行动。委员们认为，在全球经济深度调整背景下，中国坚定不移地继续深化改革，打造中国经济“升级版”，为环境改善提供了重要机遇。新颁布的《大气污染防治行动计划》彰显了中国政府保护环境的决心和承诺。

委员们特别高兴地注意到，2013 年国合会年会恰逢中国共产党第十八届三中全会刚刚闭幕，具有特殊意义。三中全会以更大的政治勇气和智慧，为中国的经济、政治、文化、社会和生态文明建设等诸多重要领域制定了全面深化改革的目标、方法、时间表和路线图，意味着中国在追求更高的发展目标——富强民主与文明和谐。委员们赞赏2013 年联合国环境署第27 届理事会将中国的生态文明理念写入决议案文，期待未来能够证明，生态文明理论及实践能为全球可持续发展提供独特的贡献和启发。

国合会委员感受到中国面临环境与发展的巨大挑战，既有影响全球的气候变化问题，也有影响当地和区域的空气污染等问题。中国政府尽管为环境保护付出了很大努力，转变发展方式也已成为主流政策，但是历史累积的遗留问题与新环境问题相互交织并区域性蔓延、转变发展方式的艰巨性和长期性、以及一些环保政策执行困难等因素，使得中国目前的生态环境形势更加复杂和严峻、保护生态环境的任务更加艰巨和繁重。认真审视公众对灰霾天气的反应、对身边建设项目和环境污染的关切、以及近年来发生的环境群体性事件等，可以看出中国的环境与社会关系发生了显著变化，具有鲜明的转型特征。

一方面，环境问题对公众生活质量、公平、权益产生了较大影响，例如，环境污染对人体健康和正常生活秩序的危害，破坏环境的经济补偿与赔偿、环境受害者的权益维护、环境公共服务均等化问题等；另一方面，公众对环境问题反应的程度、方式、效果也今非昔比。公众对环境信息公开的诉求、对环境污染和生态破坏行为的举报和监督、以及对政府的督促行为是有益的。但如其他国家一样，中国需要针对“邻避行为”以及公众对拟建项目的反应（甚至反对）制定规则。

目前，中国的环境与社会关系存在紧张和不协调的方面，环境污染和生态退化问题有时会成为导致和加剧社会矛盾的重要因素。中国对环境与经济关系问题的研究和认识比较深入。相比较，关于中国环境与社会关系问题的研究还没有系统开展，具体的对策措施不够清晰。环境问题对社会发展的影响可能会比对经济发展的影响更直接。

国合会委员认为，当前中国环境与社会关系的转型孕育着重大机遇，如将可持续消费作为推动国内消费的抓手。中国政府着手全面建立绿色协调的环境、社会与经济发展互动关系的条件也基本具备。中国公众的环境意识已普遍提升，对自身合理环境权益的诉求和由此产生的合理环境行为可以形成推动保护环境的动力。中国政府对环境与社会关系的认识也正在发生积极变化，“良好生态环境是最公平的公共产品、是最普惠的民生福祉”，就是中国领导人对这一问题的深刻认识。正在修订的《环境保护法》对环境公益诉讼、环境信息公开等相关制度也给予了更多关注，这些对于改善公众参与是至关重要的。当然，中国在这方面还需要付出更多的努力。

为此，国合会就中国环境与社会关系问题的一些重要领域开展了专题研究。基于研究成果，并结合年会期间的讨论，国合会向中国政府提出如下政策建议。

一、加快生态文明制度创新与实践进程，全面构建绿色发展以及更加和谐的环境与社会新型关系

在着力转变经济发展方式、推动绿色发展的同时，从生态文明建设的大局以及其与经济、政治、文化、社会建设“五位一体”的总体布局出发，全面着手处理好

环境与社会的关系。建立健全相关制度，使决策从部门各自为政的方式转向政府各部门综合决策的方式，使环境保护成为公众最普惠的福祉，保障生态服务功能，使公众的环境行为成为保护环境的正能量。无论是推动生态文明建设，还是建立绿色和谐环境与社会发展关系，中国政府必须下更大力气解决好影响公众健康和生活的突出问题，包括大气、水、土壤污染、生态服务功能下降等。

为此，建议：

（一）加快完善顶层设计，全面推动生态文明建设实践

1. 加快顶层设计进程

抓紧制定加强生态文明建设的指导意见，编制生态文明建设中长期(2015—2030 年以及2050 年）规划。建立生态文明建设的目标体系、统计体系与核算制度。成立生态文明建设高层领导和协调机制，统筹协调各方力量和实践活动，明确中央与地方、部门之间生态文明建设事权。

2. 以抓紧落实十八届三中全会提出的相关制度改革为重点，推动生态文明制度体系建设

对于十八届三中全会提出的生态文明建设制度改革要求，中国政府应制定具体的落实计划，明确改革的责任部门和任务，加快改革进程。生态文明建设的制度改革要广泛吸收公众参与，听取专家意见。

加快修订《环境保护法》，使之适应生态文明建设要求，成为中国环境保护的基本法，并建立和修改相配套的专项法律。对经济社会领域的相关法律法规进行生态化改造，使之适应生态文明建设的要求。围绕重要和脆弱的生态系统、环境质量和风险防控、对生态环境影响严重的资源能源消耗等方面，设立生态红线加以管控，制定最严格的生态环境管理措施。在法律上明确各类自然资源资产归属和使用权限，完善用途管控体制和机制。建立资源环境破坏的责任追究和赔偿制度、资源环境有偿使用制度，加大生态补偿制度的实施范围和力度，平衡与协调资源环境利益的公平分配。

加快生态环境保护管理体制改革进程，建立统一监管所有污染物、所有排放源、所有环境介质、所有生态系统的环境管理体制，建立陆海统筹的生态系统保护修复和污染防治区域联动机制。增强环境监管执法的独立性，改变分散的监管方式，采取强有力措施防止对环境执法的不当干预。

3. 尽快完善生态文明建设的评价考核奖惩机制

组织开展绿色国民经济核算研究工作，逐步建立将资源消耗、环境损害和保护效益纳入国民经济评价体系的方法。将生态文明作为重要指标纳入地方领导干部政绩评价考核体系，建立充分体现节约环保绩效、地区差异、行业和部门特色、广大公众意愿的评价考核机制。探索推行地方领导干部生态审计及其责任追究制度。

4. 开展生态文明建设示范区创建

中央政府采取经济激励措施，鼓励地方广泛开展生态文明建设示范区创建，逐步形成因地制宜的生态文明建设大格局。研究提出和实施与生态文明建设相适宜的新的生态系统保护与修复重大工程。

5. 着手研究“十三五”规划期间重大环境与发展问题

目前已处于“十二五”的中后期，中国政府应着手研判“十三五”时期经济、社会与资源环境形势，研究未来 5 ～ 10 年绿色发展、环境保护、节能减排、应对气候变化的中长期目标和对策措施。重视发展节能环保产业，将其作为绿色发展的支柱产业和提高环境治理技术装备水平的重要举措。特别要重点研究以改善环境质量和防控环境健康风险为目标的配套管理体制、机制和政策改革问题，以期“十三五”全面实现面向绿色发展和小康社会建设的环境管理模式改革与转型。

（二）集中力量切实解决大气、水和土壤污染等突出环境问题，全面满足公众对良好环境质量的基本需求

全面满足公众对良好环境质量的基本需求是缓解环境与社会关系压力的根本途径。中国政府应通过宣传，使地方政府、企业和社会公众普遍树立信心，增进理解，形成合力。以发布实施《大气污染防治行动计划》为良好开端，中国政府应进一步就其他严重影响公众健康生活的水污染、土壤污染和农村环境问题尽快制订专项行动计划。

在实施大气行动计划过程中，中央政府应重点监督和协调好三个方面的落实工作：一是地方政府全面落实行动措施的情况，加大考核问责力度；二是中央相关部门落实自身职责的情况，特别是投资、财政、税收、金融、价格、贸易、科技等配套政策的到位情况；三是区域内各地方政府联合行动的情况。企业的落实情况应主要由地方政府和环境保护部门负责。同时，充分利用公众和社会组织的力量监督行动计划的执行。

解决目前大气污染等突出环境问题，根本之策是加大转变经济增长方式和调整能源结构的力度，严格控制煤炭消费总量，提高汽柴油质量，推进城市绿色出行。注意统筹节能、减排、以及应对气候变化的计划和对策措施的协同增效。建立包括价格、税收、排放交易等以市场机制为基础的长效机制，大力创新和开拓环境保护投融资机制和渠道，动员各方面的财政、金融和市场资源，切实加大对环境保护的投资和投入。

（三）抓住影响环境与社会协调发展的重要领域，明确相应政策的发展方向

以下 7 个领域尤其需要关注：

- 在环境与健康领域，研究建立环境与健康管理、风险预防和权益保障体系和制度。
- 在环境与社会风险领域，研究建立重大项目（工程）社会风险评估机制，健全社会风险民意沟通和利益诉求机制，强化社会风险化解工作机制。
- 在环境与公平领域，加快建设环境公共服务均等化体系，在生态系统服务价值核算的基础上，全面建立生态补偿和污染损害赔偿等机制。
- 在环境与贫困领域，研究建立益贫性环保战略思路、政策工具和机制，完善扶贫项目与规划的环境影响评价和后评估制度，建立生态环境友好的扶贫政策和机制。
- 在环境与就业领域，制定推动绿色就业发展的法律和政策，制订绿色技能开发计划，保障绿色就业领域劳动者的权益等。
- 在环境与可持续消费领域，将建立可持续消费模式作为生态文明建设的有机组成部分，制定相应的国家战略和经济政策，建立基于市场机制的技术服务体系。
- 针对环境“邻避效应”问题和环境群体事件，探索建立政府和社会公众良好的互动（包括冲突解决）与应急响应机制。

（四）改善环境公共治理结构，建立政府—公众—企业绿色合作伙伴关系

建立良好的环境公共治理结构，核心是处理好政府与市场、政府与社会这两

大关系。改善国家环境公共治理首先要明确政府、企业和公众等在生态文明建设、绿色发展和环境保护中的主体责任，界定各主体的行动范围，形成权利义务对等的良性合作关系。为此，建议：

1. 政府的责任和作用

加快转变职能，通过制定必要的法规、政策和制度、规范各行动者包括自身的行为，协调和引导各行动者之间的合作，实施环境治理提出的各种措施和手段并进行自我监督和评价，建立政府、企业和公众之间在环境和绿色发展事务中的互信。提高企业和公众的环境意识和能力，充分重视和发挥社会组织在环境与发展中的作用，充分重视市场机制的长效作用，不断丰富环境保护的市场手段。切实合理解决地区、城乡、不同社会群体之间环境利益和负担分配的不平衡和不公平问题，塑造环境与社会的公平正义，从而维护社会结构和秩序的良性发展。

2. 企业的责任和作用

严格遵守国家环境法规和强制性标准，履行环境法律责任；根据行业 / 企业准则、指南或经济激励手段，自愿履行环境社会责任；联合其他利益相关方（如媒体、环保组织），共同强化环境责任。

3. 公众和社会组织的责任和作用

通过法律将环境权利明确为公民的基本权利，同时确定公民对等的环境责任和义务。创新环境保护的社会管理机制，通过社会组织整合各类社会资源和力量，建立与政府之间更加畅通有效的沟通机制和渠道，推动各相关方有序有效地交流、表达诉求、参与环境公共决策，对政府和公共部门的环境管理过程和绩效进行监督和评价，开展自我参与式的教育和环境意识的提高等。同时，扩大民事环境公益诉讼有关社会组织的主体范围，将维护公民环境权益落实到诉讼、赔偿等具体制度上。

（五）系统改革环境影响评价和社会影响评价机制

完善对重要政策进行环境和社会影响评价的机制。这种机制的建立需要遵循公开、透明和公众知情的原则。具体措施包括：

- 对具有环境和社会影响的重大项目进行“前置审批”。制定相关政策保障公众的环境权益。
- 制定明确的问责制度，对履行评估程序不严格、造成“评估失灵”的干部严格问责。

- 制定系统的、预见性的应急预案，明确各级响应机制的启动条件、启动时间、对应人员及装备等。
- 在应对环境事件过程中，发布及时、准确和有效的信息。应该充分利用新媒体平台及时准确地发布事件的信息。

（六）重塑全社会基于生态文明理念的环境道德和价值观，形成绿色和谐的文化基础

中国需要从源头上塑造环境友好的社会价值观、伦理道德和文化，建立激励人与自然和谐的新型制度框架和行为模式，引导全社会朝着绿色与和谐的方向转型。建议：

建立和完善与中国传统道德和文化理念相契合的生态文明价值体系。制定相关战略和法规制度，将生态文明价值观等相关内容纳入各类教育体系（尤其是环境教育体系）、干部培训体系、企业文化建设和社区文化建设体系等，广泛宣传和传播生态文明价值观。将尊重自然的中国传统文化和现代生态文明理念、知识和基本技能的教育和宣传作为中国文化建设的有机组成部分。

（七）在实践层面，将生态环境保护提升到与经济、社会发展并列的高度

从“十三五”规划开始，中国政府每5年的规划改为“国民经济、社会与环境发展规划”，从而使环境政策与规划真正成为与经济和社会并列的重要内容。同时，中国各级政府在每年的两会上所提交的“国民经济与社会发展报告”，也相应地改为“国民经济、社会与环境发展报告”。

政府每年向同级人大提交的报告，应将环境与经济、社会置于同等重要的地位。报告对照设定目标清晰地列出政府在为人民群众发展国民经济、保护环境和促进社会发展三个方面取得的成就，表明政府对环境保护负责，并通过报告阐明环境保护与社会发展的关系。报告应该根据设定的目标，采用定量和定性指标评估过去一年取得的成绩，并阐述未来的前景。

二、转变消费模式，以可持续消费驱动绿色发展

出口、投资和消费对中国经济增长的驱动作用正在发生结构性调整，消费贡献比例逐渐加大。居民消费升级趋势强劲，消费总量和消费结构明显变化。为避免这些调整和变化带来更大的资源与环境压力，需要建立可持续的消费模式，促进中国提高资源和能源利用效率。为此，建议：

（一）将可持续消费作为生态文明建设的重要组成部分

制定并实施与生态文明和绿色发展相适应的国家可持续消费战略和行动计划，制定可持续消费实施路线图。

国家可持续消费行动计划应关注：近期，以住房、家电、出行选择和食品等对资源环境影响最大的消费领域为优先重点，尤其是绿色建筑规范和激励机制。将可持续消费理念纳入“十三五”规划，确立可持续消费制度基础；中期（至 2030 年），建立完善有利于可持续消费的法律政策框架，在新兴城市中积极推广可持续消费模式；长期（至2050 年），要在整个社会范围内持续提高可持续消费的能力和水平。针对不同地区、城市和消费群体制定差异化可持续消费战略。

1. 完善促进可持续消费的法律法规

将可持续消费理念纳入正在修订的《环境保护法》和《政府采购法》；远期可考虑出台专门的《可持续消费促进法》，统筹消费者权益保护、食品安全、环境保护与可持续消费的关系。

2. 改革完善有利于可持续消费的定价制度、税收制度和财政激励机制

加强公共交通系统的财政保障，增加地方公共交通发展资金来源。结合“家电下乡政策”和“以旧换新政策”经验，重新设计政府补贴方案，主要补贴前百分之十最佳性能的产品；对资源密集型或排放密集型消费品征收环境税；将家庭税收减免与可持续消费挂钩，鼓励产品与废旧资源回收利用，向购买绿色建筑的消费者提供低利率信贷。

3. 加大绿色公共采购力度，向绿色供应链生产的产品倾斜

修订现有节能产品采购清单和环境标志清单，为政府购买绿色产品和服务设置强制性配额。政府采购标准中应纳入针对公务旅行和会议接待酒店的绿色标准；修改政府采购招标系统，将新能源、低排放汽车纳入政府采购清单，促使成为法定采购标准的重要考核指标。

（二）推动可持续消费制度与体制创新

1. 提高中国绿色产品认证体系的公信力与独立性，强化中国环境标志制度

促进中国绿色产品认证与国际接轨。成立独立的消费者协会与消费者咨询委员会；建立由独立第三方管理运行的绿色产品国家数据库，收集发布产品信息。

2. 建立国家、区域和地方可持续消费评价指标体系，开展可持续消费试点示范

将可持续消费内容纳入生态文明建设试点示范和低碳试点示范等相关的方案和计划。开展小规模的可持续消费社区试点与地方示范、城市绿色出行示范、城市道路资源优化配置示范。

（三）构建利益相关方参与的可持续消费伙伴关系

1. 充分发挥私营部门力量，将可持续消费纳入市场行为准则

充分发挥零售商和金融机构等部门在可持续消费中的作用。鼓励建设绿色供应链管理体系，鼓励将可持续消费目标纳入金融机构核心业务。

2. 鼓励社会团体、消费者团体积极参与国家和地方可持续消费政策框架制订

在城市设立消费者咨询中心，为市民、企业家、地方政府提供对话平台，在回收、产品共享、节水节能以及食品安全等重点领域提供咨询服务，提升下一代消费者的消费意识。在全国和地方范围内将可持续消费内容纳入学校课程发展计划。

3. 推动可持续消费国际合作

积极参与有关可持续消费多边政策框架谈判，参与“联合国可持续消费和生产十年框架计划”。在世贸组织政府采购协定谈判进程中，关注可持续消费议题。

三、明确企业在发展与保护中的主体地位，推动企业履行环境和社会责任

构建中国企业环境与社会责任履行机制，统筹企业发展与环境保护，实现企业可持续发展。政府应制定相应策略和政策，严惩环境违法企业，激励合规守法企业积极自愿履行环境与社会责任，推动企业向引领绿色发展的高层次发展。为此，建议:

（一）建立国家推动企业履行社会和环境责任的战略和行动计划

针对国有企业与中小企业的不同需求，制定国家推动企业履行社会和环境责任

的战略和行动计划；确立政府、企业和社会的合作关系，明确政府相关部门的职责。在推动企业履行社会和环境责任中，坚持污染者付费原则。

（二）建立以社会组织和行业协会为推动力的促进企业履行环境责任的工作机制

充分发挥行业协会的规范、引导和自律作用，鼓励和支持企业履行社会和环境责任。

发起企业环境责任行动倡议，鼓励社会监督和积极参与。充分发挥社会团体、新闻媒体、网络平台等在企业绩效评价、信息公开、行为监督和社会反馈方面的作用。加强国际合作，学习优秀国际案例。

（三）在企业守法的基础上强化企业履行社会与环境责任的激励机制

加强企业履行环境和社会责任的配套法律法规。加强公司法、环境保护法、消费者权益保护法以及劳动法等多种法律间的配合，加大对违规企业的惩戒力度；推动地方环保法庭建设，完善相关司法实践；支持环境公益诉讼，发挥社会环保团体的监督作用。

积极构建促进企业履责的金融投资环境。推进绿色投资和绿色信贷，如通过建立投资基金，对履行环境与社会责任绩效良好的企业给予贴息和补助，政府给予优先采购支持。

政府需优先考虑制定针对中小企业履行环境责任的相关公共政策。此外，政府需要重视中国海外企业履行环境与社会责任的制度与能力建设，尤其是要特别重视文化差异，重视当地居民对企业履行社会责任的期望。通过颁布相关的技术指南，为海外投资企业履行环境责任提供规范指导。

（四）完善企业社会与环境责任信息披露制度，提高透明度

加大企业环境信息公开力度。建立企业社会环境信息的追踪体系，重视环境信息的储备、整理和分析基础工作，监督企业环境信息披露，加强企业信息公开的奖惩措施。根据不同行业特征，制定相应的行业报告规范。推动行业协会建立中国企业环境与社会责任信息平台。

四、发挥媒体与公众参与的积极作用，将社会对环境的关注转化为推动绿色发展的动力

政府管理部门亟须在环境教育、环境知识传播、环境信息公开与环境应急响应等方面加强服务职能转变与能力建设，发挥媒体特别是新媒体的作用，提高信息公开、舆论监督和公众参与决策的整体水平。为此，建议：

（一）完善制度与机制，促进依法有序、科学理性的公众参与

1. 建立规划和决策早期参与和透明有效参与的方式和机制

建立利益相关者参与和公众咨询的决策机制，确保公众的表达权、参与权和监督权。提高公众参与透明度，改善公众投诉处理机制和流程，并建立和完善公益诉讼机制。

2. 建立更加完善的环境突发事故和环境群体事件应急响应机制

建立统一的信息发布平台，为媒体和公众提供公开透明、快速准确更新的信息（包括风险信息）与应急响应指南；建立有效、互信的政府、企业和公众沟通机制。

3. 支持环境保护非政府组织发展

简化非政府组织和非企业社会团体的登记注册程序；积极引导和规范发展各类公益性环保组织，发挥行业协会在环境保护中的职能作用，积极鼓励和引导环保组织和城乡社区参与环境保护。

（二）促进环境信息公开制度的实施和完善

1. 进一步完善和落实环境信息公开制度

整合目前分散于各个机构和部门的环境信息和数据，建立公开的国家级环境信息与数据系统。基于2008 年《政府信息公开条例》的实施经验，探索制定信息公开法，使公众获取达到国际通行标准的环境信息。

2. 建立工业点源和其他排放源的污染物清单，提高污染数据的监测能力和透明度

借鉴“污染排放和转移登记”系统，并在化工行业试行。

（三）发挥媒体的积极作用，构建有利于绿色发展的宣传教育体系

1. 发挥新媒体的平台与宣传作用

将新媒体技术充分运用到环境信息披露体系中，建设环境决策民意平台。强化

媒体的社会责任，确保信息的真实性和准确性。

2. 加强环境和绿色发展宣传与教育体系建设

建立环境战略传播与公共参与机构和机制，运用多种途径引导公众主动参与到环境保护中。

五、高度关注城镇化进程中的资源环境挑战，探索绿色城镇化模式

预计未来 20 年，中国城镇常住人口将达 10 亿，城镇化率可达到 70% 左右。中国城镇化的空间分布与资源环境承载力不匹配、资源环境刚性约束等问题将更加突出，生态足迹快速增长。因此，中国政府必须高度重视新一轮城镇化进程中的环境风险，探索新型绿色城镇化道路。为此，建议：

（一）建立与资源环境承载力相适应的城镇化体系和布局

在《全国主体功能区划规划》确定的城镇化地区，严格控制大城市规模，优化城镇化发展格局，促进大中小城市和小城镇协调发展，重视西部地区城镇化的质量。维护和预留足够的城镇生态空间，处理好城镇化、新农村建设与人居环境生态化的关系，鼓励采取“紧凑型、多中心”的城镇功能格局。

（二）加快推行城市环境总体规划制度

在城市环境总体规划编制试点工作的基础上，进一步扩大试点范围，建立健全城市环境总体规划的标准、规范和制度体系。

（三）提高城镇资源能源利用水平

促进可持续生产与消费，积极推广绿色建筑标准、绿色建筑设计和绿色社区建设，大力发展绿色交通，实施城市用能用水节约管理，尽可能使用可再生能源，减轻环境影响。

（四）同步建设城镇环境基础设施

根据城镇人口规模、功能布局等，同步配套建设污水和垃圾分类收集处理、危

险废物处置等环保设施，加强城镇环境基础设施运营管理。

（五）鼓励和推动城市绿色出行

中国许多城市正朝着过度依赖汽车的不健康交通模式发展。需要认真审视促进城市绿色出行在中国发展战略绿色转型中的定位、政策与工作重点，推动城市建立现代化、低排放、高运营效率的绿色交通系统，保证公共交通、步行和自行车在道路资源分配中的优先权。

1. 制定《中国城市绿色出行实施纲要》

加快《城市公共交通条例》《大气污染防治法》等相关法律法规的制修订工作，并开展城市促进绿色出行示范工程，构建中国特色的现代化城市绿色交通系统。

2.制定《关于小汽车和道路空间合理使用的指导意见》

正确引导和调控汽车的公平拥有与使用，减少交通拥堵、改善空气质量。在特大、大城市积极推进拥堵区域、拥堵时段的汽车使用收费，并根据城市需要实施合理的限购限行措施。

3. 支持城市绿色交通投资，为公共交通体系提供可持续资金来源保障

建立促进绿色交通中央财政资金使用管理制度，如改燃油税从量计征为从价计征，增加燃油税收入并向公共交通倾斜。

4. 健全机构，强化协调、绩效考核与问责机制，鼓励公众参与，建立促进绿色出行协调机制

区域平衡与绿色发展①

——国合会 2012 年关注问题报告

一、引言

中国正致力于实现 2020 年全民达到中等富裕水平的目标，致力于建设成为一个人与自然和谐相处的社会，一个通过对外投资、贸易和制造业以及积极参与气候变化、消除贫困和可持续海洋利用等全球事务而在国际舞台上发挥重要作用的国家。

然而，正如温家宝总理所言，中国目前仍然面临着发展“不均衡、不协调和不可持续”的问题②。近来很多研究都试图探求中国如何能在 2030 年，即未来 17 年内，从根本上扭转这一局面的途径③。从过去 30 年的经济发展经验上看，中国可以做到在较短时间内实现局面的快速改善。但是，如果没有对环境与发展关系的重新认识并给予更多的重视和投入，这一根本转变是无法实现的。这种新型的环境与发展关系在世界上任何国家都是前所未见的。

中国长期的发展愿景就是实现“生态文明”。这一理念在 2012 年 11 月召开的中国共产党第十八次代表大会上得到了进一步的强化，被摆到与经济、政治、社会和文化同等高度，成为整个社会发展的驱动因素之一。

“要大力推进生态文明建设，树立尊重自然、顺应自然、保护自然的生态文明理念，把生态文明建设融入经济建设、政治建设、文化建设、社会建设各方面和全

---

① 本报告为中国环境与发展国际合作委员会自 2002 年起的第十一个关注问题报告。报告由国合会首席顾问汉森博士和沈国舫院士撰写，首席顾问支持专家组成员提供了技术支持。

② 温家宝总理在斯德哥尔摩＋ 40 可持续发展伙伴论坛上的讲话。瑞典，2012 年 4 月。

③ 见世界银行和国务院发展研究中心报告 .2012.China2030.BuildingaModern,Harmonious,and CreativeHigh-IncomeSociety.448pp.,includingChapter5.SeizingtheOpportunityofGreen Development;AsianDevelopmentBank. 2012.TowardanEnvironmentallySustainableFuture–CountryEnvironmentalAnalysisofPeople’sRepublicofChina. ADB,Manila.199pp.

过程，加大自然生态系统和环境保护力度，努力建设美丽中国，实现中华民族永续发展。[1]”

在里约 +20 峰会上，温家宝同志提出了期待“绿色繁荣的世界”的呼吁。

（一）探索均衡、协调和可持续发展道路

国合会深刻理解当今中国和亚洲，乃至全球的环境与发展形势的紧迫性。因此，在国合会进入第五届（201—2016 年）之际，国合会需要考虑中国的区域均衡发展、协调需求以及可持续发展实施政策的完善问题。此外，国合会还要考虑中国环境与发展对全球的影响。这一点已经在 2012 年 6 月里约 +20 峰会得到了充分体现。显而易见，中国的努力将影响未来全球绿色增长、绿色经济和绿色发展的成败[2]。对中国国内来说，此刻正值新一届政府换届，因此也是强化绿色发展政策和行动的最佳时机。

可喜的是中国已经开展了很多必要的基础工作，特别是“十二五”规划贯彻了科学发展观，着力于缩小区域发展差距，应对污染恶化形势（如氮氧化物和土壤污染等），更加关注城市和农村居民生活质量的改善。但是，环境与发展不协调这一根本性问题仍然是中国所面临的众多难题中的核心问题。

当前，中国东部的经济发展模式正逐步向其他地区（特别是西部地区）转移，出现了新开发地区重复东部过去高污染、高能耗发展模式的苗头，甚至随着中国企业的海外投资，这种过去的不当做法被带到海外。目前，中国西部地区的 GDP 增长速度已经领先东部地区，但恐怕难以完成节能减排目标。

中国需要一个更加“绿色”、更加注重国内消费、注重“以人为本”的新的发展模式。当然，世上没有适用于一切情况的“灵丹妙药”，这也正是平衡区域发展、制定公平可行的差异化监管和激励体系的困难所在。

（二）2012 年年会和第五届国合会关注主题

今年的国合会年会关注的主题是“区域平衡与绿色发展”，这个提法是经过审慎考虑的。可以说当前中国各地区存在着各种发展不平衡的情况，但是最终所有的地区都必须转向环境、社会和经济可持续的发展模式。实现这一转变需要各省和地

① 新华网，2012 年 11 月 14 日，中共十八大关于十七届中央委员会报告的决议。http://news.xinhuanet.com/english/special/18cpcnc/2012-11/14/c_131973742.htm.

② 中国可持续发展的进展情况以及未来愿景见《中华人民共和国可持续发展国家报告》。北京，2012 年。100 页。

区采取各自不同的行动，也需要区域间的互动（例如，生态补偿转移支付等）以及基于综合管理需求（如中国海洋和沿海地区）的新型监管框架。

自从里约 +20 峰会上关于绿色增长的广泛讨论之后，绿色发展在全球范围内赢得了更多的关注。2008 年金融危机以来，绿色增长这一概念赢得了广泛的政治支持，这主要得益于 OECD 的推动以及 UNEP 对绿色经济的研究探索。绿色经济在里约 +20 峰会上得到了众多国家的支持，这一说法在中国受到推崇。实际上，在对绿色发展概念以及其他诸如低碳经济、循环经济等概念的理解上面，中国并不落后于任何发达国家。但是，所有国家（包括中国）在国家和地方层面推动这些理念的实施方面都存在着严重不足。

因此，我们建议将绿色发展作为贯穿第五届国合会的核心议题。国合会有必要关注中国如何在近期和长期（特别是关键的 2020—2030 年这一时间段）更加有效地在各个地区推进和实践绿色发展。而中国的“十二五”规划则是迈向绿色发展的第一大步。

（三）2012 年国合会开展的研究工作

在 2012 年年会上，国合会将有 5 个围绕区域和绿色发展这个主题的政策研究报告和政策建议，包括：

实现“十二五”环境保护目标机制与政策课题组研究了实现“十二五”规划约束性指标的实施机制需求以及一些区域差异化的监管需求，同时针对将来的较长时期若干五年规划（特别是“十三五”“十四五”和“十五五”规划）提出了可能的环境保护战略。这个长期的展望指出了中国全面控制复杂的环境污染问题所需要的时间。该课题组为其他研究项目提供了一个综合的视角，在这个视角统领下，其他项目针对与区域均衡的绿色发展有关的一些具体问题进行了研究。摘自课题组报告的图 1 表明，中国要在实现经济增长的同时实现环境质量的修复，就必须实现资源消耗和经济增长的明显脱钩。否则，中国的环境仍将进一步恶化。

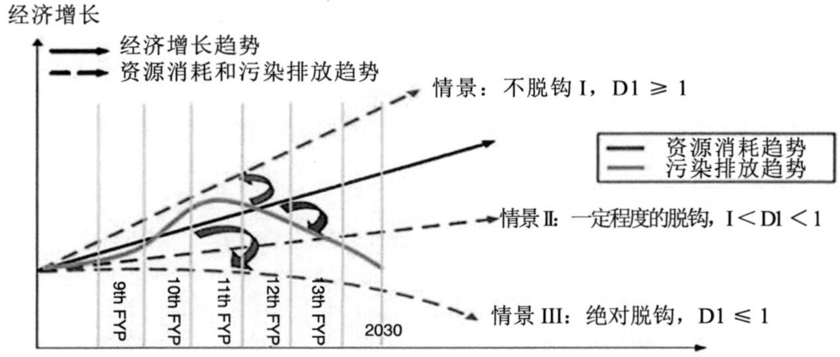

图 1　GDP 增速、能源消费和污染物排放中长期情景分析

西部地区环境与发展战略课题组提出了西部地区绿色发展的路线图。西部地区生态环境复杂，民族文化多样，大量贫困人口集中，占据了全国大部分沙漠化 / 荒漠化土地，同时西部地区也是中国主要河流的发源地，拥有中国最丰富的生物多样性和脆弱的生态系统。随着 1999 年西部大开发战略的实施，大量的投资涌入（特别是矿产行业），城市化进程加快，产业开始从其他地区向西部转移。生态保护、绿色工业化、农业和能源矿产资源的可持续资源管理、可持续城市化和农村发展成为绿色发展的重要需求。此外，还需要进一步推进这一广大地区的气候变化减缓行动。课题组担心地方政府对 GDP 增长的片面追求将有可能破坏西部地区的生态系统和社会和谐。在总体功能区划中，西部地区占据着重要的地位，其土地和流域被划分成不同的保护和开发用途。这一区划体系的实施目前尚处于初级阶段，但是已经暴露出了一些困难，因为限制开发确实会产生较大的社会和经济影响。

东部地区发展转型中的战略与对策专题政策研究项目组研究了相对富裕的东部沿海地区如何实现绿色发展。长三角、珠三角和北京等地区正在构建后工业化经济，即服务业占 GDP 的比重超过 50%。该专题研究重点关注了先进的能源和环境保护机制、高质量的城市生活方式、可持续消费、绿色就业以及更多依赖市场手段实现绿色发展等方面的问题。同时，项目组还关注了如何避免高污染企业从富裕城市向其他地区的转移，如何分享这些东部地区的环境与发展经验，例如，北京奥运会和上海世博会这样的一些大型活动经验。图 2 以 7 种主要商品为例说明了 1996—2010 年北京家庭消费的增长情况。显然，一些商品是生活必需品；一些商品可能对可持续发展有正贡献（如手机）；而另一些商品则会带来环境问题（如私家车和空调）。将这一趋势放大到全国 600 多座城市就可以看出快速城市化发展问题的严重性，特别是随着拥有较高可支配收入水平的中产阶级的不断扩大，这种不可持续的消费方式问题将会愈演愈烈。

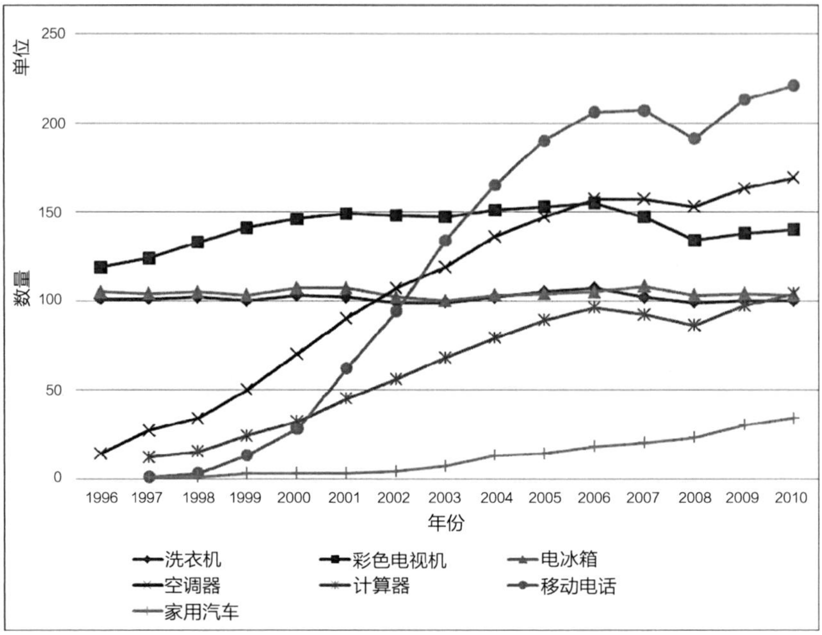

图 2　北京市每百户城市家庭年耐用消费品持有量（1996—2010 年）

区域大气污染综合控制专题政策研究项目组（$PM_{2.5}$ 专题研究组）重点关注了新出现的空气污染问题。虽然“十一五”期间二氧化硫等污染物排放量下降，然而光化学烟雾和臭氧正在成为严重的污染问题。这些新问题非常复杂，因为涉及化学转化和新化合物的生成，并通常是形成细颗粒物悬浮在大气中。过去的一年间，关于 $PM_{2.5}$ 问题社会上发生了很多争论。这种细小颗粒物对呼吸系统的威胁尤其严重，而且也是造成很多城市官方公布的所谓“蓝天日”实际上却是公众看到的“灰霾日”的原因。更为重要的是，没有哪个城市能够独立地控制住烟雾问题，因为空气流域涵盖了广大的地区。因此，中国严重的空气质量问题需要区域性的战略和政策，以应对诸如 $PM_{2.5}$ 和地面臭氧污染控制之类的复杂问题。这些新生问题还在不断发展，对于大城市区域来说，控制和解决这些问题将需要数十年的时间。这一点可以从专题研究报告中的图 3 看出，多数城市的空气质量超过标准，即使对于相对容易控制的 PM_{10} 来说都是如此。虽然制定目标非常重要，但是还需要完善的区域监测信息来证明实际环境质量是否在改善。

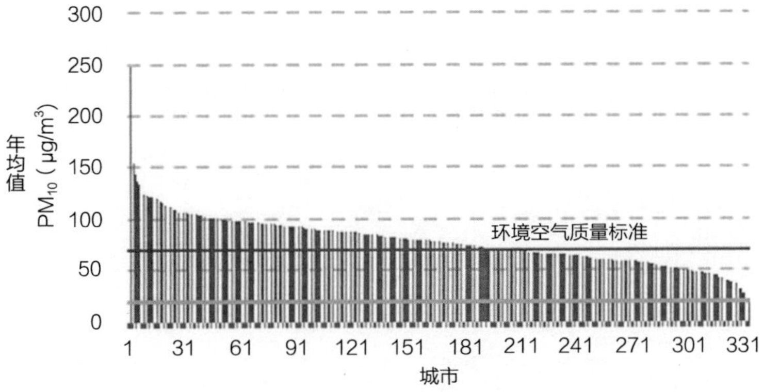

图 3　2010 年中国 333 个城市 PM_{10} 年均浓度及其与环境空气质量标准的差距

以渤海溢油为案例的海洋管理管理机制专题政策研究项目组分析了 2011 年渤海溢油案例。该事故引发了众多资源使用者（如水产养殖户）的激烈反应，导致了数额巨大的污染清理和赔偿费用。项目组认为，如果没有良好的环境规划、管理和监测机制，没有产业和资源使用者的通力合作，渤海的前景十分堪忧。特别是目前的灾害应急反应战略还有待完善。该研究针对这些问题提出了具体的指导建议，也是对 2011 年国合会针对这片深具经济和生态重要性海域健康状况提出警告的具体跟踪和落实。专题研究项目组通过图 4 说明了综合规划、管理和应急反应体系。

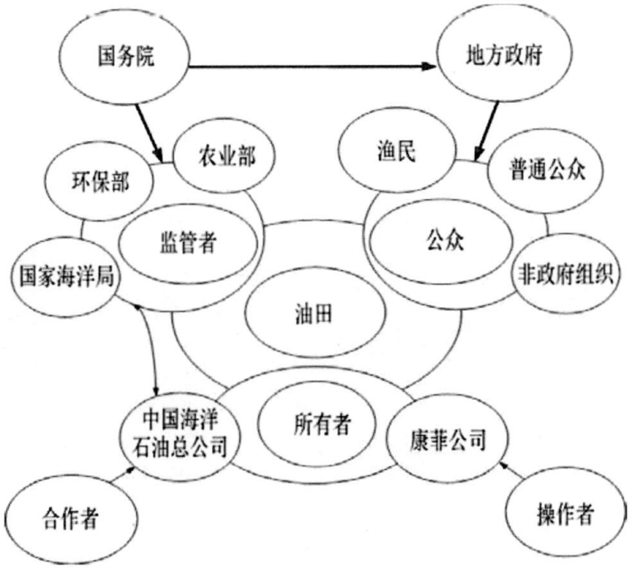

图 4　综合规划、管理和应急反应体系示意图

上述五项研究为如何转向均衡、协调的发展提供了丰富的参考资料。2011 年国合会主要是在国家层面和针对具体领域开展了研究。2012 年的工作内容则是在这些研究的基础上，同时也借鉴了其他相关的研究工作而确定的。

本关注问题报告简要分析了过去一年里影响全球经济和环境的一些因素，概述了中国区域发展战略的进程,以及针对中国四大地区如何实施绿色发展战略的分析，并归纳总结出几点需要克服的关键挑战

二、国际经济危机和绿色发展

2008 开始的金融危机仍在世界范围内继续反弹，其影响甚至威胁到了欧盟，也使美国和一些其他国家的经济复苏比预期要缓慢得多，对中国的影响也很严重。经济增长同比下降 7.5%，制造业失业率增加，国际贸易额降低。人们期望中国能够扮演救世主的角色帮助那些寻求重启经济增长的国家，或为这些国家注入新的投资资本。虽然这一期望可能有些错位，但是很清楚的是中国将通过目前已经很完善的“走出去”战略继续扩大境外投资[①]。此外，中国已经在亚洲、亚太区域和其他地区拓展了双边和多边投资和贸易协议的数量[②]。这种拓展既巩固了已有的贸易关系，同时也开创了新的机遇。然而，这些协议并没有直接针对绿色发展，也没有系统地考虑环境因素。

当中国开展上述工作的时候，世界上很多其他国家还继续被经济衰退的阴影所笼罩。一种普遍的担忧是中国迟早会经历低速增长，进而导致世界范围内的恶性循环。这是对复杂形式的一种简单判断，并没有完全考虑所有方面的因素。很显然，中国在继续促进国内消费，虽然采用的不是 2009 年和 2010 年那种全面刺激消费的方式。而且这种担忧也没有考虑到中国为增加其出口产品的附加值而进行的大力投资，以及为拓展新兴产业所做的创新努力。这些新兴产业符合国家的优先发展领域（如清洁能源），同时也适应新兴市场需求，例如，投资太阳能和风能以及电池技术。

但很显然的是，其他国家的经济衰退和中国在一些新技术市场份额的提升正导

① 2011 年国合会投资、贸易与环境课题组对本专题进行了专门的研究。GoingGlobalGoingGreen. http://www.iisd.org/publications/pub.aspx?pno=1615; 又见：http://www.ecfr.eu/page/-/China_Analysis_Facing_the_Risks_of_the_Going_Out_Strategy_January2012.p df .

② 例如，中国自有贸易区服务网 http://fta.mofcom.gov.cn/topic/enpacific.shtml, 以及中国——东盟投资协议 (2009) http://www.aseansec.org/Fact%20Sheet/AEC/2009-AEC-031.pdf.

致一些问题的产生，对某些新兴产业造成了威胁。最近发生的世贸组织针对中国生产并销往国外的太阳能和风能产品的投诉就是典型案例[①]。作为应对，中国也针对欧盟对太阳能板的补贴以及美国的做法向 WTO 提出了抱怨。此外，压力还来自其他一些问题，如欧盟要求进入欧盟的航班要加入欧盟排放交易体系。这一行动由于美国、中国、印度和俄罗斯等很多大国的反对而暂时中断[②]。

关于绿色增长相关新技术贸易争端的升级也让人感到沮丧。显然，任何人都不希望看到环保产品（如目前争端涉及的产品）的快速商业化受到阻碍。降低这类产品价格，使其对高碳能源形成竞争力是非常重要的，而要形成这样的局面，市场规模是首要的考虑因素。多哈谈判在环境产品的关税减免上的进展缓慢同样也令人沮丧[③]。因此，回顾过去一年，可以预见有些灰色地带将来还会引起争端。

尽管存在着围绕可再生能源技术和其他绿色贸易问题的争端，近几个月来 APEC（亚太经合组织）在预计对环境商品达成最多削减 5% 关税上取得了进展[④]。这被看作是体现了“追求绿色增长目标的决心，应对气候变化和确保可持续的经济发展”。

在“十二五”规划中，虽然一些省份实际 GDP 增长仍保持在两位数的水平，但是中国降低了国家 GDP 增长的目标。GDP 增长率的降低是在国际经济衰退影响下的合理估计，但是在中国，这种目标的降低还被中国政府理解为更加注重发展的质量，包括污染削减、能效提升和保护生态系统服务功能。然而，有一点必须注意，如果增长率大幅降低，就会带来就业机会的减少。如果税收减少，保护环境所必须的资金投入就很可能难以筹措，企业也可能不愿意合作。

中国领导人反复强调不会忽视环境保护和绿色发展的必要性。这是一个重要的承诺，而且有证据表明它正在被贯彻和落实，包括“十二五”规划在这方面所作出的承诺。然而，如果未来几年出现更为严重的全球经济衰退，对中国贸易产生重大的影响，中国在刺激计划中安排的环保投入（如饮用水和污水处理设施）不太可能达到 2009—2010 年刺激计划的水平。事实上，李克强同志曾说过：“我们应坚持在

① USwillplacetariffsonChineseSolarPanels.11October2012 NewYork http://www.nytimes.com/2012/10/11/business/global/us-sets-tariffs-on-chinese-solar-panels.html?_r=0&pagewanted=print,http://ictsd.org/i/news/bridgesweekly/134029/China-USsparringoverrenewableenergy intensifies.

② http://ictsd.org/i/news/biores/150032/ 欧盟宣布暂时终止航空排放法 .

③ G.BalineauandJ.deMelo.2011.StalemateatthenegotiationsongoodsandservicesattheDoha.

④ http://www.apec.org/Meeting-Papers/Leaders-Declarations/2012/2012_aelm/2012_aelm_annexC.aspx.

发展中保护，在保护中发展，积极探索代价小、效益好、排放低、可持续的环保新道路”[①]。在考虑绿色发展相关问题与政策时必须牢记这一注重实效的观点。特别重要的是要更加关注实际效果，因为实现污染控制目标或其他环保目标并不会自动带来周边环境条件的改善或降低人类健康和生态系统的风险，而这些才是我们期待的最终目标。

很多人都担忧全球和国家经济衰退的延续将导致对环境监管和标准的逐渐放松。这种观点在里约 +20 峰会上也有所显现，导致大会成果未能对绿色经济作出本该更为有力的承诺。此外，还有一种担忧是投资可再生能源和新型可持续发展技术商业化的热情将会因为非传统化石燃料的大力开发（如通过压裂技术开采的页岩气[②]）或其他原因（如生物技术公司已经找到更先进的生物燃料）而减缓。

在这种形势下，中国可能更具有优势，因为中国可以比其他国家更多地加大对科技研发的投入，而且具有更大的潜在国内市场。中国创新能力也正在提高，这可以通过专利注册得到证实。有理由相信，中国在推进可持续绿色技术方面具有巨大的优势，即使其他一些方面可能会在还要持续几年的经济衰退期中有所落后。这一点事关中国各地的区域发展（包括西部地区），因为绿色发展包含很多因素，比如农业就可能是那些欠发达地区的经济发展机会。

对于很多国家（包括中国）来说，最重要的任务是创造就业机会和消除贫困。而在关于绿色增长战略和绿色经济究竟能产生多大程度的就业净效益方面，国际上还存在着不同观点。显然，UNEP 的观点是最乐观的[③]。而 OECD 认为绿色增长并不是创造就业机会的主要动力，而是在于环境效益，以及产业和能源领域的转型，进而带动产业生态的根本转型[④]。当然，具体的情况会因为国家、地区和行业的不同而有所差异。里约 +20 成果文件[⑤]的背景研究表明，绿色发展创造净就业效益是可能的。中国很有可能成为通过绿色发展实现就业净增长以及消除贫困的成功范例之一。显然，绿色发展将成为调整第二、第三产业结构的主要驱动力，未来第三产业将提供最大份额的工作机会。这种转变需要对投资战略采取审慎的态度，特别是重

---

① GovernmentNet.2011 年 12 月 20 日，李克强副总理在第七界全国环境保护大会上的讲话。http://www.gov.cn/ldhd/2011-12/20/content_2025219.htm.

② http://news.nationalgeographic.com/news/energy/2012/08/120808-china-shale-gas/.

③ 见 UNEP.June2012.BuildinganInclusiveGreenEconomyforAll.http://www.unep.org/newscentre/default.aspx?DocumentID=2688&ArticleID=9169.

④ GreenGrowthandSustainableDevelopmentOECDandRio+20http://www.oecd.org/greengrowth/oecdandrio20.htm.

⑤ UnitedNations.June2012.TheFutureWeWant.Rio+20outcomedocument.

工业的投资战略，几乎所有有关中国经济的战略分析和研究都提出了这一观点。

三、中国的区域发展①

中国各个地区迥异的地理、环境、资源和文化差异体现出不同的区域社会经济发展历史格局。同时，中国在过去的 60 多年中经历了多次的经济体制改革以及发展政策的变化，特别是东部地区的对外开放。近年来，因发展不均衡所带来的种种社会矛盾和冲突已经对社会稳定、经济增长、环境和生态保护、社会正义与公正造成了影响。解决这些全国性和区域性的问题催生了西部大开发以及振兴东北战略的出台。然而，这些努力并没能有效地探索出一个真正可持续的发展模式，有些地区的收入差距还在继续扩大，尤其是城市和农村人口之间的收入差距。

（一）区域格局的历史演变

当今中国不均衡的区域发展演化始于 1935 年著名的“胡焕庸线”。这条线划定的人口分布格局至今依然有效，变化不大。同时，这条线也与生态环境过渡带或称脆弱带紧密相关。在胡焕庸线附近，滑坡、泥石流等地貌灾害分布集中。中段是包含黄土高原在内的重点产沙区，黄河的泥沙多源于此。它也代表了西北的无涝区向东南的洪涝区过渡。这种二分格局一直延续到 20 世纪 80 年代。

“七五”计划（1986—1990 年）时期，中央政府把巨大的内陆地区区分为中部和西部，使中国区域发展呈现出清晰的东部沿海、中部内陆、西部地区梯度结构。这一时期，东部沿海地区快速发展，各具特色：辽宁省依靠重工业推动地区经济的发展；江浙地区依靠民营经济的快速发展；广东依靠开放导向型的政策。

随着 1999—2000 年期间西部大开发战略的实施，三大地带覆盖的地域范围有所变化，广西和内蒙古被划入西部地带，但三个地带的格局并未改变。获得先发优势的东部地区继续维持着较快的发展速度，而且直到最近，其增长速度仍普遍高于中部和西部地区，区域之间的发展差距继续扩大。从区域基本建设投资来源看，发达地区的资金动员能力主要来自市场，欠发达地区来自市场机制的资金相对较少。

① 本部分文字是本关注问题报告背景研究报告的摘要，介绍了中国区域发展的复杂性。文字采取了叙述性的手法，没有包括全部的参考资料索引。背景研究报告为张世秋博士所撰写，可以根据需求予以提供。在此，感谢张盛昊和王佩珅对原文提供的翻译支持。

西部大开发战略是中央政府正式实施的第一个区域发展国家战略。随后，为解决资源型城市的经济结构转变和国有经济的制度效率问题，提出振兴东北老工业基地。之后，为平衡区域发展、避免中部塌陷而要求中部崛起和加快东部地区率先发展。因此，在“十五”期间，逐渐形成四大板块的区域格局。

“十一五”规划纲要提出的区域发展总体战略，明确表述为“推进西部大开发，振兴东北地区等老工业基地，促进中部地区的崛起，鼓励东部地区率先发展”四大板块的区域格局。东部地区是指北京、天津、河北、上海、江苏、浙江、福建、山东、广东和海南 10 省（市）；中部地区是指山西、安徽、江西、河南、湖北和湖南 6 省；西部地区是指内蒙古、广西、重庆、四川、贵州、云南、西藏、陕西、甘肃、青海、宁夏和新疆 12 省（区、市）；东北地区是指辽宁、吉林、黑龙江 3 省。

“十二五”规划将重点放在了西部地区和东北地区。2012 年 1 月国务院召开了西部地区开发领导小组会议和振兴东北地区等老工业基地领导小组会议，《中国日报》① 对此做了如下报导：

根据国务院常务会议文件，中国将继续推进欠发达的西部地区和东北地区的发展……会议由国务院总理温家宝主持，讨论通过《西部大开发“十二五”规划》和《东北振兴“十二五”规划》…… 会议指出，西部地区仍是我国区域发展的“短板”，是全面建设小康社会的难点和重点。

要坚持把深入实施西部大开发战略放在区域发展战略优先位置，努力保持经济社会长期持续平稳较快发展，实现地区生产总值和城乡居民收入增速均超过全国平均水平……重点发展优先发展区的建设，根据环境特点、自然资源、发展阶段和发展潜力制定具体的发展方向。

国务院还重点强调了继续把基础设施建设放在优先位置、加大环境保护力度、发展特色优势产业、培育中小城市和特色鲜明的小城镇、发展教育和提升对内对外开放水平。

会议指出，制约东北振兴的体制性、机制性、结构性矛盾尚未得到根本解决，“十二五”时期要深化改革开放，加快转型发展。国务院要求有关地区和部门巩固发展现代农业、完善现代产业体系、优化东北各省的区域发展战略。地方政府应促进资源型城市可持续发展、改善基础设施条件加强环境保护增加就业岗位、加快保

① http://www.chinadaily.com.cn/china/2012-01/10/content_14410199.htm

障性安居工程建设、深化国有企业改革和加快发展非公经济。

较发达的东中部地区要进一步提升对口支援、对口帮扶的深度和水平。

（二）全面建设小康社会的目标和区域发展不平衡的现实

过去 30 年来，中国实现了年均 9.6% 的高速增长，经济正向全面小康迈进，但各个区域之间发展极不平衡。中国区域间的差距是全方位的，既反映在基本公共服务的经济发展水平上，也反映在生态禀赋状况上。区域发展面临“强者恒强、弱者恒弱”的挑战。

以下从小康社会实现程度、经济发展水平、城市化、人民生活水平、区域自我发展能力、基本公共服务、污染物排放这几个方面来比较四大区域之间存在的异同点。虽然资源环境压力也与此相关，但是这里没有单独进行论述，因为无法像其他几个方面那样用简单的数字来概括。

1. 小康社会实现程度

衡量全面建设小康社会的实现程度有 6 个方面的指标，分别是：经济发展、社会和谐、生活质量、民主法制、文化教育、资源环境。这里不去讨论这些方面是如何具体衡量的，仅仅提供一个政府看到的结果。

从图 5 可以看出各地区实现小康社会的稳定进步趋势，但是只有东部地区基本接近实现小康目标。2010 年，东部地区全面建设小康社会的实现程度为 88.0%，东北地区为 82.3%，中部地区为 77.7%，西部地区为 71.4%。从 2000 以后 10 年来的年均增长速度来看，东部地区增幅最高，西部地区最低。研究表明，随着城市全面建设小康社会进程突破 90%，今后的提升速度可能会逐渐放缓。衡量指标并没有涵盖所有小康社会应该包括的方面。

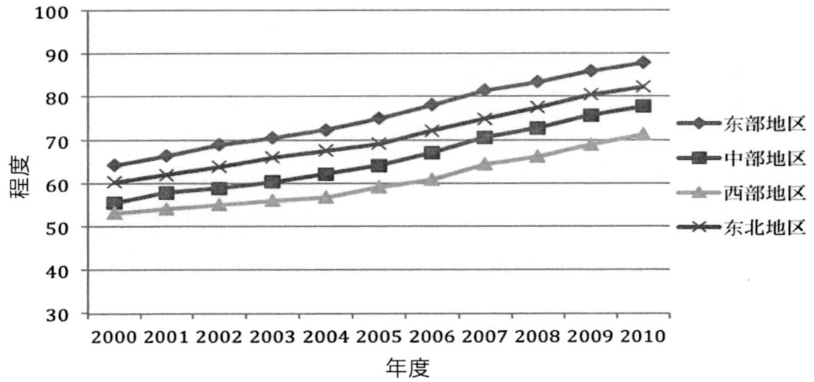

图 5　中国四大区域全面建设小康社会的实现程度图

2. 经济发展水平和产业结构

从 GDP 总量来看，1992—2010 年东部地区均居全国首位。2010 年东部地区 GDP 占全国的比重为 57.8%，中部地区占 21.5%，西部地区占 20.3%，东北地区占 9.3%。从 GDP 增长速度来看，2007 年是一个转折点。在 2007 年前，经济增长最快的是东部地区，相比而言，在绝大多数年份，东北地区的经济增速最慢。2007 年之后，形势发生逆转，东北地区成为经济增速最快的地区，东部地区增速最慢。2010 年经济增长最快的是中部地区，其 GDP 增长率达到 14.1%，而最慢的东部地区为 12.9% 。西部地区和东北地区依次排在第二、三位，分别为 13.7%、13.6%。1992—2010 年，东部地区人均 GDP 远高于全国平均水平。2010 年达到 45 798.2 元，为全国平均水平的 1.53 倍。相比之下，西部地区人均 GDP 占全国平均水平的比例由 1992 年的 67% 上升到 2010 年的 75.4%。

四大区域的产业结构也存在着重大差异，即东部地区 2009 年进入工业化后期，中部和西部进入工业化的中期，东北则处于工业化中期阶段的后期。综合起来看，全国仍处于工业化中期阶段的水平。这些认识很重要，因为有很多人批评中国近年来在重工业发展上过度投资，导致了产能过剩，进而在国内和国际上寻求市场卖掉过剩的产品。同时，由于发达地区开始致力于节能减排工作，很多高污染产业很可能面临着搬迁的命运，例如在北京、上海这样的发达城市，污染企业搬迁已经既成事实。

总体上，所有这四个地区都在努力优化产业结构。第一产业所占的比重都在降低，虽然东北地区降低的幅度很小。在所有四个地区中，东部地区第二产业所占比重趋于稳定，第三产业所占比重稳步增加，一些城市（如北京）已经超过了 50%，处于“后工业化”阶段。

3. 城市化水平

中国从农业化社会向大多数人生活在城市中的工业化社会转型的规模是前所未有的，也是未来的发展方向。毋庸置疑，这一转型的首要任务是可持续的城市化，而这也是一个艰巨的挑战。中国共有 600 多座城市，其规划和管理所面临的挑战规模是空前的。人们相信中国城市化过程中的人口迁移远远超过历史上任何一个时期、任何一个国家所经历的水平。城市是工业创新的基地，是制造业能够成功发展的枢纽，但是同时也是污染的根源，存在着与征地、交通以及其他与发展相关的问题。

中国已经迈上了城市化的道路，预计将来至少会有 70% 的人口将在城市中生活和工作。2009 年各个地区的城市化水平分别是：东部地区 56.7%，中部地区 42.3%，西部地区 39.4，东北地区 56.9%。越来越多的地方开始尝试改善城市发展模式，例如，通过发展生态城市、低碳城市等[①]。一些中国的城市被世界卫生组织和其他一些国际组织列入了最严重污染城市名单，而另一些城市则在环境规划和解决如水污染等环境问题方面取得了令人瞩目的成绩。

4. 人民生活水平——收入差距

与经济发展水平相适应，东部地区城镇居民收入大幅领先于其他地区（图 6）。2010 年东部地区城镇居民人均可支配收入为 23 272 元，是全国平均水平的 1.2 倍；中部地区、东北地区和西部地区差距不大，分别为 15 962 元、15 941 元和 15 806 元。2000—2010 年，四大区域中东部地区农村居民人均纯收入水平远远高于其他三个区域，由 2000 年的 3 588 元提高到 2010 年的 8 143 元。2010 年，东北地区城乡居民收入比值为 2.48 : 1，东部地区为 2.86 : 1，中部地区为 2.90 : 1。西部地区城乡收入差距较大，比值高达 3.58 : 1（图 7）。

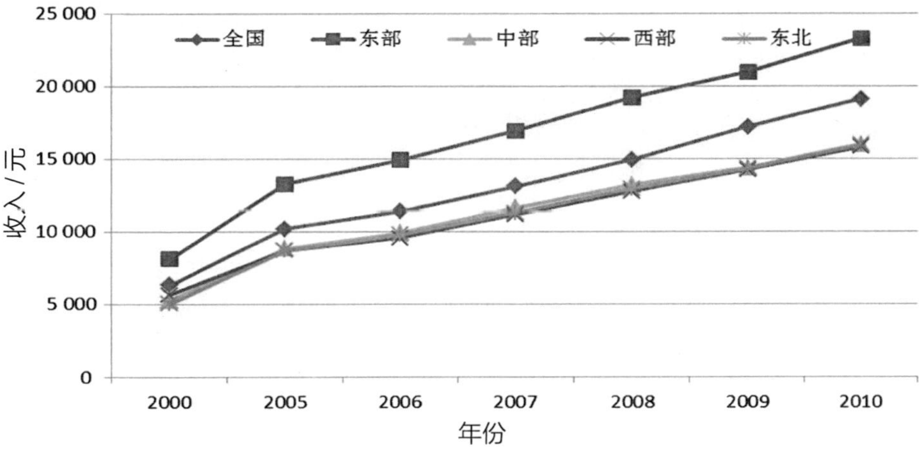

图 6　2000—2010 年四大区域城镇居民人均可支配收入

① http://usatoday30.usatoday.com/news/world/story/2012-07-15/china-building-green-cities/56219286/1; 见生态城市全球调查 2011. 由西敏寺大学国际生态城市行动开展的这项调查显示中国可能会成为拥有生态城市最多的国家。http://www.westminster.ac.uk/?a=119909.

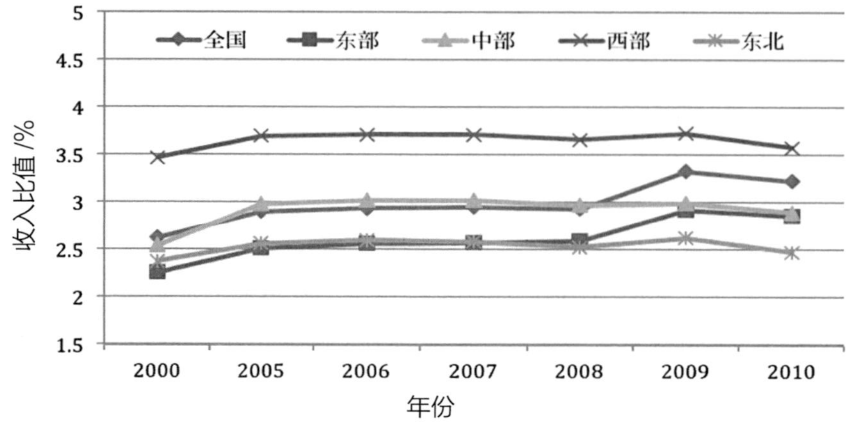

图 7　2000—2010 年四大区域城乡居民收入差距比值

5. 区域自我发展能力

衡量一个地区自我发展能力的一个途径是考察它提高地方财政收入的能力。这一点，显然东部地区做的最好（图 8）。西部地区自从 2007 年以后财政收入水平明显提高。

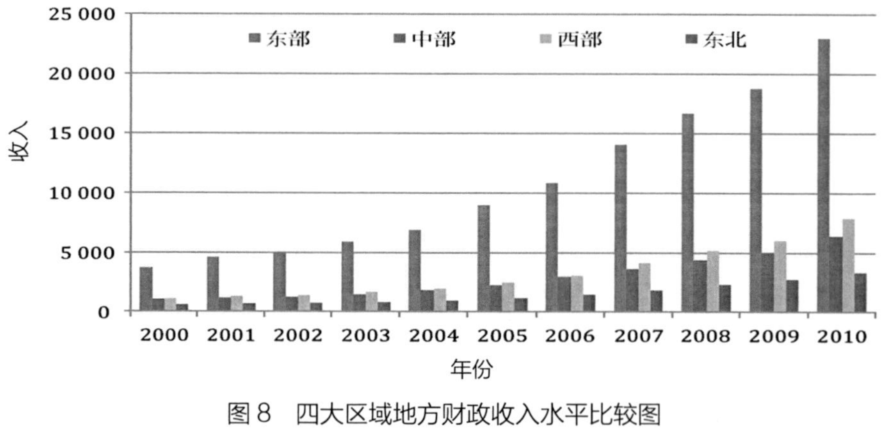

图 8　四大区域地方财政收入水平比较图

衡量地区自我发展能力的另一个途径是考察这些地区地方财政收入与地方财政支出的比例。四大区域地方财政收入占地方财政支出比例相对比较稳定，但是地区间差异明显(图 9)。2010 年，这一比例为从最高东部地区的 76.2% 到最低西部地区的 36.8%。

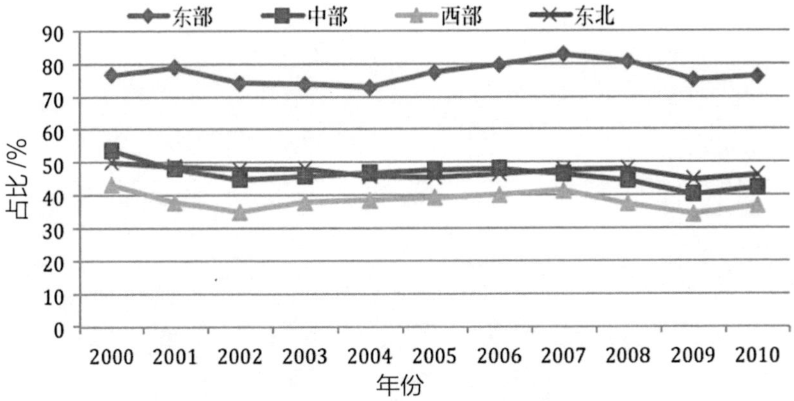

图 9　四大区域地方财政收入占支出水平比例变化

6. 公共服务

在过去的 20 年里，全国城乡公共服务水平有了很大的改善，尤其是过去 10 年得到了大幅提升，这包括 2008 年经济刺激计划在这方面的投入。在这里仅列出以下几个实例：各区域大专及以上学历所占人口比重极度不均衡，2009 年东部地区、中部地区、西部地区及东北地区分别为 9.02%、6.10%、5.60%、9.07%。事实上，2005—2009 年，地区差异越来越明显，这表明四大区域高文化素质人口差距在扩大。

2003—2010 年，四大区域在水利、环境和公共设施管理业的固定资产投资增速有显著差别。2007 年后，东部地区在水利、环境和公共设施管理业的固定资产投资增速明显快于其他三个区域，如图 10 所示。

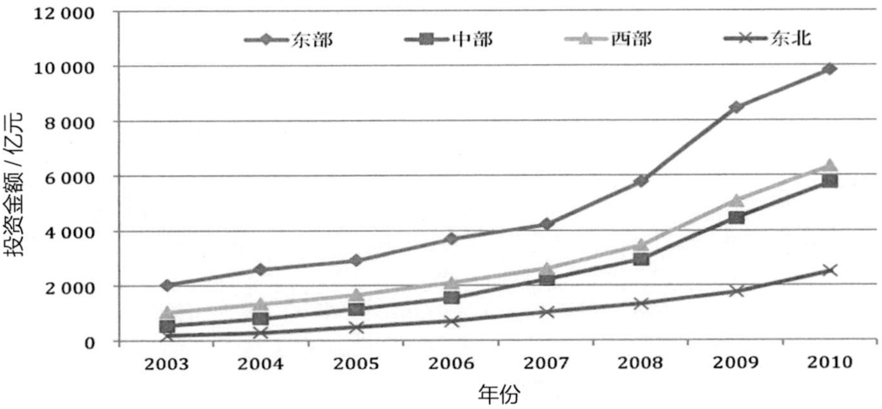

图 10　水利、环境和公共设施管理业固定资产投资比较图

公路和铁路营运里程在过去 10 年里大幅增加，特别是在西部地区的发展最为显著，如图 11 所示。

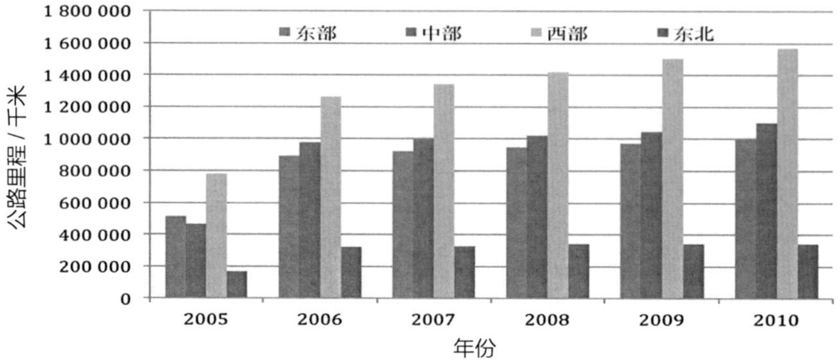

图 11　四大区域公路营运里程

7. 污染排放与突发环境事件

2002—2010 年,四大区域单位 GDP 化学需氧量(COD)的排放量呈不断下降趋势。当然，这只是指排放强度的降低而不是污染排放量的绝对下降。把各区域的排放量进行比较就会发现一个很有趣的现象，西部地区开始排放强度比其他地区高出很多，而到 2010 年其排放强度与其他地区相当接近（图 12）。

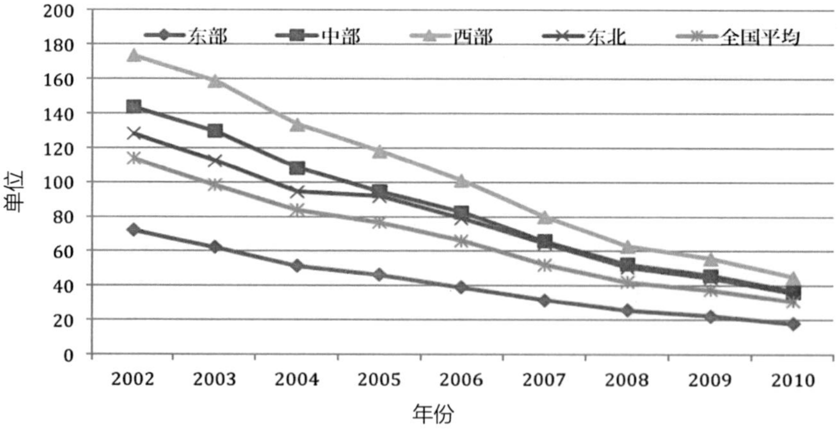

图 12　四大区域单位 GDP 的 COD 排放量比较

2002—2010 年,四大区域单位 GDP 的二氧化硫排放量呈不断下降趋势(图 13)。

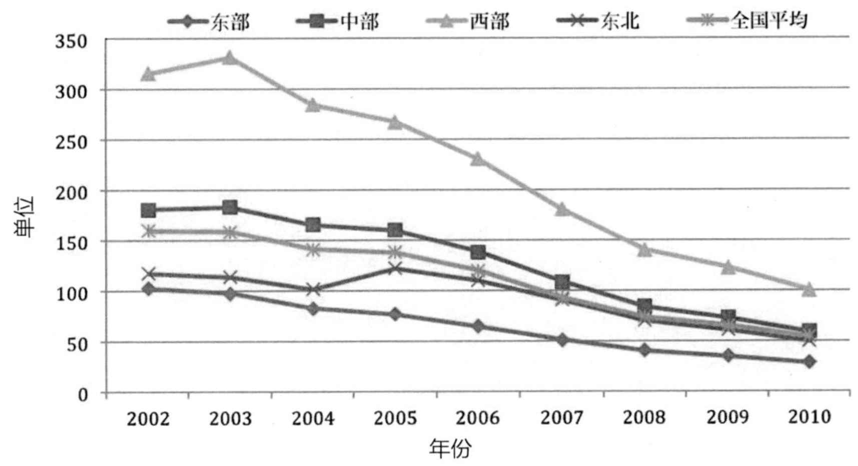

图 13　四大区域单位 GDP（人民币）二氧化硫排放量比较

2002—2010 年，四大区域突发环境事件的次数基本上降到了较低的水平（图 14）。东北地区突发环境事件的次数一直处于较低水平，虽然有些事件很严重。西部地区由 2002 年的 893 次下降为 2010 年的 67 次，中部地区由 2002 年的 621 次下降为 2009 年的 53 次。而东部地区的情形与此相反，从 2008 年开始，其突发环境事件的次数有所上升，由 2006 年的 172 次上升为 2009 年的 255 次。

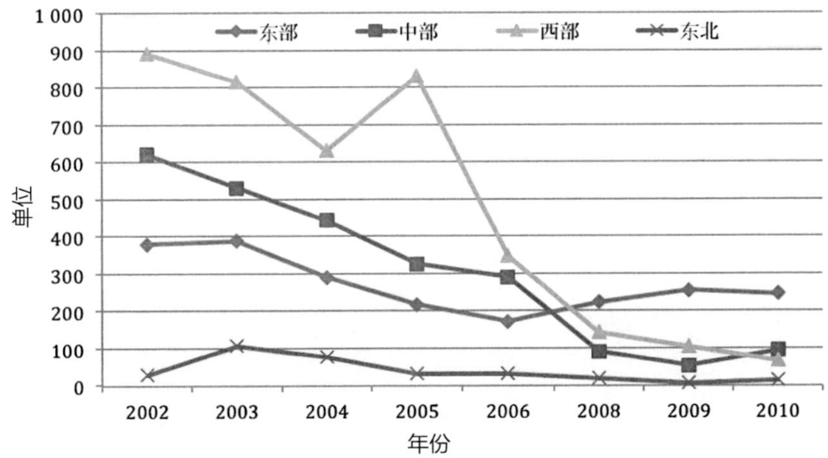

图 14　2002—2010 年环境突发事件比较

（三）关于区域发展不平衡评述

在中国国内关于区域发展问题存在大量的讨论，基于讨论和各种假设条件推出了一些结论。然而，究竟哪些结论最为重要或最为可信却没有形成共识。另外，关于如何衡量绿色和可持续发展的问题也一直处于讨论之中。但是其中一些观点不容忽视，它们包括：

1. 区域特点

① 东部地区不仅经济发展水平最高，而且社会发展水平也可能是最高的，但这是以很高的环境成本为代价实现的。这个环境成本，目前尚无法完全准确计量，其中包括累积影响、与生态服务和人类健康有关的成本以及经济生产力的降低。

中国东部地区经济实力在全国仍占绝对优势，包括 GDP 总量及人均 GDP 大幅领先于其他地区。同时，以服务业为代表的第三产业发展迅速，并带动产业结构进一步优化。但近年来经济发展速度有所减缓，外贸依存度偏高的特点使得其发展受同际环境影响较大，世界经济变动会导致其经济大幅波动。人民生活水平在全国也处于领先地位，城镇居民人均可支配收入、农村居民人均纯收入均居四大区域首位。此外，东部地区基础设施也最为完善。但其城市化进程滞后于工业化进程、城乡居民收入差距呈现明显扩大趋势。从其他地区到东部地区或从东部地区本地农村进城务工人员无法得到和东部地区城市居民一样的全面的社会福利。

② 中部地区开始崛起，但是仍存在严重的问题。中部地区经济总量持续增加，占全国比重呈不断上升趋势。居民生活水平快速改善，农村居民人均纯收入同比增速为四大区域最高。基础设施建设发展较好。但其城市化水平提升缓慢，仍缺乏与工业化的协调。

③ 西部地区取得长足进步，但综合发展水平仍然最低。西部地区面临的主要问题是进一步消除贫困、缩小贫富差距、提升教育水平等人类发展问题，以及与生态环境的脆弱性相关的问题，特别是目前基础设施建设和矿产开发进一步加快，农业、草原放牧带来的压力越来越大，以及气候变化和其他因素对水资源和生态服务的影响愈演愈烈。企业准入条件不够完善，缺乏成熟的监测体系和标准。

西部地区经济发展明显加快，综合经济实力不断提升，但其经济发展总体仍然落后，人均 GDP 居于四大区域末位。工业化水平快速提高，但产业层次低，结构不合理。城镇居民人均可支配收入同比增速居四大区域首位，但城乡居民之间的收入差距全国最高，农村居民人均纯收入全国最低。

西部地区基础设施依然薄弱，社会基本公共服务水平偏低，对中央支持政策依赖性极强，自我发展能力弱，这些都严重制约了西部地区经济社会的发展。另外，西部地区的 COD 和二氧化硫的排放水平居四大区域首位，对生态环境破坏严重，经济发展方式亟待转变。西部地区的可持续发展是实现全中国可持续发展的先决条件，因为西部地区对下游河流流域、空气流域和土壤的影响会影响其他地区。

④ 东北地区基础较好，但经济增长速度相对较低。东北地区经济发展总体实力较强，人均 GDP、工业化水平仅次于东部地区，但经济发展速度放缓。经济结构转变困难，高端工业和现代服务业发展不足，产业结构升级的任务艰巨。农村居民人均纯收入水平仅次于东部地区，城乡居民收人差距最低，且呈现不断缩小趋势。此外，东北地区教育事业发展良好，城市化水平居四大区域首位，具备经济转型的人力资源优势。但近年来以高速公路为代表的基础设施发展缓慢，城市化在一定程度上滞后于工业化。

2. 环境绩效

东部地区环境绩效高于中部和西部地区，特别是在“十一五”期间。无论是污染物排放总量、单位产值排放量还是环境质量，都呈现越来越显著的东部地区优于东北地区、中部地区、西部地区的特征。然而，随着新问题的出现，特别是过去 10 年里大多与发展有关问题的出现，上述结论可能会有所改变。这些问题包括海洋与沿海石油泄漏和其他污染问题，土壤污染，以及发生在一些富裕城市对健康具有严重影响、并且在区域空气流域扩散的烟尘与臭氧问题。此外，由于对原材料需求快速增加，东部地区发展的生态足迹远远超过了其自身地域的范围。

3. 削减贫困和收入差距

尽管中国在实施千年发展目标上取得了非常显著的成果，但是消除贫困的任务尚未完成，地区内与地区间收入差距仍不断增加。郭腾云和徐勇根据 1995—2003 年的数据分别利用 Gini 和 GE 方法[①]，得出中国整体不均衡在逐步扩大的结论，但扩大的速度较慢，因为总的经济形势在上升。李迁等（2006）根据 1993—2003 年的数据用 GM 指数进一步发现，从人均 GDP 的角度而言，1993 年以后中国区域发展不均衡呈现扩大的趋势，而在这种不均衡在中东部地区的贡献率超过了 50%。金相郁和郝寿义（2006）的研究表明，在中国改革开放后，特别是 1990 年以来，无论是 31 个省市区之间还是东、中、西部地区之间都呈现区域发展差距扩大趋势。

对中国地区人均 GDP 差距系数的数据分析表明，人均 GDP 差距系数经历先缩

① 关于这些方法的解释，请参见 FernandoGDeMaio.2007.Incomeinequalitymeasures.J.Epidemiol CommunityHealth.61(10):849–852. http://www.ncbi.nlm.nih.gov/pmc/articles/PMC2652960/.

小（1978—1990 年）、再扩大（1990—2004 年）、再缩小（2004—2010 年）的过程，区域不平衡程度呈倒 U 形。对改革开放以后 1978—2010 年的数据分析发现，我国人均 GDP 的基尼系数从 1978—1991 年下降，1991—2003 年上升，2004—2010 年有下降的趋势。

（四）区域发展不平衡的根源

区域经济学和发展经济学对区域（地区）不平衡发展的原因都有所解释。综合国内学者们的研究，造成中国地区差异的因素是多样的。这些因素包括：政府政策，宏观经济因素、地区资源禀赋、要素流动性，并且这些因素之间存在互相作用。但没有哪个单一的因素能够全面解释中国区域发展不平衡的原因。

具体来说，在造成区域发展不平衡方面，有很多因素曾经而且将继续发挥主要的作用，包括自然资源禀赋以及 60 多年来不同经济发展模式累积效应。区域发展不平衡有一定的历史渊源，主要表现在两个方面，一方面是基础设施，另一方面是社会资本。社会资本会对经济效率产生影响，包括时间效率观念、竞争意识、文化传统、教育结构等。

1. 地理和资源禀赋差异

交通通达性直接导致巨大的交易成本差异。水运特别是海运能力的提高和相对于陆运费用的节省，形成了沿海地区对外交往的优势地位。内陆西部地区相对处于对外交通不便和交易费用较高的不利地位。

资源开发成本的差异。从总体看，西部地区资源的开发成本高于东部地区。蕴藏于崇山峻岭的自然资源开发加工难度较大，成本费用也较高。

农业发展质量差异大，东部地区具有禀赋优势，靠近高度人口聚集的市场。相比之下，西部地区大部分土地质量和潜力较差，易于受气候变化、水土流失等环境风险的影响。

2. 中西部地区的生态脆弱县与贫困县呈高度正相关

在中西部地区被划入生态敏感地带的县份中，约有 76% 是贫困县。在被划入生态敏感地带的土地面积中，约有 43% 的土地面积在贫困县内。被划入生态敏感地带的耕地面积中，约有 68 % 的耕地面积在贫困县内，占这些省区贫困县耕地总面积的 74%。在划入生态敏感地带的人口中，约有 74% 的人口生活在贫困县内，占这些省区贫困县总人口的 81%。这些数字显示出，生态敏感与贫困在一些更加贫困的地区相关性更大，也更为复杂，所以也是可持续发展所不可忽视的一个重要问题。

3. 过去 60 多年发展历史的累积效应

中国的发展政策大体经历了 3 个阶段，包括：重点发展基础农业和重工业阶段；实施区域梯度发展策略并优先发展东部沿海、重点实施开放政策并伴随着经济及一定的金融和政治改革阶段；以及实施均衡发展策略（包括西部大开发）阶段。

经济发达地区享有优惠的政策。在改革开放之初，这种差异导致了部分城市形成更加开放的环境，而其他地区依然封闭。优先安排沿海地区的经济体制改革实验，形成了区域改革推力的差异。从实践来看，改革实验点使这些地区率先摆脱了计划体制的僵化模式，激发了经济活力，使民营经济得到较快发展。另外，地域优势得以充分发挥，如沿海港口的便捷和廉价运输成本。

4. 不同时期的国家发展战略

1949—1972 年，政府采取的战略是向中西部内陆地区倾斜的发展政策，这一时期优先发展落后的内陆地区。在内陆地区实施重化工业，试图改变旧中国留下的区域分布东倾。但是，这个时期在中西部投资发展的工业属于增值程度较低的采掘工业和能源材料工业，而东海沿海一带则集中了加工工业。因此，中西部区域在全国的工业格局中实际上处于不利地位。1973—1978 年，中国的发展战略是优先发展沿海地区。

“六五”期间（1981—1985 年），政府强调依据地区比较优势来制定地区发展战略。这一阶段，发展战略为从沿海到内陆梯度发展。沿海地区优先调整产业结构，建设基础设施，参与国际贸易与投资。内陆地区则发展能源、交通和原材料产业来支持沿海地区。经济特区和对外开放政策开始实施。这些经济特区主要集中在南部沿海，即以珠江三角洲为核心，包括珠海、汕头、厦门、海南等经济特区和 14 个对外开放城市。总的来看，东部沿海地区在财政、税收、价格、投资、信贷政策方面拥有较大自主权，制度创新空间较大。

1991—2000 年（“八五”和“九五”期间），发展战略转向协调发展地区经济和缩小地区差异。国家采取了一系列政策来促进内陆地区发展，包括加大内陆地区的基础设施建设的资金投入，吸引外资进入内陆地区，引导内陆与沿海地区合作。经济特区开始向从南部沿海（“南段”）向中部沿海和北部沿海扩展，形成以长江三角洲为中心的“中段”和以环渤海湾为中心的“北段”；同时，区域发展重点也从东部地区沿海向中部地区和西部地区推进，特别是由东向西的长江流域。

1999 年，中央提出了“西部大开发战略”。这之后，国家试图实施均衡发展和协调发展的战略。西部开发战略试图通过改善西部地区的基础设施和商业环境来吸引外国投资，从而使西部地区能够赶上东部地区的发展步伐。然而，从实际效果来看，东西部的地区差异并没有显著缩小。此外，政府还推动了振兴东北老工业基地战略（2004）、中部崛起战略（2006）等政策，并加大转移支付。在“十二五”规划纲要中，政府将缩小区域差距、寻求区域协调发展作为重要目标。

5. 地区产业结构

不同地区的工业的技术含量、附加值、规模经济性不同，导致不同地区的产业结构向更高阶段产业结构转化的速率不同。西部地区的工业以初级工业原材料生产加工为主。在实施重工业优先发展策略时，中西部建设了许多国有大中型企业，它们大多数属增值程度差的采掘工业和能源、原材料工业，加工深度和加工层次低。

这些工业难以与当地农村的产业结构相结合，难以促进农村乡镇企业的发展壮大。改革开放后，东部地区则利用改革开放政策，优先发展金融、贸易、信息、通信等高附加值的产业。西部地区慢慢沦为农业和其他初级产品的提供地，由此造成在短短 20 余年内地区差距持续扩大。覃成林等（2011）的分析表明，工业对中国区域发展不平衡的贡献最大，其他服务业、批发零售及住宿餐饮业、金融业对中国区域发展不平衡的贡献分别位居第二、第三和第四位。

6. 地区市场化和所有制结构

目前，东部沿海地区的市场化程度相对较高，集体、私营、外资等非国有经济的贡献相对较大；而西部地区则相反。汪峰（2007）通过研究发现，人力资本、非国有经济的发展和对外开放程度上的差异是我国现阶段地区间经济发展不平衡的重要原因。王小鲁和樊纲（2004）指出，中西部地区的经济增长率与东部地区的差距在很大程度上是由于要素生产率低。而这主要取决于技术进步和市场化程度的差异。在市场化方面，东西部地区差距明显，尤其是在非国有经济的发展和要素市场发育方面差距非常突出（资本、劳动力和土地）。

长期以来，中国的资本市场和劳动力市场存在地区限制。具体而言，劳动力无法在地区间自由流动，地区投资不平衡。这些因素是造成沿海地区和内陆地区形成差异的重要原因。此外，技术性劳动力更趋向于在沿海地区找到报酬较高的工作。沿海地区和内陆地区在投资增长、融资结构、资金配置效率上存在差异，这些因素的差异对扩大地区差异有正向作用。反过来，地区发展的不平衡又促使劳动力向发展水平高的地区聚集，进一步加深地区差异性。

7. 中央财政政策

目前，中央主要采取财政转移支付、促进基本公共服务均等化等措施推动区域协调发展。为实现财政转移支付，中国将过去的分权式财政税制改革为目前的分税制财政税制。改革的结果是中央财政在全社会财政收入总结构中的比重占了大头，改变了地方财政为主的格局。中央获得了更多的财政收入，从而能更多地补贴欠发达地区。中央政府的财政政策设计不是以地方的经济发展水平、税源增长作为依据，而是以一年或前几年的财政收支平均数作为依据。这会让东部地区这样财政支出规模较大、经济增长潜力较高的区域更多地获益。

8. 中国经济改革政策（全球化和经济自由化）

全球化和经济自由化对扩大地区差异有正向作用。全球化通过出口和外商投资促进了经济增长；同时，先进技术也会促进经济增长和企业竞争。经济自由化通过优化资源配置促进经济增长。但与此同时，由于各地资源禀赋、经济结构和政策等方面存在差异，全球化和自由化可能会扩大地区差距。

国家的改革开放政策对东部沿海地区实施了更加优惠的政策，包括：低税率、高财政返还、给予高新技术产业开发区较大土地使用权等。这使得东部地区在利用外资发展经济方面获得了更好的优势，并更快速地从国际贸易中积累资本、引入先进技术和学习好的管理经验。在过去 20 年的经济改革期间，市场导向的外商直接投资以及民间资本流动使资金大量流向东部地区，加速了东部地区的经济增长，同时也扩大了地区差距。中西部地区科技成果市场化程度很低。东部地区与中西部地区之间在人力资本存量方面形成的差距是区域之间发展差异的重要因素之一。

9. 政策干预

中国自“八五”期间开始关注区域协调发展，并提出“要正确处理发挥地区优势和全国统筹规划、沿海与内地、经济发达地区与较不发达地区之间的关系，促使地区经济朝着合理分工、各展其长、优势互补、协调发展的方向前进”的区域协调发展战略。这一战略思想在 2003 年的中共十六届三中全会提出的“5 个统筹”中有了更进一步的阐述，并提出了具体的措施。西部大开发、中部崛起、东北老工业基地振兴等战略，是为缩小区域发展差距、促进区域协调发展而提出的针对性措施。

5 个统筹的具体内容为：

“积极推进西部大开发，振兴东北地区等老工业基地，促进中部地区崛起，鼓励东部地区率先发展，继续发挥各个地区的优势和积极性，通过健全市场机制、合作机制、互助机制、扶持机制，逐步扭转区域发展差距拉大的趋势，形成东中西相互促进、优势互补、共同发展的新格局。”

中共十六届五中全会审议通过的《中共中央关于制定国民经济和社会发展第十一个五年规划的建议》中进一步提出，促进城镇化健康发展，坚持大中小城市和小城镇协调发展，提高城镇综合承载能力；继续发挥珠江三角洲、长江三角洲、环渤海地区对内地经济发展的带动和辐射作用；继续发挥经济特区、上海浦东新区的作用，推进天津滨海新区等条件较好地区的开发开放，带动区域经济发展。

中共十六届六中全会审议通过的《中共中央关于构建社会主义和谐社会若干重大问题的决定》再次提出：

“落实区域发展总体战略，促进区域协调发展，形成分工合理、特色明显、优势互补的区域产业结构，推动各地区共同发展；加大对欠发达地区和困难地区的扶持，改善中西部地区的基础设施和教育、卫生、文化等公共服务设施，逐步缩小地区间基本公共服务差距；加大对革命老区、民族地区、边疆地区、贫困地区以及粮食主产区、矿产资源开发地区、生态保护任务较重的地区和人口较少民族的支持；支持经济发达地区加快产业结构优化升级和产业转移，扶持中西部地区优势产业项目，加快这些地区的资源优势向经济优势转变，鼓励东部地区带动和帮助中西部地区发展，扩大发达地区对欠发达地区和民族地区的对口援助，形成以政府为主导、市场为纽带、企业为主体、项目为载体的互惠互利机制，建立健全资源开发有偿使用制度和补偿机制，对资源衰退和枯竭的困难地区经济转型实行扶持措施。”

与此相适应，国家通过规划、政策、投资等措施对空间发展进行管制和调控。对区域发展差异进行平衡和纠正的措施包括：

- 改善土地资源管理，这是各国政府通常采用的手段。中国加强土地的规划与和管理，包括 18 亿亩耕地的红线保护。
- 制定完善的区域政策。如当进行西部大开发、东北振兴以及促进集中连片特困区的发展时，国家会配套一系列优惠政策以扶持地区加快发展。
- 编制总体规划。截至目前，中央政府编制的区域类规划或指导意见已有 86 个。这些规划的主要贡献是对区域的发展进行了功能定位，明确各区域在国家社会经济发展中应发挥的作用。必须优先关注规划实施的协调、规划重叠造成的目标冲突以及推进综合规划和管理。

- 推进基础设施建设、实施重大国土整治工程。如修建青藏铁路等改善地区发展条件，促进地区发展。

2006 年的国家“十一五”规划纲要明确提出，要推进区域主体功能区规划。区域主体功能区规划指的是根据区域的资源环境承载能力、现有开发密度和发展潜力，统筹考虑未来我国人口分布、经济布局、国土利用和城镇化格局，将国土空间根据开发和保护的需要进行分类。适合未来人口和工业大规模聚集的是开发类区域，生态敏感区则被划分为保护类区域。两个类别中，再分别根据程度和敏感性划分为优化开发、重点开发，和限制开发、禁止开发 4 类主体功能区。不同的区域有不同的功能定位和不同的考核指标体系（张晓瑞和宗跃光，2010）。区域主体功能区规划有助于超越行政区划而统筹地配置资源，实现社会、经济和环境的协调发展。然而，区域主体功能区规划仍然处于起步阶段，对于指导地方土地规划来说仍需要细化。

10. 多种因素综合作用

中国的地区发展不平衡是多种因素综合作用的结果。首先，经济地理、历史等多种因素使沿海地区比内陆地区的经济发展水平更高。这是一种初期差距效应，也就是说，发展初期的人均收入水平差距或发展起点不同，对于一定阶段差距扩大具有主要作用。其次，国家的梯度发展战略和倾斜性政策，使沿海地区由于更多地参与全球化和经济自由化而从中获益，从而进一步加速了其与内陆地区的经济差距扩大的趋势。最后，在中国不同地区之间，投资模式大不相同。沿海发达地区对于人力资本的投资要显著高于中西部内陆地区。而投资于人力资本、社会资本、无形资本的收益高于投资于自然资源开发、物质资本和有形资本的收益。

四、几个关键问题

（一）中国在改善环境方面做出了积极努力但挑战依然巨大

尽管中国在污染控制以及改善环境规划与管理上取得了长足的进展(特别是“十一五”和“十二五”规划)，但是快速的经济发展导致了环境压力的不断加大。目前开展的这些工作将有助于促进产业结构调整、完善监管和市场机制等经济发展模式的转型。在应对诸如非点源农业污染、光化学雾等处理难度较大的污染问题上，中国也做了大量的工作。但是，仍然存在着机构合作和协调问题、实施效率低下以及开展综合环境规划和管理的难题。这些系统性问题如果不能有效解决，将会继续妨碍中国的绿色发展。

总的来说，中国需要加大力度解决环境与经济关系的重大挑战，特别是要推进实施循环经济、低碳经济和绿色经济。当前环境不断恶化的趋势必须在“十二五”和“十三五”时期内予以遏止，以便在随后的 10 年内更好地实现环境的改善。唯有如此才能有望加快实现生态文明。到 2030—2035 年，现有环境与发展的主要问题都应已经得到解决，或者正在得到解决。而实现这一目标则是任重而道远。

中国应该清醒地认识到新的问题将会不断出现，特别是国内消费的扩张以及其后的变化对全国造成的影响。中国已经遇到了因各种因素造成的发展和资源限制，包括人们对发展的反思、食品和能源等对自然资源的大量需求、国际上贸易与投资问题以及地区和全球环境问题相关的需求。中国人民和全世界都对中国寄予厚望，期待中国能在全球绿色发展中发挥更大的作用，包括将中国的成功经验传播到其他发展中国家。

在环境、经济和发展关系的转型中也出现了新的机遇。绿色发展和可持续发展将会创造新的收入来源、就业和更好的生活质量。将这些希望转变成现实需要进一步将环境保护纳入国家和各级地方的经济社会综合决策。

2012 年国合会的研究报告指出，无论是经济发达、处于后工业化阶段的地区，还是处于工业化早期阶段的西部地区，它们都面临着环境与发展的严峻挑战和机遇。另一个现实是，那些与中国合作的国家应该保持清醒的头脑，努力与中国发展和保持稳定、建设性的关系，实现各方的共赢。否则，转向绿色经济和绿色发展的进程就可能受阻，这无益于中国，也无益于世界其他国家。

（二）当前区域发展战略并不能保证区域可持续发展

过去 15 ～ 20 年来，区域发展政策和规划日趋完善。四大地区都不同程度地取得了发展，但同时也都经历了环境质量和经济增长之间的取舍难题，结果形成了各自不同的自然资本、人力资本和社会资本水平。富裕的东部地区经历了严重的空气和水质污染，但是现在具备了较强的管理能力，以及高素质人才、雄厚的资金和技术等应对目前已有甚至未来几年出现的严重环保问题。其他地区，特别是中西部地区，尚未完全具备应对高速增长带来的环保问题的能力。西部一些地区最近经济增长达到了两位数。但是这些地区面临着承接重工业转移步伐加大和污染扩散的可能性、资源开发的负面影响以及市场对动物蛋白的需求增长对草原和水质的影响。

交通和基础设施的发展是区域增长的重点。中国已经在这些领域进行了大量的投资，包括提高能源效率，削减贫困，保证基本的环境基础设施（水和污水处理、固体废物、应对自然灾害）。这些投资常常会带来严重的环境影响，例如，大坝、引水工程、高速公路和管线工程对生态和生物多样性的影响。实际上，新的交通走廊会导致地貌环境的大幅改变。交通和基础设施对大范围内（特别是西部地区）以及区域间效应的累积影响才刚刚为人们所认识。

虽然中国在流域规划和管理、海洋和海岸带规划、区域大气污染防治领域进行了大量的探索，但是还没有取得预期的成功。区域内和区域间的目标常常发生矛盾。虽然已经尝试建立了以保护生态为目的的生态补偿机制，但是还没有形成完善的国家体系。一些问题（如雾霾）成为了区域性的问题，没有哪个城市或产业区能够独立地解决这些问题，因为空气流域的污染是大范围内多种污染源造成的。非点源农业污染和海洋污染也存在同样的问题。

如果区域发展战略不能将重点放在各地区的绿色发展，不能注重区域间协调发展的问题，那么各个地区乃至整个国家的可持续发展目标就难以实现。各地区的发展是紧密相关的，因此即使个别地区实现了改善，但是这些成就也会因为其他地方情况的恶化而受到威胁。这种情况在大气、水质，甚至土壤污染污染问题上都已经得到了印证。因此，中国面临的难题是如何采取公平、有效的差异化手段实现区域发展，同时又确保国家的整体利益。

（三）差异化区域绿色发展机制仍处在初级阶段

各个地区的绿色发展目标存在差异是正常的。即便是四大地区内部每个省、自治区和直辖市的目标也存在差异。这一点已经得到了充分的体现，例如，各地设定不同的环境目标，严格保护地区的生态移民，投入资金保护具有生态服务功能的林地和草原等。很多工作值得高度赞扬，因为它们能够同时兼顾环境保护和社会经济发展双重目标。但是，困惑依然存在，有时是因为目标的多重性，以及对新的理念认识水平不足和实施能力欠缺。

污染控制国家标准和实践与地方标准和实践之间存在困惑情况。虽然现实当中各地控制污染的水平有所差别，但是将来一定需要某种形式的协议或规定。所面临的问题是是否所有主要的污染排放集中地区都应该同等对待，在相同的时间达到相同的标准，或者是否那些人口稀少或出于发展早期阶段的地方可以采取更宽松的标准？

西部地区的发展仍然部分基于东部地区过去的经验政策，仍然主要通过投资拉动经济增长。这种发展战略，虽然能快速地使经济增速超过 10% ～ 12%，但是它会导致高能耗、高污染的结局。如此下去，西部地区有可能重蹈其他地区“先污染、后治理”的覆辙。当然，现在看来最坏的局面有可能被避免，但是西部地区应对快速发展的能力仍然有限，在承接大批产业转移的过程中掌控力度不足。

税收体系和监管措施（如排污罚款）的激励作用不足。如果没有足够的资金惩罚，或者分摊环境改善成本作为鼓励，企业主动改善环境的积极性就会不足。地区间和各省份之间争取产业发展的竞争十分激烈，因此，为了发展工业而降低环保门槛也成为一个问题。绿色税收体系的改革进展依然缓慢。

一些地区在绿色技术和创新能力方面投入不足。如果不能将人力资源与获得绿色技术进行有效的结合，那么绿色发展的潜力就会受到限制。这就让一些地方处于十分不利的地位，例如，那些处于农村地区的城市和资源型的城镇。

主体功能区划作为可持续绿色发展的手段尚有待完善。中国将国土面积根据生态状况、现有土地利用和特殊发展条件进行功能区域划分的工作已经开展了 5 年时间。但是目前还不能说取得了成功。功能区划的尺度还很粗，在具体的地方层面上还不具备可操作性，地方政府也不完全理解区域功能划分的实质含义。功能区划以及边界的划定没有邀请受影响群众和资源使用者的充分参与，这可能会在当地造成矛盾。因此，对那些可能成为解决土地和水资源以及海洋资源利用冲突的有效措施应该给予重视、完善和推广，以取得最佳的成效。根据其他国家的经验，做到这一点可能需要 10 年甚至更长的时间，因此应该抓紧进行。

尽管在生态补偿方面每年安排了大量的资金，但是中国还没有形成一个全面统一的生态补偿体系。中国已经开展了大量的工作，以保护那些提供生态服务功能的流域、湿地等地区。大部分资金都来自中央财政或上游地区政府。那些受益最多的地区（如河流下游城市）通常为此付出很少。而且，目前在如何使这些资金发挥最大的效益方面还没有进行评估。生态补偿是国家和地区绿色发展战略的重要组成部分，有助于以较低的成本创造更大的效益，强调那些受益地区应该分摊生态保护成本。这样，才可能较快地实现生态保护的目标。

（四）工业化和后工业化进程需要不同且相关联的绿色发展途径

当前中国正着力于重工业的产业结构调整，以减少过度投资和减轻环境影响，较快地实现平衡增长，包括扩大服务业所占的比重。随着服务业比重达到或超过50%，东部地区会出现正面的环境效应。这种假设是合理的，但是值得注意的是重工业可能会转移到其他地区，特别是中西部地区。

工业的绿色发展是多方位的，包括低污染强度的清洁生产、超低能耗和无污染生产过程、替代工艺和产品等。中国已经对这种工业生态模式进行了很多的尝试，但是还没有实现广泛的应用。我们经常会看到，很多企业整合形成大型现代企业，同时很多低效污染企业被强行关闭，这种趋势还将继续。

很快，中国的工业化就会呈现出不同的状况。一种是在西部和中部地区的新兴工业化，这些地方希望实现高水平的清洁生产和先进技术，但是能力有限。第二种是在东北地区和东部地区（也包括其他地区的部分地方）的后工业化，污染企业已经转移，留下了大量的污染场地，清理这些场地需要巨额的资金。后工业化地区同时也面临着伴随服务业而产生的新的环境问题，如大型计算机数据存储设备的高能耗、金融业对贷款项目环境影响进行监测的需求以及旅游业对生物多样性和脆弱生态系统的影响等。因此，中国需要针对这些情况采用不同的但同时又相互关联的绿色发展道路来支持国家绿色发展目标的需求。

对于老工业基地的绿色发展，必须抬高准入门槛，鼓励最佳实践的推广。同时全国都必须采取严格的标准，以杜绝这些高污染、高能耗企业仅仅是拆解后而在异地重新组装投产的情况发生。应建立经验分享机制来推广成功的企业环保升级经验。很多经验都可以在东部地区找到。

一些日益发展起来的服务业也存在着挑战，包括绿色建筑设计、新商业区的设计和运营、轻工业或者高科技园区的设计，以及涉及投资、供应链、绿色发展和绿色产品的认证等绿色关系的发展。

所有这些途径的核心是企业社会责任，包括在社区内运营的许可，以及其（透明的）盈利应建立在满足具体环境和绿色发展目标基础之上。

（五）绿色发展协调机制和综合管理效果欠佳

从地方、省、地区到中央政府都存在协调机制不足的问题。这在中国这是一个普遍性的问题，但是涉及环境和绿色发展时，问题可能尤其严重。原因在于很多问题都是"溢出效应"问题，或外部性问题。此外，中国大多数资源基地都是在单一的提高产量目标驱动下进行开发的。渤海就是海洋环境管理的一个例子，无止境的需求来自于渔业、水产养殖、近岸油气开发、旅游以及包括大量围垦而导致湿地丧失的海岸带开发。缺乏综合规划和管理体系，也没有完备的应急反应系统。因此，溢油事故的发生带来了巨大的经济损失和严重的生态破坏。与此类似的是，中国城市的污染问题也需要综合管理的方法，因为不同污染源和不同地方产生的一次污染物会转化成二次污染物，如 $PM_{2.5}$ 这种细小颗粒物，其扩散面极广，形成难以解决的区域性问题。

过去环境保护工作的成功主要体现在实现单个指标的目标，如森林覆盖率（森林面积所占百分比）、节能减排（SO_2 削减量、能源强度降低量等）指标。问题是实现这些指标并不直接等于环境状况的改善，或者生态系统健康状况的改善，甚至不等于环境风险的降低。这个尴尬的难题在中国区域发展的复杂形势下还会反复地遇到，因为公众对实际环境改善的要求越来越高。实施综合评估和管理可以加强环境质量改善以及人类和生态系统健康状况监测的能力。最近环保部成立的区域督察中心证明了这种独立监测的价值，这一做法应得到进一步的强化，以更有效地实施其监督职责。

鉴于现行的监管和机构安排不能够解决这些问题（如综合流域管理等），那么就需要新的机制。很多国际经验都值得借鉴，包括洛杉矶的空气污染治理、澳大利亚达令河流域管理、巴伦支海综合管理以及欧洲的黑海委员会。中国可以从中取得经验，但是仍需要找出基于自身复杂情况的独特的解决办法。有两个重大的问题需要解决：① 机构职责交叉重叠，界限不清；② 监测和执法能力不足，众多争端有待解决。

从更广的层面来看，中国任何一级政府中都没有一个明确的绿色发展机构，也未能完全理解综合规划和管理对于绿色发展来说究竟有多重要。绿色发展需要新的投资战略、新的进展评估指标、完善的信息共享、顺畅的监管机制、明确的机构职责和更高水平的能力建设。因此，中国有必要考虑整合政府管理机构，以便能在统筹全局、促进区域绿色发展的基础上解决资源和管理管理问题。

（六）缺乏指导国家和地区绿色发展行动的长期愿景和战略

1994 年中国发布了《21 世纪议程》，该文件根据当时中国的需求制定了一个全面的可持续发展框架。但是过去 15 年的高速经济发展已经将这个议程远远地抛在了身后，导致如今这种“不均衡、不协调和不可持续”的现状。虽然中国很多现行的政策适合于可持续发展，但是这些政策仍是零散不成体系的，同时也缺乏一个国家层面的战略。中国需要一个至少面向 2030 年的愿景和战略，而对于低碳经济等某些重要方面，则需要更长远的时间框架。一个绿色发展战略需要考虑自然资本、经济资本、社会资本和人力资本的最佳平衡和利用，以实现和保持区域的绿色发展和绿色繁荣。此外，还必须要有国家层面的政治领导力和良好的管理体系，否则，任何战略都不可能获得成功。当前，正是制定和实施绿色发展战略的最佳时机，因为在 2012 年 11 月召开的中国共产党第十八次代表大会上，生态文明被提升到了与政治、经济、社会和文化一样的高度，成为整个中国转型的重要驱动力。

普通公众应该在绿色发展的规划和实施过程中负有责任和义务，可以发挥有益的作用。当然，现阶段他们参与的机会还远远不够。以下 4 个例子说明了中国可以改善这种局面：

- 扩大公众直接参与环境评价和其他规划决策的机会；政府全面公开有关绿色发展的问题，如有害废物清单以及环境问题的定期监测数据。
- 在各地区促进绿色就业，例如，支持低碳经济、循环经济等。这可能需要通过财税机制来加以保证，如生态补偿机制。
- 对于西部地区和其他地区，在生态建设和自然保护（包括生态系统和生物多样性保护）过程中推行与当地社区的合作共管。
- 重点强化环境教育、社区改善活动和其他措施才提高绿色发展意识和能力。

绿色发展愿景和战略应该包括绿色消费。绿色消费直接关系到消费者和生产者。如果绿色产品缺乏选择、不为消费者认知、不能具备合理的价格或者由于其他的原因不具备竞争力，那么消费者就不会购买。这个问题包括商品，也包括服务，尤其是关于个人交通方式、政府采购以及市场供应链的问题。研究表明大批的城市居民在家庭或是办公室环境（常常是西方式的高能耗办公楼）下的消费正在向西方消费水平靠拢。虽然中国有少数办公楼是按照 LEED 标准设计的，但是绝大多数都不是。

城市地区是中国绿色发展的重要推动力，但是随着目前城市一窝蜂似的快速、劣质的建设浪潮，这个绿色发展潜力还远没有发挥其应有的潜力。中国还没有总体针对城市发展的绿色发展战略，尽管已经开展了很多有益的尝试。其中之一就是生态城市，这一源于其他国家的概念在中国也正在推广。另一个就是很多城市都热心于低碳经济这一理念，如上海世博会就突出强调了低碳经济。

中国的城市发展可以依据各自独特的环境、文化、发展阶段和其他特点而采取多种实现途径，同时也提供了围绕可持续技术创新的机会，例如，绿色汽车研发和生产的机会，良好的城市规划和设计提高生活质量的机会等。那些通往优美自然风光的城市可以发展基于旅游的服务业经济。在中国的各个地区，很可能是城市率先引领绿色发展机遇并决定着绿色发展的途径。

（七）中国的绿色发展向国际上绿色经济发展趋势看齐

里约 +20 强调了国家层面的绿色经济发展方向，但是并没有特别针对国家之下的地区层面发展需求。首先，中国在探索绿色增长、绿色经济和绿色发展方面已经领先了很多其他国家。但是，中国有必要借鉴其他国家和地区丰富的经验来加速自身的转型。其次，中国将其绿色商品和服务出口到其他的国家，中国也为绿色发展所做的努力获得了丰厚的经济回报。再次，未来加强国际合作非常重要，特别是关于向其他发展中国家输出经验和技术，以及与其他国家合作解决共同关心的问题，如清洁技术。此外，还需要绿化中国在海外的投资活动，也许这一点也应该包含在整体的绿色发展愿景和战略之中。最后，鉴于绿色经济和绿色增长将成为未来国际谈判和对话的重要组成部分，中国应建立务实的伙伴和合作关系，以促进中国自身国家和地区的绿色发展，同时也为其他地区乃至全球的绿色发展作出贡献。

五、主要结论

必须将环境保护和管理、低碳经济、循环经济和可持续发展战略及绿色增长和绿色经济整合起来，为绿色发展指明战略方向。总而言之，就是将绿色发展纳入国家和地区的决策制定之中。中国将生态文明作为社会发展的驱动力摆到了最高的高度。这将加速巩固绿色发展在未来区域发展中的地位，特别是从现在到 2030 年之间的这一关键时期。虽然，国合会 2011 年的研究课题针对特定地区和特殊问题的绿色发展路线图进行了探索，但是显然中国需要一个以区域发展、外部环境和发展关系为重点的国家绿色发展战略来指导未来的绿色发展。该国家战略将有助于为实施生态文明建设提供内容和实践上的指导。

（一）将区域绿色发展纳入决策主流

中国在“十二五”规划中对强化区域经济平衡发展和提升全国环境质量作出了实质性承诺。这些承诺的实现将使“十三五”开局时具备与现时状况不同的基准条件。富裕省份将着重做好污染减排工作，但是，更为重要的是不允许给环境恶化新源头以立足之地，例如，不能使“十一五”期间氮氧化物增排的情形重演。重工业转移已经大规模开始实施，但是不能以牺牲环境为代价，例如在西部地区。需要关注区域间合作与竞争、转移支付、生态补偿等重大问题。城市化是区域均衡发展的关键所在，包括大规模基础设施建设，以及为绿色发展主流化提供的机遇。同时，农村人口向城市转移也是区域间发展管理的重中之重，并在绿色发展中起到重要作用。针对绿色发展的主流化，以下结论值得参考：

- 在环境变化和影响上所有地区都相互关联，但是各区域的实际问题与解决问题的能力各不相同，并取决于多种因素。因此，在保证全国范围内良好环境质量的前提下，必须实施差异化的区域和次区域发展战略。
- 各级领导者需要时刻关注和引导改善各方之间的协调合作。这种协调包括纵向、横向，也包括行业之间的协调合作。绿色发展需要机构的转变，关注机构能力的提升。需要完善责任制体系，通过更好的生态和环境质量数据来监测绿色发展的成果。绿色发展需要良好的管治体系，才能取得经济有效的高质量成果。
- 绿色发展必须是一个长期发展规划，时间跨度至少要到 2030 年，还应包括不断提高的发展目标（包括目前“十二五”和“十三五”规划中的目标）。随着时间的推移，很有可能在消除贫困、生态脆弱地区保护、绿色城市发展和农村生态文明建设方面形成更加整合的绿色发展方式。
- 政府和企业需要在制定主要投资决策时，确保环境保护和促进低碳经济发展的资金得到有效的利用。很多投资决策都涉及国有企业和市级政府。值得关注的是如何使科学发展观在这些决策中以及随后的管理计划中得到切实的贯彻。目前需要关注的还有进一步改进环境影响评价、社会风险评估以及环境审计的问题。这些机制都很有应用前景，但是需要仔细考虑如何通过它们产生更好的成果，同时还要避免更多的行政管理混乱和协调机制复杂化。在机制的实施过程中也需要更高的透明度。
- 强化绿色区域发展的法律和法规与必要的激励机制需要得到进一步的关注。

一些环境法律法规已经过时，可能已经不能有效地解决新兴的环境问题，例如，区域环境污染、重大污染事件罚款或其他惩罚措施，或者健康和环境风险等问题。强化法治包括改善环境和发展信息的公开。这也意味着全面开放法庭处理群众投诉，建立其他机制提升公众监督、建议和采取行动保护当地环境并参与全国生态文明建设的能力。

- 中国将绿色发展主流化的努力可以通过与世界其他发展中国家和发达国家建立联系，借鉴这些国家在绿色增长和绿色经济方面的经验。

（二）绿色发展的优先领域

在上述众多有关区域绿色发展讨论中涉及的优先领域中，以下 7 个要点尤其值得关注：

- 通过健全就业策略，提升所有区域人力资本，重点关注扶贫、教育、健康和高附加值就业（特别是服务业）人员的高级技能。
- 完善城乡环境、生态系统和生物多样性的一体化管理，改善生态服务水平，提升建成区环境质量、区域污染控制和可持续资源利用。
- 向低碳经济转型，包括可持续能源、交通和基础设施、在能源生产和利用的关键行业推行绿色技术以及转变当今煤炭使用方式。
- 第一、第二和第三产业的绿色化。
- 在城市化进程中和农村可持续发展中优化土地和水资源利用，包括河流流域、海洋与沿海地区。
- 可持续消费和相对较小的生态足迹是实现小康社会的重要组成部分。
- 低环境风险的宜居城市和农村社区。

（三）区域绿色发展的创新工具

除了那些普遍适用于环境与发展的政策工具之外，中国现有的一些工具是专门针对区域层面而设计的，包括：

- 主体功能区划可以用来根据地方特点、生态服务价值和生态系统脆弱程度确保绿色发展。但是有关区划的信息以及功能区划在地方决策中的实际应用仍有待完善。
- 中国在推行生态城市和生态省的理念，并取得了有益的地方试点经验。但是，需要加速从试点到全国推广的进程。在这个过程中需要进行审慎的成本效益评估，因为有些试点可能会耗资巨大，但是价值却不大。

- 在过去的 10 年里中国积累了丰富的生态补偿实践经验，但是还没有形成一个综合的国家体系。生态补偿必须形成一种国家机制，这是因为它能满足富裕地区和贫困地区的双重需要。未来生态补偿机制设计和长期应用的重点将是资金来源、额度以及使用过程中的激励措施。
- 生态建设对中国来说意义重大，它包括生态破坏地区的重建。总体来讲，这项措施已经在中国中西部农村地区得以大范围的应用。但是，随着国家对工业化地区的土壤污染和污染场地以及东部地区遭到生态破坏的海洋和海岸带的重视，从森林和草场恢复中所取得的经验可以在这些问题的解决中发挥作用。同时，这些现有项目也需要进一步完善，特别针对以草原为主的区域。
- 绿色技术开发与应用的创新产业群对于很多城市来说已经变得非常重要，在这些创新产业群的投资将很可能在今后 10 年内获得丰厚的回报。产业群向西部地区和其他地区的扩展将带来新的创新机遇。
- 绿色发展的投资模式将继续逐步发展。这是一个尚未完全解决的问题。新建小企业和大型国有企业的作用是值得关注的一个方面。另一个方面在东部以外地区的海外直接投资引进绿色发展新技术和管理方法的潜力。2020 年以后针对重工业的投资将会减少，这将为更加均衡、绿色的发展创造机会。与此同时，伴随着刺激国内消费水平力度的增加，没人能担保这种趋势将会走向可持续消费。投资模式将有助于锁定可持续消费方向。

（四）全新的政治机遇

国合会 2012 年年会适逢中国政治领导集体的换届。因此，有必要在本文最后引述新一届领导人对于发展的阐述。习近平总书记在十八大总结发言中指出：

“我们的人民热爱生活，期盼有更好的教育、更稳定的工作、更满意的收入、更可靠的社会保障、更高水平的医疗卫生服务、更舒适的居住条件、更优美的环境，期盼着孩子们能成长得更好、工作得更好、生活得更好。人民对美好生活的向往，就是我们的奋斗目标。”

这些期望可能会在今后几年随着绿色发展在全国各地的实现而成为现实，而这也将是对全世界环境的重要贡献。

国合会 2012 年年会给中国政府的政策建议

国合会 2012 年年会（第五届国合会第一次年会）于2012 年12 月12 —14 日在北京举行，会议主题是“区域平衡与绿色发展”。

国合会委员欣喜地看到，刚刚闭幕的中国共产党第十八次全国代表大会（以下简称十八大）为整个国家的绿色繁荣和美丽中国建设描绘了一幅宏伟而清晰可行的路线图。中国政府将科学发展观提升为中国现代化建设的最高指导思想；将生态文明建设与经济、政治、文化和社会建设作为现代化建设 5 个并重的有机组成部分；提出2020 年在全面建成小康社会时，资源节约型和环境友好型社会建设要取得重大进展。国合会进一步认为，中国战略转型的方向是绿色转型，绿色“十二五”规划的制定与实施和探索中国环境保护新道路就是重要的标志。绿色转型不仅对中国至关重要，对世界的绿色发展也意义非凡。

绿色发展是科学发展观与生态文明建设的内在要求，决定着中国绿色转型和生态文明建设的全局。委员们相信，中国的绿色转型已进入攻坚期，要完成 2020 年既定的战略目标，实现绿色发展，中国仍面临空前的挑战和压力。中国发展自身面临的不平衡、不协调、不可持续问题依然突出，资源环境约束继续加强。这些问题既反映在发展的各个领域，也体现在不同区域之间，如区域间的发展差距不断扩大，特别是基本公共服务差距较大；区域在环境和经济利益分配和享有上失衡加剧，人口、经济、资源、环境之间不协调问题突出；区域及各省市间在整体性的生态系统管理、流域和大气的环境污染防治方面缺乏有效的协调与合作机制等。生态脆弱和欠发达地区对粗放增长路径的依赖导致了这些地区环境与发展的潜在冲突。而在经济发达地区也出现了一些新兴环境问题，如灰霾、不可持续的消费模式带来的环境污染等。因为生态环境恶化与贫困形成恶性循环，委员们强调了保护脆弱生态系统和扶贫的重要性。

随着中国东部地区经济发展水平的不断提高、产业和技术升级以及环境保护力度的加大，其经济发展和资源环境约束的矛盾和紧张关系可能在未来一段时期趋于缓解。但是，中西部许多地区受片面追求“赶超式”“跨越式”发展模式、脆弱的生态环境以及区域间落后产业梯度转移等因素的影响，其环境与经济关系的紧张程度可能会进一步加剧，面临环境污染和生态退化的双重压力，威胁整个国家绿色发展的基础和根本。

委员们还注意到，截至目前，中国落实科学发展观和建设生态文明在统一认识上和局部实践上都取得了重要成效，但全面实践情况远不能令人满意，并未完全主流化和制度化。其中一个重要的原因是制度和政策保障问题，这也是实现区域平衡协调和可持续发展的障碍，中国新一届政府必须关注和解决好这一重大问题。

基于年会期间的讨论，并综合 2012 年政策研究项目的成果，国合会2012 年年会向中国政府提出如下政策建议。

一、加大制度和政策创新及执行力度，全面推动生态文明建设的实践进程

中国政府已强烈地意识到，要不失时机地深化重要领域改革，坚决破除一切妨碍科学发展的思想观念和体制机制弊端，明确提出生态文明建设制度创新的任务。因此，需要尽快建立适应生态文明建设要求的战略、制度、政策、体制和机制，开展综合试点示范，将生态文明建设落到实处。为此，建议：

（一）做好顶层设计，研究制定生态文明建设中长期远景规划

从过去 30 多年改革开放和 21 世纪 10 年来科学发展观的实践成果看，中国到 2020 年如期建成全面小康社会应该是确定的，资源节约型和环境友好型社会建设也会取得重要进展。然而，按照中国政府提出的到 21 世纪中叶建成富强民主文明和谐以及美丽的现代化国家的目标，2020 年后的 30 年对中国更为重要。为此，中国政府应着手研究 2020 年后中国环境与发展的趋势和特点，系统设计生态文明建设的中长期远景目标、优先领域和重点任务。

（二）以更大的政治勇气和智慧，改革和建立与生态文明建设相适应的体制机制

生态文明建设和绿色发展是一个新课题，又是一个错综复杂的大系统问题，需要统筹协调多方主体的利益。生态文明建设既要抓好生态系统和环境保护这个主体任务，又要对经济社会建设各领域提出遵循生态规律的要求。因此：

首先，要在中央层面建立生态文明建设委员会，负责生态文明建设的战略、规划和制度的顶层设计以及实践活动的组织协调，确保生态文明建设真正融入和贯穿到经济、政治、文化和社会建设中。

其次，环境保护是生态文明建设的主阵地，环境保护部门应当在生态文明建设中发挥引导者、推动者和实践者的作用，在国家协调生态文明建设体制中发挥核心作用。按照生态系统完整性的要求，建立职能有机统一、运行高效的生态环境保护大部门体制。

最后，协调好中央和地方政府在生态文明建设中的关系，明确权责，做好事权和财权划分。

（三）以绿色和生态化改造为指向，推动生态文明建设的整体性制度创新

要确保生态文明建设深刻融入和全面贯穿到经济、政治、文化、社会建设的各方面和全过程，就需要从各个维度和领域进行以绿色为导向的整体性制度和政策创新，也就是生态化改造。制度和政策生态化改造的具体导向是：

在政治领域，以建立有利于生态文明建设的政府绩效评估、考核和问责机制为杠杆，确保各级政府建设生态文明的决策意愿和治理结构；

在经济领域，以遵循生态和自然规律为前提，对经济空间布局、产业结构、资源能源效率、循环利用和环境绩效提出要求，切实转变生产方式；

在文化领域，弘扬生态文明价值观，繁荣生态文化，提高全社会的生态文明意识；

在社会领域，倡导绿色消费模式，引导全社会的生态文明行为，转变生活方式；在生态环境领域，生态系统和环境保护应成为生态文明建设的主体，以提供优良的生态服务和产品为导向，实现环境管理的转型，通过更加关注陆地、淡水、海洋和敏感海岸带等自然栖息地的保育和管理改善生物多样性。

（四）建立生态文明建设目标指标体系，推动全社会广泛参与生态文明建设

研究制定生态文明建设的目标和指标体系及推进办法，这些目标、指标和办法要考虑不同主体功能区划及区域的差异性。同时，研究制定针对不同区域和不同层级政府和领导干部的考核指标体系，根据考核结果，实施问责制。

合理界定政府、企业和社会在生态文明建设中的责任和义务。发挥政府在生态文明建设中的顶层设计、引领和表率作用；激励企业改善其环境行为，承担和履行更高的环境与社会责任；加强生态文明建设相关信息公开，推动公众和媒体有序、有效地参与生态文明建设，形成全社会生态文明建设的合力。

（五）分类指导，大力推进生态文明建设综合试点示范

从生态文明建设的复杂性、艰巨性和中国区域社会经济与资源环境的差异性看，开展生态文明综合试点和示范推广十分必要。通过试点，建立生态文明建设的有效载体和模式，初步形成国家推进生态文明建设的框架。

中国环境保护等部门在省、市、县、乡、村、工业园区等不同层次开展了不少相关的试点工作。目前应总结相关经验、深化相关试点活动，研究制定统一的标准和指标体系，以现有工作为基础，建立生态文明建设综合试点体系，考虑区域的差异性，构建推进生态文明建设的总体格局。

二、以东部地区为引领、中西部地区为重点，构建中国区域绿色均衡发展战略

区域平衡发展问题是一个世界性难题，需要一个较长过程才能解决好。缩小经济社会发展水平的差距是区域平衡发展问题的一个方面，是不是可持续发展则是问题的另一个方面。中国应抓住实行科学发展和建设生态文明的历史机遇，在绿色发展的大背景下统筹解决好这一传统问题。为此，建议：

（一）构建国家区域平衡发展的总体思路和战略，形成区域绿色发展大格局

（1）从工业化阶段、城市化水平、经济实力、产业与技术升级趋势和公众对

环境的要求看，东部的发展已具备率先实现绿色转型的基础条件，国家应积极引导和进行必要的支持；中西部地区的资源环境与经济社会发展矛盾在未来仍可能会加剧，国家必须以该区域为重点，通过不同途径加大支持力度，避免其走以牺牲脆弱的生态环境为代价换取经济增长的老路。各区域之间，应通过产业、市场、资源、基础设施和发展潜力优势互补、协同推动地区间的均衡发展。

（2）在目前的主体功能区划的基础上，将不同的发展目标、产业发展方向和空间布局细化落实到具体的行政管理区域上，增强可操作性。如建立针对不同主体功能区及其不同资源环境承载能力的差别化产业政策；建立与不同主体功能区性质和发展目标相适应的土地和人口政策；建立按领域和主体功能区安排的投资政策；完善推进基本公共服务均等化和主体功能区建设的公共财政体系和政策；对限制开发区和禁止开发区中的重要生态功能区、自然保护区、陆地和海洋环境敏感区、生态脆弱区等划定生态红线，实行强制性保护措施。

（3）在中西部地区，政府要建立和加大综合性生态环境保护转移支付制度，实行东部地区向中西部省区生态环境保护直接转移支付模式，通过政府引导和支持，逐步走上绿色转型轨道。制定西部地区绿色发展总体战略，其内容涵盖基础设施建设、人力资本开发、城镇化发展、工业化发展、污染控制和生态服务供给等方面，减少西部地区贫困，提升区域绿色发展的速度和质量。

（4）在东部地区实行“节约优先、保护优先”的发展原则，建立政府引导、市场推动机制，促进环境与发展的优化与绿色转型。要制定更加严格的环境质量标准和减排目标，如对高能耗、高污染产业实行更加严格的污染物排放标准。提高技术创新和管理能力，提升绿色经济发展水平与产品市场竞争力。全面实施绿色税收体系（包括环境税和资源税）和其他市场激励机制，推进企业和消费者行为转变。倡导可持续消费，通过提高环保意识、生态标志和信息共享等志愿者行动来促进行为方式转变；加强公众监督，推动政府信息公开与公众参与力度，定期并广泛地发布环境信息。

（二）制定可持续发展城镇规划，建设符合区域差异化特征的可持续城镇化发展模式

建立可持续城镇化模式是东、中西部可持续发展进程中都面临的重大挑战之一。要分区域制定可持续城镇发展规划，按照“循序渐进、节约土地、集约发展、合理布局”

的原则，努力形成资源节约、环境友好、经济高效、社会和谐的东、中西部城镇发展新格局。

东部地区应逐步打造更具国际竞争力的城市群，完善超大型城市、大型城市的服务功能，改善城市人居环境，促进特大与大型城市的绿色转型，并带动中小城市的绿色发展，构建可持续的城市基础设施一体化建设。中西部地区则应培育壮大生态城市，强化中小城市产业功能，增强小城镇公共服务和居住功能，优先发展区位优势明显、资源环境承载能力较强的中小城市，积极挖掘现有城市的绿色发展潜力。

（三）强化政策执行力度，建立区域绿色发展协调与合作机制

（1）考虑到东部与中西部地区经济发展与生态环境差异，建立固定的区域协调合作机制，协调地区间的环境与发展事务。应在中西部承接东部产业转移的大背景下，建立有效机制，防止东部向中西部地区转移污染。通过改革资源税收体系，提升地方政府绿色发展能力。提升中西部地方政府，特别是县级政府开展生态文明建设与绿色发展的领导能力，帮助建设诸如可靠的环境监测体系等基础设施。建立东部环境污染综合防治基金与中西部绿色发展基金，有重点地支持区域绿色发展。

（2）加大生态补偿和相关经济措施力度。实施生态补偿等措施，生态补偿资金应结合东、中西部生态功能区划定，要根据生态系统服务功能，确立生态补偿标准，对长期承担生态系统保护义务的农村居民给予公正补偿。同时，将“污染者付费”原则延伸至中西部资源和矿产开发领域。

（3）严格环境准入制度，防止污染转移。严格实行环境准入机制，执行更加严格的排放标准和污染治理技术要求，防止新型污染源和污染工业向中西部地区转移；加强环境评价机制，加大执行力度，提高公众参与水平。严格环境影响评价制度，并对企业和地方政府执行情况进行监控和评估；对不符合环评有关要求的企业和管理部门，应该予以定期披露并通报。

三、加强大气污染联防联控，改善区域大气环境质量

$PM_{2.5}$和臭氧（O_3）等二次大气污染问题日益突出，严重威胁公众身体健康。近年来，京津冀、长三角、珠三角等区域$PM_{2.5}$浓度居高不下，灰霾天数占全年总天数的30% ~ 50%，各地公布的空气质量状况与群众感官上的差距越来越大。仅靠相

关省市难以独立解决区域大气污染问题，只有通过区域联合防控与联合治理、区域多污染物的协同控制与多污染源的综合治理、区域环境管理机制的创新与管理能力的提升，才能切实改善区域环境质量。为此，建议：

（一）统筹区域环境容量资源，优化经济结构与布局，建立区域联防联控新机制

（1）划分出京津冀、长三角、珠三角等对区域空气质量有重大影响的核心控制区。加强重点区域空气质量监测，建立区域环境信息共享平台，实施重大项目联合审批制度，建立区域性污染应急处理机制和跨界污染防治协调处理机制。建立区域大气污染联防联控协调的联席会议制度、健全会商机制和通报制度。对未按时完成规划任务且空气质量状况严重恶化的城市，严格控制新增大气污染物排放的建设项目。积极推进排污权交易等有利于区域空气质量改善的机制建设。

（2）深化工业污染防治，全面推进二氧化硫减排，建立以电力、水泥为重点的工业氮氧化物防治体系，深化工业烟（粉）尘污染防治，加强典型行业挥发性有机化合物污染防治。

（3）从资源环境角度，全面评估中国汽车产业发展政策。全面强化移动源污染控制，在机动车污染严重的城市试行机动车总量控制，建立全新的城市可持续交通体系，在大气污染控制重点区域城市划定低排放区和零排放区并制定相应的管理措施。在千万人口以上的城市，要探索机动车保有量调控的措施和方法。建立大气质量模拟与排放清单。

（4）大力推行天然气、低硫柴油、液化石油气、电等优质能源替代煤，实现优质能源供应和消费多元化。严格控制区域煤炭消费增长幅度，强化高污染燃料禁燃区划定工作，不断加大建成区高污染燃料禁燃区所占的比重。

（二）修订相关法律，为区域大气污染防治提供法律保障

目前实施的《大气污染防治法》已不能适应新形势下的大气污染防治要求，需要进行修订，以对有关新型污染物的相应政策措施提供法律支持。一是把对人体健康有重要影响的$PM_{2.5}$和O_3作为中国大气污染防治的核心内容；二是把空气质量改善作为大气环境管理的核心内容，进一步明确城市政府在其辖区大气质量达标管理中的责任和义务；三是进一步强化对违法行为的处罚，提高大气环境违法成本。

（三）加大污染治理力度，实施多污染物协同控制

围绕当前突出的光化学烟雾、灰霾等污染问题，根据总量减排与质量改善之间的响应关系，建立以空气质量改善为核心的总量控制方法，实施二氧化硫、氮氧化物、颗粒物、挥发性有机物等多污染物协同减排，促进节能与污染减排、温室气体减排的协同控制。

（四）加大投入与科技支撑，尽快实施国家清洁空气行动计划

设立大气污染防治中央专项资金，增强大气污染防治科技支撑，尽快开展和实施国家清洁空气行动计划。建立投资主体多元化和投资方式多样化的投入机制，引导和鼓励地方政府与企业主动投资治理大气污染。在科学技术方面，应尽快开展专项研究，在我国不同区域大气污染的产生机理、来源解析、防治路径等重大科学问题上取得突破。

四、加强海洋区域环境保护，通过均衡途径建设海洋强国

中国海洋经济发展不断加速的同时，海洋环境压力也在不断加剧。以渤海为代表的海洋环境污染形势严峻，呈现复合型污染特征，尤其是随着海上石油开发规模不断扩大，溢油事故频发。河流携带大量污染物进入海洋，以及全面的、大规模、快速的围海造田活动，更加剧了问题的严重性。为提高海洋资源开发能力，有效保护海洋生态环境，实现海洋经济的可持续发展和建设海洋强国的战略目标，建议：

（一）尽快编制国家海洋开发与环境保护总体规划

制定国家海洋开发与环境保护总体规划，提出海洋开发与海洋环境保护关系的基本政策和策略。将近海海域空间整体规划与沿海省区规划统一考虑，形成围绕渤海、黄海、东海、南海的海洋经济发展与海洋环境保护区。

在整合已有陆地、海域功能区划中产业布局规划的基础上，制定和修编主要海洋产业以及主要涉海产业的海岸带布局规划，关注具有重要生态价值且对人类活动高度敏感的海洋生态系统，使其纳入海岸带和海洋空间总体规划范畴。

（二）建立健全海洋环境管理立法、执法与管理体制

完善海上油田总体开发方案的编制审批与实施监督制度规范；完善信息公开制度，确立信息接收和发布机制，保障公众对国家海洋权益的知情权；建立和健全应急处置费用负担制度，在海洋环境损害赔偿制度中明确由事故责任者承担应急费用的责任。

明确规定海洋作业者编制应急计划的责任。制定一整套可操作的相关涉海企业准入、作业以及灾害应对规范。各地方海事法院和检察院，要明确涉海企业作业对海洋环境造成污染和破坏的法律责任。

加强国家海洋主管部门的海洋环境保护执法监督管理能力，组建统一的国家海上执法队伍，建立中国海洋环境行政督察制度和执法体系，加强海上能源开发活动环境影响评价制度执行情况的监督检查。

（三）建立国家海上重大环境事件应急预案体系

结合《全国海洋功能区划（2011—2020 年）》，建立“国家海上重大环境事件应急预案体系”，由有关部门共同编制国家海上特、重大环境事件应急预案，作为国家海洋专项应急预案。应规定参与不同区域开发的油气从业者投入和建立相应的区域海洋环境研究基金，并设立国家海洋环境研究专项基金。

五、以改善环境质量与保障公众健康为目标，推动环境管理战略转型

“十二五”“十三五”时期，仍是遏制污染物排放新增量的阶段，治污减排将继续是今后相对较长时期内促进绿色发展、改善环境质量、保障公众健康的重要手段。为适应经济社会发展阶段的新要求，需要实施以环境质量改善为目标导向的行动方案和管理制度。为此，建议：

（一）及时出台和实施污染减排政策，确保“十二五”环境保护目标的实现

（1）积极推进结构减排，建立落后产能退出长效机制。进一步完善环境质量标准，加快重点行业污染物排放标准评估修订，强化地方标准和特征污染物限

值标准管理。加快实施环境税。引入“领跑者”标准。严格执行环境影响评价与“三同时”制度。

（2）完善节能减排协同政策，采用多污染物协同减排的技术途径。实施区域煤炭消费总量控制。进一步完善排污权有偿取得和交易制度，在颁发排污许可与排放总量控制目标之间建立联系，确保达成环境质量标准。以环境功能区划、流域分区控制体系、城市环境总体规划、河流湖泊水质改善行动计划等为基础，加快建立以重点区域为平台的配套实施政策制度。

（二）提高环境管理水平，适应经济社会发展阶段的新要求

（1）加强能力建设，推动环境管理战略转型。积极推动国家层面的环境管理转型，将保障人体健康与维护生态系统健康作为环境管理体系的最高目标。在区域层面，加强6个环保部区域督查中心能力建设。开展跨区域协调工作，重点关注大气区域管理与流域管理。与地区政府签订维持区域大气质量的约束性协议等。在流域层面，协调水资源供给与水质管理相关负责部门的工作，开展并加强跨部门协调。在地方层面，当地政府应制订并公布环境质量与污染减排中长期战略以及相应的实施计划。达到环境质量标准与实现总量控制目标应作为地方政府官员环境绩效评估的重要组成部分。

（2）建立以社会约束为重点的环境管治机制。提升公众对环境保护工作的推动作用和监督约束作用，在实施环评的过程中应充分开展公众参与，在政府发布环境法律、法规、政策或批准有重大环境影响的项目前应举行公开听证。修订现行环境法律法规，为环境公益诉讼提供支持。构建全民参与的社会行动体系，完善社会监督制衡机制。

（3）实施差异化的行业性和区域性总量控制政策。在钢铁、水泥、造纸、印染以及机动车和农业源等领域实施总量控制；建立污染物排放量控制与行业产品产能总量控制的联动机制，实施新建项目与污染减排、淘汰落后产能相衔接的审批机制。

（4）实施以环境质量改善，维护公众健康为目标导向的行动方案和管理制度。建立以环境质量基本要求为目标的中长期行动路线。分阶段公布清洁空气、水、土壤等达标实施方案，定期公布环境质量状况。建立、维护与更新科学的污染物排放清单，包括大气、水体、受污染场地、化学品与危险物质存放场地等信息。引入对政府和企业的第三方监督制衡机制。健全环境质量达标管理的政策制度。建立排放

控制目标与环境质量目标的直接联系，建立常态化的限批制度。调整优化国家环境监测网络的运行机制。

（三）建立长效机制，推动制度创新，制定中长期污染减排目标与路线图

（1）制定中长期污染减排目标与路线图，建立并完善长效机制。在“十二五”环境质量作为预期性指标的基础上，“十三五”需实施排放总量和质量改善双重约束性目标控制。“十三五”以后，要将环境质量改善作为核心目标，同时要实施更加严格的污染排放控制和环境风险防范，推动环境保护向环境质量、人体健康、生态系统保护综合方向转变。

（2）以绿色发展为长期目标，优化宏观经济政策。对国家有关发展战略、专项规划、产业政策以及投资、贸易、财政、价格和土地等政策进行系统梳理和评估，对其发展目标和政策措施是否满足绿色发展要求进行分析，并将其作为“十三五”有关战略、规划的约束条件。

（3）推动制度创新，完善环保法律法规和制度建设。加快推进《环境保护法》、《环境影响评价法》等法律的修订，进一步完善环境影响评价制度；要建立长效机制，积极推进资源性产品价格改革和环保收费改革，深化绿色投资、绿色信贷、绿色税收、绿色价格、绿色贸易、绿色证券、绿色保险等环境经济政策；健全污染者付费制度，逐步建立环境全成本价格机制，强化税收、排污权交易、自然资源定价等经济手段。建立环境污染暴露人群的损害评估、责任追诉及赔偿机制。建立并不断完善可持续消费制度，进一步深化政府绿色采购清单和绿色供应链实践与创新。

中国经济发展方式的绿色转型
——国合会 2011 年关注问题报告

一、引言

过去 5 年来，国合会围绕中国如何推进环境友好型社会、资源节约型社会的建设开展研究。这一主旨紧扣中国节约资源、污染防治、保护生态和提高生活质量的总体目标。在第四届期间，国合会的研究工作涵盖了这一阶段以及前几届期间中国环境与发展方面的诸多转变。这些工作及其影响详见专为国合会 20 年撰写的回顾报告[①]。“十一五”规划（2006—2010 年）将中国带入了一个环境理念和行动的新阶段，并取得了重要成果和积极进展（见专栏1）。

专栏 1　“十一五”时期建设环境友好型、资源节约型社会的成果示例

- 实现了主要污染物（SO_2, COD）约束性减排目标；
- 通过节能措施，大幅降低了能源强度；
- 在污染治理、重工业生产工艺改造、供水和污水处理以及固体废物处理方面的投资达到了前所未有的水平；
- 实施循环经济；
- 推进森林、湿地和其他生态保护工作，包括生态补偿机制；
- 在交通、农业、化工和采矿等行业充分考虑环境安全保障；
- 在环境执法、项目和规划环评、信息公开以及问题响应方面得到改善；

① 《国合会二十年：活动、影响与前景》，国合会，2011 年，北京。

- 将环境因素纳入建筑设计、公交网络以及城市化的其他方面；
- 大型活动中将环境因素作为亮点（2008 年北京奥运会、2010 年上海世博会）；
- 将环境保护纳入 2008 年的经济刺激计划；
- 大力投入可持续发展和环境技术的研发创新，包括可再生能源（风能、太阳能、电池技术、电动汽车等）；
- 引入新理念：低碳经济、绿色经济。

2011 年国合会年会的召开适逢“十二五”规划（2011—2015 年）实施的第一年。“十二五”规划充分显示了中国政府迄今在环境和发展方面做出的分量最重的承诺。因此，在这个时间节点上，国合会研究中国建设环境友好型社会，特别是未来几年的挑战和机遇，正合时宜。

当然，这一过程将受中国经济政策转型的影响。中国的经济政策正在向更加关注国家老工业基地的结构调整、刺激内需以及寻求新市场和稳定资源供应来源的“走出去”战略方面转型。未来的道路还受到国际上的环境与发展问题、贸易和投资的全球化趋势以及国际间利益博弈的影响。

令人遗憾的是，全球经济依然动荡并充满不确定性，金融体制改革仍然未能完成，很多发达国家经济增长颓势依旧。尽管中国与其他新兴经济体目前的表现仍很乐观，但是它们并不能在这些混乱中独善其身。虽然全球在气候变化以及贸易等议题上的讨论还笼罩在不确定性的氛围下，但是环境事务仍旧在全球议程中占据着重要地位。从国际上讲，绿色增长、绿色经济和绿色发展都在努力将环境纳入经济复苏与发展的主流决策中[①]。

在第四届的最后一年，国合会深度关注环境与经济发展的关系。显而易见，这个议题仍将是中国探索环境保护新道路的核心，也决定了未来中国与世界的关系。目前，在协调快速经济发展与环境保护需求方面所做的努力还没有取得全面的成功。

---

① 在2012 年6 月的巴西“里约二十周年”（Rio+20）峰会上，绿色经济将作为世界各国共同探讨的中心议题。Rio+20 是由联合国在巴西组织的地球峰会，旨在确定自1992 年开始以来可持续发展进程。

现在，新事物的出现可能会改变这一状况。例如，中国能够从大量的研发创新投入中取得进展，而重工业和传统基础设施的建设也将最终趋于稳定。此外，致力于低碳和绿色经济的发展也将早结硕果。而另一方面，日益加大的原材料需求以及新生环境问题（如 O_3、集中式牲畜养殖污染、气候变化对供水的影响），使得全球建设环境友好型社会目标的实现更加困难。

近几个月来，环境保护部用“十分严峻”来形容中国的环境状况[①]。党中央和全国人大都号召在“十二五”规划实施过程中加快环境改善行动的步伐。显然，中国需要考虑更长远的时间尺度（当然包括到2020 年甚至更长些），才能实现令人满意的环境保护进展。中国的GDP 可能远超过原定的到 2020 年达到2000 年的 4 倍的目标。实现全面小康是中国 2020 年的一个关键目标，因此中国建设环境友好型社会也理所当然地应采取同一时间尺度。但是剩下的时间不到十年，因此比较现实的是，中国现在就应该制订经济发展方式绿色转型的计划，同时涵盖“十二五”和“十三五”，并考虑 2030 年的中期目标。

本关注问题报告[②]是自2002 年以来的第十份关注问题报告，它将着重分析为何中国在努力应对环境问题的同时，还需要关注国家总体经济发展战略的转变，以及如何进行转变。最关键的是，要了解如何应用全新的绿色增长和绿色经济理念来改善环境保护工作，以推动中国的环境友好型社会建设。本报告借鉴了国合会 3 个课题组和 2 个专题政策研究的成果，这些课题组和专题研究组将在 2011 年的国合会年会上进行成果汇报[③]。

二、转变经济发展方式

中国所面临的改革任务无疑是艰巨的。国家发展改革委主任张平最近在北京的

① 最近发布的中国《2010 年环境状况公报》记录了中国面临的环境挑战，同样的问题也反映在其他一些深层研究项目中，如中国工程院和环境保护部联合开展的《中国环境宏观战略研究》。

② 本关注问题报告是由国合会中方首席顾问沈国舫教授和外方首席顾问阿瑟·汉森博士联合撰写，其背景材料来自首席顾问支持专家组以及其他有关人员。

③ 中国绿色经济发展机制和政策创新课题将依据最新国际思想对中国绿色经济发展机制和政策创新需要开展哪些工作做一个重要综述。这项工作也得到了中国低碳工业战略课题组的呼应，该课题组研究了目前主要工业行业的转型需求以及 7 个新兴产业的潜力。投资、贸易与环境课题组研究了中国不断增长的对外直接投资所面临的环境挑战与机遇以及中国境内外国直接投资的环境影响。绿色供应链和中国汞管理两个专题研究项目也将提交成果。

一次国际会议上就可持续发展做了如下论述[①]：

“中国还有1.5 亿贫困人口，促进发展、消除贫困是我们的艰巨任务。同时，发展中不平衡、不协调、不可持续的问题依然十分紧迫：经济发展的资源和环境限制日益紧张，投资与消费关系失衡，技术创新乏力，产业结构依然不合理，失业和结构矛盾需要解决，社会矛盾日益突出。”

中国的领导人已经非常明确地指出，中国经济必须在“十二五”期间甚至更长的时间内进行重大结构调整。在全国人大2011 年3 月批准“十二五”规划之前进行的讨论中，关于经济发展方式转变被定义为要“从不平衡、不协调和不可持续的发展转向绿色、有竞争力和包容性的经济方式”，这意味着需要从目前的重点投资于重工业转向 7 个新兴产业和扩大服务业上来。中国已经采取了措施，鼓励一些企业从富裕的沿海省份向内地和西部迁移，同时加快促进内需和发展国内市场。中国的经济和金融活动还将通过“走出去”战略而拓展到海外，包括更多的对外直接投资。此外，中国还将继续改善地区发展、农村发展和城市化进程，坚持“以人为本”。这些国内和国际上的转变提供了创造全球和中国财富的机会，并很可能加速经济发展与增长。

中国经济增长转型的努力始于1996 年开始的“九五”计划期间。但是至今经济增长的转型工作仍然是紧迫和繁重的。同时“十二五”期间经济增长目标相对调低至 7%左右，相比之下，“十一五”的 GDP 增长率目标是7.5%。但是实际这段时间的平均年增长率达到了11.2%，有些省份甚至更高。2010 年中国的经济总量达到了2005 年的 2.5 倍。接近2011 年年底，“十二五”的第一年预计 GDP 增长率将达到9%，一些省份还将远超过这个数字。从国际层面上讲，国际社会的很多成员都把中国看成是避免全球经济再度陷入危机的关键角色。因此，中国将继续面临来自国内外希望其保持高经济增长率的双重压力。

国合会早在2006 年就指出，中国已经进入了环境与发展战略转型阶段。这些年来有关证据越来越明显。2008—2010 年的全球金融危机是一个重要的考验。这个事件导致了对环境与发展行动的更多重视。显然，中国国内在环境转变方面的努力丝毫没有被削弱。事实上，无论是经济还是环境都在同时经历改革和转变。问题是这两个转变如何能良性互动，相互支撑。

---

① 2011 年 9 月 8 日，张平在联合国可持续发展大会高级别研讨会上的讲话。

至于环境目标方面，“十二五”规划带来了空前高水准的成熟管理技能、组织机构、资金投入以及在过去10年新兴技术的创新投资所带来的成果。这些当然得益于过去的经济增长。目前，该规划中的约束性环境指标包括了氨氮和温室气体等新增污染物排放指标（见专栏2）。此外，还对重金属和土壤污染等问题给予了重视。总的来说就是更加重视改善人民生活质量，重视城乡居民收入差距。

专栏2　中国“十二五”规划和部分长期环境目标

“到2015年，单位GDP能耗降低16%，碳强度降低17%，化学需氧量和二氧化硫分别降低8%，氨氮和氮氧化物分别降低10%，单位工业增加值用水降低30%。非化石能源占一次能源消耗总量的比例达到11.4%，森林蓄积量增加6亿立方米。”

“到2020年我们将努力在2005年基础上将碳强度降低40%～45%，使非化石能源占一次能源消耗总量的15%左右，扩大森林面积4 000万公顷，增加森林蓄积量13亿立方米。”

——国家发改委张平主任，联合国可持续发展大会高级别研讨会

北京，2011年9月8日

实现环境、能源和碳强度目标有助于实现经济转型的目标（如重工业的转型），环境目标的实现也将对生活质量的改善发挥重要作用，生活质量的改善又能带来新的经济和社会发展机会。经济增长将有利于筹措用于环境改善的资金，通常随着收入的提高，人们对环境质量的要求也会提高。当然，随着消费水平的提高，其环境影响也会增加。这都表明，环境和经济之间的关系可以带来正面效应，也可能带来负面效应。下一节介绍了近期中国和国际上关于绿色转型的一些观点，分析了它们的特点以及在中国经济发展方式转型中的适用性。

三、绿色转型

（一）绿色增长和绿色经济的国际视角

从国际上来说，最近出现了一个很强的潮流，将对未来的环境保护和可持续发展产生影响。这个新潮流有不同的叫法，如绿色增长（OECD、G20 和很多其他国家）、绿色经济（UNEP、欧盟、中国、Rio+20 和一些国家）以及绿色发展，其主旨是将环境目标以前所未有的规模，纳入经济与发展的主流决策中。这些新模式的推手来自多个方向，被看作全球经济恢复中的一个重要因素。很多这方面的努力，都是作为连接经济恢复与环境友好型发展的纽带出现的，这将使国家走上应对环境与能源和气候变化关系的正确轨道。关于每种模式究竟会如何有效地增加就业，还存在着争论。鉴于人们对全球衰退的担心以及对发展中国家巨大需求的忧虑，这一点无论对于富裕国家还是贫穷国家来说都很重要。下面是根据各种国际来源就绿色增长和绿色经济的概念做出的简要分析，包括它们之间主要的相同点和区别。

1. 绿色增长

绿色增长的概念是在OECD 的研究以及其成员国的经验基础上提出来的，并首次在G20 中进行了讨论。此外，联合国亚太经济及社会理事会也针对绿色增长开展了大量工作，以期在亚太地区推广这个概念。2008—2010 年的经济刺激计划带动了绿色增长的发展。在这一紧急情况下，关于绿色增长没有固定的指南，也没有规定的投资水平。但是事实证明，绿色增长对G7 和G20 的政治领导具有吸引力。这些国家在重建经济秩序时，并不仅想恢复成现有这种自然资源不可持续利用和经常造成严重生态和社会影响的经济模式。持续而严重的全球金融危机使最初对绿色增长的热情受到了削弱。最初的关注重点很大程度上集中在气候变化战略和其他能源与环境的关系上。现在，绿色增长的范围更广泛、概念更清晰，例如生态服务功能在削减贫困工作中的作用。

绿色增长指的是促进经济增长和发展，同时确保自然资源能持续提供人类所依赖的资源和环境服务。为了实现这一点，绿色增长必须带动投资和创新，以支持可持续发展并创造新的经济机会。

—OECD 2011

OECD 从2008 年开始在其成员国和其他国家中推广绿色增长，并应成员国部长们的要求开展了很多研究[①]。专栏3 列举了需要关注的一系列政策问题。OECD 正在与其他机构和国家在界定绿色增长国家战略的性质方面开展合作。然而，虽然很多国家都开展了具有经济效益的环境行动，可很少有国家具备这样的战略。

联合国亚太经济及社会理事会（ESCAP）近 10 年来一直在其活跃的地区推广绿色经济增长，ESCAP 相信亚太地区将是绿色增长的最大受益地区。鉴于这个地区庞大的人口、产业和财富向亚洲的转移以及大量的城市和农村贫困人口，其对绿色增长的需求十分巨大。ESCAP 的报告[②]和活动关注的主题包括：可持续消费和生产；绿色商业和市场；可持续基础设施和城市；绿色税收和预算改革；自然资本投资；生态效率；可持续生计。

ESCAP 强调包容性、生计和绿色发展的其他社会方面问题：一个强调可持续经济进步促进低碳和社会包容性发展的政策。

专栏 3　OECD 绿色增长政策需求

- 经济与环境应该并驾齐驱，共同造福人类；
- 需要通过转型打破不可持续的趋势；
- 需要结构性调整；
- 有利变化：行业重新布局，劳动力与技能调整，区域与空间考量，多层次管理，分配，竞争力和绿色保护主义；
- 针对发展中国家贫困群体的绿色增长战略；
- 政府将绿色增长纳入经济政策的关键机制；
- 用“一揽子”政策将各类手段联系起来，包括价格与非价格手段，其作用将超过任何一个单个手段的作用；
- 扶植绿色创新的政策；
- 家庭绿色行为对可持续消费的重要性；
- 带动公共与私营部门的投资；
- 需要更好的手段来衡量实际进步并评估影响，必要时及时改变思路。

---

① OECD，2011 年《走向绿色经济——绿色增长战略综合报告》；OECD，2011 年《实现绿色增长的工具》。

② 联合国亚太经济及社会理事会（UN ESCAP），2008 年，《绿化亚太地区的增长》。

2. 绿色经济

绿色经济有很多种定义，并与可持续发展理念密不可分。尽管通常被认为是为可持续发展提供支持，而不是它的代名词。虽然很多人努力用绿色经济概念来代替经济发展主流化的提法，包括“绿色 GDP”，但是这些观点都没有流行起来。现在关于绿色经济作用和价值的争论性质已经发生了改变。无论在国家、地区还是全球范围推广的经济和政策上可行的途径，都将成为经济发展的新方式。因此，它们对于经济发展方式的绿色转型来说非常重要。

（1）UNEP 绿色经济

UNEP 一直是绿色经济的旗手①。它对绿色经济的定义是：“改善人类福祉和社会公平，同时极大地减少环境风险和资源稀缺性”，具备“低碳、资源节约和社会包容性”的特点，其主要的概念见专栏 4。澳大利亚统计局提供了一个绿色经济重点行业的清单（见专栏 5）。

专栏 4　UNEP 绿色经济的主要概念

- 绿色经济的核心是减贫；
- 应对“环境可持续性与经济进步之间不可避免的矛盾”；
- 脱离 20 世纪 90 年代和 21 世纪初“资本配置不当时代”；
- 创造诸多新的就业机会；
- 需要以 GDP 的 2% 投入到 10 个行业中（见专栏 5）；
- 双重挑战，对富裕国家来说如何降低人均生态足迹，而又不影响生活质量；
- 对贫困国家来说如何改善服务与物质生活水平，而又不至显著增加生态足迹；
- 创造有利条件，包括国内财政措施和政策改革，并通过国际合作，开展贸易、市场基础设施与能力建设等；
- 关键假设为，与常规发展情景相比，绿色增长应该产出更高的 GDP 和人均 GDP。

---

① 来自 UNEP 2011 年《走向绿色经济》，《实现可持续发展与消除贫困的途径》；ESCAP、ADB 和 UNEP，2010 年《绿色增长、资源及应变能力》《亚太地区的环境可持续性》。

专栏 5 绿色经济的 10 个重点行业

农业——可持续农业和粮食系统实践，包括供应链和市场机制；

建筑——新建筑和旧建筑改造；

城市——通过紧凑的功能、交通模式的转变以及提高基础设施、公用设施和能源的效率来实现资源的节约；

能源——可再生能源；

渔业——重新恢复消耗的存量，改善管理；

森林——与森林相关的新型就业机会，例如森林碳汇项目；

制造业——投资改善资源效率，减少温室气体排放；

旅游——可持续旅游投资；

交通——绿色交通解决方案，包括公共交通；

废物——使废物产生量与经济增长脱钩，减少废物，变废为宝（再利用、再循环）；

水——鼓励节约和快速适应供水条件变化的政策体系。

（源自 UNEP，载于澳大利亚统计局，2011 年 9 月，《衡量绿色经济》）

（2）“里约二十周年”联合国可持续发展大会主题：“可持续发展和消除贫困背景下的绿色经济”①

当各国在2012 年6 月齐聚巴西，共同讨论可持续发展之路时，其中一个要做出决定的主题就是，“一种新的既生态友好又有助于削减贫困的经济增长模式”。但是也有人担心，“这个新的观念有可能被用来强化保护主义的趋势，增加国际金融合作的条件限制，并且可能释放出新的力量加剧世界的不公平现象”。它将对发达国家和发展中国家产生不同的影响。为此，世界各地（包括在中国）正在召开各种会议探讨这种影响。目前已经明确的担心主要是关于贸易风险、补贴、获得资金和绿色技术的需求（特别是在贫困国家），以及发达国家的新型可持续消费模式的需求。

“里约20 周年”对话很可能会深入讨论绿色经济和绿色发展的关系。在这方面，结构转型是至关重要的。结构转型可能受投资战略、技术政策、基础设施选择

① Rio+20 筹备委员会第二次会议，专家组报告 . 2011. *Transition to a Green Economy: Benefits Challenges and Risks from a Sustainable Development Perspective*. 91 pp. UNEP, United Nations Dept. of Economic and Social Affairs, UNCTAD. 2011.

和第一 / 第二 / 第三产业的生产和服务转换所驱动，这些也将与机构转变紧密相联。绿色发展仍然可以是一个“以人为本”，但不以牺牲环境可持续性为代价的发展战略。

“可持续发展并非一种选项，而是全人类得以在这个星球上共享体面生活的唯一途径。”

——沙祖康，Rio +20 秘书长

Rio+20 对话同时也面向“全球绿色经济”。这个关注带来了 3 点重要的思考：“共同但有区别的责任”原则；对“万用良方”式思维和行动不太可能取得成功的认识和理解；以及伙伴关系和国际协议的作用（经济、环境和其他方面）。公平地获得绿色经济发展机会、全球绿色市场、贸易绿色保护主义以及金融转移是主要的担心因素。

落实到具体的议题上，Rio+20 准备阶段关于绿色经济的争论主要围绕以下题目展开：绿色就业和社会包容性；能源获取，效率和可持续性；粮食安全和可持续农业；良好的水资源管理；可持续城市；海洋管理；适应能力和防灾能力改善；跨行业优先领域（气候变化、实施手段等）。

这些议题已经在可持续发展的背景下讨论很长时间了。绿色经济将进一步将环境纳入全球经济调整的主流决策中。从这个角度讲，这对于正在重塑21 世纪全球供给与需求的新兴经济体（如金砖国家）来说具有非常重要的意义。

在Rio+20 会议上，很可能最受关注的话题以及关于绿色经济形式的讨论将会是如何满足发展中国家的需求。在最近于中国召开的预备会上，中国外交部部长杨洁篪指出[①]：“应特别注意解决发展中国家的关切……我们要将消除贫困作为制定和实施绿色经济政策的重要衡量指标，同时积极帮助发展中国家妥善应对绿色经济转型的风险和挑战，特别是避免出现发展中国家关切的“绿色援助”“绿色壁垒”等问题。”

在这次会议上，南方中心（South Center）的Martin Khor 提出的忠告值得再次回味[②]：“除了可持续发展之外，我们还应该明确绿色经济的附加价值。要注意确保对‘绿色经济’这个概念的理解要包括社会、公平和发展的维度，包括国际资金和技术的需求以及全球经济改革的需求。”这是一个高层的问题，如果没有印度、中国

① 中国外交部部长杨洁篪在 Rio+20 联合国可持续发展大会高级别研讨会上的发言，2011 年 9 月 8 日，北京。

② Martin Khor. July 2011. *Risks and Uses of the Green Economy Concept in the Context of Sustainable Development, Poverty and Equity*. South Centre. Research paper No. 40. 43 .

和巴西等新兴经济体国家的参与就不太可能实现。这些主要的国家具备经验和资金，可以为绿色投资、贸易和与其他发展中国家的技术交流开拓渠道。

（3）其他国家绿色经济范例

虽然有关绿色经济的有趣争论和行动也正在工业化国内进行着，但是并不总是以国家战略的形式出现。在欧盟的“欧洲2020 战略”中，有 3 个相互关联的战略涵盖了绿色增长的概念：智能增长——发展知识和创新作为关键竞争力的经济；可持续增长——资源节约、低碳和具备竞争力的经济；包容性增长——促进高就业经济、提高社会和国家凝聚力。

欧盟和欧洲国家针对绿色经济已经进行了长期的研究，开展了大量的研究分析工作，包括 20 世纪 80 年代发表的里程碑式的报告——《绿色经济蓝图》[①]。

最近由荷兰环境评估局和斯德哥尔摩应变中心开展的一项评估[②]认为，需要设立一个长期的愿景（到 2050 年），并通过情景分析和模型方法提供支撑，识别未来 5 ～ 10 年的战略决策点。2050 年的愿景关注 3 个主题：“为全球 90 亿人口提供粮食同时减少生物多样性损失；减缓气候变化同时强化欧盟能源安全性；一个现实和可操作的欧盟低碳交通系统解决方案。”报告强调了 3 个战略手段：如何应对过渡期（如当前的能源供应限制）而不失去未来的解决方案；如何在所有主题中解决好多样性这一关键元素（如避免景观的同质化）；以及长期的“平衡消费”影响战略。

澳大利亚大部分关于绿色经济的讨论都与低碳经济相关，包括期望引入碳税。它没有国家绿色经济战略，但开展了很多与这一战略相一致的行动。澳大利亚需要在其国民收入和生产核算账户系统中继续开发和完善绿色经济相关措施[③]。

北美洲迈向绿色经济的行动也是同样，美国和加拿大都没有国家总体战略。大多数行动都发生在次国家层面（州和省、市）。研究工作也主要是由非政府组织进行。有很多行动已经在具体的领域内得以开展，例如自然资源、可再生能源和交通。墨西哥将通过一个新成立的可持续发展中心与UNEP 开展合作。这将成为拉丁美洲和加勒比海地区的关于低碳增长、清洁技术转让和绿色经济方面的示范中心。此外，UNEP 还将同墨西哥政府一道致力于创建长期的国家绿色经济。

---

① David Pearce, Anil Markandya and Edward B. Barbier. 1989. *Blueprint for a Green Economy*. Earthscan, London.192.

② 荷兰环境评估局和斯德哥尔摩应变中心。*October 2009. Getting into the Right Lane for 2050. A Primer for EU Debate*. 104.

③ Andrew Cadogan-Cowper and Tony Johnson. 2011. Measuring the Green Economy. Australian Bureau of Statistics.

日本在绿色经济的一些方面已经开展了大量工作，比较著名的是节能和污染防治。在2008年全球金融危机之后，日本的经济刺激计划中包括了环境改善的内容。从那以后[①]，日本大力重视了经济结构调整的综合措施制定、公民参与（特别是关于可持续消费方面）以及工业和交通等领域的短期和长期应用技术的创新。日本期望能在地区范围内做出努力，并在亚洲很多地方开展改善环境状况的努力，比如，2011年6月在北京举办的中日绿色博览会。日本的商业利益很好地体现在了促进日本国内和海外绿色经济发展的过程中。

（4）“走向绿色”国际经验总结

对以上已经实施或仍处于建议中的不同概念的分析，让我们看到这些概念有很多相似之处，但是也看到了很多的不同。工业化国家存在避免采用综合战略的趋势，部分原因是早些年在工业生态效率方面进行了大量投资。但是，缺乏绿色交通的整体战略(特别是北美洲),以及富裕国家在可持续消费方面的相对失败,让人感到不安。很多贫困国家非常需要资金和合适的技术以及能力建设。此外，绿色增长和绿色经济与投资和贸易的联系也值得关注。总的来说，尽管富裕国家、新兴经济体国家以及贫困国家关于这个议题有不同的看法，但是大家都对低碳经济感兴趣。绿色经济具有地方、国家、地区以及全球等多个层面的视角，这些层面之间的联系值得认真思考，尤其是关于金融转移体系、就业、国际协议的影响以及其他与走向绿色相关的安排。

大多数国家可能都存在着很多知识上的不足，包括规划绿色经济和绿色增长、利用新指标和国民收入及生产核算账户体系的变化来监测环境质量和生活质量，以及公民获取信息的渠道等。一个最近的例子就是突然遍及世界各地的页岩中油气的提取，这些项目通常没有经过足够的环境评价，也缺乏其他保障措施。这项开发工作，可能会对可再生能源的投资以及生态系统和生态服务的完整性产生巨大影响。但是，这项开发工作发生的速度非常快，引发了很多国家的强烈关注，甚至那些致力于开发绿色增长战略的国家亦是如此。

一个突出的问题是：为什么是绿色发展，而不是绿色增长或绿色经济？这有点让人疑惑，但是这一名词还没有真正流行起来。最常见的解释似乎是绿色经济有助于可持续发展。

① 见 Takashi Yano. IGES 关于“日本新绿色经济框架和实践”演讲。2010年12月。“中日韩绿色经济研讨会”，北京。

这当然是寄希望于绿色经济 / 增长将会带来新的、长久的工作机会和可持续的生计。这无论对于贫困国家还是富裕国家来说都非常重要。至于是否能带来净收益，则取决于具体的情况，并且大多数时候取决于一个完整体系，而不是单个的动议。例如渔业，如果资源存量消耗殆尽，或者发生了污染和栖息地的破坏，就没有了工作机会。实际上，可能需要减少渔船数量，以建立可持续的、具有良好附加值的渔业。因此，要想有真正的新工作机会出现，就需要在数年前就开展生态恢复和消除补贴等工作。对于先进的可再生能源之类的创新技术开发，在证明经济可行性和市场开发方面可能需要做很多年的工作。

政府为绿色经济创造条件这一角色看来是非常清楚的，同时，也需要一定程度的勇气打破“一切照旧”的常规。这对于那些受经济衰退和其他干扰因素影响的国家来说比较困难。政府还需要决定如何建立伙伴关系，促进绿色投资和贸易安排，以及鼓励私营行业采取行动。这些在众多的绿色经济文献中都有提及。

一个令人担忧的危险是，随着新技术的成熟，或投资集中于少数几个大国，或者是缺乏政治兴趣，或者是一些因素使某些国家甚至地区改变了绿色增长和绿色经济的道路，一些重要的地区可能会被落在后面。基本上，不光是国家层面，地区和全球层面也必须面对挑战。换言之，绿色增长和绿色经济事关全球，也事关国家。因此，Rio+ 20 会议的成果将十分重要。

绿色增长和绿色经济观念是否强大到可以促使国家和全球经济走上绿色发展道路，实现良好的经济与环境关系，这个问题的答案只能在今后的几年里才能变得日渐清晰。但是，毫无疑问，即使是以现在这种形式出现，这些观念对于像中国这样处在环境与经济关系转变、追求可持续发展过程中的国家来说也是意义非凡的。

（二）中国的绿色经济

中国高层领导人已经指出了未来中国绿色经济的核心特征。在2011 年的博鳌论坛上[①]，胡锦涛同志指出绿色经济总的来说事关亚洲国家，他还就中国近期的发展方向指出：“转变发展方式，推动全面发展。我们应该紧跟世界发展新趋势，着力转变经济发展方式，积极调整经济结构，增强科技创新能力，发展绿色经济……未来 5 年，中国将着力建设资源节约型、环境友好型社会，深入贯彻节约资源和保护环

① 胡锦涛主席在博鳌论坛开幕式上的致辞，2011 年 4 月 15 日。

境基本国策，节约能源，降低温室气体排放强度，发展循环经济，推广低碳技术，积极应对气候变化，促进经济社会发展与人口资源环境相协调，走可持续发展之路。"

2010 年胡锦涛同志对APEC 领导人的讲话中提到需要在环境和总体经济政策之间建立广泛的联系[①]："我们应该注重保持可持续增长，不仅要保持资源环境可持续性，也要保持财政、货币、贸易、产业等政策可持续性，减少宏观经济波动和风险。"

建立这种宏观经济联系的意义在于协调经济发展、社会发展和环境保护之间的关系，因而能够"积极应对气候挑战、大力发展绿色经济以及培育新的经济增长点"。

温家宝同志在2011 年6 月于伦敦皇家协会[②]发表的讲话中强调了科技在实现绿色经济和发展目标上的重要性："未来的中国，将是一个经济发达、人民富裕的国家。……我们将坚持科学发展，着力转变经济发展方式，走绿色、低碳、可持续的发展道路。……中国经济的振兴和可持续发展，根本靠科技。……我们力争把研究开发投入占国内生产总值的比重从现在的1.75% 提高到2.2%。同时，我们将加快培育和发展战略性新兴产业。现阶段重点培育和发展节能环保、新一代信息技术、生物、高端设备制造、新能源、新材料、新能源汽车等产业。所有这些都将促进当前发展并为长期发展提供有力支撑。"

中国在清洁技术[③]研发方面的投资已经超过了一些主要的工业化国家。据《卫报》报道[④]，2010 年中国投入了340 亿美元，而美国投入了180 亿美元。但是，如此大的投资必须要转化成大规模的商业化行动。中国的领导人最近在与日本、美国和英国等国领导人的会谈中指出，中国希望与它们合作，"共同致力于可持续发展，帮助世界经济的复苏以及应对气候变化"[⑤]。这一点说明中国清楚地认识到没有哪个国家能够独自应对这些问题。绿色经济必须是大家共同承担的责任。

绿色经济的一个重要组成部分是中国通过贸易、开发合作和中国的海外直接投资等途径对其他发展中国家所发挥的作用。在最近的讨论中，这个问题被一再提及，例如在2011 年9 月与南非总统的会谈中[⑥]：

---

① http://www.china.org.cn/business/hu_g20_apec/2010-11/14/content_21339851.htm.

② http://news.xinhuanet.com/english2010/china/2011-06/28/c_13952856.htm.

③ 中国绿色技术发展趋势的描述见 China Greentech Report 2011. http://news.xinhuanet.com/english2010/china/2011-06/28/c_13952856.htm.

④ http://www.guardian.co.uk/world/2011/feb/04/china-green-growth-boom-industry.

⑤ 温家宝同志在伦敦会见英国副首相 Nick Clegg. China Daily 27 June 2011 http://www.chinadaily.com.cn/china/2011-06/27/content_12784592.htm.

⑥ http://www.gov.cn/english/2011-09/29/content_1960085.htm.

温家宝同志表示，中方欢迎更多南非优势产品进入中国市场，鼓励本国企业和金融机构参与南非交通、能源、通信等基础设施建设，支持双方拓展在新能源和可再生能源、制造业、绿色经济、农业等领域的合作。

中国领导人的讲话以及“十二五”规划都认识到了环境与经济关系转型的复杂性。但是，还需要转化成能够影响各行业、各地区以及中国国际形象的可操作的政策才行。2011 年国合会的报告和政策建议从各个角度对可操作政策的细节进行了论述，包括具体行业的绿色政策需求和机会；低碳工业化战略；重点关注绿化外国直接投资（FDI）和中国在发展中国家对外直接投资（ODI）贸易和投资政策；绿化市场供应链以实现至少一部分可持续消费目标；中国如何管理和减少汞的使用和环境排放的战略，平衡需求以确保经济损失得到有效控制；以及一项关于中国未来环境与发展展望的研究。这些课题的细节没有反映在本报告中，但是有必要介绍一下绿色经济课题组的研究成果和政策建议，因为它们确实指出了中国在发展绿色经济的道路上可以采取的具体行动（见专栏6）。

在向绿色经济转型的过程中，中国应发挥其“中国优势”。这是一组能够让中国比其他国家更快地采取行动的因素，包括强大的政治承诺、支撑绿色投资的庞大的财政能力、市场规模（包括国内和出口机会）、适度的劳动力成本、科技投入和创新型制造能力，以及中国有志于成为“绿色创新中心”的雄心。这些优势将使中国能够探索自身的绿色发展之路。

专栏 6　绿色经济课题组采用的绿色经济定义

“以环境保护与资源的可持续利用为本质条件的经济发展方式。这一发展模式优先关注人类的健康与福祉，减少人类活动对环境的损害，充分认识原生生态系统和人工生态系统提供的服务功能和价值，并通过不断创新和高效管理相结合而获取新的绿色经济增长点。”

成功的绿色转型需要以下基本条件：

（1）政府的决心和战略部署是绿色转型和跳跃式发展的政治基础；

（2）政府的定位与监管和推动角色是实现绿色转型的关键；

（3）有效与完善的市场机制是推动创新与可持续发展的驱动力，特别是企业和金融行业。

绿色经济课题组提出了 10 点关键政策建议，这些政策将能够鼓励国家、地区和行业层面的发展机制和政策创新，创造有利条件：

（1）转变政府职能，为绿色经济发展创造制度条件；

（2）建立政府决策综合评估，为绿色经济发展提供政策保障，全方位推动财税金融政策的调整；

（3）避免落后技术和生产设备在地区间转移，实现区域绿色经济协调发展；

（4）推动集中式绿色城市化发展之路；

（5）采取综合方法推动传统工业领域绿色经济转型；

（6）在现代化进程中推进绿色农业发展；

（7）充分发挥服务业在绿色转型的催化作用；

（8）绿色转型应成为一个更具包容性的过程；

（9）绿色创新应成为中国现代化和跨越式发展的催化剂。

由于中国庞大的经济规模以及各地区条件的多样性，因此，中国的绿色转型道路不存在“万用良方”，而是需要根据各地区的条件和特点，因地制宜地采取不同的方法。而且，通过对农业、服务业以及几个工业行业的研究可以看出，行业需求的差异也很大。在同一个行业内，大企业和中小企业的需求也不同。当考虑绿色转型的包容性时，需要惠及贫困人群，考虑性别因素。总的来说，就是要考虑在转型过程中可能被边缘化的群体。

（三）中国和全球绿色转型小结

中国完全具备加大力度改善环境与发展关系的能力。这一点需要根植于广义的绿色经济背景之下，而不是狭义的绿色增长。原因是，中国目前仍然处于构建一个成熟经济体的过程之中，未来的经济还将包括更大的服务业比例、更多的国内消费、大量的基础设施投资以及更大的对外投资。与就业、竞争力、公平和效率相关的效益以及绿色转型的附加值应体现在广泛的领域，而不仅仅限于环境保护和能源或少数几个领域。无论如何，中国有必要考虑像 OECD 国家那样采取的绿色增长手段，因为中国的高增长率必须要转化成更加环境友好型的增长。

过去的数年里，有些时候经济发展明显超过了环境改善的步伐。因此，即使单位 GDP 的污染强度与能耗都在降低，某些主要污染物的总量仍然很高，并且还在增长。最近发表的《2010 年中国环境状况公报》指出了酸雨的严峻形势（影响中国半数的城市)、土壤污染、一些主要江河的低劣水质以及很多其他问题。如果经济继续超过预计增长速度，环境形势必将更加恶化，这种情况有可能发生，尤其是中国还在大力促进国内消费。实际上，《2010 中国生态足迹报告》显示中国目前的发展已经超过其生态承载力[①]。

UNEP 在绿色经济方面的工作在“里约二十周年”会议的准备过程中得到跟进，这对于世界上所有的国家来说都十分重要。处于不同经济发展水平的国家都能够找到切入点，包括非常贫穷的国家和非常富裕的国家。中短期内，包括中国在内的新兴经济体将受益最大，因为它们具备强劲的经济发展势头和新型的经营投资机会，并且没有老旧基础设施和经济的拖累。也许最大的挑战是那些依旧陷于显然不可持续的高消费习惯的富裕国家，而且想要改变非常困难。

绿色增长和绿色经济领域的国际合作需求是显而易见的。如果一个国家简单地将自己的环境问题出口到世界的其他地方，长期来讲没有人会是赢家。从积极的角度去看，加快环境可持续发展技术应用的合作将会使所有的国家以及整个地球环境受益。中国和其他新兴经济体国家，以及一些OECD 国家完全具备条件，以在这个过程中抓住新的经济机会。投资和贸易机制可能促进，也可能阻碍全球和地区的绿色经济发展，而这主要取决于其实施是否考虑的绿色因素。同样，环境与发展的机构也存在类似的问题，而且在全球水平上，机构的能力仍然很弱。最后，正如下面章节所述，有很多动议还没有得到完全实施，例如新的全球协定（如汞管理)、绿化市场供应链以及其他对全球和国内绿色转型具有重要影响的商业实践。

四、中国经济发展方式的绿色转型

中国绿色转型的路线图将会有多条路径，到达终点的路也不只一条。2011 年的 3 个课题组报告针对具体议题提供了大量的信息和路线图，如低碳工业化战略。重要的是所有证据都表明，中国将环境纳入经济发展决策是可行的，并将带来近期和远期的经济和环境效益。正如中国领导人所指出的那样，这才是期望的未来。

当然，即便是“十二五”规划中加大了环保工作力度也不足以完成绿色转型的任务。事实上，与过去相比，今后5年的工作可能会变得更复杂。这种情况在“十三五”以及以后的 5 年规划期间将更是如此，至少要到2030 年。但是，虽然是挑战变得越

① 国合会和世界自然基金会。《2010 中国生态足迹报告》。

来越困难，伴随而来的经济和其他机会也将越来越多。中国可以通过掌握新技术、逐渐培育高效企业、建设杰出城市、保障生态系统和人类健康、创建产品 / 服务 / 海外投资的环境友好国际知名品牌以及保持适度的人均物质消费等手段，审慎、有选择地应对环境与发展问题。在上述每个领域的成功对于中国经济发展方式的绿色转型来说都十分重要。

可喜的是，中国国内已经开始了这方面的努力，某种程度上也在国际经济关系上进行了这种努力。目前的关键点是如何针对眼前的转型需求制定政策和行动，为中长期的转变奠定基础。下面简要论述了 5 个挑战和 5 个机遇。

（一）5 个挑战

1. 2012—2020 中国经济增长与环境保护关系的转变

可以得出这样的结论，从 2011 年的结果看，中国将继续按照高于预计的实际增长速度发展（与五年规划预计的目标相比）。但是实际增长速度和预计速度之间的差别将在今后几年变得越来越小，特别是如果全球经济继续下滑；中国也很有可能在经济模式转变上取得显著进展。这两种结果对于环境和发展来说都很重要。如果 GDP 增长率保持在每年8.5% 以下，同时按照规划所设计的规模实施工业结构调整，那么应该很有可能看到环境保护的真正进步。如果经济增长远超过预期目标，那么无论采取怎样的环保措施，环境都将面临巨大的压力。这是第一个应该记住的要点。

第二点需要考虑的是如何将环境纳入中国的经济决策当中。对于进行中的经济变革人们已经众所周知，无须赘述。但是，正如国合会从2006 年就开始指出的那样，中国目前已经步入一个环境与发展的变革时期。在这个新的环境与经济的十字路口，有很多方向可以选择，例如：

（1）节能减排是工业结构调整的主要驱动力。

（2）转向建立适当的环境税收体系，引进市场调控手段，包括碳税。

（3）利用生态补偿这一手段来保护重要但却没有定价的生态服务功能，包括考虑促进区域经济发展、缩小收入差距和贫困的措施等。

充分理解如何优化这些环境与经济的共同转变是十分必要的。

第三，中国在大幅改进环境与经济关系方面处于十分有利的地位。这实际上得益于过去的高速经济增长。超越预期目标的快速经济发展对环境质量提出更多需求的同时，也为改善环境提供了更多的资金。由于中国还必须大力发展基础设施、城市和生产设施，因此中国有机会采取可持续的方式来实现，即节约能源和资源、防治污染和采用良好的环境设计。这些都已广为人知，但是在 2020 年前的“十二五”和“十三五”这一阶段，中国急需可操作的政策来实现这些转变。

2. 将环境目标的实现转化成可持续发展成果

实现计划的诸如污染控制等环境目标并不一定意味着直接带来环境的改善。在控制目标是强度削减而不是总量削减的情况下，尤其如此。而且，当经济高速增长时，环境的改善可能又被新形势的环境退化所掩盖。此外，还存在大量的监测和报告问题、对一些问题的实质认识不足的问题（如新出现的土壤污染和沿海水质问题）以及区域层面的累积影响问题。

这种挑战可能还会因为环境影响从一个地方向另一个地方的转移或者出口到国外而变得更严重。另一个问题是旧的环境问题为新生的环境问题所替代，例如改变生产工艺可能会产生新的废物种类。另外还需要考虑公平性，例如在迁移工业和矿业时降低灾害和健康风险。

这些是典型的规划问题，只有通过综合的环境与经济决策手段才能解决。使用功能区划将是一个有益的办法，但是要注意选定地区经济的绿色化不会降低其他地区的环境质量或生态服务功能丧失。灵活的规划和良好的中央与地方政府协作是重要的先决条件。

更好地环境监测、数据一致性的改善、向公众发布可靠的环境信息（包括有毒物质清单、评价报告等）树立可信度等，都是增强公众对环境改善实际成果认识的重要手段。同时，也是加强政府官员、社区和私营行业能力的手段，是提升环境成果的重要帮手。

3. 促进绿色商业、企业社会责任和金融行业转变

中国的企业在融入绿色经济的能力方面存在巨大的差别，从那些在新技术、产品和服务方面具有全球影响的企业直到众多连满足起码的环境规定都很困难的中小企业，应有尽有。尽管有时也适用，但用“赢家”和“输家”来形容这些企业，并不是很合适。更合适的角度是要充分认识到，未来某些最好的创新将继续源自对新企业的培育。另外，将落后的工业设施迁移到新的地方，对于绿色商业或者商业周期来说也不是一个好的办法。中国的大型国有企业将逐渐为绿化供应链提供大量的机遇，而供应链通常也包括众多的小公司。但是，目前中国的企业在这方面还相对落后于外商来华建立的国际公司。

随着企业直接参与资源开采、制造、零售和各种服务行业，金融行业更多地参与经济的绿色转型变得十分必要。金融和股票市场应该是绿色转型的一部分，这在世界其他一些地方已经做到了。这种转变可能很快就会发生，特别是如果这个行业能够按照2008 年全球金融危机后制定的改革方向继续进行改革。这可能是中国乃至世界在绿色转型的需求中最容易被忽视的一个方面。甚至最基本的，例如如果未来几年还需要经济刺激计划，那么经济刺激计划将在可持续发展方面扮演怎样的角色，怎样才是最优的方案，关于这一点人们的认识还十分有限。

企业社会责任意味着企业和协会愿意采取自愿行动，这些行动包括环境认证、采用减少环境影响的产品设计和制造工艺、绿化供应链和采用最佳实践。企业社会责任需要良好的企业管理、与所在地社区的对话和沟通以及可信的信息共享。目前中国的企业还没能很好地满足这些准则以及其他一些企业社会责任准则。尽管政府制定了很多的法律法规，但不论是针对外资企业，还是对国内企业，都还没有一个完整的或者说适当的监管框架。因此，中国环境与经济关系转型的相当大一部分工作，还是要注重开发基于绿色市场的监管体系。世界其他国家具有很多这方面的经验，其中许多都来自经常与企业合作的国际非政府组织。

4. 优化"十二五"转型成果

"十一五"规划在很多方面都非常成功，包括与环境有关的领域，这也为现在到 2015 年间的进一步转变奠定了基础。正如本关注问题报告中多出提到的，最艰巨的任务就是如何协调经济和环境这两个转型。当然，如果经济和环境目标都能双双超额完成最好，这个结论听起来很诱人。但是实际上，最重要的是质量而不是数量，因此，温家宝总理等中国领导人把重点放在了"以人为本""健康、快速、和谐和稳定的发展"上面。

环境保护部周生贤部长将"十二五"规划中这些行动理念解读为"代价小、效益好、排放低、可持续"①。现实中，这些都是很困难的原则，特别是要将它们统一考虑的时候。虽然新的五年规划纳入了额外的指标，但是它们还都是针对单个方面而没有着眼于环境与经济关系的大局。也许人们可能低估了未来 4 年可能取得的实际成果，因为审慎地协调环境、经济与社会变革的关系可能会产生很多协同效应。

正如周生贤部长在2011 年4 月指出的："生态环境总体恶化的趋势没有得到根

① "代价小"就是要坚持环境保护与经济发展相协调，以尽可能小的资源环境代价支撑更大规模的经济活动。"效益好"就是要坚持环境保护与经济社会建设相统筹，寻求最佳的环境效益、经济效益和社会效益。"排放低"就是要坚持污染预防与环境治理相结合，把经济社会活动对环境的损害降低到最小限度。"可持续"就是要坚持环境保护与长远发展相融合。http://english.mep.gov.cn/Ministers/Speeches/201104/t20110415_209261.htm.

本扭转……将环境保护的'倒逼机制'传导到结构调整和经济转型上来，能更好地推动整个社会走上生产发展、生活富裕、生态良好的文明发展道路。”一些能够保证快速、健康的绿色经济和发展的措施包括：确保中国各个地区的绿色经济基本上同时起步，包括那些原来东部沿海企业将要迁往的地区；快速推广能源、农业和城市化等重点行业的绿色行动；积极寻求污染防治和低碳经济的协同效应；绿化沿海地区的“蓝色经济”；将消除贫困、实现千年目标、生物多样性保护和环境保护联系起来；集中绿色行动以实现协同效应的最大化；促进创新技术的快速实施和商业化等等。“十二五”规划大力关注了为中国年轻人和脱离原有生计的城乡人群创造新的就业机会。绿色经济声称可以促进这种就业机会的增长，特别是 UNEP 在国际上这样断言。OECD 在这个题目上则一直比较谨慎。但是，就业机会将是中国绿色经济的一个重要部分。因此，中国在协调环境与经济发展时，对这个议题应该予以密切关注。“十二五”规划实施期间，现实地应对这个问题也非常重要。或许全部的就业潜力只有等到将来随着全球需求的转变、朝阳产业的成熟以及服务业得到全面发展的时候才能够实现。

5. 中国与国际上的相互依赖关系

目前中国面临着来自国际社会的双重期待。鉴于中国在世界经济和贸易中的角色以及在全球环境事物中日益上升的地位，人们期待在当前全球经济危机和环境危机的状况下得到中国的支持。这些人们期待中国做出承诺的程度和性质，因提议者的不同而不同。但是显然，这中间有需要应对的挑战，包括应对气候变化、全球汞协议之类的新的环境行动、旷日持久的世界贸易谈判以及全球下一步绿色经济和可持续发展的行动，特别是可能在Rio+20 会议上磋商的行动。

上述每个题目都有自身的对话、谈判和行动渠道，因此本报告中不再赘述。但是有一些总体的问题需要加以考虑。首先，关于绿色经济，如果把中国最近的行动同OECD以及UNEP 的建议进行对比，我们会发现中国已经很好地开展了行动。事实上，中国可能比其他发达国家和发展中国家在行动上做得更好。其次，尽管中国的温室气体排放和能耗继续在上升，但是单位GDP 的强度却在下降。在贸易方面，中国的重要性仍在上升，因此有众多的利益需要考虑。

中国面临的挑战是如何发展更牢固的伙伴关系和其他国际合作，以改善中国的绿色转型和经济，同时又能保持甚至改善竞争力、对外形象以及对全球的贡献。当然，这两个巨大的挑战是相互关联的，但通常其中的联系不是特别清晰，包括如何优化两者的关系。气候变化、能源和贸易就是其中一个例子。

在众多问题中，有 5 个需要强调：

（1）中国在发展援助和向亚洲、非洲及其他国家输送环境与发展成功经验方面的作用；

（2）关税和其他贸易问题（如与环境和气候变化相关的绿色补贴）；

（3）可持续发展科技（如碳封存、新一代汽车和其他先进的能源形式）的伙伴关系；

（4）削减跨境和大陆间的污染转移；

（5）还没有达成共识的削减全球温室气体排放。

与这些问题相伴的巨大成本在一定程度上阻碍了这些问题的进展，在全球金融危机期间可能更是如此。某种程度上，目前中国可能处于一个有利的时机，可以在建立伙伴关系时为自己争取到更好的条件。中国在其他发展中国家大量的投资需要考虑环境成本，但除此之外，贸易和能力建设也非常值得关注。中国对此的总体贡献将是十分巨大的。最关键的是，要确保中国和这些发展中国家的可持续发展这一最高价值。同时，在与众多国家的关系中（包括 OECD 国家和其他新兴经济体国家），在环境事物在贸易与投资中变得越来越重要的同时，中国将需要保持其竞争优势。

（二）5 个机遇

1. 制定环境、经济和社会的综合可持续发展政策

人们认识到要全面实现可持续发展还有很长的路要走，部分原因是由于大多数行动都没能采用综合的手段应对环境、社会和经济问题。这一点对中国和其他国家乃至全世界来说都是如此。我们已经失去了很多机会，包括优化水资源利用、削减贫困、城市设计、生物多样性保护以及众多其他可持续发展议题。目前的希望是，各国在这 3 个根本主题中的每个主题上都有了更多的经验，因此在未来的几年里各国能更多地重视综合性的方法。中国具有足够的经验来表明，如果针对可持续发展采用综合规划和管理手段，将会取得更好的成果。

当前重要的一点是，需要在过去 10 年中确立的政策理念基础上采取行动，这些理念包括科学发展和创新、和谐社会、千年发展目标、生态补偿、污染者付费、市场价格、循环经济、低碳经济以及现在的绿色经济和绿色发展。这些理念通常需要针对具体行业或地区状况的可操作的政策来支撑。其他跟实施有关的考虑因素包

括监测和灵活的管理措施，以便在实施过程中准确地掌握进展情况，及时修正轨道。

另一个需求是各个部门、各级政府以及各个行业之间更紧密的协调。国合会为此开展的关于中国汞管理的研究工作就是一个例子。人们强烈希望寻找方法减少汞进入环境，防止汞对人类健康造成危害。像其他重金属一样，汞可以长时间存在于环境中，并通过多种途径进入生态系统和食物链。但是，由于它是燃煤电厂以及一些正在发展中工业的副产品，同时还用于一些产品节能之中（如节能灯）。因此，要在目前的生产活动中消除汞会产生巨大的经济影响。因此，只有采用综合的战略，注重政策的可操作性，才能取得进展。

其他需要综合规划和管理的例子还包括流域管理和沿海地区管理。这两个题目国合会的课题组都研究过。但现在，随着非点源农业污染、城市化扩张、石油泄漏、化学工业设施以及其他造成水质压力的因素日益增多，这些问题变得更加紧迫。虽然规划和管理模式已经确定了，但是实施效果不好，部分原因就是缺少综合的可持续发展实施政策。

这样的政策通常不限于命令与控制式的手段，它们还将包括综合区域规划、良好的功能区划、有利于基于市场的管理体系的措施，以及为企业的自愿行动和社区的参与创造机会。

2. 中国的低碳工业化战略：振兴现有产业和鼓励新兴产业

整个中国都对低碳经济表现出了非凡的兴趣，中国还宣布到2020年将单位GDP碳排放在2005年的基准上降低40%～45%，这为很多行业的温室气体强度削减创造了新的机会。但是，国合会和中国政府最近的研究表明，实现这一目标很大程度上取决于工业化战略。国合会低碳工业化战略课题组的研究显示，7个现有重工业行业，外加7个战略新兴行业的碳减排将为总体减排做出最大的贡献。课题组计算得出2020年强度减排中大约70%将来自两个方面：42%来自节能，29%来自能源行业结构调整。除了环境改善效益之外，减排行动还将带来其他效益，包括保护现有工业的一些工作岗位，生物技术、新能源产业、信息技术和新材料等新兴行业中新的就业机会，以及强化能源安全、迈向创新性发展，摆脱现在的投资驱动型发展模式。

中国的低碳发展，特别是工业化转型，有望取得超出所有人想象的成功，成为环境和经济双重转型的重要范例。它将为绿色经济和绿色发展打开无数的新机遇。

3. 中国的可持续消费

这个问题难以预料。随着收入水平的提高，特别是可支配收入迅速提高的中产阶级人数的增加，中国的消费能做到可持续吗？在世界其他的地方，随着社会富裕程度提高而变成节约型社会这种情况非常罕见。中国会有所不同吗？如果是，会有怎样的不同？如何促进和强化人们的可持续消费行为？在中国已经制定了刺激国内消费规划的情况下（如“十二五”规划）如何应对可持续消费的问题？国合会与世界自然基金会（WWF）中国项目办公室的合作研究显示中国的生态需求日益上升，不仅是需要自身的资源，而且需要世界其他地方的资源。这种日益上升的国内消费需求带来了相应的问题，例如对食物中动物性蛋白质的需求导致了牲畜养殖场而产生的污染、对活珊瑚礁鱼类的奢侈需求（这些鱼类是在东南亚通过不可持续的方式捕获，并进入城市的饭店中）以及中国大城市私人汽车猛增带来的环境成本。

当然，中国的消费模式与城市生活方式紧密相关。虽然与西方社会有相似之处，但是多数中国的城市和农村居民仍然过着比较节约的生活，拥有比较小的居住面积和节约资源的生活习惯。但是，这种情况正在发生改变，有时还相当快。

中国也有对通过环境友好方式生产、避免使用污染物的产品需求，如不含杀虫剂和其他污染物的有机食品。但是，广泛使用可信认证的市场体系还没有形成。对于国内消费以及国际贸易来说，绿化供应链是一件非常重要的事情。实际上，随着时间的推移，它可能对于国内市场来说变得更加重要。开发良好的国内认证体系（有时被称为“绿色中国共识”）而不是完全依靠国际认证标准，可能对中国的消费者更有益处。

新的中国式可持续消费模式的建立需要人们行为和生活方式的改变，以及创建能为消费者和生产商提供有用信息的服务业，还需要政府制定有利的政策，以及众多企业行为的改变。很多实例表明这一切已经开始发生。

同时推进节约型社会（如小康社会）和消费型社会这两者看起来似乎是相互矛盾的，但是这确实是事实。因此，中国需要努力使消费与高能源、高资源消耗脱钩，将环境外部成本内部化。注重生活质量而不是商品数量也是促进环境保护和服务型经济转型的一条重要途径。

4. 中国“走出去”海外投资战略的环境友好化

中国正积极改善自身环境与经济发展之间的关系，这些努力的结果将会减少还是会增加对世界其他国家和地区的环境影响？随着中国“走出去”战略的建立，中国的企业正在扩张其贸易伙伴关系，包括长期商品生产合同、海外直接投资以及交钥匙工程，或者是各种类型项目的合资合作，有时这些大型项目，如大型水坝建设和采矿项目，会大量引入中国工程技术。20 世纪七八十年代，日本和韩国等亚洲国家以及更早期的欧洲和北美国家，在扩大其海外投资活动时也是这样做的。当然，中国的海外投资活动在今后几年仍将处于一个相当有限的水平。

但是，有很多证据表明中国还没能树立起良好的品牌形象，而且还不时有负面新闻出现。在“走出去”初期，一些中国企业在并购东道国公司或在一些资源行业投资时确实有遭到拒绝的时候。有些报告表明，中国在非洲或亚洲的有些投资活动缺乏对环境和其他问题的关注，这些报告有些以事实为根据的，有些不是。因此，对于中国来说，这是一个树立注重海外投资质量、高度关注东道国当地社区与环境影响的积极形象的重要时期。有很多例子表明，中国正在对此付诸运动，但是尚未形成标准体系。

有一个说起来简单但是也许很难应用的“黄金法则”，就是中国企业不论在本国还是在海外都达到同样的环境绩效表现。这一法则同样适用于中国的海外投资和国际企业在华直的接投资。由于中国将不断提高针对国内经营企业的环境标准和监管力度，对中国海外投资企业的管理水平也必将不断提高。当然，如果某些国家有特定的要求（如印度尼西亚的原始森林保护），中国企业也必须遵守。另一个重要方式是，中国企业积极参与比如可持续棕榈油圆桌会议这种国际机制。也许过几年，所有从生产国进口到中国的产品可能都要经过可持续生产认证，如大豆、一些鱼类、林产品和其他产品。如果国际社会认同中国是一个关注环境的投资者、合作伙伴、生产者或者雇主，中国将为其经济发展所必须的资源和产品赢得更多的供应市场与安全保障，而且，中国还将在发展与其他国家的长期合作关系上保持有利地位，如非洲、拉丁美洲和东南亚地区。借助这种关系，全球重要的环境问题就有可能通过中国的经验得以应对，例如减少荒漠化、改善水资源管理、发展水产养殖业和推进可再生能源技术。这些例子说明中国的绿色转型可以影响全球、区域和国家的经济模式改善。

5. 绿色经济发展中长期规划（2015—2030 年）

必须摒弃那些认为绿色转型可能随时实现的想法。虽然从“十二五”开始立即采取行动非常重要，但是很多关键的机会将要在未来相当长的时期内才能出现，即需要等到中国和世界的绿色发展框架变得更健全、新的可持续技术更成熟，并且积累了丰富的经验和伙伴关系来加速转变的步伐。正如中国为经济发展制定短期、中期和长期规划那样，为绿色经济和绿色发展制定规划也十分必要。针对某些方面的问题，长期规划可能需要考虑到2050 年，例如气候变化。但是对于设定目标和情景分析来说，最重要的是中长期规划，即从“十二五”结束之后的15年。

拥有这样一个规划的好处是，它能用于解决一些更为困难的问题，比如如何才能使目前正在研究中的可持续技术产品得以最佳利用。实施综合管理和绿色转型需要机构创新和加强。规划将包括一些花费很高的转变，包括河流和湖泊的清污治理以及那些与土壤污染相关的遗留问题等。如果气候变化、生物多样性保护和一些其他环境和发展问题能够作为主要因素在经济决策中得到适当和全面的考虑，那么接下来最重要的就是要采取实际行动。

中国在世界新型绿色经济以及与其他新型经济体关系中的强有力的竞争地位具有十分重要的意义。在这个中长期规划结束之前，中国就很可能成为世界上最大的经济体，并拥有更为平衡的对外贸易和国内消费关系。中国也将进入较少关注基础设施和重工业等行业的发展阶段，人民生活质量和国内与全球的环境质量将比现在得到更多的关注。中国需要制定一个比现在内容更加丰富的行动绿色框架。到那时，中国有望被公认为是一个环境友好的国家，并有机会与那些对走向生态文明感兴趣的国家分享这一成果。

五、结论

在过去的5年中，中国在环境与发展管理方面取得了许多积极的进展，其中包括：政府高层有力的指导以及关于环境表现方面更好的公众对话；适应形势变化，特别是2008年年底经济刺激计划中包括了环境准则和行动；完善法律法规，扩大诸如环境影响评价等规划工具的使用；推广市场经济政策；强化环境管理及行政体系；增加对环境与发展的投入；扩展公众提出意见与获得信息的渠道；促使企业和金融机构积极参与环境保护；利用诸如北京奥运会和上海世博会这样的活动来推介环境创新行动；积极参与全球环境对话等。但是，这些艰苦的努力并还没有直接转变成环境质量的足够改善。

因此，我们可以得出这样一个结论，与世界上其他地方一样，绿色经济和绿色发展是中国在未来实现环境与经济良性互动的必由之路。因此，中国的经验将非常具有价值，可以催生绿色贸易和投资的新机会。接下来，国际视角将成为关注重点。中国已经表现出了进一步开展绿色增长和绿色经济国际合作和伙伴关系的兴趣。绿色经济可能成为社会和经济效益的催化剂，因为绿色经济很可能促进低碳工业化、可持续发展技术的应用以及创建绿色供应链等。

尽管全球经济活力存在很多不确定性，中国精心制定的“十二五”规划将为同时促进经济发展和环境改善两个转变创造机遇。为全面实现规划目标，中国不仅要完成各项指标，还要制定综合措施，把经济、社会与环境发展联系起来。同时，因为绿色经济不是“万用良方”，所以必须关注具体行业战略，重点放在那些能产生新的解决方案的领域上，而这些方案可能需要几年时间才能显示出它们的全部价值。

促使环境、经济与发展之间关系更加协调的有利条件仍然不足。虽然中国在这方面也许比许多其他国家要好，但是对于中国这样一个大国来说，即使不断加大环保投入（“十二五”期间将达到近5 000亿美元），环境问题仍将很难完全得以解决。因此，也许考虑2015—2030年的中长期挑战和机遇更为重要。

中国正处于自身发展对全世界产生更为积极影响的阶段，如果环境友好的“品牌”能够得以稳步建立，那么这必将成为中国的优势，同时也将为很多其他国家带来效益，特别是那些正在与中国发展长期合作关系的发展中国家。

因此，绿色经济必须致力于成就绿色发展，因为这才是全世界环境保护所最需要的。在今后的几年里，中国将可以把自身积累的丰富知识与经验贡献给其他国家。那时，中国及整个世界才会更加接近生态文明。

国合会 2011 年年会给中国政府的政策建议

国合会 2011 年年会于 2011 年 11 月 15—17 日在北京举行，会议主题是“经济发展方式的绿色转型”。

当前，国际社会正在进行有关绿色增长、绿色发展等方面的讨论和实践，绿色转型成为后金融危机时代的共识和潮流，这与中国建设资源节约型、环境友好型社会和实现科学发展的要求是一致的。中国政府将“十二五”时期的发展方略确定为以科学发展为主题，以转变发展方式为主线，不断提高生态文明水平。这为中国参与未来 20 年全球范围内的绿色竞争找到了准确定位，中国可以通过绿色转型创造未来的社会福利与财富。

从中国不断深化对转变发展方式的认识和实践过程看，绿色转型是发展方式转变的重要目标和方向，也是发展方式转变的基本内容和要求。实现“十一五”节能减排目标和将环境目标纳入经济刺激计划所取得的相关经验，将为中国未来的绿色转型奠定坚实基础。中国的国家意志和现实需求决定了必须加紧绘制综合路线图，确保经济发展绿色转型的效率和有效性。

国合会委员认为，中国的绿色发展对世界同样重要。在全球可持续发展的进程中，中国的贡献与作用值得肯定，并期待着中国在全球环境改善进程中更加积极地发挥作用。

国合会委员深切感受到，中国的绿色转型面临更为复杂的局势和空前的挑战。时有发生的不同领域的重大生产与生活安全问题，严重损害人民健康和生态环境、影响公众对国家治理与社会发展成果的期望。这些现象充分暴露出造成不平衡、不协调、不可持续发展的一些深层次原因，其中，社会道德和文化价值观在某种程度上的缺失是一个全局性和根本性的问题。这表明，发展方式的绿色转型不仅仅是政策、制度和技术问题，也是社会文化价值观问题。

国合会委员注意到，刚刚结束的党的十七届六中全会以及国务院发布的《关于加强环境保护重点工作的意见》，提出了“以改革创新为动力，积极探索代价小、效益好、排放低、可持续的环境保护新道路”，表明了中国彻底转变发展方式、走新的绿色发展道路的决心与行动，体现了加强环境保护的国家意志。在发展方式绿色转型的过程中，文化建设领域需要不断弘扬环境文化和生态文明，重建社会的环境伦理道德。在改革创新环境保护体制机制、探索环境保护新道路的进程中，环境保护不仅要担负起改善民生和优化经济的使命，还要担负起重建社会道德和环境伦理的历史重大责任。

国合会委员欣喜地看到，转变发展方式已成为中国“十二五”规划纲要的中心内容，以绿色经济为核心的绿色转型得到了充分体现，环境转型和经济转型已成为绿色转型的核心思想。“十二五”规划时期是中国绿色转型的关键时期和攻坚阶段，以绿色转型为特征的发展方式转变取得实质性突破，将会为中国的可持续发展奠定坚实的基础。2011 年是“十二五”开局之年，本次年会讨论经济发展方式的绿色转型具有特别的价值。

为此，围绕年会的主题，国合会设立了创新绿色经济发展机制与政策、探索低碳工业化道路、以投资与贸易促进绿色发展 3 个课题组，围绕构建绿色供应链、汞污染问题与防治政策等开展了专题研究，为中国构建绿色发展路线图提供支持。基于国合会年会期间的讨论，并综合有关研究成果，国合会 2011 年年会向中国政府提出如下政策建议。

一、坚持推动发展方式绿色转型的国家意志不动摇，形成有利于转型的社会价值、政府职能和人力资源等支撑体系

中国实现发展方式的绿色转型将是一个长期、复杂和艰巨的过程。除经济领域外，中国还需要从根源性问题入手，系统思考和调整传统发展方式赖以形成的社会基础和制度因素，例如社会文化道德与环境伦理、政府在经济与社会发展中的职责与作用、行政管理体制与机制等。为此，建议：

（一）建立长期推动发展方式绿色转型的坚定的国家意志

当前，在国际金融形势复杂多变、世界经济复苏乏力的严峻形势下，中国政府要防止出现为应对暂时经济困难而放松环境政策、降低环境目标和标准的现象。要特别加强对地方政府的指导和监督，避免地方政府为了单纯保经济增长而忽视和懈怠推动发展方式的绿色转型。这种情况在推动绿色转型的进程中可能会反复出现，需要建立持之以恒的国家决心和意志。

（二）将树立生态文明观念纳入社会文化体系建设，塑造健康安全的社会道德和环境伦理价值观

大力倡导生态文明，弘扬环境文化，尊重自然与社会发展客观规律，传承和发扬中国优秀传统文化，构建有利于发展方式绿色转型的社会道德、责任、诚信与环境伦理体系，为中国发展方式绿色转型提供强大的思想和精神支撑。

（三）切实转变政府职能，强化政府在发展绿色经济中的公共管理和社会服务作用

中国的经济发展需要从依靠政策刺激尽快向自主增长转变。这需要准确界定政府责任，加强政府提供社会公共产品、纠正“市场失灵”行为的能力和作用，避免过度注重项目建设导致市场运行中的越位与错位，避免对微观经济的不当干预，加强政府在提供公共服务及实现公共服务均等化中的主导与支持作用。用价格引导企业充分发挥其主体作用，对企业的创新行为适当予以财政补贴或贷款贴息，不断完善市场机制，加强对发展绿色经济的政策引导和支持，综合运用税收、金融、绿色采购和转移支付等政策手段，引导和推动产业结构“绿化”与升级。加强突发性事件应急预警体系建设、生产与生活安全体系建设、社会诚信体系建设。

（四）建立有利于发展方式绿色转型的领导干部政绩考核体系

不断提高各级政府决策者对发展方式绿色转型的认识和理解，从各个层面改革领导干部考核评价机制，建立科学的兼具约束力和激励作用的推动发展方式绿色转型的领导干部政绩考核评价机制和指标体系，进一步完善落实环保法规可衡量、可汇报、可核查的制度。改变单纯以经济总量和速度指标为中心的考核方法，从注重考核发展速度，转变为注重考核发展方式和发展质量；既注重考核经济建设情况，

又注重考核经济社会协调发展程度。设立优化经济增长、保护生态环境和提高资源利用效率、促进就业等综合考核指标。构建绿色国民经济核算体系是建立有利于绿色转型的领导干部政绩考核体系的根本性改革措施，中央政府应组织继续推动相关研究，加快示范和应用进程。

（五）强化企业在发展方式绿色转型中的责任

明确企业在绿色转型中的主体地位和重要作用，使其能够自觉践行绿色转型。通过建立企业环境信息披露机制、环境绩效审计机制以及奖惩机制等，推动企业不断提高环境社会责任意识，提高环境污染治理的透明度，在企业层面落实绿色转型的各项政策和要求。鼓励企业积极参与国际合作，在全面参与国际化进程中履行企业社会责任，提升绿色形象和可持续的竞争力。

（六）培养推动绿色发展的人力资源

人力资源是实现发展方式绿色转型最积极的要素和最基础的社会条件。将培养具有科学绿色发展观念人才的工作纳入国家中长期人才发展规划，为发展方式的绿色转型提供充足的、高素质的社会人力资本。有针对性地培养一批具有科学发展理念和领导力的领导者，一批绿色经济意识强、富有环境社会责任的企业家，一批服务于绿色发展的科技创新人才，一批推动农村发展方式绿色转型的带头人和一批从事绿色发展具体工作的高级技能人才和社会工作人才。

二、构建中国绿色经济发展体系，全面推动经济发展方式的绿色转型

绿色经济是以环境保护与资源可持续利用为核心的经济发展模式，是包含低碳经济、循环经济等模式在内的，集资源高效利用、低污染排放、低碳排放以及社会公平发展等核心理念于一体的经济活动，是最具活力和发展前景的包容性经济发展方式。从中国的实践看，绿色经济的实质是要在发展经济与保护环境之间建立良性互动关系，使之相互平衡、相互协调、相互促进，发展绿色经济是实现绿色转型的核心动力和重要途径。为此，建议：

（一）构建中国绿色经济发展的战略目标与框架

中国要力争用 10 ～ 15 年的时间，初步建成以绿色生产、绿色消费、绿色贸易和投资等为主要内容的绿色经济体系。绿色经济发展的总体框架应以“绿色”为主题，强调经济结构优化调整和政府管理职能转变；强调体制机制创新和科技创新；着重培育战略性新兴产业，推进工业、农业和服务业的低碳与生态化改造，提倡建立绿色消费模式，促进区域均衡发展。同时，开展绿色经济试点，发挥示范作用。

（二）实施“差异化”的区域均衡绿色发展战略

中国经济发展的差异性意味着中国的绿色转型没有普遍适用的捷径，也不能用“一刀切”的标准来衡量。要基于对绿色经济内涵的认识和对各地实际情况的把握，推动国家政策和地方政策的相互协调以及政策法规与市场机制的紧密结合，充分发挥各地绿色经济的发展特色和潜力。

1. 发挥比较优势，防止污染转移，促进区域均衡绿色发展

防止落后技术及生产设备在地区间转移，严格项目准入的环境标准，防止污染从发达地区向欠发达地区转移，严格产业承接地区新建项目“三同时”和环境影响评价制度，建立重污染企业产能转移备案制度以及老旧淘汰设备就地销毁制度，强化对重污染企业的跟踪检查，防止污染转移。

鼓励各地根据实际情况实施绿色区域发展战略。充分发挥东部地区产业集群、研发创新、环境保护以及金融服务领域的能力和潜力，全面提升产业技术水平，大力发展战略新兴产业；充分发挥中西部地区交通基础完善、人力资源丰富的优势，建设中国新的制造业基地；充分发挥西部地区人力、土地和自然资源丰富的优势，大力发展可持续采矿业、设备制造业以及新能源产业。

2. 坚持城乡绿色均衡发展，推动高效、集中式绿色城市化

积极推动集中式城市发展，实现城市化收益与成本的最优化，改变中小城市不均衡的发展模式。资源型城市要用发展的办法认真处理资源的绿色使用及主导产业的绿色选择，强调转型过程中的可持续发展，走节约资源的道路，使节约优先成为实现现代化资源保障的长期战略选择。积极鼓励投资基础设施，通过有利于绿色发展的基础设施建设带动城市集群发展。发展土地资源附加值高的项目，关注生态系统服务和土地资源价值。

（三）以培育战略性新兴产业为引领，以构建三大绿色产业为重点任务，全面促进绿色经济发展

通过战略性新兴产业与传统三大产业绿色转型升级的同步发展，促进中国的产业结构从依赖资本密集型和重工业发展的整体结构加速向劳动力更加密集型和知识/技能导向型的结构转变。

1. 采取协调和综合的方法推动传统工业绿色转型

中国产业绿色转型需要针对多种问题同时采取多项对策措施，特别要注意各种措施之间的协同增效和统筹兼顾。要最大限度地减少燃煤污染和排放，构建清洁、稳定、安全、多元的能源产业体系。要建立健全重污染企业退出机制，鼓励合法的企业主动淘汰技术落后、污染严重、治理无望的落后生产能力，积极向绿色经济转型。国家通过淘汰落后产能中央财政奖励资金、中央财政关闭小企业专项补助资金、主要污染物减排专项资金，给予符合相关规定的重污染企业资金补贴，并给予税收、土地、信贷等方面的支持，鼓励重污染企业实施技术改造和更新。对不符合环境管理要求，应该退出但尚未退出的重污染企业要适当提高用电电价，实施惩罚性水价，停止新增信贷，收回已发放的贷款。

进一步强化节能减排的目标约束，完善节能技术标准和相关法律规范，采取污染防治与资源利用的综合方法，实现节能减排的协同控制。加大研发投入，引导和规范水泥、钢铁、电力和有色行业剩余能源利用。制定处置工业废弃物、危险废物、生活垃圾和城市污泥的相关优惠政策，将水泥窑处置垃圾、污泥等工业和城市废弃物列入资源综合利用政策鼓励扶持范围，尽快出台《固体废物处置污染控制标准》《固体废物生产建材污染控制标准》，推动出台交通运输业节能减排绿色转型相关政策与标准等。

2. 加强绿色农业布局和结构调整，保障粮食与农产品安全

合理进行产业布局，明确绿色农业分区和主导产品，加强绿色农产品生产基地建设。加强面源污染防治，推进农村环境综合整治。积极推动化肥生产补贴改革，切实推动化肥可持续生产与使用。进行土壤监测，支持有机肥产业化发展，增加农业生产补贴和完善农业补贴政策，激励农业生产以有机肥料替代部分化肥，培肥地力，改善土壤环境。积极推进绿色农业社会化服务和专业化合作。建设包括水产养殖在内的可持续发展畜牧业，鼓励畜禽养殖业规模化发展，合理改进现有的畜禽养殖补贴政策，推动畜禽养殖业污染集中处理。提高生物质废弃物的利用效率，发展

第二代生物质能。大力发展林业等生态绿色产业，增强森林碳汇功能。

3. 构建绿色服务业，扩大绿色就业

加快绿色金融、绿色物流与节能环保服务业的发展，发展生产性服务业，推动“生产性服务业”绿色技能能力建设。加强规范和引导，实现传统服务业绿色化。刺激资金和投资再分配，在服务业领域创造更多的绿色就业机会，将投资更多地投向有活力、有创造力的服务业，并进一步提高中小企业创新能力。充分发挥妇女在绿色经济发展中的特殊作用，制定促进男女平等参与和受益的政策，进一步发挥妇女组织在推动经济绿色转型中的作用。

4. 推动可持续消费，带动绿色经济发展

可持续消费是绿色经济的推动力，是决定中国绿色转型能否成功的重要终端环节。注重生活质量是促进环境保护和服务型经济转型的一条重要途径。

可持续消费模式的建立需要人们改变行为和生活方式，需要政府、企业、公众共同参与。政府要率先垂范，通过政府绿色采购为日常消费作示范，引导安全消费、适度消费、节约消费。公众要从我做起，从家庭做起，从节约水电、减少垃圾、倡导可持续消费入手，全面树立节约减污的社会观念。企业要建立绿色供应链体系，通过市场机制，促进建立可持续生产与消费体系，带动整个经济体系绿色转型。

（四）构建绿色经济发展的法律法规与政策保障体系

循环经济和节能法律法规的出台为中国搭建绿色经济法制框架和政策保障体系奠定了基础，加强执法、政策优化则是保障体系成功的关键因素。尤其要注意协调好跨部门的政策和方案，保证各部门协调合作，避免重复作业或抵消作用。

在环境税、价格改革等方面的法律框架仍较为薄弱的条件下，在传统工业和矿区的土壤污染领域制定相应的污染防治、能源和气候变化、资源定价、生态补偿和环境恢复等“一揽子”绿色方案和政策措施至关重要。

1. 建立和完善有利于绿色经济发展的法律保障体系

构建绿色经济的法律体系属于长期任务，应根据近期、中期和长期的原则合理配置法律资源。以《环境保护法》修订为契机，以“强化政府责任”为主线，重点制定有关约束和规范各级政府环境行为的法律制度。以“强化环境民事责任”为主线，研究制定环境污染损害赔偿法等完善保障公众环境权益的法律制度。需要进一步用法律明确企业的环保责任，严格落实环保法律法规，提高当地的污染赔偿标准。加快制定和修改能源生产和转换、节能、资源节约和利用等有利于碳减排的各种法律法规。把加强应对气候变化的相关立法纳入立法工作议程，尽快制定和颁布实施《能源法》，并对《煤炭法》《电力法》《节约能源法》《可再生能源法》等法律法规进行修订，进一步鼓励清洁、低碳能源开发和利用。制定和完善《循环经济促进法》的相关配套法规，促进循环经济的发展。完善和健全有关农业和农村、土地、水、海洋、森林、草原、矿产等法律制度，切实加强资源的合理开发利用和生态保护以及农村的综合环境保护。

建立健全各种行政法规相配合的、能够改善农林业生产力和增加农林业生态系统碳储量的法律法规体系，修订森林、农田、草原保护建设规划，严格控制在生态环境脆弱的地区开垦土地，禁止以任何借口毁坏天然林、草地、耕地以及海洋环境。

建立对相关战略新兴产业的监管框架，加大绿色经济发展相关法律法规的执法力度。

2. 建立政府决策综合评估制度

在综合区域发展、流域管理、区域交通等领域建立科学的评估体系，使政策之间有机协调。建立对节能减排重大政策和重大项目综合评估制度。政府制定并实施节能减排重大政策、直接投资或者支持节能减排重大项目时，要将政策、项目的全过程预期效果或者实际效果与发展绿色经济的总体目标进行对照。

3. 全方位推动财税金融政策的生态化调整，尽早开展碳税试点，建立排放交易平台

强化政府在财税、金融与价格政策方面的引领作用，全面进行财税政策改革。建立财政支持绿色经济发展的资金稳定增长机制，综合运用财政预算投入、设立基金、补贴、奖励、贴息、担保等多种形式，最大限度地发挥财政投入的效益，并建立中央和地方多级共同投入的机制。积极建立有利于绿色发展的税收体系，加快推进资源税改革，配合节能环保政策调整消费税政策，并开征环境税（包括碳税）。将目前尚未纳入消费税征收范围的不符合节能技术标准的高能耗产品、资源消耗品纳入消费税征税范围。适当提高现行成品油及其他高耗能产品的税率，对符合一定节能标准的节能产品给予一定程度的消费税优惠。

建立促进绿色发展的金融政策，包括利用恰当的信贷政策和金融产品工具支持环保、节能项目和企业的节能减排投资与创新。强化资源价格改革，建立能够反映资源稀缺程度和环境成本的价格形成机制，深化和推进水资源、电价、煤炭、石油、天然气等关键性资源性产品的定价机制改革，将通过交叉补贴保护弱势群体的方法转变为通过财政资金对弱势群体的基本能源消耗进行直接补贴。充分发挥市场机制在节能减排中的潜力和作用。推行排放权交易制度，建立常规污染物和碳排放交易市场与平台，尽早开展碳税试点。

4. 大力推动绿色创新

推动以基础研究、技术研发和人力资源发展体系现代化为基础的“绿色创新”战略。推动跨学科、跨产业的绿色技术研发和创新，加强前沿基础研究与大规模技术商业化之间的联系。通过调整制订标准、推行政府绿色采购以及创新激励等环境政策，强化制度，引导机制创新。建立国际化绿色技能创新和投资平台，为中小企业提供技术转让、市场与技术发展等方面的支持。

5. 积极开展绿色经济的国际合作

推动中国绿色经济发展的国际合作将有利于中国参与完善经济全球化机制，借鉴国际社会发展绿色经济先进理念和经验，促进绿色经济信息共享与技术交流转让，加强能力建设。开展绿色经济国际合作，要注意不同国家的发展阶段和发展水平，避免绿色经济成为新的“绿色贸易壁垒”。制定并实施鼓励绿色经济发展的贸易政策。推动与发达国家及发展中国家的合作。促进工商业、企业参与绿色经济领域合作，搭建平台，促进绿色技术的转让与应用。

三、以建立低碳工业体系为抓手，引领经济发展方式的绿色转型

低碳工业化是对中国传统经济模式与重工业化发展路径的重要变革，是实现绿色发展转型的重要抓手。重工业在未来 10 年甚至更长时间对中国实现碳强度减排目标将发挥决定性作用。其中，提高重化工业能源效率、能源结构优化和调整产业结构三项措施对碳强度减排目标的贡献率可以达到 90% 以上。建议：

（一）制定低碳工业化发展规划，设立主要重化工业的碳强度减排目标

制定低碳工业化发展规划，协调低碳工业化发展规划与其他规划之间的关系，从全局角度部署低碳工业化发展战略。根据 2020 年碳强度减排的约束性指标，对

电力、钢铁、化工、建材、有色等重化工业设立行业减排目标，充分发挥行业制定政策标准和推进研发的能力。

（二）加大对战略性新兴产业的支持力度，引领低碳化转型

将发展战略性新兴产业作为加快工业绿色、低碳转型的突破口，进一步放宽战略性新兴产业的准入条件，创造适合新兴产业发展的商业模式。尽快制定和实施七大战略性新兴行业的发展规划。设立战略性新兴产业发展专项资金，中央和地方共同重点支持新兴产业基地内的基础设施、重点项目、科研开发、公共服务平台和创新能力建设。利用税收、金融等手段加速战略性新兴产业商业化应用，鼓励政府通过出资参股的方式，发展创业投资和股权投资基金，引导和带动社会资金投向战略性新兴产业中处于创业早中期阶段的创新型企业。完善和落实相关政策，引导和鼓励民间资本、外资等投资战略性新兴产业。在政策试点地区，需要确保电力、能源与产品的价格要能以监管数据为基础，充分反映出绿色税收的影响与低碳工业发展计划的适应度。

（三）促进技术创新与应用，为低碳化提供支撑

要增加低碳研究开发的投入，提高其在研究开发总投入的比重。根据低碳工业化的发展，争取在碳捕获和碳封存技术、替代技术、减量化技术、再利用技术、资源化技术、能源利用技术、生物技术、新材料技术、生态恢复技术、环境与气候的共赢技术等领域取得新突破。在中国建立国家能源实验室，支持从事基础性、共性技术研发，并对企业、大学和其他研究机构开放。加快建立以企业为主体的技术创新体系，加大政府科技资金对企业的支持力度，引导社会资金投入，重点引导和支持创新要素向企业集聚，加大对知识产权的保护力度。建立跨行业的技术联盟，促进行业融合创新。加强低碳技术创新国际合作，充分利用国际资源，努力在国际低碳技术创新中占有有利位置。

（四）针对低碳生产体系和产品建立完善的强制和自愿性标准体系

一是修订建筑、交通设备、主要工业耗能设备、家用电器、照明设备等主要耗能产品的能效标准。二是完善能效标识、节能产品认证，扩大强制性能效标识实施范围。探索建立“碳足迹”标识和低碳产品认证制度，逐步分批实施“碳足迹”标

识制度，引导消费行为向低碳模式转变。三是严格执行能效标准，提升高能耗行业的准入门槛。对新建、改建、扩建的工业投资项目进行碳减排评估和审查，对新建大型公共建筑和商品化住房进行建筑能效专项测评，凡达不到强制性标准的，不得办理竣工手续，从源头上实现减排。同时，建立建筑行业能效标准核查和许可证制度。四是加大对节能减排监测、指标和考核体系建设，强化节能目标责任考核，健全奖惩制度。

四、构建绿色贸易体系、绿色投资体系、绿色供应链，引导和倒推发展方式绿色转型

投资和贸易是拉动中国经济增长的重要因素，也是造成许多环境问题的直接原因。随着全球化不断深入，投资和贸易深刻地影响着中国和全球可持续发展和绿色转型。中国必须谨慎衡量和削减投资、贸易带来的当前以及潜在的环境影响，以绿色贸易、绿色投资体系引导和倒推发展方式绿色转型，以绿色供应链、政府绿色采购等手段带动绿色转型。投资与贸易领域的绿色转型需要适用于各类企业的统一政策法规。建议：

（一）推动环境友好的外商直接投资战略，服务绿色转型

调整和完善中国的引资政策，引导外商直接投资战略性部门，如高科技、环保和其他战略性新兴产业。落实国务院《关于加快培育和发展战略性新兴产业的决定》，引导外商有序、可持续地加大对中西部地区和内陆城市的直接投资力度。对现有的《外商投资产业指导目录》进行修改和更新，根据环保标准较高的外商出资国的先进经验，进一步修订和完善中国吸引外资的法律框架，鼓励绿色投资。

（二）促进中国海外可持续投资，共享绿色发展的成果

利用中非首脑峰会、中国—东盟领导人峰会等机制，开展可持续投资的政策对话与合作，推动中国投资的可持续化和可保障性。建立起一整套评估、许可和监管体系，方便政府适当监督海外投资企业在国外的经营活动。通过建设可持续投资能力平台，增进中国海外投资企业与东道国公共机构、商业机构、非政府组织和公众之间的互信。建立新的“企业社会责任指南”，建立“可持续发展基金”，缓和在

不可再生的矿产、油气资源、原始森林等方面过度开采自然资源带来的外部压力。这类资金必须涵盖东道国、当地政府以及投资者等各方利益，可以通过征收使用费的方式募得资金，再委托独立的第三方机构进行专业管理。其过程必须对公众及所有利益相关方，而非仅仅是对当地政府保持公开透明。

（三）坚持绿色贸易政策，积极参与国际规则制定

鼓励和扩大进口，促进贸易平衡，通过降低关税等措施鼓励高能耗产品的进口，减少国内高耗能产品产量，推动国内产业结构升级。鼓励和扩大低能耗和低环境损害产品出口，完全取消“两高一资”产品的出口退税，征收“两高一资”产品的出口关税。保持政策的一致性。

中国在国际、区域和双边贸易投资规则的制定中应发挥更为积极的作用，促进中国和世界绿色转型。促进在国内外执行中国已签署的国际环境条约。在进行双边和地区贸易投资协议谈判中，加入环境和社会条款。鼓励企业和机构研究绿色转型的国际最佳实践与应用推广。

（四）建立和完善中国绿色供应链体系，以绿色消费和绿色市场带动整个生产体系绿色转型

强化政府绿色采购，完善《政府采购法》，补充绿色采购内容。通过政府公共采购平台，以环境标志产品标准为切入点，推行绿色产品采购指标，制定政府绿色采购通用原则及指南。建立政府绿色采购产品的环境信息系统网络和公开制度。制定《绿色供应链管理规范》与《绿色供应链行业评价标准》。结合现有环境认证体系，建立并发展绿色供应链认证体系。建立“绿色供应链促进中心”，加强行业间、企业与政府、非政府组织和其他外部团体间的合作，在具有绿色供应链基础的区域或地方成立试点，促进绿色供应链的可持续推广。构建政府引导、企业践行、市场评判、公众监督与参与的绿色供应链管理制度体系，促进可持续生产与消费体系的建立。

五、重视汞污染问题，全面防治严重危害公众健康的重金属污染

中国政府高度重视重金属污染问题，颁布了《重金属污染综合防治“十二五”

规划》。目前的重点是采取有力措施，消除障碍，确保该规划的贯彻落实，实现重金属污染防治规划目标，切实降低健康风险。要高度重视汞污染防治问题。采取严格有效的减排措施和先进技术，燃煤行业、有色金属冶炼、水泥生产等部门有较大的汞减排潜力。因此，建议：

（一）制订国家汞管理战略和行动计划

国家汞管理战略和行动计划应与《重金属污染综合防治规划（2011—2015）》相衔接，制定 2011—2015 年和 2015 年以后的汞减排目标。采取更有力的措施降低和防止汞对人体健康和环境造成的影响。逐步建立公开、透明、动态的国家汞排放和转移清单，为环境决策提供支持。通过支持重点涉汞行业和社区改善环境绩效，促进清洁生产，实现绿色转型。

（二）加强技术支撑与环境风险控制与监管，加强涉汞行业的污染减排

加强汞管理的法律法规体系和执法能力建设，建立完善的责任分级管理体系，推进全国范围有效统一实施。逐步建立基于市场的综合性汞管理机制。明确技术需求，为实施汞风险管理和控制提供决策支持。推进实现涉汞行业产业结构调整，实现产业结构调整与需求结构、城乡结构、区域结构和要素投入结构等相衔接。

在涉汞行业汞减排方面，推进在燃煤、有色冶炼、水泥、化工（含 PVC 塑料产品）、照明、电池、医疗和药品等行业禁汞限汞，优先实现无汞化 PVC 生产。加强来自工业污染源和汞高附加值产品的回收利用，创建闭环系统，减少汞的开采需求。积极推进汞污染防治技术引进和成果转化，实现汞污染防治技术国产化和产业化。引导和扶持低汞和无汞化替代产品和技术研发，逐步实现低汞、无汞化产业发展目标，实现源头控制。

重点关注汞暴露人群，加强职业健康和安全程序管理，对汞污染场地、废弃物和尾矿库加强管理，加强食品的汞污染检测，推动汞污染的信息公开。

生态系统和中国的绿色发展

——国合会 2010 年关注问题报告

一、引言

（一）生态、经济和发展

中国是世界上生态多样性最丰富的国家之一，拥有着地球上最集中的生物多样性。这些自然资本孕育了古老的文明，并支撑着中国现代政治和经济体系的快速发展。但是历经过去对自然资本的摄取、当前出口驱动型的经济模式和满足 13 亿人口需求的现实，生态压力日益凸显。近期中国发生了一系列自然灾害，包括西部地区的山体滑坡、渤海的赤潮、云南的干旱和 2010 年的洪水，其中部分灾害暴露出生态系统的脆弱性。正如《中国实施千年发展目标进展情况报告》（2010 年版）指出的，中国在“目标 7：环境可持续发展”方面进展有限。尽管付出了巨大的努力，投入了大量的资金，但有迹象表明土壤、湖泊、河流和湿地、草原、海洋和沿海地区的生态环境在持续恶化。因此，国合会 2010 年的政策建议将重点关注改善生态系统管理和生态服务。

这些建议的提出恰逢全球的一个重要时机。2010 年对于环境发展而言具有重要意义。2010 年是国际生物多样性年，主题是在世界范围内停止对生物多样性和生态系统的侵害。联合国秘书长已经发起成立全球可持续发展高层委员会，以便为实现低碳繁荣制定宏伟蓝图。二十国集团内部正经历着关于金融改革和国际决策方面的机构变革，还要努力实现 2009 年作出的关于未来经济发展要基于绿色增长的承诺。与此同时，一系列的旨在达成可操作的全球气候变化协议的谈判也在进行当中，包括 2010 年 10 月在中国天津召开的联合国气候变化会议。可以说，全世界从未有过如此重要的时刻，即在共同努力创建环境与经济发展的和谐关系。

目前，中国正处于经济与社会发展的转型期，正向更加平衡的出口和国内需求关系转变，鼓励高效率和高附加值的发展模式，促进农村和第三产业发展，改善全体国民的生活质量。环境和生态因素在所有这些目标中都占据着重要地位，因此，中国正在探索一条与经济和社会目标相协调的环境保护新道路。这一道路是在树立科学发展观、实现减贫目标以及建设全面小康社会的过程中不断发展的。中国还提出了与自然和谐共处的“生态文明”的远大目标。2011 年中国将开始实施第十二个五年规划，其重点就是关注绿色发展（专栏 1 列举了本文中一些术语的定义）。2010 年 10 月召开的中国共产党十七届五中全会强调了“坚持把建设资源节约型、环境友好型社会作为加快转变经济发展方式的重要着力点”。

专栏 1　一些有关“绿色”的定义

生物多样性指的是地球上生物圈中所有的生物，即动物、植物、微生物，以及它们所拥有的基因和生存环境。它包含 3 个层次：遗传多样性、物种多样性、生态系统多样性。（生物多样性公约）

生态容量衡量的是能够提供可再生资源和吸收 CO_2 废物的具备生态生产能力的土地和水域容量。（WWF 和全球足迹网络）

生态系统是由植物、动物、微生物群落和无机环境构成的一个相互作用的动态整体。（千年生态系统评价）

健康的生态系统是指可持续的生态系统，即在长期外部压力作用下具备维持自身结构（组织）和功能（活力）的能力（恢复力）。（Costanza and Mageau，1999）

生态完整性是指生态系统的原始组成部分（植物、动物和其他生物）和过程（如生长和繁殖）没有受到干扰。也指生态系统能不受损害地发挥生态服务的功能。（加拿大国家公园局）

生态系统管理（中国国情）依据特定的目标，为构建结构合理、生产力高，并能够可持续地提供生态系统服务的各种经营措施，以及与此有关的法律、规定、政策、教育和公众行为的总称。（国合会生态服务和生态系统管理战略课题组）

生态功能区划是指按照生态准则进行区域划分，其功能使用与这些准则相一致。（各种关于农业生态、沿海地区管理、流域规划等方面的论述）

生态服务是指人类从自然资源获得的好处。（G. Daily，1997）

生态足迹是指为满足人类的资源消费和吸纳废物所需要的土地和水域数量。（全球足迹网络）

生态负债是指一个生态系统内资源的消耗超出其再生能力的部分。（New Economics Foundation）

绿色增长是指从把环境保护看作经济发展的负担的发展模式转向把环境保护当作促进全球和国内经济发展动力的发展模式。（OECD）

绿色经济包括重新配置商业和基础设施，从而为自然、人力以及经济资本投入提供更好的回报，同时，减少温室气体排放，减少自然资源的开采和使用，减少废物的产生以及减少社会不公。（UNEP 绿色经济倡议）

绿色发展是经济与环境高度统一和谐的发展，是实现以人为本可持续发展的正确道路。（胡鞍钢，2003）

自然资本是指为人类生存和福祉提供重要生态产品和服务的土地、空气、水、生物和地球生物圈的所有组成部分。（国际可持续发展研究院 IISD）

（二）国合会课题研究和关注问题报告大纲

2010 年的两个课题组，一个主要关注森林、草原和湿地的生态系统管理与生态服务，另一个着重于中国海洋和海岸带的可持续利用。这两个课题组将在国合会年会上呈交最终研究报告。另外，中国土壤环境保护政策研究、提高水生态系统服务功能的政策框架、中国生态足迹报告、将生物多样性纳入中国绿色发展主流的专题研究以及气候信息纳入生态系统管理体系的案例研究也提交了各自的研究成果。这些课题的研究成果已经被吸纳在本关注问题报告中，并为国合会完成生态管理与生态服务改善的最终建议奠定了基础。

本关注问题报告[①]涵盖了绿色发展战略背景下的生态挑战与前景，它指明需要进行的主要转变，并确定今后工作的尺度。本报告分析了绿色发展与经济增长的全球趋势和中国趋势，以及中国在保护和提高各种类型的生态服务水平时所面临的挑战。报告还审议了中国在保护生态系统以及将来的需求方面所作出的关键努力的进展情况。根据上述论述，报告提出了九个需要格外关注的问题。

本报告自始至终关注的是中国生态与经济的重要关系，正如 1987 年布伦特兰委员会报告[②]所述，全世界的生态与经济是相互锁定的，改变一方必将影响另一方。因此，生态系统服务对于经济和社会发展来说非常重要。值得庆幸的是，我们现在还有很多可以改进的机会。

二、全球绿色倡议

（一）绿色发展

“绿色发展”一词在世界上有多种用法。通常它被用于空间规划和开发，其重点关注的是建筑环境、社区和土地利用[③]。这种情况下，它的实施通常是在区域、乡村和城市空间尺度内的。此外，还有一些其他用法，例如在探索改进国际金融机制以保护生态服务和生物多样性过程中提出的“绿色发展机制”（GDM）概念。绿色发展机制有可能成为《京都议定书》下的清洁发展机制在生态领域的伙伴机制[④]。有一点很重要，绿色发展包含在千年发展目标减贫措施中，特别是“目标 7：环境可持续性”中。

很多人认为这一词汇应该与更广泛的可持续发展联系起来，着重关注市场、监管以及其他促进向可持续发展转型的措施。OECD、二十国集团和其他一些国家（如

---

① 这是自 2002 年国合会年会以来第九个关注问题报告。本关注问题报告由国合会首席顾问阿瑟·汉森博士和沈国舫教授起草，吸纳了国合会专家支持组的意见和有关项目的成果。

② 我们共同的未来。世界环境与发展委员会。Oxford University Press.

③ Rocky Mountain Institute, Alex Wilson, et al. 1998. 绿色发展：整合生态和房地产业。Wiley；美国国家环境保护局智能增长与可持续社区伙伴关系（交通部、住房和城市发展部）http://www.epa.gov/smartgrowth/index.htm 。

④ 这一概念为 2010 年 10 月在名古屋召开的生物多样性公约缔约国会议讨论而提出 . See A. James and F. Vorhies. June 2010. Green Development Credits to Foster Global Biodiversity. Nature 465(869). http://www.nature.com/nature/journal/ v465/n7300/full/465869b.html .

韩国[①]）倡议的“绿色增长”“绿色经济”等概念与这个广义的“绿色发展”概念相吻合。事实上，“绿色发展”应该包含了绿色增长、绿色经济、低碳经济和循环经济的概念。

在过去的一年中有很多关于绿色发展的重要声明和活动，本文将对其中最重要的几个就其生态内涵进行简述。

（二）“友好型增长”和绿色增长经济恢复

在 2008—2009 年全球金融危机之后，伴随着 G20 和其他一些国家承诺通过环境可持续性的努力（如可再生能源和工业发展创新）来恢复经济增长，世界上出现了关于绿色发展的乐观情绪。从某种程度上讲，这种精神当前还存在，各种行动还在进行当中。但是其总的势头还远远不够，这一点可以从最近的几次国际峰会的结果上看出。此外，全球各地区未来的经济增长和发展轨迹还存在着很大的不确定性。中国仍旧是经济增长的“领头羊”，也是将经济刺激计划倾向于环境领域（包括转向可再生能源、太阳能、风能）的领先国家。其他一些国家（如韩国[②]、美国和德国）也都做出了绿色增长战略的重要承诺。

1.2010 年 6 月 G20 多伦多峰会宣言

最近举行的 G20 多伦多峰会提出的“增长友好型”值得关注：“G20 的最首要任务是保护并加强复苏，为强劲、可持续、平衡的增长奠定基础，提高我们的财政系统应对风险的能力。”在 2010 年 6 月的 G20 宣言中关于环境与发展问题的细节少之又少，尽管宣言中包括了“我们重申对绿色复苏和可持续全球经济增长的承诺”这样的语句。同时，宣言还涉及了墨西哥湾漏油事件：“我们承认通过最适当的行为保护海洋环境的必要，防止与石油开采、开发和运输有关的海洋污染，并致力于解决此类污染及其带来的后果。”G20 成员国还确认有必要在可行的情况下削减化石燃料的补贴、重新承诺联合国千年发展目标、在 2010 年 11 月首尔峰会上建立一个关于发展的工作小组等。多伦多宣言没有明确提及保护生物多样性和生态系统的承诺，尽管 2010 年是关注这一主题的重要时段。

① 韩国绿色增长国家战略。2010 年 4 月，UNEP. http://www.korea.net/detail.do?guid=46116.

② UNEP. 2010 年 4 月，韩国绿色增长国家战略。http://www.unep.org/ PDF/PressReleases/ 201004_UNEP_NATIONAL_ STRATEGY.pdf.

2.OECD 绿色增长和 UNEP 绿色经济倡议（GEI）

2010 年 5 月 OECD 部长级会议讨论了 OECD 绿色增长中期报告[①]。几个关键的结论是：

“绿色增长获得了各国的支持，被认为是实现经济增长和发展的同时应对环境挑战（如气候变化、生物多样性损失和自然资源的不可持续利用）的范例。我们强调加速向绿色增长转变的重要性，这需要采取经济有效的政策，并同时考虑转变过程中的结构变化，确保政策的一致性。我们决心确保为实现绿色增长所采取的措施与我们的国际贸易义务相吻合。鼓励绿色创新、鼓励环境产品和服务以及环境科技（包括资源、能源高效利用技术）在全球的扩展至关重要。……我们认识到，避免、取消和改革那些可能影响绿色增长转型的政策（如有损于环境的补贴）的重要性。”[②]

OECD 绿色增长战略的下阶段工作将试图更好地理解绿色增长与 4 个重要挑战的关系：“生物多样性和生态系统服务、气候变化、可持续原料管理和可持续自然资源利用（包括森林和水）。”但是，中期报告并没有对生物多样性和生态系统服务给予详细的考虑。这反映出绿色增长通常所关注的领域，例如工业污染、针对工业过程和基础设施的技术创新、指标，以及从环境角度分析重要的金融课题（如税收和补贴改革）、经济刺激计划等。

UNEP 绿色经济倡议[③]最初提出是为了应对多重的环境和经济危机，响应引导投资转向一系列行业中环境友好型活动（包括清洁技术、可再生能源、水资源服务、绿色交通、废物管理、绿色建筑、可持续农业和森林等）的需求。原定两年的绿色经济倡议项目，已经扩展到了 UNEP 和 UN 范围内一系列相关的行动，重点关注提供宏观经济证据以促进环境领域投资，进而促进可持续的经济增长、创造就业和减少贫困。项目的主要成果将于 2010 年 12 月发布，但是目前已经有很多报告可以获得。

（三）联合国千年发展目标（MDG）

在 2010 年 9 月联合国大会审议 MDG 进程的过程中，中国所做出的巨大努力获得了高度认可。但是，全球的目标进展却落后于进程，严重影响了目标的实现。“目

---

① OECD. 2010 年 6 月，绿色增长战略中期报告：实践我们对可持续未来的承诺。http://www.oecd.org/document/ 3/0,3343,en_2649_37465_45196035_1_1_1_1,00.html .

② http://www.oecd.org/officialdocuments/displaydocumentpdf?cote=c/min(2010)6/final&doclanguage=en .

③ http://www.unep.org/greeneconomy/AboutGEI/tabid/1370/Default.aspx .

标 7：环境可持续发展”尤其难以实现，对中国来说亦是如此。《中国实施千年发展目标进展情况报告》（2010 年版）指出目标 7-5（减少生态系统损失、土地利用改变、水资源的非可持续利用）只实现了一部分，目标 7-7（气候变化和污染不再威胁到生物多样性）则暂无进展。

（四）能源、环境和气候变化

G20 多伦多峰会的最终宣言指出：“曾参与哥本哈根协议的各国重新确认对该协议和其实施的支持，并呼吁其他国家也加入该协议。我们承诺进行《京都议定书》下的谈判，按照其客观的条款和原则，包括根据共同而有区别的责任及各自的能力，并决定在坎昆会议上达成一个全面的成功结果。”但是各国之间的主要分歧仍然存在，因此国际谈判进展依然缓慢。

值得庆幸的是，一些国家正在取得进展。“低碳经济”这一观念已经在世界范围内广为接受，比如在上海世博会上，很多国家通过他们的国家展馆体现低碳观念。当前，中国由于大力支持风能、太阳能、电动汽车的研发以及建立低碳城市和行业倡议等示范尝试，已经被认定为低碳经济发展创新的核心成员，生态系统在碳汇中所起到的作用越来越被包括中国在内的许多国家关注。

（五）生物多样性和基于生态系统的管理

2002 年召开的约翰内斯堡地球峰会承诺，到 2010 年遏制生物多样性减少速度，并转向基于生态系统的资源与环境管理。从那时起，为实现这些目标所取得的进展就几乎不间断地得到评估，包括千年生态系统评估（MA）的成果和生物多样性公约（CBD）的履约行动。生物多样性和生态系统在 2010 年日本名古屋生物多样性公约缔约方大会上成为特别关注的中心。根据第三次全球生物多样性展望的结果，2002 年设定的全球目标没有达到，这一消息并不理想。该展望指出：

“生物多样性问题没有得以与广泛的政策、战略与规划有效地结合，生物多样性减少的主要驱动力并未得到足够的关注。”“如果生态系统被推向一定的边界或临界点，就可能存在生物多样性大量减少并伴随着生态系统大范围恶化的高风险。”“多数未来情景分析预计本世纪物种灭绝和生物生境减少将继续保持在较高的水平，与此同时，对人类来说很重要的一些生态系统服务也将减少。”①

重要的是要认识到为保护生态系统、生态服务和生物多样性设立的政策、工具和机制还有很多可以改进的地方。为什么这些改善没有得到充分实施的根本原因必须明确。这些原因包括土地和水资源利用效率低下，无效的市场机制和损害环境的补贴，战略规划应用有限，效益分享不均，对生态系统和生物多样性价值的认识有限，地方和中央政府没有意愿来促进和执行保护措施，无法提供不可持续做法的有效替代方案，以及私营行业的参与有限。

同时还存在其他的问题。当然，人们已经对建立基于生态系统的自然资源和环境管理给予了很多关注，但是这些努力取得的成果则相当有限。这一点对于海洋来说尤其如此，因为多数渔业管理采用的是很少依赖于生态知识的分析方法。现在全球的趋势是嘴上空谈转向基于生态系统的管理，而事实上成功的实践非常有限。

另一个问题是气候变化及其对生态系统、生物多样性和生态服务的影响。生态学家谈论的术语是脆弱性和恢复力，其他人则通常关注气候变化的适应——人类活动或生态系统和物种的适应性。一片森林由于同气候变化有关的疾病、火灾或虫害相继死亡后，其他的物种将占领这片区域形成新的生态系统。气候变化不仅仅对生态服务来说至关重要，而且对人类和经济活动的直接影响（包括与自然灾害程度和频率有关的影响）也非常重要。关于海洋酸化、海洋生产力的影响（特别是浮游植物）以及洋流变化带来影响的海洋预测得出了相当严酷的结果。②

WWF 定期发布《地球生命力报告》，表明人类的需求超出这个星球支撑能力的程度，这是基于现有的生态容量和所有国家的生态足迹来分析的。2010 年的报告指出，要想可持续地支撑我们现有的需求，我们需要 1.5 个地球③。换言之，我们正处于严重的生态赤字境地。这个赤字的分布并不平均，最大的赤字发生在世界上那些富裕的地区。中国虽然人均生态足迹较小，但是已经进入生态赤字阶段。2007 年，中国需要 2.2 个中国才能满足其食品、木材和纺织品的需求。④

这些关于充斥着严峻挑战的生物多样性和生态未来的综述让人感到震惊，也反映了生态服务结果的不公。那些社会中的贫困群体可能要付出最大的代价，那些最脆弱的生态系统以及其生物多样性（如某些沙漠、沿海和湖泊湿地、珊瑚礁和永冻

① http://www.roap.unep.org/pub/GBO3-final-en.pdf .
② Alanna Mitchell. 2009. 海洋病：全球海洋的隐藏危机。University of Chicago Press.
③ 地球生命力报告 2010。世界自然基金会 2010 年 10 月 13 日发布。
④ 2010 中国生态足迹报告 . WWF（中国）与国合会联合发布。

地区）最容易受到影响。最脆弱的生态系统通常都承担着重要的支撑和调节功能，即便是它们的直接经济效益相对来说不那么明显。

（六）生态系统和绿色发展的国际进展

几乎任何一个生态系统的保护都没有取得应有的进展，特别是在很多发展中国家和全球公有区域。绿色发展还没有被完全接纳，或者具备可操作性。目前的进展状况可以归结为下列五点：

绿色增长多关注于污染控制、能源利用和环境基础设施，而不是注重于生态服务和生态系统保护的专项战略。伴随全球经济复苏的不确定性以及刺激计划接近尾声，很多国家不愿意为绿色经济、绿色发展战略和行动提供新的投资。但像中国、韩国、巴西以及部分欧洲和北美国家属于例外。人们所期望的向新的增长点转变并非一帆风顺，而是相当缓慢。此外，经济刺激计划也带来了负面影响，包括生产钢材和水泥引起能源需求上升（中国）；资助项目产生了重大的环境影响（很多国家）；生物燃料的生产导致持续增加的林地转用来生产棕榈油（东南亚国家）。从全球来看，环境目标没有实现，而另外两个最重要的目标——气候变化减缓和生物多样性保护则远没有实现。

在全球范围内，基于生态系统的管理（EBM）正在被纳入国家级的自然资源和环境战略，但是总的来说成功案例有限。期望 EBM 在短期内被接受并适用于一切情况，这一点可能是不现实的。但如果生态系统的完整性降低到一个临界点时，可能会发生突然的灾难性转变。海洋中的掠食性鱼类被由水母主导的简单生态系统代替就是一个例子，草原的荒漠化则是另一例证。

绿色发展需要健康的生态系统提供全面服务。如果生态系统处于退化的境地，那么发展就会变得不可持续，因为环境状况以及长期的经济增长和社会福利受到了威胁。关于生态退化已经出现了很多警示，遗憾的是在未来的数年里，我们可能会见证更多。巴基斯坦的洪水、2010 年年初中国西南地区的严重干旱、俄罗斯森林大火以及墨西哥湾石油泄漏灾难都向我们展示了将健康的生态系统主流化、确保自然资源为人类生存提供服务所面临的挑战。

向绿色发展的新政策、手段和机制转变进程尚未达到预期的程度。由于全球经济尽力试图重新收复失地，这就有可能错失从根本上重构生态与经济关系的良机。如果这种情况确实出现，则面向绿色发展的转变在任何一个国家中都难以实现。未来5年加快这一进程至关重要。

很多决策者和科学家都对沿海地区和海洋生态的命运表示了特别的关注。这些地区面临着尤其困难的挑战，包括海域附近城市发展的累积效应、沿海港口和海上交通、近海开发、过度捕捞、沿海自然栖息地的丧失、陆源污染以及气候变化带来的严重威胁。近期最严重的例子就是墨西哥湾石油泄漏事件，但是海洋生态系统面临的压力是广泛存在的，包括大部分亚洲地区。

三、中国的绿色发展

（一）绿色发展的基础

中国已将其雄心勃勃的环境目标和长期解决生态环境问题的努力纳入其经济刺激计划中国，目前形势较为有利。例如，中国2010年将制定出今后20年的生物多样性国家战略与行动计划。在其经济和社会发展进程中，中国继续以前所未有的力度投资于环境的改善。2009年，国合会建议中国应实行低碳经济。5年前，国合会强调了促进循环经济的必要性。这些观点都已经被采纳并付诸实施，引起了全世界的关注。这些都是中国绿色发展的基础。

保护自然遗产在中国并不是一个新课题。在过去的20年里中国已经取得了显著的成绩，特别是在植树造林、草原保护以及运用新型环境管理手段方面，包括在一些沿海水域划定生态功能区、湿地恢复、物种和栖息地的生物多样性保护、将超过国土15%的陆域和水域面积划为自然保护区、污染治理以及城市绿化工作。

但这还远远不够，无论在这些方面投入多大的努力和财力，中国的绿色发展还是落后于“褐色”和“黑色”发展，导致河流和土壤受到污染、生态系统的退化。自然资源提供的服务面临着前所未有的巨大威胁，包括来自那些所谓的非消费性活动（如娱乐和旅游），还有随着中国收入水平增长而来的物质消费水平的提高。换言之，目前中国快速发展所导致的生态负债是在不断上升的。同时，中国生态足迹水平的提高也对中国自身和世界其他地区脆弱的生态系统造成影响。

（二）绿色发展战略

原环境保护部部长周生贤指出，中国的环境保护新道路应基于环境与经济关系的积极转变，基于绿色经济、投资和发展[①]。绿色发展应当保护生态系统及其生物多样性。它应吸纳绿色经济的理念（如取消有悖环境的补贴），还应包括功能区划、栖息地保护、严格的环境监测等政策，以及其他生态空间规划、管理和恢复的手段。

在理解生态环境变化动态和重要性方面有许多行业、地方和国家层面的因素需要考虑。胡鞍钢——一名中国经济和环境关系的评论员和知名学者——认为中国自然资本下降的高峰发生在20世纪80年代初期，几乎占GDP的30%。但是从那以后情况有所改善，尽管还是处于不可接受的较高水平，2001年占GDP的5%，也许现在更低[②]。但是这些数字掩盖了一个严酷的现实，用GDP衡量自然资本的损失可能仅仅能说明中国在过去的30年里GDP的急剧增长，而不能说明生态系统的健康程度。因此，胡鞍钢以及其他一些学者呼吁在各个行业和国家层面的指导方针上应一致地推行绿色发展模式。

在中国，2002年UNDP“中国人类发展报告：绿色发展，必选之路”为中国的绿色发展提供了一个相对深入的见解。报告建议“绿色发展强调经济与环境的发展高度统一和谐，是实现以人为本可持续发展的正确道路”。报告提出了绿色发展的九点内容（见专栏2）。所有这些概念现在都已经以一种或多种政策形式得以体现，但是它们还没有能够遏制生态的退化趋势。

专栏2　中国绿色发展的九点内容
（UNDP中国人类发展报告，2002）

（1）有效控制人口增长。

（2）提高人均收入水平，改善收入分配，减少贫困。

（3）提高用水效率；有效控制水污染，恢复水生态环境。

（4）严格保护耕地，保证耕地的耕作面积。

（5）提升能源利用率，进一步降低煤炭在能源消费中的比例。

（6）减少CO_2排放，有效控制城市空气污染。

（7）改善生态系统；扩大森林面积；增加木材现存量。

（8）恢复已经退化的草原，扩大水土保持面积。

（9）加强国家自然灾害安全网络；建立应急反应和救援体系。

---

① http://english.mep.gov.cn/Ministers/Speeches/201007/t20100707_191840.htm .

② 见“中外对话”网站，26 June 2006. http://www.chinadialogue.net/article/show/single/en/134-Green-development-the-inevitable-choice-for-China-part-one- .

此外，UNDP 的报告还建议采取以下行动：① 借助市场机制推进综合的环境和经济政策；② 推行机制创新，在政府和社会之间就保护环境的共同行动建立合作互动机制；③ 促进绿色产业发展和提倡绿色消费；④ 技术创新要全面考虑环境。自 2002 年以来，中国已经在上述各个方面都取得了一定进展。与此同时，经济增长速度还是比上述行动的实施速度快得多。

"十二五"规划期间及今后在这方面的持续努力应该带来一定程度的进展。因为中国的经济还在持续繁荣，借助环境管理新方法的经验，中国可以在保证经济与社会发展的同时对环境改善进行大量的投入。因此，绿色发展对于中国来说不仅是一条可行的道路，而且是一条必由之路。否则，中国经济发展的成果就将会被环境问题所侵蚀，甚至抵消殆尽。

（三）绿色发展和生态文明

中国领导人（包括胡锦涛主席）提出了迈向"生态文明"的发展模式。尽管这一远大目标难以在短期内实现，但是对于长期繁荣和生活质量来说它确实是一个非常恰当、关键的目标。这是一个能够成功地实现发展同时又保护环境、尊重（甚至加强）自然所提供的社会服务价值的必然结果。生态文明需要用综合的、改革的方法来实现绿色发展，包括：

（1）保护和强化生态服务；

（2）保持较低或中等程度的生态足迹消费模式；

（3）健康的生态系统为健康的社区和人群提供可持续的经济增长和生计保障。

尽管以上三点早已为国家和省级政府所熟知，但是这些需求与那些附带沉重生态代价的短期发展目标之间还存在着激烈的竞争。

四、中国的生态系统和生态服务

（一）生态服务的今天和未来

2005 年的千年生态系统评估（MA）[①] 给出的结论是自然资源的服务至关重要，它节省了经济发展的直接成本，有时这些服务是无法替代的。关于生态系统及其

① http://www.millenniumassessment.org/en/index.aspx .

相关的生物多样性和生态服务价值的定量研究中，值得一提的是 UNEP 资助的生态系统和生物多样性的经济学研究（TEEB）[①]。该研究的负责人认为保护生态系统的收益与付出代价之间的比值介于 10 : 1 ～ 100 : 1 之间。因此，"1 盎司的预防胜过 1 磅的治疗"适用于生态系统的健康，同时也适用于公众健康以及其他基于风险的类似问题。所以加强和保护自然资本以便使大自然能继续为我们工作将是明智之举。

像其他国家一样，中国的生态系统服务也被通过各种方法（如 Robert Costanza[②] 率先采用的方法）进行了货币化的研究。陈忠新和张新时曾经计算了共 17 类中国的生态系统服务，总价值为每年 77 834 亿元人民币[③]。他们指出这一数字大约是 1994 年中国 GDP 的 1.7 倍。中国的生态系统服务占全球总量的 2.7%。这些服务价值进一步分为：陆地生态系统占 72%，海洋占 28%。森林占 20%，草原占 11%，湿地 34%，沿海生态系统占 16%。这些价值是基于 20 世纪末的数字。从那以后，碳储存也受到越来越多的关注，并被认为是一种生态服务，这可能引起上述数字的较大变动。总之，任何国家层面的生态服务价值的评估都应慎之又慎，因为这些生态服务价值通常都被低估，还有一些是无法准确货币化的。

要理解中国及其他地方的生态服务最好是遵循 MA 和 TEEB 的逻辑。最基本的一点是，一个社会需要生态良好的生存环境。生态产品和服务有两种基本类型：一是供给和文化服务，为社会提供生态产品和文化效益；二是与生态系统和栖息地有关的支持和调节服务（图 1）。世界上存在着一种趋势，即更多地关注并投资于生态系统的供给服务。这些通常是经济价值容易被计算，并且人们非常清楚如何保护的那些服务，尽管这些服务常常由于过度开发或其他原因而下降。而支持和调节服务则常常没有被赋予可信的经济价值，或者被忽略，或者还没有被人们更好地理解。

关于这两种基本的服务类型之间的关系还存在着一个主要的难题（图 2）。过去的国际和中国国内经验表明，对供给功能的过多需求会导致支持和调节功能的下降，特别是那些难以用经济手段计价的功能。但是，中国目前的阶段是必须依靠高强度的生态系统使用。因此，未来的关键是改变这些生态服务类型之间的关系（图

① TEEB, 生态系统和生物多样性的经济学。http://www.teebweb.org/ .

② Costanza, R., et al.1997. The Value of the World' s Ecosystem Services and Natural Capital.Nature., 387: 253.

③ 陈忠新、张新时 . 2000. 中国生态系统服务价值研究 .《科学通报》 45(10): 870-876.

2 未来），并恢复或防止生态条件的恶化。这是中国环境与经济以及绿色发展所面临的一项根本性挑战。

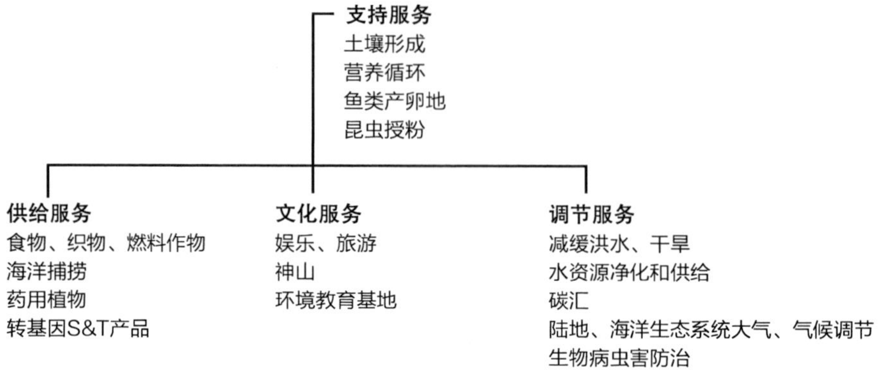

图 1　生态服务的种类和示例
（来源：千年生态评估和有关其他研究）

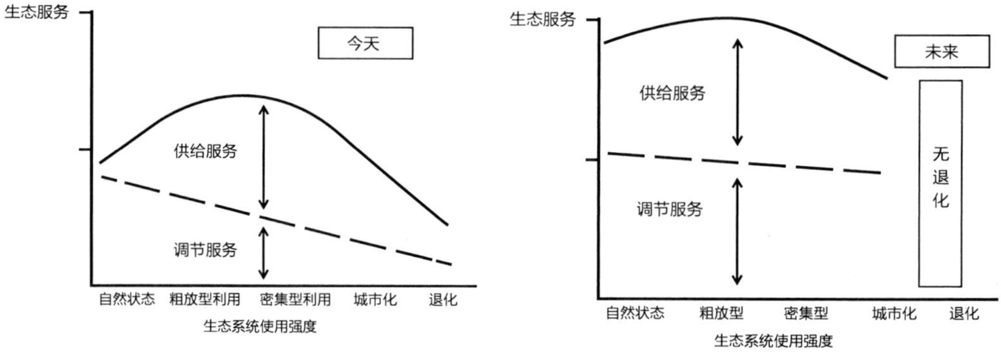

图 2　中国的生态系统供给和调节服务——今天和未来
（来源：国合会“中国生态系统服务与管理战略”课题情景分析资料）

图 2 需要进一步的解释和举例说明。生态系统包括那些基本上还处于自然状态的系统，也包括那些已经严重退化的系统，如地貌侵蚀严重的黄土高原或严重污染的湖泊生态系统。很多中国的生态系统都处于高度使用状态，包括稻田、养殖池塘以及过度捕捞的海域，但也有很多地区仅仅是被周期性地使用或利用的强度相对较低，如牧场和再生林地区。

鉴于中国对所有资源的大量需求，尽管政府采取了减少土地退化的措施，但过去几十年里很可能在水平轴向上还是向右移动的，主要是由于更多的土地处于高强度利用状态以及新增的退化（如污染导致的退化）。重要的一点是最大的供给效益大约都是通过高强度的利用获得的。但总的趋势是随着人类使用强度的增高，生态系统的支持和调节功能会下降。当然，这种下降在退化的生态系统中最为明显。但在高强度利用的生态系统中（如与农业和林业有关的系统），这种下降也是相当明显的。1998 年长江流域的洪灾就是一个例子。

中国想要在未来改善这种状况，需要采取的行动可能会与国际经验截然相反。现实情况是，考虑到不断增长的人口和人均消费水平，中国将会需要更高强度地利用至少一部分陆域和水生生态系统。因此，各种生态供给服务的曲线还要上升。一些服务将与旅游和文化产业有关，但也包括对环境需求较高的食物供应的增加（如肉类、鱼类产品）。需要加强而不是削弱生态系统的调节功能，包括那些目前处于低强度、高强度或已经在退化的生态系统，以及城市生态系统。

中国面临的挑战是不但要充分认识并加强自然生态系统中的保护性服务功能，还要提高其他生态系统这种功能。这就意味着要恢复现有的已经退化的地区，以使其生态功能和生物多样性得到改善，同时还要防止新的生态退化地区的形成。这需要前所未有的承诺，以及在所有生态系统中，无论是农业、牧业或林业、采掘业、城市和郊区土地利用、工业地区还是山区、沙漠和海洋，都转向生态友好型的资源利用方式和环境实践。只有这样才能真正实现中国生态服务功能可持续和系统性的保护。

中国目前关注绿色发展，改善生态系统管理和生态服务的工作还包含几层含义①。一是支付生态服务的资金，在中国被称为生态补偿机制②。这已经通过各种活动得到广泛的开展，尽管还不能说已经形成了完整的体系，或是达到最佳状态。二是在科技研发领域大规模的投资，特别是在能源效率和可再生能源领域，当然还扩展到很多其他领域，包括生态可持续性农业、中国科学院支持的生态系统研究网络

① 最近有多个关于中国生态服务及其价值的研究。例如张彪、李文华、谢高地等，2010。“中国生态系统服务研究的回顾与展望”。《生态经济》第 69 期 (7):1389-1395; UNDP 中国网站 – 生物多样性和生态系统服务 - 项目。 http://www.undp. org.cn/modules.php?op=modload&name=News&file=article&catid=11&sid=396&topic=22 千年生态系统评估 . 中国西部综合生态系统评估 . 128 pp. http://www.millenniumassessment.org/ documents_ sga/ Western%20China%20SGA%20Report%20(English).pdf ; ESPA. 2008. 中国生态系统服务和减少贫困形势分析及研究战略 . 给英国国际发展部的最终报告 . 84 pp. http://www.nerc.ac.uk/research/programmes/ espa/documents/ Final%20Report%20China%20-%20annex.pdf ; 陈忠新、张新时 . 2000. 中国生态系统服务价值研究。《科学通报》45(10):871-876; C.Y. Jim and W. Chen. 2009. 中国城市森林的生态系统服务和价值 . Cities 26(4): 187-194; 刘建国、Shuxin Li、欧阳志云、Christine Tam 和陈小东 . 2008. 中国生态系统服务政策的生态和社会经济效益 . 美国国家科学院文集 105(28): 9477-9482. http://www.pnas.org/content/105/28/9477.full.pdf+html .

② Michael Bennett. 2009. 中国生态系统服务市场。中国生态补偿探索和其他基于市场的环境政策。森林趋势。（http://www.forest-trends.org/publication_details.php?publicationID=2317）

（CERN）①、气候变化生态项目等。但是，这些努力还不足以满足最重要的一个方面的需求，即关于快速经济发展和可持续生态需求方面观念和行动的转变。如果不从根本上改变现在这种以过度的生态代价支撑经济增长的定式，很可能会出现经济和生态环境的双重下滑。

（二）中国生态系统正在承受压力

中国的生态系统正承受着沉重的压力，也面临越来越多的问题。这并不是新的发现。实际上，在过去的几十年里中国已经就应对主要问题做出了大量努力，在恢复景观和保护标志性物种（如大熊猫）等方面已经取得了部分成功。最近几年，中国在植树造林、草原恢复、流域管理等方面进行了前所未有的投入，这些都证明生态恢复和生态建设可以取得成功。将国土面积的一部分划作自然保护区（目前中国15% 的国土是自然保护区）这一巨大的承诺也是一个了不起的成就。海洋和沿海地区也受到了关注，例如在厦门和大连等城市，建立了一些海洋保护区，采取了保护性措施，如黄海部分海域在产卵期禁止捕鱼作业等。

尽管中国为减缓生态破坏做了巨大的努力，但是过去 30 年快速的经济发展仍然导致了中国很多地方生态系统质量的下降。很多破坏已经从局部演变成了系统性问题。一个重要的例子就是营养物质流动的梯级效应，即从农田和其他排放源（如机动车尾气）进入河流、湖泊和地下水，最终进入河口和海洋，引发大面积的赤潮和绿藻的暴发，带来严重的经济损失。与气候变化有关的系统性破坏迹象广泛存在，例如维持生态服务功能的水资源形态的变化。新的问题不断浮现，特别是广泛分布的各种类型和程度的土壤污染。土壤健康对于人类健康以及维系所有陆域和其他生态系统（包括农业系统）的营养物质的生物地球化学循环来说是至关重要的。

中国生态系统多样性是非常丰富的，包括世界最高的高山条件（冰原、永冻土和泥炭地）；一些最长、最复杂的河流生态系统及相关湖泊；陆地和海洋的热带、亚热带和温带生态系统；众多的岛屿；各种类型的森林和草原。中国的农业生态系统在生物多样性、利用强度以及多数情况下它们的风俗和持久性方面都非常独特。中国是个多样性异常丰富的国家，包含着惊人的具有全球重要意义的物种和基因多样性。

即使在青藏高原这样人口稀少的地区，生态环境和生物多样性也会面临严重的

① Shenggong Li, Xiubo Yu, Ping Yang, Guirui Yu, Renguo Feng and Xuliang Zhuang. 2010. 中国生态研究网：进展与前景，生态前景。&(2): 225-233.

压力，这些压力不仅来自生态系统的变化，还来自人类的直接活动，包括过度攫取药用物种用来制造国内高需求量的产品（如采摘冬虫夏草造成的高原坡地的破坏）或海外市场需要的天然产品（如猎取藏羚羊获得羚羊绒）。高原鼠兔是生活在青藏高原草原和高山沙漠的一种小型穴居哺乳动物。它被认为是一个关键性的物种，对生态系统的机能起着重要作用，即为高山草甸土壤通气从而有助于植物物种的多样性。这些鼠兔是食肉动物的重要食物来源，其洞穴也为其他物种提供栖息地（包括鸟类和蜥蜴）。但是鼠兔现在却被大规模的控制计划（毒杀）所控制，因为人们认为它们是同牲畜争食的害虫。据信鼠兔的数量现已下降。

中国在青藏高原地区生态恢复和环境保护方面的努力包括建立大面积的自然保护区，如巨大的羌塘国家级自然保护区，面积相当于美国的新墨西哥州，位于西藏中部高山草原生态区，一直向北延伸直至青海湖。早期的保护活动始于 20 世纪 80 年代，例如“家庭恢复项目”，通过长期牧权形式将牧场私有化。20 世纪 90 年代中期开始的“退牧还草”计划通过轮牧、临时和永久禁牧来解决草原退化问题。这些措施可能会产生永久性移民，例如在澜沧江（湄公河）、黄河和长江源头地区的三江源自然保护区。人们应认识到这些项目将帮助数百万人脱离极度贫困的境地，也应认识到有些成果可能会因为草原和其他生态系统逐步退化而并不具有可持续性。

尽管做出了人量的努力，特别是在过去 10 年中的努力，但这片高原生态恢复似乎还没有达到人们期望的程度。因此，该地区的生态服务还处于各种活跃因素的威胁之下，相应地存在着潜在的影响。这些影响会涉及地区的可持续发展，还有国家的西部大开发计划、水资源的安全、生态系统和社区的健康，以及中国其他地区特别是长江和黄河流域这些人口稠密地区的经济活动水平。中国人口高度依赖这些系统，不仅仅是因为直接的经济原因，也有文化、精神、娱乐的需求，以满足日常生活需要。

在所有日常需求中，水的供给是最重要的，因为中国人均淡水资源远低于世界平均水平。在现代经济中，为满足各种需求的土地资源十分有限，特别是在沿海地区。因此，虽然伴随着很高的生态代价，在沿海、河口和海湾地区填海造地现象非常普遍。近些年来出口经济的发展、城市的扩张、城际间公路和铁路等基础设施的建设等都对土地、水资源、生态系统和野生动物造成严重的压力。修筑水坝、煤炭和其他采掘业，甚至大规模的风电和其他可再生能源项目都附带着巨大的生态代价。事实上，目前还没有好的计算方法计算出整个生态代价究竟可能是多大。这个代价将是未来几代人的负担，现在并不清楚有多少破坏是不可修复，进而会导致一些地区提前丧失可选择的发展机会，如旅游、水产和其他经济活动。

1. 森林和草原

中国未来的生态健康取决于森林和草原能否管理好。这两种类型的陆地生态系统分别占中国土地面积的 20% 和 42%。中国森林的损失始于数千年前，最近 200 年速度加快，特别是 20 世纪。但在过去 30 年里发生的森林恢复给人留下了深刻的印象。中国目前是世界上植树造林最多的国家，所设定的森林覆盖率目标是在 21 世纪中期至少达到国土面积的 25%。相比之下，草原的恢复则问题较多，很多草原仍然存在过度放牧问题，或者已经退化。虽然投入了大量的资金，但是真正的恢复水平仍旧较低。这主要是受到一些因素的影响，包括技术投入不足（缺乏当地特定生态条件的了解）、一些当地社区不感兴趣以及问题本身的复杂性。

当然，过去 15 年来，通过一系列重点项目的实施，中国的森林和草原得到了很大改善，特别是退耕还林、天然林保护工程以及其他一些生态补偿活动[①]。这些项目都有着多重目标，但是都特别关注恢复生态功能和流域的环境保护。项目同时为低收入农户提供生态补偿，以避免他们为了生计而从事可能进一步破坏流域环境的活动。因此，这些项目应该被看作中国绿色发展的重要组成部分，事实上，目前来看也是世界上绿色发展的重要内容。

问题是如何提升这些项目的实际效果，虽然这些恢复被当作生态建设，但它们通常都表现为农作物系统，而不是自然生态系统。很多森林是种植园，草原也仅仅带来有限的物种，这些系统的碳汇、营养物质和水的保持有时也非常低。很多都不是为了优化生物多样性而开展的。对此，我们可以说，最重要的是从某个地方开始，尽管初步结果不尽如人意，这些生态建设项目至少比被它们替代的已经侵蚀和退化了的系统要好些，它们也为将来进一步改善生态系统（包括生物多样性）的工作奠定了基础，这可能是一个昂贵且非常长期的办法。很显然，这一过程必须是渐进适应性，某种程度上类似于美国（保护区土地管理项目）和欧洲（多功能农村土地管理）的案例。

---

① 这些项目和其他关于森林和草原的信息，包括各种条件下未来情景预测，都在国合会生态服务和管理战略课题组的报告中有详尽论述。

目前中国现有的激励措施已经相当全面，很多都是基于市场原则的[①]。有一些是针对全国的，还有一些是专门针对省市地方的（如京津地区沙尘暴源头控制项目）。中国正在注重生态服务的支付，即受益群体应向需要改善生态环境的地区（通常是贫困地区）提供补偿。一个例子是位于江西省境内的东江源地区，因其为下游的香港和广东省部分地区提供水源而受到保护。虽然理论上很好，但是实际的财政转移支付还常常出现困难。因此，中央政府作为最主要的资金来源应该在措施设计、调解和管理各方利益方面发挥主要作用。生态补偿的标准还没有制定出来。因此，应该说中国还没有形成一个全国的生态补偿体系。

中国已经对其森林和草原项目制订了监测计划，但是这些监测计划似乎并没有全面地注重生物多样性或者考虑其他重要的生态服务功能。其中最重要的一个考虑是碳的储存。这一点对未来很重要，因为与森林和草原有关的碳汇有可能具有重要的经济意义。有一点让人担心的是那些目前是碳汇的地区将来有可能因为管理和保护资金持续性的原因而变成碳源。

尽管存在这些问题，中国在保护森林和草原方面还是取得了十分显著的成就，在接下来的数年里成就会更大。很多项目目前都已经处于成熟阶段，但有必要考虑重新设计以面向更广泛的生态目标和更有效地实施。这些项目还应从社区共管的制度安排中借鉴经验，以保证足够的利益分配和促进符合地方经验和利益的保护行动。

2. 水

水的问题从古至今一直是中国经济和人民生活的重中之重。历史上，水利专家们因为他们的伟大成就而备受尊崇（如大运河），中国的农民重塑山坡而成的稻田，还发展了完整的水产养殖业。一个严酷的事实是中国的人均水资源占有量非常之低，而且分配不均，南方丰富，而在半干旱的北方地区则稀少。水条件发生变化的风险也同时存在，例如 2010 年年初席卷中国西南部的罕见干旱天气。还有日趋频繁的极端洪水和暴雨，例如 2010 年中国西部与季风有关的灾害。

从水生态的角度看，中国西部地区占据着十分重要的地位，特别是青藏高原。这一广阔的地区拥有大量脆弱的生态系统，这些系统不管是对中国还是对亚洲其他国家都非常重要。人们有理由称这里为“亚洲的水塔”，因为有太多主要的河流都

---

① M.T. Bennett. 2009. *Markets for Ecosystem Services in China: An Exploration of China's "Eco-compensation" and Other Market-Based Environmental Policies.* Forest Trends and the Katoomba Group, Washington, DC. 86 pp；刘桂环，张惠远，万军 . 2008. 中国流域生态系统服务补偿的政策与实践 .《中国人口·资源与环境》6（1）：36-43.

发源自这里。这里也因其丰富的动植物多样性以及大量的沼泽、泥炭地、湖泊、永久冻土、冰川和雪原而闻名。所有这些都面临着压力，这些压力来自有史以来最高强度的牲畜蓄养的过度放牧和固定式放牧，来自基础设施的建设以及矿产采掘业的发展（因为该地区矿产丰富）。气候变化带来的压力已经被充分注意到了，在下个10年中压力还将会继续增大，也许包括季风和水流形式的根本性改变。无论青藏高原的生态系统发生了什么，下游地区都会感受得到。

世界银行最近刚刚发布了一份关于应对中国水问题的政策需求报告①，但是这份报告并没有论及水在中国的生态作用以及满足了多少生态需求。据估计中国只有2%的水被分配用于满足生态需求。在世界其他地方，这种生态需求是水资源管理的重要组成部分。例如，加拿大已经表示没有多余的水可以出口给美国，因为要满足国内的生态需求。当然，这些自然系统反过来也为加拿大社会和其他国家提供生态服务。地下水得到补给，森林汇水区保证了河流湖泊水位的稳定，健康的未经扰动的生态系统可以过滤提供干净的水源。多数的水用于农业用途，包括小麦、油菜和牲畜养殖。被出口到国外的农产品，其中也包含了大量的“内涵水”。

3. 脆弱的水生生态系统和日趋减少的服务

中国境内有许多脆弱的水生生态系统，包括湖泊、河流和湿地。特别是在大城市周边地区，地下水位在下降，农村的一些含水层也遭受地下水抽取或者污染的威胁。为了解决这些问题，中国正在付出很大的努力，但是迄今为止只取得了部分成效。例如，2008年中国环境状况公报指出，在全国200条河流的400个国控监测断面中，只有55%满足地表水环境质量I～III级的要求②。低于这些标准以下的被认为是中度到重度污染水平，如黄河、淮河和海河。中国第三大淡水湖——太湖继续承受着由于未经处理的生活污水和工业废物而引起的藻类暴发问题的困扰。

为此，政府已经采取措施，包括从长江调水来稀释污染，大量的资金用于污染处理设施。问题的一部分原因是涉及两个省和一个直辖市（上海）的行政区划障碍，例如湖泊上游的污染源和下游地区的关系。生态补偿机制似乎是个可行的解决办法，这需要成立一个中央委员会来协调有关太湖的行动。两个比太湖还大的湖泊都处于长江流域中部，即洞庭湖和鄱阳湖，这些湖泊有着广大的洪泛平原和极端重要的湿

① Xie Jian, A. Liebenthal, J. Warford, J. Dixon, Wang Manchuan, Gao Shiji, Wang Shuilin, Jian Yong and Ma Zhong. 2009. *Addressing China's Water Scarcity: Recommendations for Selected Water Resource Management Issues.* World Bank, 198 pp.

② http://english.mep.gov.cn/standards_reports/soe/soe2008/201002/t20100224_186070.htm .

地。鄱阳湖因其“山河湖工程计划”而成为一个被广泛研究和报道的范例。[①]

关于中国西部独特水环境的生态变化有很多科学传奇，其中最令人费解的是青海湖。青海湖是中国内陆最大的盐水湖，是中国最重要的鸟类迁徙避难所之一。青海湖应该是一个生态变化（包括气候变化）和放牧压力的“晴雨表”，湖水的水位已经严重下降，周边的土地已经沙漠化，但最近5年来，湖水水位又上升了（在20世纪50年代到2004年持续下降370厘米之后上升了70厘米），可能是由于雨水增多或者植树造林的结果。这种转变凸显了需要更好地理解这些敏感生态系统因果关系变化的必要性。在青海湖和青藏高原的很多地方，国家和地方政府已经开展了大量工作进行生态恢复。

4. 综合流域规划

自从20世纪90年代长江流域洪水之后，中国出台了“三十二字方针”[②]。该方针要求采取行动通过退耕还林、湿地恢复、改善河道（如疏浚、护岸）和在许多森林地区禁止伐木等措施保护脆弱的生态系统、社区和经济活动。2005年国合会建议在长江流域采取“生命之河”的概念。这一概念，连同WWF在世界范围内关于河流生态的工作，通过“长江论坛”而逐渐被采纳。该论坛由长江水利委员会[③]运作，重点关注流域综合管理。

尽管有很多好的意愿，但在中国应用综合流域规划却困难重重，长江水利委员会、黄河水利委员会等理论上似乎是理想的解决方案。例如，黄河委员会拥有4万名员工，其中1万名工程师和科学家，下辖16个部门和17个局。其中一个重要的关注问题就是确保黄河的水能流到大海。这看似简单，但是想做到这一点还需要一系列水资源分配法律法规和技术措施，水资源市场、水价系统和水权转让体系的完善。水污染削减和生态恢复问题（包括黄土高原）都十分艰巨，很多努力都与防治洪水和干旱相关，但是它们都包括一系列生态恢复目标，这将有助于上游、曾经的湿地以及黄河三角洲地区（很多鸟类和珍稀动物的种类正在增加）生物多样性的维持和改善。

长江水利委员会已经认识到长江水资源管理工作中缺少对环境和生态的关注，

---

① Lake Poyang, http://www.adb.org/Documents/Books/Water_for_All_Series/Water_Poverty_Realities/Mountain_River_Lake.pdf.

② http://assets.panda.org/downloads/mrwyangtzecasestudy.pdf.

③ 长江水利委员会是水利部下属7个流域委员会之一。这些委员会同环保部、其他部委、地方政府、公共团体和组织（如WWF）在水资源利用方面一道工作。

意识到需要实时、可操作的水资源管理和综合手段。这需要广泛的预测和评价知识，特别是对于这样一个大型水利工程（如三峡水库、南水北调）主导决策的流域。显然，中国正在开始在水资源分配决策中考虑生态需要，例如关于长江流域的湿地恢复。但是，这些决策在界定和保护生态服务方面还不全面，一个重要的例子就是很难把河流水质同河口、海洋问题联系起来。另一个例子是数量有限的水质监测站和有限的监测频率无法了解污染问题的全貌。但是最主要的困难还是向综合流域管理观念的转变，从而将生态特征作为管理的一个基本要素。长江水利委员会已经通过修订长江流域综合利用规划向这个方面转变，这将是一个长期的、持续的努力，并将由广泛的利益相关方的参与来主导。①

可以理解，中国的水问题多数关注的是淡水。但也有必要制定相应的政策、规划方法和手段确保海洋生态系统的利用也采用综合管理的模式。中国国内就有一些值得一提的综合管理的范例。《中华人民共和国海域使用管理法》（2002 年 1 月生效）为根据用途和需求进行功能划分奠定了基础。厦门市政府在 1994 年开展了为期 5 年的"海岸带综合管理（ICM）"国家示范项目②。一个地方海洋管理部门负责协调，一个跨部门的顾问小组负责提供技术支持。这是一个计划实施 5 年的项目，在这期间通过综合环境影响评价，沿海填海计划得到重新评估，进而引入了海洋功能区划的方法，项目还采取了具体行动解决生态问题。

今天厦门市的海岸带催生了休闲娱乐、经济发展以及合理的海洋使用和功能区划。代表性的范例包括建立红树林和濒危动物保护区、采用海洋使用许可控制海洋污染、保护海滩和沿岸景点以及划分其他用途的功能区（如船运和港口、水产养殖、生物多样性保护，如 18 千米 ^{2} 的中华白鳍豚保护区），这个案例是地方合作最成功的案例之一。《海域使用管理法》就是在厦门经验的基础上制定的，现在的问题是如何在全国的海域推广这一做法。

维持那些已经受到严重威胁的生态系统的必要生命支持功能值得我们密切关注。没有哪些生态系统比以下这两种更重要：土壤生态系统、海洋和沿海生态系统。虽然对于这些系统人们已经了解了很多，但是它们总的功能发挥以及由目前国内、

---

① D. Boekhorst, T.Smits, Xiubo Yu, Lifeng Li, Gang Lei and Chen Zhang. 2010. *Implementing River Basin Management in China*. Ecology and Society. 15(2) Article 23 online.

② A. Uychiaoco, et al. 2009 *Xiamen's Transition to Orderly Seas.* Case Study 1(2). PEMSEA, Manila; Huming Yu and N. Bermas. *Integrated Coastal Management: PEMSEA's Practices and Lessons Learned.* UN Institute for Training and Research. Hiroshima Office for Asia and the Pacific.

国际经济活动带来的影响以及其后变化带来的影响还没有被全面了解，政策行动也还不够。下面就这两个主要的、备受威胁的生态系统进行逐一论述。

5. 土壤

考虑到持续数千年的农业实践（特别是水稻种植和放牧），土壤生态系统似乎极具恢复力，但是荒漠化一直在困扰着中国。草原，中国这一陆地最大的生态系统与植树造林的成功相比似乎难以恢复。土壤的破坏遍及城市和工业用地、采矿、施用大量生物杀虫剂和化肥的农村，以及土地种植和保护措施落后的地区。

土壤生态系统含有大量的微生物，对于生物地球化学循环（将有机和无机物质转化成有用的养分）以及调节岩石、矿物和植物以储存碳和水分来说至关重要，它为健康的森林、草原生态系统和丰富的生物多样性栖息地奠定了基础。

一个健康的土壤生态系统提供的服务常常被认为是理所当然的，人们认定无论保护和管理程度是什么样，这种服务提供都会持续下去。农民和牧民常常能够认识到土壤生态系统实际的复杂性，因而采取特定方式保护它们。科学也起到了极大的作用，特别是在消除不良的土地利用方式带来的明显影响方面。

但是最近几十年来，在全国范围内保持健康的土壤生态系统的工作变得越来越困难。这不仅有通过大量施用化肥和农药来提高农业生产力所带来的压力，还有因为从游牧转向定居生活方式带来的显著增加的放牧压力。随着人们收入水平的提高，人们对动物蛋白质的需求也在增加。这对土壤产生了严重的影响，包括板结、牲畜废物导致的土壤和地下水污染，还有荒漠化问题。

除了农业以外，其他一些原因也导致了土壤污染的加剧。这些包括采矿、工业加工产生的废物、废物循环利用作业（包括电子废物循环利用）、城市发展、交通基础设施（包括公路、铁路、水路航运）、管线和输电线、能源利用（特别是燃煤）、空气中二氧化硫和二氧化氮等污染物导致中国 1/3 的土壤酸化，以及垃圾和有害废物的不当处置。尽管第三次全国土壤污染状况调查刚刚结束，但是整个土壤污染问题还不很清楚。

与土壤污染有关的还有历史遗留问题，包括在农村炼焦和其他小冶炼造成的土壤生态系统影响。在城市，围绕老旧工厂进行的城市改造很少考虑场地污染问题。但现在出现了一系列更严重的问题，包括工厂生产不考虑空气和水污染、有毒和其他废物的非法倾倒、导致土壤和地下水污染的采矿作业，以及上述不可持续的农业生产方式带来的问题。

虽然越来越多的土壤污染事件得到曝光和处理，但是总的情况事实上是在继续恶化的。目前还没有一个应对土壤生态系统污染的系统方法。更进一步讲，国家在把土壤问题作为综合健康问题（生态系统健康、食物和水环境健康、人民的健康）处理方面所做工作还不够。因此，中国正在积累着伴随巨大经济代价（但不知道是多少）的生态负债，可能会影响未来中国赖以生存的生物地球化学循环功能的正常发挥。

6. 海洋

中国有幸拥有从热带到温带生态系统的相对多样的海洋和沿海地带。有些地方冬天会结冰，但南方的海域很适合珍珠、鱼类和贝类养殖，也适合珊瑚和红树林等的生长。黄海因其渔业和沿岸水产养殖而闻名，而东海因石油和天然气开发变得日益重要。过去 30 年里，中国的沿海地区是中国开放和取得非凡经济发展的主要地区，这里曾经历前所未有的航运和港口的增长。但是最大的变化是最近大量的人口涌入城市，城市的数量在增加，面积在扩大，也变得越来越复杂，特别是基础设施，包括令人瞩目的连接上海和杭州的桥梁系统，还有类似的珠三角地区的区域路网、京津城际等。大量的投资用于海洋和沿海地区的发展会给海洋和陆地地区都带来显著的经济效益。预计到 2020 年，仅 5 个主要的海洋基础产业收益将占中国 GDP 的 7%。

中国主要的河流对海洋生态和沿海经济都有着重要的影响。只要中国的经济繁荣还与国际贸易紧密相关，那么沿海城市很可能会发展得更好，因为它们在制造、金融和贸易等方面都处于主导地位。将重要的城市和港口放在自然生产力强的三角洲（如珠江和长江）或在主要的海湾旁边，这种做法有利有弊，特别是从生态可持续性角度来看。因为这些地区同时也是迁徙鸟类、洄游鱼类和其他动物（如白暨豚[①]）的重要栖息地。此外，城市位于洪泛平原以及易受台风、海平面上升、海水入侵影响的地方还需要考虑大量的灾害预防和应急的需求。

中国天然的沿海生态系统很大一部分都已经或被填海造地所替代，或被港口附近的水泥构筑物、高速公路和其他基础设施所改造。虽然恢复湿地和其他自然生态系统通常也包括在这类的开发项目当中，但是它们不太可能为保护生物多样性和生产力发挥真正足够的作用。

---

① 白暨豚是一个由于栖息地丧失、非法捕捞和其他因素导致种群下降以至最终灭绝的悲剧故事。See Samuel Turvey. 2008. *Witness to Extinction. How We failed ot Save the Yangtze River Dolphin.* Oxford University Press. 234 pp.

中国的海洋和沿海生态系统已经出现了许多不堪重负和退化的警示信号。例如:

(1) 由于陆地农田过量使用化学品以及其他污染源(包括汽车尾气排放的氮)排放及沿岸水产养殖作业导致的海洋富营养化;

(2) 大面积频繁发生的赤潮(由于过量的营养物导致的蓝绿藻暴发);

(3) 近海大面积的绿藻,例如青岛的奥运帆船赛场;

(4) 40% 的沿海湿地已经被改造为工业、商业和居住(也包括港口开发)

(5) 中国海域的化学污染,例如 2010 年 7 月 16 日大连的输油管泄漏污染了大约 400 千米 ^{2} 的海面;

(6) 过度捕捞导致关键海洋鱼种个体尺寸(有时包括丰富程度)的下降,例如带鱼由于捕鱼强度和方法、过度捕捞或者珊瑚礁、红树林和沿海湿地的破坏导致的海洋生态系统多样性的下降通过压舱水传播的海洋和内河入侵物种的存在与气候变化有关的海水酸化、暖化以及海平面上升这些问题以及相关问题在中国已经被广泛地研究,但是通常都是被当作单个或行业性问题,没能全面地考虑海洋相关联的特性以及陆源污染这个主导因素。沿海地区的开发利用强度正在快速提高,但还没有一个成熟的综合海岸带管理的方法,或者高强度利用的海岸带(如渤海)综合管理方法。

某种程度上,中国海洋生态系统的问题与世界其他地方的问题很相似,但是中国所面临的压力要更大,这是因为它拥有的庞大人口、对生态供给功能成功的开发(特别是中国的海水养殖业全球最大),以及中国有能力开展那些影响海洋健康和可持续性的活动。

中国将继续扩大其海洋和海岸带的经济产出。一些可能活动包括开发海床沉积物中的可燃冰(这些水化合物在青海高原的陆地下也有发现),近海大力发展风电,建造人工岛和其他基础设施,改造鱼类和其他生物的基因以满足未来的食品、药物和能源需求,以及休闲娱乐活动。每种开发活动都存在潜在的影响,包括生物多样性的保持、海洋生态系统的自净能力、产卵场和保育区的保护、更大范围的海洋生态系统的健康(如很多对营养物质再循环至关重要的海湾、河口以及深水区)。

中国海洋的管理由几个不同的部门负责,参与决策,但是并不一定是通过协作的方式进行。特别是源自陆地污染源的海洋污染问题最难以解决。对这类污染源对海洋的多重影响考虑十分有限。此外,管理职责还分散在各部门当中,如环境保护部、农业部(渔业)、负责能源和水利的部委以及国家海洋局。

（三）生态系统管理与服务面临的关键挑战

这一部分对现状的概述显示，尽管在一些方面取得了大量进展（如植树造林和防止土壤退化 / 荒漠化），但是中国生态系统管理与生态服务保护所面临的主要挑战尚未得到解决，第一个挑战关注的是如何对待特定的生态系统特性。

范围的问题十分重要，因为中国不得不应对相互交织的复杂生态系统问题，比如土壤生态系统问题是草原、工业区划甚至湿地问题的一个组成部分。然而，土壤质量和土壤生态修复很大程度上是一个地方层面的问题，需要因地制宜地采取行动。问题的另一方面是如何采用一致的方法来处理确保大型自然保护区的价值的问题（如那些在青藏高原发现的自然保护区），以及如何采用最佳管理方法管理大面积的海域，如黄海。

生态恢复力决定一个处于压力下的生态系统是否能以一个合理的方式继续保持其功能。一些生态系统由于特定因素（可知或不可知的）可能做得还不错。一旦到达一些临界状态，生态就会发生突然改变。这样的例子不胜枚举，比如，由于温度、含氧量、幼鱼成活率、过度捕捞或食物供应链减少等因素发生变化，海洋物种结构和种群数量发生突变。中国的政策更为显著地注重生态恢复力，例如将大面积土地划为自然保护区，以及近来在诸如湿地、工业场地和植树造林区这样的重要区域开展生态建设和恢复行动。

发展的累积效应不论是环境评价过程还是在开发规划中还没有得到足够的考虑，这对于那些工业污染不断积累的土壤生态系统来说是一个主要问题，对那些已经蓄积了农业和工业化学品的地下水和湖泊来说也是一个问题。现在又出现了一个与机动车尾气排放污染相关的问题，这一问题有可能从大气污染转化到地表水和地下水污染，并最终影响海洋生态系统，导致富营养化。

第二个挑战是涉及多重生态系统的系统性问题。在处理由一个生态系统产生的却对其他邻近生态系统造成巨大影响的问题方面中国还缺乏足够的机制能力。无法妥善解决与陆源污染物有关的海洋污染这一问题变得日益严重。另外一些例子包括保持迁徙水鸟和其他鸟类、海洋哺乳类生物和像中华白鳍豚这样的淡水哺乳动物所需的生态条件，以及通过相连水系传播的入侵物种问题。保护生态学理论建议特别关注生态通道的建设，使之成为生物活动的安全“高速公路”，例如中国西部的大型哺乳动物种群，以及南北迁徙的鸟类。通常自然保护区系统可以满足这样的需求，或者通过在需要保护迁徙动物的时段限制人类活动、确保动物可以得到食物或繁殖地来实现这些要求。

系统性问题还包括要更加重视生物地球化学循环的生态功能，如碳循环、土壤有机成分以及那些由 Johan Rockstrom 和其他斯德哥尔摩应变中心的工作人员所描述的九大地球系统①。

决策过程中未能充分考虑这些系统性问题将意味着影响环境的外在因素始终保持在生态危险的水平上。以农业化肥为例，它们不仅正在污染当地地表水和地下水，同时也影响沿海生态系统。

第三个挑战是迫切需要可行的综合管理战略、规划和行动来解决生态系统保护和利用问题，特别是在区域层面上。尽管在流域管理机制（如长江水利委员会）方面取得了一些进展，但是决策的制定还是由行业机构主导的。这一问题对于那些开发和资源利用涉及整个生态系统但是管理职责却分散在各个部门之间，或者因果关系难以界定的海洋开发来说尤为严重。中国还没有做过国家层面的沿海开发规划尝试。在特定海域制定综合管理框架（如渤海）的尝试在范围和能力方面也都非常有限②。一些较大的区域在这方面还是取得了一些进展，即将发展与生态因素联系在一起，如解决黄土高原环境管理和生态修复问题。青藏高原是否是成功案例在短时间内还很难回答，这是由它的生态系统和开发目标的复杂性决定的。在这样一个地区，必须使用综合管理才能预测由气候变化和人类利用的影响而带来的巨大生态变化。

（四）生态足迹

中国的生态足迹以人均为基础计算还相对较低，但是正在迅速增加，这主要是由来自大城市的需求的原因③。事实上，对于一些消费者，特别是城市中的富人，其消费水平正在达到发达国家的程度（如能源利用）。中国生态足迹大部分实际上是国家的碳足迹，可以通过发展低碳经济得以减少。同时，相当大的一部分生态足迹与中国的出口导向型经济相关。这些情况使得未来中国区域性（国内）和全球生态足迹更加令人关注。我们建议有必要制定一个绿色发展战略，用于降低国际和国内市场供应链上的生态需求。这个世界对生态资源的消耗已经超出了地球所能提供

① J. Rockstrom et al. September 24, 2009. *A Safe Operating Space for Humanity*. Nature. 461, 472-475.

② BSEMP 渤海环境与管理项目。

③ 今年 WWF（中国）同国合会合作，编写了中国生态足迹的更新报告。见最近出版的 WWF 2010 地球生命力报告。

的能力，也就意味着生态服务功能的长期下降正在发生。问题在于中国应该如何减轻这种负担而不是额外增加负担。

五、九个关键问题

这一部分讨论生态系统和绿色发展的九大关键问题。这九大关键问题并不是仅有的主要问题，而是最为紧迫的。每个问题并不是以建议的形式展现，而是提出积极的行动框架以供讨论，旨在通过绿色发展战略来保护中国的生态未来。

（一）中国必须提升自然生态系统和那些被粗放或密集利用的生态系统所能提供的所有类型（支持、调节、供给和文化）的可利用生态服务水平，同时必须遏止生态系统的继续恶化

这一艰巨任务必须在全国范围内实施，包括陆地、淡水和海洋生态系统。

关键问题包括：

（1）避免达到临界点：这样的临界点是指环境影响导致生态系统和服务的突然改变，如威胁奥运会青岛帆船赛事的富营养化绿藻覆盖问题。

（2）确定“楔——要害”的特征来展示问题不同部分的程度以及每个部分所能采取的行动。“楔”的概念最初被提出来描述诸如气候变化国际行动这类复杂问题的，它对那些存在多个贡献因素的生态问题也有借鉴价值。一个例子是实施“生命之河”战略，用来优化整个流域的生态服务的改善。

（3）改变粗放利用型生态系统和密集利用型生态系统中供给服务与支持和调节服务之间的关系。有关理论认为，当自然系统收到警示信号时，其支持和调节服务就会降低，生物多样性也会减少，比如在农业、造林和水产养殖系统。在城市地区降低的程度比农村地区可能还要严重。中国将继续加强多种生态系统的使用，但是必须找到新的方法使得生态服务功能得以维持或提升、生态完整性得到保持、生物多样性得到保护。

（4）避免提前丧失方案的选择：这些方案的选择影响未来经济与社会发展机会。失去生态服务的后果可能是非常严重的，试想一下在四川桃园由于使用杀虫剂导致

缺乏蜜蜂授粉而不得不需要人工授粉这样的后果①。自然带给旅游业的机会是一种馈赠，但是会因生态系统的破坏而丧失。生态修复花费巨大，而防患于未然总的来说会便宜得多。

当前，生态服务的价值在中国尚未像其他国家那样得到很好的量化和监测。因此，很难了解具体服务的全部意义，以及如何切实改善生态系统的调节和支持功能并同时继续提升其供给和文化功能。目前还没有国家级的生态服务清单，大多数省份对其生态服务价值也缺乏全面的了解，尽管他们提出或已经实施了生态补偿计划。

（二）必须采纳综合生态管理以优化经济效益、社会效益与环境效益。但是目前成效仍然不足，而且通常没有得到系统化实施

目前中国（以及其他国家）的战略实施主要是分行业进行，这样做的结果是行业之间的影响没有得到全面考虑。另外，跨省和区域性差别导致上游与下游之间的严重生态问题。中国沿海地区和海洋的迁徙物种、海洋洋流与混合过程等问题，对于航运、港口和土地开垦等其他经济发展活动来说都是严重的生态问题。

以生态为基础的规划在减少综合管理的交易成本上存在实际价值，而且在一定程度上，这种方法正在中国得以很好地应用，特别是在地方层面和项目开发上。例如，青海高原三江源保护区，厦门市沿海开发规划等。

在区域层面上也已经尝试了很多成功的规划，比如黄土高原沙漠化防治行动。但是，海岸带综合管理（ICZM）和综合流域管理（IRBM）经历了更为困难的时期。目前还没有国家层面的海岸带综合管理机构或措施，而综合流域管理在中国尚处于起步阶段，尽管对水利工程的流域规划已经做得相当复杂。

现有的水利部门可以进行机构改革，在渤海湾这样的特定区域可以建议尝试其他模式。但重要的是要认识到多种措施的有效利用对于最终走向综合生态规划和管理来说非常有价值。

（1）设定红线用来标注土地、水域或栖息地种类的目标界限，并保证这一界限不得逾越。在中国农业用地上，红线就是根据能够满足食物自给自足的特定水平所需要的土地面积来确定的。在沿海地区红线可以用来界定一定面积的可以转化成其他用地的土地，比如最大允许填海造地的面积，或最大允许转化成其他用途的湿

---

① http://ileia.leisa.info/index.php?url=getblob.php&o_id=70478&a_id=211&a_seq=0 .

地面积。设定红线对自然保护区满足特定物种或栖息地要求也是很有帮助的。

（2）生态功能区划可以在现有的程度上加以拓展，例如在生态敏感区域禁止航运、繁殖期关闭渔业和野生动物活动区、为迁徙动物提供食物和安全通道等。功能区划可以与河流和陆地的环境特征和承受能力相联系。但是要避免将这个概念用作“分类挑选”机制，将某些地区划为永久退化之后就不再关注。

（3）基于市场的机制具有相当的潜力解决跨行业问题和保持生态服务的水平问题。如果经济价值可以被考虑到以前未认识到的因素中去，那么这种机制就会更好地发挥效力。碳汇能力就是一个例子。

（4）战略环评是正常项目环境影响评价的一个有力补充。战略环评可以用于审视可能的用途范围及其累积影响，因而可以使方案选择的丧失最小化。

（5）区域规划和管理有必要在各种范围内开展，特别是目前正在西部区域开发中得到应用。黄海的海洋区域也很可能实施以生态为基础的综合区域开发，湖泊盆地和周边流域的区域性管理是另外一个需求，鄱阳湖就为我们提供了一个很好的范例。

这一系列的已经在中国存在并且得到验证的措施十分振奋人心，因为已经有很多有价值的示范项目和活动，但遗憾的是，阻碍综合管理实施充分发挥作用的机构性障碍和其他问题仍然存在。国家政府和更多的地方政府十分有必要建立可行的机构安排，与此同时，推广经过验证的可以解决跨行业环境问题的措施。

（三）将生物多样性纳入中国短期和长期发展战略当中是遏制重要生态服务减少、保证生态系统健康的必要措施

这样做将使生物多样性作为国家级和地方层面（包括县市级）规划和管理功能的一个重要组成。国务院常务会议于 2010 年 9 月 16 日决定原则性采纳中国生物多样性保护战略与行动计划（2011—2030 年）。这个计划是在现有的 1994 年行动计划的基础上制定的。这次会议指出①：

“受资源的过度使用、气候变化和其他因素影响，一些生态系统正在不断破坏，濒危物种受到威胁，基因源正在损失。生物多样性降低的趋势未能得到有效遏制。我们必须协调生物多样性保护和经济发展之间的关系，确保给予保护优先权、鼓励

① http://english.mep.gov.cn/News_service/infocus/201009/t20100926_194969.htm .

可持续利用、公众参与以及与加强生物多样性保护利益分享等原则。”

“一要完善相关政策和法律体系，将生物多样性保护纳入国家和地方规划。二要开展生物多样性调查、评估与监测，加强科学研究、人才培养和生物多样性保护能力建设。三要强化生物多样性就地保护，合理开展迁地保护。四要促进生物资源可持续开发利用，建立生物遗传资源及传统知识获取与惠益共享制度。五要加强外来入侵物种和转基因生物安全管理，提高应对气候变化能力。六要完善公众参与机制，深化国际交流与合作。”

新的生物多样性战略与行动计划（BSAP）将迈出非常有意义的一步。有很多方法保证生物多样性战略与行动计划的全部价值得以体现。最为重要的是必须保证地方采取实际行动，因此需要制订省级和市级物多样性战略与行动计划。这些计划需要将重点放在生态上，特别是强调让自然发挥更大作用，重视生物多样性在加强生态系统恢复力方面的作用。加强在结合地方投入、改进自下而上的责任机制、提高公众意识方面机构和制度创新也是十分关键的。同时，不仅需要强化法律法规的制定与实施，还需要通过运用激励机制和改善投资模式等手段使这方面的工作锦上添花。现在正在实行的生态补偿模式可以进一步完善。

（四）减少贫困与合理分配生态服务效益应在所有中国的生态改善举措中加以强调

中国的生态改善举措在过去的许多年里对减少贫困作出了巨大贡献，总的来说是为农村居民提供了稳定的收益。很多项目，特别是森林和草原项目，在设计时就把社会效益与生态改善作为项目目标。正如中欧生物多样性项目中那些有当地社区参与的生物多样性保护案例研究所表明的那样，改善生计的同时也保护生物多样性是可能的[①]。

保护生态还可以提供其他的直接效益，比如减少干旱和洪水的风险。通过关注生态系统健康、了解人类行为和传染病之间生态关系来改善人民健康状况。改变生物质的用途使之成为能源和有机肥料将增加农户收入，还能改善家庭健康。还有很多例子可以证明中国正在稳步地完成千年发展目标（MDG）。但是，“目标 7：环境可持续性”的进展仍然滞后，还需要具体的行动来提高绩效。

---

① http://www.ecbp.cn/en/projects.jsp .

从生态系统管理和生态服务上考虑，中国的农村和城市是紧密相连的。生态优化的效益以清洁的水、防洪、娱乐和精神愉悦等文化效益的形式流向城市。可是农村居民与城市居民相比，收入仍然很低，也没有机会享受高质量的健康和教育体系。因此，那些为超出本地范围的生态环境效益而制订的计划不被当地居民全盘接受就不足为奇了。这种现象在中国一些地区的草原恢复案例中有所体现。文化差异也十分重要，如果在计划设计过程中缺乏当地的高度参与，计划的被接受程度就会受到限制。我们从中国森林和草原恢复项目中看到的这种情况，很可能也会在海洋与沿海项目中出现。

以下几种方法可以强化农村地区的收益：

（1）地方社区更多地参与自然保护区规划和管理。在许多自然保护区和其他保护地，当地居民的作用是至关重要的。我们不仅需要他们的合作，而且需要他们对当地的实际情况的了解。合作共管的管理模式需要进一步探索。

（2）对当地生态服务、有关自然危害预防和公众健康的环境安全需求进行全面评价和价值评估。除了考虑流向其他地方的效益之外，通过关注流向当地的效益，可以使生态服务观念和项目更容易被当地所接受。

（3）高质可靠的生态扩展服务将增进新的效益具体化的可能性。传统的扩展服务总的来说强调的是如何提高生产力，而不是生态支持功能和生物多样性。

农村资源使用者全面参与保护当地生态系统的工作对国家、区域和当地都大有裨益，这也是唯一最为重要的方式来保证生态服务得以强化。同时，这也是建设绿色社会主义新农村、减少城乡收入差距的重要措施。今后的 10 年将是在已经取得的成果基础上，努力尝试走向森林、草原和沿海地区自然化的最为重要的时期，最终使生物多样性在生态建设区得到显著增长。

（五）中国必须加强保护海洋生态系统，包括开放水域养殖、沿海湿地等敏感栖息地、入海口和大型海湾等半封闭海域，并更好地解决导致海洋污染的陆源驱动因素

这些对于经济增长持续依赖海洋的中国来说是非常重要的。

2008 年，国务院发布了《国家海洋事业发展规划纲要》。胡锦涛主席在 2009 年考察山东时表示了发展海洋工业的期望，他还强调要科学地利用海洋资源和培育海洋产业。要真正做好这项工作，同时还要确保可持续绿色发展，将是非常复

杂的。

海洋污染压力仍在继续增加，包括源于陆地的农业化学品的污染，也来自中国沿海地区城市发展、土地开垦和大量基础设施的建设，这不仅仅是港口也包括新的近海能源项目。渤海、黄海以及珠江三角洲等区域的压力将不断加剧。一些海洋渔业和水产养殖系统没有以可持续发展的方式运营。与陆地相比，海洋生态补偿、保护区的设立和其他生态保护措施的进展相对有限。

这些压力表明，必须在国家层面确定可持续海洋利用的综合政策。这一政策需要有一个坚实的法律依据，并与战略和行动有效联系起来。很多行动还是行业行为，因此还要提倡开展那些跨行业以及关注陆地、河流和海洋之间联系的行动。其他一些国家可以提供可能的政策和法律参考，包括美国、英国、澳大利亚和加拿大。必须加强解决跨行业海洋问题的机构建设。

当前，对一些非常重要的海洋生态与环境服务的关注度仍然有限。那些与气候变化相关的海洋生态与环境服务特别重要。在碳存储上，海洋很可能与中国陆地的价值一样重要。海洋在减缓气候变化影响中所起的作用仍未得到很好的理解，而这一点对于国际合作来说是一个很重要的话题。中国在面对风暴灾害、海平面上升以及海洋生产的负面影响上十分脆弱。作为未来使用和可持续开发中国海洋战略的一部分，这些题目还需要作更详细的了解。

有很多机会可以利用创新技术、机构和管理措施来完成中国海洋、岛屿和沿海地区可持续利用目标。利用这些机会，中国可以在科技领域大量投资①，让当地科研人员寻求适用于当地的可行的解决方案，正如大连、厦门、海南等地正在做的工作那样。

（六）中国陆地生态系统提供最大范围的生态服务，特别是供给服务

这些生态系统的压力在负面影响的强度和种类上还在继续增加。这些问题需要迫切关注，特别是土壤污染，执行不力的草原恢复计划，以及减少农业生态足迹等问题。

中国最令人瞩目的生态建设是世界上最大的植树造林工程。目前，中国拥有大约 1/3 的世界种植林，其生态效益是巨大的。不过，种植林的生物多样性、木材蓄

① 相建海等提出的一套综合建议。2010. 中国至 2050 年海洋科技发展路线图 . Springer. 182 pp.（中文原版由科学出版社出版， 2009）。

积量和生产力仍然较低。草原恢复计划和植树造林相比不是太成功，草原生态服务还相当有限，荒漠化很严重。土壤污染已经达到了一个被国家严重关注的关键点，需要立即采取紧急和长期的行动。农业生态系统是中国的用水大户，并消耗大约全世界 35% 的化肥和外加其他农业化学品。显然，未来需要更有效的保护和计划。这些计划应更加重视强化生物多样性、碳储存、解决非点源污染，并应与当地的社会、经济和环境条件与利益保持一致。这些问题也是下面两个建议的主题。

（七）要想在 2020 年达到综合改善中国的生态现状，需要诸如生态补偿和生态修复 / 建设这样的强调生态系统保护和改善的第三代计划

从中华人民共和国成立到 20 世纪 80 年代中期实施的是第一代计划，重点为植树造林和农田改造和用水管理。第二代是从 20 世纪 90 年代后期到现在，其范围更广泛，不仅包括植树造林，还包括草原和湿地的保护，以及在全国范围内设立自然保护区（当然，主要还是对一些特别的地区，如青藏高原、海南等）。除此之外，法律框架也得到了很大改善，主要是通过强化国家法律和参与濒危物种国际贸易公约（CITES）、生物多样性公约（CBD）等国际条约。

第三代生态系统保护计划亟须制定，也许它将与中国的第十二个五年规划、拟订中的国家生物多样性战略与行动计划以及生物多样性公约缔约国名古屋会议达成的议定书一起启动。目前订到了一个制订一套强有力的长期目标的时候了，这些目标将指导到 2030 年的生态系统保护和管理的强化工作。有些目标已经确定，包括国家植树造林、草原改善和湿地功能恢复。但我们需要做的必须更加全面，关注解决一个系统到另一个生态系统梯级影响的系统性问题，例如农业施肥对内陆水域和海洋的影响。有必要将诸如碳汇、生物多样性强化这样的新主题有效地结合在计划当中。

重要事项包括以下需求：

（1）在计划中制订有区别的目标。宽泛的方案并不一定满足未来复杂的保护目标。正如美国在农民环保休耕计划中发现的那样，需要用几代方案才能实现提供野生动物栖息地、改善水质、土壤保护等目标。开始的“一刀切”变成了包含基于市场措施的一系列支持计划，取得了更好的结果。

（2）碳汇和生物多样性保护目标的结合，有可能成为农村居民收入的新来源。实现这些目标将为生态服务带来宝贵的协同效益，并可能开辟新的收入来源，如来

自与清洁发展机制相类似模式的气候变化和生物多样性维护贸易体系的国际资金。

（3）将生态补偿和生态恢复扩展到那些目前尚未包括的濒危生态系统。尽管很有必要，但是中国的海洋和沿海水域没有被很好地涵盖在目前的计划中。沿海的许多经济活动和居民生活质量取决于未来健康的海洋环境。而且，从最根本上说，所有生态系统和对未被污染的食品、水和其他供给生态服务的基本需求都依赖于健康的土壤生态系统。虽然一些形式的土壤侵蚀和退化已经被列入大规模的生态改善范围内，但是土壤污染还没有列入其中。

（4）开发生态保护和改善实施的标准、规范和可靠的监测计划。需要努力确保这些能随着经验的积累而迅速成熟，并能适应新的情况。还有一点很关键，就是要了解目标是否确实得到实现，中国所作出的努力能否与其他国家的做法进行适当比较。

中国在生态补偿、建设和恢复上的大量投资为进一步扩展和完善奠定了坚实的基础。正如最近的能源效率结构调整一样，建立生态改善的国家系统将是一个明智之举。

（八）中国的所有地区都需要制定生态优化战略，战略应考虑从高山到海洋的全部生态联系以及中国广大农村为城市发展提供的生态支持

这种优化可能为土地和水资源分配带来新的机遇，并增加绿色发展的潜在效益。绿色发展也会因而变得比在目前更具生态特色。

目前还没有国家层面的生态优化模式能全面涵盖由经济计量模型 CGE 提供的各种类型的宏观政策。因此，很难确定在对各种类型的生态恢复、保护和利用投资中的利益权衡。随着时间的推移将需要这类的信息，目的是要了解活动的极限（这可能是模型最大的用处），并解决风险、成本和效益问题。当然，各种方法不尽相同，对于生态服务和生态系统，重点是在土地利用方式，生态系统的质量和恢复力，再加上失去或获得生物多样性、生态服务类型和自然资源的影响。

绿色发展往往是基于希望——希望这些投资将提升价值。然而，周围的事实是至少有一些投资和努力回报甚微，或者投入用在了相反的目的，如给土壤施肥但破坏湖泊或沿海环境条件，扩大城市地区但却破坏了生态服务价值很高的自然湿地。

在“十二五”期间，中国有理由决定如何制订一套系统的方法来确定最重要的生态优化需求，包括那些涉及海陆之间的联系，森林和草地、土壤污染防治以及在

生态脆弱的中国西部和其他地区开展的示范项目。由此产生的战略将有助于形成生态型绿色发展战略。

（九）中国的作用和在区域及全球生态管理的参与日益重要。中国的经验可以与世界其他地区共享

国家在涉及土地、水、生物多样性利用和海洋开发利用决策中应考虑国家的生态足迹和生态债务。

中国的发展依赖市场供应链，包括进口原材料和加工材料，出口附带水、能源和原料成分的商品。在这些交易中，中国牺牲了自己的生态系统，也影响了其他国家的生态。此外，中国也面临着其他国家同样面临的影响全球生态服务方面的问题。在过去 5 年里（以及可预见的将来），中国在国际环保界有关环境和绿色发展的影响力已达到前所未有的高度。有越来越多的机会中国可以作出远超出满足其自身需要的贡献。例如联合国千年发展目标就是这样，这方面中国可以利用其自己的援助项目来分享中国国内成功的经验。

有关改善生态和绿色发展的重要机遇可能会包括以下内容：

（1）通过现有的多边环境协议、全球和地区贸易协定等，努力实现在绿色发展中更多地考虑生态环境保护。

（2）在包括中国在海外企业的供应链中、自然资源进口和中国海外开发项目中推行对生态负责的做法。

（3）充分认识金融行业在推行对生态负责的实践过程中的重要作用。

（4）努力改善外国直接投资在将环境内部化方面的表现，以减小或消除对生态服务的损害。

（5）更多地推行使用国际认证。

（6）改善国际监测和行动方面的合作，以预防潜在的入侵物种进入或流出中国。

六、结论

中国已经采取了许多必要的措施保护生态系统和生态系统所提供的满足中国人民基本需求、生活质量、经济机会和其他要求，以及满足气候变化、消除贫困和生物多样性等全球目标的生态服务功能。中国在植树造林方面作出的显著成绩值得全

球褒奖。但是，其他一些举措，如草原恢复，还没有达到确保其有效性的预期水平，而且存在较大差距。经济增长正在以威胁生态完整性和中国土地、淡水和海洋生物多样性的速度和方式进行着。因此，中国的生态负债看起来正在增加，并会带来严重的中长期后果。如何面对这些重大问题将继续成为一项巨大挑战，当然也是一个重大机遇。从中央政府和许多省份在过去数十年所作出的积极努力来看，将来还是很有希望解决这些问题的。

确实到了该改变发展方式的时候了。生态修复、生态补偿的现行计划和各种规划和监管机制需要进行完善才能适合当地特定的生态保护目标，生态系统健康和生态服务应成为所有重要发展决策的一部分。此外，还必须对面临压力的主要生态系统给予更大的关注，如海洋和多种土壤生态系统以及与之相关的地下水。

将生态改善与发展目标结合起来，特别是与绿色发展的创新模式相结合，是中国发展的新重点。

绿色发展是一个非常广义的题目，但是它必须建立在生态限制因素和机会的现实基础之上。中国在过去几个世纪的繁荣仰仗着自然资源的馈赠。但是，按照现在对生态系统和生态服务的需求，再加上环境恶化超过了临界点，以及遗留的工业污染和生态破坏等问题，越来越多的挑战摆在了生态系统保护、恢复和建设任务的面前。

（一）挑战

这些挑战包括：① 现有法律的制定、应用和实施不足；② 对生态服务及其经济和社会价值理解不够；③ 对生态服务的支付不足（各种费税和生态补偿）；④ 没有全面考虑开发活动系统性的影响（特别是农业非点源污染、大坝和造地对湿地和生态系统的影响）；⑤ 很多现有的生态恢复行动效率不高、效果不好，需要更多地考虑生物多样性、生产力和生态复杂性；⑥ 生态监测和生态系统管理能力不足；⑦ 当地用户和社区的参与不够；⑧ 对生态有害的项目得到了批准，这些项目没有考虑生物多样性，或与生态保护目标相冲突；⑨ 跨行业的协调困难；⑩ 由于缺乏对入侵物种和自然灾害的控制而导致的经济损失、人民健康和生态问题；⑪ 需要进行适应当地状况和生态需求的投资和制度安排的创新。

上述的这些挑战早已经为国家和省级政府所熟知。但是，无论在国家还是地区层面总是存在着众多经济发展目标间的相互博弈。因此，长期的生态考虑就可能在创造就业和地方收入的短期社会经济事务面前被忽略。尽管有良好的工具（如环境影响评价），但是它们并不能总是被有效地应用，而且关于生态系统的信息常常是不充分的。这些问题在县市一级可能会变得很严重，因为生态的变化就发生在这里。

正如本文前面图 2 所表明的，未来发展对生态系统及其服务的需求可能会变得更大。因此，绿色发展必须帮助增强那些被密集或粗放使用的生态系统的恢复力和适应能力，自然生态系统必须被极大地保护好，以便保护他们的重要服务功能。新的和已经发生的生态退化，只要出现，就必须或多或少地予以消除。在气候变化又带来额外负担的情况下，所有这些必要条件都必须得到满足。

（二）机遇

幸运的是，中国有着重要的生态机遇，其中一些是中国所独有的。

第一，中国已经成功地奠定了必要的基础，反映在中国对农村发展的决心、大量的自然保护区、遏止生物多样性损失的承诺、大面积优质的农田，还有一系列资金充足的退化森林、湿地和草原恢复项目。中国有一套成熟的经验可以用来改进绿色发展的质量，改善生态系统建设和恢复的质量。这种努力应该得益于中国良好的金融状况，即能够为这些长期的努力提供资金支持。

第二，中国已经为未来 10 年需要的综合管理手段建立了科学和规划基础，包括全国性的生态监测、主要河流和湖泊生态规划的改进。这将保证农业的生态可持续发展，并为解决非点源污染问题提供了机会。它还将有助于有关气候变化的适应性规划和管理的需求。

第三，国内和国际旅游人数的增加为发展相对影响较低的生态旅游创造了重要的机会。其结果将会是为农村居民带来新的收入渠道，也为保护生态服务带来了资金。这条绿色发展道路需要在规划和实施时格外小心，以免产生新的生态破坏。这方面国内外都有成功的案例。

第四，中国对低碳经济的兴趣应该引导土地利用的改善、土壤保护和低破坏程度的水产养殖和海洋养殖方式。这些改善是以在土壤、森林和海洋中的碳储存为基础的。

第五，生态改善带来的经济回报。有很多例子都表明工业场地经过适当处理可以为开发商提供类似绿色场地的条件，可以用来建设福利设施。例如青岛市 40 千米长的滨海步道。还有上海世博会场地，待结束后该场地将作为混合用地开发。退化土壤系统的恢复也许是中国最大的机会之一，无论是恢复成农村的林地，还是城市的居住和商业用地。

一些机遇可能很独特，既能满足环境保护的目标，又能减少贫困和城乡居民收入差别。促进当地经济发展的场地规划、开发项目（如采矿和水资源项目）的环境影响评价等手段需要规范采用，以保证发展确实是绿色的，并且造福当地。

如果能得到适当的实施，绿色发展将极大地增加资源的利用效率，进而留出更多的资源（如水资源）专门用于改善生态服务和诸如湿地这样的高价值生态系统。最终，自然资源应当可以充分发挥其作用，而人类干预和工程措施应该得到减少。

（三）制度和意识

支持绿色发展中生态保护的制度安排将能够跨越行业边界，并且按照科学发展观的原则运作。他们将在各个层面发挥作用，必须要深入到地方一级，并且要有足够的机制提高公众意识和推动利益相关方的参与。

意识提高和参与包括如下要素：① 具体工作下至县一级开展，且与自然保护区和其他保护地相关；② 消费者和公众了解低生态足迹的选择和如何保护生态系统；③ 向学校的学生提供绿色发展和生态知识的教育；④ 强化社区角色，包括支持保护其周边的生态系统和服务；⑤ 所有企业都开展生态友好型的实践，包括中小企业和在国内和国外经营的大型企业。这包括对用水效率、生物多样性保护和负责任的原料采购以及废物处理的考虑。

这些要素正在逐步被理解和接受，在今后几年里，这一步伐需要加快。

（四）观察与思考

中国正处于改善生态系统管理、保护生物多样性和强化生态服务的决定性时刻。很多必要的基础工作都已在过去的 10 年里得到了开展，但是同时面临的挑战也是越来越大，主要是由于快速经济增长和发展的结果。未来的道路并非一帆风顺，因为它需要从根本上转变中国的生态和经济的关系。主要的重点应放在如何让目前已有和计划的投资（包括生态补偿和生态重建项目）创造出更大的价值。长期来看，应该可能做到更多地依赖自然资本和生态服务功能，减少生态建设和传统工程措施方面的需求。

绿色发展的概念必须是建立在满足人类需求同时尊重生态条件基础之上的。这种理想将最终引领中国实现生态文明，但目前这还是一个远大的理想目标。当然十分有必要重点关注改善各种生态系统的生态服务，包括那些已经被密集利用的系统。还应该充分认识到生态系统除了能提供可以被量化的经济效益以外，其调节和支持功能也是非常重要的。

在应对中国生态系统可持续性和恢复力方面存在着很多机会。这些机会需要被很好地理解，并且采用科学发展观的手段，在充分掌握各地区和各种生态系统知识的基础上进行开发利用。中国西部、海洋和海岸带值得特别关注。与土壤污染有关的问题，河流、湖泊、湿地、地下水和草原的生态功能问题也非常重要。20 世纪 90 年代以来，中国在森林和自然保护区领域取得了很大进展，但是其质量和生态管理水平还没达到令人满意的程度。

激励措施和改善的管理框架将会帮助中国实现涉及自然资本和生态服务的绿色发展目标。但是，在现有的法律框架下以及通过大量的生态恢复和生态补偿项目，还可以取得更大的成就。这些项目主要是面向陆地和淡水水域的，还需要引进海洋和海岸带项目。

中国的生态管理角色需要同时考虑国内和国际因素，特别是关于中国的生态足迹以及其他国家在中国的生态足迹问题。中国应该尽可能减少其生态负债，这个目标应该包括在今后几年的工作之中。

绿色发展和经济手段是中国环境保护新道路的重要组成部分，生态健康是基础，而起点就是“十二五”规划。

国合会 2010 年年会给中国政府的政策建议

国合会第四届第四次年会于 2010 年 11 月 10 —12 日在北京召开，会议的主题是“生态系统管理与绿色发展——探索中国环境保护新道路”。

国合会委员欣喜地看到，刚刚闭幕的中国共产党第十七届五中全会为中国“十二五”乃至未来一段时期的发展构建了一个“绿色转型”“以民为本”的路线图。这就是以科学发展为主题，以加快转变经济发展方式为主线。为此，中国政府提出了调整经济结构、促进科技进步与创新等战略性措施，强调将保障和改善民生作为转变经济发展方式的根本出发点和落脚点，把坚持改革开放作为推动经济发展方式转变的动力。委员们赞赏最近强调提出的包容性增长的新理念，并特别注意到，中国政府提出将建设资源节约型、环境友好型社会作为加快转变经济发展方式的重要着力点。目前，中国政府正在积极探索一条以代价小、效益好、排放低、可持续为特征的环境保护新道路。这种认识和方法上的创新，令人欣慰和期待。

委员们高度肯定过去一年来中国政府在应对后金融危机中保持经济增长和促进绿色发展，以及建设生态文明等方面所做出的努力与取得的重大进展。“十一五”二氧化硫、化学需氧量减排目标提前完成，节能目标有望如期实现；发布了《全国主体功能区规划》，将资源环境承载力作为确定区域发展方向的关键因素，构筑绿色发展新格局；应对气候变化取得新进展，低碳经济发展理念正在被全社会广泛接受，一批低碳经济试点正在探索中实践，上海世博会的圆满成功成为探索低碳城市和绿色发展的新亮点；提出了培育和加快发展以清洁、低碳、绿色为核心的七大战略性新兴产业的政策导向。

绿色经济、绿色发展等概念为国际社会所广泛接受，并在探索实践中逐渐深化。

然而，委员们注意到，在国际社会推动绿色发展的众多角度和措施中，有一个方面还没有引起足够重视，这就是保护和提高生态系统的功能和服务问题。持续的经济高速增长、国内消费升级给生态系统带来的压力已非常紧迫，需要我们高度重视。生态系统是人类生存发展的载体和基础，具有各种功能，在健康的生态系统及其健全的生态服务支撑下的发展是人与自然相协调的发展，体现着绿色发展的核心内涵；对某些生态服务的经营和管理，本身就是绿色经济产业；破坏生物多样性和超越生态系统承载能力的发展就是不可持续的发展。因此，国合会在联合国生物多样性保护年、在绿色发展成为世界潮流、中国发展方式进入绿色转型的关键时刻，高度关注这一主题就显得非常必要和意义重大。

经过多年的巨大努力，中国的生态保护与建设取得了较大进展，为社会经济发展和确保生态安全奠定了坚实的基础。但是，委员们也注意到，中国绿色发展面临的一个基本挑战是有限的自然资源和生态系统服务能力与不断增长的经济社会需求之间的矛盾，突出表现在生态系统面临着持续退化的压力，严重的环境污染直接影响到许多生态系统的服务功能，削弱了实现绿色发展的基础。委员们特别关切到，2010 年全国范围内频繁发生的旱灾、洪涝、泥石流、台风、地震等重大自然灾害给中国的警示，凸显了生态系统的脆弱性和提高生态系统服务水平的迫切性。而气候变化也将会对已不堪重负的生态系统产生更大的压力。

理论和实践表明，有效的保护生物多样性和提高生态服务水平的方法是采用生态系统管理的方式。国合会 2010 年围绕陆地生态系统（森林、草地、湿地）和海洋生态系统开展了课题组研究，围绕水、土壤等重要生态系统要素，以及生物多样性保护、生态足迹等共性问题开展了专题研究。基于国合会年会期间的讨论，并综合有关研究成果，2010 年国合会给中国政府提出如下政策建议。

一、转变观念和方法，重构生态环境保护与修复的国家战略与体制机制

中国的生态保护与建设实践还存在很多问题，在认识上，明显存在着重生态系统的资源供给服务，轻调节、支持和文化服务的倾向，就生态系统服务受气候变化的影响问题认识也需要提高；在管理方式上，基本上是按照生态系统要素划分部门管理职能、按行政区划实施管理措施，没有很好地遵循生态系统整体性、地域性规律

对管理的内在要求；在机制上，主要是政府主导的“自上而下”的方式，公众和社区的自主参与严重不足。生态系统管理的部门职能交叉重叠，责权利不清，重建设轻保护，效率不高和效果不好等现象不同程度地普遍存在。

为此，建议：必须转变观念和方法，以形成健康的生态系统及其健全的生态服务功能为目标，以实施生态系统管理方式为核心，重构生态环境保护与建设的国家战略。

（一）转变观念，科学认识生态系统的整体性规律和多种生态服务功能的重要性

通过加强科学研究和宣传教育，提高决策者和公众对生物多样性、生态系统及其多种服务功能的科学认识，树立生态系统管理与经济发展、脱贫、增加就业可以协同促进的观念，统筹扩大生态系统规模与提高生态系统生产力和服务质量，将保护、改善和发挥生态系统的调节、文化和支持功能与供给功能放在同等重要的地位，将形成健康和有弹性的生态系统和健全的生态服务作为生态保护与建设的目标，将生物多样性保护纳入生态保护与建设的主流，将生态系统管理方式作为保护与建设的基本方法，确立从“山顶到海洋”的大系统战略思路。

（二）制定国家中长期生态环境保护与修复战略纲要，建立统一、协调的行动框架

国家的发展，科技是动力，教育是基础，人才是关键，自然资本是根基。参照国家中长期科技发展规划、教育发展规划和人才发展规划的模式，以《全国生态环境建设规划（1998—2050)》《全国生态环境保护纲要（2000—2030)》和最近完成的国家环境保护宏观战略研究成果为基础，中国应制定《国家中长期生态环境保护与修复战略纲要》。通过国家战略纲要，统筹增强生态系统的多种功能，采取生态系统管理方式，解决目前按生态系统要素和行政区域管理带来的弊端。按照国家主体生态功能区划，国家战略纲要将森林、草原、湿地、海洋、土壤、水等生态系统的保护与修复，生物多样性保护、生态保护和污染防治纳入一个统一、协调的行动框架下，确定中长期国家生态环境保护与修复的目标与任务。根据国家战略纲要，进一步制定和实施不同重要生态系统的保护与修复的规划和措施。

（三）建立跨部门、跨地区的综合协调机制，形成高效顺畅的生态环境管理体制机制

要立足长远，逐步推进生态环境保护的大部门体制建设，现阶段要重点建立有效的部门和地区协调机制。在中央层面，针对重要生态系统管理和涉及跨省（市、区）的大流域生态系统管理领域，要建立跨部门、跨地区的综合协调机制，界定和理顺中央与地方之间、部门之间、大流域上下游不同行政区之间的职责关系。在生态建设规模大、任务重的中西部省（市、区）建立省级和省际生态系统管理和协调机构，使其成为生态建设、规划和管理的决策主体，促进部门间协调与合作。将生物多样性保护和生态系统管理纳入工业、农业和其他产业部门的工作之中，而不仅是作为林业、环保、国土、水利等自然保护部门的职责，实现生物多样性保护和生态系统管理在经济管理部门的主流化；同时，明确省级人民政府对生态系统管理的责任。

（四）利用市场机制和生态服务共享与补偿机制，激励企业、公众、社区和非政府组织保护生态系统

要充分发挥市场机制作用，建立生态产品认证制度，激励私营部门、企业管理和经营某些生态系统服务，培育相关新型产业，强化企业社会责任，降低企业生态足迹。加强社区能力建设，增强公众对生态系统保持健康状态重要性的认知，探索并建立可持续的社区协议保护机制，加大信息公开的范围和程度。要扩展和深化环境教育体系，将生态系统服务与管理纳入科普宣传与学校教育的范畴。鼓励和支持非政府组织，形成“自上而下”与“自下而上”相结合的治理方式和全社会保护生态系统的强大合力。

二、强化管理，让重要陆地生态系统休养生息

中国在大约34.9%的陆地国土上承载着96%的人口，持续而快速增长的经济社会活动对森林、草地、湿地、水体等陆地生态系统提供的多重服务需求巨大，生态系统不堪重负，陆地生态系统保护与恢复面临严峻挑战。特别是土壤退化状况愈趋严重，包括土壤侵蚀（水土流失）、土地沙漠化、土壤盐碱化、土壤贫瘠化及土壤污染等，部分地区土壤污染严重，成为危害生态环境、危及食品安全的重要因素，严重威胁公众健康。强化陆地生态系统管理，提高陆地生态系统服务能力，为经济持续稳定发展和改善民生提供有效的自然资本支撑，是中国政府亟待解决的重大现实问题。

为此，建议：从陆地生态系统的整体性出发，用系统和协同的方法，从法律、规划、政策、管理制度、投入等方面，大力加强生态保护与修复，让重要陆地生态系统及相关水生态系统休养生息。

（一）调整和制定重要陆地生态系统保护与修复规划

在建议制定的国家中长期生态环境保护与修复战略纲要的统领下，针对重要陆地生态系统及其水生态系统，按照自然地理区域和流域的生态分布规律和特征，建立彼此相互联系、支持和协调的各专项生态保护与修复规划。同时，对生态环境可能造成重大破坏的经济社会活动，例如矿山开发、重大基础设施建设工程，制定专项规划和措施，建立从预防、修复到监管的生态环境保护与修复管理体系。

（二）加强生态系统管理的法治建设

完善生态系统管理的法律法规体系：① 修改已经实施 20 多年的《环境保护法》，统筹生态保护和环境污染防治，更新立法理念、原则和制度；② 在相关资源环境立法中要注意贯彻生态系统完整性原则；③ 在经济立法中遵循自然生态规律的要求，使经济立法生态化；④ 在对现有相关生物多样性保护的法规进行全面评价的基础上，促进生物多样性国际法向国内法的转变，制定关于生物多样性保护的框架法律；落实《中国生物多样性保护战略与行动计划（2011—2030 年)》，推动生物多样性国际履约，切实履行中国关于加强生物多样性保护的承诺；⑤ 严格执行现有生态环境法律，依法追究污染、破坏生态环境者的法律责任。

（三）增强生态系统和社会抵御自然灾害的能力

坚持保护优先，从经济和社会发展的源头减轻对生态系统造成的压力；坚持自然恢复为主，减少过度的人为干预，主要依靠生态系统的自我恢复，辅以必要的人工措施，恢复生态系统功能，增强生态系统本身抵御自然灾害的能力。加强水利基础设施建设，推进大江大河支流、湖泊和中小河流治理，增强城乡防洪能力；加快建立地质灾害易发区调查评价体系、监测预警体系、防治体系、应急体系；加大重点区域地质灾害治理力度。

（四）增强对陆地生态系统保护和管理的长期投入

国家应建立和完善多元化的投融资机制，拓宽投融资渠道，形成稳定的政策环境，增强国家对生态系统保护和管理的长期投入。继续实施重大生态建设工程，稳定资金渠道和总量，巩固已有的生态建设成果。在中西部生态脆弱区，规划和实施新的生态保护与恢复工程，将江河源头区、严重水土流失区、重要饮用水水源地、自然保护区和重要生态功能保护区等纳入国家生态保护和建设工程的范围，统一规划，分省区实施，并通过中央财政转移支付、专项建设资金和生态补偿等资金机制，为中西部生态保护与修复提供稳定的资金支持。培育生态建设产业和市场。建立并加强对生态保护与管理项目资金筹集、分配与使用的评估和审计体系，提高资金效率和效果。

三、高度重视海洋生态系统管理，促进海洋可持续发展

中国是海洋大国，海洋是中国经济社会发展的重要推动力和可持续发展的基础。然而，中国目前的海洋生态环境形势不容乐观，承担着很多陆地不可持续行为的污染后果，如废弃物填埋、来自农业、工业的污染，过度围填滨海湿地为农业、工业或城市用地等，造成近海环境污染严重，海洋生态系统破坏严重，海洋生态环境灾害频发，海洋资源严重衰减。过度捕捞急剧降低了渔业生物资源量，同时围填海又破坏了鱼类的产卵场或仔幼鱼的栖息地，导致部分渔业种类资源枯竭。当前的形势已经非常严峻，而随着未来沿海地区经济的持续增长，未来的挑战将更加严峻。目前中国的海洋生态环境管理严重滞后，例如缺少统一的国家海洋基本法；缺乏能够统筹陆地流域和海洋的综合战略规划；海洋环境管理存在结构性缺陷，条块分割的管理模式将统一的海洋与海岸带生态系统人为分解为不同领域，由不同部门监管，使得不同海洋自然资源或生态要素及其功能被分而治之，不能根据海洋生态系统的整体性进行综合管理。因此，中国政府必须高度重视中国海洋面临的越来越严重的问题，包括内陆、河流、海洋不可持续利用带来的严重影响，将海洋环境管理尽快纳入国家生态环境保护的重要议事日程。

为此，建议：中国应充分考虑陆地、流域、沿海地区发展对海洋生态系统的影响，以生态系统为基础，坚持“陆海一体、河海一体”的基本原则，统筹海洋开发与生态环境保护之间的关系，统筹沿海区域和流域的经济社会发展，加强海洋和海岸带生态环境保护与修复，提高海洋和海岸带的生态系统服务能力，加强全球和区域层次

上的海洋生态环境保护国际合作与交流，确保海洋资源的可持续利用。近期应高度关注渤海流域，制定中国海洋绿色发展战略，实现海洋经济社会和环境资源的协调发展。

（一）建立健全海洋管理法律法规体系

尽快启动《海洋基本法》的立法程序，作为实施海洋开发与管理，发展海洋经济、保护海洋生态环境的根本法；制定《海岸带管理条例》和《渤海区域环境管理法》；尽快完善《海洋环境保护法》配套条例、办法、规定、标准的制定。在海洋管理立法中，要以生态系统管理方式为基本原则，以全面保护和修复海洋生态系统的多种服务功能为目标。

（二）尽快制定国家海洋生态环境保护战略与规划

在综合评估《中国海洋 21 世纪议程》的基础上，研究制定新的《中国海洋和海岸带可持续发展战略》，提出未来 20 年中国海洋和海岸带可持续发展的基本原则、指导方针和战略目标，提出沿海区域经济发展、海洋经济发展、海洋环境保护和资源养护的重点任务，为中国海洋环境保护和可持续发展提供宏观指导。规划应优先考虑围填海、富营养化、过度捕捞等带来的赤潮、绿潮和渔业等紧迫问题。

（三）建立陆海统筹的海洋生态环境管理协调机制

近期内中国实行高度集中统一的海洋管理体制的困难较大，难以改变多部门共同承担海洋管理事务的体制。所以，有必要设立国家海洋委员会，协调陆海统筹和不同部门间的海洋环境管理事务，形成齐抓共管的机制，增强管理合力。鉴于中国海洋生态环境问题的紧迫性，国家海洋委员会的首要任务是：制定国家海洋发展战略；强化各涉海管理部门之间的沟通；协调和指导海洋开发中跨部门、跨行业、跨区域的重大事项；其中，将解决渤海生态环境问题作为最优先的工作任务。

（四）采取基于生态系统管理方式的海洋综合管理对策

以自然生态系统为管理单元，采取海洋综合管理对策：① 以生态系统为基础修编海洋功能区划；② 在评估近岸海域生态容量、生态安全、环境承载力的基础上，建立围填海红线制度，确定海岸带 / 海洋生态敏感区、脆弱区和生态安全节点，确定优先保护区域；③ 在现有保护区基础上，对典型的生态系统、珍稀和濒危物种建立海洋自然保护区、海洋特别保护区及海洋公园，形成海洋保护区网络；④ 在典型海洋生态系统集中分布区、外来物种入侵区、海岛、气候变化影响的敏感区等实施典型生态修复工程，建立海洋生态修复示范区，恢复海洋生物多样性维护能力，提高抵御海洋灾害和应对气候变化能力；⑤ 在以生态系统为基础的海洋管理框架下，建立海洋生物资源养护与增殖体系；⑥ 大力发展环境友好型海水养殖业，发展碳汇渔业新模式，改善水域生态环境；⑦ 采取“以海定陆”的原则，兼顾技术经济可行性，以削减农业、工业污染负荷为优先目标，制订流域—河口污染控制方案；⑧ 加强流域水利工程对河口水沙调控的综合管理，将入河口泥沙锐减导致的三角洲海岸侵蚀造成的负面影响降到最低。

（五）健全海洋重大污染事件风险预警及应急响应制度

按照国际海洋生态保护的预防预警原则，建立健全海洋重大污染事件风险预警及应急响应制度。在建议设立的国家海洋委员会下设海洋重大污染事件应急响应与处置领导小组，领导和协调部门的应急行动，健全海洋污染事件应急响应制度。建立海洋重大污染事件通报和区域潜在环境风险评估、预警及信息共享机制，完善区域突发海洋环境事件应急处置体系，加强对潜在环境风险责任主体的监督管理，推动各项应急措施的落实。

（六）建立陆海一体化的生态环境监测和预测体系

整合流域—河口—海域的监测工作，统一监测指标和技术标准，构建大气、流域、海洋 / 海岸带一体化环境监测体系，建立信息共享平台，促进数据共享。近期，增加氮氧化物作为大气监测和控制指标，增加营养盐（总氮和总磷）作为流域水环境监测和控制指标。开展流域—海域生态系统相关科学问题综合研究，深化对海洋生态系统机理和服务的认知，为实施海洋生态系统管理方式奠定科学基础。在沿海人口与经济活动密集区建立从环境监测网络、实验研究、野外台站观察和区域生态修复示范为一体的海洋生态环境研究和监测体系。

四、强化科技创新与支撑，切实加强生态系统管理的能力建设

当前，中国生态系统管理的科技支撑和能力显著不足。第一，对主要生态系统及

其变化的监测不到位，生态系统管理相关的决策缺乏实时、可靠的基础数据支持；第二，生态系统监测与研究的网络体系部门化现象明显，相关部门的监测和研究获取的有效数据和成果的共享和转化机制尚未形成；第三，生态系统服务与管理方面的基础研究、应用研究和技术开发尚显薄弱；第四，生态系统服务与管理的科学研究缺乏向政策、决策和实践转化的有效渠道。因此，针对国家生态保护与恢复的主要问题和关键需求，加强监测、研究与示范工作，开发具有良好适宜性的生态系统优化管理模式，为生态系统监测、评估、示范和决策等提供科技支撑。

为此，建议：建立和完善全国和重点区域生态系统状况的可测量、可核查、可报告的国家生态系统监测与评估体系，大力加强生态系统管理的科技支撑与能力建设。

（一）建立完善国家生态系统观测研究网络

在国家层面完善区域生态系统和生物多样性野外科学观测研究网络布局，提供长期稳定的经费支持，统一技术规范、数据标准和共享机制，建立包括生物多样性在内的生态系统基础数据库和国家数字化信息库，为生态系统管理提供关键科学数据、优化管理示范模式和关键技术。

（二）定期开展国家生态系统状况评估，建立适应重点区域管理的生态系统监测评估体系

在森林、草地、湿地、海洋、土壤、水、生物多样性等资源普查和本底调查的基础上，运用国家生态系统观测研究网络、遥感分析和模型模拟技术等，分析脆弱生态系统问题演变态势，客观评价生态系统服务的变化过程，开展5年一次的综合评估，为国家“五年规划”提供全国生态评估报告和相关决策支持依据。建设重点区域生态系统“空—地”一体化监测体系，实现重点区域生态系统的连续系统监测，全面把握生态系统变化态势和生态修复工程所取得的生态成效与存在问题，提出具有针对性的应对方案，为生态环境保护与修复提供科技支撑。

（三）开展生态系统服务与管理的基础理论研究、关键技术开发和成果应用

研究主要退化生态系统的特点和区域分布，揭示不同区域典型生态系统的退化机理和演变规律，研究和开发生态恢复的关键技术和优化模式应用示范，不断积累和

完善不同类型和区域生态保护与恢复的技术储备。开展生态系统服务价值和绿色核算研究，并纳入国民经济核算体系和政绩考核体系。加强气候变化对生态系统影响、生态系统适应和减缓气候变化的科学与技术研究。研究新能源开发和新技术应用对生态系统的影响。研究和总结中国不同地区不同生态系统的优化管理模式，建立适合当地生态区特点的技术规范和模式。

五、抓住薄弱环节，强化关键领域，推进中国“十二五”经济发展方式的绿色转型

“十二五”期间是中国全面建设小康社会的关键时期，是转变经济发展方式的攻坚时期，也是实现绿色转型、走绿色发展道路的重要机遇期。既要对未来 5 年中国绿色转型充满信心，又要清醒地认识到面临的可预见和不可预见的困难和挑战。中国面临的资源环境矛盾将更加突出，人民对良好生态环境的要求更加迫切，应对气候变化等国际环境问题的形势更加严峻，节能减排的边际效益递减更增加了实现环境与发展目标的难度。

为此，建议：“十二五”期间，中国在环境与发展领域的中心任务和目标应该是统筹好保护环境与转变发展方式的关系，在改善环境质量和推动绿色发展上获得双赢，探索出一条环境保护新道路。要完成这一任务并实现目标，不仅要强化那些已被重视的环保领域和实践证明确有成效的政策措施，继续加强节能减排，还要紧紧抓住和大力加强目前尚处薄弱的领域和亟待强化的政策措施，全面加强生态系统管理、农村环境保护和土壤污染防治，并将提高气候变化适应能力和减缓目标融入生态系统管理中，提升生态环境保护对促进经济发展方式绿色转型的作用。

（一）强化关键领域及其政策措施，助推经济发展方式的绿色转型

研究和提出促进生态环境质量明显改善的具体约束性指标，在全国各地推动落实；严格环境影响评价，从源头调整产业结构和空间布局；提高环境标准，严格环境执法，从上游和末端倒逼产业结构调整；推动环境产品认证，引导绿色消费；制定环境经济政策，引导传统企业的绿色转型，培育新兴和环保产业；提高环境信息公开程度，引导公众参与绿色发展；加强环境科技和政策创新与应用，为绿色发展提供技术和智力支持。

（二）全面加强农村生态环境保护，缩小城乡生态文明建设差距

目前，中国的农村生态环境问题十分突出，已成为中国生态环境保护的薄弱环节和短板，直接影响中国大部分人口的生活质量和对中国发展成果的公平分享。“十二五”期间，中国政府应全面加强农村生态环境保护，并力争取得突破性进展。① 研究制定农村生态环境保护规划，将解决农村生态环境问题纳入国家生态环境保护的重要议事日程；② 建立和完善农村环境保护法律法规和制度，加快畜禽养殖污染防治、面源污染防治、土壤污染防治、农业废弃物资源化利用等方面的相关立法；③ 加强农村生态环境基础设施建设，加大对农村生态保护和污染防治的指导和技术推广力度；④ 扩大“以奖促治”的覆盖范围，加大资金力度，研究建立“以奖促防”机制；⑤ 建立健全国家和基层的农村环境监管机构，全面提升监管能力；⑥ 加强宣传教育，提高对农村生态环境问题的认识和意识。

（三）全面推进土壤环境保护，保障公众健康和生态环境安全

土壤污染严重威胁食品安全、公众健康和生态系统安全，中国政府应高度重视，在“十二五”期间全面推进土壤污染防治工作。坚持“预防为主、保护优先”原则，建立从预防、修复到监管的土壤环境保护管理体系。① 尽快制定土壤环境保护规划；② 制定专门的土壤环境保护与污染防治法，完善土壤环境标准体系，制定国家和地方土壤环境质量指导标准；③ 抓紧探索建立适合中国国情的土壤环境监管体制，明确责任，建立土壤污染防治问责制；④ 切实解决污染土壤预防和修复治理的资金机制；⑤ 加强对土壤环境防治的科技支撑，研究开发和建立污染土壤修复技术与装备体系；⑥ 建立不同地区和不同农产品产区优先控制污染物清单，建立绿色供应链，建立食品安全评价和监控体系；⑦ 重视土壤吸收碳、涵养水源等生态功能，增强土壤对气候变化的适应与减缓能力。

（四）突出重点，将全面改善多种生态服务功能和实施生态系统管理方式纳入国家“十二五”生态保护与建设工作

统筹多种生态服务功能，实施生态系统管理方式尚属新生事物，面临观念、体制、机制和法律法规等诸多困难和挑战，要实施成功的生态系统管理，需要一个较长的推进过程。“十二五”期间，中国应首先解决好决策者和相关利益者对生态系统服

务功能和生态系统管理方式的科学认知，制定并发布国家中长期生态环境保护战略纲要和重要生态系统的专项规划；其次，在土壤、海洋等重要和薄弱的生态环境保护领域，率先启动和实施生态系统管理方式的行动，选择诸如渤海和一些重要陆地生态系统开展生态系统管理试点示范；最后，以相关科学研究、技术研发和管理模式示范、监测体系建设等为核心，提升生态系统管理的科技支撑作用和基础能力。

（五）加快生态补偿的立法进程，健全相关政策和机制

中国的生态补偿机制已有多年研究和试点的基础，也进入了立法程序。应尽快出台《国务院生态补偿条例》，推动生态补偿机制的全面建立。根据生态系统管理的需要，要重点解决好几个方面的生态补偿问题：① 建立和完善森林、草地与湿地的公益性补偿基金；② 在国家生态补偿框架下，中央政府应为国家级自然保护区设置充足合理的预算；③ 逐步将退耕还林（草）等林地纳入国家生态补偿范围；④ 建立海洋生态补偿 / 赔偿机制。特别是针对重大海洋工程（包括围填海工程）、海上溢油、海洋保护区、流域活动对河口—海域影响等重点问题，开展生态损害补偿 / 赔偿、生态修复补偿的示范；⑤ 建立矿产资源开发的生态补偿机制；⑥ 建立水生态系统保护的生态补偿机制。

（六）以资源环境承载力为约束，实施绿色区域发展战略，建立区域生态环境保护合作机制

中国需要高度重视处理好区域振兴与绿色转型的关系问题。首先，区域发展规划和战略要符合国家发布的主体功能区划的要求，要以资源环境承载力为约束性条件来确定区域发展方向，切实避免随着产业的梯度转移造成污染转移和生态破坏；其次，在经济基础较好的东部地区以生态环境优先为原则，实施区域优化发展战略。在西部生态环境脆弱区，实施以生态创新为核心的绿色区域发展战略，高度关注生物多样性保护的需要，确保区域发展符合建设资源节约型和环境友好型社会的根本要求；最后，加强各地方政府间的协调和合作，全面建立区域生态保护的合作机制和污染防治的联防联控联治机制。

中国迈向绿色繁荣：环境、能源和经济[①]

——国合会 2009 年年会关注问题报告

引言

当今中国和世界面临的多重危机呼唤着繁荣发展的新途径。这些途径必须以现代社会中前所未有的方式整合环境、经济和发展。它们必须具备足够的弹性以应对经济和金融动荡，环境、能源和气候变化问题，生态系统状况和生态服务功能的下降，世界对自然资源（包括水和粮食）不断增长的需求，尚未实现的人类发展目标以及公共健康威胁，这些都是我们所面临的“21 世纪共同的挑战”。

过去的一年现代全球经济经历了有史以来最大的挑战，它也是气候变化谈判最重要的一年。随着 2008 年 G20[②] 作为重塑全球经济的主要平台出现，全球关系正经历着一个重大的转变。在这个庆祝新中国成立 60 周年之际以及未来的 10 年中，关于中国参与全球经济、环境和发展事务的机遇和期待达到空前的程度。

我们的 2009 年“关注问题报告”将重点关注“中国绿色繁荣的未来”这个题目，因为任何一个未来的发展道路如果不能创造一种更好的环境与经济发展关系，那么它都将最终恶化而不是改善全球人类的福祉。这一点对中国以及其他国家都不例外。实际上，这正是目前全球（包括 G8[③]、G20 和联合国大会）所关注的一个根本问题。即使在当前经济困难的时节，全球仍然存在着相当的决心继续努力应对环境保护问

---

① 这是自 2002 年起第八个关注问题报告，由国合会首席顾问以及专家支持组成员编写。本报告的目的是分析国际、国内形势，并提出关键问题供国合会年会考虑。

② G20 包括美国、英国、日本、法国、德国、加拿大、意大利、俄罗斯、澳大利亚、中国、巴西、阿根廷、墨西哥、韩国、印度尼西亚、印度、沙特阿拉伯、南非、土耳其这 19 个国家以及欧盟。

③ G8 包括法国、美国、英国、德国、日本、意大利、加拿大、俄罗斯。

题。很多的关注都集中在能源和环境，特别是与气候变化相关的领域。过去的一年里，世界发达经济体间对话最令人振奋的一点就是认识到从现在起到 21 世纪中期，在我们如何获取和利用能源来推动经济发展、满足人类发展目标方面将会发生一次革命。而这反过来将会影响我们的社会、粮食生产、交通和其他涉及民生的方面，并将重新塑造下阶段的全球化。

2009 年 G20 和 OECD[①] 的会议都提出要尽早并不懈地为实现“绿色增长”而努力，即创新和投资都围绕着促进环境和社会友好型的经济发展而进行。绿色增长是一条通往繁荣社会的金光大道，即一个财富和机会平衡分配、生态支持系统及其服务功能得到妥善维护的社会，一个人人都对自己生活满意的社会。简言之，绿色繁荣是涵盖生活质量各种因素的一个愿景，而不仅仅是关注财富和经济增长[②]。绿色增长和它所带来的绿色繁荣不可避免地与世界和中国如何处理能源与环境的关系紧密相关，特别是与各国如何构建低碳经济、低碳发展和低碳繁荣的道路紧密相关。无论采用哪种说法，关键的一点是将能源使用与经济增长相分离，从而减少环境影响，包括气候变化带来的影响。

中国的领导人在国内和国际上提出长期的转变应致力于生态文明[③]的目标。这种转变必须考虑中国面临的经济与社会的巨大挑战，包括带领 2.5 亿中国贫困人口脱离世界银行设定的每天 1.25 美元的贫困线[④]。这还包括大量有计划的人口城镇化转移带来的对公共和私人基础设施的巨大需求以及数以亿计的就业机会问题。尽管“十一五”的头 3 年在这两方面都取得了一定的进展，中国计划到 2020 年实现经济翻两番，同时寻求建设环境友好型社会这两个目标还是充满了艰难的挑战。李克强同志指出中国需要在应对气候变化、开发新能源和加强环境保护方面寻求新的经济增长点[⑤]。

凸显这种决心的一个例子就是中国环境保护新道路。原环境保护部部长周生贤

---

① OECD（Organization of Economic Cooperation and Development）是指经济合作与发展组织，简称经合组织。

② 关于一种繁荣指数的探索已经开始，值得注意的是 Legatum 繁荣指数，它包括 9 个经济竞争力指标和 12 个相对宜居性指标。2008 年，繁荣指标领先的是澳大利亚，美国和德国列第 4，中国排名第 54 位。http://www.prosperity.com/ranking.aspx.

③ 这个名词是胡锦涛主席在 2007 年 10 月第十七届党代会上提出的。2009 年 6 月 5 日周生贤部长的讲话阐述一个简明的观点，即“建设生态文明，不同于传统意义上的污染控制和生态恢复，而是修正工业文明弊端，把环境保护的理念和要求全面渗透到经济社会发展之中，构筑有效防范环境污染和资源环境损耗的重要防线”。See China Society for Hominology （eds.），June 2009. Ecological Civilization，Globalization and Human Development。Conference Proceedings。p.388. Sanya，China.

④ 中国常驻联合国副代表刘振民在 64 届联大第五次会议上的发言。China Ready to Contribute More to United Nations. China Daily，2009-10-07.

⑤ Making Chinese Officials See Green. China Daily，2009-07-06.

在关于这条新道路的论述中清晰地列举了一系列的需求：

（1）处理好经济与环境的关系，加强环境保护工作；

（2）适应中国宏观战略和条件的全局环境观；

（3）着重于污染预防和控制的防范体系；

（4）经济有效的环境保护措施；

（5）完善的政策法规标准体系引领先进生产力的发展；

（6）政府主导、公众参与的完备的环境管理体系①。

国际上也出现了一些新的动向，例如 UNEP 的全球绿色新政②。中国也正积极地同其他国家开展应对气候变化及能源与环境问题的合作。③

但是，在目前这个经济刺激和转型时期，国际上存在着一种可能不公平的"世界随中国而动"的观点。很多期望都是简单甚至过分的，例如中国向促进国内需求的转变将带动世界其他地方的经济恢复；中国在改善国际金融机构方面的努力将带来稳定；中国（独自，或者与其他一两个国家，如美国和印度）能够实现或打破哥本哈根气候变化谈判目标。

国际合作取决于国际复杂的格局，其中中国正扮演着越来越重要的角色。但是中国主要的任务是要确保自己的发展方向正确。正如刘振民在讨论中国对联合国的出资时指出的："2008 年中国人均 GDP 是 3 000 美元，世界排名第 100 位，远低于人均国民总收入（GNI）7 119 美元的平均水平。"④

但是中国在世界上的突出表现大都是通过总体的成就，而不是人均方式显现的。在过去的一年里中国率先恢复了经济的高增长（目标 8%）。预计中国将超越德国成为世界第一出口国。人们确信中国已经成为全球温室气体第一排放大国，这主要是因为中国对煤炭的依赖。但是，另一方面，中国在太阳能板和风力发电机组安装容量上领先全球，在电动汽车所需的电池制造以及可再生能源产生的电力储存方面也处于领先地位。

中国目前正处于发展道路的十字路口。如果能够全面遵循绿色增长和繁荣的道路，中国就能够实现经济和社会发展的目标，极大地改善环境和发展状况。同时也

---

① 参见环境保护部部长周生贤 2009 年 6 月 5 日讲话。坚持以建设生态文明为指导，积极探索中国特色环境保护新道路。北京，世界环境日论坛。

② 摘自 http://www.unep.org/greeneconomy/docs/ggnd_Final%20Report.pdf。

③ 例子包括中美能源与环境协议，通过主要经济体能源与气候论坛开展的对华合作，自 2007 年"巴厘岛行动计划"签署以来 UN 气候变化准备会议等。

④ China Ready to Contribute More to United Nations. China Daily，2009-10-07。

会对全球环境改善和其他国家的发展机遇作出贡献。

本“关注问题报告”着力于探讨中国和国家层面上关于绿色繁荣的概念和所作的努力，以及这些努力如何与环境、能源和恢复经济增长相关。本报告分析了：① 经济刺激计划和环境绩效；② 关于能源、环境和气候变化的一些主要问题，特别是国合会课题组涉及的低碳经济问题；③ 绿色增长和繁荣；④“十一五”规划目前的进展，以及国合会在某些领域对“十二五”规划的建议。

本报告吸纳了 2009 年 4 月在北京举行的国合会 2009 年圆桌会议[①]的结论和建议内容。

一、经济刺激计划和环境绩效

（一）G20 在经济复苏中的领导作用

金融动荡和全球经济复苏的努力可能已经永久地改变了全球权力分配的格局。这一点已经在 G20 匹兹堡峰会上得到公认，即从现在起是 G20，而不是 G8 来为全球经济的协调运作提供方向指导。随着 2008 年世界金融系统的崩溃，多数 G20 国家匆忙地提出了经济刺激计划以期避免金融灾难，刺激新的增长。从这些计划提出起，对这些短期刺激方案的环境影响以及大规模的投入短缺带来的长期影响就存在着高度的关注。同时，关于全球金融危机对贫穷国家的发展进程的影响，以及这次危机可能对全球气候变化谈判造成阻碍方面也不乏著述。

在 2009 年 4 月 G20 伦敦会议上，领导者们提出[②]：

> “……我们同意尽可能充分利用以创建有复原能力的、可持续的、绿色健康循环为目标而制订的由财政刺激计划支持的投资。我们将围绕清洁、创新、资源有效性和低碳研究成果和基础设施来作转变……我们将对创造可持续发展的经济所采取的未来措施达成共识……”

这个声音在 G20 匹兹堡峰会上得到了重新强调，同时另外补充了一份“强劲、持续和平衡发展框架”的建议。这个框架旨在“……迈向更绿色、更可持续的发展，取消和理顺低效的化石燃料中期补贴，并对最贫困国家给予支持”。G20 匹兹堡承诺为绿色复苏提供最强有力的支持，包括在专栏 1 中引述的声明。中国是这些声明的签字国之一。

---

① CCICED 2009 圆桌会议成果。绿色发展——中国在经济挑战时期的机遇，2009：79。
② G20 领导者声明，2009 年 4 月 2 日。

专栏 1　20 国集团匹兹堡峰会领导人声明摘录

（2009 年 9 月 25 日）

……作为世界主要经济体的领导人，我们致力于有活力、可持续和绿色的复苏。

增加清洁和可再生能源供应，提高能源效率和促进节能是保护我们的环境、推动可持续发展和应对气候变化的重要步骤。加速采用经济、清洁和可再生能源技术和能源效率措施使得我们的能源供应多样化，加强我们的能源安全。我们承诺：

鼓励在清洁能源、可再生能源和能源效率领域的投资，为发展中国家的这种项目提供资金和技术支持。

我们，参加匹兹堡峰会的国家领导人，认识到要采取一致的行动帮助经济恢复到稳定的层面和明天的繁荣。我们承诺采取负责任的行动确保每个消费者、工人、投资人和企业家都能参与到一个平衡、平等和包容的世界经济中。

致力于经济恢复的努力已经对扭转世界经济避免陷入剧烈动荡产生了短期的正面效果。但是人们对目前脆弱的处境仍然心存担忧，另外，还存在关于今后数年的支出减少会限制下一代人的方案选择方面的担忧。世界主要经济体的领导人一致同意绿色复苏、结束不稳定的繁荣和萧条交替循环、重申结构改革的必要性，这些都令人振奋，但是前方的道路仍充满着现实的宏观经济和其他方面的困难。本文中无法就这些进行讨论。有一点清楚的是中国在经济复苏中的地位相对强劲，对于世界其他国家和地区的复苏至关重要。

事实上，从 2008 年 9 月起中国和美国就都被推到台前成为中心，但却是由于不同的原因。中国显示出了快速的复苏，银行和金融体系更加稳定。而美国却陷入了更深的债务泥潭，虽然它采取了主要的步骤以避免在金融领域重复被称为“无意的愚蠢”。它已经为庞大的复苏计划提供了支持，并将大量的资金投入到基础产业中，例如国内汽车制造业。但同时，美国（连同西欧国家）也采取了重要的步骤以实现整体的复苏，即着眼于创新，特别是致力于绿色增长和改善能源与经济关系的创新。

我们怀有共同的目标，即通过国内和跨国的平衡发展，整体的经济、社会与环境战略，有力的金融体系和有效的国际合作促进人类的广泛繁荣。

我们有责任通过资源的可持续消费、生产和利用保护我们的环境，应对气候变化，从而保证我们的未来。

我们有责任通过教育、职业培训、良好的工作条件、健康保险和社会安全网络支持投资于人力资源，消除贫困、歧视及所有社会排斥。

我们有责任认识到所有的经济体，无论贫富，都是建设一个可持续的平衡的全球经济过程中的伙伴。经济发展的收益应被广泛和平等地分享。我们还有责任实现国际社会一致同意的发展目标。

（二）经济刺激计划中的环保投入

衡量经济刺激计划中的环保投入相对来说是比较困难的，因为费用支出的划分常常比较随意，并且随着计划的实施会有变化。斯特恩勋爵（Lord Nicholas Stern）建议恢复计划至少应拿出 20% 用于环境，特别是应对气候变化。约瑟夫·史迪格利兹（Joseph Stiglitz）建议刺激计划的 1% 用于满足更加贫困的发展中国家的需求。当然，刺激计划的规模从相对占 GDP 比较小的计划直到像美国和中国这样大规模的计划不等。

第一个“生态友好型”刺激支出评估是由汇丰银行于 2009 年 1 月进行的。评估认为韩国在这方面处于领先地位，几乎全部的刺激计划都集中在绿色增长上。中国也是承诺最多的国家之一，达到 35%（约 2 000 亿美元，占 2008 年 GDP 的 4.8%）。这一数字可能被高估了。它比美国 940 亿美元（占刺激计划的 12%）的数字高①。绿色刺激计划的资金主要用于 4 个方面：基础设施（建筑、交通），包括可再生能源；电网建设，给排水设施等；对农村、城市和工业设施进行环境修复；生态系统保护（土地、水源和空气）；以及新技术措施，包括清洁煤、先进的生物柴油、太阳能和其他能源有关措施。

① 这些数字源自 2009 年 4 月 3 日版 *Economist* 杂志，根据汇丰银行研究报告，N. Robins，February 2009，A Climate for Recovery，The Colour of Stimulus Goes Green。又见 Nature News，30 March 2009，based on Edenhofer & Stern Towards a Global Green Recovery。

经济刺激计划对环境的正面和负面影响值得关注。E3G 和 WWF[①] 的一项调查显示，在所有 5 个被调查的国家（外加欧盟的刺激计划）中，只有意大利会出现净的负面环境效益，因为它的计划主要是道路建设。欧盟的投入则几乎都是正面的，因为它着重于可再生能源、电网基础设施、碳捕获和碳封存。这份研究没有包括中国。

（三）中国经济恢复中的环境与发展

国合会要回答的主要问题是经济刺激计划对中国的环境保护会有哪些直接的影响？此外，从更广义上来说，中国的经济恢复战略和行动还会给环境与发展带来以下一些长期的后果。

1. 经济刺激计划

毫无疑问，中国已经通过两年的经济刺激计划在环境保护方面作了巨大的努力。整个计划优先关注社会福利项目、基础设施建设、生态保护和西部震后重建工作，重点是为增加居民，特别是贫困群体的收入，从而保证健康快速的经济发展。一部分资金来自中央政府（29.5%），其余的部分（70.5%）来自地方政府、银行和私营行业。很多项目本身就是环保项目，还有很多项目具有良好的环境效益。但是从一开始，人们就担心有些项目可能会在没有足够的环保措施或者没有经过环评就上马。这些问题已经大量出现。专门列为环保项目（排放削减和生态保护）的资金达到了 2 100 亿元人民币，占总刺激计划的 5.25%（表 1）[②]。如果把其他与环境有关的用于结构调整、灾后重建和基础设施建设投资都算入在内，则刺激计划中总的环保投资将高达 10%。

---

① E3G & WWF，April 2009，Economic/climate recovery scorecards.

② 主要的环保项目包括：造林 2 900 万亩 (1 亩 =1/15 公顷；扩大供水能力 283 万 t/d，垃圾处理能力 3 155 t/d；新建供水污水管网 2 458 千米；削减 COD6.5 万吨；处置铬渣 32 万吨；节能 616 万吨标准煤；节水 1 200 万吨；废物循环利用 270 万吨。

表 1 截至 2010 年年底 4 万亿元经济刺激计划组成

投资领域	额度 / 亿元	比例 /%
合计	40 000	100
贫困人口住房项目	4 000	10
农村地区基础设施建设	3 700	9.25
重点基础设施，如机场、铁路、高速公路、农村地区电网设施	15 000	37.5
社会事业，如医疗、教育和文化项目	1 500	3.75
排放控制的生态保护	2 100	5.25
创新和工业结构调整	3 700	9.25
地震灾后重建	10 000	25

来源：国家发展和改革委员会。

刺激计划中的环境保护工作与“十一五”规划（包括约束性的单位 GDP 能耗降低 20% 和单位 GDP 削减排放 10% 的目标）、推进循环经济以及 2007 年的气候变化行动计划密切相关。同时还与改善的环保经济鼓励机制有关，包括注重环境税、绿色信贷、绿色保险、绿色担保、排放交易、生态补偿以及绿色贸易方面的政策。关注绿色信贷这一点尤其重要，因为 2009 年大额贷款的数量出现了巨大的增长。

在今后 3 年，中国将筹措 1 万亿元人民币用于环境保护，包括刺激计划资金。根据目前的进展，中央政府从 2008 年第四季度新增的 1 000 亿元投资预算中安排了 120 亿元用于排放削减的生态保护。此外，中央政府还安排了 25 亿元用于重点流域地区的 10 个节能、循环经济、工业污染控制等项目。

并不是所有的事情都令人乐观。庞大的经济刺激计划可能会重新激活高能耗、高污染的行业，并导致落后产业的产能过剩。尽管刺激计划中列支了环境和生态保护方面的投资，但是比例仅占到 5.25%。就 2010 年的中央预算来说，环保的投资从 2009 年的 2.86% 下降到 2.82%。如果考虑固定资产投资的加大，环保投入仅占很小的一部分。从 2001—2005 年，环保投入占总投资的比例总体来说是下降趋势，说明环境保护的投入还落后于经济增长。

很重要的一点是，因为在目前这种以经济增长刺激为首要目标的情况下，很多大型的项目即便通过了环境评价，但由于其规模巨大、地域集中，仍然有造成长期影响的风险。2009 年 2 月，环境保护部调查了 2008 年 71 个待批或已经被否决项目的环保情况，发现 8 个项目在没有批准的情况下开始了建设，3 个项目甚至开始了运营，违规率达到了15%。此外，环境保护部还在省市一级抽样调查了115个项目，发现违规率高达24%。

2.10 个重点行业的振兴计划

为了突破工业发展的“瓶颈”，保障未来的经济发展和就业，也为了促进产业升级和结构调整，国务院于2009年年初出台了10个重点行业的振兴计划，包括钢铁、汽车制造、造船、石油化工、纺织、轻工业、有色金属、设备制造、电子信息产业以及物流产业（表2）。这些计划要在2009—2011年完成。

表2　10个产业振兴计划中的节能和环保内容

10个重点行业	节能环保的目标、任务和措施			
	结构调整	技术升级	排放削减	淘汰落后产能
汽车制造	√	√	√	√
钢铁	√	√	√	√
电子信息产业		√		
物流产业				
纺织	√	√	√	√
设备制造	√	√	√	√
有色金属	√	√	√	√
轻工业	√	√	√	√
石化化工	√	√	√	√
造船				

注：物流和造船业的数据不详。

这10个行业是中国经济的重要支柱，是工业产值和财政收入的主要来源。它们创造了大量的就业机会，对推动GDP增长发挥了巨大作用。这10个行业的总就业人数达到1亿人，另有3亿农村人口的生计与这些行业紧密相关。其中9个行业（物流业除外）占据了中国工业附加值的80%，大约占GDP的1/3。此外，这些行业中的大企业的税收约占政府总税收的40%。

通过这10个产业的振兴计划，我们可以发现多数计划都充分考虑了产业结构调整、技术升级、环境保护、削减排放和淘汰落后产能等方面因素。计划考虑了实施过程中的环境影响，并制定了相应的战略和措施以预防和应对潜在的环境影响。有些计划包括了具体的措施和减排指标。

例如，汽车行业计划提出中国应该采取结构调整的手段，在研发环境友好型汽车方面取得突破，提高这种车型的研发能力，鼓励创新、技术改造和电动汽车的产量，启动节能型汽车新战略。此外，该计划还包含了很多“绿色政策”，包括新的绿色税收、绿色政府支出和绿色标准，所有这些都旨在使环境保护不要成为发展的负担。

与发达国家的产业振兴计划相比，中国的振兴计划在很大程度上还是专注于传统产业。这与中国的国情有关，既要考虑经济发展和产业结构的限制因素，又要解决主要的社会问题，如就业问题。因此，这 10 个计划中的一些产业仍然属于高能耗、高污染和资源依托型产业，例如钢铁和石化。近些年来，这些产业经历了过度扩张和产能过剩。多数行业还在生产消耗大量能源和资源并且污染严重的落后产品。由于它们主要依靠海外市场，因而在此次金融危机中受到了重创。考虑产能、结构和地域分布，这些产业的振兴可能会带来巨大的环境压力，并有可能在将来造成严重的环境风险。

3. 深化经济结构改革

2009 年 5 月 19 日，国务院发布了由国家发展改革委员会起草的《2009 年深化经济体制改革工作的意见》（以下简称《意见》）。《意见》是指导经济体制进一步改革的纲领性文件，其目的在于克服阻碍，抓住机遇，解决经济改革中最困难的问题。《意见》指出中国应该在危机中抓住机遇，在重点领域深化改革，处理好扩大内需、确保经济增长和造福普通家庭的关系。从可持续发展角度来看，这种向刺激国内居民和商业消费的转变是非常复杂的。本报告将在后面讨论这个问题。

《意见》还提出了实现科学发展、和谐社会所需要的机构安排。重点改革领域详见专栏 2。

专栏 2　深化经济体制改革

（国务院 2009 年 5 月）

转变政府经济管理职能，激发市场投资活力；

深化垄断行业改革，拓宽民间投资的领域和渠道；

大力推进资源性产品价格和节能环保体制改革，努力转变发展方式；

着力优化产业结构与所有制结构，推动服务业和非公有制经济发展；

加快推进民生领域改革，提高居民消费能力和意愿；

深化科技、教育、文化、卫生体制改革，加快社会事业发展；

继续深化农村改革，建立健全统筹城乡发展的体制机制；

加快推进财税体制改革，建立有利于科学发展的财税体制；

深化金融体制改革，构建现代金融体系；

深化涉外经济体制改革，健全开放型经济体系；

积极推进综合配套改革试点，为全国改革提供示范和借鉴。

《意见》为充分认识到目前的困难和环境风险，为深化环保领域的改革和克服长期发展障碍提供了重要的手段。《意见》的实施应坚持环保方面的努力，强调各种机构和结构方面的需要：

（1）改善法律法规框架，以建立长期环境保护机制，如修订《环境保护法》；

（2）参与公共事业改革，增加这些领域的环保投资和基础设施建设；

（3）改进污染排放削减和循环经济的绩效评价指标，为“十二五”规划的环境保护工作开创新方法；

（4）深化环境保护经济政策，将环保纳入经济发展中；

（5）加速农村环境保护的行政管理体制改革；

（6）在环境友好型、资源节约型示范地区实施相关的环境政策，在全国范围内推广经验。

4. 其他的挑战和机遇

从短期来看，经济危机减缓了造成负面环境影响的超速发展，尤其是针对某些污染物的排放来说，因此，有益于污染物排放削减目标的实现。在高度工业化的地区，如长三角和珠三角，很多企业被迫关闭。在青海省，依托当地电力优势的高能耗行业受到了严重的影响。随着国际市场上商品价格的跳水，很多高能耗产品生产被削减或被搁置。2008 年 11 月，青海的铁合金、金刚砂、电石和电解铝的产能搁置率分别达到了 71%、46%、83% 和 15.5%。

原材料“如铁和钢”的需求和价格都在下降。电力消耗也出现了近年来首次下降，尽管从 2009 年中期又重新回升。中央和地方政府增加了环保投入，包括建设污水处理厂等。所有这些都缓解了减排的压力。

从中期来看，金融危机可能会对中国的环境保护造成负面影响。如果宏观经济依旧迟缓，企业利润持续微薄，那么企业可能会首先选择牺牲环保方面的努力。维持盈利和就业将会是首要目标。一些已经安装了环保设施的企业可能会停止使用这些设施。这将导致更大的污染，可能会恶化将来的环境危机。

由于需要刺激就业，先前采取向鼓励节能和环保方向转变的措施可能会受到损害。例如恢复对一些高能耗产品出口的退税补贴。中国也可能在一些出口产品上遭遇非关税贸易壁垒，这是发达国家利用环保为掩护的贸易保护手段。

正如其他一些国家一样，中国采取的刺激内需的做法可能会与可持续发展战略相悖。最典型的例子就是鼓励私家车的购买。

经济刺激计划驱动了中西部地区的大量新的投资。这些地区成为中国新的经济增长中心。它们是否会像早期的东部地区一样，将发展置于环境保护之上？

中国已经开始利用股票市场价格下跌这一有利时机收购海外公司，特别是在资源行业上。这一点非常容易让人理解，不仅仅是由于目前时机有利于讨价谈判，而更重要的是要保证长期的供应。但是中国在建立健全保证海外投资充分考虑环境和其他因素方面仍处于起步阶段。我们很高兴地看到可能提供资金的中国银行业正考虑环境保护因素，制定规章制度用以约束中国公司的海外投资。在海外的中国公司，无论在哪里都需要履行企业社会责任。

中国已经决定，无论下一年的经济危机会怎样，中国都将继续参与非洲的发展建设。无论是对非洲还是世界上其他的贫困地区（包括部分亚洲国家），中国在这方面都处于有利的地位。在这些国际合作中，中国需要把环境保护纳入考虑中来。最终，这样的承诺将会加速绿色科技、应对气候变化的适应经验以及环境与发展其他方面经验的相互分享。

5. 小结

（1）在应对过去一年来多重危机过程中中国的环境保护面临着艰巨的挑战。为了减缓危机的负面影响，中国已经制订了世界上最大计划之一的经济刺激方案和综合产业振兴计划。一方面，这会给环境保护带来机遇；另一方面，它也带来了潜在的环境风险。在某些时候，风险可能甚至会超过环境改善的效益。

（2）目前中国应对金融危机的总体计划可以说是促进增长、鼓励消费和促进结构调整。这些计划的一个重要方面就是通过改善质量、优化结构、提高效率、减少能源使用和确保环境保护来实现增长。这当然是一项艰巨的、长期的挑战。

（3）多重危机给中国和世界其他经济体带来了前所未有的绿色创新契机。成熟的产业可以变得更加生态友好；新的清洁技术和产业将蓬勃发展；开发新能源成为许多国家的重点。多数工业化国家都将利用这次危机带来的机遇，通过绿色经济和绿色新政推动新一轮的经济结构调整。毋庸讳言，发展绿色经济已经成为中国决策者心中不可逆转的趋势，也是中国为实现全球环境与发展目标作出重要贡献的正确方面。

（4）中国处于充分利用绿色增长机遇的有利地位，因为这种新理念所需要的经济结构调整连同社会发展，正是中国正在实践的。关键的一点是绿色增长能够在构建多元高效经济的同时，帮助中国实现环境保护的战略目标。绿色增长包括很多重要的主题，特别是清洁生产、能源生产力和效率、循环经济和低碳经济。

如果我们从长远的角度看待经济增长问题，并假定中国政府的政策方案能够催生良性的改革，那么随着环境保护措施的实施，中国经济体制改革就会走出危机，取得长期的成功。在这种情况下，中国将会在经济结构、产业结构和产品组成方面出现令人瞩目的变革。随着一系列以环境为中心的政策、技术进步和综合环境管理的实施，中国应该有能力努力成为资源节约型、环境友好型社会。关键是要确定新的、维持经济增长的推动力量，既能够推动经济发展，又能够促进环境改善和可持续发展。

二、可持续消费和绿色增长

（一）可持续消费

中国强调从出口导向型增长模式转向内需型平衡模式，不仅为确保经济增长的新模式能够反映出可持续消费提供了机会，甚至成为新模式反映可持续消费的迫切需要。不论以任何方式，这都不是一项简单的任务。中国所面对的陷阱是过度消费，特别是在较富裕的城市。可持续消费可以用不同的方法加以定义，例如，加拿大消费者事务办公室将可持续消费定义为："使用商品和服务必须满足基本需要，改善生活质量，不给后代的需求带来风险。"

1. 避免过度消费

OECD 指出：资源利用与环境支撑必须提升到可持续的水平，而不仅仅是产品和服务的消费[①]。虽然能源和材料近来已经得到更有效的利用，但是对货物以及那些与休闲旅游相关的高能耗服务业的过度消费水平已经迅速上升[②]，其中，过度消费的货物包括房屋和汽车。全球经济衰退可能对未来的消费水平影响显著，但警告信号很明显，那就是富裕国家消费者的生态足迹已经过于庞大，而且还在不断增长。

OECD 建议可持续消费总体框架需要以下 5 个基本条件[③]：

（1）一个将环境成本和效益内部化的消费品和服务价格结构；

---

① OECD，走向可持续家庭消费？OECD 国家的趋势与政策。政策简报，OECD 观察家，2002，7。

② 例如，OECD 国家汽车持有量总计 5.5 亿辆，其中 75% 是私家车。预计这一数量到 2020 年还将增长 32%，行驶里程增长 40%。预计到 2020 年，OECD 国家城市垃圾将比 1995 年增长 43%（OECD 政策简报，2002）。

③ http://www.oecd.org/document/52/0，3343，en_2649_34331_35145204_1_1_1_1，00.html.

（2）一个明确重点和变化方向的政策和管理框架；

（3）环境友好产品和服务的有效范围；

（4）技术和基础设施，包括运输网络、住房、废物管理等设计与运行当中的环境质量标准；

（5）一个倡导和支持消费者行动的教育、学习和信息丰富的环境。

然后需要联合应用各种手段及生命周期分析，通过适当的可持续消费指标，确定干预点。

2. 中国和可持续消费

凭借其庞大的人口和财富的迅速增长，中国将会对全球消费产生重大影响，并理所当然地提升未来几十年的消费总水平。但这种消费会不会跟 OECD 国家相比有些许不同？这是一个难以回答的问题。它需要对中国当今消费者的特点进行分析，包括影响当前消费行为的经济结构性问题，以及可能会改变消费者未来消费习惯的各种政策或行动。它还要求关注施加给中国的外部影响。这些影响包括全球媒体和广告，使用大多数最先进的能源和材料高效耐用产品的有限程度，以及其他国家所产生的积极影响，例如挪威、瑞典和荷兰[①]，它们已经在解决可持续消费问题上取得了一些进展。这些积极影响对中国明确阐述的“小康社会”理论有所帮助[②]，小康社会理论认为财富和消费应该是适度和合理分布的。

中国目前的国内消费水平在所有经济大国中排名最低，仅占 GDP 的 36%。这一水平是美国的一半，是日本或欧盟国家的 2/3。而事实上，中国的消费与 1990 年相比已经降低了大约 GDP 的 15%。通常认为中国人储蓄的习惯导致了有限的或不充足的社会效益，如在养老金、健康和教育方面投入不够。因此，通过新的政策解决这些问题将有助于刺激家庭消费水平的提高。另外，一些短期措施，如中国拉动内需刺激经济增长政策当中的一系列措施，很可能促进这种转变，至少也显示出政府更加重视国内消费增长的意愿。

麦肯锡全球研究院最近发布了一项有趣而深入的、针对中国消费发展未来的研究，该研究指出了影响中国消费水平在 2025 年提高到大约 GDP 的 50% 的最关键障

① 见 Cohen M. J. 2004。可持续消费与全球城市居民：经验分析。该报告在美国社会协会年度会议上发表。

② 维基百科指出：“小康社会的目标是，大多数的人达到中等富裕，成为中产阶层，经济的繁荣足以使中国大部分人口生活舒适，但是经济发展不是社会的唯一焦点。明确结合到小康社会概念当中的是经济增长需要与社会平等、环境保护目标相平衡的观念。”

碍[①]。从可持续消费的角度来看这一目标是否合理还是有争议的。该研究的一个关键假设是如果该扩展消费目标得以实现，那么对环境与自然资源的实际压力可能会减少，因为较小的出口经济负担可能降低水资源、土地以及燃料使用的强度。且当中国的消费总量占全球消费份额可能会增加到 11% ～ 13%，这个数值仍远低于中国人口数量占世界总人口的比例。

这项研究强调了经济结构变化作为加速国内消费改变的关键因素。这一点很重要并得到了中国经济学家和领导的认同，尽管描述起来很有难度。中国正大量投资开发国家基础设施建设，包括交通、污水处理以及其他城市和乡村基础设施和能源网络等。投资的大部分资金来自公共行业，因此绿色采购政策影响为投资敞开了大门。但是大规模工业发展投资占了 GDP 很大份额，事实上，人们相信在有些行业（如钢铁业）已经发生了过度投资。一部分经济实体，特别是国有企业，没有像中小型企业和私营企业对就业增长作出那么多的贡献。因此消费者没有足够的钱用于消费。而且在相对贫困的农村地区在今后的一段时间里，满足基本需求的家庭收入与城市家庭收入相比将相当有限。

研究建议：如不进行结构性调整使中国走向一个更加平衡的经济，中国国内消费将保持很低的水平，很可能在 GDP 的 39% ～ 42% 徘徊。尽管已经采取了一系列措施，比如最近实施的家电下乡补贴政策，但不太可能从长期造成消费模式的改变。

如果财富是通过小型商业和繁荣的服务业创造的，那么就必须注重建立一种机制，使个人（包括那些努力筹集资金供孩子读高中的家庭）和小型企业更容易获取信贷。很多方法都可以建立这种机制，但是目前进展缓慢，而且仍然是较大型的、国有企业更容易得到贷款。根据麦肯锡的分析，这种转变将很关键。

一个更以消费者为中心的经济模式将比中国保持现有模式更有效地分配资本与资源，创造更多的工作机会，更平等地分配经济增长带来的效益，并使经济增长更为迅猛。贸易顺差的降低和中国消费者对全球经济增长的更大贡献将使中国对外联系纽带更加和谐。

但是一个以消费者为中心的社会并不一定是可持续消费社会。如何避免逐步富裕起来的中国人变成未来几十年的过度消费者？大量的事实证明，有一部分中国城市居民已经进入过度消费者行列。北美、日本和欧洲豪华汽车制造商当然瞄准亚洲

① 麦肯锡全球研究院，如果你挣到了，就花掉它：解放中国消费者。麦肯锡全球研究院，2009. 中国消费者模范。

市场，特别是将中国作为他们大型车辆的主要市场，尽管豪华汽车要上很高的税[①]。那么到底要采取哪些规则？政府所能做的只不过是将消费者行为导向预期的方向。

关于中国的文化特征可否使中国人更趋于走向保守型社会已有很多讨论。麦肯锡研究认为：如果一些限制没有了，目前走向节俭的趋势将很大程度地被逆转。必须假定如果家庭收入在国家收入所占份额增长很大（目前占 56%，而作为对比，美国家庭收入占国家收入的 70%），而且更容易获取信贷，那么人们将增加他们的贷款，很可能用于享乐。中国的汽车工业已经在世界金融危机来临前的几年看到了这种发展趋势，特别是最近的 2009 年 8 月，由于政府刺激消费，每天有 2 000 辆新车行驶在北京的大街小巷。

要使中国转向环境友好型、负责任的消费者社会成为可能，就要考虑以下几项紧急任务：

第一项任务是要加快实施绿色增长倡议的步伐，使消费者能够广泛选择更有价格竞争力的“绿色”产品。而且从总体上讲，任何采购的产品都将是在生产过程和原材料使用中实现低能、低碳和低污染成本的产品。任何一级中国政府都应该通过比当今绿色采购政策更强劲的政策促进这一任务的实现。

第二项任务是要加强公共教育和信息发布，明确展示不可持续行动的真正成本，曝光那些管理人员以及其他保护公共产品的人员的不守规商业行为和低劣表现，并提供足够的知识告诉大家可持续消费是由什么构成的。目前中国已经建立了一些绿色标签制度，但是还需要更加广泛的努力，例如买公寓房这种大型购买。

第三项任务是继续开发和促进人们喜欢的主要购置品的绿色标准。应尽可能多地开发和促进这种绿色标准，使之成为城乡大众参与的基础。

第四项任务是使中国成为循环经济利用的领导者。尽管中国已经在国内和全球循环经济转变的道路上取得了很大进展，但是下一代汽车应该很容易完全回收利用，中国在其中承担着巨大责任。建筑材料应该是那种最少使用能源的品种和质量，并能够以最低成本和最小难度得以回用和回收。

第五项任务是利用有效设计来促进可持续发展。这在中国城市设计中的应用还处于非常有限的水平，而且在建设社会主义新农村中将有很多机会。公共基础设施是最为重要的组成部分之一，如智能电网和智能量表[②]。一部分需求是工程与建筑，

---

① http://chinaluxculturebiz.wordpress.com/tag/porsche.

② 经济学家，2009 年 10 月 8 日，Wiser Wires.

但在管理系统、组织建设和鼓励机制的设计方面也需要改进。

中国领导人近年来一直促进可持续消费在很多方面的发展，并付诸实际行动。这些努力成效显著，尽管有时候不一致，但是这项任务实在是非常困难，而且很可能在今后几年出现重大的意想不到的事件。因此，不应该假设任何正确的走向可持续消费的经济转变和鼓励机制将是一帆风顺的。转变过程必须尽可能地具有适应性，并应该最大限度地扩大大型和小型企业、财政部门和社区组织的参与和承诺。

（二）绿色增长

联合国亚太经济社会委员会将“绿色增长”定义为“在环境可持续经济发展过程中促进低碳、社会包容的发展”。亚太经济社会委员会建议了政策干预的五条途径：可持续生产和消费；绿色商业与市场；可持续基础设施；绿色税收和预算改革以及生态效率指标[①]。亚太地区和其他发展中国家的绿色增长需要预先考虑贫困人口，并重点强调可持续谋生手段。

在《金融时报》上的一篇文章里[②]，Ban Ki-Moon 先生（以及 Al Gore）写道：

在哥本哈根的一个成功的（气候变化）交易使最有说服力的全球刺激体系成为可能。有了新的气候框架在手，商家和政府将最终用碳价来表明商品已经大力倡导了清洁能源的创新和投资。哥本哈根将为绿色增长开绿灯。这将成为真正的可持续经济复苏的基础，将造福我们自己和子孙后代。

这种与创新、投资和绿色增长的关联不仅对于强调气候变化，而且对于解决大多数环境和发展问题来说，都是关键的所在。

2009 年 6 月，OECD 国家以及几个其他国家，承诺在本国和国际合作中发展绿色增长战略。OECD 委员会部长级宣言包括了专栏 3 中的诸点内容[③]。这是一个很重要的声明，必将导致 OECD 增长的重组，因为这种新方法将引导 2010—2011 年的进一步发展。

绿色增长的显著提升作为富裕国家新的经济增长和发展的主要希望和目标，这一点已被广为接受，并且并不仅仅限于欧洲和北美国家。中国已经欣然接受了这一观念并跟从其发展，我们将探索如何实施绿色增长，特别专注于能源、环境和气候变化方面的问题。

---

① http://www.greengrowth.org.

② 绿色增长是任何刺激的根本。金融时报（伦敦），2009-02-17，http://huwu.org/sg/articleFull.asp?TID=92&Type=Op-Ed。

③ http://www.olis.oecd.org/olis/2009doc.nsf/LinkTo/NT00004886/$FILE/JT03267277.PDF.

专栏 3　OECD 委员会绿色增长部长级宣言

（2009 年 6 月）

强调努力推进绿色增长战略，作为当前经济危机和危机后的应对方案之一，认识到“绿色”和“增长”可以同时推进。

鼓励绿色投资和天然资源的可持续管理……我们将考虑扩展绿色投资鼓励机制，特别在那些碳定价可能不足以促使私营行业有所反映的领域……应通过适当措施鼓励认识生物多样性价值的方法，并与相关国际责任保持一致。我们将加强对有关绿色投资流、绿色投资政策及最佳实践方面信息的交流与共享。

鼓励国内政策改革，目的在于避免或消除那些有可能阻碍绿色增长的环境有害政策，比如给那些增加温室气体排放的化石燃料消费或生产的补贴；那些助长非可持续性利用稀缺自然资源的补贴；或者招致不良环境后果的补贴。努力走向建立合理的法律和政策体系，保证清洁和长期价格信号，以鼓励有效的环境后果。我们呼吁其他主要经济大国遵从 OECD 国家的倡导。

确保绿色增长措施与就业市场和人力资源培训政策相互协调。我们注意到这样做能支持绿色职业及其技能的发展……

强调加强国际合作。在这一方面：

我们认识到需要特别努力发展清洁技术，包括强调绿色 ICT 活动，促进市场机制以及探讨、强化和加速对发展中国家应对气候变化和生物多样性损失的财政和其他支持，以及对发展中国家水资源管理的支持。我们也认识到需要确保每个国家制定自己的绿色增长政策，包括协同现有国际协定并以自由贸易和投资原则为基础，解决气候变化问题。

我们决心尽一切努力，寻求在 2009 年 12 月哥本哈根气候变化大会 COP15 上达成一份雄心勃勃、富有成果、高效、综合和公平的 2012 后气候变化问题新协议……通过这份协议，所有国家将采取可测量、可报告、可证实的国家削减承诺或行动以及适当的行动方案，充分体现“共同但有区别的责任”的原则。

我们认识到推动环境产品和服务贸易自由化对推动绿色增长的重要性。我们决心保证应对气候变化的措施与国际贸易责任相一致。

我们强调国际合作发展的特殊需求，目的在于加强国际发展合作以帮助发展中国家推行绿色增长。

（三）可持续消费和绿色增长小结

那些达到大量可自由支配收入水平的消费者通常追求高能源、高资源和环境消耗型的生活方式。对地球造成的额外负担通常不是单纯由消费者造成的，但是消费者可以通过选择不同的生活方式和节约的理念减轻这种负担。事实上，由于媒体和其他信息的不断影响，人们有了一种强有力的迫切消费欲望。中国消费者有着独特的习惯，和花钱比起来，他们更愿意存钱，而且中国国内消费占 GDP 的份额相当低，因此中国有可能比其他国家更有机会避免像瘟疫一样在西方社会蔓延的没完没了的过度消费之风。

我们所面临的巨大挑战是如何建立一种机制，能够帮助消费者创造并享受可持续生活方式，这种生活方式消耗相对低的原材料但满意程度却更高。之所以说这是一种挑战，是因为在过去的几十年里，大多数西方社会都失败了，而且目前还在继续失败。最大的挑战正以气候变化为驱动力，摆在我们面前。当然，当发达国家仍在消费地球环境资源的相当大的一部分时，我们不能过分期望中国或其他发展中国家必须成为面对挑战的主导。但是我们所面对的现实就是发展中国家和发达国家都应该向中等消费水平靠拢，这样才能大幅降低有害排放和废物产生。

当然，我们寄希望于绿色增长。这就是为什么在全球化转变和寻求可持续增长的时期，世界各国及其领导者对此表现出的决心是那么重要。

三、能源、环境和气候变化

（一）国际合作的紧要关头

能源、环境与经济的关系正处于一个重大抉择的关头，这一抉择将考验富裕国家和贫困国家的合作，塑造贸易和消费，确定国际社会和各国是否并如何更好地应对气候变化带来的压力。任何国家要想宣称自己是可持续发展的，那么就必须保证他们的经济增长最终会降低能耗水平，特别是化石燃料资源的使用水平。

那些还停留在人均高能耗水平的国家必须尽快降低现有水平，寻求能够大幅降低温室气体排放水平的资源和方式。一些国家，如中国、印度和巴西，已经处于快速发展和高经济增长阶段，它们有机会在能源使用上变得更加高效，但是它们也需要获得足够的能源资源，并分享足够的温室气体"空间"来满足它们不断扩大的需求。没有哪一个国家、哪一个地区或几个国家组成的集团可以靠自己的力量，完全解决能源、环境与经济带来的全部问题。因此，对国际合作的需求达到了前所未有的高度，这一点十分令人关注。

事实上，解决金融危机和经济危机的全球合作的空前水平已经使各方纷纷受益：① 确定应对气候变化的重要性，包括技术创新以及寻求在未来会议上达成协议的努力。② 将取得的成果更实际地用于基于绿色增长的经济复苏。

气候变化行动方案全球协议只是需要解决的能源与环境问题这个更大谜团的一部分。但是，由于当前寻求一个更有力的协定以取代《联合国气候变化框架公约》《京都议定书》的紧迫性，它就成为前沿和中心问题。2007 年 12 月的"巴厘岛行动计划"做了一些基础工作。该行动计划指出：

所有成员国应合作建立低碳全球经济，确保继续增长和可持续发展，提高全球供应安全和可承受的清洁能源，加强所有成员国应对气候变化不利影响的能力。所有成员国应支持长期合作行动，确保在 2050 年前将全球排放量水平减少至少 50%。

2009 年 12 月全世界有望在哥本哈根达成一个可操作的后续协议，以继续落实《联合国气候变化框架公约》下一阶段的工作。正如 Lord Nicholas Stern 教授所说的那样，世界要么现在行动起来，少花钱就能解决问题；要么等到将来气候变化带来更大的损害时花数倍的价钱去解决问题。在哥本哈根召开的由各成员国参与的"联合国气候变化框架公约会议"是一个很重要的事件，但是它仅仅表明了一个漫长旅程的开始。希望这个旅程一路顺利、充满机会，为人类生存、市场和创新作出贡献。专栏 4 显示了未来形势发展可能的时间表。

专栏 4　环境、能源与气候变化未来行动时间框架

2010—2012 年，调整哥本哈根成果。全球、区域和行业；核准和国家战略。

2010—2015 年，强调效率、成本高效解决方案，促进富裕国家与贫困国家不断增加的技术转让。经济复苏刺激的最大化影响。

2010—2020 年，能源与环境领域的科技投资导致新的、突破性的技术方案。对于富裕国家和贫困国家都有用。

2013—2020 年，国际协议，重点在于主要的信用和公正问题。更多的关注将给予削减和采纳成功协议的实际影响。

2010—2030 年，迈向低碳经济的具体行为转变。关注新的经济机会，更多地与经济、社会与环境国际协议相结合。

2030—2050 年，完成 1992 年基准线 50% ～ 80% 的温室气体削减量。

另一个解决能源与环境以及强调气候变化不同方案的非常有用的方法就是麦肯锡成本削减曲线①。它证实了很多能源效率行动是能够带来盈利的（如改善建筑物绝缘材料和一些交通运输方案）。这些曲线也展示出大多数其他方案，如生物燃料、碳捕获与碳封存技术和植树造林的相应成本。有些方案成本很高。这些曲线是为全球以及单个国家如中国、美国和德国而开发的，其价值在于它们指出了很多不需要求助国际协议就可以采纳的很多绝好机会。对于国家和企业来说，具备迅速和有效的灵活性和手段十分重要。

报告的这一部分强调中国和全世界在使能源利用与可持续发展相协调方面所面临的当前以及可预见之未来的挑战和机遇。尽管报告这部分始于强调气候变化这一全球紧迫关注的问题，但是并不是说气候变化是能源与环境的唯一焦点。目前从中国的角度来看，可能更重要的问题是如何保证能源、环境和经济并重，保障人类向满意的方向发展。

① http://www.mckinsey.com/clientservice/ccsi/costcurves.asp.

（二）中国能源与环境

过去国合会已经研究过能源与环境的关系，特别是通过早期国合会能源课题组进行的研究[①]。目前备受关注的是“十一五”规划关注能源和环境话题。中国在能源利用上的整体快速增长以及未来在低碳经济中获取竞争优势的潜力已经导致 2009 年国合会年会把能源和环境作为重点议题。这项工作包括了 5 个课题组的参与和 1 个在宁夏回族自治区开展的合作项目。

在北京奥运会之前，中国以外相当少的人能全面认识到中国能源与环境关系改变得那么迅速，或者认识到中国走向可持续未来的行动如此之快。但确实，在过去的 5 年中，中国在完全靠自己切实努力的同时，开展了大量国际合作倡议。其中的一个例子就是发展迅速的中美环境与能源合作关系。[②]

中国将面对：未来能源短缺的可能性，跟能源使用有关的现存和将来可能出现更多的环境与健康问题；能源效率和设计问题，因为这一问题是城市大规模建设、交通和公共设施网络所面临的；工业基地和开发区向农村地区扩张对能源的高需求。这就必须要达成一个全社会的广泛共识，即随着中国经济的继续增长，能源利用不能像发达国家那样肆意挥霍，这一点已经得到中国国家领导人的深刻认识。中国人民和企业必须能利用更好的能源替代品，这也正需要政府、社区和企业提供正确的机制、鼓励措施、产品和服务，使选择可持续能源替代品成为可能。

改善中国能源与环境关系有 3 个主要因素：第一是煤炭的可持续利用，因为这对于中国能源结构来说是一个关键因素。第二是能源效率，因为能源效率能给经济、健康和环境都带来效益。中国还有很大空间可以改进，如中国单位产出能耗是美国的 3 倍、日本的 9 倍。第三是从长期角度走向低碳经济，因为低碳经济将驱动绿色增长并协助气候变化削减行动。这 3 个主要因素在城乡都要考虑，并与工业和服务行业相结合。

转向更高效率、开发新能源资源和更好的方式利用现有能源、走向低碳经济要从现在起在中国和其他主要经济大国开始进行。协助这一进程有五个方面的考虑，在每个考虑的有些方面，中国已经有所进展：

（1）“自下而上”的方法，最终走向能源与环境行动的全球统一。对于任何

① 可持续发展能源第 V 卷第 4 期发表了一项特殊问题，概括了国合会能源战略与技术工作组的发现。2001 年 12 月。

② 2008 年签署的能源与环境十年合作协议，2009 年 7 月又签署了一项能源、环境和气候变化的新协议。http://www. brookings.edu/papers/2009/09_us_china_energy_cooperation_lieberthal.aspx.

一个国家来说使用同一种方法解决环境与能源问题都是不现实的。相反，应当鼓励多种各自的努力相协调以取得最好的结果。应该认可和促进方法的多样性，这是“共同但有区别的责任”原则的基础，同时也是认识到各国在能源安全、可利用能源资源以及社会经济发展上有着特殊需求的基础。它还是使各地方倡议和行动效益最大化的一种方法，这些倡议和行动将通过绿色增长和创新战略在今后得以展现。

（2）组织机构和管理创新。政策整合十分重要。行业政策仍然是中国大部分决策的主要驱动力，通常这些政策与其他各方协调和对跨行业影响的理解有限。政策整合是需要花费时间确定目标来完成的，只有这样才能保证适当的阶段性发展。正确整合管制与执行、鼓励与自愿行动十分重要，特别是在 20 世纪出现了一些新机制，如限额贸易、碳信贷支付以及新能源税收和补贴的可能性。组织机构和管理创新应该成为新技术应用和采纳的重要驱动力，并在设计时就考虑与政策相结合。

（3）推进国家行动。中国在过去的几年里已经建立了可再生能源利用、节能、循环经济促进和气候变化行动的主要立法。中国还将在适当的时机确定碳强度削减目标。作为“十一五”规划能源效率和可再生能源目标的延续，一些新的目标将出现在下一个五年规划当中。所有这些努力将需要细致的监督和承诺才能得到更快的提升。大多数努力将有助于同时满足能源安全、效率、环境和气候变化的需要。

（4）技术创新。中国所需要的各种能源和环境技术的引进与改善有一个底线，就是它们应该对环境有好处，同时更为有效而且有时候比它们所替代的旧技术更具有财务可行性。另外，它们还必须被社会所接受并具有社会效益。政府在刺激和指导研究和开发上的职责很关键，同时在制定一个可行的管理框架上也很重要。该框架包括适当的法律和实施政策、标准、价格和鼓励机制。私营行业作为快速实施的一个载体将变得更加重要。促进中国企业环境和能源技术是需要政府和私营行业共同分担的关键责任。

（5）改善的国际合作。国际社会对基于能源、环境和气候变化的绿色增长的热情现在必须转向更具实际效果的合作，尤其是在以下主要领域，包括开发清洁创新的煤炭利用方法、温室气体的碳捕获与碳封存技术、智能电网、下一代生物燃料、实施更强有力的能源与环境技术转让以及碳交易体制。对于中国来说还有一个正在增长的需求，就是把开发出来的技术进行分享，如农村生物沼气与其他发展中国家进行分享。

在相当短的阶段里（主要是 2006—2009 年），中国已经具备了能源与环境问题的相当大的分析能力和协调机制，如由温家宝总理主持的气候变化领导小组。“十一五”规划中对能源效率和污染控制的关注，对行业运营、建筑物、汽车燃料效率和排放等标准的关注，以及能源价格的改变，都是建立新型能源与环境关系过程的例证。

尽管已经做出了很多努力，但是前面的道路依然不确定，特别是由于经济增长率上扬以及国内消费增加。对于中国，是否将在中央政府高层非常认真地考虑能源、环境和气候变化问题几乎不存在疑问。但真正需要的是各级政府的决策者、中国国有企业和私营行业的实际行动。同时，在社区层面和高校、科研院所和不断增加的非政府组织里，这些问题应作为优先行动方案加以考虑。

在本报告中这一节的下面一部分，我们给出了中国能源使用的简短概述、与5个国合会能源和环境课题组相关的一些关键问题以及一些总体结论。

（三）中国的能源利用

图1总结了中国的能源利用模式。这一流程图揭示了煤炭无处不在的影响，也展示出哪种工业能源使用占多大程度的主导地位。将该图与美国进行比较就能发现，美国有更广泛的能源供应，煤炭使用主要局限于发电，而大部分的石油用于交通。在中国，居民和商业能源使用占整个能源使用的比例与美国相比，相对较小。

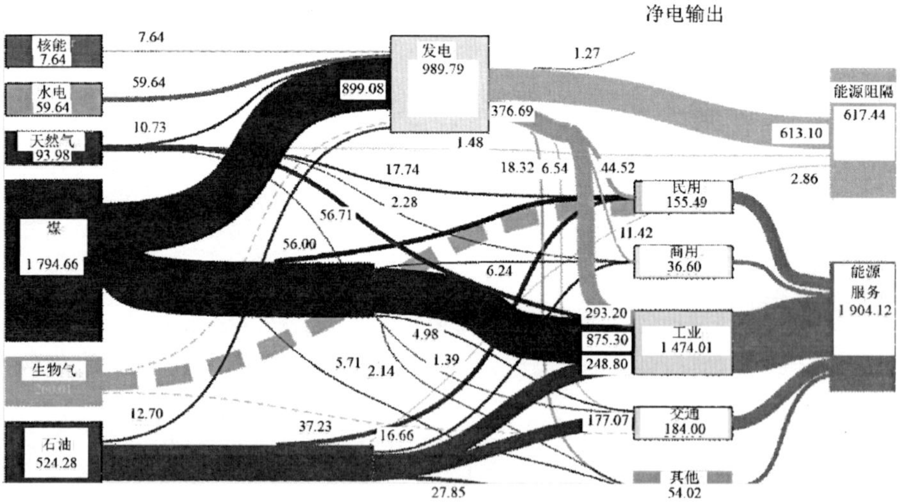

注：这个流程图是应国合会首席顾问组要求由中国能源研究院提供的。与此类似的美国能源流程图在Lawrence Livermore国家实验室可以找到。

图1　2007年中国能源流程图（约25.35亿吨煤当量）

中国所消耗的大量能源用于出口产品的生产，尽管如此，中国人均能源使用量与欧洲、美国和日本相比还是很小。但是在一定程度上，中国较低的人均能源使用量掩盖了一些重要的趋势和差别。第一，城市与农村居民人均能源使用量差别很大。第二，即使是在工业行业内也存在差别，具体来说就是规模较小的老工厂和新建工厂相比。比如在钢铁冶炼厂，其相差的数额就十分显著。第三，随着交通网络的不断扩大和强调拥有私有汽车，汽油和柴油使用将显著增加，并伴随着供应与环境方面的问题。第四，中国对煤炭的依赖是一个关键的问题。尽管煤炭还有几十年甚至几百年可供开采，但是燃煤带来的环境和健康问题是非常显著的。第五，能源转换与传输效率非常令人关注，包括开发输电智能电网和建立超高效发电设施。

中国在过去的 15 年里，特别是在“十一五”期间大幅降低了与 GDP 相关的能源强度。在未来中国还将必须继续这样做。为了在 21 世纪头 20 年实现 GDP 翻两番，即使在降低能源增长方面做出非凡的努力，能源利用的显著增长还是很有可能发生。表 3 是国际能源机构所作的高、中、低情景分析。

表 3　中国主要能源消耗估计值（2005—2030 年）　单位：10^2 万吨

项目	2005	2015			2030			平均增长率（2005—2030 年）		
		高增长	参考值	替代政策	高增长	参考值	替代政策	高增长 /%	参考值 /%	替代政策 /%
煤炭	1 094	2 037	1 869	1 743	2 910	2 399	1 842	4.0	3.2	2.1
油	327	626	543	518	1 048	808	653	4.8	3.7	2.8
天然气	42	125	109	126	276	199	225	7.8	6.4	6.9
核能	14	34	32	44	82	67	120	7.4	6.5	9.0
水利	34	63	62	75	100	86	109	4.4	3.8	4.8
生物能源和废物	227	235	225	223	231	227	255	0.1	0.0	0.5
其他可再生能源	3	13	12	14	43	33	52	11.1	9.9	11.9
总计	1 742	3 135	2 851	2 743	4 691	3 819	3 256	3.2	3.2	2.5

来源：国际能源机构，世界能源展望 2007 年。由国合会低碳经济课题组重新制作。

国合会的一项关键工作就是提出政策机制建议，通过这些机制，中国可以在减少能源利用增长带来的环境影响上做出更大的成绩，包括与能源勘探、生产、排放和废物处理所带来的影响。这些工作需要政策创新，就是通过利用市场和经济结构转变进行创新。

国合会的第二项关键工作就是确定削减有害排放实际方法的政策，这为风能、太阳能发电以及能够切实有效地降低能源需求的节能措施带来了希望。该项工作需要引进那些中国科技发展中期规划和其他政策所支持的设计、信息技术和许多其他科技方面的创新。

第三项是那些与管理创新政策相关的工作（包括那些通过更高效的运营而可能获得的能源节约与环境改善），以及格外关注工业表现和机构改革。

第四项关注事项是国际合作需求，特别是资金和技术转让，这一点中国已经在气候变化国际合作中反复进行强调。中国在清洁发展机制上取得的成功证实了中国解决能源与环境问题上利用国际机制的强大能力。

（四）国合会政策研究涉及的 5 个主要议题

1. 中国煤炭的可持续利用

中国是世界第一大煤炭消耗大国。正如国际能源机构和很多其他机构或组织已经指出的那样，如果煤炭可以变成一种更为环保的能源，那么全世界各地煤炭使用量一定会迅速增长[①]。尽管理论上可以假设中国在今后 30 ～ 50 年大幅降低对煤炭的依赖，但是更可能出现的情景是在今后二三十年里中国将继续依赖煤炭并可能大幅增加煤炭使用总量。在那以后，我们可以认为可再生能源和各种降低能源强度的创新将最终减少中国煤炭需求。同时，煤炭也将不得不变成一种更加清洁的能源，不再进行有害排放，其温室气体排放也将被收集和利用。事实上，中国或任何一个国家能否仅靠自己的力量取得成功令人怀疑。当美国由于费用原因撤回大型 Future-Gen 燃煤项目时，中国正在尝试一个类似的名为“绿色煤电”的项目[②]。

对中国煤炭可持续利用的投资尝试应该引起其他国家的最大兴趣，以便创造最环保无害化和最有效的技术与政策方法。对这一点的共识正在扩大，即关于煤炭的技术合作和合资水平正在上升。中国不仅在科技能力上不断增强，在先进的煤炭生产、发电和化学利用上的投资以及投资环境改善能力上也不断增强。现在正在进行的碳捕获与碳封存技术、先进的地下燃煤技术以及其他创新技术的示范尝试很可能

---

① IEA，中国清洁煤，巴黎，2009：320。

② 根据公司的拥有者，其中包括领先的电力公司和煤炭公司，绿色煤电项目的目标是：煤气化、制氧、制氢、煤气净化、富氢气体燃烧和燃料电池、二氧化碳分离和二氧化碳封存；先进材料、仪器仪表和控制技术、应用开发技术的研究；咨询建议、技术转让、电厂建设运营和管理。绿色煤电的目的在 2009 年设计、建设和运营中国第一个以燃煤为基础、接近零排放、独立知识产权的绿色煤电整体煤气化联合循环（ICGG）电厂。http://www.greengen.com.cn/en/aboutus_02.htm.

成为未来 10 ～ 15 年的主流应用。

最迫在眉睫的挑战就是确保适用的技术和管理的改善能导致整个价值链上煤炭更安全、有效和清洁的生产和利用。有证据表明这一切正在发生，包括矿难死亡人数的大量降低，发电厂和锅炉二氧化硫排放量减少，以及许多煤矿采矿、运输和发电设施的现代化。但是仍然存在技术锁定的危险，特别是如果能源需求再次高涨，或者地方官员对环境质量、安全和其他标准达标的努力有所下滑的情况下。另外，跟煤炭利用相关的一些重要污染物，如汞等重金属，仍然没有得到足够的控制。

中国可持续煤炭利用长期前景应该是什么样的呢？起点是明确的。两个必须满足的可持续性关键条件是[①]：能源系统必须有良好的前景以确保长期地提供高质高效的能源服务；而且不能带来不可接受的环境、健康或社会影响和风险。非可再生能源资源，如煤炭，如果储量非常充足，那么可以被当作可持续能源，前提是这种能源的使用应为最终被替代能源所代替创造条件。例如，如果煤炭使用能够支持那些同时利用废水余热的区域供暖系统，或者如果坑口发电能对建立一个更有效的能利用太阳能、风能或当地水电的国家电网有所帮助的情况。

中国煤炭行业和其他各方感兴趣的一个问题是煤炭利用到什么水平才是可持续的？ 2008 年 28 亿吨的煤炭产量只是可利用资源的很小一部分，但是对于中国的交通运输能力来说这是一个很大的挑战。虽然也进行了一系列改善而且有些设施非常完善，但是中国目前煤炭利用不能在价值链上的任何阶段完全满足环境、健康或安全标准。如果煤炭产量在 2020 年达到预测的 35 亿吨，在 2030 年超过 40 亿吨，那么挑战就变得更大了。一旦与煤炭相关的温室气体排放被量化考虑，完成煤炭可持续使用的任务将变得十分巨大，因为目前还没有得到充分证实的、经济上可行的大规模碳捕获和封存技术可供使用。

为了煤炭生产和利用走向可持续道路，需要强调几项关键政策：煤炭企业的现代化和整合；鼓励最佳可获得技术的发展、避免过时技术的政策；先进煤炭技术的快速发展和商业化机制，包括像碳捕获和封存这样的先进环保技术；对有碍于有效市场机制的价格和补贴政策进行调整；实施政策以及限额贸易排放体系和 /（或）碳税等新政策。

如果中国能够广泛利用其广博的煤炭资源，那么中国将对自身的能源与环境安

① 这些条件是由国合会中国可持续煤炭利用课题组建议的。

全、改善区域空气和水质以及协助实现全球气候变化目标有所贡献。这是一项巨大的挑战，但是作为回报，中国将得到巨大的经济价值，因为中国将获得与煤炭和其他先进能源利用相关的大量技术和知识产权、能源系统管理能力以及国际市场的大量产品和服务。因此，中国煤炭行业将是绿色增长战略关键需求领域之一。

2. 城市能源与环境

中国各级城镇采取行动将是中国能源节约和向环境友好型社会转变的关键所在。城市环境是巨大创新潜力的来源和工商业绿色增长的加速器。城市居民很可能掌握着中国可持续消费的钥匙。在即将到来的十几年里大量来到城市的农村人口将会创造史无前例的建设，包括环境基础设施、交通运输网络和城市建筑①。与此相关的能源使用是大量的，但是最重要的是城市设计和中国城市居民习惯的影响。社区、商业和城市居民还会不会继续或发展节能方式？还是他们将成为像大多数发达国家那样挥霍能源？中国城市会不会成为不仅高能效而且是节能和创新的杰出典范？哪些因素对决定这些行为后果最为重要？

国合会城市能源效率课题组已经在中国不同城市研究了能源消耗，并与国外同等水平的城市进行了比较。建筑物能源使用很令人感兴趣。前提是中国的做法是最大限度地减少空调和照明的能耗。因此一些旧办公楼就比现代西方式办公楼能耗低，尽管后者具有更简洁的设计特点。但是像在北京和上海这样的城市，到处都矗立着西方风格的建筑物。与此类似的是，通向这些建筑物的城市道路网络使社区的未来锁定在高能耗的模式中。所谓的生态城市在中国还只是象征性的，事实上从全国范围来看并没有真正做到全面的能源节约。

最令人关注的是能源与环境城市化政策，包括社区的布局和设计；城市中心和周边社区的关系；交通和公共设施以及包括建筑技术和原材料在内的节能建筑；以及那些不需要开车就能提供大部分购物、娱乐和其他需求促进低能行动的社区设计。像北京奥林匹克公园这样的绿地和城市森林区域给城市带来了良好的节能和环保效益。鼓励这种做法的政策应该在全国推行。

中国已经在市区和城市之间的公共交通系统上投入了大量资金，应用了一些世界最先进的技术，但是这并没能满足不断增长的需求，况且鼓励人们购买私家车已经作为刺激经济增长和拉动内需的总体规划的一个组成部分。虽然该规划包括了强

① McKinsey & Company，2009 年 2 月。为中国城市十亿大军而准备，第 540 页。http://www.mckinsey.com/mgi/publications/ china_urban_billion/ 和中国社会科学院城市竞争力蓝皮书 2000。

调高能效、低排放的车辆，但是私家车的总能耗和环境影响已经持续增长。中国把建立中国汽车文化作为最重要的政策决定之一这种做法在世界上绝无仅有。很难看到该决定已经促进了可持续发展，特别是它还部分地得到像减税这样优惠政策的刺激。中国已经超过美国成为世界最大的汽车市场。

尽管小型车辆是标准和鼓励购买车型，并配有诸如向高排量汽车收取更多消费税等鼓励政策，但是中国已经成为亚洲最大的豪华汽车市场，超过韩国、澳大利亚和日本的总和。J. D. Power 亚太公司已经预测，中国价格大约在 40 万元人民币（约合 57 000 美元）的豪华汽车拥有量在 2015 年将达到大约 60 万辆[①]。而且一家中国公司（四川腾中重型工业机械公司）已经要从通用购买以不可持续为形象的“悍马”品牌。

中国的城市能源与环境管理系统，和其他国家一样，将在未来几年在范围和水平上更加成熟。比如可以减少交通拥堵和不必要的信号停车等待时间的交通流量管理计算机化，智能电网和电力使用的交互式测量和管理，从固体废物和城市污水中捕获能源与甲烷，LED 照明，建筑物取暖和制冷限制等。在今天的一些中国城市，上面提到的许多创新已经得到应用，特别是在支持能源效率目标和空气污染削减上。但是关于城市管理的政策还没有达到最优化，而且他们没能在中国的几百个城市里推行。

另外，在城市应对温室气体排放挑战方面取得进展是令人望而生畏的任务。世界上许多其他城市，特别是在 OECD 国家的城市，已经成为应对气候变化行动的先锋。ICLEI（可持续发展地方政府）指出，有 700 个社区加入气候变化世界城市阵营。ICLEI 采取的方法是设定 5 个实际政策的里程碑，这些政策是通过改善公共基础设施和建筑来实施的[②]。中国似乎没有这类的涵盖所有城市的综合城市气候变化政策。

城市和郊区是中国主要技术创新的聚集地（如风能和太阳能），并且兴建了大量绿色工业园区，在那里入驻了许多驱动绿色增长的朝阳产业。这些工业园区本身就是节能高效和先进污染控制的楷模。例如，中国刺激经济增长政策所资助的一个工业园区在湖南省衡阳市，生产“环境友好型”的铅电池。该技术由深圳的一家纳斯达克上市公司——中国瑞达国际电力公司开发，生产的电池销往国内外。该公司

① T. Dunne，中国豪华汽车市场：未来前景光明，J.D. Power and Associates。www.jdpower.com，2009-08-23。

② ICLEI 气候变化 5 个里程碑：完成基准排放清单和预测；采纳预测年排放标准目标；开发地方行动计划；实施政策和措施；监测和验证成果。www.iclei.org。

还很有兴趣研究风能和太阳能深度循环电池以及轻型电力汽车所需要的电池。

中国城市人口在今后20年将从46%上升到70%，这一转变可能也会成为中国最大的能源与环境挑战，特别是再加上城市富裕人口可能或不能采取可持续消费模式这一因素的影响。到2030年，拥有百万人口以上的超过200个城市将拥有400亿米^{2}的建筑和大约5万个摩天大厦，这将为创新打开巨大空间。主题为“城市，让生活更美好”的上海2010年世博会将为中国和全世界展示城市能源与环境进步、21世纪城市发展机遇提供一个完美的平台。

3. 农村能源与环境

“建设社会主义新农村”为改善能源供给和涉及能源生产和使用的经济发展提供了新的发展潜力。大多数中国的贫困人口和刚刚脱贫的人口都生活在农村地区。他们最易于受气候变化的影响，因此他们的需求应立刻在气候变化缓解和适应战略中得以体现。农村地区是国家很多能源的所在地，包括煤矿、水电站、生物质能源和新的风电、太阳能电厂。因此，农村对中国很多的能源与环境问题的破解来说至关重要。但是，大多数农村地区还没有具备充分的条件——缺乏教育和科技知识，缺少新技术和企业。

农村人口的家庭收入还落后于城市居民，因此不能期望他们能充分利用目前刺激扩大内需的有利条件。很可能出现的情况是，随着他们收入的增加，他们会在支出方面有着不同的优先考虑。他们的财富增加将会如何影响中国的可持续消费，这一点很难预测。但是，现在农村居民在保持全国人均能源利用统计数据处于较低水平方面起到了相当大的作用。

农村居民有着特殊的能源需求，即廉价、清洁和健康的能源用于取暖和做饭。传统的煤炭和生物质燃料引起了呼吸道疾病问题，特别是对在室内时间较长的妇女和儿童。在某些情况下，沼气是一种理想的解决办法。农村的住房通常都不是按照较高的能效标准建造的。农村另一个特殊的需要是远离电网，特别是在西部偏远地区。因此着重发展太阳能和小水电将是很好的办法，同时还能够减少燃煤用量。保证可靠的用电来源，不仅仅是用于家庭，还能用于现代化农业机械、加工厂和冷藏。农村人口还得益于水库提供灌溉用水。中国在满足这些农村需求上取得了很大的成绩，从而也有助于千年发展目标的实现。

现代化的农村将会有更多的生计机会，包括适合当地特点的工业和更加高效的农业。同时，鉴于中国在植树造林和草场保护方面的承诺，生态补偿和生态服务功能必将受到更多的关注。一些新的职业与生物燃料的生产和集约化农业有关，这些产业的化肥施用和其他投入需要更多的能源。还有些与种植特种作物（如水果）和牲畜养殖等农村商业有关。其最终的结果是较高的能源使用，有时候还连带着严重的环境影响。将牲畜粪便从废物变成有用的产品如沼气、将植物秸秆和其他废物变成纤维素乙醇、通过低耕农业减少能源使用等都是如何能在现代化中国农村解决能源和环境问题的良好范例。

因此，农村地区的能源与环境问题落入了推广人员、地方社区领导和县级官员的职责范围。在这一层面还要做许多工作，以建立必要的决心和对政策的理解，改善实际执行情况。

在这个层面上，对气候变化的关注可能更重要。正如中国气候变化谈判代表于庆泰大使[①]所说："按照联合国每天少于2美元的标准，中国还有大约1.5亿人陷于贫困境地……使千百万人脱离贫困必须是中国的首要目标。"真正的问题是如何保证削减贫困成为中国应对气候变化努力的一部分，在这两个议题上都能取得良好的进展。

农村人口容易受到如台风、洪水和干旱等严重天气事件的影响。在中国西部，那些农户和牧户受到了冰川融化和其他效应的最直接影响。人类、动物和植物的疾病和虫害可能会扩散，生态效应（包括植物带）、作物成熟期以及生物多样性等问题都需要通过适应和减缓措施来综合考虑。农村气候适应战略因此成为中国广大农村的基本需要。这其中一部分需求是建立适当的机制来弥补这些居民和生产者遭受的损失。一些补偿可以通过与REDD[②]相关的国际资金获得，或者其他能够增加碳汇的农业和林业机制获得。气候适应在中国和其他地方仍处于早期阶段，必要的政策仍然有待发展。

4. 能源与环境的经济手段

多年来国合会一直在推动环境和能源领域基于鼓励手段的管理方法，提出了很多价格、削减和取消有碍环境的补贴、更多地运用税收手段的建议。中国正在逐步采纳这些建议，将资源价格与国际市场接轨。但是，工作还远没有完成。事实上，

① 2009年8月5日路透社在北京采访于庆泰大使。
② REDD是联合国的减少发展中国家毁林及森林退化计划。为此已经建立了一个特别基金。REDD也正处于讨论之中以期在将来达成国际协议。

现在做的这些工作就像一床多个布块连缀成的被子，有着各式各样的图案，还有很多破洞，相当粗糙。换句话说，各种鼓励政策在应用中常常不一致，导致可以被轻易地绕开，缺乏实施力度。

在未来的几年中，有必要建立起一套市场激励机制来解决能源和环境问题，其核心还是经济和财务问题。非常重要的一点是提高能源生产率，即从给定数量的能源利用中发掘出更多的价值，为此需要强有力的激励手段。很多工作需要转向气候变化领域，例如我们期待着看到更多关于限额和贸易系统、定价和碳税方面的建议。通常，在中国或其他国家关于具体环境与能源问题的激励措施可能不具有太大的吸引力。但有时大的激励措施可能仅仅是强化人们已经准备去做的事（如在美国和欧洲淘汰化油器汽车的补贴），或者在解决问题上发挥不了什么作用（如第一代高补贴的以谷物或玉米为原料的生物燃料）。

世界上关于能源和环境经济的政策失误非常普遍。这里有一系列的原因：政治考虑凌驾于经济性之上；强大的游说压力；缺乏科学认知或现有知识的有效利用；长期对碳氢化合物能源和使用的补贴。最近 G20 匹兹堡峰会宣布取消对环境有害的碳氢化合物的补贴将是一个非常重要的考验。

在改革顽固的价格和金融支撑体系方面的一个问题就是似乎总也找不到合适时机进行改革。否则，在过去的10年我们可能已经能看到对新兴可再生能源、公共交通、减少化石燃料和汽车等工作更多的支持了。这一点在北美和欧洲尤其如此，人为的低能源价格阻碍了能源技术的发展。能源、金融和气候变化的复合危机加大了激励措施向正面转变的压力，但是目前形势喜忧参半，特别是庞大的汽车行业拯救计划。

对于中国来说，可以肯定的是目前关于市场机制的建议远比令人满意的实际行动要多。一是由于各种议程交叉在一起，例如又要刺激国内消费，同时又要寻求可持续发展；二是要保持社会稳定，如果价格突然上涨会威胁到社会稳定；三是要制定能够避免对贫困或者特定地区负面影响的财务机制；四是，在世界各处都出现在环境规划上首先采用命令和控制手段的趋势。

但是，未来会怎样？如果我们有理由相信不全面地应用市场机制，环境、能源和气候变化问题就会难以解决，那么接下来的问题就不是综合激励体系是否能实施，而是怎样实施的问题。中国不能期望完全依靠自己进行绿色财政改革，因为它必须要以合理的代价维持其全球贸易中的竞争优势，它还必须获得必要的技术解决方案。此外，大幅波动的国际商品价格也使绿色财政改革困难重重。并且，碳定价也有必要成为国内（并最终成为全球）的温室气体削减战略的一部分。

整个金融行业可以参与到以市场手段管理环境和能源的工作中。中国的银行已经开始在它们的贷款中加入了环保的条件，保险行业也在努力开辟环境责任和补偿机制业务。绿色担保开始在中国的股票市场出现。来自有严重污染历史行业的企业在首次公开募股之前必须经过环保验收，法律也要求企业更多地公开其运行的环境影响[①]。这些都是进步，对将来的改善影响潜力巨大。

在命令与控制手段和使用经济手段使环境成本内部化之间需要寻求一种平衡，自愿性措施需要从根本上重新考虑环境法律法规、新标准和强有力的监督和执行机制。这些挑战需要立刻应对，因为中国的管理框架是在管理手段和命令与控制占主要地位的计划经济时期形成的。但是，必须强调的是这并不意味着新的监管缺乏的时代。事实上，它将是一个监管更加有效的时代，有时也被称为“聪明监管”。

5. 低碳经济

国合会从 2007 年 4 月开始探讨低碳经济对中国的潜在价值，那时召开了一次探索性的研讨会，激发了国内外的相当大的兴趣。自此，低碳经济激发了中国国内和很多 OECD 国家的兴趣。中国领导人的讲话也表明了政府对低碳经济的支持。在 2007 年 9 月于澳大利亚召开的第十五次 APEC 经济领导人会议上，胡锦涛主席对成员国表示：……优化能源结构，推进产业升级，发展低碳经济，努力建设资源节约型、环境友好型社会，从根本上应对气候变化的挑战……应该加强研发和推广节能技术、环保技术、低碳能源技术，增加资金投入，大力促进技术合作和转让。

从那时起，低碳经济这一概念得到了各级政府的进一步重视。

最近，国务院 2009 年 8 月中旬的会议上对此进行了讨论，认为应该开展几项重要的工作来应对气候变化，包括“培育以低碳排放为特征的新的经济增长点，加快建设以低碳排放为特征的工业、建筑、交通体系”[②]。此外，会议还提出各级政府应把气候变化措施纳入他们的环境发展计划。2009 年 8 月 27 日第十一届全国人大常务委员会通过了一项关于气候变化的决议，决议指出：“创造以低碳排放为特征的新的经济增长点，促进经济发展模式向高能效、低能耗、低排放模式转型。”

在 2009 年 9 月 22 日联合国气候变化峰会上，胡锦涛主席对中国的环境、能源和低碳经济发展做出了如下承诺：“今后，中国将进一步把应对气候变化纳入经济

① http://climateintel.com/2008/03/04/china%E2%80%99s-green-securities-policy/.

② China Underscores Climate Change Strategy. www.china.org.cn，2009-08-13. 引自环保部网站。

社会发展规划，并继续采取强有力的措施。一是加强节能、提高能效工作，争取到2020年单位国内生产总值二氧化碳排放比2005年有显著下降；二是大力发展可再生能源和核能，争取到2020年非化石能源占一次能源消费比重达到15%左右；三是大力增加森林碳汇，争取到2020年森林面积比2005年增加4 000万公顷，森林蓄积量比2005年增加13亿米^3；四是大力发展绿色经济，积极发展低碳经济和循环经济，研发和推广气候友好技术。”

低碳经济正在由一个学术争论的概念转变成为中国未来绿色增长的主要驱动力。因此，仔细地研究它的经济、社会和环境影响成为一个重要的课题。一个主要的关注点是这一转变的宏观经济影响以及该以怎样的速度进行。一些人可能会说这种转变已经随着中国对可再生能源、“十一五”规划能源效率目标的承诺和其他行动（包括在经济刺激计划能源技术的承诺）正在顺利进行。但是，这些仅仅是一个长期努力的开始，这一长期努力不仅需要中国而且需要很多其他国家也实施这样的战略。

例如，美国进步中心对美国迈向低碳经济给出了10点建议[①]：① 建立一个全面经济领域的温室气体限额贸易方案；② 取消对石油和天然气的联邦税收减免和补贴；③ 提高汽车燃料的经济性；④ 增加低碳替代燃料的生产和可获得性；⑤ 投资低碳交通基础设施；⑥ 提高能源生产、运输和消费的效率；⑦ 增加可再生电力生产；⑧ 利用碳捕获和碳封存技术来捕获和掩埋煤炭燃烧排放的碳；⑨ 成立一个白宫国家能源委员会，使联邦政府成为一个低碳的带头人；⑩ 率先推动全球变暖国际政策。

英国已经制订了转向低碳经济的立法、战略和转型计划。其他欧盟国家也都在不同程度地推进这一议程。

根据这些可以看出，实现低碳经济途径的共同点包括：① 确定一个符合自己国情的、使经济增长脱离碳量增长的概念；② 工作上明确致力于减缓气候变化，同时也充分利用绿色发展的优势；③ 就重要关注点和预期成果制定一份战略路线图；④ 着重于行业计划，包括工业计划、能源和环境计划等；⑤ 对至少20～30年的时间尺度估算成本和收入来源；⑥ 确定科技需求；⑦ 制订低碳转型计划；⑧ 建立公共和私营行业的共识，支持和参与低碳经济行动。

支持低碳经济的法律法规、鼓励政策和机构安排目前还处于早期阶段，还需要

---

① J. Podesta，T. Stern，K. Batten. November 2007. Capturing the Energy Opportunity Creating a Low-Carbon Economy American Progress Institute. 88pp. www.americanprogress.org.

更快一步的发展。更重要的是，低碳经济必须与碳定价挂钩，还要有相应的如碳税、限额贸易等手段来减少温室气体排放。

关于在中国发展低碳经济还存在以下一些问题：

（1）着重于低碳发展是否比低碳经济更合适？

（2）向低碳经济转型如何能够改善可造福贫困人口 / 地区和避免负面环境影响的发展？

（3）以煤炭为主要能源的模式是否符合低碳经济的概念，特别是如果针对煤炭使用的环境友好型碳捕获和封存技术能够被开发出来的情况下？

（4）中国是否需要制定一套限额贸易措施或者其他限制目标来作为国内或全球低碳经济的一部分？

（5）中国低碳经济最好的融资方式是什么？

（6）如何改善低碳经济技术的获得渠道，包括国内和国外来源？

（7）省市一级的低碳经济战略会是什么样？

现在需要让决策者们确信转向低碳经济会对经济发展产生一些可控的影响，甚至可能会是正面影响。这就需要运用可信的宏观经济模型进行大量的情景分析。同时还需要考虑就业成本和效益、对社会贫困人群的影响以及地区和行业影响。可喜的是转向低碳经济会产生协同效益，例如通过低碳经济投资削减污染。对此需要加以仔细识别和测算。因此，中国以及很多其他国家都需要开展社会经济分析、环境和其他效益分析，特别在建立和实施低碳经济战略的早期阶段。

在这些评价和分析的基础上，我们才有可能采取修正或者适应措施。重要的一点是尽快开展小规模低碳经济试点。示范项目和其他实验性的努力会在不久的将来得出有益的经验教训，但是一些关键的措施需要立即实施。这包括制定一个公众、企业和各级政府都能够理解的低碳经济国家战略；碳定价机制和制定碳削减目标；一份针对初期行动战略要点的路线图；一套鼓励机制以促进技术、机构和管理系统快速向新模式转化。

四、展望未来

本次年会召开的时间恰逢“十二五”规划准备的有利时机，也是金融危机经过了困难的头一年之际。因此，这是一个考虑评估“十一五”规划中约束性环境和能耗指标完成情况、其他与环境相关目标以及可持续发展进程的好时机。这项工作应该为“十二五”规划目标的制定奠定基础。国合会第四期研究已经提出了一系列可能与“十二五”规划有关的成果建议。在本报告最后的这部分，我们列举了几个建议，概括起来供年会期间讨论。

一些重要的问题是：中国能够实现或者超越有关的环境和能源目标吗？哪一个最可能出问题、为什么会出问题？如果目标全部实现，考虑到统计的问题和下级政府考核的压力，其结果是否可信？“十一五”规划实施中出现的最重要的成果是什么，其最大受益方是谁 / 什么？是否有大量的社会群体没有从中受益？“十一五”的经验是否值得借鉴？“十一五”的经验如何才能为“十二五”规划目标和措施的制定起到帮助作用？在此，我们不想就所有问题做出回答。但是，我们应该时刻把这些当作潜在的问题记在心里，不仅是在当前的五年规划，而且在将来的五年规划制定过程中都要时刻记住。

（一）“十一五”规划回顾

1. 中国“十一五”约束性环境和能源目标的实现①

2007 年国合会课题组②认为，由于非常高的经济增长率和“十一五”实施头两年目标实现进程缓慢，要实现节能减排目标③将非常困难但并非没有希望。当然，那以后发生了许多变化：2008 年和 2009 年经济增长速度变缓；2008 年 9 月后进出口下降；外国直接投资减少；向国内消费转化；低价值、高碳商品出口的转变；以及农村社会支出和经济的改善。政府领导向各级施压，力图在特定地区和行业中实现“十一五”规划目标。这些努力看起来起到了一些良好的效果而且看来最困难的目标也很有可能实现了。

根据官方统计资料，截至 2008 年年末，单位 GDP 总的能源消耗已经下降了 10.1%，SO_2 和 COD 的总排放量分别下降了 8.95% 和 6.61%。2009 年上半年，SO_2 和 COD 又分别下降了 5.46% 和 2.46%，能源强度下降了 3.35%。虽然这些结果令人振奋，但是总体的能源和环境表现还令人担忧。环境保护部数据显示中国重点环保城市的空气中 SO_2 浓度与 2005 年相比，平均下降了 15.8%。过去 3 年累计节能约 2.9 亿吨煤当量，相当于减少 CO_2 排放 6.6 亿吨。但是，如周生贤部长最近讲话中提到的，

① 本部分引自“‘十一五’规划节能减排指标实施中期评估资料”。
② CCICED“十一五”环境与发展绩效课题组。
③ 中国政府要求单位 GDP 能耗从 2005 年到 2010 年削减 20%，总污染物排放削减 10%。这两个目标是针对各级政府的约束性指标。

中国的环境状况仍然“十分严峻”，全球环境形势也很“严峻”[①]。中国相信持续地改善自己的环境也将会改善全球的环境状况。

距离完成约束性节能减排指标还有两年时间。假设这两年中污染排放以固定的速度降低，并于2010年恰好完成任务，则这个固定的百分比可以计算出来。

对于COD来说，2009年和2010年要完成1.83%的逐年削减率以便实现减排目标，即相对于2005年的基数COD在2009年减排8.32%，2010年减排10%。COD减排不乐观的状况主要是由于以下几个因素：第一，新增工业排放快速增长，造纸、酿造和纺织业快速发展，其排放量超过总COD排放的60%；第二，减排工程项目滞后，如“十一五”规划要求的日处理680万吨的污水处理设施建设严重滞后；第三，结构性减排不尽如人意，在淘汰落后产能方面（纸浆造纸、酿造、味精和柠檬酸）缺乏实质性进展。

对于SO_2来说，2009年和2010年逐年削减率需要达到0.58%。相对于2005年基数的年减排应为2009年9.5%，2010年10%。现在确定SO_2可以提前一年实现减排目标。这一乐观的估计基于几个原因：第一，新增排放源压力有所缓解。发电、钢铁和有色金属冶炼等占工业SO_2排放70%的行业首次出现下降或持平。第二，工程减排措施稳步推进。新安装燃煤电厂脱硫装置82套，相应的电厂装机容量360万千瓦，占年度计划的72%。第三，结构性减排取得重大进展。前6个月共有3 382台共计1 989万千瓦的小火电机组被关闭，累计关闭容量达到5 407万千瓦，提前一年半完成关闭任务。第四，减排的监督工作初见成效。

对于单位GDP来说，2009—2010年能源消耗的逐年降低率为5.89%，相对于基准年的降低率为2009年15%，2010年20%。这些目标看来难以实现。

2. 可持续发展进程

“十一五”规划包括了可持续发展的很多方面内容，而可持续发展本身比环境保护更复杂。2008年12月中旬世界银行发表了“十一五”规划实施进展的独立评估报告[②]。其结论是：

（1）经济发展远远超过预期。

（2）在实现“十一五”最重要的社会发展目标方面取得很大的进展：即改善社会保障、教育、医疗和农村条件等基本公共服务，尽管农村和城市的收入差距仍

---

① http://english.mep.gov.cn/Ministers/Activities/200909/t20090929_161949.htm.

② 世界银行中国办公室。Mid-term Evaluation of China’s 11th Five-Year Plan，报告编号46355-CN，2008-12-18。

在扩大。

（3）环保目标进展喜忧参半：节能进展不足，但在削减大气和水污染、处置工业固体废弃物、提高水的利用率和扩大森林覆盖率方面表现出了进展。

此外，世界银行评估得出的结论认为经济结构更加倾向以工业行业为主。在工业行业中，能源密集型的重化工业占据了主导地位。整体经济缺乏平衡部分抵消了微观层次上的成绩。通过强制性节能指标和关闭低效产能实现能效提高在将来会更加困难。如果不进行经济和产业结构的根本转变，世界银行认为“十一五”20%的节能目标的实现面临巨大挑战。

国家发改委在给全国人大的“十一五”规划实施中期报告中指出，总体进展是好的。在主要社会经济发展指标的完成上，22个主要指标大多数都达到了预期的进展。14个反映经济增长和生活水平改善的指标中有10个达到甚至超过了预期，4个经济结构指标中除城市化率外，其他3个没有达到预期进展。8个约束性指标中有5个取得超过预期的进展，但是森林覆盖率由于资料不全无法进行准确的估计。两个节能和减排的目标进展滞后。

根据国家发展和改革委员会的评估，很多其他与环境相关的目标进展情况良好。例如，截至2007年万元工业产值用水量降低了16%，完成总目标的53%。农业灌溉有效利用系数增加0.02，达到了“十一五”规划的要求。工业固体废物的综合利用率提前实现了目标。

3. 项目监管

2008年通过管理手段关停了1 100个污染严重的造纸厂、1 669万千瓦小火电机组、1 400万吨落后铁厂和600万吨落后钢厂。同时，一些有色金属、水泥、炼焦、化工和印染行业的落后设施也被关闭。在太湖、巢湖和主要水系地区关停了产生严重污染、生产落后的制浆造纸、制革、印染和酿造企业。

环境保护部于2008年12月至2009年5月共审查批复了365个项目，涉及总投资14 428亿元。29个化工、石油、钢铁和热电项目（总投资1 467亿元）被暂缓或不予批准，以防止“两高一资”（高能耗、高污染、资源型）项目过快发展和重复建设。人们担心如果“两高一资”项目由于经济利益或地方保护主义而上马，将对公众、环境和健康造成严重损害。

4. 技术创新

中国对绿色增长的承诺已经在“十一五”规划实施的这几年里取得了实际的成

效。一方面原因是由于科技领域的大力投入，另一方面则是认识到通过恰当的技术组合可以快速地将机遇转化为现实。具体相关内容在国合会 2008 年的“创新与环境友好型社会”课题组中进行了重点研究。

5. 结论

“十一五”规划将为中国的环保和节能行动树立一个新的基线。很显然，这个过程不是一帆风顺的，在相当程度上取决于外部因素的影响，特别是过去一年来的经济下滑。但是很明显，这个趋势正在形成，在环保方面使用强制性指标起到了积极的作用。有人担心目前的统计数据是否能准确地代表偌大一个中国的现实，但是，在节能和环保指标上取得的重大进展的确令人鼓舞。

随着新一轮的经济增长前景光明，依托于与 GDP 挂钩的强度指标而不是与总污染负荷相关的指标可能是危险的，因为污染物和能源使用的绝对数量可能是增加的。此外，很多重要的污染物，例如 NO_x、地面臭氧、汞和其他重金属、持久性有机污染物等还没有被列为目标，甚至没有包含在控制战略中。更进一步地讲，温室气体和碳减排战略还没有纳入“十一五”规划当中。

到目前为止，“十一五”环境保护的成果对社会和经济的影响还没有被系统地跟踪。因此，很难知道它对不同地区的农村和城市的影响程度。总的来说，我们可以放心地设想中国的环境改善会造福全球，但在很多外国人的头脑中这完全是假想。其中的原因部分是由于对中国是否在环境治理上取得如此快速的进展存在不信任。因此，中国最好能投入更大的努力科学地衡量中国国内的改善如何直接影响全球的环境。

（二）“十二五”规划中的环境与发展重要议题

中国政府正在考虑制定下一个五年规划的总的指导思想，各种相关的研究正在进行中。环境保护部和其他部门已经就全国环境保护规划的研究提出了一些初步指南，见专栏 5。还有很多其他与本报告有关的题目没有包含在专栏 5 的清单中，包括环境、能源和气候变化等多个方面。可以肯定，绿色经济增长将会是考虑的重点之一。

国合会“十一五”污染减排规划课题组提出的污染物排放削减“五个转变”的建议还没有得到全面的实施，对 2011—2015 年这一阶段仍然具有高度的现实意义。“五个转变”包括：① 从单纯注重污染物排放总量减排向总量减排与环境质量改善相结合转变。② 从注重重点行业减排向全面削减转变。③ 从注重落实减排工程能力向注重减排工程质量和减排实际效果转变。④ 从注重依赖行政干预向更多地利用市场经济费效比合理的长效手段转变。⑤ 从单一污染物的总量控制向多种污染物的协同增效控制转变。

专栏 5 国家环境保护"十二五"规划前期研究课题招标指南

（环境保护部规划财务司　环境保护部环境规划院，2009 年）

（1）将"十二五"环保规划目标作为实现 2020 年全面小康环保要求的阶段要求，实现环境质量的根本改善。

（2）改善优化污染物排放总量控制方法，研究 N、P、NO_x 等其他新污染物的总量控制方法，进一步加深总量控制工作。

（3）对重点河流应用系统的管理方法深化水污染防治，水污染物总量控制将由目标总量控制逐步向容量总量控制转变。

（4）大气污染物总量控制，特别是 NO_x 和区域大气污染联防联治是研究的重点方向。

（5）生态环境保护和土壤污染预防与管理是"十二五"规划的重点任务之一。

（6）固体废物（如生活垃圾、危险废物、医疗和工业废物）综合利用和有关重点项目是"十二五"规划重点工作，需要技术和科技创新、完善政策法律支持和强化社会管理。

（7）随着中国经济的发展，公共财政对环保的投入将继续增加，需要建立一个稳定、定向的专项资金保障机制。

在环保法律法规方面还有很多需要完善以便应对目前中国复杂的环境保护形势，充分发挥经济手段的作用。为了完善环境管理框架，有必要建立和实施一套同时注重总量控制和环境质量改善的指标体系。在扩展受控污染物清单和加强地方实施总量控制方面还有很多需要做的工作。例如，燃煤行业的锅炉排放削减转向注重 SO_2 排放削减；采取步骤在火电行业实施 NO_x 排放的总量控制；选择重点河流和湖泊进行氨氮控制；在某些地区开展非点源污染的总量控制试点。针对持久性有机污染物、汞污染和 VOCs 污染，有必要制订一套主动的防控体系，开展污染场地清理、污染土壤修复和电子废物无害化处置的试点工作。

关于能源和环境的 5 个重要课题包括：

（1）可持续煤炭利用战略。

（2）迈向低碳经济和发展的现实和长期步骤，包括在城市、农村和各工业行业中的实施以及国内和出口产品向绿色增长的转变。

（3）制定一个能源生产力战略，包括逐步的、可预测的能源定价方法和行政管理与经济鼓励相结合的手段。

（4）可能基于碳税、限额贸易或其他方法的碳定价机制。

（5）能效目标和与能源有关的环境问题，其中的一些问题基于绝对量而不是能源强度。

总之，在"十二五"节能和环保目标制定过程中需要考虑很多的具体因素，其中包括：

（1）多个行业的节能和能源效率需要达到或超过现有国际标准。

（2）降低城市建筑、基础设施建设和运行以及交通行业的能源强度。

（3）努力扩大可再生能源的利用，特别是风能、太阳能、沼气和小水电。

（4）与能源、环境和气候变化国际事务相关的具体行动，包括碳定价和贸易、CDM、双边和多边技术转让与合作协议、知识产权和投资安排。

（5）气候变化的适应需求。

（6）温室气体和碳强度强制性削减目标。

（7）通过对"十一五"规划中约束性目标污染物更严格的削减（另外还包括其他污染物，例如燃煤过程中的汞排放、NO_x）持续改善环境质量。

（8）一些行业和地区的总量削减系统。

（9）生态系统服务功能的改善和生态补偿。

（10）制定环境和健康目标，以减少或消除特定原因造成的死亡或事故，改善重点行业如煤矿等工业行业的环境安全。

（11）全面实现千年发展目标，包括与环境可持续发展相关的目标。

（12）加强改善绿色增长机遇的框架体系，包括科技研发、创新科技投资、机构能力建设，为中国提供新的增长机遇，扩大满足国家需求，特别是与环境和能源有关的出口潜力。

（13）改善能源和环境绩效的统计信息基础。

很多观点认为，低碳经济能为“十二五”规划实现科学发展与和谐社会带来新的特色，因为它不仅代表了可持续发展的一个主要转折点，还将为中国未来的经济发展带来全新的机遇。

五、结论——未来绿色繁荣的前景

本报告涉及了一个几乎是不可能完成的任务，即试图探讨几个几乎同时发生的空前规模的全球事件所带来的后果。一年以前，这些事件看起来就要发生碰撞，甚至可能导致全球崩溃。金融危机和经济衰退如今已经转变成了一系列有希望解决的问题，且主要由世界少数经济大国去解决。中国由于经济复苏走上良性轨道而在国际责任和后果中担任了重要角色。当然，中国和其他国家未来 5 年中所面临的全球经济问题还是严峻的：重建世界金融体系，包括一些国家走出高赤字支出的问题；保护贸易和投资，以及最近 G20 匹兹堡峰会强调的其他问题。但是，一种乐观情绪正悄然浮现，部分原因是由于政治领导人为扭转恶化局势采取了快速的行动。显而易见，如果没有一个诚信的、稳定的全球金融体系，可持续发展目标很难或者不可能在全球和国家层面得以实现。

第二个重大的转变是关于 2009 年 12 月召开的哥本哈根气候变化会议成果的对话深度。现在人们普遍认为，气候变化连同消除贫困一道将成为 21 世纪关乎我们共同未来和安全的主要问题。除非这些问题能够得到妥善地解决，否则其成本将高得难以承受。但遗憾的是，要在哥本哈根会议上就最佳方法连同即刻要采取的行动达成实质性一致看来是非常困难的。这个问题将影响绿色增长和国际市场新技术的开发，更重要的是会影响工业化国家和快速发展中国家的国内消费形态。哥本哈根会议肯定具有重要的历史意义，是我们应对气候变化问题的一个新起点。无论成果如何，它都开启了关于我们这个星球，特别是未来发展低碳经济的新思路。

第三个转变是全球关于消除贫困的国际合作和应对这一问题的全球能力。中国为实现千年发展目标所作出的努力取得了巨大的成功，但是与之相伴的还有逐步加大的贫富差距以及还有相当大的一部分人口还没有走出贫困。尽管如此，中国可以通过扩大与发展中国家的合作作出更大贡献。中国在农村推广的技术、可再生能源方面的经验以及降低产品生产成本的优势都能给世界的其他国家树立独特的榜样。

近一段时期，世界上出现了多重的危机，包括自然资源和能源产品的高价格、粮食短缺和价格高涨、流行疾病的威胁以及很多地区自然灾害的强度和频率不断增加。这些问题需要用全新的方法和视角系统地加以解决。贫困与气候变化的影响和适应（特别是水资源的问题）、改善环境与发展关系是密切相关的。

第四个转变（也希望是持久的转变）是向创新型社会的转变，这样可以更快速地应对形势的变化和国内 / 国际生产力的需求。绿色增长包含了新型的生产和消费，它将影响从第一、第二产业到商业、旅游业、电信和其他现代第三产业的所有行业。可以理解目前绿色增长还是以能源、环境和气候变化为中心的，但最终是生活方式、基础设施设计以及商业运作模式的改变，这将决定着美好的结果——一个绿色繁荣的未来。

中国能成为开创这一美好未来的全球引领者吗？这个问题难以回答，因为这取决于中国是否愿意在自身崛起的过程中担任这一角色，同时也部分取决于其他正在变革中的富裕国家。这方面，中国具备很大的潜力，因为中国能够适时地采取措施应对关键的挑战，大力建设房屋、交通、满足能源需求和提高供水质量的基础设施，还准备大力投入社会事业，特别是健康和教育。中国也充分证明了它在全球市场胜出的能力。无论是 LED 照明、风力发电机、先进煤厂，还是无数其他的先进绿色技术（可能还包括电动汽车），还有庞大的国内市场、出口市场推广能力以及它灵活和快速适应的能力，中国在未来具备了很多优势。

绿色繁荣也取决于国际合作的拓展，这包括更大程度地共享，而并不仅仅限于财富、知识和经验的分享。正在进行的全球金融机构改革以及世界主要经济体的决策中的权力分享就是一个结果，这在一年前都是难以想象的。其结果是中国加强了国际合作的潜力。这一点可以从环境和能源领域看出来，很多国家纷纷涌入中国开展能源、环境和气候变化领域的合作。这些合作常常是为了解决关乎双方利益的问题。最终，很多成果不仅对中国有所帮助，也对其他参与国大有裨益。这种形式值得鼓励。

我们有必要认真思考生态文明这个目前只在中国使用的词汇的含义和对世界的意义。如果各国能够以低水平的生态破坏代价换来繁荣，尊重这个富饶的星球提供给我们的自然和生态服务，我们就有可能实现全球生态文明。中国已经号召在自己的领土上实现人与自然的和谐，我们必须相信这将成为中国发展理念的核心。其他国家将从中学到很多经验，也希望他们能在共同走向未来繁荣的道路上作出贡献。

国合会 2009 年年会给中国政府的政策建议

国合会第四届第三次年会于 2009 年 11 月 11—13 日在北京举行，会议的主题是“能源、环境与发展”。

国合会委员热烈祝贺中华人民共和国成立 60 周年！新中国的 60 年，特别是改革开放以来的 30 年，是一个从贫穷走向小康、从落后走向繁荣、从封闭走向开放并融入全球化的历史进程。我们特别注意到，中国从 21 世纪初开始了国家发展观念和战略的重大转型，以人本、全面、协调和可持续为标志，奋力走向科学发展，凸显绿色与和谐。我们强烈支持中国政府持之以恒，努力促进国家环境与发展的战略转型，实现中国未来的绿色繁荣。尽管探索具有中国特色的环境保护新道路任重而道远，但是其结果必将推动中国消除贫困、建设环境友好型社会的进程，塑造生态文明的真谛。在这一过程中，中国也将为解决包括气候变化等问题在内的全球环境问题作出贡献。

金融危机和经济复苏对环境与发展的影响仍然是国合会年会关注的一个重大问题，委员们欣喜地看到中国经济企稳向好的回暖势头，高度赞赏中国政府在应对全球金融危机中的重要贡献。我们也高度赞赏中国在金融危机关头仍然坚持“十一五”规划所确定的节能减排目标，并将绿色增长作为发展的新途径。国合会委员注意到，目前是着手谋划“十二五”期间环境与发展战略的关键时期；“十二五”是中国能否持续全面推动严格的节能减排工作的考验期，也是将包括低碳经济在内的绿色经济纳入国家发展规划的重要时机。否则，中国会面临丧失“十一五”期间努力成果的风险，错失新的发展机遇。

展望未来，我们认为必须关注经济、能源、环境和气候变化以及其他可能出现的多重危机。历史和现实的经验表明，全球金融危机的影响或许是暂时的，而气候、能源和环境危机则会对人类的可持续发展和全球生物多样性及生态系统带来重大威胁，是事关人类长期生存和健康发展的基本问题，需要国际社会携手努力、共同应对。国合会赞赏中国政府在应对全球气候变化方面提出的新措施与目标，认可中国政府在国际环境与发展事务中不断上升的领导力，高度关注全球气候变化国际谈判的哥本哈根进程。

在本次年会上，国合会讨论了5个课题组的研究成果和建议，包括低碳经济、煤炭可持续利用、城市发展的能源效率、农村能源与环境、能源效率与环境保护的经济手段等方面。基于国合会年会期间的讨论，并综合有关研究成果，2009年国合会年会提出如下7项政策建议。

一、大力发展绿色经济，加快经济发展方式的绿色转型

金融危机为建立一个更加健康的环境与经济关系提供了难得的历史机遇。绿色增长和绿色经济是国际社会在应对金融危机过程中提出的新倡议，也是20国集团就经济复苏所达成共识的重要组成部分。在中国，绿色增长应该引领未来的经济发展，并与中国政府提出的资源节约型、环境友好型社会建设高度呼应。这一新的增长模式意味着中国将注重刺激国内消费和未来贸易中的高价值商品出口。同时，绿色增长有可能成为应对包括能源、环境和气候变化等多重危机的有效举措，是迈向生态文明的重要步骤。为此，国合会建议：

中国政府应从落实科学发展观和建设生态文明的高度，从增强国家长期的全球竞争力的战略考虑，把发展绿色经济作为推动经济发展方式转变的重要途径，并尽快制定发展绿色经济的国家战略。在发展低碳经济的同时，中国应从以下6个方面推动绿色经济的发展。

（一）加大推动循环经济发展的力度，提高经济发展的资源环境效率

循环经济是从改善资源利用方式和效率的角度来发展绿色经济的一种模式，强调“减量化、再利用、资源化”的原则。中国已全面推动了循环经济的试点示范，取得了很多成功经验。但是，与国际标准相比，很多行业和农村地区在能源和资源利用效率方面，远没能达到生态高效。因此，中国应全面贯彻2009年实施的《循

环经济促进法》，建立健全有关政策和制度，全面推进循环经济发展。

（二）加大国家对绿色技术的研发投入和绿色投资，发展绿色产业，培育新的经济增长点

中国应在可再生能源、清洁能源、能源节约、环保产业、城市公共交通、建筑节能、生态系统保护与修复、环境基础设施、废弃物循环利用等领域，大幅提高技术研发投入和产业投资力度，使绿色增长成为中国新的经济增长点和战略性新型产业的重要部分。

（三）加大产业结构调整力度，对传统产业进行生态化改造

淘汰高资源能源消耗、高污染排放的落后产能是中国“十一五”节能减排的重要举措。截至目前，钢铁等行业已提前实现了淘汰目标。随着国家经济刺激计划的实施，第三产业投资和中西部地区基础设施投资明显加快。但必须清醒地认识到，中国现有工业基础中落后产能和过剩产能比例仍很大，过剩产能导致环境恶化的风险和压力明显，应当抓住刺激经济复苏的历史机遇，通过严格的环境准入标准、运营许可、污染物排放标准和强化管理等措施，促进企业对传统生产工艺进行生态化改造，促进结构调整，缩短传统产业向绿色转型的历史进程。特别是，中国需要在刺激经济的若干产业调整振兴规划中，进一步提高对环境保护、资源能源效率、加强对落后产能淘汰的要求，加大产业结构绿色转型的调整力度。

（四）以生态农业、有机农业、低碳农业和生态系统服务管理为核心，发展农村地区的绿色经济

中国城乡发展的不平衡，不仅体现在收入和发展水平上的差异，而且体现在环境质量、应对和适应气候变化能力，以及生活质量上的明显区别。在发展绿色经济的战略和实践中，中国不能造成新的城乡差异，而是借机谋求城乡一体化的绿色发展。中国农村的绿色经济发展应在扩大具有优良传统和丰富经验的生态农业、有机农业实践规模的基础上，纳入低碳的要求，并加强土地利用管理、生态系统服务功能管理和生物多样性保护，在减少农业污染和温室气体排放的同时，促进农村经济发展和就业。

（五）充分发挥公众和非政府组织在绿色经济发展中的作用，倡导可持续消费模式，推进低碳生活方式

必须高度重视公众消费模式对发展绿色经济的重要作用，公众是发展绿色经济的主体。必须不断提高个人、家庭、企业在节约资源、保护环境和低碳生活的意识，倡导个人和家庭的适度消费，鼓励使用高效低碳、可持续认证以及环境友好型的商品和服务。中国应大力推动各级政府的绿色采购，强化政府和公共部门绿色采购的法律基础，公开绿色采购信息。充分发挥非政府组织在建立绿色消费模式和发展绿色经济中的宣传推动和技术服务作用。中国应继续发扬光大 2008 年北京绿色奥运的经验，将预计迎来 7 000 万观众的、以"城市让生活更美好"为主题的 2010 年上海世界博览会办成绿色世博会，使之成为宣传低碳生活方式和建设低碳城市的重要机遇。

（六）加强国际合作，共同推动绿色经济发展

绿色发展是国际社会正在兴起的推动可持续发展及应对包括气候变化和金融危机在内的多重危机的共同意愿和行动，需要各国协调行动，密切合作，携手推进。发展绿色经济，需要建立公平、公正、有序和自由的国际贸易体系，采取措施反对贸易保护主义，扩大和促进资源能源节约和环境与气候友好技术转让的数量和价值。随着综合国力的不断增强和可持续发展实践经验的不断积累，中国可以在世界绿色发展和应对环境挑战方面不断发挥更多、更大的作用。

二、统筹国际、国内两个大局，发展低碳经济

发展低碳经济既是国际社会应对气候变化的根本途径和重要趋势，也是帮助中国转变经济发展方式的重要推动力。低碳经济的实质是在生产和消费中调整能源结构，逐步减少化石能源的消耗，发展可再生能源，提高能源效率，减少碳排放，使经济增长与温室气体和其他污染排放脱钩，最终目的是促进实现维持可持续的经济增长、创造就业机会、推动技术创新等诸多关键发展目标。低碳经济考虑并造福社会中的弱势群体。提倡和发展低碳经济将有利于中国控制和减少温室气体排放，促进工业结构及能源结构的战略调整，转向更为高效的和低碳的发展，走上低消耗、低排放、低污染的新型工业化道路。为此，国合会建议：

中国应从统筹好国际和国内两个大局的战略高度出发，抓紧研究制定包括战略目标、任务和具体措施的国家低碳经济发展规划，以重点工业行业、部分城市和农村地区为先导，启动低碳经济发展的试点示范工作，推动低碳生活模式。

（1）明确发展低碳经济的战略目标。中国低碳经济发展要从推进节能和提高能效入手，不断优化能源结构和发展低碳能源，大幅提高碳生产力。按照到 2020 年单位国民生产总值的碳排放强度比 2005 年有明显下降的总体要求，建立明确的低碳经济发展的量化目标，力争单位国内生产总值碳排放年均降低至少 4% ～ 5%，并按照地区和行业特征对目标进行分解。

（2）制定和实施可操作的政策和机制。要实现低碳经济发展的目标和任务，中国需要在技术创新、市场机制和制度建设的基础上，重点改革完善以下政策和机制：① 继续改革能源价格形成机制；② 增加对低碳经济发展的投入；③ 考虑择机实施碳税；④ 探索和建立自愿性的碳排放交易体系，促进碳融资和技术引进，利用市场机制推动低碳经济发展；⑤ 大力促进低碳技术的创新和推广应用，注重相关专业人才培养；⑥ 将低碳发展纳入城乡规划和主要交通系统（包括公路、铁路、航空、海运）的规划中；⑦ 开展低碳经济示范；⑧ 改进能源统计体系，将碳排放统计数据纳入统计体系。

（3）优化能源结构，大力发展并安全利用低碳能源。应抓紧研究确定集约、清洁、高效地利用煤炭的战略目标，力争使煤炭占能源消费的比例由目前的 70% 左右降低到 2020 年、2030 年和 2050 年的 55% 左右、50% 以下和 1/3 左右。具体比例可根据二氧化碳捕获技术的发展状况和污染物与二氧化碳减排成本等因素进行调整。中国应大力发展低碳能源，特别是加快风电及核电建设，推进太阳能光伏发电商业化，争取到 2020 年实现主要低碳能源的规模化、产业化和商业化发展。中国政府目前积极推进核电建设的政策，对于改善环境质量、减少温室气体排放、应对全球气候变化将发挥重要作用。但核安全是核电发展的前提和保障，中国政府应切实加强核安全监管能力建设，保证核电安全、稳定和健康地发展。

（4）建立以低碳排放为特征的工业体系。应优先考虑采取以下措施：加速优化产业结构，推动产业升级；提高资源综合利用水平，降低消耗和排放；推广应用先进成熟技术，积极开发先进低碳技术，提高能效水平；构建低碳技术创新支撑体系，完善政策激励环境。

（5）深入分析边境调节税（如碳关税）对贸易的潜在影响，并分析低碳经济发展对缓解贸易挑战的作用。

三、实施安全、高效和清洁的国家煤炭开发与利用战略

以煤炭为主的能源供给和消费结构，加之快速增长的能源需求，给中国资源环境带来巨大压力，造成严重的大气环境污染、生态环境破坏，也给温室气体减排带来巨大挑战。目前，中国已经制定了加快能源结构调整、大力发展可再生能源的国家规划，可再生能源等新能源占能源生产和消费的比例不断扩大。然而，今后 20 ～ 30 年，煤炭仍将在中国能源构成中占主要地位。煤炭开采和利用中的安全、高效和清洁问题是中国必须从现在开始要下大力气解决好的重大问题。只有这些问题得到妥善解决才能实现煤炭的可持续利用。为此，国合会建议：

中国应从保证国家能源安全和环境安全的战略高度出发，研究和实施安全、高效和清洁的国家煤炭开采与利用新战略，为中国绿色经济又好又快地发展提供长期稳定的能源基础。

（一）进一步明确煤炭在国家中长期能源战略中的基础地位，加快研究制定面向煤炭可持续利用的国家煤炭新战略

根据中国国情，国家煤炭新战略的制定和修订应进一步突出煤炭的战略地位，从煤炭开采、运输、最终使用、排放和废物的全生命周期出发，规划煤炭资源的安全、高效和洁净使用，加强控制和降低温室气体排放，根据环境标准控制煤炭消费总量，加强中央政府职能部门的监管。

（二）改善煤炭产业链的管理

为加强煤炭产业统一管理与协调，强化政府的协调管理机构，明确其责任和职能，以促进煤炭工业的可持续发展，包括：① 协调涉及中国煤炭产业链各部门的行动和政策；② 在统筹考虑能源安全、经济发展、环境和社会目标的国家能源政策框架下，整合煤炭工业生产、运输和使用各阶段的规划、投资和运营管理。这些管理职能的关键是制定统一的能源政策体系，支持和鼓励采矿、发电厂、输电线路、智能电网和输电系统、铁路、港口以及二氧化碳封存和捕获设施的优化发展。

（三）大力促进煤炭的绿色开采

利用综合的技术、经济和法律手段，促进煤炭的绿色开采，减少对生态及生物多样性的破坏并对其进行生态恢复，具体包括 6 个方面：① 开采和复垦同步，尤其

是在煤炭—粮食复合生产区，缓解煤粮争地矛盾；② 减少矿区地面沉陷，加强沉陷地治理；③ 节约水资源和地下水保护；④ 废物利用和处置；⑤ 提高风险管理，改善生态系统保护；⑥ 安全的矿山关闭和场地恢复。全面推行煤炭采矿权有偿使用制度，切实足额征收一次性采矿权价款；加快改革煤炭资源税政策，改从量征收为从量从价征收或者完全从价征收，并提高征收额度；建立煤炭开采生态补偿制度，实施环境损害恢复保证金制度。

对煤矿项目严格实施环境保护一票否决制，即在煤矿项目不能达到环境法律法规要求的情况下，不予发放项目许可。应加强在所有煤矿地区，特别是生态敏感采矿区， 如山西、陕西、内蒙古、宁夏等地区实施规划环评。

（四）制定燃煤发电战略，促进煤炭集约、清洁、高效地利用

大力发展先进燃煤发电技术，降低发电煤耗，提高煤炭转化效率，使其达到国际最高标准。大力推进热电、热电冷联供等多联产技术，提高煤炭资源的综合利用效率。持续优化装机容量结构，减少运行效率损失。研究建设适合中国国情的国家智能电网。推进电煤价格联动，从国家层面对未来电力和煤炭供需进行主动引导和调节。大力提高煤炭的洗选率。煤气化、煤化工、煤油转化等高碳产品的低碳利用要充分考虑成本及其他限制因素。

（五）改善和实施煤炭开发与利用的有关环境法规与标准

应格外关注整个煤炭产业链的环境保护工作，重点需要改进的法规和标准包括：矿山关闭与采煤沉陷地治理法规；土壤和水污染标准；粉煤灰和煤矸石以及其他有价值的副产品的回收利用标准；与动力煤相关的洗煤标准；扩展现有发电厂排放标准，将汞和挥发性有机化合物（VOC）纳入排放标准。同时，也有必要开展地区环境容量评价，根据水环境状况、大气污染物限额，决定煤矿的开采和使用。

（六）在环境污染严重的情况下，试行基于污染总量控制要求调控煤炭消费总量，强化燃煤电厂污染监管

根据区域生态环境容量，研究建立煤炭消费水平考核标准；在长三角、珠三角和京津冀区域性大气污染突出地区，根据污染总量控制要求，实行煤炭消费总量约束性调控制度；实行多污染物排放协同控制，构建系统、科学的空气质量标准体系

和排放标准体系；围绕今后 20 ～ 30 年内的城市大气环境质量改善目标、复合大气污染以及区域污染与温室气体排放关系等重大问题，制订国家清洁空气行动计划。强化燃煤电厂脱硫的执行力度，推进脱硝技术的应用并进一步完善和提高排放标准。进一步改革和提高排污收费系统和电厂价格的环境补贴，推行基于排放指标的用户付费系统，并在电力行业实行排放交易试点工作。

（七）加强科技创新，促进煤炭可持续利用的技术开发、应用与推广

积极推进煤炭绿色开采利用技术开发与应用，加大煤炭清洁利用技术的研发与推广，研究发展适合中国国情的二氧化碳捕获、储存与利用技术。加强国际合作，开发适合中国国情的示范技术。

四、创新思路，解决城市发展中突出的能源环境问题

目前，中国城市化的步伐和人口总数远快于历史上任何国家的城市化进程，但中国作为世界上最大的发展中国家，城市化率仍然偏低，人均消费领域能耗也远低于经济合作与发展组织（OECD）国家目前水平，城市发展中能源消耗迅速增长的驱动力依然强劲，城市居民总能耗需求的增加将会打破目前工业用能占主导地位的平衡。从未来可持续发展角度判断，中国不可能继续发达国家过去几十年以高能耗、高污染为代价的城市化道路，否则农村转向城市的大量人口与有限的资源、能源和环境容量之间的矛盾，将成为制约中国城市持续发展的“瓶颈”。因此，今后 10 ～ 20 年，中国城市扩张中的能源、环境和适应气候变化挑战等将是中国社会和经济发展进程中必须面对的重大问题。特别是中国目前的城市化模式显示了过快的能源消费增速和导致生活质量降低的环境损害等问题，需要创新思路，制定政策，促使从能源密集型、污染密集型和碳排放密集型的增长之路转向可持续发展模式。为此，国合会建议：

中国应当全面评估过去 30 年城市化政策，建立基于低能源增长和低碳排放、高环境质量和高生活水准的新型城市化道路的总体战略。中国新型城市化道路应当把城市发展中的能源、环境和适应气候变化问题等作为优先领域，统筹考虑，抓好城市建筑、交通、生活用能、城市消费生活方式等能源消费快速增长的重点领域，强化政策制定，使中国逐步走向可持续的城市发展之路。

（一）把消费领域，特别是日常生活中的节能作为城市节能的重点

修订目前的能源统计系统，建立专门的城市消费领域能源消费统计体系，根据实际人均建筑运行能耗和人均客运交通能耗评价城市消费领域能耗。

（二）控制城市建设规模和城市建设速度，提高城市建设质量

研究制定中国未来城市人均建筑拥有面积（住宅建筑、公共建筑、商业建筑等）的限值，建设节约型城市。各级政府要对新建项目严格审批，控制开工总量；同时，尽快实施物业税，通过市场机制减少市场对建筑的非理性需求。科学制定建筑拆除标准和管理办法。

（三）积极探索新型城市化道路，建设低碳城市

倡导紧凑型城市化发展道路，并将紧凑型城市的发展理念贯彻到全国城市规划中。适度提高城市密度，依托特大型城市和中心城市，发展城市群、城市带和城市组团，优化空间功能布局，增强城市的可持续发展能力。明确以发展大城市为重点的城市化战略，加快全国城镇体系规划和全国土地利用规划的编制与实施进程；开展以低能源消耗为基础的低碳、低污染试点示范。

（四）根据建筑能耗评估建筑节能技术与措施的效果，推广建筑节能技术与措施，建设节能、低碳建筑

建立各地区不同功能建筑的能耗标准，以此为考核节能和进行经济补贴的依据，停止直接对单项技术措施进行财政补贴的方式；对既有高耗能建筑开展节能改造；利用财税政策鼓励开发商和消费者投资，鼓励购买节能低碳建筑；开展节能低碳建筑示范；加强城市能耗监管和审计，开展节能产品认证；大力改进城市供热供暖效率，鼓励扩大新能源的利用。

（五）深化中国北方地区城镇的供热体制改革，大幅降低采暖能耗

通过改善末端调节、增强供热系统保温功能和推广新型的热电联产等措施，可以使北方城镇建筑采暖能耗在目前水平上降低 35% ～ 50%。要取得这一效果，必须改革目前的供热管理体制：把城市集中供热系统一次网与热源（电厂和锅炉房）统一管理，二次网的管理和对末端终端用户的服务则由另外的独立公司管理经营，两

类公司之间通过在换热站实际计量的热量进行核算；二次网的管理公司与末端用户间则可根据具体情况实施多种计量与结算方式。

（六）将公共交通和非机动车交通系统作为国家优先战略领域之一

要采取一系列措施实现上述目标，包括大力发展城市公共交通，提高公共交通的分担率，控制私人汽车无节制增长；加快发展城市轨道交通和城际高速铁路，形成立体化的城市交通体系，200 万人口以上有条件的城市都应鼓励发展城市轨道交通；通过不断提高强制性的汽车燃油效率标准，促进汽车改善燃油效率，并大力发展混合燃料汽车、电动汽车等低碳排放的交通工具；规划、建设和改善非机动车专用道；建立和完善相关法律法规，改善融资机制，建立城市公共交通发展专项资金，确保公共交通成为优先发展领域。

五、强化农村能源环境管理，重视气候变化适应措施

中国大量、分散的农村人口以及各地不同的自然条件和经济发展水平使得农村的能源问题远比城市复杂得多。改革开放以来，中国的农村经济取得了快速发展，同时也在能源环境和气候变化方面面临着巨大挑战。一是农村能源消费快速增长，农村生活用能商品化程度低。二是与能源利用相关的环境问题突出。中国农村燃煤产生的二氧化硫和二氧化碳排放量持续增长，秸秆和薪柴等传统非商品能源燃烧成为农村室内污染排放的重要来源。三是农村是最容易受气候变化不利影响的地区，同时，从土地管理和森林保护的角度看，农村也是增强碳汇潜力最大的地区。为此，国合会建议：

中国政府应将解决农村能源环境问题纳入新农村建设的战略任务之中，采取综合措施，强化管理，加大农村清洁和可再生能源开发的力度，建立健全农村可再生能源技术服务体系，发展低碳高效农业，并重视农村适应气候变化的政策措施。

（一）提升农村能源发展在国家能源与应对气候变化战略中的地位

加快对农村电网的改造并提高电网效率；加强对适宜不同农村地区应用的节能技术和新能源技术和产品的研发；研究建立国家农村能源建设资金投入机制，推动农村可持续能源建设。完善农村可再生能源发展规划及配套法律法规体系；因地制

宜地大力发展农村生物质能；把农村生物质能利用设施，特别是大中型沼气工程，纳入国家农业基础设施计划。同时，加大对农村环境的整治，减少健康风险。

（二）采取综合措施，加大农村清洁和可再生能源开发的力度

农村煤炭、石油产品和电力等商业能源使用的增长导致了严重的污染和温室气体排放。加强清洁的、可再生能源如沼气、生物质发电等的开发利用，减少能源供给与需求之间的缺口，削减污染，提高农民收入，控制温室气体排放。第一，需要制定农村可再生能源战略和配套法律法规，改善农村环境和应对气候变化。第二，政府应促进可再生能源技术的发展并扩大应用范围，加大政府在现代生物质设施上的投资，或提供补贴和税收激励措施鼓励私营资本在农村可再生能源技术研发上的投资。只有在政府的强力推动下，中国才有可能充分实现其可再生能源的商业化。农村能源建设基金将会促进可持续能源的发展，而“转移支付”可以为农民用电提供补贴。第三，中国应推广农村沼气应用，将沼气设施纳入农村基础设施建设工作之中，并建立适当的市场机制来鼓励沼气设施的发展。第四，中国应扩大可再生能源利用，为农村建筑供暖和供电。农村建筑已经占了中国能源使用的相当大的一部分，其能源消耗量正在快速增长。为此，在落实农村建筑节能政策的前提下，对节能示范技术、补贴额度和方法进行监测评估，推广节能材料在新农村建设中的应用，同时，依靠可再生能源技术为农村建筑供热能够帮助节约能源。为了实现这一目标，需要推广用太阳能和浅层地热技术为农村建筑供热的做法，并作为建设社会主义新农村的一部分。

（三）优化土地利用，增加碳汇潜力，支持发展低碳高效农业，引入新的农村碳汇补偿机制

中国应维持并增加其森林、农田、草原和湿地的碳汇，引入土壤和生物质固碳的实践，减少温室气体排放。这些实践包括植树造林、改进自然生态系统管理、低耕和非耕农业、改善草原管理、改变牲畜和饲料品种、化肥的高效使用。政府应建立健全农村能源技术服务体系和长效管理机制，在使农民及时获得节能技术和低碳耕作信息的同时，确保有关技术能得到全面推广和长期使用。政府必须为促进这些目标的实现，特别是对那些农民人口多且生态环境脆弱的地区提供补贴、保险和信贷。恰当的信贷政策和交易机制可以帮助农民通过改变生产实践，在削减温室气体

排放的同时增加收入。低排放、高能效循环农业产业将有助于中国削减污染物排放和农村温室气体排放。中国目前已有很多好的实践。中国应制定综合长期战略，根据各地情况，发展低碳农业，保护生态环境，包括为鼓励新技术投资提供长期的补贴。国家自愿性碳交易机制和为贫困农户削减污染物和温室气体排放提供补贴是促进低碳农业的有效方法，同时也将有助于消除贫困目标的实现。

（四）提高农民和农村地区适应气候变化的能力

加强农民适应气候变化的能力对保持农村经济的持续发展、改善农村生活水平、保护生态系统和生物多样性、确保粮食安全来说至关重要。为此，中国应采取以下措施：① 评估潜在的自然灾害的频率和规模，建立区域气候变化监测和早期预警系统；② 各级政府机构在制定发展战略时都应考虑气候变化的适应活动，加强社区灾害预防的培训；③ 调整农业生产和消费结构；④ 采取灵活方式，确保资金和技术成为支持农村应对气候变化的两大支柱；⑤ 为保障自身的粮食供应，缓解国内资源与环境的压力，中国应进口资源成本消耗高的农作物；⑥ 应对气候变化注意加强生物多样性保护，保存国内和国际基因库的生物多样性信息。

（五）加强农村能源使用的统计分析工作

为了保证农村能源成为中国能源系统的组成部分，有关部门需要加强以用户和生产者为统计口径的农村能源终端使用的统计分析。第一，有关部门需要统一农村生产的定义，以确保统计数据能反映乡镇企业的实际能耗。第二，需要加强县级政府组织和管理能源统计数据的能力，工业和农林等部门在统计部门的指导下，计算和报告当地能源消费的统计数据。国家统计局收集、检查并发布全面汇总数据，以保证国家农村能源数据的权威性和真实性。

六、改革和完善经济政策，提高能源效率和环境管理水平

对于中国而言，降低能源消费总量和清洁化能源结构是协调能源与环境关系的根本出路，但这将是一个漫长和艰难的过程。因此，中国应将提高能源效率作为优先战略任务。国际经验显示，提高能源价格是提高能源生产力的重要措施，开征能源环境相关税收又是提高能源价格的一个有效方法，对抑制能源需求、促进技术创

新、提高能源效率发挥长期激励作用。环境税是一项重要的经济手段，是保护环境的长期激励措施。因此，启动环境税收改革不仅会帮助应对环境挑战，而且会帮助中国更好地应对气候变化，发展低碳经济，改善经济增长的质量。同时，中国正在推广的绿色信贷政策实践是中国利用经济手段防治污染和提高能效的有益尝试，体现了将经济手段从污染治理末端向污染预防源头延伸的思想，取得了明显进展。但现行的绿色信贷政策存在很多不足，没有发挥政策应有的作用，迫切需要改进。另外，中国正处于环境污染事故的高发期，然而，在对事故造成的环境修复的责任和补偿责任等环境污染责任保险方面存在制度缺失问题。为此，国合会建议：

中国应当将大幅提高长期能源生产力作为国家目标，加速改革和完善价格、能源环境相关税收和绿色信贷等政策，建立环境损害和污染责任保险制度。

（一）中国应把提高能源价格作为提高能源生产力的长期激励策略

根据能源生产力提高的历史经验，可以采取一种长期的、“扶梯”式的提高能源价格策略，在较长时期内阶段性地不断小幅提高能源价格，同时预先公开相关信息，以使企业和个人有足够的时间进行适当准备，并促进投资和改善行为。能源价格策略需要统筹考虑环境税制体系的改革，以实现能源与环境效益的最大化，例如碳税制度。

（二）实施以建立和完善环境税收为核心的环境税制改革

尽快研究实施以开征环境税为核心的环境税制改革，弥补中国现行环境税费制度的不足。通过引入环境税、重构现有税种和完善环境相关税收政策，构建中国环境税收制度。应将废水、废气、固体废物和二氧化碳先行纳入环境税征收范围。环境税制改革应采取先易后难、循序渐进的改革方法，尽快研究开征独立环境税，并完善其他与环境相关的税种和税收政策。

（三）完善和强化绿色信贷政策，充分发挥金融机构在节能环保中的重要作用

中国应进一步强化绿色信贷手段来调节投资者和企业行为。加快绿色信贷行业政策的制定，限制高能耗、高污染项目；对财政和金融机构支持节能减排的资金管理和使用进行市场化改革，设立国家级的节能减排信贷担保资金机制，对重点节能

减排项目提供利息补贴，发挥绿色信贷政策的宏观调控作用；通过绿色信贷政策，引导和规范中国企业的对外投资；制定扶持中小企业采取环境友好型商业行为和实践的绿色信贷政策；面向社会，建立绿色信贷实施的监督和信息公开机制。

（四）建立健全环境污染责任保险的法律法规和政策体系

在坚持“污染者付费”原则的同时，尽快在有关法律中明确“环境损害责任人赔偿”原则和环境污染责任保险的内容。研究制定相关环保标准和指南，包括污染损害赔偿标准、环境风险评估通用准则、污染场地清理标准和指南等。规范环境污染责任保险市场相关主体的行为。开展环境污染责任保险制度及污染损害赔偿程序试点，研究制定配套的法规。完善监督管理机制，建立环境污染责任保险技术支持机构。

七、制定绿色“十二五”国民经济和社会发展规划

从推进经济结构调整、协调环境与能源关系、实施科学发展和建设生态文明的进程来看，“十二五”（2011—2015 年）是全面实现 2020 年国家发展战略目标的关键时期。“十二五”期间，中国工业化进程加速态势仍会强劲，传统工业模式的弊端更加显现，城乡环境问题更加突出。从国际上看，金融危机带来的全球经济结构调整对中国的影响会明显增大，并且全球绿色增长趋势以及应对气候变化和其他事务（如资源和能源价格）将会影响中国的贸易与环境前景。总之，与“十一五”规划期间相比，“十二五”期间国内和国际环境都将发生巨大变化。为此，国合会建议：“十二五”规划的制定要突出增强中国可持续发展的能力，将包括低碳经济在内的绿色经济作为规划的重要组成部分。大力推动经济的绿色转型与繁荣，把环境保护、提高能源效率放在更加突出的战略位置，为中国加速转变发展方式、走新型工业化和城市化道路、在农村地区适应气候变化和保护生态系统、适应以绿色经济为特征的全球新一轮经济结构调整奠定坚实基础。

（一）继续制定环境保护和能源效率的约束性指标

在“十一五”规划的基础上，继续制定节能减排的约束性指标，作为进一步加强环境保护，提高能源效率的重要抓手，并研究扩大诸如氮氧化物和重金属等严重

影响环境和人体健康的污染物减排要求，进一步提高机动车能效标准。制定单位国内生产总值碳排放强度约束性指标，控制温室气体排放。模拟结果建议，经过努力，中国在“十二五”期间单位国内生产总值二氧化碳排放量至少降低 20% 是可能的。

（二）将绿色经济作为转变经济发展方式的新途径贯穿于“十二五”规划中

从确保中国经济长期稳定发展出发，把强化环境保护监管、全面提高能源利用效率、应对全球气候变化等作为制定和实施“十二五”规划的基础性任务。扩大循环经济规模；推动低碳经济试点示范，加快建设以低碳排放为特征的工业、建筑、交通体系；改善绿色投资，发展绿色产业；促进结构调整和传统产业的生态化改造；发展农村地区的绿色经济；倡导低碳生活和可持续消费模式，扩大政府绿色采购的规模。

（三）加强与完善能源、环境技术创新和支撑体系，大幅增加国家对节能与环保的研发投入，切实加强核电安全监管工作

中国应加快对与能源效率和低碳经济相关的创新技术的吸纳、推广和商业化，构建能源、环境技术创新支撑体系。为此，有必要建立一个对大学、商业和其他研究机构开放的国家新能源、节能环保研究机构，使其成为能源技术、节能和环保的公共平台。该研究机构应具备从基础研究、技术开发、试验示范到检测认证全过程的试验能力，特别是具备与低碳经济发展相关的研究和示范能力。中国的核电目前已进入快速发展时期，中国必须在“十二五”期间大力加强核电安全和环境监管的能力建设，确保核电发展万无一失。

（四）结合财政与经济改革总体部署，启动重大能源、环境与绿色经济政策的制定与应用

“十二五”期间应在完善环境税等重要税种的整体设计方案的同时，开展试点或试行，为建立有利于节约资源、能源和保护环境的财税政策体系打好基础。启动农村碳汇补偿机制的研究和试点，为改善农村森林、草场和农田碳汇开辟资金渠道。在开展试点的基础上，“十二五”期间应尽快全面实施物业税，调节城市建筑规模过快增长，鼓励城市可持续的消费模式。

（五）改善能源和环境绩效的信息统计工作

建立和规范节能减排、城市建筑、交通能耗和温室气体排放等数据的监测机制。把农村环境、能源信息纳入国家统计体系。加强和规范国家和地方的统计工作，完善对统计和信息披露工作的监督。开展在工业行业、社区、家庭和个人层面计算碳足迹的基础工作。

（六）改进对“十二五”规划编制的管理机制，开展各级规划环境影响评价工作

在编制和发布“十二五”国民经济和社会发展总体规划的同时，中国应同时编制、审批和发布配套的部门规划，确保总体规划和部门规划同步实施，增强实施效果。在发布《规划环境影响评价条例》之后，中国需要对环境可能造成重大影响的“十二五”国家发展规划、部门发展规划、区域及地方发展规划开展环境影响评价，确保绿色发展。

环境、发展与和谐社会
——国合会 2008 年关注问题报告

前言

本章为国合会 2008 年关注问题报告。报告以全球发生金融危机、中国发生的诸多事件为背景，结合 2008 年年会的主题“机制创新与和谐发展”，为中国构建和谐社会、建设生态文明提供了一些可借鉴的发达国家的相关成功经验，并分析指出中国未来面临的机遇和挑战。

一、背景

中国正在寻求一种创新的方法来实现环境保护与经济发展，这一方法将为中国社会带来持久的社会效益、经济效益和环境效益，并最终惠及全世界。中国正在倡导“生态文明”建设，从广义上讲就是使生态保护成为影响社会各个方面发展的主要驱动力。中国希望通过从根本上改变环境保护与经济发展的关系来实现这些目标。具体措施包括采用更广泛的市场和政策调控机制，制定具体的实施目标和时间表，以及采取符合科学发展观与开拓创新精神的实际行动。一个能够成功兼顾环境保护与经济发展的创新方法取决于广大的公众支持和参与以及广泛的国际合作，同时也需要世界上的主要国家包括中国，发挥带头作用。

（一）和谐社会

在 2007 年 10 月召开的中国共产党第十七次代表大会[①]将以人为本的科学发展

① 中国共产党第十七次全国代表大会 http://news.xinhuanet.com/english/2007-10/21/content_6917477.htm.

观与构建“社会主义和谐社会”一并写入党章修正案。这些修正案充分体现了对经济发展（包括环境保护）问题的价值观和理性的重视。中国的这一新思路也具有全球意义，即通过实现“和平发展”的道路为实现“和谐世界”作出潜在的贡献。温家宝同志曾经说过：

“事实已经并将继续证明，一个富强、民主、文明、和谐的现代化的中国，一定会为维护世界和平、促进人类进步作出更大贡献”①。

这些崇高的理想和方向向我们提出了一个问题，即中国以及国际社会就环境保护与经济发展所采取的行动如何能够促进中国乃至全世界的和谐社会的发展。这就是2008年国合会关注问题报告的主题②。

（二）全球威胁

2008年年度大会召开之际正值世界经历史无前例的金融市场动荡和严重的全球性经济衰退威胁之时。同时，不断增长的庞大生态欠债仍然在威胁着人类社会。未来的一年将检验各国政府对环境保护行动所作出承诺的决心和付诸实施的能力。当前重要的一点是使中国或其他国家的可持续发展的希望之路不要成为全球经济困境的牺牲品。事实上，只有通过可持续发展道路才能保证未来的发展和稳定。本报告将就关键的挑战和各种应对方案进行讨论。

（三）创新

2008年年会主题是基于2007年年会的关于创新的讨论和建议，以及2008年4月的国合会圆桌会议[3]还有课题组提供的2008年年会中期报告或最终报告[4]。国合会认为致力于在科学技术、机构改革和行为转变领域的创新对实现中国的环境友好型社会是至关重要的。因此，2008年的报告将继续沿着这条主线关注创新的问题。

和谐社会和创新的关系是对立统一的。一方面，两个概念都鼓励创造性、公众知情权和参与决策；另一方面，就是如何协调保证社会的稳定同时还有保留足够的空间鼓励创新。这可能需要一个比较全面的认识。快速的经济发展和创新也会造成

---

① 温家宝总理在2007年夏季达沃斯世界经济论坛上的致辞。

② 本报告是在国合会首席顾问专家支持组的支持下，由国合会首席顾问阿瑟·汉森博士、沈国舫教授起草。

③ CCICED2007年度政策报告 *Innovation for an Environmentally-Friendly Society* 和CCICED圆桌会议报告（2008年4月23—24日）。

④ 可持续发展创新、环境与健康工作小组提交了最终报告；还有三个能源与环境的中期报告。

类似波动的表面现象，但是如果与此同时伴随着社会利益合理的平等分配和公众意识提高，最终将使整个社会趋于和谐。

（四）不平凡的 2008 年

2008 年对于中国来说是个多事之秋：既有非凡成功的北京奥运会，也有异常严重的自然灾害，包括南方的冰雪和四川的地震；经济保持高速发展的同时也面临高油价、粮食和商品价格的大幅上涨以及寻求国际金融行业的稳定和变革；还有数起产品污染事件，包括最近的三聚氰胺污染奶制品事件。

2008 年还是中国遵循邓小平面向现代化和全球化的“改革和开放”政策实施 30 周年。中国的改革和开放政策带来了巨大的社会变革和贫困削减，实现了经济的全面发展，缓解了严重的污染和其他环境问题，围绕着贸易、和平和地区稳定的原则改善了国际关系。

2008 年也是中国制定《环境保护法》①30 周年。2008 年 3 月，中国成立了环境保护部，正式成为国务院组成部门。中国现在已经走过了“十一五”计划的第三个年头。在实现环境保护和发展目标方面 2008 年取得了较好的进展②，但还不够。如果不采取进一步的变革，中国的环境改善很可能会继续沿着线性的道路发展，而引起环境退化的因素却呈指数性发展。这也包括气候变化和其他全球性问题。

在国际上，有很多人却在反思 2008 年可持续发展进展的缓慢，因为 2008 年也恰逢全世界对布伦特兰委员会的报告《我们共同的未来》③作出响应 20 周年。

---

① 该法于 1989 年 12 月 26 日生效，见 http://english.mep.gov.cn/ ; http://www.chinaenvironmentallaw.com/ ; http://www.greenlaw.org.cn/enblog/.

② 国家环境保护第十一个五年计划 (2005—2010 年) http://english.mep.gov.cn/Plans_Reports/11th_five_year_plan.

③ 报告结论和情景分析预示了未来发展的不协调，需要及早采取行动以避免环境和社会发展的崩溃。报告呼吁在全社会层面采取变革。这些观点包括以下报告和出版物 : UNEP. November 2007. GEO 4 Global Environment Outlook. Environment for Development. UNEP, Nairobi. 539 pp.; OECD. March 2008. OECD Environmental Outlook to 2030. Summary and full report OECD, Paris.; Shell International. April 2008. Shell Energy Scenarios to 2050. 48 pp.; Gus Speth. 2008. The Bridge at the Edge of the World. Capitalism, the Environment and Crossing from Crisis to Sustainability. Yale University Press, New Haven. 295 pp.; Lord Nicholas Stern. April 2008. Key Elements of a Global Climate Change Deal. London School of Economics and Political Science. 56 pp.; Fred Krupp and Miriam Horn. March, 2008. Earth: The Sequel: The Race to Reinvent Energy and Stop Global Warming. W.W. Norton and Company. 279 pp.

二、和谐社会的解释

和谐社会这个词在西方工业化国家还没有广泛采用，虽然这些国家（包括所有OECD 国家）都在致力于创造一种有效的社会凝聚力和发展的合力，以实现生活水平的提高和人民的幸福。中国对外沟通的一部分任务就是让世界信服和谐社会的观念是真正造福社会，与民主和改善社会平等的努力是完全吻合的。

（一）定义

所谓“和谐社会”，是套用中国古代的思想来阐述这一今天的概念，实际上就是“大同社会”。胡锦涛同志对和谐社会作了如下论述[①]：

“我们所要建设的社会主义和谐社会，应该是民主法治、公平正义、诚信友爱、充满活力、安定有序、人与自然和谐相处的社会。民主法治，就是社会主义民主得到充分发扬，依法治国基本方略得到切实落实，各方面积极因素得到广泛调动；公平正义，就是社会各方面的利益关系得到妥善协调，人民内部矛盾和其他社会矛盾得到正确处理，社会公平和正义得到切实维护和实现；诚信友爱，就是全社会互帮互助、诚实守信，全体人民平等友爱、融洽相处；充满活力，就是能够使一切有利于社会进步的创造愿望得到尊重，创造活动得到支持，创造才能得到发挥，创造成果得到肯定；安定有序，就是社会组织机制健全，社会管理完善，社会秩序良好，人民群众安居乐业，社会保持安定团结；人与自然和谐相处，就是生产发展，生活富裕，生态良好。”

（二）五个统筹

科学发展观中提出了“五个统筹”，即统筹城乡发展（优先发展农村）、统筹区域发展（帮助贫困地区）、统筹经济社会发展（健康、教育、就业机会）、统筹人与自然和谐发展（资源利用和环境保护）、统筹国内发展和对外开放（国内市场发展和国际贸易）。所有这 5 个方面是紧密联系的，因此在解决环境与发展问题时要坚持“五个统筹”。

① 摘自《在中共中央举办的省部级主要领导干部提高构建社会主义和谐社会能力专题研讨班开班式上的讲话》.

（三）进程评估

如何评估“和谐社会”发展进程是比较困难的。同其他国家一样，中国也认识到目前各种标准的评价指标（如 GDP 增长）是不够的[①]。实际上，中国努力就构建绿色 GDP 指标体系进行了尝试，其结果显示有相当大的一部分经济增长被环境破坏所抵消。中国的政策力图实现“以人为本”，这种关注民生的观念可以反映在很多与环境有关的方面，包括减少贫困、控制污染、保持生态系统的稳定和服务功能、健康与环境、灾害管理、改善社会福利和人民生活质量等。在有些方面，联合国人类发展指数是个值得借鉴的评估方法。中国在实现千年发展目标方面也取得了令人瞩目的成就[②]。但是，所有这些评估方法还不足以全面涵盖中国制定的宏伟目标。在和谐社会的前提下如何评价环境保护与经济发展的成就还有待进一步的思考。

（四）生态文明

最普遍的和谐社会的理念是关于中国以及全球向生态文明转变的论述[③]。在中国共产党十七大召开之后，中国日报[④]曾刊登一篇文章反映了这种价值观的转变：

“这个概念反映了中国共产党的发展观的一个重要转变。过去一直强调以经济建设作为发展的核心，现在中国共产党充分认识到要想实现可持续发展就必须处理好一系列关系，包括人与自然的关系。”

“这个概念是在这样一个背景下提出的，即全国主要水系 62%受到严重污染，流经城市的河段 90%受到污染，超过 3 亿人口喝不上符合安全标准的生活用水，还有相当多的地区没能完成节能减排指标。”

“面对这样的现实，建设生态文明就再也不能是个别官员的纸上谈兵，而是需要采取切实的措施转变我们的经济发展模式。”

“但是仅仅将这个概念理解为环境保护或者作为平衡经济发展的一种支持手段是远远不够的。这个概念具有更广泛的含义，它强调的是发展的文化价值观。”

“在这样一种价值观 下，我们需要对人与自然的关系有一个新的认识，即将自然环境作为我们生活的一部分去考虑，而不是无限制地索取。”

---

① OECD 的社会发展评估的全球进程项目提供了多种替代方法的例子。

② See Goal 7 on Environmental Achievements. （*MDGs: China's Progress towards the Millennium Development Goals 2008*）. China and UNDP.

③ 潘岳，2005，生态文明。中国共产党十七大文件。

④ 中国日报 China Daily 24 October 2007：Ecological Civilization。

“同样在这样一种价值观 下，社会的公平公正是发展过程中的重大问题。如果我们不能保证社会弱势群体也能充分享受发展的成果，那么我们就无法从政治角度实现生态平衡。”

“从科学发展观到和谐社会和生态文明，我们能够清楚地看到中国共产党引导国家经济和社会发展的方向。”

生态文明这一提法完全符合中国现阶段的努力，建设资源节约型和环境友好型社会、循环经济①、低碳经济和小康社会。这些方法反映了中国的现实和需要。中国再不能沿着西方世界过去几百年走过的污染浪费的道路实现自己的经济发展。我们的星球将无法承担这样的环境负担。这种发展模式也不符合中国文化方式②。美国和中国是世界上生态足迹最大的两个国家，尽管美国的人口还不及中国的1/4。③

（五）以身作则

一个13亿人口国家的发展道路将不可避免地对世界产生影响。这一点为中国说服其他国家走生态文明的发展道路提供了一个重要契机。也许中国提出的这一概念以及随之的行动能够成为《我们共同的未来》在今天乃至下一代的具体化身。

从国际上讲，过去几十年里，中国在其国际影响地位日益上升的过程中一直保持相当的低调。它参与了很多多边环境与发展事务，并与其他国家和地区在科学、贸易和发展上保持着紧密的关系。现在，中国也许很难不被看作领导者。它所做的一切已经不可能被当成次要的参与者或旁观者。中国已经向世界证明它是一个经济发展的创新者，并能够成为环境保护与经济发展的创新者和领导者。

三、国际经验

一些科学家声称我们已经进入了“人类控制的世纪”“一个人类活动成为影响地球生态和自然循环支配因素的时代”。这加重强调了中国举国致力于建设生态文明

---

①《循环经济促进法》于2008年8月29日由全国人大常委会通过，并将于2009年1月1日起生效。

② CCICED-WWF的*China's Ecological Footprint*报告显示中国的人均生态足迹水平较低，但是不断增长的消费水平将对世界产生影响。而这个世界正面临着难以满足长期人类社会发展、生态资源和环境保护需求的困境。

③“美国和中国有着最大的国家生态足迹，其中每个占世界生态容量的21%。但是美国人平均占9.4全球公顷（如果全球人类消费都按照美国模式，则我们需要4.5个地球），而中国人均只占2.1全球公顷。Source: WWF. October, 2008.Living Planet Report. http://www.panda.org/index.cfm?uNewsID=148922 .

的重要性。在 2008 年 10 月 IUCN 世界大会上，支持环境与发展的成员国共同呼吁提出这一新的全球实现可持续发展转变的远景[①]。借用 IUCN 总干事 Julia Marton-Lefevre 的话："我们需要一个全新的自然保护时代，改变社会发展方式，将每天的生活都与自然保护相关联，包括可持续得生活和生产方式以及保护濒危物种。" IUCN 的报告至少为中国提出的生态文明建设提供了部分路线图。事实上，中国的努力可能为世界 1/5 的人口实现这一远景目标，并由此影响很多其他的国家。

保护自然的理念几千年来一直伴随着人类社会的发展，例如中国、古希腊、印度以及北美洲的原住民。但是，在现代富有的社会和极度贫穷的状况下却非常难以实施。很明显，高消费会影响全球的生态条件，而超消费能引发无可预料的金融后果，例如现在席卷全球的信用和经济危机。更进一步讲，虽然全球环境公约和协议为国家以及跨越国家界限的文化、宗教之间的和谐作出了有益的贡献，但是在国家水平上的实施进度却异常缓慢。尽管现实不容乐观，我们仍可从富裕和贫穷国家的正面经验中总结出很多教训。下面我们举几个例子来加以说明。

（一）成功国家经验

那些在联合国人类发展指数、耶鲁—达沃斯环境与可持续发展指数以及其他幸福指数排名靠前的国家在发展过程中如何寻求和谐方面也是十分值得研究的[②]。所有前十名、前二十名的国家在寻求提高生活质量的同时都无一例外地将环境质量作为关注重点。

在欧洲，建设和谐社会似乎在一些小的国家更加成功，例如北欧国家和瑞士，特别是瑞士因其处于多种文化和语言的交汇点而尤其值得关注。它有一套从州政府向上的民主治理体制。它有着真正的"差异中的统一"，包括城市和农村面貌、至少四种文化群体和强大多样化的经济基础。良好的自然环境，特别是农村的自然景观被看作国家和地方的财富，需要永久地保护。

挪威建设和谐社会似乎是通过结合以下一系列的方法：① 尊重稳定的土地所有权，不鼓励家庭农场的合并和过度的细分；② 对可持续自然资源使用实施共同管理和地方规划；③ 在城乡生活方式和不同职业之间维持平等；④ 主动的环境规划和鼓

---

① IUCN. September 2008. *Transition to Sustainability: Towards a Humane and Diverse World*. Gland, Switzerland. 107 pp.

② 其他的指数和研究工作包括全球和平指数 http://www.visionof humanity.org ; GNH 全国幸福指数 Gross National Happiness; 国民幸福指数 Well-being of Nations Index; 新经济基金会的快乐星球指数。

励机制对环境问题防患于未然；⑤ 通过建立独立的福利基金造福下一代；⑥ 投资于可持续发展的技术创新。挪威（以及其他北欧国家）同时还十分关注和支持国际开发合作项目的开展，在促进全球可持续发展方面发挥了重要的作用。

加拿大的例子也很值得借鉴，因为它在地域面积、生态系统的多样性、行政管理的复杂性和注重多文化的和谐方面与中国相似。专栏 1 列出了围绕环境与发展加强合作的机构、管理手段和实施机制的几个例子。加拿大在协调联邦和省以及加拿大与美国之间的合作方面下了很大功夫。加拿大曾尝试了很多方法促进围绕环境与发展的社会和谐，包括 1992 年的 Projet de Société 项目，但都没有结出硕果。

日本战后在建设资源高效型社会、保护森林和建设环境友好型城镇方面所作的努力创造了和谐社会的模式。这其中包括独特的政府—企业关系，这种关系有时可以极大地促进环境创新。例如，丰田公司在汽车技术创新领域的领导地位和日本经济团体联合会倡导的企业社会责任[1]。但是过去几十年日本的发展有时也以复杂的生态足迹为代价，例如通过供应链对热带雨林的破坏。尽管日本社会给人一个整体上比较和谐的印象，但是日本的人民也有着强烈的不同的想法。其中的一个例子就是围绕成田机场建设展开的旷日持久的土地利用和环境保护争论。日本社会与自然的和谐部分原因也源于宗教信仰，特别是"神道教"所倡导的"自然是完整的，它是纯洁美好的"。

专栏 1　加拿大的环境和发展与和谐社会

加拿大面临着很多与中国同样的问题，包括各地区的发展、收入不均和城乡差别、生态环境保护、出口导向型经济、与邻国的和睦相处、海洋和沿海地区安全以及气候变化相关问题。加拿大是由省和地区组成的联邦国家，各省和地区拥有相当大的自然资源管理和其他职责。公众参与公共决策水平很高，有许多渠道保证这种公众参与的畅通。虽然也常会出现反对或僵持局面，但确实有很多例子能说明这种环境与可持续发展的机制如何改善社会和谐、公正和生活质量。这些都能说明为什么加拿大能在包括 UNDP 发展指数和耶鲁—达沃斯环境与可持续指数国家排名中位于领先行列。

① http://www.keidanren.or.jp/english/policy/csr.html .

机构

CCME——加拿大环境部长委员会已经成立了40多年。它是一个各成员以多数意见方式运作，共同制定全国各个省、地区都可采用的国家发展战略、标准和规范的重要平台。它已经制定出了很多协调的规范，保证各地政策实施的效率和一致性，特别对商业活动。

NRTEE——国家环境与经济圆桌会议成立于20年前，目的是在企业、政府和社会之间就环境与发展问题寻找共同点，并将有关建议转达给联邦内阁成员。它的观点大量吸收了公众的意见。

IJC——国际联合委员会由来自美国和加拿大数量对等的专员组成，关注边境地区环境问题。国际联合委员会在协调五大湖地区复杂问题上卓有成效。它通过政府运作，服务于利益相关者和政府。

CEC——环境合作委员会在加拿大、墨西哥和美国之间达成的北美自由贸易协定框架下工作。它制定了北美大陆生物多样性管理的共同战略，编制了北美洲环境状况报告以及其他一些报告（如各州/省有害物质泄漏等）。CEC有一个正规的民众申诉程序，以对某个国家可能没有就特定的问题尽责地履行自己的环境法律法规进行调查。

管理方法

共同管理协议——联邦政府和资源使用者越来越多就特定资源管理的权利分享达成正式共管协议。大多数协议都是同原住民和因纽特人之间达成的。位于北极东部的Nunavut省的建立就是这种共管的一个例子，共管涵盖了包括渔业和野生动植物在内的很多领域。另一个突出的例子是不列颠哥伦比亚省沿海的Gwaii Haanas国家公园保护地的管理，其管理权利由Haida原住民和加拿大政府共有。

LRMP——不列颠哥伦比亚省在20世纪80年代和90年代初因其不良的林业管理带来的出口市场受挫而饱受批评。因此，省政府对每个森林地区都制定了综合的土地和资源管理计划，计划的制订采取了有序、参与式的方法，以达成了利益相关者之间的一致。同样的方法也被用来制定了不列颠哥伦比亚省的一个主要的保护区管理体系。现在在其他地方也都有了LRMP不同的版本，这保证了过程的透明度。

FCM 绿色市政基金——加拿大城市联盟是一个独立的机构，代表着全加拿大所有的城镇，无论大小。联邦政府通过绿色市政基金为 FCM 提供相当数量的资金用于资助环境和可持续发展项目，包括水处理、大气污染控制、污染土地恢复以及城市感兴趣的其他项目。这个方法保证了城市的优先问题通过透明、竞争性的过程得到解决。

环境公正

NWMO——加拿大核废料的长期管理一致因为几个重要的研究而饱受争论。这些导致了核废料管理组织的诞生。核电厂提供了大量的资金建立了一个基金，一直到就一个核废料永久储存场址的选定。场址只能从当地社区同意的那些地方选择，并考虑各个利益相关者的意见。这种做法将避免“事不关己”的争论。

环境评价和监控参与资金——长久以来如何为关键的利益相关者提供资助，使它们能以与企业和政府平等的地位参与环境事务听证会一直是备受关注的问题。这种资金通常被包含在环境评价工作预算中，例如目前加拿大最大的项目之一 Mackenzie Valley 管道项目。

一些发展中国家也取得了相关的经验。近几十年来最生动的例子之一就是哥斯达黎加围绕森林的生态恢复和基于生物多样性价值的生态旅游和其他直接收益而进行的经济建设①。很显然，因为国家的社会投资，特别是在健康和教育领域，使得这个努力取得了成功。同时也因为哥斯达黎加发展了一套“参与式”治理的体系，并在生态系统可持续利用的科学和技术领域进行了大量的投资。

一个重要的区域合作例子就是南美亚马逊流域生物多样性保护的合作。人们认识到有必要保护土著部落的权利和经济发展需求，为贫困人群提供就业机会并保护广大流域的生物多样性和生态完整性。实际上是需要玻利维亚、巴西、哥伦比亚、厄瓜多尔、圭亚那、秘鲁、苏里南和委内瑞拉必须进行合作。1995 年成立了亚马逊

① http://web.worldbank.org/WBSITE/EXTERNAL/COUNTRIES/LACEXT/COSTARICAEXTN/0,contentMDK:20232979~pagePK:141137~piPK:141127~theSitePK:295413,00.html ; Honey, M. 1999. *Ecotourism and Sustainable Development. Who owns Paradise*? Island Press, Washington D.C.

合作条约组织，专门致力于支持生物多样性保护和其他需求。该组织成为这些国家内部成功开展生态保护工作的得力助手。

（二）社区行动

地方层面的社会和谐主要反映在环境影响、社会公平（暴露于污染之中或基本需求得不到满足，如清洁饮用水）和经济因素（如地方资源开发中的就业机会问题）等方面。问题常常会被追溯到与性别平等、少数民族歧视或生活在危险或不健康环境中的贫困人群有关。世界自然保护联盟（IUCN）的“保护自然减少贫困行动①”和联合国开发计划署的“赤道倡议奖②”记录了数百个成功的案例，在这些案例中当地社区在实现环境目标的同时还改善了社区间（有时包括与国家政府间）的和谐关系。

目前，在世界范围内环境保护和自然资源管理出现了从中央到地方的权力下放的趋势。有的是管理职权从中央直接下放到地方政府，如印度尼西亚。有的国家是通过谈判协商建立专门的共同管理组织或者以社区为基础的管理组织来管理自然资源，例如栖息地、渔业资源或森林。有的时候，土地和资源的所有权让位于地方的整体利益。这样的机制有助于改善环境管理，同时也催生了更加和谐创新的组织机构来管理生物多样性和水资源等问题。

（三）企业政策

有些特别值得关注和重要的环保努力是通过政府、企业和民间共同合作实现的，这些包括在单个企业层面，也包括通过行业协会或者企业、非政府组织和社区共同合作在行业层面实现的。政府的职责就是制定标准和创造环境，以使企业能够有效地应对挑战。企业的努力则源于一系列的动力，包括避免过多的行政束缚、改善与社区的关系以促进企业在当地发展、推行企业社会责任③、更容易地获得融资和保险以及减少企业风险等。例如化工行业（现在已扩展到很多其他行业）的“责任关怀”计划，很多天然气、石油和采矿企业中好的做法（如加拿大北部的钻石矿），还有

① http://www.iucn.org/about/work/initiatives/sp_cprihome/index.cfm.

② http://www.equatorinitiative.org/.

③ For overview on China, see Geoffrey See. 2008. *Mapping the Harmonious Society and CSR Link1*. Wharton Research Scholars Journal. U of Pennsylvania. http://repository.upenn.edu/cgi/viewcontent.cgi?article=1047&context=wharton_research_scholars.

全球开展的社会和环境责任型林业发展等。有很多地方、国家和国际组织都在致力于使这些行业的努力更加可信和有效，这些包括 SCR 倡导和评估组织[①]，标准制定和认证组织（如森林管理委员会）以及项目融资中的道德准则[②]。一些主要的国际环境组织，例如 WWF、WRI、UNEP 也都通过它们的号召力和研究、独立可信的评估能力而发挥了重要的作用。

（四）性别和环境保护

最近“性别与环境”的关系得到了越来越多的关注，特别是在农村地区的妇女（和儿童）可能受到室内空气污染的影响，或者因为使用农药影响生殖健康，或者是因为自然资源保护和其他开发项目本应惠及妇女的利益没有能够足够兑现。联合国千年发展目标高度关注性别平等问题，因而这一主题对于所有国际发展机构来说都是十分重要的。只有能够享受诸如良好的医疗和平等受教育等福利，所有公民才能够认识并有能力为环境改善作出贡献。性别平等已经成为环境管理和可持续发展问题的重要组成部分，是均衡社会权力进而改善社会关系，实现社会和谐的重要手段。

1995 年在北京召开的联合国世界妇女大会为很多我们今天对妇女在可持续发展中的作用的认识奠定了基础。中国在宪法和法律中关于性别平等的规定以及加入《消除对妇女一切形式歧视公约》都为中国在性别平等与环境保护领域的进一步行动提供了基础。因此，中国在和谐社会建设过程中进一步推进性别平等与环境保护方面处于十分有利的地位[③]。

（五）国际社会面临的三个关键问题

1. 全球化过程中利益和成本的失衡

在 2008 年 3 月的中国发展论坛上，OECD 总干事 Angel Gurria 先生[④]提到尽管全球化减少了贫困（特别是在中国），但是目前全球资产的 40% 掌握在只有 1% 的成年人手中。即使在最富裕的国家中（24 个 OECD 国家中的 17 个），儿童贫困在

① WBCSD, Global Reporting Initiative, UN Global Compact, CSRChina.net, etc.

② 赤道原则 http://www.equator-principles.com/index.shtml

③ CCICED 准备了一本《性别平等战略》（*Gender Equality Strategy*）来指导它自己的工作。CCICED Secretariat and Secretariat Int’l Support Office. July 2008. 15 pp.

④ *Working in Partnership for a Harmonious Globalisation*. Angel Gurria 讲话 . 2008 年 3 月，北京。 http://www.oecd.org/document/38/0,3343,en_2649_201185_40333606_1_1_1_1,00.html .

过去 10 年间也有所增长。因此他得出的结论是“全球化是不可避免的，其本身并无好坏之分，是我们的政策造成了结果的不同”。

Gurria 先生强调，为了实现一个更加和谐的全球化模式，发达国家和发展中国家必须在几个重要的方面加强协作。这些包括稳定和改善世界经济发展的主要因素；采取富国穷国间合理费用分摊的模式来应对气候变化问题；重建经济发展的道德观以使贫困问题能够在建设和谐社会的大背景下得到切实地重视；走出多哈发展议程[①]的困境；以及应对国内老龄化背景下或其他因素造成的人口迁移问题。

全球化在国家内部（如中国）造成的不平衡反映在一系列急需政府应对[②]的相互制约的挑战上。这些包括收入不平等和地区不平衡，城市和农村的不平衡，高度的自然资源消耗和追求清洁能源、改善环境质量等。当然，其他发展中国家也面临着相类似的问题。Gurria 先生谈到这些问题实际上与 OECD 国家所面临的挑战也很相似。因此，大家都期待着能找到促进全球社会发展的解决方法。他还指出，中国的和谐社会概念与 OECD 的核心宗旨极其相近。

2. 重新关注有效的监管

过去 25 年来人们一直在称道市场的力量，因为它不仅释放了创造力、带来了高速的经济发展，同时还为改善竞争力和减少政府的命令监管带来了机会。特别是当宏观经济条件适当，并且在处理一些环境和社会外部因素的宏观政策到位的情况下，基于市场的手段应该是简单监管框架的有效补充。随着时间的流逝，市场机制创造了让人目眩的经济繁荣，进而衍生出“高明的监管”概念，即依赖于自我监管和有限的政府监察。同时也使新的影响力量和目的进入了市场，而这些已经超出了市场本身设立时预想的目的。例如商品市场已经超出了分散生产者风险的用途而被当作了投机贸易的场所。

首先 2008 年秋天发生的金融危机传达出了一个强烈的信息，那就是即使对最富有、最强大的金融机构，利己主义也能够导致其误入歧途。近几年的事实也证明了其他一些关于市场机制的基本决策存在重要的缺陷。特别是在环境外部成本方面，市场机制的失败随处可见，而且很难解决问题。其次，最近世界市场的波动也表明，当金融行业缺乏最基本的监管时，其系统效应就会很快蔓延到在世界范围内影响发展和环境保护的地步。例如高油价带来的浩劫已经严重削弱了政府推进碳定价系统

① http://www.wto.org/english/tratop_e/dda_e/dda_e.htm .

② Angel Gurria. 2008.

方法的制定和实施能力。最后，当监管失灵发生在生产和流通领域时，最终消费者将付出健康代价，而这又会反过来影响贸易。2007年，这个问题在中国反复出现，从玩具中重金属污染到宠物食品中发现三聚氰胺，再到奶制品三聚氰胺丑闻。这些问题反映出中国政府监管系统的缺陷，也反映出企业和有关国家对商品最终到达消费者之前的监管和质量控制力度不够①。

我们可以期待各种监管手段的重新定位。希望这种定位不会排斥基于市场的监管，但它将更注重建立一个有力、高效的监管框架，在这个框架下市场能够更好地发挥作用。这就意味着监督是整个框架中凸显重要的环节，只有这样才能使不法行为及时得到发现和处理。最后，还必须有一套足够严厉的惩罚机制来制止这种行为。

一个重要的问题是环境保护与可持续发展观念能否引领新的平衡监管体系的制定。有几个原因可以让我们这样考虑。第一个原因是，如何在基于市场的方法和其他监管方法之间寻求平衡方面存在着大量理论研究成果和成功实践经验。其中的大部分与价格制定和激励机制相关，所涉及的必要的标准和对潜在环境影响的理解都有现成成果。

第二个原因是在世界新的经济形势下应对环境问题的紧迫性。过去的经济低迷曾导致环境破坏加剧（例如1997年亚洲金融危机对森林土地利用和小型矿业的影响）。气候变化的减缓和适应应当被纳入与国内、国际金融结构调整有关的优先领域。这些将成为未来几十年里世界最大的金融需求之一。同时，应对气候变化问题也需要不断建立新的市场机制，如碳排放交易。

第三个原因是可持续发展的综合特征。从概念建立之初，可持续发展就注重经济发展与环境问题的紧密联系，寻求如何通过保护环境创造巨大的社会效益（包括更多的平等）。在我们审视监管体制时，最重要的一点是要保证它们能以可持续发展原则为基础，支持综合目标（如环境与健康），并使它们能促进污染防治和防止过度资源利用。

中国身处建立新型监管体制的有利地位。中国正致力于建设“社会主义市场经济”，掌握着调整原始市场力量的有利时机。同时，中国正在进行法治的构建和开放金融行业。中国有着巨大的金融储备，中国人倾向于储蓄而不是过度消费。希望这些特征不仅能减少目前的金融动荡带来的伤害，同时也能保证中国为环境保护和

① Willy Lam. October 2008. *Milk Powder Scandal Exposes China's Worsening Administrative Malaise*. China Brief. Jamestown Foundation. Vol. 8, Issue 19.

科学发展创新提供金融保障。中国有可能在未来关键的几个月或明年为其他国家和全球经济带来巨大的帮助。

3. 全球环境、经济与发展协定的有效行动

如何就几个全球协定（特别是那些关于气候变化、生物多样性、千年发展目标以及对多哈发展议程的全面接受）的实施步骤和具体进展达成一致一直是近年来国际社会最为重要的环境与发展议事日程。但是令人失望的是能够最终成功的很少，特别是很多国家已经错过了本可以采取措施的最佳时机。在目前经济恢复和很多国家面临困难的时期，就更需要注入动力，并把这些目标作为可持续发展的坚实基础。

我们可以从每个协定所能做的贡献这一关键点入手。是否富国应该减少过高的农业补贴，包括那些新的对生物燃料原料玉米和谷物的补贴。① 消除贸易壁垒和国际开发援助如何更直接地服务于千年发展目标的实现（包括从成功国家学习经验）？如何增加应对气候变化创新的金融手段以实现新的经济增长？这些问题对于我们来说并不陌生，但是在当前全球形势低迷的情况下，这些问题则具有着新的意义。

如果我们需要被提醒一下目前的环境与发展情况有多严重或能变得多严重，我们只要需看看气候变化后果有多明显，看看如果 2015 千年目标失败后世界的不和谐和由于贫困造成的人类悲剧就知道了。

（六）应对集中爆发的危机

目前出现了一个重要的争论话题，即环境危机的后果可能会导致社会甚至文明的崩溃②。这个争论涵盖了与环境变化和影响相关的不和谐后果的方方面面。还有其他的一些可能性也为大家广为谈论，例如欧盟高级官员对气候变化移民涌入欧洲的担心③，以及日本准备在全球发生流行疾病时将所有生活在国外的日本公民撤回国内的计划④。一个更现实的问题就是经常发生在美国、中国和其他地方的由于极端气候（如飓风、台风、气旋）引起的数百万人口的短期撤离问题。这种保护风险

① 全球补贴研究中心（Global Subsidies Initiative）在一系列报告中对包括美国、中国等在内的国家进行了这方面的探索。关于中国的报告 *Biofuels - At What Cost? Government Support for Ethanol and Biodiesel in China* 见 http://www.iisd.org

② Jared M. Diamond. 2005. *Collapse: How Societies Choose to Fail or Succeed*; T. Homer-Dixon. 2006. *The Upside of Down. Catastrophe, Creativity and the Renewal of Civilization*. Random House of Canada; James Lovelock. 2006. *The Revenge of Gaia: Why the Earth Is Fighting Back - and How We Can Still Save Humanity*. Allen Lane.

③ Ian Traynor. 10 March 2008. *EU Told to Prepare for Flood of Climate Change Migrants*. The Guardian.

④ Asahi Shimbun. 11 April 2008. *SDF to Retrieve Japanese if New Flu Hits Abroad*.

中人群的努力有助于和谐社会的建设。中国在气象监测、早期预警以及在天气或其他自然灾害发生时能快速撤离计划方面的努力和成就是非常值得称道的。2008 年 9 月发射的两颗环境卫星为此提供了巨大的帮助。①

人类社会再无法将各种危机逐个分别去解决，因为各种危机出现了集中爆发的趋势。国际金融危机有时可能在一个国家或地区严重干旱情况下影响粮食供应，进而引发社会动荡。环境退化有时就是那些持续危机循环产生的严重后果，例如很多发展中国家的社会冲突和战争，不断的干旱或系统的污染（如酸雨）造成的生态系统生产力和服务功能的逐步丧失。

在过去的 10 年里，中国似乎已经积累了一定程度的抗冲击能力。中国避免了 20 世纪 90 年代亚洲金融危机产生的严重后果，同时将厄尔尼诺引起的洪水灾害变成了恢复山地生态植被的契机。2008 年中国又一次面临几个严重自然灾害的考验，而同时还要应对严重的通货膨胀和国际能源、粮食和金融危机。很显然，尽管还存在一定的问题，中国的确已经具有很强的快速、准确地应对危机的能力（见专栏 2）。

今后的道路应该包括如何将危机转向可持续发展。这对于中国来说尤其紧迫，因为气候变化效应在中国的反映变得越来越频繁。气候变化的适应工作不应仅仅局限于避免危机，还应该在关键的行业制定可持续发展战略以准备应对各种危机相互作用而产生最严重的“意外结果”。很多自然灾害造成的危害其实是由于规划、管理和监督、决策的不足造成的，所有这些因素使得人们更容易被自然灾害所有侵害。

专栏 2　中国从 2008 年汶川地震中总结的一些经验

现有的经济增长和发展模式需要改进

发展过程中应尊重科学和客观规律。发展方向、行业 / 工业布局、城市建设和发展规划应该经过科学论证和规划。有必要建立一个有效的社会监督体系和机制，引导全社会发展，确保经济沿着良性、循序和可持续的轨道前进。

① 8 Sept 2008. *Chinese Vice Premier Hails Launching of Disaster-monitoring Satellites*. http://news.xinhuanet.com/english/2008-09/06/content_9810515.htm.

改善应对自然灾害的社会机制

这包括建立自然灾害预警和应急反应系统，改进信息透明度以促进广泛的公众参与，建立有效的灾害保险体系和正规的现代社会慈善控制和监督机制等。

提高意识，加强能力建设

尤其有必要广泛传播自然灾害的知识以提高人们的意识和安全知识，这样在灾害发生时，人们可以有效地保护自己并帮助别人。同时，还应加强应对灾害的科技能力，包括研究开发救援技术和设备、培训专业救援队伍等。

以科学发展观理念指导灾区重建

灾后重建工作不是简单地恢复原貌，而应该是从规划到建成后的管理都遵循可持续发展原则而建设起来的科学、合理、和谐的新城市、新农村。

（摘自国合会首席顾问专家支持组为关注问题报告准备的背景报告）

四、中国面临的挑战

（一）经济增长模式、动荡的全球市场和经济衰退

有人已经指出中国现在的经济发展模式带来的一系列问题。用国际公认的基尼系数衡量的社会分配不公平状况有所增加，即从 0.29 增加到 0.41[①]。Joseph Stiglitz 博士建议将分配影响纳入每个政策决策中，注重市场和政府监管体系的平衡，改善物权法律体系和更广泛的税收体系（该体系较少关注增值税）。他指出，根据美国和其他地方的经验，削弱社会保障体系将阻碍和谐社会的发展，并将影响未来的生产力。Stiglitz 博士还特别提及了教育和学校投入偏低（如 2002—2005 年中国教育投入占 GDP 的 1.9%，健康投入占 5%；相比之下，巴西在这两项的投入则分别是 4.4% 和 8.8%）；很多家庭缺乏健康保险。他提倡一种新的经济模式，在这种模式下技术创新更关注节约资源而不是节约劳动力。Stiglitz 博士认为这种模式将更有利于建设和谐社会，并为中国带来长久的、强劲的增长，使中国站在国际竞争舞台的前沿。

① Joseph Stiglitz. 2008. *Towards a More Sustainable Growth Strategy for China.* Presentation at CCER, Peking University.

中国政府相信资助可持续经济发展将为建设和谐社会奠定坚实的物质基础。中国政府在其财政预算中对与此有关的因素给予了优先的关注，包括“足够的合格工人和资本，技术创新，资源和环境能够持续支持快速经济发展”。[①]

在当前世界金融危机中，中国似乎有着与所有其他国家都不相同的特殊地位。虽然中国对一些影响并没有免疫功能，但是中国有着相当的缓冲能力，这包括其庞大且不断增长的国内市场、财政余额以及巨大的金融储备。同时中国没有其他国家的房屋贷款方面的问题。温家宝总理最近说过：“一个有 13 亿人口的大国长期保持经济平稳较快发展，就是对世界的最大贡献。”（新华社）

目前环境与发展的挑战就是在应对经济低迷的过程中不要牺牲已经取得的环境保护成果，或者削弱未来的可持续发展潜力。有 3 个具体问题需要考虑：① 如何增加与环境保护技术创新有关的就业机会和收入，包括水和大气污染防治、固体废物、能源和气候变化等领域；② 如果通过造福当地的环保项目和（或）保护生态系统服务功能等渠道增加对农村地区的资金投入；③ 如何提高私营行业的介入程度的效率以减轻政府的负担。

目前信贷紧张的情况将影响全球环境技术公司的启动，因此这时环境创新技术的投入将具有商业可行性。中国的融资和进入中国市场将非常值得考虑。中国应鼓励建立合资企业（此刻可能会争取到更有利于中国的条件）。此时也许是中国投资海外建立环境公司的好时机，以期争取未来在用水卫生、可再生能源领域的商业机会。

现在也正是中国或许该同其他国家合作，促进银行和金融行业在其贷款活动、保险政策以及“绿色投资”中继续完善环境保障制度的好时机。这在中国是一个新的，但却是一个极其重要的课题。它同时还与中国国内的企业以及在海外经营的中国企业的“企业社会责任”实施情况有关。

（二）奥运会的“绿色经验”

2008 年的北京奥运会和残奥会让国内外都对中国致力于环境保护的努力留下了长久的印象。北京奥运会取得了很多环境保护的成果，其中北京的空气质量达到了

---

① Xinhua News Agency. 29 June, 2008. *Govt's Budget Targets Education, Innovation, Environment.* CHINA.ORG.CN.

10年来的最高水平[①]。奥运会后，时任联合国秘书长潘基文说道："北京奥运会是'绿色奥运、科技奥运和人文奥运'的成功……奥运会也成为了国际社会通过对话和互信促进世界和平与和谐的重要契机。"[②]

接下来的挑战是如何使这些成绩长久地得以保持，包括先进的环境保护措施经验，例如机动车控制、建筑设计、循环经济的应用等。全中国乃至全世界都对中国的环境保护和发展状况以及为此付出的巨大的努力和投入有了更多的了解。但接下来的挑战是如何让北京的空气质量总能保持在2008年8月的水平或更好，如何让在针对一个重要城市的巨大财政投入情况下实现的环境效益扩展到其他的城市中去？其他的国家如何能从中国所做的这些工作中学习经验？

奥运会是对改革开放30年的一个庆典，正是改革开放使得中国有能力成功地举办奥运会以及未来的重大活动，如2010年的上海世博会。世博会的主题"城市，让生活更美好"也是关注建设生态友好型社会和保持可持续发展[③]。通过这些活动，中国开展了绝好的"绿色推广"，而这可能比先进的技术手段更能影响公民关注和投身可持续发展。

（三）环境监督和执法

过去的一年，中国展现了前所未有的加强环境监督和执法的努力，特别是成立的新的环境保护部[④]。尽管如此，这些努力还不足以扭转环境退化的形势和遏制违法行为。一些现有的法律法规加重了处罚的力度，但还不能完全阻止污染者破坏环境。地方政府常常不能严格环境执法，这对于中央政府来说一直是个主要的问题。另外，环境监测的质量和连续性也是一个主要的问题。国合会工作小组[⑤]和OECD《中国环境绩效评估》报告[⑥]都已经对这些以及其他一些问题进行了详细的分析。

（四）农村的环境和发展改革

农村人口占中国13亿人口的56%，但收入水平只有城市居民的30%。2007年

① 绿色和平对中国奥运会所作的环境努力进行了深入细致的分析：*After the Olympics: Lessons from Beijing*. 45 pp.
② www.chinaview.org 17 September 2008.
③ http://en.expo2010china.com/expo/expoenglish .
④ 见CCICED首席顾问委员会2008政策报告，该报告记录了过去一年里中国加强环境保护政策的工作。
⑤ CCICED. 2006. 环境治理工作小组报告；CCICED. 2007. "十一五"计划环境目标工作小组报告。
⑥ http://www.oecd.org/document/47/0,3343,en_2649_34307_37809647_1_1_1_1,00.html .

收入差距达到历史最高。这种差距以及其他一些不平等（特别是教育和健康）引起了中国政府的高度重视。2008 年 10 月召开的中共中央全会就解决这一长期困扰中国的城乡差距问题作出了一系列重大决定①。这些决定包括：到 2020 年使农民人均纯收入比 2008 年翻一番；绝对贫困现象基本消除（目前官方数字是 1 500 万）；建立统筹城乡经济与社会发展的体制；保障农民权益；将农业作为国民经济发展的基础，将食品安全、农业现代化、产品质量监督放在首位；发展农村地区公共基础设施等。

这些措施将极大地促进城乡平等和社会和谐。这些措施并没有具体提及环境与发展，但是很多都是与环境与发展相关的。中国已经是世界上最大的化肥消费国，而且常常是过量施用。随着对食品安全的重视，中国将找到更好的方法以解决农业生产带来的严重的地表水和地下水污染问题。粪肥处理和利用农业残余物生产生物燃料、生物沼气和化学品等都是重要的课题，通过这些生态创新，可以促进环境的进步。增加公共基础设施的措施也将通过供水、污水处理投资和农村可持续能源改善（如风能电站、太阳能电站）为农村创造财富和增加就业。产品质量问题将使污染进入食品链以及有机农业认证问题得到相应的关注。

（五）社会稳定

中国十分重视政治体系和经济发展中的稳定问题，并将其视为发展的重要前提。过去的 10 年中，中国已经成功地化解了很多国内外骚动的影响。毫无疑问，将来会面对更多这样的情况。这给中国提出的挑战就是如何在充满着不稳定影响因素的世界里保持自己稳定的发展步伐。环境退化就是其中一个主要影响因素，起先是国内，现在随着气候变化问题被扩展到了地区和全球范围。另一个挑战是中国将严重危机状况转化为促进可持续发展机会的能力，而这似乎已经成为中国建设和谐社会努力中相当重要的一部分。

环境与安全为检验环境退化和社会稳定提供了一个框架②。另一个方法是检验环境公正的原则如何被用来解决社会摩擦以及补偿被伤害的特定群体和社会成员。

在实现生态系统服务功能理想水平方面还需要在生态补偿体系和生态建设方面

① 中共十七大中央委员会第三次全体会议，2008 年 10 月 9—12 日。

② See the Woodrow Wilson Center Environmental Change and Security Program publications on China. http://www.wilsoncenter.org/index.cfm?topic_id=1413&fuseaction=topics.publications

进行大量的投入，并保证其长期的效果。这一点对那些可能在大范围内影响多数人口的不易察觉的环境变化来说尤其重要。过去最主要的例子是沙漠化，特别是黄土高原地区。将来供水和水质问题可能会成为社会公正问题。

贫困人群通常受自然灾害和长期环境退化的影响最严重。在中国，这一点提出了关于污染、健康和环境的公平公正问题。一个主要的例子是与农村较差住房标准有关的室内空气污染问题。通风不好的炉灶和燃用煤炭造成很多贫困人群患上呼吸道疾病和死亡，特别是必须长时间做饭和从事室内工作的妇女。

每年大量的污染事件投诉表明了直接受污染影响的人群的不满。但是有很多的人不得不默默无闻地忍受着，因为他们别无选择，例如那些生活和工作在煤矿地区的人们。在世界的其他一些地方，这种普遍威胁健康的空气、水或土壤污染状况从社会或环境公平角度来说是不可接受的。在中国建设和谐社会的过程中，这种意识也会出现，并很可能在下个 10 年中出现。这意味着需要一系列立法和司法改革来解决环境公正问题。

（六）国际合作

在过去的几年里，中国已经清楚地表明了她愿意为世界的环境与发展做出实质上而非形式上的贡献。另一方面，国际上越来越多的人认识到中国在几乎所有的环境事务中的重要作用。中国可以通过国内的行动向世界证明如何建设一个更加和谐的社会，也可以通过发展援助同其他国家分享成功的环境保护经验。中国也可以通过积极参与国际合作为一个全球重要的贡献者。对中国来说一个重要的挑战就是寻求无论是在环境、气候变化、贸易、技术转让还是在其他目标上的“公平公正”的国际规则，

1. 世界贸易与和谐社会

中国的经济崛起很大程度上得益于它谨慎地加入世界贸易组织（WTO）并娴熟地运用其相对优势构建海外市场。同时，中国对原材料的需求也使其他的国家受益，包括拉美国家、非洲和亚洲国家。然而，也有人担心中国的发展对其他国家资源和环境可持续性的影响以及由于外包到中国和其他亚洲国家带来的本国就业损失等影响变得越来越大。这些事情其实是全球化趋势带来的普遍性问题，但中国常常被当作一个关键的国家而被讨论。

食品、能源和其他进口到或出口自中国的商品供应链常常是人们争论的中心话

题。与此有关的环境成本和效益才刚刚被人们通过细致的研究所认识。两个关键的方面需要解决：如何保证资源供给的同时又能维持良好的关系和其他地方的繁荣；如何能避免陷入诸如粮食短缺涨价而影响国内安定与和谐这样的国际困境。

金属、石油和天然气价格的波动让一些公司和国家发了横财，但是更多的国家则因此陷入困境。人们强烈地怀疑市场操纵更加剧了这种状况。显然这不是一条通往全球和谐社会的道路。这也削弱了政府力图引入碳税和改变资源定价机制从而使环境成本内部化的能力。

中国正处在一个困难的境地，因为它大量地依靠进口原材料，而且经历较高的通货膨胀，这将不仅影响社会稳定，还会影响经济增长率。政府对汽油和柴油的巨额补贴以使其价格维持在低于世界水平的位置上就是这种严重困境的一个例证。

WTO 从成立之初就一直宣称贸易协定是一条促进世界和谐和可持续发展的希望之路。但是，目前世界贸易谈判的僵局和破裂，特别是关于农业市场进入问题，则存在导致更多双边或地区贸易协定的危险，从而偏离了全球贸易的宗旨。这可能会给中国包括很多中国的贸易伙伴国家带来严重的后果。

此外，要使世界贸易体系、环境和可持续发展相协调还有许多工作要做。无论是广泛采用环境友好型技术生产商品的国际标准，开发更有意义的环境认证体系，还是通过在贸易谈判中设定约束条款的方式，如果想要符合“生态文明”这一概念，就必须改变目前的现状。在加强贸易协定中，环境保护内容方面中国处在什么位置呢？迄今为止，中国一直在参与这方面的工作，但是还没有真正起到主导作用。

2. 国际环境准则的公平和公正

国际社会应当建立公平、公正的国际环境准则，遵循“共同但有区别的责任”原则，共同承担国际环境义务，创建国际环境协定，为国际环境条约和协定的顺利实施制定有效的机制，最终实现和谐世界的目标。

但是反映到具体协定和实施战略时，这些理想往往成了障碍。它们可能让中国和其他国家在寻求气候变化①、危险废物转移、将环境事务纳入贸易协定等方面的实质进展过程中遭遇失望和困惑。

如何改善这种状况以利于双方（不仅是大的发展中国家，如中国、巴西和印度，包括小的、贫穷国家以及 OECD 国家）的利益呢？情况表明，新一届美国政府对气候

① 2008 年 10 月 29 日中国发表了《中国应对气候变化的政策与行动》白皮书 http://www.china.org.cn/government/news/2008-10/29/content_16681689.htm.

变化采取的态度都比现任布什政府积极，这可能会带来更多的多边合作的机会。

但是美国并不是建议或同意环境准则的唯一角色。如果中国想通过改善国际环境框架满足自己的需要，那么它就得开展多方面的国际合作，并且树立自己作为一个负责任的国际合作者，真心致力于国内和全球环境改善事业的形象。

3. 千年发展目标（MDGs）

千年发展目标是全球实现可持续发展的重要组成部分，但是很多国家在实现 2015 目标上却鲜有进步[①]，中国的成就是一个特例。用联合国开发计划署驻中国代表 Khalid Malik 的话说就是："中国在引领这条道路。" 中国将能够在 2015 年实现千年发展目标，但是，也同样面临着关键的挑战。他认为这主要包括环境、社会公平和性别平等。[②]

在 2008 年 9 月于纽约召开的联合国千年发展目标高级别会议上的讲话中，温家宝同志强调了中国注重同其他国家开展更广泛的合作以实现全球的千年发展目标[③]。他同时还提到了中国对不发达国家提供直接的帮助，包括债务减免、直接经济援助、能力建设还有技术共享。这其中包括为一项新的承诺，即在未来 5 年内为发展中国家援建 100 个小水电、太阳能、沼气等小型清洁能源项目。

中国在未来几年里应该能够运用更多自己国内的环境保护工作经验来帮助其他发展中国家。它在水资源利用、可再生能源以及污染控制技术开发方面所作的承诺将会催生出一系列新的技术手段。很有可能来自中国的技术会相对便宜，能更有效地满足不发达国家的需求。同时中国在保护环境服务功能方面也积累了相当多的经验，包括生态恢复、生态补偿机制等。这些经验对很多面临诸如流域管理、森林、农业和沿海地区的可持续发展等类似问题的国家来说都是非常值得借鉴的。中国的疾病控制经验和目前越来越关注环境与健康的努力完全与其他国家实现千年发展目标的需求相吻合。

---

① Jeffrey D. Sachs. 2008. *Common Wealth. Economics for a Crowded Planet*. Penguin Press. New York. 386 pp.;

② Khalid Malik. 2007. *A Contribution to the Achievement of a Harmonious Society*. Statement at International Conference on CSR in China, 29 June 2007, Kunlun Hotel; and *MDGs: China's Progress towards the Millennium Development Goals 2008*. China and UNDP.

③ 温家宝总理在 2008 年 9 月 26 日与纽约召开的联合国千年发展目标高级别会议上的讲话。http://news.xinhuanet.com/english/2008-09/26/content_10116246.htm .

五、环境保护与和谐社会

本报告的前提是环境保护是中国和谐社会内涵之一，也是重要的贡献者。在本章，我们来考察一下全面实现这一前提条件的具体方法[①]。

（一）和谐社会的环境保护要素与基本原则

环境保护在建设和谐社会过程中的地位可以通过图1中5个环境要素来说明。

几个基本原则是非常重要的，这些都与中国现任领导人的执政理念相吻合：

（1）树立生态文明的治国理念是构建和谐社会的基本要素。

（2）以人为本是加强环境保护、建设和谐社会的核心原则。

（3）人与自然的和谐就是要推动环境与经济的高度融合，以环境优化发展。

（4）环境保护要体现社会公平与正义，保护社会弱势群体。

（5）推动国际环境公平，构建和谐世界。

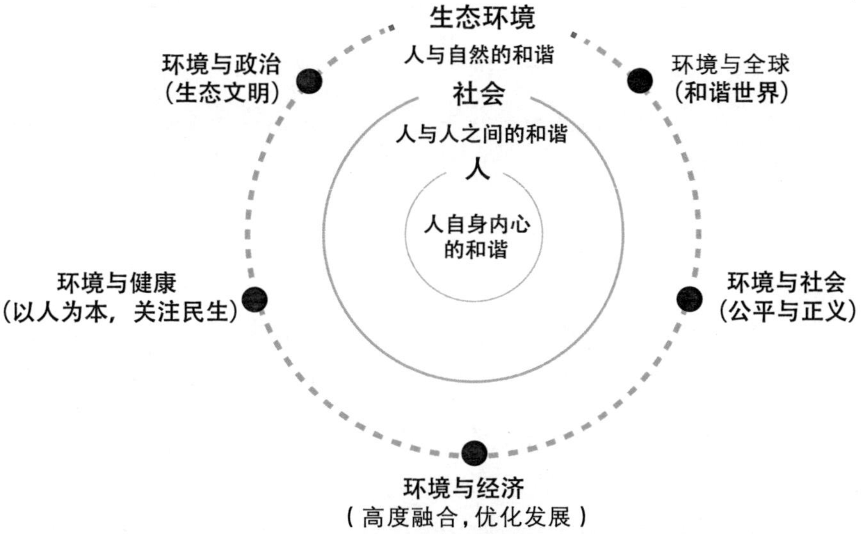

图1　和谐社会的环境要素

（二）加强环境保护、构建和谐社会的途径

社会和谐是中国特色社会主义的本质属性，是国家富强、民族振兴、人民幸福的重要保证。构建社会主义和谐社会必须坚持科学发展的原则，其中重要的一点，

① 本部分第一节的内容摘自国合会首席顾问专家支持组准备的背景研究报告。

就是要统筹人与自然和谐发展。目前优先需要关注的问题是：① 解决威胁人民健康和可持续发展的环境问题；② 保护生态系统；③ 改革环境管理体系。这些都是建设人与自然和谐共处的生态文明社会的重要基础。所有这些优先领域已经被赋予了高度的重视，包括“十一五”规划以及国际国内的研究工作，其中也包括国合会的报告和建议。因此，具体细节在这里不再赘述，我们只专注于来自 8 个方面的重大挑战。我们认为，如果中国想实现环境友好型社会的长远目标，并为全球生态文明建设做出实质贡献，就需要在未来 5 年实现这 8 个方面的突破，现将它们简述如下：

1. 进一步调整环境与经济的关系

这种根本的转变已经在温家宝总理提出的“三个转变”以及“十一五”规划制定的节能减排目标中得以体现。但是，在接下来的几年里，这种转变还需要更大的力度。包括使资源利用效率提高到世界任何一个国家尚未达到的水平，在中国的消费者、城市、商业和政府部门开展运动使“全社会都能树立牢固的生态保护意识”。

这个调整需要注重不断地实现更严格的环保目标、更多的投入以及加强对效果的监测。它还需要注重在国内生产、销售和使用的产品全生命周期的环境保护和标准。这样做的结果能使中国在国际国内可持续发展这一朝阳经济中拥有强大的竞争力。这也意味着一种非常有远见的消费主义，特别是对高质量产品和服务的需求。它将通过中国建设循环经济不懈的努力而实现。

2. 使贸易、投资和金融行业改革与可持续发展相一致

虽然中国从作为 WTO 成员国以及大量涌入的外资中获益匪浅，但是也必然地存在严重的问题。这些问题包括与出口产品生产相关的环境退化、市场供应链带来的影响（国际和国内）以及获得先进环境技术的困难性等。通过向世界市场提供物美价廉的商品和购买原料，中国为很多发展中国家创造了效益。但是大部分的商品被出口到了富裕国家，因而更加剧了那里的超常消费。

中国独立解决贸易与投资问题的能力是十分有限的。但是很明显，诸如 WTO、国家监管机构和中央银行，以及国际金融市场都没有能成功地建立遵从环境保护或可持续发展原则的贸易体系。眼下，失败的结果显而易见，尤其是政客言论和金融行业的紧急救市都标志着这一体系的重建。如果这一重建过程不将可持续发展考虑进来，那就太遗憾了。对于目前的 WTO 谈判，也同样存在这样的问题。

在未来几年里，中国在国际谈判中拥有相当的公信力，因而能够帮助促进国际贸易和投资日程以及金融行业改革朝着环境保护和可持续发展方向迈进。这也需要中国对本国内的有关领域予以重视，包括国内的银行、保险公司、股票市场、贸易和投资监管机构等。

3. 从长远目标角度着手使中国转入低碳经济

中国的能源和环境保护的关系现在处于一个尴尬的境地，即进口石油和天然气的大幅增加和未来对煤炭的高度依赖。传统的节能技术在主要工业行业、交通、农业、市政等很多领域还需要进一步发挥作用，但这还不够。人们日常生活中的节能也是十分重要的。但是低碳经济的概念远超出这些，它是一个全面的概念包括温室气体的捕捉和削减，为碳的经济价值定价（包括碳在自然界中的存储）。低碳经济是市场机会驱动的，这会吸引中国社会的创新者和企业家。它将部分地建立在由国际和国内碳交易市场和特别资金（如清洁发展机制）提供的融资机会基础上。尽管这个转变是长期的，但是大方向要及早确定，最好是在第十二个五年计划中落实。

4. 采取与毒害影响、全国流行性疾病以及其他环境风险警戒水平相一致的环境和健康行动

值得称赞的是中国已经制定了一个《国家环境与健康行动计划》[①]。但是，正如国合会环境与健康工作小组将报告的，这仅仅是一项重大任务的开始，这项任务将致力于减少与长期污染、工作环境和家庭健康危害有关的死亡率，减少与自然灾害有关的伤亡，减少大面积流行性疾病的风险。中国的环境健康问题还包括在私家车广为流行的今天与交通有关的巨大伤亡、与生活方式（吸烟人数增多）有关的疾病以及随着生活的富裕而日益增多的癌症、心血管疾病、糖尿病和其他健康问题等。很多问题都是相互交叉影响的，因此解决问题的方法也就没有那么简单。

5. 能够为农村提供实在长久的经济效益、环境效益和社会效益的全新生态系统保护方法

中国在林地草场恢复、饮用水水源保护以及与湿地、自然保护区、退化农田、流域和沿岸三角洲生态服务功能方面的投资可谓巨大，但这并不是最优化的办法，因为国家生态补偿体系还没有完全建立，而且目前的方法也并不十分有效。有必要根据实际情况，将这些努力变成长久的，并且更加注重对农村地区产生的效益。同时，考虑到污染治理仍然是生态重建工作中的重要组成部分，我们还应该将工业、农业、矿产和能源行业以及城市污染清理和预防包括进来。综合的解决方案应该通盘考虑

① 卫生部 2007 年 12 月 12 日《国家环境与健康行动计划》见 http://english.mep.gov.cn 。

经济、财务、生态、技术和机构革新等各方面的因素。

6. 加速环境保护和可持续发展技术创新的开发和商业化步伐

中国应当成为应用创新环境技术领域的世界领先国家。这有可能在下个 10 年才能发生，但是中国在科学技术研发方面巨额的投入和强大的市场需求保证为此打下了良好的基础。中国还具有较低的生产成本和能够快速上产品的优势，风能技术就是一个很好的例子。

21 世纪的经济会在相当程度上取决于环境和可持续产品及相关服务的覆盖程度，包括先进的交通模式、合理有效的电网管理、照明、可再生能源、先进的水资源利用、从废物中回收热能、生物炼油以及其他与生物技术和信息技术有关的先进方法。

目前，虽然已经开展了很多行动和存在着一些平台，但还没有一个成型的国家环境保护创新系统。

7. 构建新型环境治理结构，加强公众参与和公众环境知情权

中国在增加信息透明度①、公众参与环境决策以及解决环境投诉方面取得了很大的成功。今后，公众将在决策中扮演更重要的角色，并且也需要具备更强的意识和能力。在某些情况下，群众和社区组织可以作为共同管理者，同政府一道解决资源和环境保护问题。例如在主要的自然保护区周边地区。

公众的环境权益可以扩展到包括环境监督权、知情权、索赔权和参与制定环境政策和项目决策的议政权。所有的公民，无论贫富、老少、男女、城市或农村，都应该享有这些同样的环境权益。

显然，现在的环境管理体系存在着信息准确性有限，以致无法及时、准确地发现问题和检验进展的困难。因此，有必要建立一个更有力的监控体系，这个体系应充分考虑公众的参与和信息共享。

8. 国际合作重点转向寻求综合的可持续发展解决方案

国际环境合作应该从单纯的环境问题扩展到可持续发展上来。我们应该将环境保护与发展合作相结合，并通过发展来解决很多（如果不是大部分）环境问题。但是，我们确实也看到了很多全球环境与发展中存在的问题，而且大部分问题还在继续恶化。我们注意到越来越多的地区环境问题和跨境环境冲突日益凸现，而且这些问题

---

① 例如《环境保护部信息公开目录》、《国家危险废物名录》、污染城市黑名单、环境状况公报、各省（区、市）主要污染物排放量指标半年公报等。

已经对政治、经济和社会造成了极大的影响。此外，还不断地有新的环境问题产生，并且演变成全球范围的环境问题。所有这些挑战都让我们认识到必须要加强国际合作。可持续发展是全球的共识，我们应当冲破文化、意识形态不同等障碍，采取协调一致的行动建立顺畅有效的全球环境保护公约和协定的实施机制。

成功地实现环境和可持续发展的这 8 个突破将给中国带来良好的效益，为和谐社会建设作出直接的贡献。这些效益包括：

（1）较少环境影响的新型经济和生活方式；

（2）企业和社区更容易获得经济有效的环境解决方法；

（3）中国企业的企业社会责任状况得到改善 ；

（4）公众更多地参与那些影响地方和国家发展的决策 ；

（5）更安全的环境条件，包括减少了自然灾害或环境污染造成损失和伤害的风险；

（6）生活质量和健康水平的提高，还有包括交通改善等其他效益；

（7）公众对决策者更多的信任。

六、结论

环境与发展是中国建设和谐社会的重要组成部分。目前中国在改善环境管理方面的努力将来一定会通过生活质量和人民满意度的提高而获得经济、社会领域的丰厚回报。但是，我们要意识到这些努力离实现和谐社会的要求还有很大差距，还有很多工作要做。事实上，实现和谐社会的整个基础都需要加强。

世界其他地方的经验表明环境改善是全社会共同关注的公益事业，因此很多行动必须达成一致和妥协。公众对环境事务的关注还能带来环保工作实质的进步，并且是提高公众意识和促进负责任的公民行动很好的切入点。

中国在解决环境问题上采取了强有力的方法，即通过科学发展观、环境保护和经济发展的变革（而不是简单递增）以及注重广泛的手段实现环境改善。但是，正如上文提到的 8 点那样，中国仍然面临着巨大的挑战。实施过程中的挑战依然对建设环境与发展的新型关系构成阻碍，进而影响构建和谐社会的进程。

考虑到各种地震、洪水与干旱等自然灾害的存在，现有环境退化和不可持续发展模式的影响，以及诸如气候变化这样的全球因素，中国还可能面临更多的危机。当今世界有这样一个趋势，即各种危机趋于集中爆发，形成涉及环境、粮食、能源、金融以及其他危机的“大爆发”。从全球来看，目前我们很有可能就置身于这样的境地。值得欣慰的是中国在近几次危机中展现了强大的抵御危机和快速反应能力。更重要的一点是，无论危机多么复杂，总是会带来变革以及寻求新的可持续发展道路的机遇。在今年汶川地震和其他几次灾害的严峻考验中我们看到，中国还有很大的改善余地。

环境与健康是一个紧迫问题。如果不能快速、妥善地加以解决，就很可能成为社会不和谐的重要原因。这是事关包括城市和农村的全体国民的大事。信息透明仍然是个问题，与此有关的还有关于特殊问题与公平解决方案的全面定义。对环境与健康问题处理不当将使中国在对外关系中处于不利地位，其中包括贸易、环境与公共健康。

中国致力于建设创新型社会当然与构建和谐社会的努力紧密相关。在实现这个目标的过程中，将环境与发展作为重要的桥梁是十分有益的。中国围绕国内和国际消费需求平衡、依靠提供需要较少能源与原料消耗的产品与服务而进行的构建新型经济模式的尝试，必将带来更多的机会，从而提高中国的国际竞争力。我们觉得这种转变应在个别行业更进一步推进，例如在可再生能源领域，中国可以向世界证明其领导地位，并充分利用其相对优势。承诺向低碳经济国家的转变和决心采取先进手段实现循环经济，这两点对中国来说是现实可行的。

在把建设“生态文明”的远大目标介绍给国际社会的过程中，除了国内和国际的实际行动，沟通的方式也需要加强。国内的行动已经通过“十一五”计划的环境目标得以顺利实施，对此国际社会十分关注。在国际层面，中国应继续努力强化自己作为一个愿意在和平发展和全球良好环境基础上加强国际合作的国家形象。中国致力于在国内实现千年发展目标，并把国内的经验介绍给其他国家，这本身就是一个很好的例证。

最后，国际社会期待着中国在一些事务（包括环境问题）中起到带头作用。目前的全球金融危机向世界凸显了中国如何找到自己的位置，从而减少了其他国家都面临的负面影响。但是，显然没有哪个国家能免于此次危机的长期影响。因此，无论在未来的一年里经济形势会变得怎样，中国谋求和谐社会的一个重要部分都是要采取创新的政策以保持国际、国内的环境与发展目标的活力。当前气候变化问题尤为关键，在这方面中国可以展示其巨大的决心，希望能有来自美国新政府、欧洲以及其他国家的呼应。

我们最不希望看到的情况就是又回到过去“先污染，后治理”的老路上去。

国合会 2008 年年会给中国政府的政策建议

国合会 2008 年年会于 11 月 12—14 日在北京举行，主题是“机制创新与和谐发展”。年会召开之际，正值世界金融市场动荡不安，全球经济面临衰退的威胁；同时，全球也正在呼唤“重新加强政府监管”。2008 年同样也是中国为其取得的巨大成就欢呼庆祝的一年：中国的改革开放走过了 30 年历程，非常成功地举办了奥运会和残奥会；同时，中国政府抗击雨雪冰冻和地震灾害、应对三聚氰胺和其他危害公众健康的事件中表现出了卓越的努力。这些都使得年会的讨论更多地集中到如何使环境与经济社会协调发展能在中国未来建设和谐社会的进程中发挥更为重要的作用的内容上来。

中国共产党第十七次代表大会提出用科学发展观、和谐社会以及生态文明来引导中国经济发展和社会进步的价值取向。这一具有历史性意义的会议召开已过一年，越来越多的事实表明，中国正在实施各种转型，向建设资源节约型和环境友好型社会的目标迈进。特别值得一提的是，中国在完成“十一五”规划中的节能减排目标方面取得了重要进展，在完成多项联合国千年发展目标方面也处于世界领先地位，许多科技创新正在促进可持续发展实践。此外，中国也正在开展必要的制度建设工作，例如组建环境保护部。国合会赞赏中国在国内取得的诸多进步以及在国际环境与发展领域不断提升的重要作用。

尽管中国所做的努力和取得的成就值得称赞，但中国国内在环境与发展领域依然面临很多挑战，全面建设和谐社会仍然需要采取大量措施。中共十七届三中全会决定采取一系列行动来缩小城乡发展的差距，这为增加环境保护投入、增强社会和谐提供了重要契机。国合会委员们已经意识到，由污染直接或间接引发的公共健康问题仍然是中国社会发展中的一个非常不和谐的因素。该问题已经成为国合会开展和谐社会发展研究的一个优先领域。

国合会相信，无论对于中国还是世界，建立新型的环境与发展关系既需要渐进式的改变，也需要彻底性的创新与变革。幸运的是，中国目前已进入了开展这些创新与变革的状态。环境保护工作需要与时俱进，不断得到加强；同时，创新可以带来跨越式的发展，因为目前对可持续发展创新的投入将会在未来产生出飞越性的技术解决方案。仅仅依靠渐进式的改变难以满足中国实现其宏伟环境目标和长期发展的需要，所以国合会对如何实现环境与可持续发展的创新这一重要问题进行了研究，

实际上，在处理环境与能源关系以及实现全球温室气体减排等方面，对创新的需求是最为迫切的。国合会已经就这些议题成立了几个课题组，并开展了其他相关活动。尽管这些课题到 2009 年会才能提交最终研究成果，但本报告还是吸收了它们 2008 年提出的一些初步建议。

全球环境状况持续恶化，并通过贸易、气候变化和其他方式对中国产生了直接影响。2008 年北京奥运会已经让全世界对中国的环境问题和解决这些问题的能力有了充分了解。因此，中国如何在全球范围内采取行动来推动生态文明的发展将成为举世关注的大事，并对贸易、市场供应链以及应对气候变化等焦点问题的全球行动产生影响。但是，如果信用和金融危机发展成更严重的经济大萧条，中国在国内和国际环境与发展领域所做的努力都有可能受到威胁。

全球金融形势的恶化威胁着包括中国在内的所有国家的社会、经济和环境保护的发展，国际社会和中国政府对此高度重视。2008 年年会召开之际，正逢中国政府宣布进一步扩大内需、促进经济增长的经济刺激计划。这一举措也为国合会考虑中国如何抓住机遇，化解金融危机，稳定经济增长提供了重要的基础。

在全球金融危机中乃至其后，与工业化经济体相比，中国和其他几个主要的发展中国家可能拥有更多的机遇，特别是在发展那些朝阳产业和开发绿色产品方面，可以相信，这些行业在未来 10 年其重要性会显著增加。这也许表明，对环境和可持续发展的领导力会从欧洲和北美转向亚洲，而且，贸易和投资将会加速这一趋势。所以，全球可持续发展的解决之道，既取决于世界其他国家的行动，也更取决于中国的行动。

国合会委员高度赞赏中国决不让全球经济放缓阻碍环境保护进程的态度，赞赏中国政府在刺激经济计划中包括环境领域的做法。在当前重建世界金融体系和新的

经济发展道路的时期，中国可以对那些能够决定未来全球整体发展道路的活动进行投资，例如担任全球可再生能源产品和服务的供应商。正如国合会主席李克强同志所强调的那样，“呵护我们共同的地球家园，促进经济发展”。

国合会2008年年会审议了创新与环境友好型社会课题组和环境与健康课题组的最终建议。此外，国合会还收到了3个有关能源与环境课题组（低碳经济课题组、能源效率和环境经济政策课题组，以及能源效率与城市发展课题组）提交的中期报告和初步建议，他们将在2009年年会提交最终报告。此外，国合会2008年会的关注问题报告确定了中国面临的一些最紧迫的挑战，这些挑战在一定程度上是由当前的国际经济和环境局势造成的。我们的3项主要建议主题都采用了上述研究报告的内容以及国合会委员的观点。

国合会委员再次强调，为加强中国环境决策的公众基础和信心，必须加强环境法规的有效贯彻执行，更多地采用环境经济政策，建立可靠的信息公开机制。法规的执行如果能达到改变行为方式的程度，将对培养创新技术，改善环境健康条件起到决定性的作用。同样不可或缺的是，可信的信息公开可以形成积极变化的基础。

一、将挑战转化为机遇，大力推进科学发展

严重的自然灾害、动荡多变的国际金融形势、食品安全事件、成功的奥运会和残奥会、举世瞩目的改革开放30年成就等都将使2008年在中国发展的历史上烙下深刻的印记。一方面，一系列纷繁复杂的事件与形势暴露出了许多新的问题，给中国的环境与发展带来了新的挑战；另一方面，巨大的成功和喜悦也给中国留下了宝贵的遗产。在2008年即将结束之际，揭示问题与挑战，认识机遇与潜力，总结经验教训，积极应对，继往开来是中国政府的当务之急。

为此，建议：

（一）抓住应对金融危机的机遇，加快实现又好又快发展的步伐

拯救金融市场、稳定经济增长无疑是世界目前的首要任务，但国际上有关迹象警示我们，要防止环境保护成为金融风暴的牺牲品。这一风险一旦成为现实，世界的可持续发展将会出现历史性的倒退。对此，中国政府已有清醒的认识，在刚刚发布的应对金融危机扩大内需的10项措施中充分考虑了环境保护的内容；要求落实

节能减排和应对气候变化的决心坚定不移；谋求从科学发展的长远战略目标出发来应对暂时的危机，将目前的挑战转化为实现长久又好又快发展的机遇。

在具体落实这些重大决策的过程中，中国政府仍需要防范一个风险，抓住 3 个机遇。

第一，在落实中央政府有关扩大内需等宏观调控政策和措施的过程中，要加强监督管理，防范一些地方出现以牺牲环境保护目标为代价换取经济稳定增长的风险。

第二，利用扩大内需的机遇，在加强环境基础设施建设的同时，通过加大公共部门绿色采购的力度，刺激环保产业发展，向社会明确传递政府在经济困难时期仍加强环境保护工作的坚定意志。

第三，利用由金融危机引发的产业结构大调整的机遇，加快转变经济增长方式的步伐，加大清洁能源和生产技术创新的力度，培育和壮大清洁产业，发展低碳经济，增强解决环境污染和应对气候变化的能力，维持中国的长久繁荣。在这一方面，中国在制定“十二五”发展规划时应给予充分考虑。

第四，利用目前主要矿产资源和石油价格下降的时机，中国应加快资源能源价格改革的进程，内化资源能源消费所造成的环境成本。价格改革可以采用一种类似“扶梯”式的战略，即小幅度、阶段性、可预测的提价或通过引入能源环境相关税来改变价格结构，并定期发布相关信息，以便给企业和消费者提供价格调整预期，减少实施中的阻力。

第五，从长远考虑，中国应发展低碳经济。

中国发展低碳经济，一方面可以帮助解决国内的资源环境问题，另一方面可以增强应对气候变化的能力，提高国际竞争力。因此，中国政府对发展低碳经济（LCE）问题应给予更多的关注，做好相关的技术与政策准备，并在第十二个五年规划中考虑制定发展低碳经济的目标，将低碳经济发展融入当前的战略和行动中。

同时，中国在实施刺激经济的相关方案时，应遵循 4 个原则：一是新的投资项目不应造成新的污染和对生态造成新的破坏；二是从系统的视角，全面把握环境与经济的良性关系；三是在保护环境，特别是农村环境的同时，重视劳动密集型产业和扶贫救困；四是统筹能源结构改善、灾后重建和污染减排工作，发挥其对改善健康条件和恢复生态的协同增效作用。

（二）正确处理好政府监管与市场机制、创新与稳定的关系

世界金融危机、三鹿奶粉食品安全事件从根本上暴露了过度相信市场的力量而缺乏有效监管带来的巨大风险。实际上，环境外部性问题是一个典型市场失灵的问题，并难以克服。因此，在利用市场手段的同时，要加强政府监管。当然，中国目前正处在社会主义市场经济初级阶段，市场功能尚不完善，政府监管在很多方面也尚不到位。因此，需要进一步加强政府监管，同时发挥市场机制对环境保护的激励作用。市场手段的实施同样需要有效的监督管理及其相应的能力建设，例如排放监测、数据规范、减排考核和违法处罚。

与上述问题相关，中国政府同时要处理好创新与稳定的关系。和谐社会要求稳定，创新往往是对不合理利益格局的变革，处理得不好，二者会产生冲突。但若创新是朝着有利于公众参与和社会不同利益群体间的公平、朝着推动社会福利改善的方向发展的话，创新就会促进和谐，例如，通过创新，可以改善环境与发展的关系，解决环境与公众健康的问题，增强公众参与的力度，发挥女性对和谐社会建设的特殊作用。

（三）加强科学发展和和谐社会的基础建设

2008 年发生的冰雪、地震等自然灾害暴露出了中国实现科学发展和构建和谐社会的基础还非常脆弱。除相关制度外，城镇发展模式、基础设施布局与质量、社会保障体系、应急能力等经济社会的基础要素方面都存在缺陷，它进一步揭示了中国从数量扩张型向质量型发展方式转变，协调人与自然关系的紧迫性。三鹿奶粉事件还暴露出了企业的基本社会责任问题。因此，中国要将科学发展和和谐社会建设作为一项庞大的系统工程，使经济社会的各方面保持更为均衡的发展，包括科学发展的道德文化建设，夯实和谐社会建设的基础。如果环境因素纳入这些基础建设当中，实现可持续发展的能力就会随之提升。

（四）加强农村环境管理，整体推进中国的环境保护事业

无论从经济社会发展水平还是环境污染及生态破坏状况看，农村地区都是中国和谐社会建设和环境保护的薄弱环节。中国政府为此提出建设社会主义新农村的战略目标，刚刚结束的中国共产党十七届三中全会进一步就推进农村改革发展问题做出了全面部署，体现了统筹城乡协调发展的国家意志。在这一形势下，中国要将加

强农村环境保护工作纳入国家关于社会主义新农村建设等总体战略之中，重点解决好农村环境管理体制与能力建设以及农村环境基础设施建设问题，确保农村饮用水水源安全，加大土壤污染防治力度，控制农村室内空气污染，建立健全生态补偿机制，探索城乡一体化环境管理模式，整体推进中国的环境保护事业。

（五）推广绿色奥运的成功经验，并将其提升为环境管理的制度和机制

绿色奥运的成功实践为中国留下了丰富的环境保护遗产，这些遗产既有硬件，包括奥运会绿色建设示范工程、改善环境和服务公众的城市基础设施建设等，也有深刻影响经济和社会方式的软件，包括生态文明观念逐步在全社会树立，环境管理水平的提高，信息公开与公众参与等。中国政府应该系统总结绿色奥运在污染防治规划、环境友好型建筑和基础设施、环境信息公开、公众参与、机动车污染防治、重污染企业退出、区域跨界污染联合防治机制和奥运绿色技术的推广等方面的成功做法，使这些成功经验转化为环境管理的规范制度和长效机制，持续改善北京和中国其他地区的环境质量。在区域跨界污染联合防治机制方面，中国应特别重视奥运会的经验，尽快建立健全相关机制。

2010 年上海世博会为推广绿色奥运经验提供了一个很好的机会，中国政府应该“让城市，让生活更美好”的上海世博会主题体现出更多的绿色。

（六）系统总结 30 年环境保护历程，持续改进环境管理体系

30 年来，中国的环境保护与国际环发进程同步发展。根据国情，中国广泛借鉴了国际相关经验和理论，成功地探索出了具有中国特色的环境保护道路，在环境管理体系和改善生态环境质量上都取得了重要成果。当历经 30 年的努力后进入环境与发展战略转型的重要时期，中国需要从战略思想、理论、政策和管理实践等方面，系统总结 30 年环境保护的历程。这种总结对吸取经验教训，巩固已有成果，持续改进中国环境管理体系有重要意义。

2008 年成立的环境保护部是中国环境管理的一大进步，体现了中国政府推动环境保护历史性转变的国家意志。但是也要看到，以大部制为改革方向的环境管理体制改革是一个渐变式的过程，目前要重点加强环境保护部的能力建设和资金投入，今后要进一步整合中央政府部门间的环境管理职能，逐步建成责任、权力、能力、效率相统一的环境管理大部门体制。

（七）为和谐世界和全球可持续发展做出新的贡献

当今，中国离不开世界，世界也需要中国。一方面，人口总量、经济规模及其对全球环境的可能影响等使得国际社会对中国的作用有着更高的期待，例如气候变化和金融危机等问题；另一方面，中国在发展上的成就，包括具有创新意义的生态文明和和谐社会的建设，使得国际社会对中国的理念和经验更感兴趣。因此，目前已到了中国为世界的和谐与可持续发展做出更多贡献的时候了。中国稳定好自己的金融体系、发展好自己的经济、解决好国内的环境问题就是对世界的重大贡献，同时，中国应该在共同但有区别责任原则下为全球气候变化和可持续发展做出新的贡献，逐渐将国际环境合作拓展为可持续发展合作，并加强南南环境合作。

二、制订 2010—2020 年国家环境创新行动计划

中国建设环境友好型社会面临的挑战是综合性的和前所未有的，目前正处于迎接挑战的关键时期，创新是唯一的出路。中国的环境创新水平总体而言处于较低的水平，与环境友好型社会建设的需要形成巨大差距，与其他领域的创新水平也相差甚远。产生差距的主要原因有：一是基本没有摆脱“先污染，后治理”的发展模式，没有形成环境保护与经济互相促进的体制与机制；二是没有形成一个有效的促进企业主动进行环境创新的制度与政策体系；三是由于缺乏进行环境技术向商业转化的产业应用技术研究机构和相应的管理协调机制，使得环境科学技术研究与技术成果商业化之间存在着严重的脱节；四是环境信息采集与发布的制度和技术的落后，造成公众参与的程度低，没有发挥应有作用。

目前，创新已成为中国国家的核心战略，制定了国家创新战略和《中国中长期科技发展规划（2006—2020）》，但这些战略和规划仍不能全面解决环境相关的创新问题，因为环境创新本身就是一项系统工程，也是一个持续的过程，需要持久的创新行动，既要满足短期需求，还要随时准备迎接未来的挑战和机会。

为此，建议：

中国建立 2010—2020 年国家环境创新行动计划。该行动计划要为中国环境科技创新确定战略方向、目标和措施，应该包括技术创新、制度创新、社会创新和组织创新等方面，要有重大环境创新行动和环境创新科技投入的增长，并特别关注如下两个方面：

（1）通过加强原始创新能力、设立重大清洁技术创新专项、建立环境产业研究机构、建立跨学科的综合性国家环境创新实验室等方法推动环境技术创新。

加强环境领域原始创新能力有两条关键途径：一是大幅增加环境基础研究投入；二是通过政府与相关主体合作，在大学和国家研究机构内建立一批高水平的“国家环境创新研究中心”和校办企业，解决产学研结合和国外技术的引进、消化和吸收的问题。针对中国目前在水、大气、区域污染防治与生态保护，以及产业制造中面临的重大环境问题，设立重大清洁技术专项，目前应包括汽车污染治理、煤清洁燃烧、太阳能、风力发电、新型核能、碳储存、节能建筑、生态恢复、清洁生产等技术。针对产业急需的共性环境技术问题，政府与企业及产业协会合作，在高能耗、高污染行业建立环境产业研究院。同时，国家应该根据区域生态环境特征，与地方政府合作，按区域建立跨学科的综合性国家环境创新实验室。地方政府应高度重视技术研发成果的推广和普及工作。

（2）采取综合措施，解决环境创新中的体制、机制和能力问题。

环境技术创新是目的，体制机制创新和提高创新能力是基础。

第一，在环境创新领域中，环境保护主管部门应该成为综合协调部门，注意充分发挥各类行业协会在政府与企业之间的桥梁作用，通过规制、激励和扶持等手段提升企业特别是中小企业的创新能力。

第二，创建环境技术产品需求市场。创建市场的主要手段有：① 严格环境执法，创造潜在的需求市场；② 对企业和消费者使用环境技术产品进行补贴等经济激励，降低环境技术产品推广应用的成本。制定政府绿色采购法规，规定公共部门采购环境友好型产品的比例，对创造环境技术产品的实际市场需求有特殊意义；③ 提高资源能源价格，扩大环境技术产品的需求市场。

第三，大幅增加国家对环境创新行动的资金投入，建立环境创新基金，重点支持重大清洁技术专项、环境保护技术专项和相关创新研发机构建设。制订环境创新的金融支持计划，利用风险投资、支持环境企业优先上市、实行绿色信贷、为环境技术创新项目提供优惠贷款等措施。

第四，通过加强知识产权保护和扩大国际环境合作等办法，建立国际环境技术学习网络。

第五，借鉴 OECD 国家的经验，加强环境科学技术从研发到完全商品化的全过程的影响评估，包括环境、安全、健康和生命周期影响评估，建立环境创新评估系统。

（3）建立健全环境质量、环境污染和环境科学技术信息体系，扩大信息公开力度和范围，充分发挥公众在环境创新中的作用。

中国在环境监测和信息公开方面已经取得了一定的进展，但与功能全面、运转良好的国家环境信息系统的要求仍存在一定的差距。这一环境信息系统对于政府、企业、社区和公众的决策而言是至关重要的。它应以非常透明的方式运行，提供重要环境问题和环境绩效的定期报告，信息获取的方式应该直接、普遍且成本低廉，信息整理有序、方便比较且易于理解。

不断改进的信息获取方式，可以从 3 个方面推动创新：一是通过环境知识的获取，促进可持续消费，使公众更好地接受新的环境技术和环境措施；二是给企业和当地政府带来一定压力，敦促他们提高环境绩效，三是提供了环境创新的有用信息，这对中小企业更为重要。

三、加快建立国家环境与健康管理体系

中国环境与健康的形势十分严峻。第一，大量人口暴露于严重污染的大气、水体和土壤环境中，存在巨大的健康风险；第二，由于缺乏系统研究、监测和统计，中国环境污染对公众健康造成的影响问题目前还不清晰，采取针对性的补救对策的难度很大；第三，中国的经济发展模式难以在短期内实现根本性转变，环境污染可能会在一个较长的时期内保持在较高水平，健康风险可能会进一步增大；第四，随着生活水平的进一步提高，公众对环境与健康问题的诉求会更高；第五，中国尽管刚刚颁布了《国家环境与健康行动计划（2007—2015）》，但环境与健康管理工作尚未全面和有效开展。

国际经验表明，环境与健康问题处理不当会演变成复杂的社会问题和政治问题，不但严重危害公众健康，影响政府的公信力，还会使社会付出沉重的代价。在中国建立和谐社会的关键时期，中国政府必须高度重视该问题。

为此，建议：

中国政府应在《国家环境与健康行动计划（2007—2015）》的基础上，从以下 6 个方面，加快建立国家环境与健康管理体系，同时形成以人为本的环境管理体系。

（一）坚持预防为主原则，采取有效措施防范环境与健康风险

以健康风险评价为基础，通过完善环境标准体系、制定污染物优先控制名录、建立和实施严格的环境准入制度等措施建立预防体系。加强和完善环境与健康监测网络建设，特别是要增加与人群暴露水平相关的环境监测和健康影响监测。逐步开展环境与健康的预警机制，进行环境与健康风险预测，避免或降低环境污染对健康造成重大危害。

（二）环境与健康管理的责任主体是政府，政府应加强领导、明确责任，建立政府主导、公众广泛参与的环境与健康管理体系

环境与卫生等重要政府部门，应根据各自承担的政府职能，设置专门的机构，配备足够的人力和财政资源，保障政府职能的履行。

（三）在“污染者付费”原则的基础上，加强环境与健康管理的立法建设

立法重点是环境与健康预防的立法与执法。建立健全环境健康纠纷解决机制，向环境健康纠纷的当事人提供调节、行政处理、仲裁、诉讼等多种途径解决纠纷，逐步建立和实施中国环境污染导致人体健康损害赔偿制度，加大对造成环境健康损害的惩罚力度，维护公众环境权益。

国家和地方政府应加强协调，以便环境健康问题能够及时上报并得到评估，相关举措能够更加有效地实施。

（四）加大财政投入，加强环境与健康管理能力建设

国家和地方政府应增加财政投入，支持环境与健康管理能力建设和基础研究。国家可通过建立环境与健康基金，对历史遗留的环境问题造成的健康损害、对责任者无民事赔偿能力及对责任主体难以清晰界定情况下的受害者进行公益性补偿，也可用来支持开展环境与健康的宣传教育和健康损害康复等活动。同时，在高危行业建立健康风险保证金。

（五）公开环境与健康信息，鼓励公众参与环境与健康管理

政府要以公众易于获得和理解的形式在政府网站及各种新闻媒体中及时发布公

众关注的环境与健康信息。政府应为公众参与环境与健康管理建立有效渠道，鼓励公众参与环境与健康管理与健康风险交流，进一步完善信访和公示等制度。加强公众、社会团体和新闻媒体对环境健康工作的监督，鼓励公众对环境与健康的违法行为进行检举和举报，并通过召开专家会、论证会、听证会等方式，充分听取公众对环境健康工作的意见。

（六）针对中国环境与健康问题的特点和突出问题，有重点地开展环境与健康工作，有针对性地采取干预措施

对环境污染已经导致人群健康损害或疾病的问题，应立即排除和治理污染，并对受害者采取积极的健康干预或医疗救治措施；对那些被证明可能造成严重健康危害的污染物质，国家要制定优先控制名录和健康危害评估、环境准入标准和诊断标准，加强前期干预，开展环境污染水平与人体健康影响监测，避免和降低环境污染的健康危害。同时，对于那些健康的影响尚不明确的环境因素，要加强研究，并采取积极的预防措施。

主要参考文献

[1] 国家环境保护总局，中共中央文献研究室 . 新时期环境保护重要文献选编 . 北京：中央文献出版社，中国环境科学出版社，2001.

[2] 王玉庆 . 新时期环境保护与对策 . 环境与经济，2006(8).

[3] 任勇，等 . 生态补偿机制的概念需要科学界定 . 中国环境报，2006 10-20.

[4] 马凯 .《中华人民共和国国民经济和社会发展第十一个五年规划纲要》辅导读本 . 北京：科学技术出版社，2006.

[5] 国家环境保护总局 . 第六次全国环境保护大会文件汇编 . 北京：中国环境科学出版社，2006.

[6] 尹卫国 . 治污成本不能由社会和公众扛 . 中国环境报，2007 04-27.

[7] 张坤民，等 . 当代中国的环境政策：形成、特点与评价 . 中国人口 . 资源与环境，2007 年 (17)第2期。

[8] 我国国土资源知多少 . 中国国土资源报 .2007年4月22日 .

[9] 任勇等 . 环境友好型社会的认识基础和特征 . 环境与经济，2005（5）。

[10] 顾龙生 . 新时期环境保护学习读本 . 北京：中国环境科学出版社，2001.

[11] 朱坦 . 中国环境保护与可持续发展 . 北京：科学出版社，2007.

[12] 世界银行 . 世界发展报告 2005. 北京：中国发展出版社，2006.

[13] 陈文玲 . 加快转变对外贸易增长方式 . 中国经济时报，200703-27.

[14] 中国环境报 .2007年1月5日，第3版。

[15] 上半年我国经济将处于高位运行状态 . 中国经济时报，2007 04-23。

[16] 中国社会科学院环境与发展研究中心 . 中国环境与发展评论(第三卷). 北京：社会科学文献出版社，2007.

创新与环境友好型社会

——国合会 2007 年年会关注问题报告

一、背景

本届年会“关注问题报告”是始于 2002 年的系列报告之六，旨在审视中国环境与发展战略的主要问题[①]。围绕国合会年会的主题，“关注问题报告”识别主要政策问题和议题。国合会由国内外环境领域的高级别领导和著名专家组成，在课题组和专题政策研究的基础上，向中国总理和国务院提出建议。2007 年 11 月召开的国合会年会是第四届国合会的第一次年会，也是规划国合会未来 5 年工作议程的年会，将审议“创新与环境友好型社会”对中国的具体寓意和政策建议。

二、战略转型与创新

2007 年 —— 中国及全球的环境与发展年。

本次年会适逢中国共产党第十七次代表大会刚刚闭幕，意义格外重大。中共十七大坚定奉行科学发展、创新、空前重视解决中国紧迫的环境与发展问题。胡锦涛同志强调：建设生态文明，基本形成节约能源资源和保护生态环境的产业结构、增长方式和消费模式。2007 年，中国出台了第一个应对气候变化的综合行动方案；建立了以温家宝同志为组长的节能减排和应对气候变化领导小组；采取多项行动以实现第十一个五年计划期间能耗降低 20%，污染物总量减少 10% 的目标。OECD 首次发布了关于中国环境绩效的报告，在环境保护基准和体制方面做出了重要的分析

① “关注问题报告”由国合会首席顾问沈国舫教授，Arthur J. Hanson 博士在首席顾问支持专家组帮助下完成。

评估。

2007 年，环境问题在许多国家以及商业和社区组织，均上升为最受关注的问题。其中，气候变化问题成为首要关注，此外，还有许多其他问题也得到广泛关注，例如，全球化所产生的环境影响、中国和印度等快速发展中国家的环境影响等问题。国际能源机构（IEA）在其《2007 年能源展望》中的情景分析认为，在 2030 年全球能源需求增长中，中印两国将占 45%。2007 年是世界环境与发展委员会发布的著名报告《我们共同的未来》的 20 周年，然而，可持续发展的全球性进步仍然有限，“一切照旧”的态度仍然是一个令人担忧的普遍现象。

三、中国环境与发展的战略转型

中国正在进入一个面向环境与发展的战略转型时期。这一转型目前着重于能源节约与污染控制，但对于中国这一世界上人口最稠密的国家而言，如何面向可持续发展，快速将其经济发展、环境保护、和谐社会建设的政策和行动统一协调起来，则更具有深远的意义。到 2020 年要达到全面小康社会的长期目标，不仅要依靠持续快速的经济发展，还将有赖于良好的生活质量和稳定的社会体系。与其他许多国家相比，中国需要在一个相当紧迫的时间框架内做到这一点。

从根本上说，这一战略转型将影响政府如何管理、企业在国内及国际如何运营、中国人如何参与环境决策、中国如何参与环境与可持续发展的全球性与区域性合作等方面。这将要求在制度改变、计划与管理的改进，以及技术的转换上寻求新的途径，这一要求远比中国目前在环境保护与可持续发展方面所做的努力要高。这也将对其他国家调整在诸如环境与贸易、气候变化和许多其他环境事务上的处理方式上，提出前所未有的要求。考虑到中国的变化及全球化，国合会将向年会提交关于中国环境与发展战略转型的专题政策研究成果。

（一）创新与环境友好型社会

胡锦涛同志指出，创新是国家发展战略的核心，是提高综合国力的关键环节。如何将创新与可持续发展以最佳方式结合起来，正在引起国际社会高度关注。很难相信，面对当今的环境与发展问题，任何社会不在科学与技术突破上做出承诺，就可以取得持续进展。所以，创新必须进一步深入，尤其要深入到决策的方式和实施的力度；深入到市场，通过定价和其他信号鼓励创新。

令人鼓舞的是，这些问题在中共十七大中得到了高度关注。胡锦涛同志指出：中国要健全民主制度，丰富民主形式，拓宽民主渠道，依法实行民主选举、民主决策、民主管理、民主监督，保障人民的知情权、参与权、表达权、监督权。德国、韩国、日本等国家，在早期环境与发展战略转型时期，这些都是鼓励创新的最重要前提条件之一。

中国目前正高度重视提高其科学与技术能力。中国目前的科技投资水平已跻身于世界前列。数目可观的科技投资，将优先用于中国新建立的为期 15 年的国家中长期科技发展规划中的能源、环境与发展部分。现有的国家创新战略（NIS），将更多关注可持续发展的优先项目，关注建立原创（本土）技术，这将有力推动未来经济增长和中国全面小康社会的建设。但是，还有许多障碍需要克服，目标与进展之间的差距依然很大。国合会已建立了一个创新与环境友好型社会课题组，并将在 2008 年年会期间提交研究报告。该课题组在本次年会提交的中期报告，论述了中国在这一方面的情况。

基于国合会实现“十一五”环境目标政策机制课题组的研究，年会将讨论实现“十一五”环境目标目前所面临的困难。没有切实可行和恰当的创新途径，这一目标或许不可能实现。此外，随着时间的推移，挑战将会更大，特别是“十一五”后期，这是因为将要解决的污染物类型会更多，某些亟待解决的污染物仍在继续增长。

21 世纪之初，中国已处于重工业与化工产品工业的产业化阶段。包括化学泄漏和化学污染的严重事故大量出现，提醒中国要对化学品管理采取更强有力的办法。该办法的实施要细化到大型和小型国内生产者，细化到在中国经营的跨国化工企业，细化到中国参与海外化工市场。幸运的是，在这方面可以借鉴许多其他国家（如德国）的经验，国合会关于中国化学品环境管理问题与战略对策专题研究将在本次年会上提出政策建议。

（二）展望——全球问题与中国的需要

中国已进入对世界产生重要影响的时代，其行动将受到密切关注，作为“世界公民”，中国对全球环境安全的贡献将要接受国际社会的评判。国合会之前在贸易与环境方面的大量工作，以及最近对全球化如何影响中国环境以及中国对其他国家的影响所做的研究工作都表明，国际合作具有日益重要的意义。这是与国合会性质非常吻合的一个议题，当然，有一点需要各方注意的是，要认识到中国非常合理的发展需要与发展利益，同时其他国家应当与之协作，为其发展提供环境空间。

为准备此次会议，已采取几项探索性的活动。其中之一是国合会与其新的合作伙伴世界自然基金会中国分会一道，研究中国的生态足迹，并向此次会议提交了中期报告。初步研究表明，中国对世界生态系统非常低的人均需求正在增长。这是一种相对较新的研究方法，通过市场供应链和其他手段，来探讨一个国家可能对其他国家和地区的资源与环境造成的影响。这一信息提供了有别于常规的贸易经济分析的新观点，在全球范围内识别生态赤字与盈余的特征。

国合会在能源与环境方面的长期兴趣一直与创新相关联，特别是对可替代资源和能源使用的新途径。这些想法有些目前正被采纳中，如风力发电。显然，能源创新将是决定中国与世界在可持续发展方面取得成功的重大领域之一。气候变化加大了寻求新方法以提高节约能源，提高煤炭可持续使用，提高可替代能源利用的迫切性，这将能够减少温室气体排放以及其他有害污染物。这些问题将在国合会未来两年能源与环境议题中得到深入研究。2007 年 4 月，国合会举行了一次低碳经济和中国的能源与环境国际研讨会。会议中提出的要点将在此次年会中讨论。

毫无疑问，未来若干年，中国的环境与发展将不是“一切照旧”的时期；也不是任何一个国家脱离于全球环境问题、不考虑其他国家的环境与发展行动，但却能实现其自身环境目标的时期。中国国家主席与总理都曾指出，中国付出的环境代价很大，形势严峻。这将需要不懈的努力，各部门和各地区的共同参与，以及建立以科学、管理和制度为基础的新途径。这进一步需要为生态创新建立一个广泛的投资基础。这种承诺从“十一五”时期开始，其意义将日益卓显，并将延伸至第十二和第十三个五年计划。

中国政府已非常明确，比起小范围修补，创新将更能促成环境与发展二者的新关系。也许对此最清晰的表述莫过于温家宝总理关于环境保护与经济发展关系的“三个历史性转变”的论述：① 环境保护与经济发展要并重；② 环境保护与经济要同步发展；③从目前主要依靠行政手段，转变为综合运用经济、技术和必要的行政手段来解决环境问题。

四、中国实施“十一五”规划的环境绩效

由于中国未能完全实现“十五”期间的环境目标，实现节能减排目标在“十一五”规划的第一年就显得更为迫切，这些问题在本次年会国合会课题组报告的阐述中均有反映。关键在于只有明确强化制度建设、提升环境管理的行政结构，才能真正取得预期的进步。当然，没有一服简单而孤立的灵丹妙药，这一点对环境技术的成功创新有非常重要的启示意义。

中国在引进技术方面有着可观的投资，同时技术应用也取得显著的成就，但另有观察表明许多投资并没有按照提高环境绩效的准则进行使用。原因是多方面的，包括缺乏培训、环境监控与执行的薄弱以及技术选择不当等。

“十一五”时期是为改善环境，将技术、机构与管理创新三者最佳结合的学习期与转型期。它将为主要的长期投资打下基础，其整体效益将会在10年之后展现出来。一些创举，其意义在未来将更为深远，例如，中国是国际热核实验反应堆项目在聚变方面的合作伙伴。从目前到2010年这段时间可以用于建立更为功能化的政府系统以支持环境创新，包括行业的更多参与，团体与个人的意识培养。幸运的是，相较于其他国家，必要的投资资本在中国可以相对容易得到。

世界各国在建立环境与发展更好关系的进程所遇限制进步的众多问题当中，有一小部分在中国创新与转型的这一时间段，表现得尤为显著。

强调价格持续降低和消费品大量生产的出口导向型高速发展战略，对于制造国（如中国）和消费国而言，无论贫穷富裕都大有裨益。然而事实是，在制造国和一些原材料供应国，环境条件被忽略了。而更富裕的消费国，便宜的进口商品刺激了不断增长的需求和过度消费。很难看到这种模式如何能够真实地得以可持续发展。

如果刺激当前人均低水平的中国国内消费或者其他发展中大国的消费，如果任何地方的消费水平都抬高到当今富裕国家的水平，这可能对未来全球环境状况导致难以承受的后果，因为即使使用更严格的生态效率指标，生态负荷已超过了其承载能力。随着经济财富的增长，生态足迹持续增加，全球资源与环境形势可能超出地球的长期生态承载能力。因此，在中国与其他一些地方，需要有新的途径导向更高品质的生活。当然，与相对有限的人均消费增长相对，富裕国家在环境与发展以及可持续消费方面的改变显得更加紧要。

在经济增长率和资源开发强度非常高的地区，不断降低的资源和环境强度指标（例如每单位 GDP 人均能源和原材料使用情况）是一个误导性的评判指标。 因为即便在节约利用改善的情况下，绝对污染数量或者资源衰竭状况也有可能继续抬升。这一点不但在减少温室气体的讨论中特别重要，而且对中国及其他国家排放的其他污染物，对全球性和区域性的生态及资源衰退等问题同样重要。

减少贫困、教育与卫生的平等权、可持续性城镇化、可持续性农村发展以及产生更多的就业机会等因素将继续成为各国可持续发展创新的驱动器。然而这一类型的创新常常与环境考虑相剥离。中国，比起其他许多国家，在综合多种因素，促进创新与环境的关联方面，付出了更多的努力。中国的成功与经验将对其他许多国家提供有价值的借鉴。

许多大型跨国企业特别承担了共同社会责任，然而这种承担并未普及到世界范围，特别是在亚洲的大部分地区，包括中国。

为确定全球环境保护建立的框架，为市场导向的全球化事务制定的规则，包括技术共享、知识产权、国际贸易与国际投资等方面仍然薄弱和不完整。同时，每年都有新问题涌现，例如健康与环境问题、碳交易机制问题。中国自身的环境与发展战略转型将有赖于更广泛更优化的国际行动。

以新的或改进的科技应用形式的创新、投资、管理和制度改变等对国内和国际都是必要的，但通常这些变化的发生比期待的来得慢，且受益分配有局限性。

中国现已成为“不可或缺”的经济伙伴，稳定了世界经济，推动了国际经济的繁荣，提高了许多发展中国家的收入水平。这些成功需要与环境退化相调和。最近几个月，全球关注集中在一系列质量问题上，包括北京的空气污染和奥运会、市场供应链和生产质量的问题以及中国如何应对气候变化①。中国需要理解在互为关联的全球影响中，怎样才能平衡其环境与经济的关系。

五、为环境和可持续发展而创新

关于环境和可持续发展创新，有许多值得牢记的特点，因为这些特点可能适用于中国和其他地方。②

① 参见 Elizabeth Economy 2007，巨大的后退？外交事务，9/10 月，Joseph Kahn and Jim Yardley.

② 这些观点部分基于经合组织 2007。环境创新与全球市场，ENV/EPOC/GSP(2007)2/REV1 环境理事会，经合组织，巴黎。第 101 页。

创新的发展需要政府的承诺，需要私营部门从遵守成本导向的法规转变为以经济、财政、社会和环境利益为驱动的自我调整。

许多环境创新是因产业创新而起，并非是为了改善环境，例如能源节约和产品升级，但这种创新的环境协同效益的潜力很大。

环境创新常常是以维护公共物品为目的，这就限制了私人投资的动机与投资回报，所以要赋予环境技术创新的市场价值。

由于市场不完整性和市场失灵或者动机不当（如不当定价），会使环境创新的全面商业化变得很困难。

技术“锁定”对于环境和可持续发展创新来说是一个可怕的问题，其所导致的制度和融资效应直接影响着技术的研发和应用。

技术的协同创新是必要的，例如电池技术和混合汽车引擎技术。

与规制手段相比，灵活性的手段，例如经济手段和绩效定额更能鼓励环境技术创新，特别是将污染控制目的融入生产过程的方法远胜于末端治理污染的方法。

供应链碎裂的全球化可以为环境和可持续发展技术研发和推广创造很大的国际需求，例如消费者的环境需要对产品供应商产生的压力。

某些关键的环境与可持续发展技术，例如清洁煤炭的使用、核聚变以及可持续交通运输等，远在任何单一国家的能力之上，更需要国际协作和合资行为。

政府对选择技术“优胜者”的干涉相当具有争议性。一种观点认为政府应当致力于确定清晰的环境目标和实现目标的框架，对于该如何实现，则应保持“技术中立”。

六、中国的创新战略和环境与发展的关键环节

以科学为基础的发展，财富在全体公民间的公平分配，为环境保护、持续快速经济发展、改进社会服务、促进社会平等所提供的和谐与可持续的发展，是当前中国政策的基础。这些基础因而全面反映在创新的许多途径中，尤其是科学与技术战略。

创新的概念被广泛提及，曾培炎同志在中国企业高峰会上的讲话中指出：[①]

“……创新是一个民族进步的灵魂，是一个国家兴旺发达的不竭动力……问题

① 中国日报，2006 年 9 月 11 日，创新是一个民族进步的灵魂：www.china.org.cn/english/BAT/180675.htm .

往往出在侧重数量扩张，单纯追求速度，而忽视经济质量……我们必须更新发展观念，更加重视转变增长方式和调整产业结构……改革的目标在于在全面、稳定和可持续发展的基础上实现经济与社会的发展。”

他进一步指出，制度创新为技术创新提供了潜力，能够提高中国的生产力和竞争力。制度创新应该包括改革管理体制、加快企业改革、建立现代市场体制。

创新必须与改善管理相结合。正如关于中国科技战略的评论所指出的：①

“建设全面小康社会的途径必须是以技术创新为特征，支持更高的效率和更高的生产力；以制度创新为特征，支持改进管理，即市场更加规范更有行业道德，较少政府干预，更多管理责任。”

OECD 各国正在经历一个转型，独立的科技战略如今被放置于整个 NIS 这一更大的范围内进行评估，考虑具体的科技规划或战略之外众多的要素。特别是企业和金融团体在 NIS 中的作用不仅是参与研发，而且是从需求层面，为技术创新的商业化提供了更清晰的路径。NIS 还考虑创建了包括能力建设、科学和其他基础设施建设和制度建设的创新群的发展，并帮助创新群选择优先领域，启动实质性的项目。

然而，NIS 方法与可持续发展往往是相对独立的。虽然环境问题可能在某些具体案例中受到关注，但绝非中心议题。更确切地说，NIS 趋向于通过新技术建立一国的竞争优势。可持续发展创新有其特有的形式，有其自身的特点。将 NIS 和可持续发展紧密结合只是 OECD 国家近 5 年来出现的情况，尤其是通过诸如可替代能源和气候变化、工业生态效率、可持续基础设施建设以及自然资源和环境管理等方面，促进了这种结合。

七、中国的国家创新体系

中国沿着与其他国家类似的路径创建自己的国家创新体系，即以大量的科技投资为特征。这一经历可以描述为国家创新体系的适应性途径。中国的 NIS 具备了过去 25 年中其他国家发展出现的许多重要特征②。唯一的区别是中国对国家创新的承

---

① Cong Cao, R.P. Suttmeier and D.F. Simons. December 2006. 中国十五年科技规划 . 今日物理 .

② 举例见 Shulin Gu and Bengt-Åke Lundvall.2006. 中国的创新体系和面向和谐发展及内部发展的变迁 in Shulin Gu and Mark Dodgson. 2006。

中国的创新：和谐转换　创新专题：管理，政策和实践 . eContent Management, Queensland Australia. 第 218 页；经合组织 2007，中国综合报告，经合组织创新政策评论，OECD, Paris. 第 68 页 .

诺力度更大，转型的速度更快。中国已将发展问题放在创新目标的前列和中心位置，对环境保护有郑重承诺。

科技与创新的公共管理是比较复杂的，如图 1 表所示图（a）。要面对的挑战很多，如图 1（b）下所示。

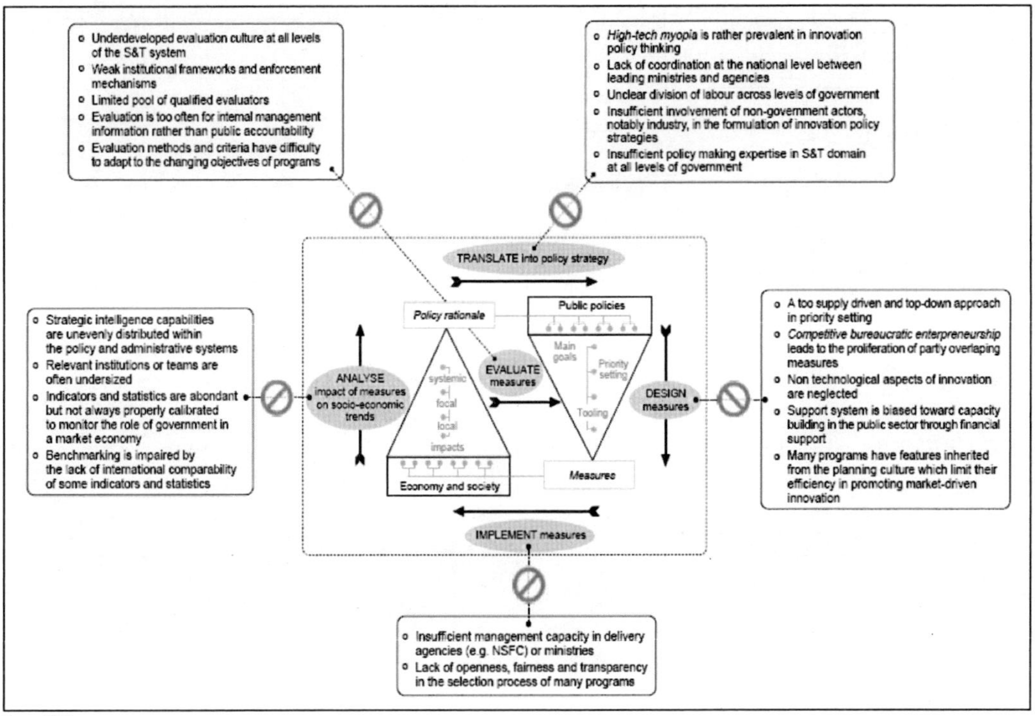

Source: OECD.

（a）

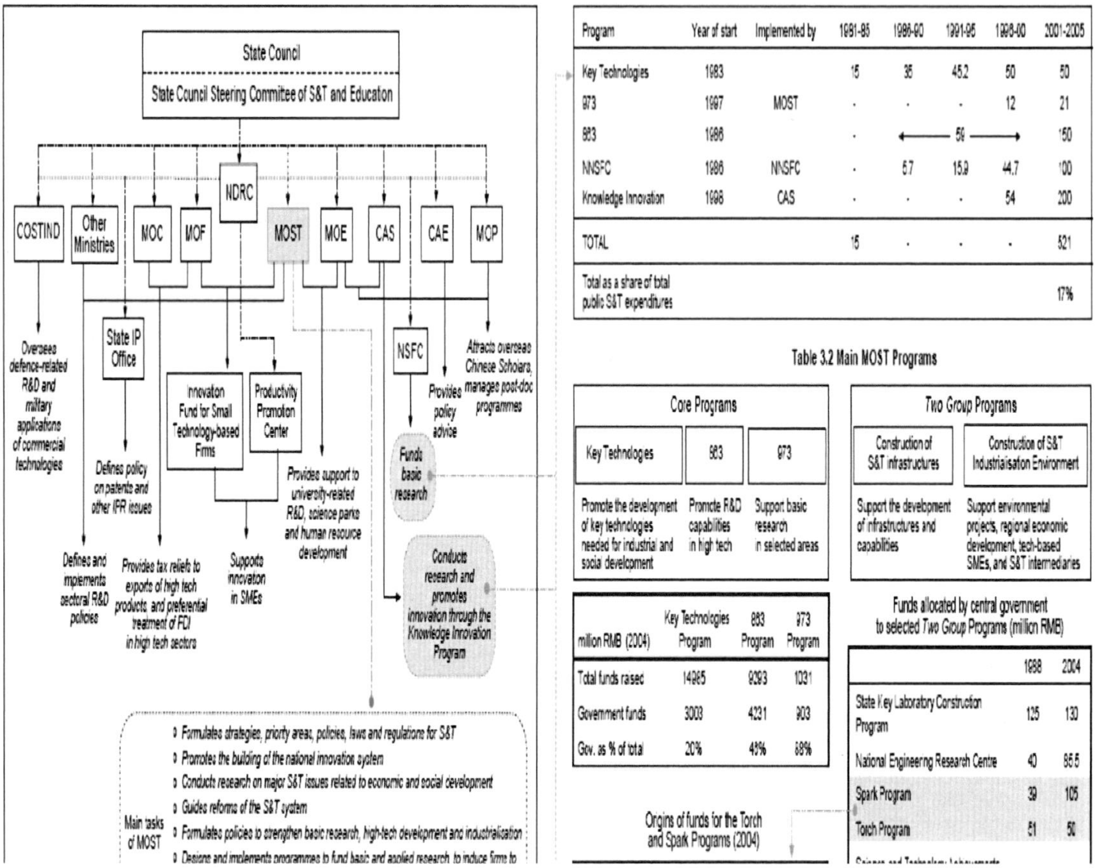

（b）

图 1　OECD 综合报告

目前使 NIS 以企业化为基点的必要性已有一种强烈认知。许多机制牵涉私营部门，针对国有企业转型。然而，现实是大多数中国企业在研发方面投资极少，作为直接投资计划的一部分，获得足够的研发投资是一种挑战。

从另一视点看，中国已能够调整自己的发展创新能力，达到“全球创新体系”一部分的竞争优势。正如 OECD 所指出：[①]

“中国能够为世界知识库作出重大贡献，帮助解决全球问题。其中之一是那些伴随中国与其他新兴经济体高速发展出现的与能源和自然资源的强劲需求相关联的

① 经合组织 . 2007 中国综合报告 .

问题。中国与 OECD 成员国对解决这些问题有共同兴趣。”

广泛参与这一系统对中国可能有着多重利益。这意味着分担负荷，在复杂技术方面吸收更广泛的经验，例如那些涉及新能源的技术。中国可以利用其作为低成本生产者的优势，使创新技术商业化，并使之销往国外。由于在科学与技术方面做出的贡献，中国将收获国际社会的信誉。

OECD 确定的许多战略任务有可能意味着提高中国国家创新体系的效率与效力。这些包括：① 调整政府角色，通过科学与创新，加强公共物品的供应；② 为创新改进框架条件，例如执行知识产权（IPR）、培育竞争、改善公司治理、培育开放竞争的市场、谨慎使用政府采购、恰当推广技术标准等；③ 通过支持科技人力资源的增加，提高研究质量和研究效率；④ 改进科学与创新政策的管理，包括改进国家分工与责任，改进对内部机构的协调；⑤ 为发展研发计划和项目的最佳形态，调整政策手段；⑥ 对公共研发维护适当的支持，特别是公共物品优先权，例如环境保护；⑦ 强化工业与科学的结合。

（一）中国 15 年科技发展战略

中国已显现出其成为世界科技投资领导者之一的形象。2006 年，国家科技发展规划[①]强调“本土创新”和技术跨越，以使经济增长贡献中的 60% 来源于技术领先，其中对引进技术的依赖不高于 30%。中国的目标是成为发明专利和科技经费投入 5 大国之一 —— 一个“全球科学中心”。OECD 相信中国已成为世界第二大研发投入国，比日本 2006 年的 1 300 亿美元略多一点，但远低于美国的 3 300 亿 美元。从 1995 年占 GDP 的 0.6%，提高到超过 GDP 的 1.2%。[②]

“本土创新”的意思稍许复杂：原始创新、综合创新（结合现有技术的新利用，例如医学生物技术在环境诊断测试中的应用）、“再创新”（涉及引进技术的改善）。3 种方法对环境与发展创新都具有价值。还应该指出的是，制度和管理创新对这 3 种创新方法至关重要，其作用是提高现成技术和创新技术的执行成功率。

中国有可能变为更多知识产权的拥有国，并可能成为以创新为基础的社会的一部分，成为行业标准的设立国。这对环境和科技技术在国内和国际范围的发展都有着重要意义。潜在的困窘是发展新的知识产权所需的时间长度，因而将新技术带入

① 对科技规划的有益评论请见 Cao, Suttmeier and Simons, 今日物理 . Dec 2006.

② OECD. 2006. www.oecd.org/sti/outlook .

市场领域的过程是不确定的和冗长的。

另一观点是获取国外已有的成熟的环境和可持续发展技术是近期的重点，特别是在“十一五”和“十二五”期间。虽然这一方法很有吸引力，而且事实上也正在发生，但是存在成本问题，还有某些公司不情愿将其最先进特色技术分享给中国运营者的问题。在设置适当规则（如汽车排放标准）和知识产权维护方面，中国政府的角色很重要。

在新技术发展和执行方面，中国与国际社会的伙伴关系是进行创新的一种混合方式，其重要意义在未来几年可能更加彰显，特别是对可替代能源尤其重要，重要性还可能表现在水污染控制技术和危险废物管理与预防等方面。这些行动中许多可以通过外国直接投资战略进行管理，但有些可能要通过政府间安排来进行。后一种模式在一些国家和地区（如欧盟、美国等）已经存在。

在科技发展规划中指出的20个战略研究议题中几乎多少都与环境与发展相关，有几个很紧要，包括农业科技，创新文化和科技普及，生态学、环境保护和循环经济科技，能源、资源和海洋科技，科技人力资源，现代制造发展科技，人口与健康科技，地区创新体系，战略高技术和高新技术产业化，交通科技以及城市发展与都市化科技。

环境和发展创新对科技巨型工程的需要可能会少于其他领域，但需要对有潜力的新项目的加速发展，以及对那些市场没有跟上社会需要的项目的资金支持问题要给予更多关注，例如低成本卫生设施和水处理、褐色地（污染的土地）再开发以及生物精炼。

区域化和本地化科技创新以及对执行能力的建设问题非常重要，涉及私营部门和团体还有政府的各个层面。这一方面的创新对生态研究和农村发展以及解决污染都非常紧要。

（二）中国的国家生态创新体系

在中国，创建国家生态创新体系的时机可能已经成熟，这一体系能够为环境友好型社会的创新面临的各种机会与挑战确定一个综合的方式。尽管这一方式尚未被广泛检验，但有关探究非常活跃，尤其是在欧洲。生态创新被定义为通过减少对环境的影响，对能源和自然资源更有效利用，致力于可持续发展的任何创新方式。

关键问题是，采用生态创新体系方式，会对“十一五”环境努力的结果产生什么样的影响？采用一种系统化的方式，可能会提高绩效，那么环境技术的贡献有多大？制度改善如强化地方政府的作用有多大？

以下 10 个创新问题说明了为实现环境友好型社会，按系统化的方法制定政策和行动的必要性。

1. 更广泛和有效地利用现有环境技术比研发新技术更成本有效，特别是工业和能源污染控制和新的建筑技术

目前在中国和其他地方都有很多可用的环境技术。根据中国具体的发展条件，这些技术可以加以引进和改造，比起发展新技术，这样成本更低、更有实效。无论如何，更大的挑战并非技术本身的障碍，而是对其应用缺乏知识，激励机制和规则不当，需要对管理制度有所改进。

从短期看，抓住快速解决问题的时机是明智而必要的，即便同时也寻求长期，更具改革性的选择。对于工业及工业建筑部门来说，使用现有技术是体现公司承担社会责任，是一种迅速、目标化和可量化的方式，而不是主要对未来长期绩效的承诺。这是一种利用跨国经验使技术转化达到最佳化的机制，特别是作为“一揽子”外国直接投资的一部分，以及通过不同的合作项目，尤其是和 OECD 国家的合作来实现。最佳化使用现有环境技术的附加利益将会进一步刺激中国国内富有活力的环境服务部门加速发展。

利用现有环境技术潜在的负面影响是许多技术来自早期设计，是为污染清除而不是为污染预防，有些技术对于当今设计的新方法而言，没有成本效益或者不是那么有效率。特别是这些技术侧重于排除严重污染，较少涉及工业生态设计和环境规划等更具吸引力的长期选择，例如循环经济合作、控制诸如温室气体排放的能力。针对中国的情况，也许会发现更好的方法。

2. 在完善规制性制度框架，确保创新对策有效实施的同时，需要建立环境和可持续发展目标、标准和多层次激励机制，促进创新响应

虽然中国已实施了很多针对这一类问题的对策，但结果远不够理想，建议有必要实行更多的国家和地方政府干预。

面向预期创新所采取行动的驱动力不足（不仅指新技术，而且包括制度、投资和管理系统）。驱动力不足包括不严格的执法和低成本的惩罚；许多地方政府面对环境管理可能威胁到 GDP 增长时，犹豫不决；国家法律法规太笼统甚至执行时互有分歧等。

由于专利和科技系统生产力指标相对不足，对新技术进行商业化时，科技投资的回报率有限。

未能使多数中国私营部门采取有活力的环境管理战略，使其开展原始研发，在污染控制、能源节约和其他他们感兴趣的方面，提供创新解决方案。

未能将金融部门纳入环境创新战略。例如只是在最近时期，银行贷款才开始考虑环境要求。

这些问题对中国未来环境与可持续发展创新的成功有着非常重要的意义。但随着时间的推移，随着新技术创新的涌现，这类问题可能还会增多。

其他地方的经验提醒我们，公众认知和市场未必会赞同所有形式的技术解决方案。这个问题对未来中国同样存在，例如从环境目的出发选择的生物技术，可能会影响最终产品进入国外市场。

3. 从研发到完全商品化的全部阶段，对新技术（如生物技术，纳米技术）进行环境、安全、健康和生命周期的全面影响评估

从科学研究最开始阶段，对于新技术的好处和风险，就会存在许多主张。中国国内和合资项目投资了很多研究，建立了专家机制，覆盖了范围广阔的有潜力的技术方面。新的科技战略提供了更多的可能性。怎样能够合理确保新投资以更有效方式在事实上对中国的可持续发展做出贡献？需要设立什么样的安全措施以确保创新不会产生不受欢迎的健康，环境和安全问题。现有环境评估程序的设计在回答这些问题时不够有力，因为评估系统更多涉及的是建筑和其他类型的项目，甚至政策环境评价都存在不足。

OECD 和个别国家已开始考虑适当的评估工具和程序，评估面覆盖到诸如生物技术、纳米技术和环境创新。随着科技战略的铺开，中国需要更加强调这些方面。在新技术征服管理机构之前，在相关的严重事故发生之前，现在即是中国设置一个创新环境评估系统的时候了。

对潜在科技应用价值的断言是否正确这一类问题，总是很难评估，因为如果要彻底了解，通常需要 20 年甚至更长时间才能看出全部的潜能。氢经济的缓慢铺开就是非常切合的例子。然而，在过去 5 年，随着有用工具和有价值的科学对话过程的发展，环境与发展的技术评估领域已取得令人瞩目的进步。中国已介入这些过程，但可能应当做得更多以确保初始选择的合理性。

4. 通过对关键技术应用的跨国合作、国际合资和合伙方式，提高对环境和可持续发展创新的贡献

投资中国的国际商业团体扮演的环境角色非常不确定，有消极的，也有积极的。理想的是国际商业机构遵守全部的中国环境相关法律，但是仅遵守对于解决创新问题还是不够的。更合理的是，跨国公司应当准备考虑以下方面：培养本企业员工的环境和可持续发展能力，同时和同行业其他企业一起，分享最新边缘技术；在公司内部运作及通过资助或与中国大学和研究机构合作的方式，支持环境研发；参与认证和其他创新的志愿环境项目。一些在中国经营的国际公司已介入其中的许多活动，但当然许多其他企业并没有。此外，有许多供应链问题，包括在中国国内转包和外采，仅局限于商品生产中。由于各省之间为吸引投资和增加制造业机会而展开的竞争日益加剧，这些问题因而愈演愈烈。

当投资用于基础设施，例如商业和工厂建设、交通和公共事业，问题就更加深化。已有一些很好的尝试去努力得到绿色建筑认证体系（LEED）认证，许多在工业园区运营的公司，其设备建设与其在母国的同类运营一样好。但这些仅代表着总体投资的一小部分。还有一些新的工业运营企业（如钢铁制造），趋向于按照或高于国际规范的标准进行设计。然而，有理由相信的是还有更多的工业设备将成为棕地场所，或者由于在环境控制方面的初始投资有限，能源与污染负担不断增长。

对部分中国以及国际的投资者，包括那些来自亚洲其他地区的投资者，需要引起更多的环境关注。现实情况是只有两大因素可能产生高度影响：一个因素是强势的政府行为，既用规章制度约束，又放手支持；第二个因素是市场力量，通过抵制非可持续生产出产的商品，或者要求产品有可持续性证书或其他证明。未来 5 ～ 10 年，中国商品很有可能在国内和国际两大市场都会感到来自环境问题的压力。而且，尤其在国家一级政府层面，国际社会日益重视遵守环境法规的一致性问题。

5. 吸引更多中国及国际风险资本和个人资本，以支持环境服务、新的环境和可持续发展活动，特别是那些处于启动和发展阶段的项目

风险资本家在支持环境与可持续发展创新中可以发挥投资先行作用。为推动来自小型企业和来自发展初始阶段的创新能够实现商业化运营，通常需要风险资本家。在中国，风险资本的使用仍处在一个问题重重的阶段，包括规章制度不足、企业与风险资本源之间缺乏完备的关系。其实，有很多可利用的机会，但直到现在，环境领域还不像其他领域（如信息技术和生物技术）一样，受到这些机会的亲睐。然而，作为“十一五”重要目标的能源节约和污染控制，会使风险投资者对环境创新项目感兴趣。

未来几年，环境服务公司有可能被证明对个人资本有吸引力。对于环境保护而言，支持更多个人资本投资的前提条件包括：始终如一的驱动力，即合理的市场需求和利润增长，至少和其他投资一样好；确保市政方面、建筑部门和各种行业部门遵守规章制度，同时提高他们采购环境设备和服务的兴趣；对未来几年可能来到的机会的了解。政府还可以通过对环境友好型商品和服务实行公共采购优惠政策，进而直接刺激环境创新的积极性。幸运的是，在中国，风险资本家和个人资本团体对能源节约和环境保护投资机会的理解有了加强。

6. 通过巩固和支持全国中小型企业等方式，确保环境与可持续发展创新产生的利益流向中国的欠发达地区，流向农村地区

大多数环境创新研发和后续商品化资金可能流向大学、研究中心、产业及商业活动集中的城市地区，很多应用应该为满足乡村的发展需要。在全中国，未来企业活力将继续主要表现为数量大和种类多的中小型企业（SMEs），包括很多位于更小区域中的小型企业的发展。

巨型工程，包括庞大的水资源与能源项目、某些交通项目（如青藏铁路）、中国东北和珠江三角洲的区域发展、新兴城市的发展吞食农村土地，这些都可能提供不仅是大量的环境与可持续发展创新技术，还有许多改良的计划与管理。

虽然中国已展开许多规模庞大和施工复杂独特的工程项目，但仅靠它们不能确保全国或中国多区域的可持续发展。特别重要的是还要有充分的科学力量致力于解决许多问题，涉及土地过度使用、生态建筑和修复、各种规模的经济团体和绿色建筑的发展（包括在小城镇的发展）、改善煤矿开采和重工业的环境质量。新的科技战略已认识到这一需要。亚洲发展银行注意到[①]一个事实，SMEs 因为新技术的原因能更灵活地满足市场需要，从而能够在市场取得更快速的成长。然而，在运用综合方法，培育和充分利用中小型企业，使其成为本地或全国性企业的潜能，还需要更多工作。

多方努力应当不仅包括发展国家创新体系，建设当地环境和可持续发展科技能力，而且包括培育必要的私营部门和风险资本投资机会以直接满足中小企业 SMEs

① 亚洲发展银行 . 2002. 中华人民共和国 2020 发展目标和政策支持 . Chapter 8. 技术政策 . ADB, Manila.

的需要。而且，在地方政府和省政府内部，应当更多强调为企业建立适当措施让它们放手发展，使之成功运营，不致于造成投资的坍塌。

正是在地方和地区层面，相当大的精力应当放在为环境问题的解决创造适应策略。这对气候变化，对解决自然灾害问题，对沙漠化，对维持生态养护等问题，都有重要关系。适应策略承认，必须修正人类的行为，从而成功解决环境变迁。这样的战略有赖于一体化的技术应用、良好的环境规划、创新的经济激励、还有高水准的公众理解和参与。

7. 对高额技术使用许可费寻求更好的解决方案，以便及时合理地获取先进技术；总体上，为了环境和可持续发展，对知识产权事宜建立更为主动的方法

本土技术发展和利用他国环境技术发展之间的平衡，由许多因素决定。然而，围绕知识产权的问题和获取成本的问题是最重要的，而且该问题远不是"钱"的问题。先进技术的持有者对产权失控、未经许可的仿制、工业间谍之类的行为非常提防，甚至有时候产生一种吸附状态，导致创新技术应用的停滞不前而非跨越式发展。

未来几年，随着中国工业和制造业更为成熟，随着国内环境工业部门的成长，应当会有大量的能力和机会吸纳先进技术。附加给这些技术的价值很可能比当今更多。会有新的选择，特别是可替代能源技术、绿色化工、生物精炼和其他生物技术及信息技术的应用。能源节约、新型煤炭技术和交通是这些主要的先进技术已在发生的另外一些领域。

在建立信任与理解的目标中，在面向分享技术经验与成果的新方法实验中，更为需要的是有效的国际合作与合资。总体说来，中国面向清洁与高效技术的加速转变应该对世界其他国家有利。尽管很多国家对此观点持基本同意态度，相对需求，实际采取的行动同需要相比，还是很有限。这一点，在政府间如此（如欧盟科技计划），或在企业之间（如海外汽车制造商在中国的极为有限的创新）也是如此。

令人鼓舞的是新模式正在浮现，例如，最近宣布的中美民间清洁能源合作组织——聚思（JUCCCE），是一个非营利性组织，初步设想为"将 30 年的清洁能源发展加速为 10 年"。它将把中美政府商务、研究和投资的兴趣引入探论中国当前的能源效率和污染控制首要项目。

现有的，但仍在改进的国际机制，例如清洁发展机制（CDM），和与贸易有关的知识产权协定（TRIPs），为中国提供了在技术获取方面，进一步获得面向更公平协议的未来机会。

如果成为一个有能力出口环境与可持续发展技术和专家意见的国家，中国也会从中获益。有例在先，在太阳能板方面中国已是领先者。在环境产品新的出口市场，利用中国的比较优势（如较低的生产成本），能够帮助抵消先进技术使用许可费。这还是建立规模经济的一种手段，这样中国国内市场能够利用更为合理定价的环境产品。

8. 与亚洲及亚太地区的主要国家或集团发展共享型的区域政策和实践，创造更多的环境和可持续发展创新需求，给中国环境产品和服务创建新的市场

全亚太地区，特别是在南亚、东南亚和东亚，随着环境和可持续发展的需要与兴趣水平的提升，为中国建立区域内合作型环境与可持续发展创新提供了很好的机会。这样做的优势显而易见，因为问题往往是共同面对的或者是类似的，得到适当水平技术的所用成本可能降低，而且一个清洁的环境将使区域内所有国家受惠。并且，区域内还有促进合作的团体，例如东南亚联盟（ASEAN）和亚太经合组织（APEC）。

随着人口的激增和经济的急速发展，环境产品的市场和服务在南亚和东亚将变得越来越大。建立真正领先的方法，从而对机会加以最佳利用，此类的合作仍显不足。令人吃惊的是大多数有必要充分供应给这些成长市场的国际技术合作，风险资本的获得和能力建设，仍然经由北美和欧洲进行（随同相当一部分的日本还有增长的韩国的介入）。中国和印度可以通过合作明显改进这种状况，成为地区环境创新的领导者。

9. 充分认识建立和传播环境与可持续发展可靠信息的重要作用，并将其作为国家创新战略的重要组成部分

人与团体需要理解利益，成本和风险是和环境与发展的创新相关联的，而且需要能够直接受益。否则会有消极作用。在一个像中国这样大而多元的国家培育创新文明，有赖于教育、公众意识和一种机遇感。环境质量下降，现已成为很多中国公民担忧的问题，但是很少有人能够将问题与解决办法同具体的现代技术或其他创新联系起来。当然在许多西方国家上一代人中也有同样的情况。今天对环境的强化认识是通过对污染科学，生态系统分析等有了更好的了解之后得来的，同时，媒体在普及科学知识和阐述环境变化方面发挥了积极的作用。在定义问题实质和寻求解决办法的过程中，所发生的辩论已成为民主进程的重要部分。

中国未来选择在哪儿进行环境与可持续发展的科学创新，以及如何进行这一创新，一定程度上取决于中国人民的声音—是否通过消费者选择、咨询顾问程序，或其他途径。这些选择应该基于中国国内和国际现有的最先进知识，而且需要对技术、机构绩效、影响评估及人民关心的其他问题进行深层协商对话。

10. 利用中国比较优势，创建国内的绿色产品和服务市场，并跻身国际市场

中国低廉的劳动力成本和熟练工人储备、迅速建立现代高效制造业工厂的能力、技术设计能力，都可用于在未来绿色市场上建立起国际领导地位。当然，中国的部分优势在于其国内市场的巨大潜力。中国经营商在太阳能板市场上已经做到这一点。另一机会显然存在于取代白炽灯泡的新一代照明产品的制造生产中。

中国已发展了特有的执行循环经济的能力。对世界废纸利用，是中国能够满足自身需要，同时又为解决这一全球性问题作出贡献的最显著例子之一。循环经济的理念环境生态型社会的重要表达。这是环境创新最具体的途径之一。

八、结论

中国在环境和发展方面的战略转型很可能不同于其他任何国家。比起 OECD 其他国家，晚了 30 年起步的中国转型可以借鉴他国许多成功的经验和失败的教训。中国面对的挑战是如何使自身努力比其他国家更为成功，虽然在国内外仍有许多障碍，但有理由相信中国能够成功，从而成为其他国家的榜样。

这样做对中国是否最为有利？中国将从中获得多少经济、社会、环境和政治利益？这些问题尚待辩论，但有一点很明确，如果中国的成功，整个世界将由此受益。

因此，中国对环境友好型社会创新的承诺很可能将成为我们这个时代的伟大尝试之一。这需要多方支持，包括加倍努力更迅速地找到解决这些困难和紧迫问题的办法，如清洁煤燃烧与利用、正确评估新技术的机制，从而保持国内外对中国的信心。这项尝试将立刻开始展示对中国和世界的效益。但是最大的收益需要更长时间才能得以显现，我们希望在中国社会这将是 2020 年，在世界则是 2030 年，届时在能源利用、工业生态、循环经济和其他创新方面的显著转型将是普遍的。

国合会 2007 年年会给中国政府的政策建议

一、概述

第四届国合会第一次会议于 2007 年 11 月 28—30 日在北京举行，会议主题是“创新与环境友好型社会”。

国合会委员高度赞赏刚刚闭幕的中共十七大在环境与发展领域所提出的一整套创新性的战略思想和政策，同时，注意到中国政府在 2006 年提出的环境保护“三个转变”以及“十一五”时期前两年的工作。对此，国合会委员深受鼓舞，一致认为中国目前开始进入环境与发展的战略转型期。

朝着“资源节约型、环境友好型社会”的转变是一项长期的任务，但这显然需要诸如“十一五”规划所确定的环境约束性指标等里程碑性的目标。然而，国合会认为，当前的环境管理框架、投资水平以及高污染强度的经济增长模式都给实现上述目标带来了极大的困难；同时，一系列诱因导致地方经济以超出预期的速度增长，加剧了实现环境目标的难度。由于这些问题会变得更加复杂，例如日益增大的“生态逆差”问题，中国在“十二五”乃至“十三五”期间协调环境与发展的政策难度可能会更大。

中国在着力解决工业污染和城市污染等第一代环境污染问题的同时，由化学品使用造成的面源污染等第二代环境问题正威胁着中国的环境安全和人民健康，中国政府已经开始高度关注这些问题。这类问题涉及的污染物种类繁多，包括迅猛发展的化学工业所造成的各种污染，国合会委员们对这些问题也表现出了很大的忧虑。

中国今天的工业化和城镇化变革，包括构建知识型社会及社会主义市场经济，都是在全球化的背景下进行的。中国与世界的环境与发展进程已经融为一体，中国在面临经济全球化带来的新的环境挑战的同时，也对全球和地区的环境造成了影响。如果通过“生态足迹”来衡量人类对生物生产性土地和水资源的需求，那么中国的人均生态足迹与许多其他国家相比仍然较低，然而，中国的人均生态足迹已经超过其生态承载力并仍在增长。该问题应该在诸如影响国际贸易、气候变化和其他国际合作的决策中得到关注。

中国未来的环境质量取决于对上述等问题的解决，这需要根本性改革和机制建设使全社会参与其中。这是德国和韩国等国家环境与发展成功转型的关键经验，也就是说，渐进式的转变是不够的。

中国致力于创建“创新型社会”是朝着正确方向上迈出的关键一步，创新是环境与可持续发展的机遇，成功的关键是对制度、政策和技术进行全方位创新。

国合会 2007 年年会在相关课题组及其他研究成果的支持下，注重两方面的政策创新：一是战略思路创新，包括环境与发展转型战略和全球化带来的环境挑战等两大问题；二是具体政策与机制创新，特别关注“十一五”期间及以后的污染减排问题和化学品管理问题。

审视“创新与环境友好型社会”，旨在为国合会将来的工作奠定基础，包括创新与可持续发展、环境与健康、能源与环境等各课题组的工作，这标志着国合会的注意力转向通过合作就中国在环境与发展领域内可能面临的主要问题进行预警，转向更加依靠创新中国的政策和技术探寻创造性的解决方案。一直以来被视为创新源泉与中心的企业界将在研究和建设环境友好型社会方面发挥关键作用。企业界的参与之所以十分关键，是因为他们做出的实际决策往往对环境产生很大影响。然而，清楚界定企业的责任是其采取行动的前提，而且这些责任从法律上是可以执行的。

二、政策建议

以下主要政策建议是基于国合会年会审议并达成一致的内容。此外，还将提供国合会各课题组和特别政策研究专题的详细的政策建议报告，以供参考。

（一）加强和制定新的实现减排目标的政策与机制

实现“十一五”减排目标是中国政府面临的一项重要挑战。尽管目前已开展了大量的工作，但经济增长的步伐和结构加大了这一挑战的难度。减排目标是基于

"十五"规划期末的排放量计算的，但中国的经济发展速度远比事先预计的年均 7.5% 的增速快得多，经济的高速发展，特别是高能耗、高污染产业更快的增长速度，污染减排任务将超出预计的水平。经济结构调整和工艺改进措施至关重要，但不会对实现 2010 年目标迅速见效。在可以预见的未来，至少是 2020 年前，需要就污染减排制定更加严格的目标。

目前，在 2005 年水平上实现二氧化硫减排 10% 的目标的行动极大地依靠燃煤电厂安装烟气脱硫装置（FGD），然而，烟气脱硫设备运行不善和效果不佳、燃煤硫份过高，以及洗煤等低成本、高效益的手段尚未得到足够重视等问题，制约着减排行动。实现能耗强度（单位 GDP 能耗）20% 的削减目标是实现二氧化硫减排目标的必要条件，但并非充分条件，需要针对非电力行业的硫氧化物削减开展进一步的工作。

实现化学需氧量（COD）减排目标，难度甚至更大。能否按计划完成城市污水处理管网建设任务有较大不确定性，污泥处理，以及工业部门污水排放和面源污染问题需要引起重视，特别对这些行业中现行的价格和金融政策需要进行反思和改革。

在污染减排领域，质量控制和绩效方面存在重大问题。监测工作不到位，（地方）环保部门使用的三套数据互不兼容，阻碍了监测工作。地方环保部门缺乏履行职责的权威和手段，一些地方政府还干扰地方环保部门的工作。简言之，管理和体制上的不足阻碍了减排工作的进展。资金投入不够也是污染减排的障碍之一，按照经济合作与发展组织（OECD）和欧盟统计局（Eurostat）等采纳的定义计算，目前中国环境支出占 GDP 的 0.6%，为官方测算的一半，对处于如此发展水平的国家而言偏低。

末端治理的手段是必要的，但并不足以应对中国日益增长的污染排放量，需要一种有效的总量控制手段，同时控制污染排放浓度。更多的注意力应放在低成本、高效益的措施上，例如洗煤、能源和产业结构调整，以及废除鼓励向诸如焦炭和钢铁等高污染行业过度投资的优惠金融条件。需要更多地利用市场工具，为通过创新等手段探寻低成本、高效益的污染防治途径提供持续的激励机制，例如基于市场的总量控制—排污交易制度；利用经济政策和严格执法，鼓励节能和污染防治新工艺的研发，使污染成本不再低于治理费用。

使政府内部的环境管理体系更加行之有效也是至关重要的，各级政府须明确理解各自责任与义务，对地方政府领导的业绩考核应更加侧重其环境业绩，否则将导致重经济轻环境的后果。

为此，建议：

（1）加强国家环境管理能力，建立更具规模、属内阁成员的环境部。

（2）在“十一五”乃至“十二五”和“十三五”期间的污染减排方式上，实行新的“五个转变”：①转向同时关注污染总量削减和环境质量的具体改善；②从过度依赖特定产业的污染减排转向对各行业全面实行减排；③从单项污染物总量控制转向协同控制多种污染物；④从增加污染减排项目数量转向提高项目质量；⑤从依靠行政手段转向更多地利用基于市场的政策工具。

（3）在国务院领导下，建立一个经济—能源—污染减排的技术分析平台，成立相关政府部门之间的一个联合政策制定体系，以开展动态跟踪、污染的预警及应对，从战略高度评价和认识改变经济增长模式的成本和效益。

（4）建立系统的污染总量减排体系，包括减少资源及能源消耗、提高生产工艺的效率，以及末端污染处理。

（5）改革地方政府官员的政绩考核体系，将各项环保目标和相关政策目标的责任纳入考核体系，根据适合当地的节能减排指数，建立简单明了的政府官员政绩评价体系以及他们管辖范围内企业遵守环境保护法律法规情况的指标。

（6）改善中央和地方政府的技术支持能力，开发更加完整的环境信息系统、科学的污染减排指标体系、精确的减排监督系统以及严格的污染核查和评价体系。

（7）重点抓好主要污染产业，特别是农业面源污染治理，迅速筹措城市污水管网和处理设施建设资金，提高 COD 削减规划的可操作性。通过综合规划，拓宽工作重心，从关注烟气除尘和烟气控制措施，扩展到诸如提高燃煤质量、增大洗煤比例、有效监督烟气脱硫装置质量，以及制定非电力行业燃煤锅炉的污染减排规划等措施，优化二氧化硫减排规划。

（8）开始研究污染排放趋势，探讨“十二五”期间低成本、高效益的污染减排方式。在关注上述问题的同时，利用公共—私营部门模式筹措资金；利用基于市场的政策工具建立长效减排机制，如环境税、资源定价、排污交易、环境金融机制；通过必要的法规升级，特别是在地方，创建一套高效的行政和管理体系。

（二）将化学品环境管理全面纳入国家环境和健康管理体系

中国目前已生产和上市销售的化工产品大约有 4.7 万种，每年申报新化学物质约 100 种。在生产、存储、销售、运输、使用以及作为废物处置的过程中，由于误用、滥用、突发事故和废物处置不当等原因，化学品会对人体健康和环境安全造成重大影响。大量在国际上受到广泛控制的危险化学品在中国依然存在无约束的生产和使用，而且与危险化学品相关的污染事件时有发生。国际社会正在大力推进国际化学品管理战略（SAICM），目标是在2020年将生产和使用化学品对环境和人类健康造成的危害降到最低。

中国化学工业的高速发展急切需要强有力的化学品管理体系，中国现行化学品管理主要局限在对于具有易燃、易爆和急性毒性等化学品的职业安全管理上；在化学品环境管理方法上，也主要局限于有毒化学污染物的末端处置和有毒化学品进出口登记方面。中国现行的危险化学品分级体系并未完全反映化学品的各项环境和健康方面的潜在危害和风险，尚需对人体健康和环境具有潜在性、长期性危害的化学品进行系统化和制度化的环境管理。

为此，建议：

（1）建立以环境保护部门为责任主体、相关部门配合的中国化学品环境管理体制，并加强相关能力建设，从环境角度实行有效的化学品检验、评估、监测和管理。

（2）制定以“预防为主、防治结合、加强监管”为原则的中国化学品环境管理战略。制订长期的风险评价行动计划，对于高环境健康风险的化学品应尽早关注其替代产品的研发工作；相关生产和管理应遵循清洁生产和绿色化工的原则和世界贸易组织（WTO）的要求。

（3）制定专门的化学品环境管理法律或行政条例，建立化学品环境管理的基本制度体系，包括新化学物质的分类、标识和通告，风险评价与管理，重点化学品的国家标准，环境监测，有毒化学品信息披露和知情，以及与有关现行机制相协调的环境事故预防和应急体系等。

（4）建立有毒污染物的记录和信息发布体系，使公众了解并参与化学品管理的政府决策。

（5）推动化工企业的自愿性措施，包括国际上成功实施的“责任关怀”和产品定位管理倡议等，明确界定政府与企业之间的自愿管理协议，以及在中国《清洁生产促进法》下开展各项工作的法律地位。

（三）抓住环境与发展战略转型的机遇期

国合会注意到中国自2003年以来协调环境与发展政策关系方面所取得的进展，

尽管当前仍面临巨大挑战，但其未来的前景还是令人鼓舞的。中国正在为可持续发展的创新建立必要的条件，中国当前环境与发展的战略转变是中国社会进步的必由之路。根据国际经验，中国应在未来的 15 ～ 20 年努力争取实现其环境与发展的战略转型，大力改善生态环境，促进经济发展。

中共十七大是中国实施新的战略体系的转折点，即以科学发展观为构建和谐社会的统领，指导经济社会的可持续发展。

在环境领域内，中国政府战略转型表现如下：新型工业化道路的 5 条标准，对外坚持和平发展道路，将环境保护提升到“建设生态文明”的战略高度，目标是建立资源节约型、环境友好型社会，指导思想是经济发展从“又快又好”转向“又好又快”，以切实的行动展示其实现艰巨的“十一五”减排目标的近期承诺。

德国、日本等国在环境改善的转型时期有 4 个关键的成功要素：一是公众乃至全社会参与环境与发展的决策；二是在多数情况下，是环境与健康的问题激发了具体行动，如日本汞污染导致水俣病、芝加哥的化学烟雾现象；三是需要连续进行短期或长期的转变，通常在 5 ～ 10 年中实现技术和体制的根本性转变；四是需要考虑转型相关的国际问题，如转型对他国的影响。转型的结果包括产生大量新的经济机遇，对环境标准和实践产生积极影响，进而促进社会各行各业的发展。

国合会认为，当今中国正处在战略转型的关键时期，有可能加速环境与发展关系的转变，为了充分利用这一关键时期，中国政府必须解决 3 个突出的问题：首先，中国的战略转型采用了自上而下的模式，缺乏各级政府及利益相关方的充分参与和支持；其次，缺少落实中央政府确定的各项战略原则的具体和有效的政策、能力和行动计划；最后，关键在于不断提高现有投资效率和效果，加大环保投入。

为此，建议：

(1) 提高公众的相关意识和参与行为，使社会各界在战略转型中都能发挥作用，包括生产、生活消费与环境健康，监督地方发展，以及直接参与环境改善工作。鼓励环境非政府组织参与，以此反映社会各界不同观点。同时通过专门的培训教育方式，提高各级地方政府和企业界的决策者和管理者对环境与经济社会协调发展重要性和紧迫性的认识水平和实际落实工作的技能。

(2) 加速改善中国现有环境法律框架、管理手段和技术，包括修订关键法规，如《环境保护法》（1989 年）；适当严格标准，并确保严格执行和遵守；在人力、资金和技术装备方面为环境保护部门配置更多的资源，使其成为推动环境与发展战略转型的中坚力量；很明显，最需要的是建立一套高效的体系，彻底降低环境违法程度，改革惩罚制度，使其从经济利益上对违法者产生作用；为企业、城乡乃至各类项目获取实现环境可持续发展的手段营造所必需的条件；建立和完善环境司法体系，确保公共和个人的环境福利与环境公正。

（3）充分利用以市场机制为基础的经济政策，推动环境与发展战略转型，包括环境税、资源能源税、绿色信贷、环境保险、生态补偿、排污交易等。这些经济政策可以构建激励机制，是全面实现创新效益的关键，对开发环境和可持续发展的技术并使之商业化有重要作用。

（4）评价现有环境投入水平，确保优先工作领域的资金投入力度，并在必要的情况下，根据优先领域的工作需要，改变现有投资流向，或增加资金额度。此外，鼓励私营部门投资，因为对产业进行环境保护方面的创新、推进循环经济、建立资源节约和环境友好型的生产消费模式，都有赖于大量的资金投入。

（四）有效应对经济和环境全球化带来的挑战

中国在参与经济全球化过程中，承受着新的环境压力。中国作为“世界工厂”，无疑承接了大量高能耗、高污染的产业转移。发达国家引入二氧化碳排放约束后，将加快高二氧化碳排放产业转移的进程，并增加阻碍改善这些产业技术的风险。中国在赢得“贸易顺差”的同时，国内因出口导向型经济消耗了大量能源和资源，排放了大量的污染物和温室气体，出现了“生态逆差”。另外，中国还面临着严峻的危险废物非法贸易的问题。

中国还需要更加关注应对其市场供应链可能对其他国家造成的环境影响。当然，中国应同时充分认识到全球竞争性商业活动对改善其环境有积极作用。随着中国的跨国企业的活动日益活跃，以及中国的资源需求和经济活动持续增长，一些新的环境影响会变得越来越明显。中国可能会更容易受到各种环境保护主义和其他相关行动的攻击，并有可能涉及第三方。

国合会对中共十七大提出的“相互帮助，协力推进，共同呵护人类赖以生存的地球家园”的环境保护国际合作方针，感到鼓舞。中国政府在保护臭氧层、增加森林碳汇、发布2007年《应对气候变化国家方案》等保护全球和地区环境方面所做出的积极努力是显著的。中国对保护世界环境的贡献正处在关键的阶段。中国自身的环境与发展战略转型，与国际社会在气候变化等全球和区域环境问题上达成宏伟协议的努力是密不可分的。

中国必须从其自身的角度和自身利益出发，应对全球的环境关切。中国在对世界生态和经济的影响日益加大的同时，已跻身于一个对国际社会更负有责任的地位。中国日益被视为主导世界经济与环境安全的力量，未来5年，这种认识可能随着中国经济的持续发展而进一步强化。在现今许多国家对加强全球和国内环境行动表示出了强烈兴趣的情况下，中国需要决定在哪些领域投入主要的努力来应对全球环境与发展问题。

为此，建议：

（1）逐步转变目前贸易增长模式，以调整贸易、资源和环境的关系。充分利用中国的贸易顺差，进口高能源、资源含量的产品和技术，减少出口类似产品。寻找并扩大高能耗产品的替代品，或适时进口此类产品。加速当前外贸增长模式的转型，从主要依赖价格竞争、数量扩张及谋取高增长速度的传统增长模式，转向依靠提升质量、提高附加值以及优化结构的模式。扩大服务出口，加强其国际竞争力。

（2）优化制造产品出口的区域结构，对东部工业产业全面进行环境升级，充分利用中西部当地丰富的人力资源，引导环境友好型生产工艺进入这些地区。对高能耗、高污染的产品和行业征收环境污染税，要求有关企业承担环境破坏的成本。从国外引进适宜的环保技术和设备，促进节能减排，从而改善国内环境质量。

（3）加强对可回收废弃物贸易的环境管理，制定区域规划；对作为工业原材料进口的可回收废弃物进行生命周期分析；严格执行进口可回收废弃物的环境准入标准；限制企业出口利用进口可回收废弃物加工的再生原材料，确保此类原材料满足国内需求，或生产高附加值出口产品，而不只是为了换取外汇将污染留在国内；与其他国家开展合作，确保遵守国际协定，开展国际监测，以确保遏止有毒废弃物的非法贸易。

（4）制定适当的规定，对进入中国的原材料产品的主要供应链全面实施综合性环境影响评价，包括诸如大豆、食用油、鱼、棉花、木材产品、生物燃料以及矿产，逐步消除非法木材贸易及其他此类问题，遏制《濒危野生动植物物种国际贸易公约》（CITES）所禁止的各项活动。

（5）加强中国对外投资企业的环境管理，提高企业社会责任意识，鼓励中国企业通过海外投资或合资，获取国际先进环境管理经验和环境友好型技术。环境友好型的投资将加强中国企业的长期竞争力。

(6) 中国应富有建设性的参与双边或多边环境合作，设立完善的国内履约机制、管理体系和政策法规框架，推动中国履行国际环境公约。更加积极地参与构建全球环境体制，坚持共同但有区别的责任原则；维持包括中国在内的发展中国家的发展权；树立中国在环境问题上负责任的国家形象。在中国能力限度内承担国际义务，探讨通过南—北合作进行技术合作的机遇，加强中国和其他亚、非、拉发展中国家的环境合作活动。

（五）通过创新建设生态文明

在环境和可持续发展技术及其相关的制度方面，中国到了提升国内能力，实现“中国制造”的时候了，使良好的意图能够转变成商业上可行、应用广泛的产品。中国的中长期科技规划要求在未来的研发工作中重点突出环境保护，然而，在国家创新体系（NIS）充分发挥潜力之前，必须要应对许多挑战，克服各种障碍。此外，中国和许多其他国家的可持续发展实践与其国家创新体系之间联系不紧密。

同电信业等其他产业一样，在污染减排方面，中国在依靠进口新的环保技术实现跨越式发展方面存在严重问题，包括有限的分享先进技术的意愿（如机动车排放技术）、技术不适用于中国国情、高成本获取特定先进技术，以及诸如先进发电系统的知识产权问题等。此外，一些革新性的技术，如氢燃料电池，需要大量的投入和时间进行额外开发。

另一方面，中国的一些比较优势尚未充分体现在环境创新中。低劳动成本和巨大潜在的国内市场可以使中国的环境和可持续发展产品和服务在国际市场具有充分的吸引力，例证之一是太阳能电池板。

中国尚无创新所需的适宜的条件，例如释放由研究院、大学和私营企业等组成的中国庞大研究体系的创造力。在创新进程中，应该宽容一些努力在短期内的失败。环境创新的金融投资体系仍然有待发展，重要的是在各种不同的开发环节上吸引更多的风险投资，从而加强环境技术市场。需要有利于创新的制度框架，特别是需要基于市场的措施，为产业朝无污染的环境友好型生产过程和“绿色化工”的方向努力提供必要的激励。

绿色政府采购、绿色投资等政策，有助于提高现有环境友好产品和服务的市场份额，并增强其竞争力。对此，政府应发挥表率作用，引导绿色采购和绿色投资。绿色投资的理念有利于构建公私合作伙伴，并可加速新兴环境技术应用的步伐。

自己制造还是购买先进环境技术的抉择绝非易事，必须在特定的条件下做出决策。国际联合科学研发倡议已经存在多时，主要应用于能源效率和一些污染减排方面。有必要对此进行推广，通过更多的合作研发，解决可持续煤炭利用、温室气体减排和其他的重大环境问题。

为此，建议：

（1）动员国家和地方的兴趣和意愿，实施环境和可持续发展创新战略。一般认为，环境守法是一种成本驱动的行为，但不符合经济增长的要求，实施创新战略的目的不只是为了环境守法。实施创新战略也不只是投资研发新技术，更迫切的是通过综合应用执法、激励措施、规划改进、意识提高以及能力建设等手段促进现有成熟技术的广泛和有效的应用。在解决诸如青藏高原、主要流域上游以及主要煤矿产区等生态脆弱地区的发展问题方面，可以制定符合环境经济条件的区域性“创新团”，以帮助地方了解并获取合适的创新产品和手段。

（2）强化和普及环境领域的技术研发，消除商业化的障碍。中国已有并还将有大量的技术突破，然而，技术突破必须尽快从示范发展到商业化应用阶段，而且在各阶段都应创造有吸引力的投资机会。当前的激励措施还无法推动环保技术的长期创新，只有通过政府承诺并参与早期科技研发、私营部门和投资者参与后期阶段研发，才能解决这一问题。这是国家创新体系中的核心问题。

（3）采取行动解决影响环境技术应用的市场失灵问题。私营公司应成为研发和应用环境友好型技术的主要力量，但现实并未尽如人意。技术市场有限、过分依赖指令性规章、资源和其他定价政策不完善，以及违法处罚力度有限等都是造成环境技术应用市场失灵的重要因素，需要认真加以解决。需要在国家和地方层面推行更好的绿色采购政策，在示范工作以外更广泛的范围内，向利用环境技术的项目提供优惠贷款，并对不使用该技术的项目拒绝提供贷款。

（4）不断提高对生物技术、纳米技术和能源技术及其新产品的关注程度，评估这些产品对环境保护和可持续发展的影响，特别是负面影响。此类评估不同于项目导向的评价，需要制定正确的规范和导则。对于一些先进技术的研发，充分利用跨国企业的力量和借鉴国际经验不失为最好的方法，但需要在严格的规范和导则的管理下进行。

（5）提高公众的环境科技水平和能力。中国经济与环境的未来取决于向其拥有的世界上最庞大的人口进行科技普及，使其有能力营造多种技术创新的社会环境。

建设生态文明依靠教育体系的改进，依靠对普通大众的科技知识普及，依靠创新过程中体现出的真正的环境价值。这又依靠向社会各界持续发布可靠的环境和可持续发展信息。

（六）制定中国发展低碳经济的路线图

中国及所有国家都需要理解和把握气候变化的影响、减缓和适应等问题。这些问题是国际社会目前的重要关注，会对未来经济结构，以及地方和国家未来的发展机遇产生很大影响，进一步会给国际贸易、投资和全球环境改善等领域带来新的压力和机遇。

在未来，中国要发展与以往不同的经济，就需要更好地理解和把握如何调整能源的价格和税收、碳排放源和碳吸收汇的变化情况，国际和国内碳交易状况，以及影响能源、环境与气候变化关系的因素等问题。总体上，这些问题都属于低碳经济的范畴。中国现在需要全面认识这些重要关系及其政策选择问题。若想在保持经济持续增长的同时减少对化石燃料的依赖，中国有必要就未来几十年的发展道路问题开始着手制定一个路线图。

第三篇

政策建议影响

中国环境与发展重要政策进展与国合会政策建议影响

（2015—2016）

一、2015—2016 年中国环境与发展重要政策进展

（一）环境与发展规划

1. 绿色发展成为“十三五”规划指导理念

2016 年 3 月，全国人民代表大会通过了《中华人民共和国国民经济和社会发展第十三个五年规划纲要》（以下简称《“十三五”规划纲要》。“十三五”规划纲要提出了“创新、协调、绿色、开放、共享”的发展理念，明确必须坚持节约资源和保护环境的基本国策，坚持可持续发展，坚定走生产发展、生活富裕、生态良好的文明发展道路，加快建设资源节约型、环境友好型社会，形成人与自然和谐发展的现代化建设新格局，推进美丽中国建设，为全球生态安全做出新贡献。

《“十三五”规划纲要》提出生态环境方面的主要目标是：生态环境质量总体改善；生产方式和生活方式绿色、低碳水平上升，能源资源开发利用效率大幅提高，能源和水资源消耗、建设用地、碳排放总量得到有效控制，主要污染物排放总量大幅减少；主体功能区布局和生态安全屏障基本形成。《“十三五”规划纲要》资源环境指标由“十二五”规划纲要的 8 项增加到 10 项，而且全部都是约束性指标。纲要提出，今后 5 年，单位国内生产总值用水量、能耗、二氧化碳排放量分别下降 23%、15%、18%，森林覆盖率达到 23.04%，四类主要污染物（化学需氧量、氨氮、二氧化硫、氮氧化物）排放总量减少 10% 或 15%，还提出地级及以上城市空气质量优良天数比率超过 80%、$PM_{2.5}$（细颗粒物）未达标地级及以上城市浓度下降 18%，地表水质量达到或好于Ⅲ类水体比例超过 70% 等目标。

《“十三五”规划纲要》提出了“改革环境治理基础制度”，包括切实落实地方政府环境保护责任，开展环保督察巡视，建立环境质量目标责任制和评价考核机制。实行省以下环保机构监测监察执法垂直管理制度，探索建立跨地区环保机构，推行全流域、跨区域联防联控和城乡协同治理模式。推进多污染物综合防治和统一监管，建立覆盖所有固定污染源的企业排放许可制，实行排污许可一证式管理。建立健全排污权有偿使用和交易制度。严格环保执法，开展跨区域联合执法，强化执法监督和责任追究。建立企业环境信用记录和违法排污黑名单制度，强化企业污染物排放自行监测和环境信息公开，畅通公众参与渠道，完善环境公益诉讼制度。实行领导干部环境保护责任离任审计。

2. 城市发展统筹生产、生活和生态三大布局

2015 年 12 月，中央城市工作会议召开。这是时隔 37 年后“城市工作”再次上升到中央层面进行专门研究部署。会议提出，明确我国城市发展空间布局、功能定位。要以城市群为主体形态，科学规划城市空间布局，实现紧凑集约、高效绿色发展。要优化提升东部城市群，在中西部地区培育发展一批城市群、区域性中心城市。各城市要结合资源禀赋和区位优势，明确主导产业和特色产业，强化大中小城市和小城镇产业协作协同。城镇化必须同农业现代化同步发展，城市工作必须同“三农”工作一起推动，形成城乡发展一体化的新格局。要统筹生产、生活、生态三大布局，提高城市发展的宜居性。城市发展要把握好生产空间、生活空间、生态空间的内在联系，实现生产空间集约高效、生活空间宜居适度、生态空间山清水秀。城市交通、能源、供排水、供热、污水、垃圾处理等基础设施，要按照绿色循环低碳的理念进行规划建设。

3. 大数据规划助力环境保护

2016 年 1 月 11 日，国家发展和改革委员会发布了《“互联网 +”绿色生态三年行动实施方案》，提出推动互联网与生态文明建设深度融合，完善污染物监测及信息发布系统，形成覆盖主要生态要素的资源环境承载能力动态监测网络，实现生态环境数据的互联互通和开放共享。充分发挥互联网在逆向物流回收体系中的平台作用，提高再生资源交易利用的便捷化、互动化、透明化，促进生产生活方式绿色化。

《实施方案》提出了三大主要要点：一是加强资源环境动态监测，会同地方政府建立资源环境监测预警数据库和信息共享平台。制定《“互联网 +”林业行动计划》，积极推动生态红线监测、生态红线一张图建设，建设适应“互联网 +”绿色

生态的林业标准体系等。二是大力发展智慧环保，利用智能监测设备和移动互联网，完善污染物排放在线监测系统，增加监测污染物种类，扩大监测范围，形成全天候、多层次的智能多源感知体系。加强企业环保信用数据的采集整理，将企业环保信用记录纳入全国统一信用信息共享交换平台。完善环境预警和风险监测信息网络，提升重金属、危险废物、危险化学品等重点风险防范水平和应急处理能力等。三是完善废旧资源回收利用和在线交易体系，制定《"互联网+"资源循环行动方案（2016—2020）》，支持回收行业利用物联网、大数据开展信息采集、数据分析、流向监测，推广"互联网+"回收新模式等任务。

2016 年 3 月，环境保护部发布《生态环境大数据建设总体方案》，强调要以改善环境质量为核心，统一基础设施建设，集中管理数据资源，推动系统整合互联和数据开放共享，促进业务协同，完善制度标准和数据安全体系，通过 5 年的努力，基本建成大数据应用平台、管理平台和大数据环保云平台架构，实现生态环境综合决策科学化、监管精准化、公共服务便民化。

（二）生态、生物多样性与资源保护

1. 生态红线与生态补偿制度正式实施

2016 年 5 月，国家发展和改革委员会、财政部、国土资源部、环境保护部等九部委联合发布了《关于加强资源环境生态红线管控的指导意见》，提出"严守环境质量底线。以改善环境质量为核心，以保障人民群众身体健康为根本，综合考虑环境质量现状、经济社会发展需要、污染预防和治理技术等因素，与地方限期达标规划充分衔接，分阶段、分区域设置大气、水和土壤环境质量目标，强化区域、行业污染物排放总量控制，严防突发环境事件。环境质量达标地区要努力实现环境质量向更高水平迈进，不达标地区要尽快制定达标规划，实现环境质量达标"。在大气环境质量方面，以达到《环境空气质量标准》（GB 3095—2012）为主要目标，与《大气污染防治行动计划》相衔接，地区和区域大气环境质量不低于现状，向更好转变。在水环境质量方面，以水环境质量持续改善为目标，与《水污染防治行动计划》《国务院关于实行最严格水资源管理制度的意见》相衔接，各地区、各流域水质优良比例不低于现状，向更好转变。在土壤环境质量方面，以农用地土壤镉（Cd）、汞（Hg）、砷（As）、铅（Pb）、铬（Cr）等重金属和多环芳烃、石油烃等有机污染物含量为主要指标，设置农用地土壤环境质量底线指标，与国家有关土壤污染防治计划规划相衔接，各地区农用地土壤环境质量达标率不低于现状，向更好转变。条件成熟地区，应将城市、工矿等污染地块环境质量纳入底线管理。

2016 年 4 月，国务院办公厅发布了《关于健全生态保护补偿机制的意见》，这是目前中国出台的关于生态补偿工作的级别最高的政策文件。意见提出的目标任务是：到 2020 年，实现森林、草原、湿地、荒漠、海洋、水流、耕地等重点领域和禁止开发区域、重点生态功能区等重要区域生态保护补偿全覆盖，补偿水平与经济社会发展状况相适应，跨地区、跨流域补偿试点示范取得明显进展，多元化补偿机制初步建立，基本建立符合我国国情的生态保护补偿制度体系，促进形成绿色生产方式和生活方式。该意见详细提出了森林、草原、湿地、荒漠、海洋、水流、耕地等重点领域实施生态补偿的措施及负责的部门，还提出一系列体制机制创新措施，包括划定并严守生态保护红线，研究制定相关生态保护补偿政策。研究制定以地方补偿为主、中央财政给予支持的横向生态保护补偿机制办法。鼓励受益地区与保护生态地区、流域下游与上游通过资金补偿、对口协作、产业转移、人才培训、共建园区等方式建立横向补偿关系。鼓励在具有重要生态功能、水资源供需矛盾突出、受各种污染危害或威胁严重的典型流域开展横向生态保护补偿试点。

2. 生态环境损害赔偿制度改革落实“损害担责”原则

2015 年 12 月，中共中央办公厅、国务院办公厅印发了《生态环境损害赔偿制度改革试点方案》。方案提出，2015—2017 年，选择部分省份开展生态环境损害赔偿制度改革试点。从 2018 年开始，在全国试行生态环境损害赔偿制度。到 2020 年，力争在全国范围内初步构建责任明确、途径畅通、技术规范、保障有力、赔偿到位、修复有效的生态环境损害赔偿制度。

生态环境损害赔偿制度的适用范围包括因污染环境、破坏生态导致的生态环境要素及功能的损害。方案明确了生态环境损害赔偿包括清除污染的费用、生态环境修复费用、生态环境修复期间服务功能的损失、生态环境功能永久性损害造成的损失以及生态环境损害赔偿调查、鉴定评估等合理费用。试点地方可根据生态环境损害赔偿工作进展情况和需要，提出细化赔偿范围的建议。鼓励试点地方开展环境健康损害赔偿探索性研究与实践。

方案明确了生态环境损害赔偿的赔偿义务和权利人。违反法律法规，造成生态环境损害的单位或个人，应当承担生态环境损害赔偿责任；试点地方省级政府经国务院授权后，作为本行政区域内生态环境损害赔偿权利人，可指定相关部门或机构负责生态环境损害赔偿具体工作。

为贯彻落实《生态环境损害赔偿制度改革试点方案》的要求，2016 年 6 月，环境保护部发布了《生态环境损害鉴定评估技术指南总纲》和《生态环境损害鉴定评估技术指南　损害调查》。

《生态环境损害赔偿制度改革试点方案》的出台，标志着中国《宪法》《物权法》和各类环境、资源法确立的自然资源国家所有权开始进入司法途径。由省级人民政府对生态破坏者提出生态损害赔偿请求，也可以与社会组织提起的环境公益诉讼形成合力，从而真正落实新《环境保护法》规定的“损害担责”原则。

2016 年 6 月，第十二届全国人大常委会第二十一次会议初次审议了《中华人民共和国民法总则（草案）》，针对污染环境、破坏生态的行为，特别增加了“修复生态环境”这种新的责任承担方式，而不像过去只靠赔偿了事。草案第一百六十条规定，承担民事责任的方式主要有……(五) 恢复原状、修复生态环境。

3. 自然资源资产负债表落地为问责、赔偿奠定基础

2015 年 11 月，国务院办公厅发布了《编制自然资源资产负债表试点方案》，自然资源资产负债表的核算内容主要包括土地资源、林木资源和水资源。土地资源资产负债表主要包括耕地、林地、草地等土地利用情况，耕地和草地质量等级分布及其变化情况。林木资源资产负债表包括天然林、人工林、其他林木的蓄积量和单位面积蓄积量。水资源资产负债表包括地表水、地下水资源情况，水资源质量等级分布及其变化情况。试点的主要目标是通过探索编制自然资源资产负债表，推动建立健全科学规范的自然资源统计调查制度，努力摸清自然资源资产的家底及其变动情况，为推进生态文明建设、有效保护和永续利用自然资源提供信息基础、监测预警和决策支持。同时，将自然资源资产负债表编制纳入生态文明制度体系，与资源环境生态红线管控、自然资源资产产权和用途管制、领导干部自然资源资产离任审计、生态环境损害责任追究等重大制度相衔接。

4. 野生动物保护法修订关注动物福利

2016 年 7 月，全国人大常委会通过了新修订的《野生动物保护法》，这是《野生动物保护法》自 1988 年通过以来首次大改。新修订的《野生动物保护法》第二十六条明确规定“不得虐待野生动物”，还规定了实质性的动物福利保护内容：“人工繁育国家重点保护野生动物……根据野生动物习性确保其具有必要的活动空间和生息繁衍、卫生健康条件，具备与其繁育目的、种类、发展规模相适应的场所、设施、技术，符合有关技术标准和防疫要求”。新修订的《野生动物保护法》将“野生动物保护”改为“野生动物及其栖息地保护”，实现了保护对象的全面性、系统性和相关性。要求在制定规划的时候，对野生动物栖息地、迁徙通道的影响要进行论证；建设铁路、桥梁等工程时，可能会破坏一些野生动物的栖息地和迁徙通道，应该采取一些补救措施；国家林业行政主管部门要确定并发布野生动物重要栖息地名录。

（三）能源、环境与气候

1. 严控各地煤电新增规模、推进电能替代

2016 年 3 月，国家发展改革委员会、国家能源局发布了《关于促进我国煤电有序发展的通知》，提出“严控各地煤电新增规模”，对于经电力电量平衡测算存在电力盈余的省份以及大气污染防治重点区域，原则上不再安排新增煤电规划建设规模。对于经电力电量平衡测算确有电力缺口的省份，应优先发展本地非化石能源发电项目，充分发挥跨省区电力互济、电量短时互补作用，并采取加强电力需求侧管理等措施，减少对新增煤电规划建设规模的需求。逐步淘汰服役年限长，不符合能效、环保、安全、质量等要求的火电机组，优先淘汰 30 万千瓦以下运行满 20 年的纯凝机组和运行满 25 年的抽凝热电机组。

2016 年 5 月，国家发展改革委员会、国家能源局、财政部、环境保护部等八部委发布了《关于推进电能替代的指导意见》，提出完善电能替代配套政策体系，建立规范有序的运营监管机制，形成节能环保、便捷高效、技术可行、广泛应用的新型电力消费市场。2016—2020 年，实现能源终端消费环节电能替代散烧煤、燃油消费总量约 1.3 亿吨标煤，带动电煤占煤炭消费比重提高约 1.9%，带动电能占终端能源消费比重提高约 1.5%，促进电能占终端能源消费比重达到约 27%。

2016 年 3 月，国家发展改革委员会、国家能源局发布了《能源技术革命创新行动计划（2016—2030 年）》，提出的总体目标是：到 2020 年，能源自主创新能力大幅提升，一批关键技术取得重大突破，能源技术装备、关键部件及材料对外依存度显著降低，我国能源产业国际竞争力明显提升，能源技术创新体系初步形成。到 2030 年，建成与国情相适应的完善的能源技术创新体系，能源自主创新能力全面提升，能源技术水平整体达到国际先进水平，支撑我国能源产业与生态环境协调可持续发展，进入世界能源技术强国行列。该行动计划还提出了《能源技术革命重点创新行动路线图》，展望了 2020 年、2030 年和 2050 年各项能源技术的创新目标。

2. 全国碳市场建设基础工作正在进行

2016年1月，国家发展改革委员会发布了《关于切实做好全国碳排放权交易市场启动重点工作的通知》，要求各地结合经济体制改革和生态文明体制改革总体要求，以控制温室气体排放、实现低碳发展为导向，充分发挥市场机制在温室气体排放资源配置中的决定性作用，国家、地方、企业上下联动、协同推进全国碳排放权交易市场建设，确保2017年启动全国碳排放权交易，实施碳排放权交易制度。全国碳排放权交易市场第一阶段将涵盖石化、化工、建材、钢铁、有色、造纸、电力、航空等重点排放行业，参与主体初步考虑为业务涉及上述重点行业，其2013—2015年中任意一年综合能源消费总量达到1万吨标准煤以上（含）的企业法人单位或独立核算企业单位。国家发展改革委员会还要求各地对拟纳入企业的历史碳排放进行核算、报告与核查。

为了保障碳排放交易平台等公共资源交易平台的顺利运行，2016年6月，国家发改委、工信部、财政部等十四部委联合制定了《公共资源交易平台管理暂行办法》。

2016年3月，十二届全国人大第四次会议通过的《"十三五"规划纲要》专章规定了"积极应对全球气候变化"，要求"坚持减缓与适应并重，主动控制碳排放，落实减排承诺，增强适应气候变化能力，深度参与全球气候治理，为应对全球气候变化作出贡献。"

2016年2月，国家发展改革委员会和住房城乡建设部联合发布了《气候适应型城市建设试点工作方案》，提出到2020年，普遍实现将适应气候变化相关指标纳入城乡规划体系、建设标准和产业发展规划，建设30个适应气候变化试点城市，典型城市适应气候变化治理水平显著提高，绿色建筑推广比例达到50%。到2030年，适应气候变化科学知识广泛普及，城市应对内涝、干旱缺水、高温热浪、强风、冰冻灾害等问题的能力明显增强，城市适应气候变化能力全面提升。

（四）治理与法治

1. 环保督察推动落实党政同责、一岗双责、失职追责

2015年12月31日至2016年2月4日，根据《环境保护督察方案（试行）》的要求，中央环保督察试点在河北展开。督察组对于河北省的环境保护工作给予了严厉批评，指出"2013年至2015年7月间，原省委主要领导对环境保护工作不是真重视，没

有真抓”[①]给河北省乃至全国带来了巨大震动。截至2016年4月8日，在查处中央环境保护督察组交办的环境问题中，全省共关停取缔环境违法企业200家，立案处罚125起，行政拘留123人，行政约谈65人，通报批评60人，责任追究366人。[②]

第一批八个中央环境保护督察组分别负责对内蒙古、黑龙江、江苏、江西、河南、广西、云南、宁夏等地区进行环境保护督察。在为期一个月的中央环保督察期间，中央环保督察组在八省（区）掀起了一场治污问责风暴。截至2016年8月19日，八省（区）党政部门已经有超过2 000人被问责，多数给予党纪政纪处分。[③]

2. 司法机关助推生态文明建设与绿色发展

2016年5月，最高人民法院发布了《关于充分发挥审判职能作用为推进生态文明建设与绿色发展提供司法服务和保障的意见》，提出“积极探索气候变化司法应对举措，推动构建国家气候变化应对治理体系”，要求各级司法机关“依法审理碳排放相关案件。深入研究碳排放交易中的法律问题，妥善审理碳排放交易纠纷，推动建设全国统一的碳排放交易市场。依法审理涉及电力、钢铁、建材、化工等重点碳排放行业，以及涉及工业、能源、建筑、交通等碳排放重点领域的相关案件，妥当适用国家节能减排相关法律、行政法规、规章及环境标准，促进低碳发展”。

3. 国家生态文明试验区先试先行，积累经验

2016年8月，中共中央办公厅、国务院办公厅发布了《关于设立统一规范的国家生态文明试验区的意见》（以下简称《意见》）及《国家生态文明试验区（福建）实施方案》。首批生态文明试验区包括福建、江西和贵州省。国家生态文明试验区的主要目标是：设立若干试验区，形成生态文明体制改革的国家级综合试验平台。通过试验探索，到2017年，推动生态文明体制改革总体方案中的重点改革任务取得重要进展，形成若干可操作、有效管用的生态文明制度成果；到2020年，试验区率先建成较为完善的生态文明制度体系，形成一批可在全国复制推广的重大制度成果，资源利用水平大幅提高，生态环境质量持续改善，发展质量和效益明显提升，实现经济社会发展和生态环境保护双赢，形成人与自然和谐发展的现代化建设新格局，为加快生态文明建设、实现绿色发展、建设美丽中国提供有力制度保障。

---

① “中央环境保护督察组向河北省反馈督察情况”，载环境保护部官网，http://www.zhb.gov.cn/gkml/hbb/qt/201605/t20160503_336996.htm?keywords= 危险废物，最后访问时间：2016年8月15日。

② “河北省严肃查处中央环保督察组交办问题责任追究366人”，载人民网，http://politics.people.com.cn/n1/2016/0505/c1001-28328037.html，最后访问时间：2016年8月15日。

③ “首批中央环保督察八省区罚款或过亿”，载《经济参考报》2016年8月22日。

《意见》要求，未经党中央、国务院批准，各部门不再自行设立、批复冠以“生态文明”字样的各类试点、示范、工程、基地等；已自行开展的各类生态文明试点示范到期一律结束，不再延期，最迟不晚于2020年结束。

福建省是中国南方地区重要的生态屏障，生态文明建设基础较好，多年来持之以恒实施生态省战略，在生态文明体制机制创新方面进行了一系列有益探索。《国家生态文明试验区（福建）实施方案》，将福建省建设成为中国国土空间科学开发、生态产品价值实现、环境治理体系改革、绿色发展评价试验区。力争到2017年，试验区建设初见成效，在部分重点领域形成一批可复制、可推广的改革成果。到2020年，试验区建设取得重大进展，为全国生态文明体制改革创造出一批典型经验，在推进生态文明领域治理体系和治理能力现代化上走在全国前列。

4. 环境保护部成立水、气、土三司着力解决三大污染问题

为了加强大气、水、土壤污染的防治工作，环境保护部进行了机构改革。新设立了水环境管理司、大气环境管理司、土壤环境管理司。2015年2月，中编办批复环境保护部不再保留污染防治司、污染物排放总量控制司，设置水环境管理司、大气环境管理司、土壤环境管理司。按环境要素设置水、大气、土壤3个司，主要目的是围绕环境质量改善总目标，以水、大气、土壤3个有明确质量要求的环境介质管理为核心业务，理顺内部职责和业务关系，提高工作效率，更好履行环境保护各项管理职能。①

5. 环境监测、监察和执法垂直管理试点启动

2016年9月，中共中央办公厅、国务院办公厅印发《关于省以下环保机构监测监察执法垂直管理制度改革试点工作的指导意见》。试点方案主要包括以下几个方面的内容：一是强化地方党委和政府及其相关部门的环境保护责任，明确省级环保部门对全省（自治区、直辖市）环境保护工作实施统一监督管理，明确相关部门的职责，试点省份要制定负有生态环境监管职责相关部门的环境保护责任清单；二是调整地方环境保护管理体制，市级环境保护局实行以省级环境保护厅（局）为主的双重管理，仍为市级政府工作部门，市级环境保护局统一管理、统一指挥本行政区域内县级环境执法力量，由市级承担人员和工作经费。县级环境保护局调整为市级环境保护局的派出分局，由市级环境保护局直接管理。市、县两级环保部门的环境

① “环境保护部通报水、大气、土壤三个环境管理司组建情况”，载环境保护部官网，http://www.mep.gov.cn/gkml/hbb/qt/201606/t20160613_354395.htm，最后访问时间：2016年8月18日。

监察职能上收，由省级环保部门统一行使，通过向市或跨市县区域派驻等形式实施环境监察。本省（自治区、直辖市）及所辖各市县生态环境质量监测、调查评价和考核工作由省级环保部门统一负责。三是规范和加强地方环保机构和队伍建设，为事业机构、使用事业编制的市、县两级环境保护局，要结合体制改革和事业单位分类改革，逐步转为行政机构，使用行政编制。四是建立健全高效协调的运行机制，加强跨区域、跨流域环境管理，建立健全环境保护议事协调机制，强化环保部门与相关部门协作，实施环境监测执法信息共享。

6. 环境影响评价改革提高环评制度有效性

2015 年 12 月，环境保护部制定了《建设项目环境影响后评价管理办法（试行）》和《建设项目环境影响评价区域限批管理办法（试行）》。

2016 年 7 月，全国人大常委会通过了修改后的《环境影响评价法》，自 2016 年 9 月 1 日起施行。《环境影响评价法》的修改重点是进一步简政放权，并加大对违法行为的制裁力度。删除了建设项目环评审批前置的规定，改为建设项目环评审批与其他审批程序同步进行，但仍须在项目开工前完成；取消了“涉及水土保持的建设项目，还必须有经水行政主管部门审查同意的水土保持方案”的规定；取消了行业主管部门“预审”的规定；强化了规划环评，要求专项规划的编制机关对环境影响报告书结论和审查意见的采纳情况作出说明，不采纳的，应当说明理由；加大了对违法行为的处罚力度，取消了备受诟病的“补办环评”制度，对未批先建的违法行为，由县级以上环境保护行政主管部门责令停止建设，根据违法情节和危害后果，处建设项目总投资额 1% 以上 5% 以下的罚款，并可以责令恢复原状。

2016 年 7 月，环境保护部发布了《“十三五”环境影响评价改革实施方案》，提出的工作目标”包括“战略和规划环评顶层设计更加完善，约束性得到加强，环评预警体系初步建立”。深入开展战略环评工作，完成京津冀、长三角、珠三角三大地区战略环评，组织开展长江经济带和“一带一路”战略环评。开展区域环境影响预警试点。以改善环境质量为目标，开展区域环境容量匡算和预警。开展长江经济带和京津冀协同发展战略环境影响预警。开展典型重点开发区域和优化开发区域资源环境承载预警试点。开展典型限制开发区域和禁止开发区域空间红线预警。

7. 环境信用体系建设为企业差别管理提供基础

2015 年 12 月，环境保护部和国家发展改革委联合发布了《关于加强企业环境信用体系建设的指导意见》，提出到 2020 年，企业环境信用制度基本形成，企业环境信用记录全面建立，覆盖国家、省、市、县的企业环境信用信息系统基本建成，环保守信激励和失信惩戒机制有效运转，企业环境诚信意识和信用水平普遍提高。

2015 年 12 月，江苏省发布《关于根据环保信用评价等级试行差别电价有关问题的通知》，对年度环境信用评价结果为“红色”“黑色”等级的高污染企业实行差别电价政策，主要内容是：对“红色”等级企业，用电价格在现行基础上每千瓦时加价 0.05 元；对“黑色”等级企业，用电价格在现行基础上每千瓦时加价 0.1 元。2016 年 2 月，又发布了《关于印发江苏省污水处理费征收使用管理实施办法的通知》，鼓励有条件的地区，按照环保部门开展的企业环境信用评价等级，分档制定污水处理收费标准，主要内容为：对“红色”等级企业，污水处理费加收标准不低于 0.6 元 / 米 ^{3}；对“黑色”等级及连续两次以上被评为“红色”等级企业，污水处理费加收标准不低于 1.0 元 / 米 ^{3}。

8. 资源税、环境税改革优化生产行为

2016 年 5 月，财政部、国家税务总局发布了《关于全面推进资源税改革的通知》和《水资源税改革试点暂行办法》，明确从 2016 年 7 月 1 日起全面推进资源税改革。此次资源税改革的重点内容是将“从量计征”改为“从价计征”。将“从量计征”改为“从价计征”，显示中国政府已经开始考虑将环境成本纳入资源的价格机制。

与此同时，财政部、国家税务总局开始开展水资源税改革试点工作。先在河北省开展水资源税试点，采取水资源费改税方式，将地表水和地下水纳入征税范围，实行从量定额计征（地表水平均不低于每立方米 0.4 元，地下水平均不低于每立方米 1.5 元），对高耗水行业、超计划用水以及在地下水超采地区取用地下水，适当提高税额标准，正常生产生活用水维持原有负担水平不变。

《环境保护税法 (草案)》8 月 29 日首次提请全国人大常委会议审议。这是党的十八届三中全会提出落实“税收法定”原则要求、《立法法》对“税收法定”作出明确规定之后，提请全国人大常委会审议的首部单行税法。环境保护税法是对排污费的平移，主要是目标是增强征收的强制性，减少对排污费征收的干预。审议中就环境保护税的内涵、征收税之后的使用以及征收过程环保与税务部门的关系等方面的问题做了讨论。

9. 绿色生活引导公众参与绿色转型进程

2015 年 11 月，环境保护部发布了《关于加快推动生活方式绿色化的实施意见》，提出到 2020 年，生态文明价值理念在全社会得到推行，全民生活方式绿色化的理

念明显加强，生活方式绿色化的政策法规体系初步建立，公众践行绿色生活的内在动力不断增强，社会绿色产品服务快捷便利，公众绿色生活方式的习惯基本养成，最终全社会实现生活方式和消费模式向勤俭节约、绿色低碳、文明健康的方向转变，形成人人、事事、时时崇尚生态文明的社会新风尚。

2016 年 2 月，国家发展改革委员会、中宣部、科技部等部门联合发布了《关于促进绿色消费的指导意见》，提出按照绿色发展理念和社会主义核心价值观要求，加快推动消费向绿色转型。加强宣传教育，在全社会厚植崇尚勤俭节约的社会风尚，大力推动消费理念绿色化；规范消费行为，引导消费者自觉践行绿色消费，打造绿色消费主体；严格市场准入，增加生产和有效供给，推广绿色消费产品；完善政策体系，构建有利于促进绿色消费的长效机制，营造绿色消费环境。到 2020 年，绿色消费理念成为社会共识，长效机制基本建立，奢侈浪费行为得到有效遏制，绿色产品市场占有率大幅提高，勤俭节约、绿色低碳、文明健康的生活方式和消费模式基本形成。

10. 绿色金融、绿色供应链助推企业绿色化进程

2016 年 8 月，中国人民银行、环境保护部等七部委发布《关于构建绿色金融体系的指导意见》，旨在动员和激励更多社会资本投入到绿色产业，同时更有效地抑制污染性投资。绿色金融体系涉及绿色信贷、绿色债券、绿色股票指数和相关产品、绿色发展基金、绿色保险、碳金融等金融工具和相关政策。意见提出，支持地方发展绿色金融，将环境效益显著的项目纳入绿色项目库，并在全国性的资产交易中心挂牌，为利用多种渠道融资提供条件。推动开展绿色金融国际合作、推动提升对外投资绿色水平，提高环境信息披露水平，探索使用环境污染责任保险等工具进行环境风险管理。

在中国的倡议下，2016 年 G20 杭州峰会设立了绿色金融研究小组，形成了《二十国集团绿色金融综合报告》，绿色金融业首次被纳入 G20 杭州峰会的会议议程。

2015 年 12 月 31 日，国家发改委发布了《绿色债券发行指引》。绿色债券是指募集资金主要用于支持节能减排技术改造、绿色城镇化、能源清洁高效利用、新能源开发利用、循环经济发展、水资源节约和非常规水资源开发利用、污染防治、生态农林业、节能环保产业、低碳产业、生态文明先行示范实验、低碳试点示范等绿色循环低碳发展项目的企业债券。根据《绿色债券发行指引》的规定，企业发行绿色债券，可以享受一系列优惠条件。

2016 年 6 月 30 日工业和信息化部发布《工业绿色发展规划（2016—2020 年）》提出了以绿色供应链全面推进绿色制造体系；8 月工信部、国家发改委、科技部、财政部四部委联合发布《绿色制造工程实施指南（2016—2020 年）》明确绿色供应链的建设目标，到 2020 年在重点行业初步建立绿色供应链管理体系。除此之外，《关于促进绿色消费的指导意见》和《“十三五”规划》纲要也都提出了要鼓励和推进企业推行绿色供应链建设的目标。

（五）污染防治与消除

1. 大气污染防治行动中期评估显示空气质量总体改善

2015 年 12 月，中国工程院对《大气污染防治行动计划》（以下简称“大气十条”）贯彻执行情况和实施效果进行中期评估。报告指出，“大气十条”实施以来，2013—2015 年全国城市空气质量总体改善，各污染要素浓度逐年下降，重度及严重污染天数降幅显著，但空气质量仍面临严峻挑战，细颗粒物冬季污染问题突出，夏季臭氧污染也有所抬头。①

2. 长江黄金水道环境污染防控治理指导意见发布

2016 年 2 月，国家发展改革委员会、环境保护部发布了《关于加强长江黄金水道环境污染防控治理的指导意见的通知》，将修复长江生态环境摆在压倒性位置，以改善水环境质量为核心，强化空间管控，优化产业结构，加强源头治理，注重风险防范，全面推进长江水污染防治和生态保护与修复。到 2017 年，长江经济带水环境质量不降低并力争有所改善，主要污染物排放总量继续减少，涉危企业环境风险防控体系基本建立。到 2020 年，长江经济带水环境质量持续改善，水质优良（达到或优于Ⅲ类）比例总体稳定保持在 75% 以上，干流水质稳定保持在优良水平；饮水安全保障水平持续提升，地级及以上城市集中式饮用水源水水质达到或优于Ⅲ类比例总体高于 97%；主要污染物排放总量大幅削减；三峡库区水质进一步改善；太湖等主要湖泊富营养化得到控制。

3. 土壤污染防治行动计划实施

2016 年 5 月，国务院正式发布了《土壤污染防治行动计划》。至此，针对我国当前面临的大气、水、土壤三大环境污染问题，3 个行动计划已全部制定出台。《土

---

① “厘清突出问题　提出针对性建议——《大气污染防治行动计划》实施情况中期评估解读之一”，载环境保护部官网，http://www.zhb.gov.cn/xxgk/zcfgjd/201607/t20160706_357206.shtml，最后访问时间：2016 年 8 月 5 日。

壤污染防治行动计划》提出，要以改善土壤环境质量为核心，以保障农产品质量和人居环境安全为出发点，坚持预防为主、保护优先、风险管控，突出重点区域、行业和污染物，实施分类别、分用途、分阶段治理，严控新增污染、逐步减少存量，形成政府主导、企业担责、公众参与、社会监督的土壤污染防治体系，促进土壤资源永续利用，为建设“蓝天常在、青山常在、绿水常在”的美丽中国而奋斗。

《土壤污染防治行动计划》的工作目标是：到 2020 年，全国土壤污染加重趋势得到初步遏制，土壤环境质量总体保持稳定，农用地和建设用地土壤环境安全得到基本保障，土壤环境风险得到基本管控。到 2030 年，全国土壤环境质量稳中向好，农用地和建设用地土壤环境安全得到有效保障，土壤环境风险得到全面管控。到 21 世纪中叶，土壤环境质量全面改善，生态系统实现良性循环。

《土壤污染防治行动计划》的主要指标是：到 2020 年，受污染耕地安全利用率达到 90% 左右，污染地块安全利用率达到 90% 以上。到 2030 年，受污染耕地安全利用率达到 95% 以上，污染地块安全利用率达到 95% 以上。

《土壤污染防治行动计划》提出，以农用地中的耕地和建设用地中的污染地块为重点，坚决守住影响农产品质量和人居环境安全的土壤环境质量底线。实施农用地分类管理，保障农业生产环境安全。按污染程度将农用地划为 3 个类别，未污染和轻微污染的划为优先保护类，轻度和中度污染的划为安全利用类，重度污染的划为严格管控类。对建设用地实施准入管理，建立建设用地调查评估制度，逐步建立污染地块名录及其开发利用的负面清单，分用途明确管理措施。

制定实施《土壤污染防治行动计划》，是全面改善环境质量的重要战略部署，标志着中国的环境污染防治工作进入了最后的攻坚阶段，对于保障中国的生态安全和粮食安全具有极其重要的意义。

（六）区域与全球合作

2015 年 10 月 31 日，中国、巴西、印度、南非四国在北京发布了《第二十一次“基础四国”气候变化部长级会议联合声明》，表达了将通过一个透明、全面和缔约方驱动的进程推动巴黎气候变化会议取得成功的坚定决心。

2015 年 11 月 30 日，习近平主席在巴黎气候变化会议上发表了《携手构建合作共赢、公平合理的气候变化治理机制》的讲话，指出中国一直是全球应对气候变化事业的积极参与者，有诚意、有决心为巴黎大会成功作出自己的贡献。中国政府认真落实气候变化领域南南合作政策承诺，支持发展中国家特别是最不发达国家、内陆发展中国家、小岛屿发展中国家应对气候变化挑战。为加大支持力度，中国在 2015 年 9 月宣布设立 200 亿元人民币的中国气候变化南南合作基金。中国将于 2016 年启动在发展中国家开展 10 个低碳示范区、100 个减缓和适应气候变化项目及 1 000 个应对气候变化培训名额的合作项目，继续推进清洁能源、防灾减灾、生态保护、气候适应型农业、低碳智慧型城市建设等领域的国际合作，并帮助他们提高融资能力①。

2016 年 3 月，中美两国发表《中美元首气候变化联合声明》，指出采取各自国内步骤以便 2016 年尽早参加《巴黎协定》。两国还鼓励《联合国气候变化框架公约》其他缔约方采取同样行动，以使《巴黎协定》尽早生效。两国元首进一步承诺，将共同并与其他各方一道推动《巴黎协定》的全面实施，战胜气候威胁。

2016 年 4 月 22 日，正值“世界地球日”，中国在联合国总部签署了《巴黎协定》，向国际社会发出了中国愿与各国共同抵御全球变暖积极而有力的信号。2016 年 9 月 3 日，杭州 G20 峰会前夕，全国人大常委会批准中国加入《巴黎协定》。

2016 年 10 月，《关于消耗臭氧层物质的蒙特利尔议定书》第 28 次缔约方会议在卢旺达基加利召开。会议以协商一致的方式达成了历史性的限控温室气体氢氟碳化物（HFCs）协议。中国作为该议题谈判联合主席，在弥合各方分歧、凝聚共识方面作出了艰苦努力，各国代表均对此予以高度认可。

二、国合会政策建议及其影响

第一部分总共回顾了过去一年中，中国新出台的环境和发展相关的 7 个领域的 40 多个法律、法规、规划、政策、规范、意见以及领导的重要讲话等文件。可以看出，这些文件涉及的主题或者主要的思想，大部分都在过去五六年的政策建议中被提及。并且其中一些重要环境管理制度，比如生态补偿制度是国合会过去 10 年里一直在呼吁出台的政策，终于在 2016 年出台。政策进展情况与历年政策建议的关联情况见附表。以下是具体的政策影响。

①《携手构建合作共赢、公平合理的气候变化治理机制——在气候变化巴黎大会开幕式上的讲话》，载人民网，http://politics.people.com.cn/n/2015/1201/c1024-27873625.html，最后访问时间：2016 年 8 月 19 日。

（一）环境与发展规划

国合会在2015年的政策建议中提出：建立国家重大宏观战略环境风险评估与预防制度，针对“一带一路”、京津冀一体化、长江经济带等宏观战略开展环境风险评估，形成环境风险预防机制。《“十三五”环境影响评价改革实施方案》强调了要完善战略和规划环评顶层设计，完成京津冀、长三角、珠三角等三大地区战略环评，组织开展长江经济带和“一带一路”战略环评。

国合会在2015年的政策建议中提出：加强环保科技创新，建立覆盖全国的生态环境大数据网络、信息系统和环境管理平台，提升环境管理信息化和决策支撑能力。《“互联网+”绿色生态三年行动实施方案》，提出推动互联网与生态文明建设深度融合，完善污染物监测及信息发布系统，形成覆盖主要生态要素的资源环境承载能力动态监测网络，充分发挥互联网在逆向物流回收体系中的平台作用，提高再生资源交易利用的便捷化、互动化、透明化，促进生产生活方式绿色化。制定《“互联网+”资源循环行动方案（2016—2020）》，推广“互联网+”回收新模式。环境保护部发布了《生态环境大数据建设总体方案》，建成大数据应用平台、管理平台和大数据环保云平台架构，实现生态环境综合决策科学化、监管精准化、公共服务便民化。林业部门发布了《“互联网+”林业行动计划》。

（二）生态系统和生物多样性保护

国合会从2005年设立课题组专门对生态补偿进行研究，建议中国政府应该创立生态补偿机制，以调节相关利益方在环境利益与经济收益分配之间的关系，并制定相关法律和政策以鼓励环境保护的行为。之后，几乎每年都对生态补偿制度提出建议，呼吁尽快出台，比如，2008年建议“建立健全生态补偿机制，探索城乡一体化环境管理模式，整体推进中国的环境保护事业”。2010年建议“建立海洋生态补偿/赔偿机制；建立水生态系统保护的生态补偿机制”。2012年建议“生态补偿资金应结合东、中西部生态功能区划定”。2013年建议“在生态系统服务价值核算的基础上，全面建立生态补偿和污染损害赔偿等机制”。国合会在2014年的政策建议中提出了更为具体的建议，包括：加快推进和完善生态补偿制度，坚持“谁污染谁付费，谁破坏谁赔偿，谁保护谁受益”的原则，调动地方政府特别是财政困难地区政府保护环境的积极性。……综合考虑建立土地权属与利益相关者生态补偿长效机制，将生态补偿直接支付到生态保护红线区的土地所有者或经营者，以生态保护红线区为重点布局重大生态建设工程。依据生态保护红线区面积及保护成效，完善生态转移支付政策，实现生态转移支付强度与生态保护红线区域面积和保护成效挂钩。

《关于健全生态保护补偿机制的意见》的出台标志着生态补偿制度的正式确立。它的很多内容都可以在之前历年国合会的政策建议中看到，比如到 2020 年，实现森林、草原、湿地、荒漠、海洋、水流、耕地等重点领域和禁止开发区域、重点生态功能区等重要区域生态保护补偿全覆盖；谁受益、谁补偿，科学界定保护者与受益者权利义务；划定并严守生态保护红线，研究制定相关生态保护补偿政策，完善重点生态区域补偿机制。以生态产品产出能力为基础制定补偿标准，将生态保护补偿与实施主体功能区规划、西部大开发战略和集中连片特困地区脱贫攻坚等有机结合，逐步提高重点生态功能区等区域基本公共服务水平，促进其转型绿色发展。

国合会对生态红线的研究始于 2013 年，并在此后的 2014 年政策建议中持续呼吁国家尽快对生态红线立法。国合会的很多关于生态红线的建议，都在《关于加强资源环境生态红线管控的指导意见》有所体现。比如国合会建议“对生态保护红线的定义与内涵、划定方法、管理体制等作出规定”（2014 年），“围绕重要和脆弱的生态系统、环境质量和风险防控、对生态环境影响严重的资源能源消耗等方面，设立生态红线加以管控，制定最严格的生态环境管理措施”（2014 年），在该文件中都有所回应。《关于健全生态保护补偿机制的意见》提出资源环境生态红线管控是指划定并严守资源消耗上限、环境质量底线、生态保护红线，强化资源环境生态红线指标约束，将各类经济社会活动限定在红线管控范围以内。

（三）能源、环境与气候

能源与气候是国合会长期关注的一个重点领域。国合会在 2013 年的政策建议中提出：注意统筹节能减排与应对气候变化的计划和对策措施的协同增效。建立包括价格、税收、排放交易等以市场机制为基础的长效机制。在 2014 年的政策建议提出，把应对气候变化，实现碳排放峰值作为绿色转型的重要内容，应制定未来 10 ～ 20 年的绿色转型路线图，确保 2030 年前后或更早实现二氧化碳排放达到峰值，尽早迎来环境质量全面改善的转折点。并提出，加快制定和修改能源生产和转换、节能、资源节约和利用等有利于碳减排的各种法律法规。把加强应对气候变化的相关立法纳入立法工作议程。

在国内政策方面，“十三五”规划回应了国家在应对气候变化方面的政策，规划纲要提出“坚持减缓与适应并重，主动控制碳排放，落实减排承诺，增强适应气候变化能力，深度参与全球气候治理，为应对全球气候变化作出贡献”。此外，为了应对气候变化、削减温室气体排放，国合会从2009年和2011年的政策建议中两度建议建立排放交易制度。目前，国家已经制定了2017年建立全国碳市场的目标，相关筹备工作正在进行中。《关于切实做好全国碳排放权交易市场启动重点工作的通知》提出国家、地方、企业上下联动、协同推进全国碳排放权交易市场建设，确保2017年启动全国碳排放权交易。

气候适应也是国合会关注的一个领域。2014年的政策建议针对城市适应问题提出，更加关注城市应对气候变化的能力和其他城市环境类规划，建立适应气候变化风险评估框架以及相应的财政应急资金。《气候适应型城市建设试点工作方案》回应了这一建议，普遍实现将适应气候变化相关指标纳入城乡规划体系、建设标准和产业发展规划；城市应对内涝、干旱缺水、高温热浪、强风、冰冻灾害等问题的能力明显增强，城市适应气候变化能力全面提升。

（四）治理与法治

环境治理与法治是国合会的工作重点，也是国合会历年政策建议中比重最大部分。在这一方面，从过去一年的政策进展来看，影响体现在以下几个方面：

第一，环境管理体制和问责。国合会历年来重视中国环境政策执行和地方环境责任问题。比如，2013年的建议中提出，在实施大气行动计划过程中，中央政府应重点监督和协调好地方政府全面落实行动措施的情况，加大考核问责力度；2015年的政策建议中提出，在国家重大决策中充分考虑对生态环境的影响，对国务院各部门和地方政府的环境绩效进行督察与监督考核。《环境保护督察方案（试行）》的出台进一步加强了对地方党政一网双责、失职追责的落实。

为从体制上解决地方保护主义，实现中央到地方环境保护法律的执行和政策的实施。国合会很早就强调了体制设计的重要性。2003年的建议中提出“减少地方保护主义 中国各省应该有更为统一、一致的环境法规和执法”；2006年提出了“形成省以下环境管理直管”。《关于省以下环保机构监测监察执法垂直管理制度改革试点工作的指导意见》明确了地方行政管理体制改革的方向，即强化地方党委和政府及其相关部门的环境保护责任；调整地方环境保护管理体制；规范和加强地方环

保机构和队伍建设；建立健全高效协调的运行机制

第二，生态文明建设试点。国合会认识到地方先行先试对于推动中国政策实现突破的重要价值。2013 年建议“开展生态文明建设示范区创建。中央政府采取经济激励措施，鼓励地方广泛开展生态文明建设示范区创建”；2015 年提出“加快生态文明体制改革，建立多元共治的环境治理体系，设立绿色发展与转型综合试验区，实施绿色转型治理能力综合改革试验计划与行动”。《关于设立统一规范的国家生态文明试验区的意见》确定了试点的思路、地区和目标。

第三，环境经济政策的突破。本年度环境经济政策实现了重大进展，环境信用体系、环境金融、环境资源税都有了实质性的推进。国合会在 2014 年的政策建议中提出：推行绿色金融创新机制，支持鼓励金融机构和企业发行绿色债券。2015 年国合会建议“推动绿色信贷、绿色债券和绿色保险。用创新手段推动绿色信贷，大力发展绿色债券、绿色保险市场”。《绿色债券发行指引》为企业发行绿色债券提供了政策保障，同时也给予了一些优惠条件。

从 2012 年起，国合会开始关注环境保信体系对促进企业守法和改进环境绩效的重要意义，提出营造企业主动守法、良性发展的社会氛围，建立企业环境信用评价体系。在 2014 年的政策建议中提出抓紧建立企业环境信用评价体系，对以达标排放为基础、持续不断改进环境绩效的企业给予鼓励。在 2015 年再度呼吁建立企业环境信用评价体系。《关于加强企业环境信用体系建设的指导意见》形成了环境信用体系的目标和路线图。江苏省《关于根据环保信用评价等级试行差别电价有关问题的通知》创造性地将环境信用体系与惩戒结合起来，示范了信用体系建设基础性作用。

鼓励企业绿色供应链建设是国合会自 2011 年以来通过政策建议和试点示范的形式推进企业绿色转型的一项重要工作。在过去的 5 年里，国合会每年的政策建议中都大力建议通过绿色供应链推动绿色消费、绿色制造，同时也为如何构建绿色供应链提供建议。比如，2011 年，国合会设立专题研究对如何构建和推进绿色供应链提出了全面的建议；2013 年，国合会建设促使绿色供应链成为法定采购标准的重要考核指标；2015 年国合会建议推动政府绿色采购，鼓励领先企业自愿推行绿色供应链管理。国合会长期不懈的建议和持续的试点工作在过去的 5 年里见证了中国在绿色供应链建设方面的快速发展。2014 年 11 月 11 日，亚太经合组织第二十二次领导人非正式会议通过《北京纲领：构建融合、创新、互联的亚太》宣言，同意建立亚太经合组织绿色供应链合作网络。同年12月，商务部、环境保护部、工业和信息化部联合发布了《企业绿色采购指南（试行）》。2016年，绿色供应链已经开始得到从概念落实到了部委和地方政府的实际行动上，部委出台的促进绿色消费和推动绿色制造、绿色工业方面得到了应用，并提出了绿色供应链的构建目标。广东将绿色供应链建设作为推进供给侧改革的一个重要方面。

在环境和资源税方面，2012年、2014年、2015年国合会3年对资源税的改革的具体设施提出了建议。包括从价计征，纳入环境成本、调动地方的积极性提高绿色发展能力等。《关于全面推进资源税改革的通知》在这些方面都给予了回应。国合会在2014年的政策建议中提出：改革资源税，资源税从价计征。在2015年的政策建议中提出：改革重要资源性产品的价格机制，以煤炭、石油等化石能源为改革切入点，将环境成本纳入价格机制。制定绿色财税政策，将生产和消费领域所产生的环境成本显性化。国合会也在2009年、2011年、2012年3年的建议中提出要尽快出台环境税。

第四，公众生活方式改变。生态文明建设需要充分发挥人民群众的积极性、主动性、创造性，凝聚民心、集中民智、汇聚民力。国合会在2009年就已经提出，倡导可持续消费模式，推动低碳生活方式，充分发挥公众和非政府组织在绿色经济发展中的作用。2011—2015年每年都在提出倡导公民生活方式的转变。其中，在2015年的政策建议中提出：推动可持续消费，引导绿色饮食、推广绿色服装、倡导绿色居住、鼓励绿色出行，引领生活方式向绿色化转变。《关于加快推动生活方式绿色化的实施意见》提出，到2020年生态文明价值理念在全社会得到推行，全民生活方式绿色化的理念明显加强，生活方式绿色化的政策法规体系初步建立等内容。《关于促进绿色消费的指导意见》也明确了要推进绿色消费的政策。

第五，环境法制建设。国合会在2015年的政策建议中提出：按照全面依法治国和生态文明体制改革总体方案，完善生态环保法律体系，加强法律解释工作，提高法律可操作性，为推动绿色转型提供坚实的法治支撑。

一年来，中国的环境立法进一步完善。《环境影响评价法》《野生动物保护法》修订，以适应新的环境保护形势。国合会在2014年政策建议中提出：将生态文明建设中关于生态环境保护的要求以及相关配套的体制、机制和政策固化到法律文本中，对民法、经济法、刑法、行政法等进行“生态化”改造，将生态系统管理的基本准则贯穿到每部单独的法律之中。在2015年的政策建议中提出：建议在《民法典》

编纂时，在总则部分明确生态文明理念，确立预防优先和可持续利用原则。《中华人民共和国民法总则（草案）》，针对污染环境、破坏生态的行为，《草案》特别增加了“修复生态环境”这种新的责任承担方式，这标志着中国的民事立法向着“生态化”的方向迈出了坚实的一步。

此外，2015 年 12 月，环境保护部制定了《建设项目环境影响后评价管理办法（试行）》和《建设项目环境影响评价区域限批管理办法（试行）》；2016 年 1 月，国家发展改革委制定了《节能监察办法》，工信部、国家发展改革委、科技部等八部委联合制定了《电器电子产品有害物质限制使用管理办法》；2016 年 2 月，国家发展改革委和质检总局修订了《能源效率标识管理办法》；2016 年 3 月，环境保护部制定了《放射性物品运输安全监督管理办法》。这些都深化了环境法制建设。

（五）污染防治

国合会在 2013 年的政策建议中提出：“集中力量切实解决大气、水和土壤污染等突出环境问题，全面满足公众对良好环境质量的基本需求。”目前中国最为突出的环境问题是大气、水、土壤污染。2015 年以来，中国各级政府部门继续认真贯彻落实“大气十条”和《水污染防治行动计划》，中国的大气和水环境质量整体上有所改善。

针对大气污染防治行动计划，2013 年国合会建议“建立“大气十条”实施的预评估、年度评估和终期评估制度，完善区域大气污染联防联控机制”。2015 年 12 月，通过整合环境保护部、中国科学院、中国气象局和有关科研院所的地面长期定位观测、典型过程综合观测、卫星遥感反演等数据，采用多种技术方法对全国空气质量状况、变化趋势和污染特征进行了评估和印证。报告指出，“大气十条”实施以来，2013—2015 年全国城市空气质量总体改善，各污染要素浓度逐年下降，重度及严重污染天数降幅显著，但空气质量仍面临严峻挑战，细颗粒物冬季污染问题突出，夏季臭氧污染也有所抬头。[①]

2015 年，国合会建议建立国家重大宏观战略环境风险评估与预防制度，针对“一带一路”、京津冀一体化、长江经济带等宏观战略开展环境风险评估，形成环境风险预防机制。《关于加强长江黄金水道环境污染防控治理的指导意见的通知》，将修复

① “厘清突出问题 提出针对性建议——《大气污染防治行动计划》实施情况中期评估解读之一”，载环境保护部官网，http://www.zhb.gov.cn/xxgk/zcfgjd/201607/t20160706_357206.shtml，最后访问时间：2016 年 8 月 5 日。

长江生态环境摆在压倒性位置，以改善水环境质量为核心，强化空间管控，优化产业结构，加强源头治理，注重风险防范，全面推进长江水污染防治和生态保护与修复。

针对土壤污染问题，国合会也开展了相关的研究，并从 2011 年开始提出相关的建议。2011 年建议在传统工业和矿区的土壤污染领域制定相应的污染防治、能源和气候变化、资源定价、生态补偿和环境恢复等“一揽子”绿色方案和政策措施至关重要。2014 年提出将定期发布和更新未来对城市人口造成健康威胁的空气、水和土壤污染、气候变化影响和应对的预测结果，作为政府官员绩效考核的重要依据。2015 年在课题研究的基础上，明确提出把列入立法规划的《土壤污染防治法》修改为《土壤环境保护法》，体现了立法理念的变化。2016 年 5 月，国务院正式发布了《土壤污染防治行动计划》，至此，大气、水、土壤污染三大突出环境问题，都有了较为完善的治理方案，中国的土壤污染防治工作开始加速。

为了加强大气、水、土壤污染的防治工作，环境保护部进行了机构改革。新设立了水环境管理司、大气环境管理司、土壤环境管理司，以水、大气、土壤 3 个有明确质量要求的环境介质管理为核心业务，理顺内部职责和业务关系，有助于提高工作效率，更好地履行环境保护的各项管理职能。①

（六）区域和国际参与

国合会历来重视气候变化应对等全球环境问题，多次向中国政府提出应对气候变化方面的政策建议。2015 年国合会还建议，制订实施中国对外绿色援助行动计划，加强南南环境合作，建设绿色、低碳、环保、发展的“一带一路”。作为负责任大国，中国在过去一年中，在国内和国际层面均积极开展应对气候变化工作。中国与基础四国的《第二十一次“基础四国”气候变化部长级会议联合声明》和美国的《中美元首气候变化联合声明》对《巴黎协定》的生效发挥了重要作用，展示了中国在气候变化领域的重要推动作用，成为国际环境治理和国际事务的重要的参与者。

三、结语

在过去一年中，国合会的政策建议在政策实践中都得到了很大程度的体现。特

① “环境保护部通报水、大气、土壤三个环境管理司组建情况”，载环境保护部官网，http://www.mep.gov.cn/gkml/hbb/qt/201606/t20160613_354395.htm，最后访问时间：2016 年 8 月 18 日

别是多年来一直倡导的集中力量解决大气、水和土壤污染等突出环境问题、绿色经济政策、完善生态环保立法、完善生态补偿制度、加强对地方环境保护工作的监督等，随着一系列生态文明制度顶层设计的出台和环境法律法规的实施，都有了很大的进展。这将为未来的环境政策制定和环境治理打下良好的基础。

回顾过去一年中国政府的环境与发展政策，我们可以发现，中国的绿色转型已经进入一个新的阶段：

首先，生态文明建设已经逐渐从顶层设计进入贯彻落实阶段。从《生态文明体制改革总体方案》到《关于设立统一规范的国家生态文明试验区的意见》及《国家生态文明试验区（福建）实施方案》，可以看出，生态文明建设已经从顶层设计阶段进入试验落实阶段，标志着生态文明建设取得了重大进展。

其次，加强对地方各级政府履行环保职责的监督。中央环境督察工作的试点和进行，体现了中央政府开始以实际行动督促地方各级人民政府切实履行环境保护职责。被督察的地方人民政府迅速对违法违纪的污染者、党政领导干部和国家机关工作人员进行追责，并迅速提出整改方案，体现了中央环境督察工作所取得的良好效果。

再次，中国的环境污染防治工作进入一个新的阶段。大气、水、土壤污染这三大突出环境问题均有了相应的治理方案，环境保护部还为此专门进行了机构改革以保障治理的效果。这体现出中国政府开始更加有效地回应公众对良好环境质量的需求，并以此倒逼经济结构和发展模式的绿色转型。

最后，通过市场的力量提升绿色发展的水平。环境保护既要靠政府，也要靠市场。市场既要靠生产者，也要靠消费者。这一年来，中国政府既出台了一系列针对企业（生产者）的经济激励制度，例如绿色债券、企业环境信用评级、资源税“从价计征”等，又出台了一系列鼓励公众（消费者）进行绿色消费和生活方式绿色化的经济激励制度，显示中国政府正在更多地依赖各种市场主体的力量来推进绿色发展。

2016 年是“十三五”规划的开局之年。当前，生态文明建设的各项制度已经初步成型，相关试点正在稳步推进。我们期待，在“十三五”期间，中国的生态文明建设能够取得更大的成就。

同时，国合会的政策研究和政策建议，特别是过去 10 年来的建议正在逐步释放它的影响力，其中很多政策建议已经完全成为国家正式政策的一部分，转化为国家的行动。

但是我们也看到，在过去一年里中国政府在环境与发展领域展示出了快速变化的一面，有些已经超出国合会的政策建议范围。比如，中国政府在国际气候变化领域、国际环境治理展示的治理能力与影响力没有在政策建议中给予足够关注。未来，对于中国如何在国际环境治理中发挥更重要的作用需要国合会给予更多的关注，也应该成为第六届国合会研究的一个重要主题。

附件　中国环境与发展政策进展与国合会政策建议对照表

领域	2015—2016 度政策进展	建议时间	主要内容
环境与发展规划			
《“十三五”规划纲要》	以“创新、协调、绿色、开放、共享”的发展理念，生态环境质量总体改善，生产方式和生活方式绿色、低碳水平上升	2013 年	着手研究“十三五”规划期间重大环境与发展问题。目前已处于“十二五”的中后期，中国政府应着手研判“十三五”时期经济、社会与资源环境形势，研究未来 5 ～ 10 年绿色发展、环境保护、节能减排、应对气候变化的中长期目标和对策措施
	建立国家空间规划体系，以主体功能区规划为基础统筹各类空间性规划，推进“多规合一”	2015 年	在多规合一中纳入环境风险评估
	改革环境治理基础制度	2015 年	加快生态文明体制改革，建立多元共治的环境治理体系；完善环境法律体系，为绿色转型提供坚实的法治保障；改革创新绿色金融体系，推动产业绿色转型升级；构建高效完善的环境风险防控体系，保障公众健康和生态安全
	建立海洋生态红线制度	2012 年	对限制开发区和禁止开发区中的重要生态功能区、自然保护区、陆地和海洋环境敏感区、生态脆弱区等划定生态红线

领域	2015—2016 年度政策进展	建议时间	主要内容
《“十三五”规划纲要》	加大对农产品主产区和重点生态功能区的转移支付力度，建立健全区域流域横向生态补偿机制	2009 年	中国政府应从落实科学发展观和建设生态文明的高度，从增强国家长期的全球竞争力的战略考虑，把发展绿色经济作为推动经济发展方式转变的重要途径，并尽快制定发展绿色经济的国家战略
中央城市工作会议	城市发展要把握好生产空间、生活空间、生态空间的内在联系，实现生产空间集约高效、生活空间宜居适度、生态空间山清水秀。城市交通、能源、供排水、供热、污水、垃圾处理等基础设施，要按照绿色循环低碳的理念进行规划建设	2012 年	要分区域制定可持续城镇发展规划，按照“循序渐进、节约土地、集约发展、合理布局”的原则，努力形成资源节约、环境友好、经济高效、社会和谐的东、中西部城镇发展新格局
		2013 年	落实以人为本、尊重生态系统、生态服务和绿色空间的城镇化；高度关注城镇化进程中的资源环境挑战，探索绿色城镇化模式
		2014 年	加快实施新型城镇化战略，探索基于生态文明理念的城镇化模式，制定具体的政策方案，抓好落实
	尊重市民对城市发展决策的知情权、参与权、监督权，鼓励企业和市民通过各种方式参与城市建设、管理，真正实现城市共治共管、共建共享	2005 年	建立多层次的政府—民间伙伴关系 (PPP)，以改善城市交通、加强环保设施建设、促进水、能源和材料节约型建筑的发展
	—	2013 年	在城市设立消费者咨询中心，在回收、产品共享、节水节能以及食品安全等重点领域提供咨询服务，提升下一代消费者的消费意识
《生态环境大数据建设总体方案》	建成大数据应用平台、管理平台和大数据环保云平台架构，实现生态环境综合决策科学化、监管精准化、公共服务便民化	2015 年	建立覆盖全国的生态环境大数据网络、信息系统和环境管理平台，提升环境管理信息化和决策支撑能力

领域	2015—2016 年度 政策进展	建议 时间	主要内容
《"互联网 +"绿色生态三年行动实施方案》	加强资源环境动态监测，会同地方政府建立资源环境监测预警数据库和信息共享平台	—	—
《"互联网 +"林业行动计划》	—	—	—
《"互联网 +"资源循环行动方案(2016—2020)》	—	—	—
生态、生物多样性和资源保护			
《关于加强资源环境生态红线管控的指导意见》	资源环境生态红线管控是指划定并严守资源消耗上限、环境质量底线、生态保护红线，强化资源环境生态红线指标约束，将各类经济社会活动限定在红线管控范围以内。严守环境质量底线。以改善环境质量为核心，分阶段、分区域设置大气、水和土壤环境质量目标，强化区域、行业污染物排放总量控制，严防突发环境事件。环境质量达标地区要努力实现环境质量向更高水平迈进，不达标地区要尽快制定达标规划，实现环境质量达标	2014 年	建议国务院尽快制定《生态保护红线管理办法》，对生态保护红线的定义与内涵、划定方法、管理体制等作出规定
		2013 年	围绕重要和脆弱的生态系统、环境质量和风险防控、对生态环境影响严重的资源能源消耗等方面，设立生态红线加以管控，制定最严格的生态环境管理措施
		2014 年	实施国家生态保护红线制度：将国家生态保护红线体系及相关制度纳入立法；完善陆地和海洋利用空间规划体系，明确规定生态保护红线；建立新的生态保护、监测和执法国家协调机制；完善自然保护地体系；以生态保护红线为基础，完善生态补偿制度和激励机制

领域	2015—2016 年度政策进展	建议时间	主要内容
《关于健全生态保护补偿机制的意见》	到 2020 年，实现森林、草原、湿地、荒漠、海洋、水流、耕地等重点领域和禁止开发区域、重点生态功能区等重要区域生态保护补偿全覆盖；谁受益、谁补偿。科学界定保护者与受益者权利义务；包括划定并严守生态保护红线，研究制定相关生态保护补偿政策。完善重点生态区域补偿机制。划定并严守生态保护红线，研究制定相关生态保护补偿政策；生态产品产出能力为基础制定补偿标准；将生态保护补偿与实施主体功能区规划、西部大开发战略和集中连片特困地区脱贫攻坚等有机结合，逐步提高重点生态功能区等区域基本公共服务水平，促进其转型绿色发展	2006 年	建议应该创立生态补偿机制，以调节相关利益方在环境利益与经济收益分配之间的关系，并制定相关法律和政策以鼓励环境保护的行为
		2014 年	加快推进和完善生态补偿制度。坚持“谁污染谁付费，谁破坏谁赔偿，谁保护谁受益”的原则，调动地方政府特别是财政困难地区政府保护环境的积极性
		2014 年	综合考虑建立土地权属与利益相关者生态补偿长效机制，将生态补偿直接支付到生态保护红线区的土地所有者或经营者，以生态保护红线区为重点布局重大生态建设工程
		2014 年	以生态保护红线为基础，完善生态补偿制度和激励机制
		2013 年	在生态系统服务价值核算的基础上，全面建立生态补偿和污染损害赔偿等机制
		2012 年	生态补偿资金应结合东、中西部生态功能区划定
		2010 年	建立专项建设资金和生态补偿等资金机制，为中西部生态保护与修复提供稳定的资金支持
		2010 年	加快生态补偿的立法进程，建立和完善森林、草地与湿地的公益性补偿基金；在国家生态补偿框架下，中央政府应为国家级自然保护区设置充足合理的预算；逐步将退耕还林（草）等林地纳入国家生态补偿范围；建立海洋生态补偿 / 赔偿机制；建立水生态系统保护的生态补偿机制
		2009 年	建立煤炭开采生态补偿制度，实施环境损害恢复保证金制度
		2008 年	建立健全生态补偿机制，探索城乡一体化环境管理模式，整体推进中国的环境保护事业

领域	2015—2016 年度政策进展	建议时间	主要内容
《生态环境损害赔偿制度改革试点方案》	生态环境损害赔偿范围包括清除污染的费用、生态环境修复费用、生态环境修复期间服务功能的损失、生态环境功能永久性损害造成的损失以及生态环境损害赔偿调查、鉴定评估等合理费用。国家建立统一的生态环境损害鉴定评估技术标准体系。鼓励符合条件的社会组织依法开展生态环境损害赔偿诉讼	2009 年	研究制定相关环保标准和指南，包括污染损害赔偿标准
《中华人民共和国民法总则(草案)》	增加恢复原状、修复生态环境的内容	2014 年	完善环境与健康相关制度。将环境污染健康风险评估纳入环境政策、标准的制定过程中。健全环境公益诉讼制度，强化生态环境损害赔偿和责任追究，强化司法机关追究环境违法行为的责任和能力
		2013 年	加快生态环境保护管理体制改革进程，建立陆海统筹的生态系统保护修复和污染防治区域联动机制；加快修订《环境保护法》，在法律上明确各类自然资源资产归属和使用权限，完善用途管控体制和机制。建立资源环境破坏的责任追究和赔偿制度、资源环境有偿使用制度
		2012 年	建立和健全应急处置费用负担制度，在海洋环境损害赔偿制度中明确由事故责任者承担应急费用的责任

领域	2015—2016 年度政策进展	建议时间	主要内容
《编制自然资源资产负债表试点方案》	摸清自然资源资产的家底及其变动情况，为推进生态文明建设、有效保护和永续利用自然资源提供信息基础、监测预警和决策支持	2012 年	构建绿色国民经济核算体系是建立有利于绿色转型的领导干部政绩考核体系的根本性改革措施，中央政府应组织继续推动相关研究，加快示范和应用进程
		2013 年	组织开展绿色国民经济核算研究工作，逐步建立将资源消耗、环境损害和保护效益纳入国民经济评价体系的方法
		2010 年	开展生态系统服务价值和绿色核算研究，并纳入国民经济核算体系和政绩考核体系中
《野生动物保护法》	新增加“不得虐待野生动物”的规定；将“野生动物保护”改为“野生动物及其栖息地保护”	2007 年	遏制《濒危野生动植物物种国际贸易公约（CITES）》所禁止的各项活动
		1999 年	加强保护生物多样性的立法与执法，采取综合措施，加强生物资源的管理，防止对野生动植物资源的破坏与不合理利用
能源环境与气候			
《公共机构能源审计管理暂行办法》	提高公共机构能源利用效率，节约财政支出	—	—
《关于促进我国煤电有序发展的通知》	严控各地煤电新增规模	2011 年	把加强应对气候变化的相关立法纳入立法工作议程，尽快制定和颁布实施《能源法》，并对《煤炭法》《电力法》《节约能源法》《可再生能源法》等法律法规进行相应的修订，进一步鼓励清洁、低碳能源开发和利用
《能源技术革命创新行动计划 (2016—2030 年)》	推在能源安全技术、清洁能源技术、智慧能源技术、低碳能源技术等领域方面的技术创新	2000 年	加强与完善能源、环境技术创新和支撑体系，能源政策应置于高度优先的地位

领域	2015—2016 年度 政策进展	建议 时间	主要内容
《关于推进电能替代的指导意见》	提升我国电气化水平，解决大量散烧煤、燃油消费是造成的严重雾霾问题；“十三五”期间实现能源终端消费环节替代散烧煤、燃油消费约 1.3 亿吨标煤	—	—
《关于切实做好全国碳排放权交易市场启动重点工作的通知》	以控制温室气体排放、实现低碳发展为导向，充分发挥市场机制在温室气体排放资源配置中的决定性作用，国家、地方、企业上下联动、协同推进全国碳排放权交易市场建设，确保 2017 年启动全国碳排放权交易	2011 年	推行排放权交易制度，建立包括常规污染物和碳排放交易市场与平台，尽早开展碳税试点
		2009 年	逐步探索和建立自愿性的碳排放交易体系
《气候适应型城市建设试点工作方案》	普遍实现将适应气候变化相关指标纳入城乡规划体系、建设标准和产业发展规划；城市应对内涝、干旱缺水、高温热浪、强风、冰冻灾害等问题的能力明显增强，城市适应气候变化能力全面提升	2014 年	更加关注城市应对气候变化的能力和其他城市环境类规划。建立适应气候变化风险评估框架以及相应的财政应急资金
		2011 年	加快制定和修改能源生产和转换、节能、资源节约和利用等有利于碳减排的各种法律法规。把加强应对气候变化的相关立法纳入立法工作议程
治理与法治			
《环境保护督察方案(试行)》	中央环境保护督察组开展环境保护督察工作，推动落实环境保护党政同责、一岗双责、失职追责	2012 年	建立中国海洋环境行政督察制度和执法体系，加强海上能源开发活动环境影响评价制度执行情况的监督检查
		2013 年	在实施大气行动计划过程中，中央政府应重点监督和协调好地方政府全面落实行动措施的情况，加大考核问责力度

领域	2015—2016 年度政策进展	建议时间	主要内容
		2015 年	在国家重大决策中充分考虑对生态环境的影响，对国务院各部门和地方政府的环境绩效进行督察与监督考核
《关于设立统一规范的国家生态文明试验区的意见》及《国家生态文明试验区（福建）实施方案》	要求国家生态文明试验区的主要目标是：设立若干试验区，形成生态文明体制改革的国家级综合试验平台。通过试验探索，到 2017 年，推动生态文明体制改革总体方案中的重点改革任务取得重要进展，形成若干可操作、有效管用的生态文明制度成果	2012 年	加大制度和政策创新及执行力度，全面推动生态文明建设的实践进程
		2013 年	开展生态文明建设示范区创建。中央政府采取经济激励措施，鼓励地方广泛开展生态文明建设示范区创建
		2014 年	立足多部门协作，推进区域协同治理和生态文明城镇化试点工作。将生态文明城镇化试点纳入现有的国家生态文明示范创建体系，重点对京津冀、长三角、珠三角开展区域协同治理试点，推进“生态文明的城镇化模式”示范工程
		2015 年	加快生态文明体制改革，建立多元共治的环境治理体系，设立绿色发展与转型综合实验区，实施绿色转型治理能力综合改革试验计划与行动
环境保护部成立“水、气、土”三司	中提出“为了加强大气、水、土壤污染的防治工作，环境保护部进行了机构改革。新设立了水环境管理司、大气环境管理司、土壤环境管理司”	2013 年	加快生态环境保护管理体制改革进程，建立统一监管所有污染物、所有排放源、所有环境介质、所有生态系统的环境管理体制
		2014 年	整合分散在各部门的污染防治职能，实现所有污染源、污染物和环境介质的统一监管
《关于省以下环保机构监测监察执法垂直管理制度改革试点工作的指导意见》	强化地方党委和政府及其相关部门的环境保护责任；调整地方环境保护管理体制；规范和加强地方环保机构和队伍建设；建立健全高效协调的运行机制	2003 年	减少地方保护主义 中国各省应该有更为统一且一致的环境法规和执法
		2006 年	通过调整地方环境管理体制，形成省以下环境管理直管

领域	2015—2016 年度政策进展	建议时间	主要内容
《建设项目环境影响后评价管理办法（试行）》和《建设项目环境影响评价区域限批管理办法（试行）》	提高环境影响评价有效性	2012 年	健全环境质量达标管理的政策制度。对于环境质量长期不能达标、污染严重、环境事故频发的地区，对涉主要污染因子项目采取区域限批，建立常态化的限批制度
		2013 年	完善扶贫项目与规划的环境影响评价和后评估制度；系统改革环境影响评价和社会影响评价机制对具有环境和社会影响的重大项目进行“前置审批”。制定相关政策保障公众的环境权益
《“十三五”环境影响评价改革实施方案》	以改善环境质量为核心，以全面提高环评有效性为主线，以创新体制机制为动力；确定《环境影响评价法》的修改重点，进一步简政放权，并加大对违法行为的制裁力度以及包括“战略和规划环评顶层设计更加完善，约束性得到加强，环评预警体系初步建立”；完成京津冀、长三角、珠三角三大地区战略环评，组织开展长江经济带和“一带一路”战略环评；与排污许可制相融合，实现制度关联、目标措施一体；完善规划环评会商机制，对可能产生跨界环境影响的重大规划，指导规划编制机关实施跨行政区域环境影响会商，强化区域联防联控	2012 年	严格环境影响评价制度，并对企业和地方政府执行情况进行监控和评估；对不符合环评有关要求的企业和管理部门，应该予以定期披露并通报；严格执行环境影响评价与“三同时”制度；加快推进环境保护法、环境影响评价法等法律的修订，进一步完善环境影响评价制度
		2013 年	系统改革环境影响评价和社会影响评价机制
		2014 年	改革环境影响评价制度和“三同时”制度，做好与排污许可制度的衔接。开展将环境影响评价与排污许可制度整合试点；将环境污染健康风险评估纳入环境政策、标准的制定过程中。建立区域环境影响评价会商机制，实施区域重污染天气应急联动，保障预警、应急信息及时传达给公众
		2015 年	完成京津冀、长三角、珠三角三大地区战略环评，组织开展长江经济带和“一带一路”战略环评

领域	2015—2016 年度政策进展	建议时间	主要内容
《关于构建绿色金融体系的指导意见》	动员和激励更多社会资本投入到绿色产业，同时更有效地抑制污染性投资	2013 年	关键是以法治建设为保障，以绿色金融创新为动力；改革创新绿色金融体系，推动产业绿色转型升级
		2014 年	构建绿色金融体系，为绿色转型提供金融支持
《二十国集团绿色金融综合报告》	向投资者提供更加清晰的支持绿色投资的信号；推广绿色金融自愿原则；投入更多资源支持能力建设； 支持本币绿色债券市场发展；推动开发环境风险分析方法	2015 年	设立绿色发展与转型综合试验区，实施绿色转型治理能力综合改革试验计划与行动，推行绿色金融创新机制，提高生态环保治理能力；加快绿色金融、绿色物流与节能环保服务业的发展，发展生产性服务业，推动"生产性服务业"绿色技能能力建设；将绿色金融纳入"一带一路"建设融资机制，促进"走出去"的投资企业重视生态环境保护，积极履行社会环境责任；改革创新绿色金融体系，推动产业绿色转型升级
《绿色债券发行指引》	指募集资金主要用于支持节能减排技术改造、绿色城镇化、能源清洁高效利用、新能源开发利用、循环经济发展、水资源节约和非常规水资源开发利用、污染防治、生态农林业、节能环保产业、低碳产业、生态文明先行示范实验、低碳试点示范等绿色循环低碳发展项目的企业债券	2014 年	充分发挥绿色债券的杠杆作用和专业评估能力的规模效益；通过发行绿色债券等方式鼓励社会资本参与
		2015 年	推动绿色信贷、绿色债券和绿色保险。用创新手段推动绿色信贷，大力发展绿色债券、绿色保险市场
《关于加强企业环境信用体系建设的指导意见》	将企业环境信用信息通过其政府网站、"信用中国"网站或者其他便利公众知悉和查询的方式，向社会公开，并同时纳入企业环境信用信息系统和全国统一的信用信息共享交换平台	2012 年	构建企业主动守法、良性发展的社会氛围，建立企业环境信用评价体系
		2014 年	建立企业环境信用评价体系。对以达标排放为基础、持续不断改进环境绩效的企业给予鼓励
		2015 年	建立企业环境信用评价体系，强制上市公司披露环境信息

领域	2015—2016 年度政策进展	建议时间	主要内容
《关于全面推进资源税改革的通知》和《水资源税改革试点暂行办法》	提出实施矿产资源税从价计征改革；纳入改革的矿产资源税收入全部为地方财政收入	2012 年	通过改革资源税收体系，提升地方政府绿色发展的能力
		2014 年	改革资源税，资源税从价计征
		2015 年	改革重要资源性产品的价格机制，以煤炭、石油等化石能源为改革切入点，将环境成本纳入价格机制。制定绿色财税政策，将生产和消费领域所产生的环境成本显性化
《关于加快推动生活方式绿色化的实施意见》	提出到 2020 年，生态文明价值理念在全社会得到推行，全民生活方式绿色化的理念明显加强，生活方式绿色化的政策法规体系初步建立等内容	2011 年	加强规范和引导，实现传统服务业绿色化
		2012 年	在社会领域，倡导绿色消费模式，引导全社会的生态文明行为，转变生活方式
		2013 年	丰富和创新公众参与形式，运用多种途径引导公众通过绿色消费、绿色出行和转变生活方式等途径，主动参与环境保护，带动全社会形成共同履行环境责任和义务的良好局面
		2014 年	鼓励基层组织关注环境问题的治理。反映公众环境诉求，制定环境保护的社规民约，倡导绿色生活方式
		2015 年	激励和保障全社会共同参与环境保护行动，推动可持续消费，引导绿色饮食、推广绿色服装、倡导绿色居住、鼓励绿色出行，引领生活方式向绿色化转变
《关于促进绿色消费的指导意见》	提出按照绿色发展理念和社会主义核心价值观要求，加快推动消费向绿色转型	2009 年	倡导可持续消费模式，推动低碳生活方式，充分发挥公众和非政府组织在绿色经济发展中的作用
		2011 年	推动可持续消费，带动绿色经济发展

领域	2015—2016 年度政策进展	建议时间	主要内容
《环境保护税法》（草案）	《环境保护税法》是对排污费的平移，主要是目标是增强征收的强制性，减少对排污费征收的干预	2009 年	实施以建立和完善环境税收为核心的环境税制改革。尽快研究实施以开征环境税为核心的环境税制改革，弥补中国现行环境税费制度的不足。通过引入环境税、重构现有税种和完善环境相关税收政策，构建中国环境税收制度。应将废水、废气、固体废弃物和二氧化碳先行纳入环境税征收范围。环境税制改革应采取先易后难、循序渐进的改革方法，尽快研究开征独立环境税，并完善其他与环境相关的税种和税收政策
		2011 年	加快推进资源税改革，配合节能环保政策实施消费税政策的调整，并开征环境税（包括碳税）
		2012 年	对严重污染环境、大量消耗资源能源的产品征收额外消费税，加快实施环境税；全面实施绿色税收体系（包括环境税和资源税）和其他市场激励机制，推动企业和消费者行为转变。加快实施环境税。引入“领跑者”标准
		2014 年	设立环境税。根据污染者付费原则对污染物排放征收环境税
《关于充分发挥审判职能作用 为推进生态文明建设与绿色发展提供司法服务和保障的意见》	依法审理涉环境污染防治和生态保护案件、涉自然资源开发利用案件、各类生态环境损害赔偿诉讼案件，构建协同审判机制。积极探索气候变化司法应对举措，推动构建国家气候变化应对治理体系	2007 年	立和完善环境司法体系，确保公共和个人的环境福利与环境公正
		2013 年	推动地方环保法庭建设，完善相关司法实践
		2014 年	强化环境司法实践，推动环境和司法部门之间的协调，加强环境法庭和环境法官队伍建设；强化司法机关追究环境违法行为的责任和能力

领域	2015—2016 年度政策进展	建议时间	主要内容
《工业绿色发展规划（2016—2020 年）》	以汽车、电子电器、通信、机械、大型成套装备等行业的龙头企业为依托，以绿色供应链标准和生产者责任延伸制度为支撑，带动上游零部件或元器件供应商和下游回收处理企业。建立绿色原料及产品可追溯信息系统	2011 年	建立和完善中国绿色供应链体系，以绿色消费和绿色市场带动整个生产体系绿色转型
《绿色制造工程实施指南（2016—2020 年）》	积极应用物联网、大数据和云计算等信息技术，建立绿色供应链管理体系。完善采购、供应商、物流等绿色供应链规范，开展绿色供应链管理试点。到 2020 年，在重点行业初步建立绿色供应链管理体系，生产者责任延伸制度取得实质性进展	2012 年	建立并不断完善可持续的绿色消费制度，进一步深化政府绿采清单和绿色供应链实践与创新
《关于促进绿色消费的指导意见》	鼓励企业推行绿色供应链建设，开展清洁生产审核，降低产品全生命周期的环境影响	2013 年	促使绿色供应链成为法定采购标准的重要考核指标
		2015 年	推动政府绿色采购，鼓励领先企业自愿推行绿色供应链管理

领域	2015—2016 年度政策进展	建议时间	主要内容
污染防治与消除			
《大气污染防治行动计划》中期评估	通过整合环境保护部、中国科学院、中国气象局和有关科研院所的地面长期定位观测、典型过程综合观测、卫星遥感反演等数据，采用多种技术方法对全国空气质量状况、变化趋势和污染特征进行了评估和印证	2014 年	建立基于质量改善的大气污染防治管理模式；建立科学的大气污染防治绩效评估制度。建立“大气十条”实施的预评估、年度评估和终期评估制度。完善区域大气污染联防联控机制
《关于加强长江黄金水道环境污染防控治理的指导意见的通知》	将修复长江生态环境摆在压倒性位置，以改善水环境质量为核心，强化空间管控，优化产业结构，加强源头治理，注重风险防范，全面推进长江水污染防治和生态保护与修复	2015 年	建立国家重大宏观战略环境风险评估与预防制度，针对“一带一路”京津冀一体化、长江经济带等宏观战略开展环境风险评估，形成环境风险预防机制
《土壤污染防治行动计划》	要形成有效的土壤污染防治体系，促进土壤资源永续利用	2011 年	在环境税、价格改革等方面的法律框架仍较为薄弱的条件下，在传统工业和矿区的土壤污染领域制定相应的污染防治、能源和气候变化、资源定价、生态补偿和环境恢复等“一揽子”绿色方案和政策措施至关重要
		2013 年	无论是推动生态文明建设，还是建立绿色和谐环境与社会发展关系，中国政府必须下更大力气解决好影响公众健康和生活的突出问题，包括大气、水、土壤污染、生态服务功能下降等
		2014 年	将定期发布和更新未来对城市人口造成健康威胁的空气、水和土壤污染、气候变化影响和应对的预测结果，作为政府官员绩效考核的重要依据

领域	2015—2016 年度 政策进展	建议 时间	主要内容
《土壤污染防治行动计划》	要形成有效的土壤污染防治体系，促进土壤资源永续利用	2015 年	把列入立法规划的《土壤污染防治法》修改为《土壤环境保护法》
区域与全球合作			
《第二十一次“基础四国”气候变化部长级会议联合声明》	推动巴黎气候协议达成，敦促发达国家发行承诺	—	—
《中美元首气候变化联合声明》	签署《巴黎协定》，促使其尽快生效；在相关多边场合取得积极成果，包括氢氟碳化物修正案和国际民航组织大会应对国际航空温室气体排放的全球市场措施；资助并鼓励逐步采用低碳技术的承诺	—	—
《关于消耗臭氧层物质的蒙特利尔议定书》	达成了历史性的限控温室气体氢氟碳化物（HFCs）协议	—	—
习近平主席在巴黎气候变化会议上发表了《携手构建合作共赢、公平合理的气候变化治理机制》的讲话	努力达成气候变化协议；构建各尽所能、合作共赢、奉行法治、公平正义、包容互鉴、共同发展的治理模式；中国是全球应对气候变化事业的积极参与者	2015 年	制定实施中国对外绿色援助行动计划，加强南南环境合作，建设绿色、低碳、环保、发展的“一带一路”

中国环境与发展重要政策进展与国合会政策建议影响

（2014—2015）

编写说明

中国环境与发展国际合作委员会（以下简称国合会）作为中国政府批准成立的高层政策咨询机构，其主要任务是就环境与发展领域的重要问题提出政策建议，供决策者参考和采纳。在每年召开的国合会年会上，中外委员在国合会政策研究工作的基础上，就有关政策问题进行讨论，形成国合会年会的政策建议，提交中国国务院及中央政府有关部门。

自 2008 年开始，国合会中外首席顾问专家支持组受国合会秘书处委托，负责起草“中国环境与发展重要政策进展与国合会政策建议影响”报告。目的在于通过以下方式更好地服务于国合会中外方委员政策研讨和政策谏言工作：全面了解中国过去一年中出台的重大环境与发展政策；了解国合会近几年，特别是上一年度主要政策建议，在过去一年被中国相关立法、政策采纳的情况。

本报告不是国合会的影响力评估报告。报告将中国的政策实践与国合会的政策建议进行梳理和对照，目的仅在于显示国合会政策研究主题的选择、建议的内容与政策进展的相关性，为国合会委员提供参考。

本报告是首席顾问专家支持组提供的第八份报告。第一部分以 2014 年国合会给中国政府的政策建议为主，兼顾了近几年的政策建议，梳理了过去一年 (2014 年 11 月至 2015 年 10 月）与这些建议相关的中国立法与政策实践，并综述了这些立法和政策的主要内容。第二部分为中国环境与发展最新情况以及重大政策，以附件的形式向委员们展示中国环境与发展的政策背景。

前言

2015年是“十二五”收官之年、全面深化改革的关键之年、全面推进依法治国的开局之年、稳增长调结构的紧要之年。2014年10月，中国共产党第十八届四中全会通过了《中共中央关于全面推进依法治国若干重大问题的决定》(以下简称《决定》，在生态文明建设方面，要求“用严格的法律制度保护生态环境，加快建立有效约束开发行为和促进绿色发展、循环发展、低碳发展的生态文明法律制度，促进生态文明建设”。从而为未来中国环境法治的进一步完善和环境立法的工作重点指明了方向。

2015年1月1日，“史上最严”的新《环境保护法》正式开始实施。在各级政府和环保部门的大力推动下，中国的环境执法较之前有了脱胎换骨的变化。《决定》提出的“用严格的法律制度保护生态环境”在法律文本和执法实践两个层面上都得到了体现。

2015年《中共中央 国务院关于加快推进生态文明建设的意见》和《生态文明体制改革总体方案》先后发布，这两个文件是对中国生态文明建设进行顶层设计的基本文件，也是当前和今后一个时期推动我国生态文明建设的纲领性文件。

2015年10月26—29日，中共中央委员会第十八届五中全会还审议通过了《中共中央关于制定国民经济和社会发展第十三个五年规划的建议》。建议提出了全面建成小康社会新的目标，其中包括生态环境质量总体改善，内容涵盖生产方式和生活方式绿色、低碳水平，能源资源开发利用效率，能源和水资源消耗，建设用地，碳排放总量，主要污染物排放总量，主体功能区，生态安全屏障等相关目标。建议还提出要以提高环境质量为核心，实行最严格的环境保护制度，形成政府、企业、公众共治的环境治理体系。回顾过去一年，在环境与发展领域，新政策和举措亮点频出（见附件：2014—2015年中国环境与发展重要政策进展），中国各级政府部门以建设生态文明、践行依法治国为指导，积极探索环境保护的新路。在这些大的政策背景下，国合会多年来所提议和倡导的诸多政策主张依据成为政策现实。特别是2014年，国合会在“绿色发展的管理制度创新”这一主题下，围绕绿色转型和制度创新提出的政策建议很多都成了生态文明顶层设计的重要组成部分（见附表：2014年国合会的政策建议与《生态文明体制改革总体方案》提出的改革措施对照表）。

一、深化生态文明法治建设，落实“最严格”的环保法

国合会在2014年的政策建议中提出：推动建立体现生态文明建设目标的环境法治体系，加强环境执法和监管，尽快制定新《环境保护法》相关条款实施细则。

2015年1月1日，“史上最严”的新《环境保护法》开始施行，各级政府以及环保部门充分抓住这一有利时机，出台了一系列实施细则，加大环境执法力度，使得环保执法威慑力大大提升。

2014年11月，国务院办公厅印发《关于加强环境监管执法的通知》，提出严格依法保护环境，推动监管执法全覆盖；对各类环境违法行为“零容忍”，加大惩治力度；积极推行“阳光执法”，严格规范和约束执法行为；明确各方职责任务，营造良好执法环境；增强基层监管力量，提升环境监管执法能力等5个方面的政策措施。

为了配合新《环境保护法》的实施，环境保护部发布了《环境保护主管部门实施按日连续处罚办法》《环境保护主管部门实施查封、扣押办法》《环境保护主管部门实施限制生产、停产整治办法》《企业事业单位环境信息公开办法》和《环境保护公众参与办法》。

国合会在2014年的政策建议中提出：“建立一个法定、权威和独立的环保部门和公安机关联合执法机制，提高执法监督实效。”鉴于新《环境保护法》规定了可以对某些存在严重违法行为的企业的负责人实施行政拘留,2014年12月，公安部、环境保护部、工信部、农业部、国家质量监督检验检疫总局联合发布了《行政主管部门移送适用行政拘留环境违法案件暂行办法》，明确了需要移送公安机关处以行政拘留的案件的类型以及移送的程序。

2015年3月15日，李克强总理会见中外记者时强调：环保法的执行不是棉花棒，是撒手锏。对违法违规排放的企业，不论是什么样的企业，坚决依法追究，甚至要让那些偷排偷放的企业承受付不起的代价。①

2015年1—8月，全国范围内实施按日连续处罚案件共405件，罚款数额近3.3亿元；实施查封、扣押案件共2 400件；实施限产、停产案件共1 524件。全国移送

---

① “李克强：环保法的执行不是棉花棒是杀手锏”，载新华网，http://news.xinhuanet.com/politics/2015lh/2015-03/15/c_134067800.htm，最后访问时间：2015年8月10日。

行政拘留案件 1 116 件，移送涉嫌环境污染犯罪案件 1 029 件。[①]

为了规范环境执法，提升执法人员的执法水平，2015 年 4 月，环境保护部发布了《环境执法人员行为规范》和《全国环境监察系统 2015—2017 年干部教育培训实施方案》。

除了严格企业的环境法律责任之外，新《环境保护法》也加强了政府的环境保护责任。环境保护部根据 2014 年 5 月发布的《环境保护部约谈暂行办法》，共对 13 个城市的主要负责人进行约谈，督促地方政府及有关单位切实履行环境保护职责，推动解决了一批突出环境问题。[②]

可以说，经过大半年的严格执法，“史上最严”的新《环境保护法》已经在各级政府部门、企业和公众心目中确立起了一个“威严”的形象，“违法成本低”的状况开始扭转。

国合会在 2012 年的政策建议中提出：“修订相关法律，为区域大气污染防治提供法律保障。目前实施的《大气污染防治法》已不能适应新形势下的大气污染防治要求，需要进行修订，为有关新型污染物的相应政策措施提供法律支持。一是把对人体健康有重要影响的 $PM_{2.5}$ 和臭氧（O_3）作为中国大气污染防治的核心内容；二是把空气质量改善作为大气环境管理的核心内容，进一步明确城市政府在其辖区大气质量达标管理中的责任和义务；三是进一步强化对违法行为的处罚，提高大气环境违法成本。”“建立明确、统一、完整的区域大气污染防治管理机制。构建区域内统一的环境决策协商机制，建立区域环境影响评价会商机制，实施区域重污染天气应急联动，保障预警、应急信息及时传达给公众。”2015 年 8 月 29 日，全国人大常委会通过了新修订的《大气污染防治法》，自 2016 年 1 月 1 日起施行。新《大气污染防治法》抓住了大气环境质量改善这个主线，增加了“大气污染防治标准和限期达标规划”“重点区域大气污染联合防治”“重污染天气应对”等三章内容，规定了地方政府对辖区大气环境质量负责、环境保护部对省级政府实行考核、未达标城市政府应当编制限期达标规划、上级环保部门对未完成任务的下级政府负责人实行约谈和区域限批等一系列制度措施，为大气污染防治工作全面转向以质量

① 陈吉宁：“高举生态文明旗帜　大力推进生态环境保护”，载中国环境网，http://www.cenews.com.cn/ztbd1/20151009/，最后访问时间：2015 年 10 月 10 日。

② 陈吉宁：“高举生态文明旗帜 大力推进生态环境保护”，载中国环境网，http://www.cenews.com.cn/ztbd1/20151009/，最后访问时间：2015 年 10 月 10 日。

改善为核心提供了法律保障。此外，新《大气污染防治法》大幅度提高了对于企事业单位和其他生产经营者的环境违法行为的处罚力度。

国合会在2014年的政策建议中提出："大力推动环境司法。强化环境司法实践，推动环境和司法部门之间的协调，加强环境法庭和环境法官队伍建设。""健全环境公益诉讼制度，强化生态环境损害赔偿和责任追究，强化司法机关追究环境违法行为的责任和能力。"

在环境公益诉讼领域，新《环境保护法》规定了环境公益诉讼制度。为了保障新《环境保护法》生效之后环境公益诉讼制度能够顺利实施，最高人民法院于2015年1月发布了《关于审理环境民事公益诉讼案件适用法律若干问题的解释》，对新《环境保护法》公益诉讼条款的关键性措辞进行了解释，并对环境公益诉讼案件适用的程序以及救济方式作出了详细的规定。最高人民法院、民政部、环境保护部还发布了《关于贯彻实施环境民事公益诉讼制度的通知》，对上述三部门在环境公益诉讼案件中的沟通和协调事宜作出了规定。

为了贯彻落实党的第十八届四中全会提出的"探索建立检察机关提起公益诉讼制度"，2015年7月，全国人大常委会作出了《关于授权最高人民检察院在部分地区开展公益诉讼试点工作的决定》，授权最高人民检察院在生态环境和资源保护等领域开展提起公益诉讼试点。试点地区确定为北京、内蒙古、吉林、江苏、安徽、福建、山东、湖北、广东、贵州、云南、陕西、甘肃十三个省（自治区、直辖市）。提起公益诉讼前，人民检察院应当依法督促行政机关纠正违法行政行为、履行法定职责，或者督促、支持法律规定的机关和有关组织提起公益诉讼。试点期限为二年，自该决定公布之日起算。

在普通环境污染侵权司法救济领域，2015年6月，最高人民法院发布了《关于审理环境侵权责任纠纷案件适用法律若干问题的解释》，明确提出"因污染环境造成损害，不论污染者有无过错，污染者应当承担侵权责任。污染者以排污符合国家或者地方污染物排放标准为由主张不承担责任的，人民法院不予支持"。此外，还对环境污染共同侵权如何分担责任、污染受害人和加害人如何承担举证责任、证据认定、承担责任的方式等作出了明确的规定。此外，为了加强环境司法的理论研究，2015年5月，最高人民法院成立了"环境资源司法研究中心"。

二、以改善环境质量为导向，集中力量解决突出环境问题

国合会在 2013 年的政策建议中提出：“集中力量切实解决大气、水和土壤污染等突出环境问题，全面满足公众对良好环境质量的基本需求。”

2014 年年底以来，环境污染防治工作以“大气十条”和“水十条”的实施为载体，在大气污染防治、水污染防治、土壤污染防治等重点环境领域实施了一系列举措。

在大气污染防治领域，各级政府和环保部门继续深入落实“大气十条”，打好治气攻坚战。

2014 年 11 月，环境保护部印发了《关于加强重污染天气应急预案编修工作的函》，指导和督促地方人民政府加强重污染天气应急预案编修和管理工作，积极应对重污染天气。

2014 年 11 月，环境保护部相继印发了《珠三角及周边地区重点行业大气污染限期治理方案》和《长三角地区重点行业大气污染限期治理方案》，决定在珠三角及周边地区（广东省、江西省、湖南省、广西壮族自治区、海南省）和长三角地区（上海市、江苏省、浙江省、安徽省）开展电力、钢铁、水泥、平板玻璃行业大气污染限期治理行动。2015 年 4 月，中共中央政治局审议通过《京津冀协同发展规划纲要》。国务院副总理张高丽强调，落实《京津冀协同发展规划纲要》，应当在生态环保等领域率先取得突破。要加强协作、联防联控，在推动京津冀协同发展中有效治理大气污染。①

2015 年 4 月，环境保护部制定并会同国家质检总局发布了《石油炼制工业污染物排放标准》（GB 31570—2015）、《石油化学工业污染物排放标准》（GB 31571—2015）、《合成树脂工业污染物排放标准》（GB 31572—2015）、《无机化学工业污染物排放标准》（GB 31573—2015）、《再生铜、铝、铅、锌工业污染物排放标准》（GB 31574—2015）和《火葬场大气污染物排放标准》（GB 13801—2015）等 6 项国家大气污染物排放标准。至此，“大气十条”要求制定大气污染物

① “张高丽：在推动京津冀协同发展中有效治理大气污染”，载新华网，http://news.xinhuanet.com/politics/2015-05/19/c_1115339319.htm，最后访问时间：2015 年 8 月 4 日。

第三篇 政策建议影响

特别排放限值的 25 项重点行业排放标准已全部完成。

2015 年 5 月，环境保护部发布了《2015 年全国大气污染防治工作要点》，明确了 34 项任务，涉及 20 个部门，且每项任务均规定了具体的牵头和参加部门。该工作要点提出全国地级及以上城市可吸入颗粒物（PM_{10}）年均浓度要比 2013 年下降 3%，重点区域细颗粒物（$PM_{2.5}$）年均浓度要比 2013 年下降 7%。

2015 年 6 月，第十二届全国人大常委会第十五次会议听取了环境保护部部长陈吉宁受国务院委托所作的《关于研究处理大气污染防治法执法检查报告及审议意见情况的反馈报告》。陈吉宁介绍了各级政府为了控制大气污染采取的主要措施、取得的积极进展以及下一步的工作安排。

种种举措之下，2014 年，全国环境空气质量有所改善，全国 338 个地级以上城市可吸入颗粒物（PM_{10}）年均浓度为 95 微克 / 米 ^{3}，比 2013 年下降 2.1%；实施新环境空气质量标准的 74 个城市细颗粒物（$PM_{2.5}$）年均浓度为 64 微克 / 米 ^{3}，同比下降 11.1%；京津冀、长三角、珠三角等区域 $PM_{2.5}$ 年均浓度同比分别下降 12.3%、10.4%、10.6%。①2015 年上半年，三大重点区域 $PM_{2.5}$ 平均浓度实现了大幅下降。其中，京津冀同比下降 22%，长三角同比下降 16.2%，珠三角同比下降 20.5%，74 个重点城市 $PM_{2.5}$ 浓度平均下降 17.1%。②2015 年，中央财政拟划拨 115 亿元专项资金用于大气污染防治，截至 2015 年 8 月，已分两批拨付 106 亿元，用于北京、河北、河南等 11 省市治污。③

在水污染防治领域，各地深入贯彻落实《水污染防治行动计划》，打好治水攻坚战。

2015 年 4 月，国务院发布了《水污染防治行动计划》（以下简称“水十条”）。和“大气十条”一样，“水十条”提出了治理水污染的目标和各项具体措施。

国合会在 2014 年的政策建议中提出：“应制定未来 10 ～ 20 年的绿色转型路线图，包括大气、水、土壤等环境质量改善的路线图和时间表，……尽早迎来环境质量全面改善的转折点。”

“水十条”提出，水污染防治的工作目标是到 2020 年，全国水环境质量得到阶

① 陈吉宁：《关于研究处理大气污染防治法执法检查报告及审议意见情况的反馈报告》，载人民网，http://npc.people.com.cn/n/2015/0629/c14576-27225781.html，最后访问时间：2015 年 8 月 6 日。

② 史小静：“治污成效初显现　改善任务仍艰巨——2015 年上半年环境污染防治工作综述”，载《中国环境报》2015 年 8 月 3 日。

③ 史小静：“治污成效初显现　改善任务仍艰巨——2015 年上半年环境污染防治工作综述”，载《中国环境报》2015 年 8 月 3 日。

段性改善，污染严重水体较大幅度减少，饮用水安全保障水平持续提升，地下水超采得到严格控制，地下水污染加剧趋势得到初步遏制，近岸海域环境质量稳中趋好，京津冀、长三角、珠三角等区域水生态环境状况有所好转。到2030年，力争全国水环境质量总体改善，水生态系统功能初步恢复。到21世纪中叶，生态环境质量全面改善，生态系统实现良性循环。主要指标包括到2020年，长江、黄河、珠江、松花江、淮河、海河、辽河等七大重点流域水质优良（达到或优于Ⅲ类）比例总体达到70%以上，地级及以上城市建成区黑臭水体均控制在10%以内，地级及以上城市集中式饮用水水源水质达到或优于Ⅲ类比例总体高于93%，全国地下水质量极差的比例控制在15%左右，近岸海域水质优良（一、二类）比例达到70%左右。京津冀区域丧失使用功能（劣于Ⅴ类）的水体断面比例下降15个百分点左右，长三角、珠三角区域力争消除丧失使用功能的水体。到2030年，全国七大重点流域水质优良比例总体达到75%以上，城市建成区黑臭水体总体得到消除，城市集中式饮用水水源水质达到或优于Ⅲ类的比例总体为95%左右。

"水十条"提出了十大项、三十五小项具体措施，明确了水环境质量目标导向，把各类水体、各个区域的水环境质量状况，作为检验各项工作的终极标准。与"大气十条"相比，"水十条"在每个小项的具体措施之后加上了具体的牵头部门和参加部门，使得各项工作的分工更加明确，而且这些部门不仅包括政府部门，还包括"中央组织部"这样的考核领导干部政绩的党的机关。

为了贯彻落实2015年《政府工作报告》关于"再解决6 000万农村人口饮水安全问题"的要求，2015年6月，环境保护部和水利部联合发布了《关于加强农村饮用水水源保护工作的指导意见》，要求地方各级环保部门要会同有关部门，参照《饮用水水源保护区标志技术要求》《集中式饮用水水源环境保护指南（试行）》等文件，结合农村环境综合整治工作，开展水源规范化建设，加强水源周边生活污水、垃圾及畜禽养殖废弃物的处理处置，综合防治农药化肥等面源污染。2015年6月，水利部、国家发展改革委、财政部等联合发布了《关于进一步加强农村饮水安全工作的通知》，要求地方各级人民政府要按照饮水安全保障行政首长负责制和《全国农村饮水安全工程"十二五"规划》的要求，将农村饮水安全保障工作纳入对政府领导干部考核的内容，各有关部门要加强协调，密切协作，进一步加大工作力度，完善政策支持，加强指导帮扶，强化监督检查，共同做好农村饮水安全保障工作。

2015年8月，第十二届全国人大常委会第十六次会议举行联组会议，就全国人大常委会执法检查组关于检查《水污染防治法》实施情况的报告进行专题询问。中共中央政治局常委、全国人大常委会委员长张德江参加审议和询问。国务院副总理汪洋代表国务院到会应询，国务院办公厅、环境保护部、国家发展改革委、科技部、工业和信息化部、财政部、国土资源部、住房和城乡建设部、水利部和农业部等相关部门负责人出席会议。

土壤污染防治领域，"土十条"即将出台，治土攻坚战已经打响。

继"大气十条""水十条"相继发布后，被称为"土十条"的《土壤污染防治行动计划》即将出台。

2015 年 1 月，环境保护部公布了《土壤环境质量标准》(GB 15618—1995) 的修订草案《农用地土壤环境质量标准》与《建设用地土壤污染风险筛选指导值》的征求意见稿，向社会公开征求意见，为"土十条"的出台提供了技术保障。

2015 年 3 月 7 日，环境保护部部长陈吉宁在第"十二届全国人大"第三次会议举行的记者会上表示，要解决土壤污染问题，主要要做好四个方面的工作，第一，要建立相应的法律制度和标准体系。让土壤污染治理做到有法可依、有规可循。第二，加强工矿企业的环境监管。切断土壤污染的源头，遏制土壤污染扩大的趋势。第三，对污染的土地实行分级分类管理，做好污染的管控，避免这些污染扩散和扩大。第四，通过试点示范，建立适合中国国情的污染治理技术体系，逐步推动土壤污染的风险管控和治理修复。①

2015 年 3 月 8 日，在全国政协十二届三次会议提案办理协商会上，环境保护部副部长李干杰表示，"土十条"从一年多之前开始有关研究编制工作，经过了几十稿的修改完善，两次征求了有关部门和地方政府的意见后，目前在环境保护部内已经走完了相应的审批程序，在进一步修改后将提交国务院审议，有望年内尽快出台。②

为突出重点，提高专项资金效益，2015 年 5 月，环境保护部联合财政部发布了《关于开展重点区域重金属污染防治竞争性评审工作的通知》，开展重点区域重金属污染防治竞争性评审，甘肃白银市等 30 个地市被确定为 2015 年重金属污染防治专项资金支持对象。

---

① "环保部就全面加强环境保护答记者问"，载新华网，http://www.xinhuanet.com/politics/2015lh/zhibo/20150307c/index.htm。

② 刘欢，李云路："环保部副部长：土壤污染防治行动计划有望年内出台"，载新华网，http://news.xinhuanet.com/gongyi/2015-03/09/c_127559013.htm，最后访问时间：2015 年 8 月 5 日。

三、推动环境保护市场建设，加强公私合作及第三方治理

国合会在 2014 年的政策建议中提出：“环境基础设施的建设运营鼓励公私合作模式，降低投资成本，提高运营绩效。”

在公私合作领域，2014 年 11 月，国务院发布了《关于创新重点领域投融资机制鼓励社会投资的指导意见》（以下简称《意见》），《意见》指出，要在公共服务、资源环境、生态建设、基础设施等重点领域进一步创新投融资机制，充分发挥社会资本特别是民间资本的积极作用。《意见》第二部分“创新生态环保投资运营机制”提及的重点领域包括“推动环境污染治理市场化”：在电力、钢铁等重点行业以及开发区（工业园区）污染治理等领域，大力推行环境污染第三方治理，通过委托治理服务、托管运营服务等方式，由排污企业付费购买专业环境服务公司的治污减排服务，提高污染治理的产业化、专业化程度。稳妥推进政府向社会购买环境监测服务。建立重点行业第三方治污企业推荐制度。

2014 年 12 月，国家发展改革委发布了《关于开展政府和社会资本合作的指导意见》，从项目适用范围、部门联审机制、合作伙伴选择、规范价格管理、开展绩效评价、做好示范推进等方面，对开展政府和社会资本合作（PPP）提出具体要求。指导意见指出，各地可根据当地实际及项目特点，通过授予特许经营权、政府补贴或购买服务等措施，灵活运用建设—经营—转让（BOT）、建设—拥有—运营（BOO）、建设—拥有—经营—转让（BOOT）等多种模式，切实提高项目运作效率。同时，随《指导意见》一并印发了《政府和社会资本合作项目通用合同指南》，按照平等合作、互惠互利、依法合规等原则，针对不同模式合作项目的投融资、建设、运营、移交等阶段，从合同各方的权责配置、风险分担、违约处理、政府监管、履约保证等方面，提出合同编制的注意事项及有关要求，供 PPP 项目参与各方参考借鉴。

国合会在 2014 年的政策建议中提出：“培育发挥环保组织的作用，营造有利于其发展的社会环境。制定相关法规，保护社会组织的合法权益，规范其行为；建立有利于为社会组织提供公共和私人资金、有利于政府购买其服务的机制。”2014 年 12 月，财政部、民政部发布了《关于支持和规范社会组织承接政府购买服务的通知》，通知要求，各地要为社会组织充分发挥作用给予政策支持和引导。鼓励采取孵化培育、人员培训、项目指导、公益创投等多种途径和方式，提升社会组织承接

政府购买服务的能力。此外，要按照突出公共性和公益性原则，逐步扩大承接政府购买服务的范围和规模。充分发挥社会组织在公共服务供给中的独特功能和作用，在购买民生保障、社会治理、行业管理等公共服务项目时，同等条件下优先向社会组织购买。

2015 年 2 月，环境保护部发布了《关于推进环境监测服务社会化的指导意见》，明确了全面放开和有序放开的环境监测服务事项。其中，全面放开的环境监测服务事项包括排污单位污染源自行监测、环境损害评估监测、环境影响评价现状监测、清洁生产审核、企事业单位自主调查等环境监测活动。因地制宜、有序放开的环境监测服务事项包括环境质量自动监测站和污染源自动监测设施的运行维护、固体废物和危险废物鉴别等监测业务。凡适合社会力量承担的，环境保护行政主管部门均可依据本行政区实际情况，选择采取委托、承包、采购、名录管理等方式交由社会力量承担。同时，要加强对社会环境监测机构事中和事后监管，会同相关部门共同出台相关管理政策和办法，推动环境监测服务社会化工作的制度化、体系化、规范化。

2015 年 4 月，财政部、环境保护部联合发布了《关于推进水污染防治领域政府和社会资本合作的实施意见》。根据该意见，饮用水水源地环境综合整治将成为推进政府和社会资本合作的重点领域。为建立投资回报机制，意见强调综合采用使用者付费、政府可行性缺口补助、政府付费等方式，分类支持经营性、准公益性和公益性项目，并通过土地开发、生态旅游等收益创造能力较强的配套项目资源吸引社会资本参与。意见要求地方各级财政部门逐步从“补建设”向“补运营”、从“前补助”向“后奖励”转变。

2015 年 5 月，国务院办公厅转发了财政部、国家发展改革委、人民银行制定的《关于在公共服务领域推广政府和社会资本合作模式指导意见的通知》，指出在能源、交通运输、水利、环境保护、农业、林业、科技、保障性安居工程、医疗、卫生、养老、教育、文化等公共服务领域，广泛采用政府和社会资本合作模式，对统筹做好稳增长、促改革、调结构、惠民生、防风险工作具有战略意义。

在环境污染第三方治理领域，2015 年 1 月，国务院办公厅发布了《关于推行环境污染第三方治理的意见》，提出到 2020 年，环境公用设施、工业园区等重点领域第三方治理取得显著进展，污染治理效率和专业化水平明显提高，社会资本进入污染治理市场的活力进一步激发;环境公用设施投资运营体制改革基本完成，高效、优质、可持续的环境公共服务市场化供给体系基本形成;第三方治理业态和模式趋于成熟，涌现一批技术能力强、运营管理水平高、综合信用好、具有国际竞争力的环境服务公司。意见明确，强化政策引导和支持。完善和落实价格收费政策，实施差别电价、水价。加大财税支持力度，研究明确税收优惠政策。开展节能环保信贷资产证券化，研究推进能效贷款、碳金融产品、节能减排收益权和排污权等质押融资。支持符合条件的第三方治理企业上市融资、发行企业债券、中期票据等。

国合会在2013年的政策建议中提出："系统改革环境影响评价和社会影响评价机制。制定明确的问责制度，对履行评估程序不严格、造成'评估失灵'的干部严格问责。"

环评制度是环境保护领域的主要制度，是贯彻"预防原则"的主要制度抓手。然而实践中经常发生环评弄虚作假的情形，一个重要的原因就在于一些环评单位与负责审批环评文件的环保部门之间存在利益关系。《环境影响评价法》明确规定："为建设项目环境影响评价提供技术服务的机构，不得与负责审批建设项目环境影响评价文件的环境保护主管部门或其他有关审批部门存在任何利益关系。"2015年2月，中央巡视组发现"环评技术服务市场'红顶中介'现象突出，容易产生利益冲突和不当利益输送"，要求"限期完成环评机构脱钩改制，规范环评技术服务市场"。

2015年3月23日，环境保护部发布了《全国环保系统环评机构脱钩工作方案》。2015年3月，环境保护部又发布了《关于严格廉洁自律、禁止违规插手环评审批的规定》，禁止环保系统行政机关副科级以上领导干部，企事业单位、社会团体相当于副科级以上领导干部及其亲属插手环评审批。2015年3月，环保部发布了《环境影响评价机构资质管理廉政规定》，严禁负责环境影响评价机构资质审查、技术审核和日常管理的工作人员进行妨碍环境影响评价资质审查和技术审核工作廉洁、独立、客观、公正开展的活动，违者将依法追究法律责任。

与此同时，2015年3月，环境保护部还发布了《关于进一步加强环评违法项目责任追究的通知》，要求各级环境保护部门严格依法对存在"未批先建""擅自实施重大变动"等环评违法行为的建设项目实施行政处罚。

按照中央简政放权的要求，国务院于2014年12月提出，除了重特大项目之外，不再将环评（海洋环评）审批作为核准制项目的前置条件。2015年3月，环境保护部对审批环境影响评价文件的建设项目目录再次进行了调整，发布了《环境保护部审批环境影响评价文件的建设项目目录（2015年本）》，将火电站、热电站、炼铁炼钢、有色冶炼、国家高速公路、汽车、大型主题公园等32项建设项目环评审批权限下放至省级环境保护部门。2015 年 4 月，又发布了新的《建设项目环境影响评价分类管理名录》，将 13 类项目由编制环境影响报告书降为编制报告表或填报登记表。两项举措——一个放权一个简政，进一步优化了环评审批环节和流程。

2015 年 4 月，环境保护部出台《建设项目环境影响后评价管理办法（试行）》，从适用情形、责任主体、评价内容、时限方式、后评价机构资质和管理要求等方面对环境影响后评价工作作出规范，突出了建设单位环保主体责任和属地环保部门监管责任。

四、遵循发展和保护相统一的理念，推进绿色经济政策

长期以来，国合会积极倡导通过实施绿色经济政策促进中国经济的绿色转型。国合会在 2014 年的政策建议中提出："尽快落实国家鼓励环境保护的各项财税、物价、金融等政策。""完善财政贴息机制，鼓励绿色贷款。建议财政部门、发展改革与银行监管部门和金融机构合作，制订一套科学、有效、便捷的对绿色项目的贴息计划。"继 2012 年发布《绿色信贷指引》之后，2015 年 1 月，中国银监会和国家发展改革委联合发布了《能效信贷指引》。该指引所称"能效信贷"是指银行业金融机构为支持用能单位提高能源利用效率，降低能源消耗而提供的信贷融资，能效信贷包括用能单位能效项目信贷和节能服务公司合同能源管理信贷两种信贷方式，银行业金融机构分别向用能单位和节能服务公司提供信贷支持。指引明确能效信贷重点服务领域为工业节能、建筑节能、交通运输节能以及其他与节能项目、服务、技术和设备有关的重要领域。指引根据能效项目重要特征，从技术类型、涉及主体、市场潜力 3 个方面，为银行业金融机构开展能效信贷提供思路和业务切入点，鼓励银行业金融机构在有效控制风险和商业可持续的前提下，重点支持符合国家产业政策或行业规划的能效项目。

国合会在 2014 年的政策建议中提出："改革资源税。资源税从价计征。根据资源级差，对石油征收 10% ～ 15% 资源税，对进口石油征收同等税率的资源税；对煤炭征收 10% ～ 15% 资源税，对进口煤炭征收同等税率资源税。"2014 年 10 月，财政部发布了《关于实施煤炭资源税改革的通知》，规定自 2014 年 12 月 1 日起在全国范围内实施煤炭资源税从价计征改革。煤炭资源税税率幅度为 2% ～ 10%，具体适用税率由省级财税部门在上述幅度内，根据本地区清理收费基金、企业承受能力、

煤炭资源条件等因素提出建议，报省级人民政府拟定。为落实《关于实施煤炭资源税改革的通知》规定的煤炭资源税优惠政策，2015 年 4 月，国家税务总局和国家能源局发布了《关于落实煤炭资源税优惠政策若干事项的公告》。2015 年 7 月，国家税务总局发布了《煤炭资源税征收管理办法（试行）》，明确了煤炭计税价格的确定方法、运费扣减范围、洗选煤折算率、混合销售与混合洗选的计税方法等内容。

国合会在 2014 年的政策建议中提出：“设立环境税。根据污染者付费原则对污染物排放征收环境税。”2015 年 6 月，国务院法制办公室发布了《关于〈中华人民共和国环境保护税法（征求意见稿）〉公开征求意见的通知》（以下简称《征求意见稿》），公开向全社会征求意见。《征求意见稿》对环境保护税的征税对象、计税依据、应纳税额作出了明确规定，其规定的税额标准与现行排污费的征收标准基本一致。对超标、超总量排放污染物的，加倍征收环保税。纳税人排放应税大气污染物和水污染物低于排放标准 50% 以上且未超过污染物排放总量控制指标的，省级人民政府可以决定在一定期限内减半征收环境保护税。

2015 年 8 月初，第十二届全国人大常委会向社会公布了最新调整过的立法规划，《环境保护税法》《增值税法》《资源税法》《房地产税法》《关税法》《船舶吨位税法》《耕地占用税法》七大税法被补充进该届人大五年立法规划，释放出税收法定进程提速的重要信号。[①]

2013 年 9 月，国务院发布的“大气十条”提出“建立企业‘领跑者’制度，对能效、排污强度达到更高标准的先进企业给予鼓励”。为了推动环境管理模式从“底线约束”向“底线约束”与“先进带动”并重转变，2015 年 1 月，国家发展改革委、财政部、工业和信息化部、国管局、能源局、质检总局、标准委发布了《能效“领跑者”制度实施方案》，方案指出，对能效“领跑者”给予政策扶持，引导企业、公共机构追逐能效“领跑者”。适时将能效“领跑者”指标纳入强制性能效、能耗限额国家标准，完善标准动态更新机制，不断提高能效准入门槛。

2015 年 7 月，环境保护部联合财政部、国家发展改革委、工业和信息化部发布了《环保“领跑者”制度实施方案》。环保“领跑者”是指同类可比范围内环境保护和治理环境污染取得最高成绩和效果即环境绩效最高的产品。该方案对环保“领跑者”提出了具体要求，其中包括：推行绿色供应链环境管理，注重产品环境友好设计，

① 韩洁，任峰，陈菲：“房地产税法增值税法等七大税法列入立法规划”，载新华网，http://news.xinhuanet.com/house/sjz/2015-08-06/c_1116159100.htm，最后访问时间：2015 年 8 月 15 日。

采用高效的清洁生产技术，达到国际先进清洁生产水平，全生命周期污染排放较低；产品为量产的定型产品，性能优良，达到产品质量标准要求，近一年内产品质量国家监督抽查中，该品牌产品无不合格等。同时，该方案明确，环保“领跑者”遴选和发布工作委托第三方机构开展，每年遴选和发布一次。政府部门将通过建立标准动态更新机制、加强管理、完善激励政策、扩大宣传推广等手段，保障“领跑者”制度的建立。

五、发挥社会组织和公众作用，以“互联网 +”促进公众参与和监督

国合会历来重视信息公开和公众参与在环境保护中的重要作用。国合会在 2013 年的政策建议中提出：“完善企业社会与环境责任信息披露制度，提高透明度”“发挥媒体特别是新媒体的作用，提高信息公开、舆论监督和公众参与决策的整体水平。将新媒体技术充分运用到环境信息披露体系中，建设环境决策民意平台。”2014 年又从推动国家治理能力现代化的角度上提出，加强环境保护社会治理，形成多元共治格局。

2014 年 12 月，环境保护部发布了《企业事业单位环境信息公开办法》，作为新《环境保护法》的配套规章之一。《企业事业单位环境信息公开办法》详细规定了哪些企业需要公开环境信息、需要公开哪些环境信息、通过何种途径公开环境信息以及违反信息公开义务应当受到的处罚。2015 年 7 月，环境保护部发布了《环境保护公众参与办法》，作为环境保护领域综合性的公众参与部门规章，该办法规定了环境保护公众参与的范围、参与的方式、公众意见的作用以及对公众意见的反馈、公众举报的途径、环保部门如何支持环境公益诉讼、环保部门购买社会组织服务等内容。该办法为环境保护公众参与提供了重要的制度保障，进一步明确和突出了公众参与在环境保护工作中的分量和作用。

鉴于新媒体时代的到来，中国政府也更加重视通过新媒体进行环境信息公开和公众参与。2015 年 7 月，国务院发布了《关于积极推进“互联网 +”行动的指导意见》，在“‘互联网 +’绿色生态”中，提出“建立环境信息数据共享机制，统一数据交换标准，推进区域污染物排放、空气环境质量、水环境质量等信息公开，通过互联网实现面向公众的在线查询和定制推送。加强对企业环保信用数据的采集整理，将企业

环保信用记录纳入全国统一的信用信息共享交换平台”。

2015 年 6 月，首届全国环境互联网会议在济南召开。围绕“互联网 +”时代环境传播面临的机遇和挑战、环保部门与媒体如何良性互动、环保部门与网络名人如何取得共识等主题展开讨论。环境保护部副部长潘岳提出，要善于应用互联网和新媒体，促进环境管理和环境执法转型，进一步推动环境法治。要充分利用互联网和新媒体创造的有利条件，更有力地打击违法排污企业，构建新媒体与传统媒体相融合的环境宣传教育大格局。① 在这次会议上，还举行了环境保护部官方微博、微信上线及全国环境新媒体联盟成立仪式，发布了环保类政务新媒体榜单。一些地方通过新媒体进行环境信息公开和公众参与已经取得了很大的成效。例如，山东省环境保护厅自 2013 年 5 月开通官方微博 @ 山东环境，之后山东省 17 个地级市环保政务微博全部开通，曲阜、邹平、兖州、青州、临朐等 100 多个区县级环境保护局也纷纷开通了环保政务微博，公开环保信息和工作动态，解决公众举报的环境问题，开创了“线上交流互动，线下执法联动”的三级环保政务微博体系。②

六、建立严格的约束机制，划定并严守生态红线

生态保护是建设生态文明的应有之义。划定生态红线是进行生态保护的有效途径。一年来，中国政府在生态保护和划定生态红线方面作出了诸多努力。

2015 年 3 月，环境保护部否决“小南海”水电站一事引发了舆论的高度关注。“小南海”水电站在建设之初，由于选址位于长江上游珍稀、特有鱼类国家级自然保护区内，故调整了保护区的范围，曾经引发了广泛争议。而环境保护部在 2015 年 3 月 20 日印发的《关于金沙江乌东德水电站环境影响报告书的批复》中称：“不得在向家坝水电站坝址至三峡水利枢纽库尾长江干流河段和支流岷江、赤水河河段等自然保护区范围内，再规划和建设小南海水电站、朱杨溪水电站、石硼水电站及其他任何拦河坝（闸）等涉水工程。”对于否决“小南海”水电站的原因，环境保护部称：“过去 10 年，长江上游珍稀、特有鱼类国家级自然保护区因金沙江下游一期工程建设等因素进行了两次调整，自然保护区结构和功能已受到较大影响。未来该流

① “潘岳要求环保部门善用互联网和新媒体 推动社会共治 促进环境法治”，载环境保护部网，http://www.zhb.gov.cn/gkml/hbb/qt/201506/t20150601_302697.htm，最后访问时间：2015 年 8 月 10 日。

② “环保系统政务双微排行榜发布”，载中国环境网，http://www.cenews.com.cn/sylm/hjyw/201506/t20150601_793074.htm，最后访问时间：2015 年 7 月 24 日。

域开发必须严格按照主体功能定位，严守生态保护红线，切实严格依法保护长江上游珍稀、特有鱼类国家级自然保护区。”尽管舆论对于环境保护部的决定存在争议，但主流意见赞同和支持环保部的决定，由此可见公众对于生态保护的重要性有了更为深刻的认识。

国合会在2014年的政策建议中提出：“建议国务院尽快制定《生态保护红线管理办法》，对生态保护红线的定义与内涵、划定方法、管理体制等作出规定。”2015年5月，环境保护部发布了《生态保护红线划定技术指南》，要求各地按照该指南要求和环境保护部的统一部署，组织开展本地区生态保护红线划定工作。2015年7月，环境保护部办公厅发布了《关于召开生态保护红线划定和管理工作协调组第一次会议的通知》，协调组成员包括国家发展改革委、工业和信息化部、财政部、国土资源部、住房城乡建设部、水利部、农业部、林业局、气象局、能源局、海洋局。会议内容是研究生态保护红线划定总体思路，讨论《生态保护红线管理办法》，审议上报国务院的《生态保护红线划定工作方案》。

国合会在2014年的政策建议中提出：“划定海洋生态保护红线。通过海洋生态功能区划和海洋其他空间规划，划定海洋生态保护红线，维护海洋生态系统和滨海湿地的生态安全。”2015年7月，国家海洋局发布了《国家海洋局海洋生态文明建设实施方案》（2015—2020年），这是我国首个有关海洋生态文明建设的专项总体方案，为我国“十三五”期间海洋生态文明建设提供了路线图和时间表。

该实施方案提出在全国建立海洋生态红线制度，将重要、敏感、脆弱海洋生态系统纳入海洋生态红线区管控范围并实施强制保护和严格管控。实施海洋生态红线区常态化监测与监管，确保海洋生态红线区划得定、守得住。该实施方案还提出了未来几年与海洋生态红线划定有关的工作路线图：2015年，发布《国家海洋局关于全面建立实施海洋生态红线制度的若干意见》和《全国海洋生态红线划定技术指南》，沿海地方以省为单位开展海洋生态红线选划。2016年，完成全国海洋生态红线划定工作，形成海洋生态红线区监测评估方法体系，发布各海区海洋生态红线监督检查实施办法。2018年，实现海洋生态红线区的业务化监测和管理。

过去一年中，在生态保护领域其他比较重要的政策进展还包括：2015年5月，环境保护部、国家发展改革委、财政部、国土资源部、住房和城乡建设部、水利部、农业部、国家林业局、中科院、国家海洋局等十部委联合发布了《关于进一步加强涉及自然保护区开发建设活动监督管理的通知》，明确提出自然保护区属于禁止开发区域，严禁在自然保护区内开展不符合功能定位的开发建设活动。要求地方各有关部门近期要对本行政区自然保护区内存在的开发建设活动进行一次全面检查。检查重点为自然保护区内开展的采矿、探矿、房地产、水（风）电开发、开垦、挖沙采石，以及核心区、缓冲区内的旅游开发建设等其他破坏资源和环境的活动。2015 年 5 月，国家林业局发布了《关于严格禁止围垦占用湖泊湿地的通知》，要求地方各级林业主管部门，要主动协调相关部门，将辖区内湖泊湿地纳入地方主体功能区规划的禁止开发区范畴，确保在国土生态空间规划体系中对湖泊湿地实施严格保护。

七、参与全球环境治理，应对气候变化

国合会历来重视气候变化应对问题，多次向中国政府提出应对气候变化方面的政策建议。作为一个负责任的大国，中国在过去的一年中，在国内和国际层面均积极开展应对气候变化工作。国合会在 2014 年的政策建议提出，把应对气候变化，实现碳排放峰值作为绿色转型的重要内容，应制定未来 10 ～ 20 年的绿色转型路线图，确保 2030 年左右或更早实现二氧化碳排放达到峰值，尽早迎来环境质量全面改善的转折点。

国内层面，在 7 个地方碳交易试点陆续启动一年半后，适用于全国碳市场建设的国家碳交易管理办法终于出台。2014 年 12 月，国家发展改革委发布了《碳排放权交易管理暂行办法》。在配额分配上，《碳排放权交易管理暂行办法》体现了“中央统一制定标准和方案，地方负责具体实施而拥有一定灵活性”的思路，国务院碳交易主管部门(国家发展改革委)将负责重点排放单位标准的确定和最终名单的确认，确定国家以及各省、自治区和直辖市的排放配额总量、预留配额的数量、配额免费分配方法和标准。配额分配在初期将以免费分配为主，适时引入有偿分配，并逐步提高有偿分配的比例。在交易场所和方式上，全国市场的交易场所和方式将更为统一。《碳排放权交易管理暂行办法》规定，国务院碳交易主管部门负责确定碳排放权交易机构并对其业务实施监督。在碳核算和核查方面，规定重点排放单位应根据国家标准或国务院碳交易主管部门公布的企业温室气体排放核算与报告指南，制订排放监测计划，每年编制其上一年度的温室气体排放报告。

国际合作层面，中国先后与美国、印度、巴西和欧盟发表关于气候变化的联合声明，并且向《联合国气候变化框架公约》秘书处提交了应对气候变化国家自主贡

献文件《强化应对气候变化行动——中国国家自主贡献》。

2014 年 11 月，中美在北京发布中美气候变化联合声明。中国国家主席习近平和美国总统奥巴马宣布了两国各自 2020 年后应对气候变化的行动。美国计划于 2025 年实现在 2005 年基础上减排 26% ～ 28% 的目标并将努力减排 28%。中国计划 2030 年左右二氧化碳排放达到峰值且将努力早日达峰，并计划到 2030 年非化石能源占一次能源消费比重提高到 20% 左右。2015 年 9 月，中美再次发表气候变化联合声明，中国提出要在 2017 年建成全国碳市场。

2015 年 5 月，中印两国政府发表了《中华人民共和国政府和印度共和国政府关于气候变化的联合声明》。双方提出，作为最大的两个发展中国家，尽管面临社会和经济发展和消除贫困方面的巨大挑战，中国和印度均通过制定和实施减缓和适应的计划、政策和措施，正在采取雄心勃勃的国内应对气候变化行动。

2015 年 5 月，中巴两国政府发表了《中华人民共和国政府和巴西联邦共和国政府关于气候变化的联合声明》。双方重申将致力于在 2015 年年底法国巴黎举行的联合国气候变化会议上，达成一项平衡、全面、公平和富有雄心的公约下协议。中国和巴西将携手与其他缔约方，特别是“基础四国”其他成员一道为实现此目标而努力。

2015 年 6 月，中国和欧盟发布了《中欧气候变化联合声明》，双方致力于携手努力推动 2015 年巴黎气候大会达成一项富有雄心、具有法律约束力的协议，加强公约的实施。双方敦促发达国家为发展中国家特别是易受气候变化不利影响的发展中国家，开展有力度的减缓和适应行动，提供和动员强化资金支持，并认可其他国家的补充支持。双方重申发达国家所承诺的目标，即在有意义的减缓行动和实施透明度背景下，到 2020 年每年联合动员 1 000 亿美元以满足发展中国家的需要。

2015 年 6 月，中国向《联合国气候变化框架公约》秘书处提交了应对气候变化国家自主贡献文件《强化应对气候变化行动——中国国家自主贡献》，提出二氧化碳排放 2030 年左右达到峰值并争取尽早达峰。中国确定的 2020 年行动目标是单位国内生产总值二氧化碳排放比 2005 年下降 40% ～ 45%，非化石能源占一次能源消费比重达到 15% 左右，森林面积比 2005 年增加 4 000 万公顷，森林蓄积量比 2005 年增加 13 亿米^3。2030 年行动目标是二氧化碳排放 2030 年左右达到峰值并争取尽早达峰；单位国内生产总值二氧化碳排放比 2005 年下降 60% ～ 65%，非化石能源占一次能源消费比重达到 20% 左右，森林蓄积量比 2005 年增加 45 亿米^3 左右。①

① “我国提交应对气候变化国家自主贡献文件”，载国家发展改革委网，http://www.sdpc.gov.cn/xwzx/xwfb/201506/t20150630_710204.html，最后访问时间：2015 年 8 月 9 日。

2015 年 11 月，中法两国元首签署《中法元首气候变化联合声明》。双方强调了气候变化的紧迫性，表明两国共同努力应对这一全球性严峻挑战的政治意愿，对联合国气候变化巴黎会议涉及的重点问题达成一系列共识。双方表示坚定决心携手并与其他国家领导人一道努力，达成一项富有雄心、具有法律约束力的巴黎协议。

八、结语

在过去一年中，国合会的政策建议在政策实践中都得到了很大程度的体现。特别是多年来一直倡导的集中力量解决大气、水和土壤污染等突出环境问题、绿色经济政策、推进环保领域公私合作、建立“多元共治”的环境治理体系等，随着生态文明制度建设的深入和新《环境保护法》的实施都得到了前所未有的推进。这将为未来的环境政策制定和环境治理完善打下良好的基础。

回顾过去一年中国政府的环境与发展政策，我们可以发现，中国生态文明建设的顶层设计及“多元共治”的局面已经初步形成。

首先，生态文明建设的顶层设计基本成型。从《中共中央关于全面深化改革若干重大问题的决定》中关于“加快生态文明制度建设”的规定，到《中共中央 国务院关于加快推进生态文明建设的意见》，再到《生态文明体制改革总体方案》，可以看出，生态文明建设的顶层设计，已经逐渐从“理念”“政策”层面，深入到“具体操作”层面。

其次，加强政府以及党政领导的责任。这一年来出台的法律法规和政策，一个很重要的主题就在于把之前比较“虚化”的政府在环境保护中的职责以及党政领导人的个人责任落到实处。无论是“约谈”，还是“区域限批”“党政同责”，目的都在于通过严格的追责调动各级地方政府及其领导人环境保护的积极性，确保环境保护的目标能够不折不扣地得以实现。

再次，通过信息公开、公众参与、环境公益诉讼等充分发挥公众在环境决策和监督环境违法行为中的作用。中国政府越来越认识到信息公开和公众参与在环境保护中的积极作用，进一步拓展了公众参与的渠道，充分利用互联网平台发布环境信息、与公众进行互动及受理公众举报，这些举措不但有利于促进政府和企业作出更明智的环境决策，弥补政府环境执法资源的不足，也有利于提升政府的公信力。

最后，通过市场的力量提升环境保护的水平。环境保护既要靠政府，也要靠市场。

这一年来，中国政府一方面加大了环境执法的力度（“大棒”），另一方面也明显加大了经济激励的力度（“胡萝卜”）。通过对环保和能效“领跑者”的奖励，推进绿色信贷、环境税改革、排污权交易及全国碳市场的建立，鼓励公私合作及第三方治理等，全面提升企业自觉履行环境保护法定义务和社会责任的积极性。

2015 年是全面贯彻落实《中共中央　国务院关于加快推进生态文明建设的意见》和《生态文明体制改革总体方案》的开局之年，也是“十二五”规划的收官之年。当前，生态文明建设的顶层设计已经基本成型，环境法治取得重大进展，“多元共治”的现代环境治理体系初步建立。我们期待，在即将开始实施的“十三五”规划中，中国的生态文明建设能够取得更大的成就。

附表　2014 年国合会的政策建议与《生态文明体制改革总体方案》提出的改革措施对照表

2014 年国合会的政策建议	《生态文明体制改革总体方案》
按照生态系统管理方式，建立职能科学、结构优化、权责统一、运行高效的生态环保管理体制	（十三）完善自然资源监管体制。将分散在各部门的有关用途管制职责，逐步统一到一个部门，统一行使所有国土空间的用途管制职责
整合分散在各部门的污染防治职能，实现所有污染源、污染物和环境介质的统一监管	（四十）完善环境保护管理制度。建立和完善严格监管所有污染物排放的环境保护管理制度，将分散在各部门的环境保护职责调整到一个部门，逐步实行城乡环境保护工作由一个部门进行统一监管和行政执法的体制
加强环境执法和监管。尽快制定新《环境保护法》相关条款实施细则，建立一个法定、权威和独立的环保部门和公安机关联合执法机制，提高执法监督实效	（四十）有序整合不同领域、不同部门、不同层次的监管力量，建立权威统一的环境执法体制，充实执法队伍，赋予环境执法强制执行的必要条件和手段。完善行政执法和环境司法的衔接机制
优先制定落实公众参与、信息公开、环境诉讼的具体制度	（三十八）健全环境信息公开制度。全面推进大气和水等环境信息公开、排污单位环境信息公开、监管部门环境信息公开，健全建设项目环境影响评价信息公开机制。健全环境新闻发言人制度。引导人民群众树立环保意识，完善公众参与制度，保障人民群众依法有序行使环境监督权。建立环境保护网络举报平台和举报制度，健全举报、听证、舆论监督等制度。

2014 年国合会的政策建议	《生态文明体制改革总体方案》
改革并继续实施污染物总量控制制度。研究制定包括主要污染物排放、煤炭消费、二氧化碳排放的全面总量控制制度	（十九）建立能源消费总量管理和节约制度。逐步建立全国碳排放总量控制制度和分解落实机制，建立增加森林、草原、湿地、海洋碳汇的有效机制，加强应对气候变化国际合作
出台污染物排放许可制度相关法规和实施细则，将排污单位纳入统一监管。改革环境影响评价制度和“三同时”制度，做好与排污许可制度的衔接	（三十五）完善污染物排放许可制。尽快在全国范围建立统一公平、覆盖所有固定污染源的企业排放许可制，依法核发排污许可证，排污者必须持证排污，禁止无证排污或不按许可证规定排污
强化生态环境损害赔偿和责任追究，强化司法机关追究环境违法行为的责任和能力	（三十九）严格实行生态环境损害赔偿制度。强化生产者环境保护法律责任，大幅度提高违法成本。健全环境损害赔偿方面的法律制度、评估方法和实施机制，对违反环保法律法规的，依法严惩重罚；对造成生态环境损害的，以损害程度等因素依法确定赔偿额度；对造成严重后果的，依法追究刑事责任
环境基础设施的建设运营鼓励公私合作模式，降低投资成本，提高运营绩效	（四十一）培育环境治理和生态保护市场主体。鼓励各类投资进入环保市场。能由政府和社会资本合作开展的环境治理和生态保护事务，都可以吸引社会资本参与建设和运营。通过政府购买服务等方式，加大对环境污染第三方治理的支持力度
开展重点区域地方政府的环境审计。制定政府环境审计办法，明确地方各级政府、党政领导干部为环境审计的主要对象。强化政府环境审计的独立性、公开性和透明度。探索建立人民代表大会下的政府环境与资源一体化的审计制度	（五十）对领导干部实行自然资源资产离任审计。在编制自然资源资产负债表和合理考虑客观自然因素基础上，积极探索领导干部自然资源资产离任审计的目标、内容、方法和评价指标体系。以领导干部任期内辖区自然资源资产变化状况为基础，通过审计，客观评价领导干部履行自然资源资产管理责任情况，依法界定领导干部应当承担的责任，加强审计结果运用。在内蒙古呼伦贝尔市、浙江湖州市、湖南娄底市、贵州赤水市、陕西延安市开展自然资源资产负债表编制试点和领导干部自然资源资产离任审计试点

2014 年国合会的政策建议	《生态文明体制改革总体方案》
改革资源税，资源税从价计征。设立环境税	（三十一）加快资源环境税费改革。加快推进资源税从价计征改革，逐步将资源税扩展到占用各种自然生态空间，在华北部分地区开展地下水征收资源税改革试点。加快推进环境保护税立法
实行能源消费总量控制目标	（十九）建立能源消费总量管理和节约制度。合理确定全国能源消费总量目标，并分解落实到省级行政区和重点用能单位
建立基于风险的银行和评级公司绿色信贷体系。银行和评级公司在项目评估中引入环境风险因素，建立绿色信贷体系。强化银行对贷款的环境风险控制，减少绿色项目的融资成本	（四十五）建立绿色金融体系。推广绿色信贷，研究采取财政贴息等方式加大扶持力度，鼓励各类金融机构加大绿色信贷的发放力度，明确贷款人的尽职免责要求和环境保护法律责任。建立绿色评级体系以及公益性的环境成本核算和影响评估体系
实行强制性绿色保险。在石油和天然气开采、石油化工、钢铁、塑料等行业强制投保	（四十五）建立绿色金融体系。在环境高风险领域建立环境污染强制责任保险制度
建立上市公司和发行债券企业的环境信息披露机制。要求上市公司和发行债券的企业定期发布社会责任报告，披露其环境影响信息	（四十五）建立绿色金融体系。建立上市公司环保信息强制性披露机制
将部分国土面积确定为国家生态保护红线。生态保护红线应依据中国的生态问题、生态敏感性和生态系统服务重要性空间特征划定。生态保护红线总量将涵盖大部分（但可能不是全部）现有的保护区	（十一）健全国土空间用途管制制度。将用途管制扩大到所有自然生态空间，划定并严守生态红线，严禁任意改变用途，防止不合理的开发建设活动对生态红线的破坏

2014 年国合会的政策建议	《生态文明体制改革总体方案》
进一步明确和整合中国现有不同类型的保护区功能定位与管理体制，建立由自然保护区、国家公园、风景名胜区、农业种质资源保护区、生态功能保护区等类型构成的自然保护地体系	（十二）建立国家公园体制。加强对重要生态系统的保护和永续利用，改革各部门分头设置自然保护区、风景名胜区、文化自然遗产、地质公园、森林公园等的体制，对上述保护地进行功能重组，合理界定国家公园范围
加快推进和完善生态补偿制度。坚持“谁污染谁付费，谁破坏谁赔偿，谁保护谁受益”的原则，调动地方政府特别是财政困难地区政府保护环境的积极性。综合考虑建立土地权属与利益相关者生态补偿长效机制，将生态补偿直接支付到生态保护红线区的土地所有者或经营者，以生态保护红线区为重点布局重大生态建设工程。依据生态保护红线区面积及保护成效，完善生态转移支付政策，实现生态转移支付强度与生态保护红线区域面积和保护成效挂钩。	（三十二）完善生态补偿机制。探索建立多元化补偿机制，逐步增加对重点生态功能区的转移支付，完善生态保护成效与资金分配挂钩的激励约束机制。制定横向生态补偿机制办法，以地方补偿为主，中央财政给予支持。鼓励各地区开展生态补偿试点，继续推进新安江水环境补偿试点，推动在京津冀水源涵养区、广西广东九洲江、福建广东汀江— 韩江等开展跨地区生态补偿试点，在长江流域水环境敏感地区探索开展流域生态补偿试点。 （三十三）完善生态保护修复资金使用机制。按照山水林田湖系统治理的要求，完善相关资金使用管理办法，整合现有政策和渠道，在深入推进国土江河综合整治的同时，更多用于青藏高原生态屏障、黄土高原－川滇生态屏障、东北森林带、北方防沙带、南方丘陵山地带等国家生态安全屏障的保护修复。

附件 2014—2015 年中国环境与发展重要政策进展

一、环境与发展领域的新进展

（一）经济社会发展

2014 年是全面深化改革的开局之年。面对复杂多变的国际环境和艰巨繁重的国内改革发展稳定任务，党中央、国务院团结带领全国各族人民，坚持稳中求进的工作总基调，积极适应经济发展新常态，实现了经济社会持续稳步发展。2014 年，中国国内生产总值达到 63.6 万亿元，比上年增长 7.4%，在世界主要经济体中名列前茅。城镇新增就业 1 322 万人，高于上年。居民消费价格上涨 2%。粮食产量达到 1.21 万亿斤，消费对经济增长的贡献率上升 3 个百分点，达到 51.2%，服务业增加值比重由 46.9% 提高到 48.2%，新产业、新业态、新商业模式不断涌现。全年全国一般公共财政收入 140 350 亿元，比上年增加 11 140 亿元，增长 8.6%，研究与试验发展经费支出与国内生产总值之比超过 2%。全国居民人均可支配收入实际增长 8%，快于经济增长；农村居民人均可支配收入实际增长 9.2%，快于城镇居民收入增长；农村贫困人口减少 1 232 万人；6 600 多万农村人口饮水安全问题得到解决。改革开放有新的突破，全面深化改革系列重点任务启动实施，本届政府减少 1/3 行政审批事项的目标提前实现。①

（二）节能减排进展

2014 年，全国化学需氧量、氨氮、二氧化硫、氮氧化物排放总量同比分别下降 2.47%、2.90%、3.40%、6.70%。② 单位 GDP 能耗强度下降 4.8%，是近年来最大降幅。③ 各项减排目标均超额完成④。至 2015 年上半年，全国化学需氧量排放总量 1 138.3

---

① 李克强：“政府工作报告——2015 年 3 月 5 日在第十二届全国人民代表大会第三次会议上”，载中华人民共和国中央人民政府网，http://www.gov.cn/guowuyuan/2015-03/16/content_2835101.htm，最后访问时间：2015 年 8 月 3 日。

② 环境保护部：“2014 年《中国环境状况公报》”，载环境保护部网，http://jcs.mep.gov.cn/hjzl/zkgb/2014zkgb/201506/t20150605_302991.htm，最后访问时间：2015 年 8 月 3 日。

③ 李克强：“政府工作报告——2015 年 3 月 5 日在第十二届全国人民代表大会第三次会议上”，载中华人民共和国中央人民政府网，http://www.gov.cn/guowuyuan/2015-03/16/content_2835101.htm，最后访问时间：2015 年 8 月 3 日。

④ 2014 年，节能减排的目标为与 2013 年相比，单位 GDP 能耗、化学需氧量、二氧化硫、氨氮、氮氧化物排放量分别下降 3.9%、2%、2%、2%、5% 以上。参见《国务院办公厅关于印发 2014—2015 年节能减排低碳发展行动方案的通知》（国办发〔2014〕23 号），2014 年 5 月 15 日。

万吨，氨氮排放总量 118.6 万吨，二氧化硫排放总量 989.1 万吨，氮氧化物排放总量 1 002.8 万吨，[①] 四项主要污染物提前半年完成“十二五”规划目标。

2014 年全年新增城镇污水日处理能力 1 070 万吨，2.6 亿千瓦燃煤机组实施脱硝改造，2.4 亿千瓦燃煤机组实施除尘改造，1.3 亿千瓦燃煤机组脱硫实施增容改造；3.6 万米 ^{2} 钢铁烧结机安装烟气脱硫设施，6.5 亿吨水泥熟料产能新型干法生产线安装脱硝设施。[②]

随着减排力度的提高，环境质量也有了明显改善。2014 年首批实施新环境空气质量标准的 74 个城市 $PM_{2.5}$ 平均浓度比 2013 年下降 11.1%。2015 年前 8 个月，京津冀地区 $PM_{2.5}$ 平均浓度与 2013 年同期相比下降 29%；北京达标天数增加 23 天，重污染天数减少 22 天。

二、面临的环境问题及环境与发展领域工作重点

尽管中国环境保护取得了重大成就，但目前的环境恶化的趋势并未得到根本扭转。在经济新常态下，环保工作面临新的挑战。一方面，经济增长下行压力加大，企业生产经营困难增多，一些地方政府和企业治污力度有所减弱；另一方面，公众对于环境质量恶化的容忍度降低，环境纠纷极易引发群体性事件，环保工作面临着巨大的压力。

认识新常态，适应新常态，引领新常态，是当前和今后一个时期我国经济发展的大逻辑。环境保护工作也必须放在经济发展新常态中进行考量。

2014 年 12 月召开的中央经济工作会议和 2015 年 3 月李克强总理在全国人民代表大会上作的《政府工作报告》，基本确立了 2015 年环境与发展工作的重点。2014 年，环境与发展工作的重点是顺应人民群众对良好生态环境的期待，推动形成绿色低碳循环发展新方式。[③]

2014 年 12 月召开的中央经济工作会议指出，从资源环境约束来看，过去能源

① “环境保护部发布 2015 年上半年各省、自治区、直辖市主要污染物排放量数据公报”，载环境保护部网，http://www.mep.gov.cn/gkml/hbb/qt/201509/t20150906_309369.htm，最后访问时间：2015 年 9 月 6 日。

② 环境保护部：“2014 年《中国环境状况公报》”，载环境保护部网，http://jcs.mep.gov.cn/hjzl/zkgb/2014zkgb/201506/t20150605_302991.htm，最后访问时间：2015 年 8 月 3 日。

③ “中央经济工作会议在京举行”，载新华网，http://news.xinhuanet.com/fortune/2014-12/11/c_1113611795.htm，最后访问时间：2015 年 8 月 3 日。

资源和生态环境空间相对较大，现在环境承载能力已经达到或接近上限，必须顺应人民群众对良好生态环境的期待，推动形成绿色低碳循环发展新方式。2015 年，要坚持不懈推进节能减排和保护生态环境，既要有立竿见影的措施，更要有可持续的制度安排，坚持源头严防、过程严管、后果严惩，治标治本多管齐下，朝着蓝天净水的目标不断前进。①

李克强总理在《政府工作报告》中指出，2015 年，政府在环境与发展领域的主要工作包括：① 要打好节能减排攻坚战。二氧化碳排放强度要降低 3.1% 以上，化学需氧量、氨氮排放都要减少 2% 左右，二氧化硫、氮氧化物排放要分别减少 3% 左右和 5% 左右。② 改善环境质量。深入实施大气污染防治行动计划，实行区域联防联控，推动燃煤电厂超低排放改造，促进重点区域煤炭消费零增长。推广新能源汽车，治理机动车尾气，提高油品标准和质量，在重点区域内重点城市全面供应国五标准车用汽柴油。2005 年年底前注册营运的黄标车要全部淘汰。积极应对气候变化，扩大碳排放权交易试点。实施水污染防治行动计划，加强江河湖海水污染、水污染源和农业面源污染治理，实行从水源地到水龙头全过程监管。推行环境污染第三方治理。做好环保税立法工作。严格环境执法，对偷排偷放者出重拳，让其付出沉重的代价；对姑息纵容者严问责，使其受到应有的处罚。③ 开发绿色能源，推动绿色消费。大力发展风电、光伏发电、生物质能，积极发展水电，安全发展核电，开发利用页岩气、煤层气。控制能源消费总量，加强工业、交通、建筑等重点领域节能。积极发展循环经济，大力推进工业废物和生活垃圾资源化利用。我国节能环保市场潜力巨大，要把节能环保产业打造成新兴的支柱产业。④ 推动生态保护。推进重大生态工程建设，拓展重点生态功能区，办好生态文明先行示范区，开展国土江河综合整治试点，扩大流域上下游横向补偿机制试点，保护好三江源。扩大天然林保护范围，有序停止天然林商业性采伐。今年新增退耕还林还草 1 000 万亩，造林 9 000 万亩。②

根据 2014 年全国环境保护工作会议上的部署，2014 年环境保护的重点工作主要包括：① 集中力量打好大气、水和土壤污染防治三大战役。深入实施“大气十条”，全面落实《水十条》，稳步推进土壤污染治理。② 不折不扣地完成主要污染物减排任务。2015 年确定的年度减排任务是与 2014 年相比，全国化学需氧量、氨氮排放量分别

① “中央经济工作会议在京举行”，载新华网，http://news.xinhuanet.com/fortune/2014-12/11/c_1113611795.htm，最后访问时间：2015 年 8 月 3 日。

② 李克强：“政府工作报告——2015 年 3 月 5 日在第十二届全国人民代表大会第三次会议上”，载中华人民共和国中央人民政府网，http://www.gov.cn/guowuyuan/2015-03/16/content_2835101.htm。

减少2%，二氧化硫排放量减少3%，氮氧化物排放量减少5%。③ 采取综合措施优化经济发展。严格环境影响评价。进一步梳理和下放环评审批权限，完成环保系统事业单位环评机构脱钩改制。④ 强化环境法治保障。①

三、重大政策进展

（1）《中共中央国务院关于加快推进生态文明建设的意见》《生态文明体制改革总体方案》进一步完善了生态文明建设的顶层设计。

国合会在2012年的政策建议中提出："做好顶层设计，研究制定生态文明建设中长期远景规划。中国政府应着手研究2020年后中国环境与发展的趋势和特点，系统设计生态文明建设的中长期远景目标、优先领域和重点任务。"

2015年3月，中共中央政治局召开会议，审议通过《关于加快推进生态文明建设的意见》，并于2015年5月公开发布了《中共中央　国务院关于加快推进生态文明建设的意见》（以下简称《意见》）。《意见》明确了生态文明建设的目标和途径。

《意见》提出了我国生态文明建设的目标。总体目标是到2020年，资源节约型和环境友好型社会建设取得重大进展，主体功能区布局基本形成，经济发展质量和效益显著提高，生态文明主流价值观在全社会得到推行，生态文明建设水平与全面建成小康社会目标相适应。具体目标包括：① 国土空间开发格局进一步优化。经济、人口布局向均衡方向发展，陆海空间开发强度、城市空间规模得到有效控制，城乡结构和空间布局明显优化。② 资源利用更加高效。单位国内生产总值二氧化碳排放强度比2005年下降40%～45%，能源消耗强度持续下降，资源产出率大幅提高，用水总量力争控制在6 700亿米^{3}以内，万元工业增加值用水量降低到65立米^{3}以下，农田灌溉水有效利用系数提高到0.55以上，非化石能源占一次能源消费比重达到15%左右。③ 生态环境质量总体改善。主要污染物排放总量继续减少，大气环境质量、重点流域和近岸海域水环境质量得到改善，重要江河湖泊水功能区水质达标率提高到80%以上，饮用水安全保障水平持续提升，土壤环境质量总体保持稳定，环境风险得到有效控制。森林覆盖率达到23%以上，草原综合植被覆盖度达到56%，湿地面积不低于8亿亩，50%以上可治理沙化土地得到治理，自然岸线保有率不低

① 周生贤："适应新常态"打好攻坚战"全面完成"十二五"目标任务——在2015年全国环境保护工作会议上的讲话"，http://www.mep.gov.cn/gkml/hbb/qt/201501/t20150120_294355.htm，最后访问时间：2015年8月3日。

于 35%，生物多样性丧失速度得到基本控制，全国生态系统稳定性明显增强。④ 生态文明重大制度基本确立。基本形成源头预防、过程控制、损害赔偿、责任追究的生态文明制度体系，自然资源资产产权和用途管制、生态保护红线、生态保护补偿、生态环境保护管理体制等关键制度的建设取得决定性成果。

为了实现上述目标，《意见》提出了强化主体功能定位，优化国土空间开发格局；推动技术创新和结构调整，提高发展质量和效益；全面促进资源节约循环高效使用，推动利用方式根本转变；加大自然生态系统和环境保护力度，切实改善生态环境质量；健全生态文明制度体系；加强生态文明建设统计监测和执法监督；加快形成推进生态文明建设的良好社会风尚；切实加强组织领导等八大项、32 小项具体措施。①

2015 年 9 月 11 日，中共中央政治局召开会议，审议通过了《生态文明体制改革总体方案》，标志着生态文明建设的顶层设计，已经逐渐从“理念”“政策”层面，深入到“具体操作”层面。②《生态文明体制改革总体方案》提出，推进生态文明体制改革首先要树立和落实正确的理念，统一思想，引领行动。要树立尊重自然、顺应自然、保护自然的理念，发展和保护相统一的理念，“绿水青山就是金山银山”的理念，自然价值和自然资本的理念，空间均衡的理念，山水林田湖是一个生命共同体的理念。推进生态文明体制改革要坚持正确方向，坚持自然资源资产的公有性质，坚持城乡环境治理体系统一，坚持激励和约束并举，坚持主动作为和国际合作相结合，坚持鼓励试点先行和整体协调推进相结合。推进生态文明体制改革要搭好基础性框架，构建产权清晰、多元参与、激励约束并重、系统完整的生态文明制度体系。要建立归属清晰、权责明确、监管有效的自然资源资产产权制度；以空间规划为基础、以用途管制为主要手段的国土空间开发保护制度；以空间治理和空间结构优化为主要内容，全国统一、相互衔接、分级管理的空间规划体系；覆盖全面、科学规范、管理严格的资源总量管理和全面节约制度；反映市场供求和资源稀缺程度，体现自然价值和代际补偿的资源有偿使用和生态补偿制度；以改善环境质量为导向，监管统一、执法严明、多方参与的环境治理体系；更多运用经济杠杆进行环境治理和生态保护的市场体系；充分反映资源消耗、环境损害、生态效益的生态文明绩效评价考核和责任追究制度。

① “中共中央政治局召开会议审议《关于加快推进生态文明建设的意见》”，载新华网，http://news.xinhuanet.com/2015-03/24/c_1114749476.htm，最后访问时间：2015 年 8 月 6 日。

② 严厚福：“生态文明，让理念变成现实”，载《人民日报》2015 年 9 月 14 日第 5 版。

（2）中央全面深化改革领导小组第十四次会议通过的《关于开展领导干部自然资源资产离任审计的试点方案》《党政领导干部生态环境损害责任追究办法（试行）》《环境保护督察方案（试行）》《生态环境监测网络建设方案》以及《中共十八届五中全会公报》提出的“实行省以下环保机构监测监察执法垂直管理制度”为生态文明建设提供了坚实的体制和制度保障。

2015 年 7 月 1 日召开的中央全面深化改革领导小组第十四次会议通过了四项有关生态文明建设的重要文件:《关于开展领导干部自然资源资产离任审计的试点方案》《党政领导干部生态环境损害责任追究办法（试行）》《环境保护督察方案（试行）》以及《生态环境监测网络建设方案》。①

根据会议通报，建立环保督察工作机制是建设生态文明的重要抓手，对严格落实环境保护主体责任、完善领导干部目标责任考核制度、追究领导责任和监管责任，具有重要意义。《环境保护督察方案（试行）》明确了督察的重点对象、重点内容、进度安排、组织形式和实施办法。把环境问题突出、重大环境事件频发、环境保护责任落实不力的地方作为先期督察对象，近期要把大气、水、土壤污染防治和推进生态文明建设作为重中之重，重点督察贯彻党中央决策部署、解决突出环境问题、落实环境保护主体责任的情况。要强化环境保护“党政同责”和“一岗双责”的要求，对问题突出的地方追究有关单位和个人责任。②

《关于开展领导干部自然资源资产离任审计的试点方案》主要目标是探索并逐步形成一套比较成熟、符合实际的审计规范，明确审计对象、审计内容、审计评价标准、审计责任界定、审计结果运用等，推动领导干部守法守纪、守规尽责，促进自然资源资产节约集约利用和生态环境安全。主要对领导干部的任职前后，区域内自然资源资产实物量变动情况进行重点审计，审计中客观分析变动的原因是什么，哪些是客观原因，哪些是主观原因。对人为因素造成自然资源资产数量减少的、质量下降的、环境恶化的、污染比较严重的问题，要实事求是地界定领导干部应承担的责任。③

完善生态环境监测网络，关键是要通过全面设点、全国联网、自动预警、依法追责，

① 截至目前（2015 年 10 月 12 日），《党政领导干部生态环境损害责任追究办法（试行）》和《生态环境监测网络建设方案》已经公开发布，《关于开展领导干部自然资源资产离任审计的试点方案》和《环境保护督察方案（试行）》尚未公开发布。

② “习近平主持召开中央全面深化改革领导小组第十四次会议并发表重要讲话”，载新华网，http://news.xinhuanet.com/politics/2015-07/01/c_1115787597.htm，最后访问时间：2015 年 8 月 6 日。

③ 蔡梦晓，袁晗：“我国将对领导干部实行自然资源资产离任审计试点方案已出”，载新华网，http://news.xinhuanet.com/live/2015-09/17/c_1116595954.htm，最后访问时间：2015 年 9 月 24 日。

形成政府主导、部门协同、社会参与、公众监督的新格局，为环境保护提供科学依据。《生态环境监测网络建设方案》明确了五方面的工作举措。一要统一生态环境监测规划布局、标准规范与信息发布。二要突出生态环境监测与监管执法联动。三要明晰各级政府和企业生态环境监测事权与责任。四要加强对各类生态环境监测机构的监管。五要强化综合能力保障。

生态环境保护能否落到实处，关键在领导干部。《党政领导干部生态环境损害责任追究办法（试行）》首次在党中央、国务院层面明确提出在环境保护方面“党政同责”，抓住了环境治理问题的“牛鼻子”。该办法详细规定了 25 种追责情形。既要求“后果追责”，又要求“行为追责”，既强调“党政同责”，又强调“终身追责”，并且详细规定了追责的启动程序，必将对各级党委领导的环境决策行为产生深远影响。不过，该办法规定的追责启动程序有可能面临阻力，启动追责程序的环保和司法部门可能会面对“下级举报上级”的现实压力。如果不顶住这层无形的压力，不能开启追责程序，“追责”也就无从谈起。①

现行环保体制存在 4 个突出问题：一是难以落实对地方政府及其相关部门的监督责任，二是难以解决地方保护主义对环境监测监察执法的干预，三是难以适应统筹解决跨区域、跨流域环境问题的新要求，四是难以规范和加强地方环保机构队伍建设。2015 年 10 月《中共中央关于制定国民经济和社会发展第十三个五年规划的建议》提出改革环境治理基础制度，建立覆盖所有固定污染源的企业排放许可制，实行省以下环保机构监测监察执法垂直管理制度。建立全国统一的实时在线环境监控系统。健全环境信息公布制度。探索建立跨地区环保机构。开展环保督察巡视，严格环保执法。“实行省以下环保机构监测监察执法垂直管理制度”具体安排是省级环保部门直接管理市（地）县的监测监察机构，承担其人员和工作经费，市（地）级环保局实行以省级环境保护厅（局）为主的双重管理体制，县级环境保护局不再单设而是作为市（地）级环境保护局的派出机构。实行省以下环保机构监测监察执法垂直管理，有利于增强环境执法的统一性、权威性、有效性。

（3）关于贯彻实施国家主体功能区环境政策的若干意见。

为贯彻落实党的十八届三中全会关于坚定不移实施主体功能区制度的战略部署，完善主体功能区综合配套政策体系，加快推进生态文明建设和经济发展绿色化，

① 参见严厚福：“守住生态红线是干部终身责任”，载《人民日报》2015 年 8 月 24 日第 5 版。

形成人与自然和谐发展的现代化建设新格局，依据《全国主体功能区规划》和新《环境保护法》，2015 年 7 月，环境保护部和国家发展改革委联合发布了《关于贯彻实施国家主体功能区环境政策的若干意见》。

对于各类主体功能区，《意见》分别提出了相应的环境质量目标和实现该目标的政策途径，并且规定了强有力的实施保障措施。值得强调的是，《意见》提出了诸多创新性的政策和实施保障措施，例如，在禁止开发区“推进饮用水水源一级保护区内的土地依法征收”“引导人口逐步有序转移，按核心区、缓冲区、实验区的顺序，逐步转移自然保护区的人口，实现核心区无人居住，缓冲区和实验区人口大幅度减少”“率先探索编制自然资源资产负债表与考评体系”；在重点生态功能区，“对不符合主体功能定位的现有产业，通过设备折旧补贴、设备贷款担保、迁移补贴、土地置换、关停补偿等手段，实施搬迁或关闭”；在农产品主产区，“在农业生产区开展环境健康风险评估和分区，确定区域环境质量对不同农作物的影响，针对可能造成农产品污染的区域，开展生态修复，确保农产品质量”“规划和项目环评，要强化土壤环境影响评价的内容，严格限制污染型企业进入农产品主产区”；在重点开发区域，“推动建立基于环境承载能力的城市环境功能分区管理制度，加强特征污染物控制”“探索建立区域污染物行业排放总量管理模式”“在建设项目环评和规划环评中推进人群健康影响评价”“开展污染防治对环境、人群健康影响的效果评估”“针对高危企业开展环境污染健康影响评估”；在优化开发区域，“推进城市总体规划环境影响评价和人群健康风险评估”“探索环境健康损害赔偿机制”。在实施保障措施方面，提出要“开展市县‘多规合一’试点，强化政府空间管控能力，建立统一衔接、功能互补、相互协调的空间规划体系”“以区域环境质量等级不降低、生态服务功能不下降为原则，落实地方政府对环境质量负责要求，提供生态产品和环境公共服务”“加强天地一体化环境监管能力”“组织开展以空气环境质量、水环境质量为基础的新上项目的倍量控制，提升精细化水平”等。

某种意义上，该《意见》可以被视为全面深化改革背景下中国的“国家环境政策宣言”，代表了目前中国环境政策领域最新的成果，必将对未来较长一段时间内中国的环境保护工作产生深远的影响。

中国环境与发展重要政策进展与国合会政策建议影响
（2013—2014）

2014 年是全面贯彻落实《中共中央关于全面深化改革若干重大问题的决定》的开局之年，是实施“十二五”规划承前启后的关键一年。生态文明建设的顶层设计已经逐步完善，环境法治取得重大进展，“多元共治”的现代环境治理体系初步建立，中国政府正在扎实推进节能减排的攻坚战。《中共中央关于全面深化改革若干重大问题的决定》是典型的顶层设计，强调要加强生态文明制度建设，包括健全自然资源资产产权制度和用途管制制度，划定生态保护红线，实行资源有偿使用制度和生态补偿制度，改革生态环境保护管理体制。此外，更加“绿化”的政绩考核机制，也为中国的绿色转型提供了强大的动力。

生态文明建设的推进归根结底要依靠法治。这一年来，中国无论是在立法、司法还是执法领域都取得了显著进展。“史上最严”的新《环境保护法》的通过，最高人民法院环境资源审判庭的成立，被追究污染环境犯罪的案件数量的“爆炸性”增长，都说明中国的环境立法、司法、执法越来越严格，越来越有威慑力，生态文明和美丽中国也越来越有保障。

通过社会治理创新，可以让公众和市场在环境保护中发挥更大作用。新《环境保护法》和诸多规范性文件都强调应当让公众和市场在环境保护中发挥更大作用，通过公众参与、环境公益诉讼、企业环境信用评价等手段，加强对企业的监督，提高企业的违法成本。环境保护部联合国家发展改革委、中国人民银行、银监会发布《企业环境信用评价办法（试行）》。

回顾过去一年，在环境与发展领域，新政策和举措可圈可点之处颇多，政策进步之大前所未有。在这些大的政策背景下，国合会多年来所提议和倡导的诸多政策主张已经成为政策现实（见附表）。

一、生态文明体制建设和制度创新稳步推进

2013 年国合会年会正值党的十八届三中全会刚刚闭幕。国合会委员们在高度赞赏中国政府在推进生态文明建设的新努力的同时，对未来的制度化建设提出建议。国合会建议，要以三中全会提出的生态文明制度为重点，加强顶层设计和高层领导，制定实施规划，系统全面有计划、有步骤地实施。通过示范试点、建立考核体系、建立良好的治理体系等手段促进生态文明建设，抓住“十三五”的重要时机，做好“十三五”的规划，实现绿色转型。国合会还就影响环境与经济社会发展关系的重点领域以及环境保护的重点领域提出了建议，并就环境影响评价制度的完善，从规则层面将经济、社会发展与环境规划相统一协调提出了具体的建议。

在落实生态文明制度建设的顶层设计方面，中央全面深化改革领导小组下设的 6 个专项小组中，将经济体制和生态文明体制改革作为一个专项小组，并且排在第一位。环境保护部部长周生贤出任专项小组的副组长。这体现中央对生态文明建设和环境保护的高度重视，以及协调经济与生态环境保护关系、将两者统筹考虑的战略定位。

环境保护部作为落实生态文明制度建设的重要部门之一，在过去一年中，积极探索生态文明的制度建设。环境保护部成立了全面深化改革领导小组，负责环境保护全面深化改革的工作。环境保护部长周生贤指出，生态文明建设是一项复杂庞大的系统工程，要站在推进国家生态环境治理体系和治理能力现代化的高度，着力构建推进生态文明建设和环境保护，并提出生态文明制度建设的“四梁八柱”。

“十三五”成为生态文明制度建设的重要窗口期。2014 年 4 月，国家发展改革委启动“十三五”规划编制工作，就重大问题的规划开展前期研究招标。其中涉及生态文明建设和环境保护的课题有三项，分别是“十三五”生态文明建设及制度研究、“十三五”环境治理重点及模式创新研究、“十三五”应对全球气候变化及绿色低碳发展研究。

二、碳交易、排污权交易试点进一步推进

国合会历来重视环境经济手段在推动节减排和实现生态文明建设中的重要地位，价格、税收、排放交易等以市场机制为基础的长效机制都是国合会政策建议的一项重要内容。2011 年国合会政策建议提出，要实现低碳经济发展的目标和任务，中国需要在技术创新、市场机制和制度建设的基础上，逐步探索和建立自愿性的碳排放交易体系，促进碳融资和技术引进，利用市场机制推动促进低碳经济发展。2013 年碳排放交易作为一项控制二氧化碳排放的经济手段取得了重大进展。

2013 年 6 月，深圳率先正式启动碳交易市场，上海、北京、广东、天津也于 2013 年年底相继开市，湖北、重庆两地的碳交易市场也分别在 2014 年 4 月和 6 月正式启动。7 个碳交易试点省（市）都已建立了登记注册系统和交易平台，制定了主要行业企业温室气体排放核算和报告指南、第三方核查指南、交易规则等配套细则，基本完成了中国碳交易市场从无到有的建设任务。试点交易涉及行业或领域覆盖钢铁、化工、电力、热力、石化、造纸、有色、油气开采、大型建筑等。截至 2014 年 6 月 29 日，已启动交易的试点省市累计成交量约 856 万吨二氧化碳，总成交额约 3.38 亿元。①

与此同时，国家发展改革委着手全国碳市场的建设，已经启动制定全国碳排放权交易管理办法，研究全国碳交易总量控制目标及分解落实方案，继续研究制定重点行业企业温室气体核算与报告指南，开发建设国家碳交易登记注册系统。2014 年 1 月，国家发展改革委下发通知组织开展重点企（事）业单位温室气体排放报告工作，为开展碳排放权交易等相关工作提供数据支撑。

截至 2014 年 6 月，7 个碳交易试点省（市）都已制定了碳排放交易管理办法。碳排放交易的基础法律框架初步建立。7 个碳交易试点城市，无论是在技术层面还是在法律保障层面，目前都已经比较完善，碳交易实践正在稳步推进。

区域层面，2013 年 11 月 28 日，京、津、冀、晋、蒙鲁六省（区、市）签订跨区域碳排放权交易合作研究协议，拟在二氧化碳排放核算、核查、配额核定等方面开展合作研究，这将为建设区域性碳交易市场打下基础，同时也将为推动建设全国性碳交易市场探索路径。

国家层面，2013 年 10 月，国家发改委主办的中国清洁发展机制网建立了“自

① “应对气候变化工作取得积极进展”，载国家发改委网：http://xwzx.ndrc.gov.cn/xwfb/201408/t20140806_621439.html，最后访问时间：2014 年 8 月 17 日。

愿减排交易信息平台”。这标志着 CCER（中国核证自愿减排量）的交易迈出了实质性的一步。2014 年 3 月 27 日，中国自愿减排交易信息平台公布了两个成功备案的项目，开启了中国自愿减排项目的注册通道。这两个项目即为此前第一次评审上会时通过的风电项目。

2014 年 4 月 29 日，国家林业局出台《关于推进林业碳汇交易工作的指导意见》指出，基础在开展活动时，项目实施单位应就土地合格性、权属、项目组织实施等问题与林业主管部门沟通协商。省级林业主管部门要为项目实施单位在本辖区内开展相关活动提供业务指导，做好协调服务，同时掌握本辖区内开展的清洁发展机制林业碳汇项目活动情况，及时上报国家林业局。

2014 年 5 月 20 日，中国与欧盟正式启动全新的碳排交易合作项目，这标志着中欧共同削减全球温室气体排放的努力又迈出了坚实的一步。

2014 年 7 月 15 日，全国碳排放管理标准化技术委员会成立大会在国家发展改革委召开。

2014 年 8 月 31 日，国家发展改革委应对气候变化司副司长孙翠华在 2014 年中国低碳发展战略高级别研讨会上透露，全国统一碳排放权交易市场计划于 2016 年试运行，配额由国家统一分配，局部省市先入场，未入场省市仍须完成分配的总量目标。目前，国家发展改革委已经完成《中国碳排放权交易管理办法》的起草工作，正在进行内部讨论，将于 10 月上旬征求相关部门的意见，计划于 11 月初上报国务院和中央改革领导小组。

除了继续推进碳交易试点，2014 年 8 月 6 日，国务院办公厅发布了《关于进一步推进排污权有偿使用和交易试点工作的指导意见》，这是中国首次明确该方面的时间表，说明中国将更多通过市场机制选择最有效率的方法，推动节能减排和生态文明建设。

三、资源、环境税费改革取得进展

长期以来，国合会积极倡导通过资源与环境税、费等经济手段实现经济的绿色转型。2012 年国合会政策建议中提出，“全面实施绿色税收体系（包括环境税和资源税）和其他市场激励机制，推进企业和消费者行为转变。”，“积极推进资源性产品价格改革和环保收费改革，深化绿色投资、绿色信贷、绿色税收、绿色价格、绿色贸易、绿色证券、绿色保险等环境经济政策”。

《中共中央关于全面深化改革若干重大问题的决定》中要求：“加快资源税改革”，“逐步将资源税扩展到占用各种自然生态空间。”“推动环境保护费改税”。2014 年 4 月通过的《环境保护法》也为环境税立法作出了衔接，明确表示要“依照法律规定征收环境保护税的，不再征收排污费”。

北京、天津等地率先提高排污费征收标准，加强经济手段在引导污染治理方面的作用。北京市在全国率先大幅提高二氧化硫、氮氧化物、化学需氧量、氨氮四项主要污染物收费标准。2014 年第一季度，北京市排污费开单金额达 8 800 万元，相较去年第一季度（834 万元）大幅提升。与此同时，北京市许多排污单位积极采取有效措施来减少污染物排放。①

自 2014 年 7 月 1 日起，天津市开始实施新的排污费征收标准。为鼓励低标准、惩罚超标准排放，增强企业治污减排的积极性，与北京市一样，天津市环境保护局制定了差别化排污收费政策。

2014 年 9 月 1 日，国家发改委、财政部和环境保护部联合发布《关于调整排污费征收标准等有关问题的通知》，上调排污费征收标准。

在提升排污费，加强污染治理的同时，资源税的改革也在同步推进。特别是煤炭资源税改革已驶入“快车道”。在 2014 年全国“两会”期间，财政部提交全国人大审议的《关于 2013 年中央和地方预算执行情况与 2014 年中央和地方预算草案的报告》中明确表示“实施煤炭资源税从价计征改革”。国家发展改革委提交全国人大审议的《关于 2013 年国民经济和社会发展计划执行情况与 2014 年国民经济和社会发展计划草案的报告》中也提到，“2014 年经济社会发展的主要任务”中的“财税体制改革”就包括“推动煤炭资源税改革”。

天然气价格改革取得进展。2014 年 8 月，《国家发展改革委关于调整非居民用存量天然气价格的通知》发布。

四、积极推进绿色投资与消费

2011 年，国合会在给中国政府的政策建议中提出，要推动中国投资的可持续化

① “我市主要污染物排污费提标促进治污减排效果显著”，载北京市环境保护局网，http://www.bjepb.gov.cn/bjepb/323474/331443/331937/333896/397747/index.html，最后访问时间：2014 年 9 月 10 日。

和可保障性。建立起一整套评估、许可和监管体系，方便政府适当监督海外投资企业在国外的经营活动。2014年商务部发布《境外投资管理办法》（商务部令 2014年第3号）要求：企业应当要求其投资的境外企业遵守投资目的地法律法规、尊重当地风俗习惯，履行社会责任，做好环境、劳工保护、企业文化建设等工作，促进与当地的融合。

2011年，国合会在政策建议中提出要推动可持续消费；2013年的政策建议又提出，改革完善有利于可持续消费的定价制度、税收制度和财政激励机制。2014年3月，国家发改委出台《国家发展改革委关于建立健全居民生活用气阶梯价格制度的指导意见》，决定推动居民用气阶梯价格。

国合会在2013年的政策建议中提出："加大绿色公共采购力度，向绿色供应链生产的产品倾斜。修改政府采购招标系统，将新能源、低排放汽车纳入政府采购清单，促使成为法定采购标准的重要考核指标。"为了推动节能环保产业发展，防治大气污染，2014年7月13日，国家机关事务管理局等五部委联合公布了《政府机关及公共机构购买新能源汽车实施方案》。

2014年8月，环境保护部发布《"同呼吸，共奋斗"公民行为准则》。倡导公众践行低碳、绿色生活方式和消费模式，积极参与大气污染防治和环境保护。倡导绿色消费，优先购买绿色产品，不使用污染重、能耗大、过度包装的产品。厉行节约，节俭消费，循环利用物品，参与垃圾分类。

五、新型城镇化规划走绿色城镇化道路

2012年中央经济工作会议指出，城镇化是我国现代化建设的历史任务，也是扩大内需的最大潜力所在，要围绕提高城镇化质量，因势利导、趋利避害，积极引导城镇化健康发展。中央城镇化工作会议在北京举办，习近平总书记、李克强总理发表重要讲话。会议指出，城镇化是现代化的必由之路。推进城镇化是解决农业、农村、农民问题的重要途径，是推动区域协调发展的有力支撑，是扩大内需和促进产业升级的重要抓手，对全面建成小康社会、加快推进社会主义现代化具有重大现实意义和深远历史意义。

国合会在2013年的政策建议中提出，高度关注城镇化进程中的资源环境挑战，探索绿色城镇化模式，要提高城镇资源能源利用水平、同步建设城镇环境基础设施、

鼓励和推动城市绿色出行。

2014 年 3 月 18 日，国务院印发《国家新型城镇化规划（2014—2020 年）》（以下简称规划），提出要“加快绿色城市建设”，将生态文明理念全面融入城市发展，构建绿色生产方式、生活方式和消费模式。

六、积极推动信息公开与公众参与，改善环境公共治理结构

国合会在历年的政策建议中，都非常关注中国的环境法治建设、公众参与以及中国参与国际环境合作的问题。国合会始终认为，完善的环境法治、充分的公众参与以及积极地参与国际环境合作，是促进中国的绿色转型、改善环境质量、建设美丽中国以及树立中国作为负责任的大国形象的必要条件。一年来，中国政府在环境法治、信息公开、公众参与以及国际环境合作方面又作出了新的探索与努力。

中国政府越来越认识到，信息公开和公众参与是环境保护事业必不可少的组成部分，在过去一年中，中国政府坚定不移地推进环境信息公开和公众参与，取得了良好成效，重大环境群体性的数量有所减少。从 2013 年 10 月至今，影响较大的群体性事件包括广东茂名市民反对 PX 项目事件以及杭州余杭市民反对垃圾焚烧厂项目事件。

国合会在 2013 年政策建议中提出，“进一步完善和落实环境信息公开制度”“改善环境公共治理结构，建立政府—公众—企业绿色合作伙伴关系”，“通过法律将环境权利明确为公民的基本权利，同时确定公民对等的环境责任和义务。创新环境保护的社会管理机制，通过社会组织整合各类社会资源和力量，建立与政府之间更加畅通有效的沟通机制和渠道，推动各相关方有序有效地交流、表达诉求、参与环境公共决策，对政府和公共部门的环境管理过程和绩效进行监督和评价，开展自我参与式的教育和环境意识的提高等”。

中国政府更加重视环境保护中的信息公开和公众参与，最明显地体现在新修订的《环境保护法》设立专章规定信息公开与公众参与，明确规定了公众的知情权、参与权和监督权。要求各级政府、环保部门及时公开环境信息，发布环境违法企业名单，将企业环境违法信息记入社会诚信档案，重点排污单位应当如实向社会公开其主要污染物的名称、排放方式、排放浓度和总量、超标排放情况，以及防治污染

设施的建设和运行情况，接受社会监督。同时，要求对依法应当编制环境影响报告书的建设项目，建设单位应当在编制时向可能受影响的公众说明情况，充分征求意见。负责审批建设项目环境影响评价文件的部门在收到建设项目环境影响报告书后，除涉及国家秘密和商业秘密的事项外，应当全文公开；发现建设项目未充分征求公众意见的，应当责成建设单位征求公众意见。

2013 年 10 月 15 日，国务院办公厅发布了《关于进一步加强政府信息公开回应社会关切 提升政府公信力的意见》。

2013 年 11 月 14 日，环境保护部发布了建设项目环境影响评价政府信息公开指南（试行）》，实行环评报告书（表）全本、政府承诺文件、审批文件全文、环评机构和从业人员诚信信息全公开。

为做好新形势下环境信息发布和政策解读工作，切实提高环境信息发布和舆论引导工作水平，2014 年 3 月底，环境保护部发布了《关于进一步加强环境信息发布和舆论引导工作的意见》。意见提出，各级环保部门应当重点做好以下五项工作：一是完善信息发布工作机制；二是健全突发环境事件信息发布机制；三是形成重要环境信息发布与政策解读联动机制；四是推动建立专家解读机制；五是建立媒体沟通协调机制。此外，意见提出，各级环保部门要把信息发布和舆论引导工作纳入领导干部工作实绩考核内容，考核结果作为有关领导班子和领导干部综合考核评价的重要依据。

2014 年 5 月 22 日，环境保护部办公厅发布了《关于推进环境保护公众参与的指导意见》，提出要尊重和保障公众的环境知情权、参与权、表达权和监督权，强调源头参与和全过程参与。意见确立了五项主要任务，明确了公众参与的重点领域，包括环境法规和政策制定、环境决策、环境监督、环境影响评价、环境宣传教育等。

七、政绩考核机制更加“绿化”

2013 年国合会建议，“尽快完善生态文明建设的评价考核奖惩机制。组织开展绿色国民经济核算研究工作，逐步建立将资源消耗、环境损害和保护效益纳入国民经济评价体系的方法。将生态文明作为重要指标纳入地方领导干部政绩评价考核体系，建立充分体现节约环保绩效、地区差异、行业和部门特色、广大公众意愿的评价考核机制”。

长期以来，以 GDP 为中心的政绩考核机制一直被认为是各级党政领导不重视环境保护工作的根源。党中央、国务院提出建设生态文明以来，一直在强调要加强环境保护工作在政绩考核中的权重。2013 年 6 月，习近平总书记在全国组织工作会议上指出：政绩考核应当既看显绩又看潜绩，把民生改善、社会进步、生态效益等指标和实绩作为重要考核内容，再也不能简单以国内生产总值增长率来论英雄了。2013 年 11 月，中共十八届三中全会通过的《中共中央关于全面深化改革若干重大问题的决定》明确指出，要纠正单纯以经济增长速度评定政绩的偏向，对限制开发区域和生态脆弱的国家扶贫开发工作重点县取消地区生产总值考核。

2013 年 12 月，中央组织部印发《关于改进地方党政领导班子和领导干部政绩考核工作的通知》，树立了政绩考核新导向。该通知还要求，制定违背科学发展行为责任追究办法，强化离任责任审计，对拍脑袋决策、拍胸脯蛮干，给国家利益造成重大损失的，损害群众利益造成恶劣影响的，造成资源严重浪费的，造成生态严重破坏的，要记录在案，视情节轻重，给予组织处理或党纪政纪处分，已经离任的也要追究责任。可以预见，随着这种更加“绿色”的政绩考核机制的实施，各级党政领导环境保护的积极性必将大大增强。

2014 年 7 月，山西省公布了修订后的县域经济考核评价办法，取消了国定贫困县“GDP”和“GDP 增长速度”指标，36 个县因此卸掉了“GDP 政绩考核”。2014 年 8 月，福建省效能办经福建省委组织部、省发展改革委、省环境保护厅同意后下发通知，取消对 34 个县（市）的地区生产总值考核，实行生态保护优先和农业优先的绩效考评方式。宁夏和河北均明确不再对贫困县进行 GDP 考核，而改为把提高贫困人口生活水平和减少贫困人口数量作为主要指标；浙江则取消了千岛湖所在地——淳安县的 GDP 考核，同时对钱塘江源头县——开化县也不再考核工业经济，而是实行以生态为先、民生为重的单列考核；贵州也明确，2014 年 7 月 1 日起对限制开发区域和生态脆弱的国家扶贫开发工作重点县取消 GDP 考核。此外，陕西下调了 GDP 考核的分值，各市 GDP 达到全省平均值视为完成任务，超额完成任务不再加分，而生态环保指标分值增加，超额完成治霾任务还能加分。沈阳也适当调低了经济发展的考评分值，取消了 GDP 增速奖，增设环境保护重点工作奖。①

2014 年 8 月 15 日，国家发展改革委印发《单位国内生产总值二氧化碳排放降

---

① 李金磊：“多省份调整县市考核方式　中国告别‘唯 GDP 论’”，载中国新闻网，http://www.chinanews.com/gn/2014/08-13/6486146.shtml，最后访问时间：2014 年 8 月 30 日。

低目标责任考核评估办法》，指出为确保实现“十二五”碳强度降低目标，我国将把国内生产总值二氧化碳排放降低指标完成情况纳入各地区（行业）经济社会发展综合评价体系和干部政绩考核体系。这是我国首次对碳强度进行考核。

可见，过去一年来，无论是在宏观的政绩考核导向层面，还是在具体的碳排放总量控制方面，中国的政绩考核机制都变得更加“绿色”，生态文明建设和美丽中国，也由此有了最可靠的体制保障。

八、严厉打击环境违法，促进企业守法

加强立法和执法是国合会政策建议长期予认关注的问题。2013 年国合会在政策建议中提出“加强企业履行环境和社会责任的配套法律法规。加强公司法、环境保护法、消费者权益保护法以及劳动法等多种法律间的配合，加大对违规企业的惩戒力度；推动地方环保法庭建设，完善相关司法实践；支持环境公益诉讼，发挥社会环保团体的监督作用” 。新修订的《环境保护法》进一步明确了企业的责任，要求企业建立起责任制度；同时，采纳了按日计罚、行政拘留、连带责任等处罚手段，加大了对违法行为的惩罚。

2013 年 5 月，习近平总书记在支持中共中央政治局就大力推进生态文明建设进行第六次集体学习时强调：只有实行最严格的制度、最严密的法治，才能为生态文明建设提供可靠保障。对那些不顾生态环境盲目决策、造成严重后果的人，必须追究其责任，而且应该终身追究。

一年来，各级环保部门明显加大了环保执法的力度。2014 年 6 月 1 日，环境保护部、司法部等国务院八部委联合进行 2014 年全国整治违法排污企业，保障群众健康环保专项行动。[①]

除了行政执法更加严格之外，司法机关也大大增强了对污染环境犯罪的打击力度。2013 年 6 月，最高人民法院、最高人民检察院发布了《关于办理环境污染刑事案件适用法律若干问题的解释》，降低了污染环境罪的入罪门槛。2013 年 12 月，《关于加强环境保护与公安部门执法衔接配合工作的意见》，提出建立完善案件移送机制，规范联动执法程序。各级环境保护、公安部门要严格按照法律规定，不断完善

① 郄建荣：“去年涉嫌环境犯罪移送案件数量大增　以污染环境罪抓捕 186 人判决 109 件”，载《法制日报》2014 年 6 月 13 日第 6 版。

涉嫌违反治安管理、环境污染犯罪案件的移送、受理、立案机制。各级环境保护、公安部门要按照《关于环境保护行政主管部门移送涉嫌环境犯罪案件的若干规定》（环发〔2007〕78 号）和本地区制定的关于案件移送规定的要求，明确案件移送的职责、时限、程序和监督等要求，积极做好案件调查、证据收集、法律适用等工作，防止“以罚代刑”。2013 年，各级环保部门全年共向公安机关移送涉嫌环境犯罪案件 706 件，移送数量超过以往 10 年总和；公安机关受理 637 件，以污染环境罪判决 109 件，抓捕犯罪分子 186 人。①

除了严厉打击违法企业之外，各级司法机关也加大了对于环境监管失职行为的打击力度。据统计，2013 年 1—10 月，全国检察机关共查办危害生态环境渎职犯罪 889 件 1 119 人，其中不乏河南洛阳“红河谷”事件、昆明东川“牛奶河”事件等影响广泛的重大案件。②2014 年前 3 个月，检察机关查办涉及生态环境的渎职犯罪案件就达 231 人。③2013 年 4 至 2014 年 4 月，广东省检察机关共立案侦查了危害生态环境职务犯罪嫌疑人 626 人，超过 2010—2012 年 3 年查处人数的总和。④2014 年 2 月底，最高人民检察院发布了《全国检察机关开展“破坏环境资源和危害食品药品安全犯罪专项立案监督活动”工作方案》，全国检察机关将于 3—10 月开展破坏环境资源和危害食品药品安全犯罪专项立案监督活动，集中精力会同行政执法机关、公安机关排查有案不移、有案不立的破坏环境资源和危害食品药品安全犯罪线索，加大监督移送、立案的力度，切实防止“以罚代刑”。

自 2007 年贵阳清镇市人民法院成立我国第一家生态保护法庭以来，截至 2014 年 7 月，已有 16 个省（区、市）设立了 130 多家环保法庭，在环境司法专门化审判方面积累了有益经验，尤其是有力地推动了环境公益诉讼的“破冰”。

为破解环境资源案件“立案难”“取证难”等问题，进一步加大环境资源案件审判力度，2014 年 7 月 3 日，最高人民法院宣布成立专门的环境资源审判庭。最高人民法院环境资源审判庭的设立，对于促进和保障环境资源法律的全面正确施行，统一司法裁判尺度，切实维护人民群众环境权益，遏制环境形势的进一步恶化等方

---

① 郄建荣：“去年涉嫌环境犯罪移送案件数量大增　以污染环境罪抓捕 186 人判决 109 件”，载《法制日报》2014 年 6 月 13 日第 6 版。

② 彭波：“全国检察机关严肃查办环境监管渎职犯罪”，载《人民日报》2014 年 1 月 8 日。

③ 徐日丹：“呵护碧水蓝天　查办破坏环境资源犯罪，检察机关破冰前行”，载《检察日报》2014 年 5 月 8 日。

④ 彭波：“全国检察机关严肃查办环境监管渎职犯罪”，载《人民日报》2014 年 1 月 8 日。朱香山，陈云飞：“广东检察机关一年查办危害环境职务犯罪 626 人”，载《检察日报》2014 年 4 月 14 日。

面，必将产生积极而深远的影响。随着最高人民法院环境资源审判庭的成立，各级法院将成立相应的专门环境资源审判机构，进一步畅通环境资源类案件的诉讼渠道。

最高人民法院环境资源审判庭的主要职责包括：审判第一、二审涉及大气、水、土壤等自然环境污染侵权纠纷民事案件，涉及地质矿产资源保护、开发有关权属争议纠纷民事案件，涉及森林、草原等自然资源环境保护、开发、利用等环境资源民事纠纷案件；对不服下级法院生效裁判的涉及环境资源民事案件进行审查，依法提审或裁定指令下级法院再审；对下级法院环境资源民事案件审判工作进行指导；研究起草有关司法解释等。

2014 年 7 月 13 日，最高人民法院还发布了《关于全面加强环境资源审判工作 为推进生态文明建设提供有力司法保障的意见》，就环境民事公益诉讼，加强环境资源审判机构、审判队伍和审判机制专门化建设等方面作出指导性规定。

九、深入推动大气污染等突出环境问题

2013 年国合会建议：集中力量切实解决大气、水和土壤污染等突出环境问题，全面满足公众对良好环境质量的基本需求。

当前，大气污染已经成为公众最关心的环境问题，也是各级政府环境保护工作的重点。国合会在 2013 年的政策建议中指出："全面满足公众对良好环境质量的基本需求是缓解环境与社会关系压力的根本途径。""在实施大气行动计划过程中，中央政府应重点监督和协调好三个方面的落实工作：一是地方政府全面落实行动措施的情况，加大考核问责力度；二是中央相关部门落实自身职责的情况，特别是投资、财政、税收、金融、价格、贸易、科技等配套政策的到位情况；三是区域内各地方政府联合行动的情况。"

2013 年 1 月 7 日，环境保护部与 31 省份签署《大气污染防治目标责任书》，明确了各地空气质量改善目标和重点工作任务。

2014 年 6 月，京津冀及周边地区大气污染防治协作小组办公室印发《京津冀及周边地区大气污染联防联控 2014 年重点工作》。该规划将以"国十条"为基础，不同之处在于，其规划着眼的时段更长，更具有长期指导性。此外，2014 年在京津冀地区将率先实施国家大气污染物特别排放限值，研究控制机动车使用强度的经济政策。这意味着，交通拥堵费和排污费等政策可能在区域内研究实施。

为贯彻落实《大气污染防治行动计划》《2014—2015 年节能减排低碳发展行动方案》和《京津冀及周边地区落实大气污染防治行动计划实施细则》，强力推进重点行业大气污染治理，2014 年 7 月 25 日，环境保护部发布了《京津冀及周边地区重点行业大气污染限期治理方案》，决定在京津冀及周边地区开展电力、钢铁、水泥、平板玻璃行业（以下简称四个行业）大气污染限期治理行动。

为积极有效支撑大气污染防治工作，贯彻落实“大气十条”，科技部、环境保护部在组织实施《蓝天科技工程“十二五”专项规划》的基础上，组织相关科研单位和专家，对“十一五”以来国家科技计划中大气污染防治方面的相关科研成果及应用情况进行了全面梳理和筛选评估，并于 2014 年 3 月 3 日发布了《大气污染防治先进技术汇编》。

为了进一步提升煤电高效清洁发展水平，减少大气污染，2014 年 9 月 12 日，国家发展改革委发布了《煤电节能减排升级与改造行动计划（2014—2020 年）》。

为了确保《大气污染防治目标责任书》确定的目标能够顺利完成，2014 年 5 月 27 日，国务院办公厅发布了《大气污染防治行动计划实施情况考核办法（试行）》，提出复合型大气污染严重的京津冀及周边、长三角、珠三角、重庆市等地，以 $PM_{2.5}$ 年均浓度下降比例为质量考核指标；其他省（区、市）以 PM_{10} 年均浓度下降比例为质量考核指标。作为《大气污染防治行动计划》（“大气十条”）重要配套政策性文件，《大气污染防治行动计划实施情况考核办法（试行）》明确了实行“大气十条”的责任主体与考核对象，确立了以空气质量改善为核心的评估考核思路，标志着中国最严格大气环境管理责任与考核制度的正式确立。《大气污染防治行动计划实施情况考核办法（试行）》设置了空气质量改善目标完成情况和大气污染防治重点任务完成情况两类指标，实施双百分制。重点选择了对空气质量改善效果显著的任务措施，建立了可量化、可评估、可考核的大气污染防治重点任务完成情况指标体系，包括产业结构调整优化、清洁生产、煤炭管理与油品供应、燃煤小锅炉整治、工业大气污染治理、城市扬尘污染控制、机动车污染防治、建筑节能与供热计量、大气污染防治资金投入、大气环境管理 10 项子指标。考核结果报经国务院审定后，交由中共中央组织部，作为对各地领导班子、领导干部综合考核评价的重要依据。同时，实行“奖优”与“罚劣”并重，对考核结果优秀的将加大大气污染防治专项资金支持力度，不合格的将予以适当扣减。对未通过考核的，实行严格责任追究。

按照《大气污染防治行动计划实施情况考核办法（试行）》的要求，2014 年 7

月 18 日，环境保护部、国家发展改革委、工业和信息化部、财政部、住房和城乡建设部、能源局六部委公布了《大气污染防治行动计划实施情况考核办法（试行）实施细则》。

在各地政府的努力下，一些空气质量较差的地区的空气质量有所好转。例如，2014 年上半年，北京市各项大气主要污染物浓度均有所下降。其中，$PM_{2.5}$ 平均浓度为 91.6 微克 / 米 ^{3}，同比下降 11.2%；PM_{10}、二氧化硫（SO_2）和二氧化氮（NO_2）同比分别下降 1.3%、16.4% 和 4.0%；共发生空气重污染 25 天，较 2013 年同期减少 15 天。不过，$PM_{2.5}$的平均浓度（91.6 微克 / 米 ^{3}），与年均 35 微克 / 米 ^{3} 的"新国标"尚存较大差距。①

十、积极参与全球气候变化应对和适应合作

气候变化与能源和环境保护密切相关。国合会作为一个汇集国内外专家的政策讨论平台，应对和适应气候变化是国合会委员长期关心的话题。2013 年，国合会着眼长远，提出将应对气候变化纳入国家生态文明制度建设的重要组成部分，建议：中国政府应着手研判"十三五"时期经济、社会与资源环境形势，研究未来 5 ～ 10 年绿色发展、环境保护、节能减排、应对气候变化的中长期目标和对策措施。

作为一个负责任的大国，中国一直积极参与全球气候变化应对合作。

2013 年 11 月 5 日，国家发改委发布了《中国应对气候变化的政策与行动 2013 年度报告》，全面介绍了中国在应对气候变化方面所采取的一系列政策、措施、行动和取得的成效。报告共分 9 个部分，包括应对气候变化面临的形势、完善顶层设计和体制机制、减缓气候变化、适应气候变化、开展低碳发展试点示范、加强基础能力建设、全社会广泛参与、建设性参加国际谈判、加强国际交流与合作等。该报告称，中国应对气候变化工作面临新的形势，中国政府加强了应对气候变化重大战略研究和顶层设计，进一步完善了应对气候变化的管理体制和工作机制，应对气候变化在国民经济社会中的战略地位显著提升。

2013 年 11 月 18 日，出席华沙气候大会的中国国家发展改革委副主任解振华宣布，由国家发展改革委、财政部、农业部等九部门历时 2 年多联合编制完成的《国

① 余荣华："北京上半年空气质量有改善　细颗粒物（$PM_{2.5}$）浓度下降 11.2%"，载人民网，http://society.people.com.cn/n/2014/0710/c1008-25266601.html，最后访问时间：2014 年 8 月 31 日。

家适应气候变化战略》正式对外发布，这是中国第一部专门针对适应气候变化方面的战略规划。《国家适应气候变化战略》在充分评估了气候变化当前和未中国影响的基础上，明确了国家适应气候变化工作的指导思想和原则，提出要将适应气候变化的要求纳入中国经济社会发展的全过程。截至 2020 年，中国适应气候变化的主要目标是适应能力显著增强，重点任务全面落实，适应区域格局基本形成。

2013 年 11 月 20—21 日，第十六次中国、欧盟领导人会晤期间，双方共同制定《中欧合作 2020 战略规划》。双方在气候变化领域的合作包括：① 合作建立绿色低碳发展的战略政策框架，以积极应对全球气候变化，改善环境质量和促进绿色产业合作。② 通过开展中欧碳排放交易能力建设合作项目，推动中国碳排放交易市场建设，运用市场机制应对气候变化。加强中欧在低碳城镇、低碳社区、低碳产业园区等领域及控制温室气体排放方面的务实合作，开发低碳技术以推动可再生能源广泛利用，从而减少化石能源消费和相关排放。③ 加强在航空环境保护和可持续发展方面的合作，探讨如何处理航空对环境的影响，具体包括：探索建立中欧民航业节能减排领域长期合作机制；促进环境友好航空减排技术的研发；增进对航空排放影响的科学认识，为政策制定提供依据；致力于控制和减少航空排放的空管创新；可持续航空生物燃油的研发与推广；绿色机场的设计、建设与高效运营；各种减排措施影响的定量分析方法学和技术。

2014 年 1 月，《国家发展改革委关于组织开展重点企（事）业单位温室气体排放报告工作的通知》，明确开展重点单位温室气体排放报告的责任主体为 2010 年温室气体排放达到 13 000 吨二氧化碳当量，或 2010 年综合能源消费总量达到 5 000 吨标准煤的法人企（事）业单位，或视同法人的独立核算单位。纳入报告名单的重点单位根据自身实际排放情况，报告二氧化碳（CO_2）、甲烷（CH_4）、氧化亚氮（N_2O）、氢氟碳化物（HFCs）、全氟化碳（PFCs）、六氟化硫（SF_6）共 6 种温室气体的排放。报告主体温室气体排放具体的核算方法以及详细的报告内容参照《国家发展改革委办公厅关于印发首批10个行业企业温室气体排放核算方法与报告指南（试行）的通知》[发改办气候〔2013〕2526 号] 进行。

2014 年 2 月 15 日，外交部发布《中美气候变化联合声明》。联合声明表示，鉴于对气候变化及其日益恶化的影响已形成强有力的科学共识，以及与之相关的因化石燃料燃烧产生的空气污染问题，中美两国认识到亟须采取行动应对上述双重挑战，重申将致力于为 2015 年全球应对这一挑战的成功努力作出重要贡献。中美两国将利用2013年成立的中美气候变化工作组机制，通过强化政策对话，包括交流各自2020年后控制温室气体排放计划的有关信息，开展合作。声明介绍，在务实合作行动方面，双方已就工作组下启动的5个合作领域实施计划达成一致，包括载重汽车和其他汽车减排、智能电网、碳捕集利用和封存、温室气体数据的收集和管理、建筑和工业能效，并承诺投入相当精力和资源以确保在第六轮中美战略与经济对话前取得实质性成果。

2014年4月2日，中国政府发表《深化互利共赢的中欧全面战略伙伴关系——中国对欧盟政策文件》，昭示新时期对欧盟政策目标，规划今后五到十年合作蓝图。其中第八部分“气候变化、能源、环保、水利、海洋领域合作”，强调“通过部长级对话合作机制和中欧气候变化伙伴关系积极推动气候变化谈判与合作。坚持联合国气候变化框架公约原则和规定，推动达成公平有效的国际制度。加强中欧在低碳发展、市场机制、低碳城镇化、能力建设方面的务实合作”。

2014年6月17日，李克强总理访英期间，中英两国在伦敦签署了《中英气候变化联合声明》。这是中英有史以来第一次就气候变化发表联合声明。双方认为，2015年的《联合国气候变化框架公约》巴黎缔约方大会为这一全球努力提供了一个至关重要的契机，并求共同努力以促进在巴黎通过一个在公约下适用于所有缔约方的议定书、其他法律文书或具有法律效力的议定成果。双方强调，所有国家按照华沙会议决定，在第二十一次缔约方会议前通报他们的国家自主决定贡献十分重要。双方将共同努力，支持联合国秘书长的工作，并维持这一强劲势头直至2015年巴黎会议。

2014年9月17日，国务院批复同意了国家发展改革委组织编制的《国家应对气候变化规划（2014—2020年）》，提出要努力走一条符合中国国情的发展经济与应对气候变化双赢的可持续发展之路。要坚持共同但有区别的责任原则、公平原则、各自能力原则，深化国际交流与合作，同国际社会一道积极应对全球气候变化。努力实现绿色发展、低碳发展、循环发展，为携手应对全球气候变化作出积极贡献。

2014年11月12日，中国与美国发表《中美气候变化联合声明》，宣布了两国各自2020年后应对气候变化的行动，认识到这些行动是向低碳经济转型长期努力的组成部分并考虑到2℃全球温升目标。美国计划于2025年实现在2005年基础上减排26%～28%的全经济范围减排目标并将努力减排28%。中国计划2030年左右二氧化碳排放达到峰值且将努力早日达峰，并计划到2030年非化石能源占一次能源消费比重提高到 20% 左右。这是中国首次公布排放峰值。

十一、结语

在过去一年中，国合会的政策建议在政策实践中都得到了很大程度的体现。特别是多年来一直倡导的环境经济手段、立法和环境治理体系，随着生态文明制度建设的开启和《环境保护法》的修订都得到了前所未有的推进。这将为未来的环境政策制定和环境治理完善打下良好的基础。

值得一提的是，在过去一年，国合会影响力也进一步提升，特别是随着亚太经济合作组织 APEC，以下简称亚太经合组织）会议在中国的举办，国合会不失时机地利用这一重要机遇，推广了绿色供应链的成果与经验。过去若干年里，国合会致力于推动绿色供应链的建设，先后设立绿色供应链专题政策研究，在天津和上海开展绿色供应链的地方试点。面对区域经济合作的快速发展，国合会积累了大量的理论研究和试点经验，不失时机地推动打造区域供应链的绿色化。2014 年亚太经合组织贸易部长会同意推动建设亚太绿色供应链网络，致力于提升亚太地区贸易便利化水平。2014 年 11 月 11 日，亚太经合组织第二十二次领导人非正式会议通过《北京纲领：构建融合、创新、互联的亚太》宣言，同意建立亚太经合组织绿色供应链合作网络，批准在中国天津建立首个亚太经合组织绿色供应链合作网络示范中心，并鼓励其他经济体建立示范中心，积极推进相关工作。这是国合会由关注国内环境与发展逐步向区域经济与发展输出经验倾斜的一个里程碑事件。

附 表

国合会政策建议及政策发展汇总表

年份	国合会政策建议	政策进展
2001	建议国务院考虑将低碳经济作为一个新兴战略	
	国合会清洁生产工作组(2001)和环境经济工作组(2002)提出的建议；没有强化的公众参与，这个转变就不会成功	2002 年全国人大通过了《环境影响评价法》，并于 2003 年正式生效。 环境保护部 2009 年出台了新指南，要求在环境评价中提高透明度和公众参与度，并开通了环保投诉热线，使用者众多，同时还开展了很多高调的环境保护的系列活动。同样，2008 年进行了行政复议法的修订，引导公众了解各类行政审议程序
2003	就中国流域管理的观念、立法、机构强化与改革和综合规划向国合会提交了政策建议。课题组出版了《综合流域管理介绍及流域综合管理指南》，为相关领域的研究人员和实践者提供指导。课题组建议的另外一个成果就是成立了“长江论坛”	建议起到了促进制定和调整相关政策的作用。这一论坛主要关注综合流域管理问题，该论坛得到了长江流域水资源委员会的强力支持 受国合会影响产生的一系列法律和法规，都旨在通过市场手段和自愿手段来促进环境保护和可持续发展。从 2003 年开始陆续生效并得以实施的包括《中华人民共和国清洁生产促进法》(2003 年 1 月 1 日起实施)、《退耕还林条例》(2003 年 1 月 20 日开始实施，提出对参与的农民给予支持)、《排污费征收使用管理条例》(2003 年 7 月 1 日开始实施)。所有这些法规都以来自国合会的建议为基础

年 份	国合会政策建议	政 策 进 展
2005	进行了生态补偿机制和政策回顾，随后向中国政府提出有关生态补偿和国家战略的政策建议，包括建议逐渐发展和改善生态补偿立法；加强生态补偿资金转移支付；改进生态补偿管理体系；加强生态补偿的科研和试点工作等	生态补偿机制的建立已经被纳入国家决策过程，在越来越多的试点项目中得以落实。随着对流域恢复生态补偿、湿地、西部生态系统保护的重视，中国目前已经建立了生态补偿系统框架，并将在“十二五”期间进一步完善
	农业和农村发展课题组的建议提交给两位国务院分管环境和农业的副总理，他们于 2005 年将建议交给党中央的政策研究室做进一步研究	“十五”规划中增加了资金用于农村科技发展，这个趋势一直延续至“十一五”规划期间。农业工作组的另一个成果是财政部向农业部提供资金，支持修改相关法律，如《农业法》《草原法》和化肥管理规章（2002）等。农业部还根据国合会贸易和能源课题组的部分建议，启动了绿色食品行动计划（2002），农村地区小型能源项目，推动高效炉灶、生物质燃气和太阳能的使用（2001）等
2007	加强国家环境管理能力，建立更具规模、属内阁成员的环境部	2008 年 3 月，十一届全国人大一次会议决定组建环境保护部
	要转变过去的做法，建立污染物总量减排体系。课题组建议改变对几种选定的污染物进行减排的办法，而采取综合考虑总污染负荷，并更注重污染预防而不是污染治理	课题组的中方成员以其所在机构，有效地促进了建议的实施。自 2007 年以来，向降低总排放量转变，如在“十二五”规划中增加了其他污染物种类，并通过技术创新和关闭老旧工业设施进一步强调了污染防治的新技术。与决策体系进行有效对话的机构有环境与经济政策研究中心（PRCEE）和环境规划院，这两个机构都与环境保护部密切相关。环境保护部已将总量控制方法提交给其他部委
	改革地方政府官员的政绩考核体系，将各项环保目标和相关政策目标的责任纳入考核体系	2007 年 11 月，国务院转发了由环保总局制定、经中央组织部和相关部委会签的《主要污染物总量减排考核办法》，对完不成任务的地方政府主要负责人，将实行问责制和一票否决制

年份	国合会政策建议	政策进展
2007	提高公众的相关意识和参与行为，使社会各界在战略转型中都能发挥作用，包括生产、生活消费与环境健康，监督地方发展，以及直接参与环境改善工作	“十一五”以来，中国在提高公众的环境意识方面作了大量的宣传工作；在修改相关法律时都加大了公众参与的力度；通过绿色、节能产品补贴等手段，刺激公众购买节能环保的产品。2010年11月，国务院发布了《关于加强法治政府建设的意见》，其中，第四部分“坚持依法科学民主决策”提到“要把公众参与、专家论证、风险评估、合法性审查和集体讨论决定作为重大决策的必经程序。作出重大决策前，要广泛听取、充分吸收各方面意见，意见采纳情况及其理由要以适当形式反馈或者公布。完善重大决策听证制度，扩大听证范围，规范听证程序，听证参加人要有广泛的代表性，听证意见要作为决策的重要参考”
	加速改善中国现有环境法律框架、管理手段和技术，包括修订关键法规，如《环境保护法》，适当严格标准，并确保严格执行和遵守	全国人大常委会2008—2010年开展了《环境保护法》及其相关法律的后评估工作；2011年1月，全国人大环资委启动了《环境保护法》修改工作；2012年9月，《环境保护法》公开征求修改意见
	充分利用以市场机制为基础的经济政策，推动环境与发展战略转型，包括环境税、资源能源税、绿色信贷、环境保险、生态补偿、排污交易等	2007年7月，环境保护总局和银监会联合发布了《关于落实环保政策法规　防范信贷风险的意见》，绿色信贷政策开始逐步建立。2007年12月，环境保护总局与保监会联合发布了《关于环境污染责任保险工作的指导意见》，环境保险制度开始建立。2010年5月，国务院批转了国家发展改革委制定的《关于2010年深化经济体制改革重点工作的意见》，提出深化财税体制改革。出台资源税改革方案，研究开征环境税的方案。2010年8月，国家发展改革委正式开始《生态补偿条例》的起草工作。2011年10月，国家发展改革办公厅发布了《关于开展碳排放权交易试点工作的通知》，决定在北京市、天津市、上海市、重庆市、湖北省、广东省及深圳市7个省市开展碳排放权交易试点
	充分利用中国的贸易顺差，进口高能源、高资源含量的产品和技术，减少出口类似产品	2010年6月，财政部发出通知，自2010年7月15日起，取消部分钢材、化工产品、有色金属等商品的出口退税，总数达406种。2011年、2012年，中国继续以暂定税率的形式对煤炭、原油、化肥、有色金属等“两高一资”产品征收出口关税。与此同时，对于能源、资源性产品的进口实行优惠税率

年份	国合会政策建议	政策进展
2007	中国应富有建设性地参与双边或多边环境合作，坚持共同但有区别的责任原则；维持包括中国在内的发展中国家的发展权，树立中国在环境问题上负责任的国家形象	以气候变化领域的国际合作为例，中国积极参加历次联合国气候变化会议，以实际行动展示中国在环境问题上负责任的大国形象
2008	中国发展低碳经济，一方面可以帮助解决国内的资源环境问题；另一方面也可以增强应对气候变化的能力，提高国际竞争力	2009 年 9 月 22 日，在联合国气候变化峰会上，胡锦涛同志指出，中国将大力发展绿色经济，积极发展低碳经济和循环经济，研发和推广气候友好技术
	提高能源效率的环境经济政策课题组主要针对绿色投资、银行业和税收等领域提出建议	财政部、国家税务总局、环境保护部计划联合向国务院提交环境税规划，这就与国合会的工作有关，而且通过中国官方媒体得到报道。4 个开征环境税的试点地区已经落实。2011 年 7 月，温家宝同志宣布了国务院决定开展综合税制改革，包括环境税收体系
	介绍了在经济刺激计划中建议的几个主要公共工程的环境影响，中国正在走一条不同的复苏之路，重点关注环境创新，循环经济和绿色采购	2008 年 11 月，温家宝同志接见国合会委员时讨论了这个问题，而就在此前几天中国才宣布了经济刺激计划。温家宝同志特别询问了委员对这个问题的意见。刺激计划中的一大部分会用来或者直接进行环境改造，改善传统的环境基础设施，或者用来刺激可再生能源的新领域，如推广太阳能等，以及投资进行环境和可持续发展的科技创新。此外，中国环境保护部部长介绍了在经济刺激计划中建议的几个主要公共工程的环境影响，这也是国合会的一项建议。有一批工程由于存在环境问题被取消。有关政府官员都强调，中国正在走一条不同的复苏之路，重点关注环境创新，循环经济和绿色采购，都与国合会在过去几年提出的政策建议相一致
	政府应该起到更有力的领导作用，更注重预防、公共信息披露，并有针对性地努力解决突出问题	政府对国合会所提出的建议有信心，并希望得到国合会的建议，还表现在 2010 年要求国合会对新生的环境生态系统和健康问题进行研究，如土壤污染和汞污染等

年份	国合会政策建议	政策进展
2008	成立了低碳经济课题组，就低碳对经济增长产生的潜在影响，对能源与环境关系的潜在益处等方面进行了广泛的模型研究工作	国务院发展研究中心参与了大量的工作，在课题组工作还未完成以前就及时开通了建议的交流渠道。温家宝同志在 2009 年春季晚些时候和夏季的几次会议上，包括 8 月人大会议的一次特别会议上，用到的材料都与这个课题组提出的建议相一致。2009 年 9 月，胡锦涛同志在联合国大会上发表讲话，承诺中国要走低碳经济之路，并在之后的讲话中都提到从“十二五”到 2020 年的具体目标。国务院发展研究中心的代表指出，这个课题组的工作对政策的形成产生了积极影响，特别是在 2009 年。值得一提的还有，很快出现了一个支持低碳经济的广泛基础，包括上海世博会也采用了这个主题
	利用由金融危机引发的产业结构大调整的机遇，加快转变经济增长方式的步伐，加大清洁能源和生产技术创新的力度，培育和壮大清洁产业，发展低碳经济，增强解决环境污染和应对气候变化的能力	2008 年 8 月，全国人大常委会制定了《循环经济促进法》；2009 年 8 月，全国人大常委会通过了《关于积极应对气候变化的决议》；2009 年 12 月，全国人大常委会修改了《可再生能源法》；2012 年 2 月，全国人大常委会修改了《清洁生产促进法》
	在第十二个五年规划中考虑制定发展低碳经济的目标，将低碳经济发展融入当前的战略和行动中	“十二五”规划规定：“十二五”期间单位 GDP 能耗要降低 16%，单位 GDP 二氧化碳排放要降低 17%
	加强农村环境管理，整体推进中国的环境保护事业	2008 年 7 月，国务院召开全国农村环境保护工作电视电话会议，作出了“以奖促治”重大决策。2009 年 2 月 27 日，国务院办公厅转发了环境保护部、财政部、国家发展改革委《关于实行“以奖促治” 加快解决突出的农村环境问题的实施方案》，方案中明确了“以奖促治”政策的工作目标：到 2015 年，环境问题突出、严重危害群众健康的村镇基本得到治理，环境监管能力明显加强，环境意识明显增强
	以健康风险评价为基础，通过完善环境标准体系、制定污染物优先控制名录、建立和实施严格的环境准入制度等措施建立预防体系	2011 年 9 月，环境保护部发布了《国家环境保护“十二五”环境与健康工作规划》

年份	国合会政策建议	政策进展
2008	政府要以公众易于获得和理解的形式在政府网站及各种新闻媒体中及时发布公众关注的环境与健康信息	自从 2007 年《政府信息公开条例》和《环境保护信息公开办法（试行）》颁布以来，中国在环境信息公开领域取得了明显的进展。2012 年 10 月，环境保护部办公厅发布了《关于进一步加强环境保护信息公开工作的通知》，要求各级环保部门加强环境核查与审批信息公开；加强环境监测信息公开，全面推进涉及民生、社会关注度高的环境保护信息公开；加强重特大突发环境事件信息公开，及时公布处置情况。2013 年 5 月，环境保护部就《国家重点监控企业自行监测及信息公开办法（试行）》和《国家重点监控企业污染源监督性监测及信息公开办法（试行）》草案公开征求意见。2013 年 7 月，环境保护部发布了《关于加强污染源环境监管信息公开工作的通知》，要求各级环保部门主动公开污染源环境监管信息
2009	中国政府“按照到 2020 年单位国民生产总值的碳排放强度比 2005 年有明显下降的总体要求，建立明确的低碳经济发展量化目标，力争单位国内生产总值碳排放年均降低 4% ～ 5%，并按照地区和行业特征对目标进行分解”	在 2009 年 12 月哥本哈根会议前，中国公布碳减排目标——到 2020 年，中国单位国内生产总值二氧化碳排放比 2005 年下降 40% ～ 45%，将作为约束性指标纳入国民经济和社会发展中长期规划，并制定相应的国内统计、监测、考核办法
	国合会有若干个课题组和工作组都做过生态和生态系统方面的工作，包括生物多样性工作组、林草课题组、生态安全课题组、综合流域管理课题组；保护地课题组、环境与自然资源定价和税收课题组、生态补偿机制和政策课题组等。生态系统服务和管理战略课题组的研究	这些课题组和工作组的建议中，十项建议得到了完全实施，并反映在国家政策和规章中，其他的长期建议正在由相关部门进行审议，其中包括增加自然保护区的数量和种类，并改进其管理和资金配置，对当地人民进行生态补偿，因为他们为更广大的社会群众保护并改善了生态效益
	中国从 21 世纪初开始了国家发展观念和战略的重大转型，以人本、全面、协调和可持续为标志，奋力走向科学发展，凸现绿色与和谐。中国政府持之以恒，努力促进国家环境与发展的战略转型，实现中国未来的绿色繁荣	国务院总理温家宝 2012 年 6 月 20 日在里约热内卢出席联合国可持续发展大会上发表《共同谱写人类可持续发展新篇章》讲话时，再提绿色繁荣，指出：展望未来，我们期待一个绿色繁荣的世界，这个世界没有贫困和愚昧，没有歧视和压迫，没有对自然的过度索取和人为破坏，而是达到经济发展、社会公平、环境友好的平衡和谐，让现代文明成果惠及全人类、泽被子孙后代

年份	国合会政策建议	政策进展
2009	中国政府应把发展绿色经济作为推动经济发展方式转变的重要途径，并尽快制定发展绿色经济的国家战略。加大推动循环经济发展的力度，提高经济发展的资源环境效率	“十二五”规划纲要中，首次提出了“绿色发展”的概念，并且独立成篇
	中国应抓紧研究制定包括战略目标、任务和具体措施的国家低碳经济发展规划，以重点工业行业、部分城市和农村地区为先导，启动低碳经济发展的试点示范工作，推动低碳生活模式。积极探索新型城市化道路，建设低碳城市	2010 年 7 月，国家发展改革委发布了《关于开展低碳省区和低碳城市试点工作的通知》
	根据建筑能耗评估建筑节能技术与措施的效果，推广建筑节能技术与措施，建设节能、低碳建筑	2012 年 4 月，财政部和住房和城乡建设部联合发布了《关于加快推动中国绿色建筑发展的实施意见》；住房和城乡建设部颁布了《“十二五”建筑节能专项规划》
	将公共交通和非机动车交通系统作为国家优先战略领域之一	“十二五”规划纲要第十二章“构建综合交通运输体系”第三节“优先发展公共交通”
	实施以建立和完善环境税收为核心的环境税制改革	国务院发布的《关于加强环境保护重点工作的意见》提出“积极推进环境税费改革，研究开征环境保护税”
	完善和强化绿色信贷政策，充分发挥金融机构在节能环保中的重要作用	2012 年 2 月，银监会制定了《绿色信贷指引》，对银行业金融机构实施绿色信贷提出了具体操作规范
	建立健全环境污染责任保险的法律法规和政策体系	国务院发布的《关于加强环境保护重点工作的意见》提出“健全环境污染责任保险制度，开展环境污染强制责任保险试点”。《国家环境保护“十二五”规划》提出“健全环境污染责任保险制度，研究建立重金属排放等高环境风险企业强制保险制度”。环境保护部也制定了环境污染责任保险的配套技术规范。继氯碱企业环境风险划分方法后，环境保护部发布了《环境风险评估技术指南—硫酸企业环境风险等级划分方法（试行）》《关于开展环境污染损害鉴定评估工作的若干意见》和《环境污染损害数额计算推荐方法（第 I 版）》

第三篇 政策建议影响

年份	国合会政策建议	政策进展
2009	制定绿色“十二五”国民经济和社会发展规划	2011年3月，全国人大通过的“十二五”规划纲要规定了七项资源环境类约束性指标，其被誉为新中国成立以来最“绿色”的五年规划
	加大推动循环经济发展的力度，提高经济发展的资源环境效率	全国人大2002年6月29日通过了《中华人民共和国清洁生产促进法》，2008年8月29日通过了《中华人民共和国循环经济促进法》。2013年1月，国务院发布了《循环经济发展战略及近期行动计划》，指出循环经济发展的中长期目标是循环型生产方式广泛推行，绿色消费模式普及推广，覆盖全社会的资源循环利用体系初步建立，资源产出率大幅提高，可持续发展能力显著增强
	要实现低碳经济发展的目标和任务，中国需要在技术创新、市场机制和制度建设的基础上，逐步探索和建立自愿性的碳排放交易体系，促进碳融资和技术引进，利用市场机制推动促进低碳经济发展	2013年，北京、上海、天津、重庆、湖北、广东、深圳等7个省（市）启动碳交易试点。截至2014年6月，7个碳交易试点省（市）都已制定了碳排放交易管理办法。碳排放交易的基础法律框架初步建立。2014年4月29日，国家林业局出台《关于推进林业碳汇交易工作的指导意见》，指导各地完善清洁发展机制（CDM）林业碳汇项目交易，推进林业碳汇自愿交易，旨在重点探索碳排放权交易下的林业碳汇交易。2014年8月6日，国务院办公厅发布了《关于进一步推进排污权有偿使用和交易试点工作的指导意见》，提出到2015年年底前试点地区全面完成现有排污单位排污权初次核定，以后原则上每5年核定一次。到2017年年底基本建立排污权有偿使用和交易制度，为全面推行排污权有偿使用和交易制度奠定基础
2010	大力加强生态保护与修复，让重要陆地生态系统及相关水生态系统休养生息	2010年9月，环境保护部发布了《中国生物多样性保护战略与行动计划》（2011—2030年）。2010年12月，国务院发布了《全国主体功能区规划》，将国土空间分为优化开发区域、重点开发区域、限制开发区域和禁止开发区域。限制开发区域中的一类就是重点生态功能区，禁止开发区域是依法设立的各级各类自然文化资源保护区域，以及其他禁止进行工业化城镇化开发、需要特殊保护的重点生态功能区。2011年3月，全国人大通过的《中华人民共和国国民经济和社会发展第十二个五年规划纲要》第二十五章“促进生态保护和修复”提出，坚持保护优先和自然修复为主，加大生态保护和建设力度，从源头上扭转生态环境恶化趋势

年份	国合会政策建议	政策进展
2010	全面推进土壤环境保护，保障公众健康和生态环境安全	《国家环境保护“十二五”规划》“四、切实解决突出环境问题”包括了“加强土壤环境保护”
	加快生态补偿的立法进程，健全相关政策和机制	中国正在制定《生态补偿条例》。2013年4月，国家发展改革委主任徐绍史代表国务院向全国人大常委会作了《国务院关于生态补偿机制建设工作情况的报告》，这是国务院首次向全国人大常委会专门汇报生态补偿制度的建设情况。报告指出，下一步的工作重点是：切实加大生态补偿投入力度；进一步明确受益者和保护者的权责；积极开展多元化补偿方式探索和试点工作；健全配套制度体系；加快出台生态补偿政策法规；加强组织领导和监督检查；提升全社会生态补偿意识
2011	建立有利于发展方式绿色转型的领导干部政绩考核体系	2012年8月，国务院发布的《节能减排“十二五”规划》明确规定，国务院每年组织开展省级人民政府节能减排目标责任评价考核，考核结果作为领导班子和领导干部综合考核评价的重要内容，纳入政府绩效管理，实行问责制
	全方位推动财税金融政策的生态化调整，尽早开展碳税试点，建立排放交易平台	2011年10月，国家发展改革委办公厅发布了《关于开展碳排放权交易试点工作的通知》，决定在北京市、天津市、上海市、重庆市、湖北省、广东省及深圳市7个省市开展碳排放权交易试点。为规范基于项目的自愿减排交易活动，2012年6月，国家发展改革委颁布了《温室气体自愿减排交易管理暂行办法》
	制定低碳工业化发展规划，设立主要重化工业的碳强度减排目标	2012年8月，国务院发布《节能减排“十二五”规划》，提出了包括工业在内的各行业“十二五”期间的节能指标
	推动环境友好的外商直接投资战略，服务绿色转型	2011年12月，中国修改了《外商投资产业指导目录》。该目录进一步鼓励外资在节能环保等领域的投资

年份	国合会政策建议	政策进展
2011	建立和完善中国绿色供应链体系，以绿色消费和绿色市场带动整个生产体系绿色转型	在政府采购方面，《国家环境保护“十二五”规划》提出逐步提高环保产品在绿色采购中的比重，研究推行环保服务政府采购。制定和完善环境保护综合名录。2012 年 7 月发布的《“十二五”国家战略性新兴产业发展规划》也提出“大力推进环境标志产品认证和政府绿色采购制度，积极倡导绿色消费”。2012 年 1 月和 7 月，财政部先后公布了调整后的第十一期和十二期“节能产品政府采购清单”、九期和十期“环境标志产品政府采购清单”。2012 年 5 月，财政部提出要完善节能环保产品“优先采购和强制采购”制度。在民间消费方面，中国政府持续推行节能产品补贴制度，以促进节能产品的消费
	促进企业绿色供应链建设，建立“绿色供应链促进中心”	2014 年 11 月 11 日，亚太经合组织第二十二次领导人非正式会议通过《北京纲领：构建融合、创新、互联的亚太》宣言，同意建立亚太经合组织绿色供应链合作网络，批准在中国天津建立首个亚太经合组织绿色供应链合作网络示范中心，并鼓励其他经济体建立示范中心，积极推进相关工作
	加强技术支撑与环境风险控制与监管，加强涉汞行业的污染减排	2011 年 12 月，工业和信息化部发布了《有色金属工业“十二五”发展规划》，在汞污染防治方面，规划提出到“十二五”末，仅保留陕西汞锑科技有限公司一家原生汞冶炼企业，取缔其他原生汞冶炼企业。汞触媒回收企业应配套有汞蒸汽回收装置，除贵州万山地区外，严格控制其他地区新建的汞触媒回收企业

年 份	国 合 会 政 策 建 议	政 策 进 展
2011	加大对节能减排监测、指标和考核体系建设，强化节能目标责任考核，健全奖惩制度	2013 年 1 月，经国务院同意，环境保护部、国家统计局、国家发展改革委、监察部联合发布了《“十二五”主要污染物总量减排统计办法》和《“十二五”主要污染物总量减排监测办法》。2013 年 5 月，环境保护部公布了《“十二五”主要污染物总量减排目标责任书》。2013 年 8 月，环境保护部宣布，由于中石油、中石化未完成 2012 年度污染物减排任务，环境保护部决定对两家集团公司炼化行业新改扩项目实行环评限批。2014 年 5 月 27 日，国务院办公厅发布了《大气污染防治行动计划实施情况考核办法（试行）》，提出复合型大气污染严重的京津冀及周边、长三角、珠三角、重庆市等地，以 $PM_{2.5}$ 年均浓度下降比例为质量考核指标；其他省（区、市）以 PM_{10} 年均浓度下降比例为质量考核指标。2014 年 7 月 18 日，环境保护部、国家发展改革委、工业和信息化部、财政部、住房和城乡建设部、能源局六部委公布了《大气污染防治行动计划实施情况考核办法（试行）实施细则》，国家将对空气质量改善目标任务完成情况、大气污染防治重点任务完成情况分别评分
	建立碳排放交易平台	2013 年，北京、上海、天津、重庆、湖北、广东、深圳等 7 个省（市）启动碳交易试点
2012	在天津、上海建立绿色供应链试点，推动成立天津低碳发展与绿色供应链管理服务中心	2014 年 11 月 11 日，亚太经合组织第二十二次领导人非正式会议通过《北京纲领：构建融合、创新、互联的亚太》宣言，同意建立亚太经合组织绿色供应链合作网络，批准在中国天津建立首个亚太经合组织绿色供应链合作网络示范中心，并鼓励其他经济体建立示范中心，积极推进相关工作
	中央层面要做好生态文明建设的顶层设计，确保生态文明建设真正融入和贯穿到经济、政治、文化和社会建设中	2013 年 5 月，习近平在中共中央政治局就大力推进生态文明建设进行第六次集体学习时指出，要正确处理好经济发展同生态环境保护的关系，牢固树立保护生态环境就是保护生产力、改善生态环境就是发展生产力的理念

年份	国合会政策建议	政策进展
2012	在政治领域，以建立有利于生态文明建设的政府绩效评估、考核和问责的机制为杠杆，确保各级政府建设生态文明的决策意愿和治理结构	2013 年 5 月，习近平在中共中央政治局就大力推进生态文明建设进行第六次集体学习时指出，要建立责任追究制度，对那些不顾生态环境盲目决策、造成严重后果的人，必须追究其责任，而且应该终身追究。目前，中纪委监察部已经就环保责任追究制度启动调研。2013 年全国人大常委会公布的《环境保护法》（草案二次审议稿）第 19 条规定："国家实行环境保护目标责任制和考核评价制度。国务院和地方人民政府将环境保护目标完成情况作为对本级人民政府环境保护行政主管部门及其负责人和下级人民政府及其负责人的考核内容。考核结果应当向社会公开。"
	研究并适时推广总量预算管理、总量刷卡管理等量化管理方式	中国多个省级政府正在试点推行主要污染物总量指标预算管理制度，严控污染物新增量。2013 年，河南、贵州等省已经开始实施该制度，江苏、浙江、天津、湖南、湖北、内蒙古、山西、河北、陕西、重庆经省级政府批准并报环境保护部同意后，将于 2014 年 1 月起实施该制度。其余省份争取在"十三五"开局之年实施该制度
	加强大气污染联防联控，改善区域大气环境质量	2012 年 10 月，环境保护部、国家发展改革委、财政部联合发布了《重点区域大气污染防治"十二五"规划》。2013 年 2 月，环境保护部发布了《关于执行大气污染物特别排放限值的公告》，在重点控制区的火电、钢铁、石化、水泥、有色、化工等六大行业以及燃煤锅炉项目执行大气污染物特别排放限值。2013 年 6 月，国务院总理李克强主持召开国务院常务会议，部署大气污染防治十条措施。2013 年 9 月，国务院出台了《大气污染防治行动计划》。环境保护部、国家发展改革委等六部门联合印发《京津冀及周边地区落实大气污染防治行动计划实施细则》。2014 年 6 月，京津冀及周边地区大气污染防治协作小组办公室印发《京津冀及周边地区大气污染联防联控 2014 年重点工作》。2014 年 7 月 25 日，环境保护部发布了《京津冀及周边地区重点行业大气污染限期治理方案》

年 份	国合会政策建议	政 策 进 展
2012	应当构建国家区域平衡发展的总体思路和战略，形成区域绿色发展大格局。在目前的主体功能区划的基础上，将不同的发展目标、产业发展方向和空间布局细化落实到具体的行政管理区域上，增强可操作性。各区域之间，应通过产业、市场、资源、基础设施和发展潜力优势互补、协同推动地区间的均衡发展	2013 年 6 月，国家发展改革委发布了《贯彻落实主体功能区战略推进主体功能区建设若干政策的意见》，提出着力构建科学合理的城市化格局、农业发展格局和生态安全格局，促进城乡、区域以及人口、经济、资源环境协调发展
	加强海洋区域环境保护，建设海洋强国	2013 年 7 月，中共中央政治局就建设海洋强国研究进行第八次集体学习。中共中央总书记习近平在主持学习时强调，建设海洋强国是中国特色社会主义事业的重要组成部分。习近平总书记指出，要保护海洋生态环境，着力推动海洋开发方式向循环利用型转变。要下决心采取措施，全力遏制海洋生态环境不断恶化趋势，让我国海洋生态环境有一个明显改观。要把海洋生态文明建设纳入海洋开发总布局之中，坚持开发和保护并重、污染防治和生态修复并举
	尽快制定国家海洋开发与环境保护总体规划，提出海洋开发与海洋环境保护关系的基本政策和策略，为海洋环境管理提供指导方针和依据	2013 年 1 月，国务院批准了《国家海洋事业发展“十二五”规划》。2013 年 1 月，国务院公布了《全国海洋经济发展“十二五”规划》，将其作为“十二五”时期我国海洋经济发展的行动纲领
	建立健全海洋环境管理立法、执法与管理体制，加强国家海洋主管部门的海洋环境保护执法监督管理能力，组建统一的国家海上执法队伍，建立中国海洋环境行政督察制度和执法体系	2013 年 3 月，全国人大批准了新一轮的国务院机构改革方案，重新组建国家海洋局，推进海上统一执法。改革的方案是将现国家海洋局及其中国海监、公安部边防海警、农业部中国渔政、海关总署海上缉私警察的队伍和职责整合，重新组建国家海洋局，由国土资源部管理
	制定可持续发展城镇规划，建设符合区域差异化特征的可持续城镇化发展模式	2014 年 3 月 17 日，国务院印发《国家新型城镇化规划（2014—2020 年）》，提出要“加快绿色城市建设”

年份	国合会政策建议	政策进展
2013	高度关注城镇化进程中的资源环境挑战，探索绿色城镇化模式	2014年3月17日，国务院印发《国家新型城镇化规划（2014—2020年）》，提出要“加快绿色城市建设”
	“尽快完善生态文明建设的评价考核奖惩机制。组织开展绿色国民经济核算研究工作，逐步建立将资源消耗、环境损害和保护效益纳入国民经济评价体系的方法。将生态文明作为重要指标纳入地方领导干部政绩评价考核体系，建立充分体现节约环保绩效、地区差异、行业和部门特色、广大公众意愿的评价考核机制	2013年5月，习近平在中共中央政治局就大力推进生态文明建设进行第六次集体学习指出，要建立责任追究制度，对那些不顾生态环境盲目决策、造成严重后果的人，必须追究其责任，而且应该终身追究。2013年11月中共十八届三中全会通过的《中共中央关于全面深化改革若干重大问题的决定》明确指出，要纠正单纯以经济增长速度评定政绩的偏向，对限制开发区域和生态脆弱的国家扶贫开发工作重点县取消地区生产总值考核。2013年12月，中央组织部印发《关于改进地方党政领导班子和领导干部政绩考核工作的通知》，树立了政绩考核新导向。2014年8月15日，国家发展改革委印发《单位国内生产总值二氧化碳排放降低目标责任考核评估办法》，指出为确保实现“十二五”碳强度降低目标，我国将把国内生产总值二氧化碳排放降低指标完成情况纳入各地区（行业）经济社会发展综合评价体系和干部政绩考核体系
	加快修订《环境保护法》，使之适应生态文明建设要求，成为中国环境保护的基本法，并建立和修改相配套的专项法律	2014年4月，全国人大常委会通过《环境保护法》修订案。在此基础上，下一步中国将推动《大气污染防治法》和《水污染防治法》的修订工作
	政府每年向同级人大提交的报告，应将环境与经济、社会置于同等重要的地位	新《环境保护法》第27条规定：县级以上人民政府应当每年向本级人民代表大会或者人民代表大会常务委员会报告环境状况和环境保护目标完成情况，对发生的重大环境事件应当及时向本级人民代表大会常务委员会报告，依法接受监督
	加强企业履行环境和社会责任的配套法律法规。加强公司法、环境保护法、消费者权益保护法以及劳动法等多种法律间的配合，加大对违规企业的惩戒力度；推动地方环保法庭建设，完善相关司法实践；支持环境公益诉讼，发挥社会环保团体的监督作用	新修订的《环境保护法》进一步明确了企业的责任，要求企业建立起责任制度；同时，采纳了按日计罚、行政拘留、连带责任等处罚手段，加大了对违法行为的惩罚。2014年7月，已有16个省（区、市）设立了130多家环保法庭。2014年7月3日，最高人民法院宣布成立专门的环境资源审判庭。党的十八届四中全会通过的《中央发布全面推进依法治国若干重大问题决定》提出加强企业社会责任立法

年份	国合会政策建议	政策进展
2013	加大绿色公共采购力度，向绿色供应链生产的产品倾斜。修改政府采购招标系统，将新能源、低排放汽车纳入政府采购清单，促使成为法定采购标准的重要考核指标	2014年7月13日，国家机关事务管理局等五部委联合公布了《政府机关及公共机构购买新能源汽车实施方案》，明确了政府机关和公共机构公务用车“新能源化”的时间表和路线图
	改善环境公共治理结构，建立政府—公众—企业绿色合作伙伴关系，强化企业责任，通过法律将环境权利明确为公民的基本权利，同时确定公民对等的环境责任和义务	2014年新修订出台的《环境保护法》对公民权利、企业责任、NGO公益诉讼等都进行了明确规定
	鼓励和推动城市绿色出行	2014年3月17日，国务院印发《国家新型城镇化规划（2014—2020年）》，提出合理控制机动车保有量，加快新能源汽车推广应用，改善步行、自行车出行条件，倡导绿色出行

中国环境与发展重要政策进展与国合会政策建议影响（2012—2013）

2012 年，中国共产党召开了举世瞩目的十八大，顺利完成了领导层变更。党的十八大报告首次把生态文明建设提升至与经济、政治、文化、社会四大建设并列的高度，列为建设中国特色社会主义的“五位一体”的总布局之一，并首次提出“努力建设美丽中国，实现中华民族永续发展”。

在2012年给中国政府的报告中，国合会指出中国的战略转型的方向是绿色转型。党的十八大报告将建设生态文明阐述为中国现代建设的 5 个重要组成部分之一，这为中国实施绿色转型吹响了号角。“十二五”规划是一部绿色发展的五年规划，是中国探索环境保护新道路的标志。中国实施绿色转型不仅对中国至关重要，对世界的绿色发展也意义非凡。

国合会同时指出，中国的绿色转型正处于攻坚期，要实现 2020 年战略目标，实现绿色发展，中国面临着空气的挑战和压力。中国发展自身面临的不平衡、不协调、不可持续的问题依然突出。为此，2012 年国合会以“区域平衡与绿色发展”为主题，设立了西部环境与发展战略及政策研究、中国“十二五”环境目标实现机制与政策两个课题组，东部发展转型中的环境战略与对策、区域空气质量综合控制体系，以及中国海洋环境管理机制等 3 个专题研究，为中国推动区域平衡与绿色发展提供了决策支持。

2013 年，中国在环境与发展领域取得了一系列的重大进展。国合会的很多政策建议已经变成了实现。例如，国合会 2012 年提出的“中央层面要做好生态文明建设的顶层设计，确保生态文明建设真正融入和贯穿到经济、政治、文化和社会建设中”“建立有利于生态文明建设的政府绩效评估、考核和问责的机制”“加强大气污染联防联控，改善区域大气环境质量”“构建国家区域平衡发展的总体思路和战略，形成区域绿色发展大格局”“加强海洋区域环境保护，建设海洋强国”等政策建议，有很多已经变成了政策现实。经济发展与环境是战略转型要处理的一对重要关系，国家领导人对于经济转型的承诺坚定了绿色转型的方向。2013 年 9 月，习近平主席在二十国集团领导人第八次峰会上发表讲话指出，中国坚定推动经济结构改革，宁可将增长速度降下来一些。针对严峻的空气污染形势，国合会空气污染治理的建议已经被《大气污染防治行动计划》变成了现实。

国合会政策建设的成果不仅仅体现在 2012 年的政策建议中。国合会多年来大声呼吁的很多政策建议，经历多年的政策辩论和实践，有一些也在 2013 年取得了新的进展。

一、建议：全面推动生态文明建设

国合会在2012年的政策建议中提出中央层面要做好生态文明建设的顶层设计，确保生态文明建设真正融入和贯穿到经济、政治、文化和社会建设中。中共中央政治局进行第六次集体学习时，习近平总书记指出，要正确处理好经济发展同生态环境保护的关系，牢固树立保护生态环境就是保护生产力、改善生态环境就是发展生产力的理念。要牢固树立生态红线的观念。在生态环境保护问题上，就是要不能越雷池一步，否则就应该受到惩罚。这是中国最高领导层首次提出“保护生态环境就是保护生产力、改善生态环境就是发展生产力”的理念。这标志着中国政府对于环境保护与经济发展关系，对生态文明的认识提升到一个全新的高度。

2013 年是全面贯彻落实党的十八大精神的开局之年，中国政府采取多种措施推进生态文明建设，促进产业结构绿色转型和区域平衡发展。

（一）继续推进节能减排

“十一五”以来，节能减排已经成为中国政府推进中国经济发展绿色转型的标志性事项。在 2012 年的政策建议中，国合会提出要研究并适时推广总量预算管理、总量刷卡管理等量化管理方式。这一建议已经被中国政府所采纳。为确保减排任务顺利完成，中国多个省级政府正在试点推行主要污染物总量指标预算管理制度，严控污染物新增量。2013 年 5 月，环境保护部公布了《“十二五”主要污染物总量减排目标责任书》以及要求2013年完成的重点减排项目的名单。

行业节能减排领域，2013年2月，工业和信息化部发布了《关于有色金属工业节能减排的指导意见》。2013年4月，住房和城乡建设部发布了《“十二五”绿色建筑和绿色生态城区发展规划》。2013年6月，商务部办公厅发布了《关于做好2013年度流通领域节能减排工作的通知》。2013年7月，为有序推进民航节能减排工作，中国民用航空局发布了《民航节能减排专项资金项目指南（2013—2014年度）》。

淘汰落后产能方面，2013年3月，国家能源局、国家煤矿安全监察局发布了《关于做好2013年煤炭行业淘汰落后产能工作的通知》。2013年4月，工业和信息化部向各省、自治区、直辖市人民政府下达了2013年19个工业行业淘汰落后产能目标任务。

为了确保节能减排的真实性，2013年1月24日，经国务院同意，环境保护部、国家统计局、国家发展改革委、监察部联合发布了《“十二五”主要污染物总量减排统计办法》和《“十二五”主要污染物总量减排监测办法》。此外，2012年9月，住房和城乡建设部颁布了《民用建筑能耗和节能信息统计暂行办法》；2013年2月，国务院机关事务管理局办公室发布了《关于开展中央国家机关节约能源资源工作考核的通知》及附件《中央国家机关节约能源资源考核评分手册》；2013年7月，国务院机关事务管理局关于印发《公共机构能源资源消耗统计制度》。

2013年8月28日，环境保护部宣布，由于未完成2012年度污染物减排任务，中石油、中石化被认定为未通过年度考核。环境保护部决定对这两家集团公司炼化行业新改扩项目实行环评限批。

（二）发展绿色产业，促进绿色转型

发展绿色、低碳、节能环保产业和循环经济是促进产业结构战略转型的必经之路。一年来，中国政府出台了一系列推动绿色经济、产业发展的政策。

2013年1月，国务院发布了《循环经济发展战略及近期行动计划》，提出了到“十二五”末的目标（近期目标）。

2013年1月，国家发展改革委、科技部、工业和信息化部、财政部、住房和城乡建设部、国家质检总局发布了《半导体照明节能产业规划》。

2013年1月，工业和信息化部、国家发展改革委、环境保护部联合发布了《关

于开展工业产品生态设计的指导意见》。

2013 年 2 月，科学技术部发布了《“十二五”国家碳捕集利用与封存科技发展专项规划》。

2013 年 3 月，工业和信息化部发布了《2013 年工业节能与绿色发展专项行动实施方案》，提出两项目标。

2013 年 4 月，住房和城乡建设部发布了《“十二五”绿色建筑和绿色生态城区发展规划》。

2013 年 8 月，国务院出台了《关于加快发展节能环保产业的意见》，指出加快发展节能环保产业，对拉动投资和消费，形成新的经济增长点，推动产业升级和发展方式转变，促进节能减排和民生改善，实现经济可持续发展和确保 2020 年全面建成小康社会，具有十分重要的意义。

（三）发展清洁能源

开发清洁能源，既有利于节能减排，又有利于产业结构的绿色转型。近年来，中国一直大力开发清洁能源，取得重大成就。

2013 年 1 月，国务院发布《能源发展“十二五”规划》，提出了 2015 年能源发展的主要目标：① 能源消费总量与效率。② 能源生产与供应能力。③ 能源结构优化。④ 生态环境保护。

2012 年 11 月，财政部、国家能源局联合发布了《关于出台页岩气开发利用补贴政策的通知》。

2013 年 1 月，发布了《促进地热能开发利用的指导意见》，提出到 2015 年，基本查清全国地热能资源情况和分布特点，建立国家地热能资源数据和信息服务体系。

2013 年 2 月，国家能源局发布了《煤层气产业政策》。“十二五”期间，中国将建成沁水盆地和鄂尔多斯盆地东缘煤层气产业化基地，形成勘探开发、生产加工、输送利用一体化发展的产业体系。

2013 年 3 月，国家能源局综合司发布了《关于做好风电清洁供暖工作的通知》。

2013 年 7 月，国务院发布了《关于促进光伏产业健康发展的若干意见》，指出发展光伏产业对调整能源结构、推进能源生产和消费革命、促进生态文明建设具有重要意义。

（四）碳交易试点取得新进展

根据 2011 年 10 月国家发展改革委发布的《关于开展碳排放权交易试点工作的通知》，北京、上海、广东等 7 个省（市）将在 2013 年启动碳交易试点。

2012 年 12 月 30 日，深圳市人大常委会通过了《深圳经济特区碳排放管理若干规定》，这是国内首部专门规范碳排放管理的地方法规。深圳成为全国首个正式启动碳排放交易试点的城市。

2013 年 1 月，重庆市发展改革委正式批准实施重庆市碳排放权交易平台和登记簿系统建设项目，该项目将于 2013 年 4 月之前建成，预计年底前正式运行。

2013 年 2 月，《湖北省碳排放权交易试点工作实施方案》已获得省政府批复。这标志着湖北省碳排放权交易试点工作已进入到具体操作、落地实施阶段。湖北省政府还通过了《湖北省碳排放权交易管理办法》。

2013 年 2 月，广东省试点碳排放权交易开始进入实操阶段。2013 年 7 月，广东省人民政府法制办公布了《广东省碳排放权管理和交易办法（送审稿）》并向社会公开征求意见。

2013 年 5 月，天津市人民政府通过《天津市碳排放权交易试点工作实施方案》。

2013 年 6 月，北京市政府公布一份初步符合国家批准资格的 15 家核查机构名单，这些核查机构将对北京市重点排放单位的二氧化碳排放情况进行核查。

2013 年 7 月，上海市人民政府公布了《上海市碳排放交易管理办法》（草案），公开向社会征求意见。

（五）建立健全绿色经济政策

国合会在 2012 年的政策建议中提出，要建立长效机制，积极推进资源性产品价格改革和环保收费改革，深化绿色信贷、绿色税收、绿色价格、绿色贸易、绿色证券、绿色保险以及“以奖促治、连片整治”等环境经济政策；健全污染者付费制度，逐步建立环境全成本价格机制。

一年来，中国陆续出台了一系列有关对外投资环境保护指南、绿色保险、绿色信贷等方面的政策。

2013 年 1 月，商务部、环境保护部联合发布《对外投资合作环境保护指南》，这是中国第一份指导在境外投资的中国企业遵守东道国环保法律，积极履行环境社会责任的指南。实施“走出去”战略以来，中国企业开展对外投资合作的步伐明显加快，企业“走出去”的数量、规模和领域增加。

绿色保险方面，2013 年 1 月，环境保护部、中国保监会联合发布了《关于开展环境污染强制责任保险试点工作的指导意见》。

绿色信贷方面，2013 年 7 月，国务院办公厅发布了《关于金融支持经济结构调整和转型升级的指导意见》，严禁对产能严重过剩行业违规建设项目提供任何形式的新增授信和直接融资，防止盲目投资加剧产能过剩。

（六）政府绩效考核的“生态化”

国合会在 2012 年的政策建议中指出，要确保生态文明建设深刻融入和全面贯穿到经济、政治、文化、社会建设的各方面和全过程，就需要从各个维度和领域进行以绿色为导向的整体性制度和政策创新，也就是生态化改造。一年来，中国政府在政府绩效考核的“生态化”方面，又推进了一大步。

习近平总书记指出，要建立责任追究制度，要终身追究。这是中国最高领导层首次提出环保责任终身追究制的设想。根据环保责任终身追究制的要求，无论官员升职、离职还是退休，只要出现决策失误导致严重后果的，都应一查到底，从严处理。

鉴于习近平讲话中提到的环保责任追究制度只是一个总体性的要求，在操作层面需要进一步明晰，为此，中纪委监察部已经就环保责任追究制度启动调研。

此外，正在修改中的《环境保护法》（草案二次审议稿）也就加强政府的环保责任作了新的规定。

鉴于近年来京津冀、长三角、珠三角地区 $PM_{2.5}$ 污染极其严重的趋势，《重点区域大气污染防治“十二五”规划》将京津冀、长三角、珠三角地区的 $PM_{2.5}$ 指数纳入考核指标。

一些省份也出台了环保指标考核办法。例如，2012 年 11 月四川省人民政府出台了《四川省“十二五”节能减排工作目标考核问责办法》，强调对未完成目标任务的将实施一票否决，不仅要对地方人民政府进行问责，还要对部门、系统、行业、企业进行问责。

（七）生态保护力度加强

生态安全是建设生态文明的基础。“十二五”以来，中国政府显著加大了生态保护的力度。在 2013 年 5 月 24 日中共中央政治局就大力推进生态文明建设进行的第六次集体学习上，习近平总书记指出，要牢固树立生态红线的观念。在生态环境保护问题上，就是要不能越雷池一步，否则就应该受到惩罚。这是目前为止中国最高领导层对生态保护问题所作出的最严厉的表态，凸显了中国政府加强生态保护的决心。

2013 年 1 月，环境保护部发布了《全国生态保护“十二五”规划》，指出我国生态环境整体恶化的趋势仍未得到根本遏制，生态保护监管能力薄弱。规划提出了主要目标。

2013 年 1 月，环境保护部、国家发展改革委、财政部联合发布了《关于加强国家重点生态功能区环境保护和管理的意见》，要求坚持生态主导、保护优先。

2013 年 3 月，国家林业局发布了经国务院批准的《全国防沙治沙规划（2011—2020 年）》，指出土地沙化导致的生态恶化，给国民经济和社会发展造成了严重影响，危害十分严重。

2013 年 4 月，国家发展改革委发布了《西部地区重点生态区综合治理规划纲要（2012—2020 年）》。

2013 年 6 月，国家发展改革委发布的《贯彻落实主体功能区战略　推进主体功能区建设若干政策的意见》。

加强生态保护的一个重要途径是建立生态补偿制度。国合会在 2012 年的政策建议中也提出要进一步完善生态补偿制度。2013 年 4 月，国家发展改革委主任徐绍史代表国务院向全国人大常委会作了《国务院关于生态补偿机制建设工作情况的报告》，这是国务院首次向全国人大常委会专门汇报生态补偿制度的建设情况，反映了中国政府对生态补偿制度的重视程度大大提高。

报告指出，总体来看，我国的生态补偿机制还没有根本确立，谁开发谁保护、谁受益谁补偿的利益调节格局还没有真正形成，在促进生态环境保护方面的作用还没有充分发挥，需要付出长期艰苦的努力。随着我国工业化、城镇化快速发展，资源约束趋紧、环境污染严重、生态系统退化的形势将更加严峻，必须进一步加快生态补偿机制建立的进程，为推动生态环境质量改善，推进生态文明建设作出贡献。下一步的工作重点是：切实加大生态补偿投入力度；进一步明确受益者和保护者的权责；积极开展多元化补偿方式探索和试点工作；健全配套制度体系；加快出台生态补偿政策法规；加强组织领导和监督检查；提升全社会生态补偿意识。

二、建议：改善区域大气环境质量

目前中国整体上环境恶化形势十分严峻，但公众最关心的环境问题主要是大气污染。2013 年 1 月亚洲银行发布的《迈向环境可持续发展的未来——中华人民共和国国家环境分析》中文版报告也认为，在中国面临的所有污染问题中，空气污染的危害最大。

2012 年国合会政策建议中就提出要加强大气污染联防联控，改善区域大气环境质量。2012 年 10 月，环境保护部、国家发展改革委、财政部联合发布了《重点区域大气污染防治“十二五”规划》，指出了目前大气污染防治工作存在的主要问题，确保规划目标顺利实现。

2013 年 1 月，中国多地出现大范围雾霾天气。李克强总理对此专门作出重要批示，要求环境保护部及时进行空气污染预警，以利群众防范。2013 年 1 月，环境保护部办公厅发布了《关于进一步做好重污染天气条件下空气质量监测预警工作的通知》。为进一步加强大气污染防治工作，2013 年 2 月，环境保护部发布了《关于执行大气污染物特别排放限值的公告》。2013 年 3 月，环境保护部发布了《空气质量新标准第二阶段监测实施方案》。

2013 年 6 月，李克强主持召开国务院常务会议，部署大气污染防治十条措施。一是减少污染物排放。二是严控高耗能、高污染行业新增产能。三是大力推行清洁生产。四是加快调整能源结构。五是强化节能环保指标约束。六是推行激励与约束并举的节能减排新机制。七是用法律、标准“倒逼”产业转型升级。八是建立环渤海包括京津冀、长三角、珠三角等区域联防联控机制。九是将重污染天气纳入地方政府突发事件应急管理。十是树立全社会“同呼吸、共奋斗”的行为准则。在此基础上，9 月 10 日，国务院出台了《大气污染防治行动计划》，进一步明确了十项措施的实施计划。《重点区域大气污染防治“十二五”规划》出台时隔不到一年，新出台的《大气污染防治行动计划》在很多控制措施和目标上明显加严。

专栏 《大气污染防治行动计划》与 2012 年国合会政策建议的比较

《大气污染防治行动计划》	2012 年国合会建议
加快重点行业脱硫、脱硝、除尘改造工程建设。 推进挥发性有机物污染治理。在石化、有机化工、表面涂装、包装印刷等行业实施挥发性有机物综合整治，在石化行业开展“泄漏检测与修复”技术改造。 加强城市交通管理。根据城市发展规划，合理控制机动车保有量，北京、上海、广州等特大城市要严格限制机动车保有量。通过鼓励绿色出行、增加使用成本等措施，降低机动车使用强度。 提升燃油品质，加快石油炼制企业升级改造。 加快淘汰黄标车和老旧车辆。采取划定禁行区域、经济补偿等方式，逐步淘汰黄标车和老旧车辆	围绕当前突出的光化学烟雾、灰霾等污染问题，根据总量减排与质量改善之间的响应关系，建立以空气质量改善为核心的总量控制方法，实施二氧化硫、氮氧化物、颗粒物、挥发性有机物等多污染物协同减排。 深化工业污染防治，全面推进二氧化硫减排，建立以电力、水泥为重点的工业氮氧化物防治体系，深化工业烟(粉)尘污染防治，加强典型行业挥发性有机化合物污染防治。 全面强化移动源污染控制，适时实施新车排放标准，降低机动车排放强度，在机动车污染严重的城市试行机动车总量控制，建立全新的城市可持续交通体系，在大气污染控制重点区域城市划定低排放区、零排放区并制定相应的管理措施
加强灰霾、臭氧的形成机理、来源解析、迁移规律和监测预警等研究，为污染治理提供科学支撑。加强大气污染与人群健康关系的研究。 加强脱硫、脱硝、高效除尘、挥发性有机物控制、柴油机(车)排放净化、环境监测，以及新能源汽车、智能电网等方面的技术研发，推进技术成果转化应用	在科学技术方面，应尽快开展专项研究，在我国不同区域大气污染的产生机理、来源解析、防治路径等重大科学问题上取得突破

《大气污染防治行动计划》	2012 年国合会建议
全面整治燃煤小锅炉。加快推进集中供热、“煤改气”、“煤改电”工程建设。在供热供气管网不能覆盖的地区，改用电、新能源或洁净煤，推广应用高效节能环保型锅炉。在化工、造纸、印染、制革、制药等产业集聚区，通过集中建设热电联产机组逐步淘汰分散燃煤锅炉	大力推行天然气、低硫柴油、液化石油气、电等优质能源替代煤，实现优质能源供应和消费多元化。严格控制区域煤炭消费增长幅度，强化高污染燃料禁燃区划定工作，不断加大建成区中高污染燃料禁燃区所占的比重
完善绿色信贷和绿色证券政策，将企业环境信息纳入征信系统。严格限制环境违法企业贷款和上市融资。推进排污权有偿使用和交易试点。推进排污权有偿使用和交易试点。 建立企业“领跑者”制度，对能效、排污强度达到更高标准的先进企业给予鼓励。 深化节能环保投融资体制改革，鼓励民间资本和社会资本进入大气污染防治领域。引导银行业金融机构加大对大气污染防治项目的信贷支持。探索排污权抵押融资模式，拓展节能环保设施融资、租赁业务。 在环境执法到位、价格机制理顺的基础上，中央财政统筹整合主要污染物减排等专项，设立大气污染防治专项资金，对重点区域按治理成效实施“以奖代补”；中央基本建设投资也要加大对重点区域大气污染防治的支持力度	积极推进主要大气污染物排放指标有偿使用和排污权交易等有利于区域空气质量改善的机制。 设立大气污染防治中央专项资金，增强大气污染防治科技支撑，尽快开展和实施国家清洁空气行动计划。建立投资主体多元化和投资方式多样化的投入机制，引导和鼓励地方政府与企业主动投资治理大气污染

《大气污染防治行动计划》	2012 年国合会建议
加快《大气污染防治法》修订步伐，重点健全总量控制、排污许可、应急预警、法律责任等方面的制度，研究增加对恶意排污、造成重大污染危害的企业及其相关负责人追究刑事责任的内容，加大对违法行为的处罚力度。建立健全环境公益诉讼制度。研究起草环境税法草案，加快修改环境保护法，尽快出台机动车污染防治条例和排污许可证管理条例。各地区可结合实际，出台地方性大气污染防治法规、规章。 加快制（修）订重点行业排放标准以及汽车燃料消耗量标准、油品标准、供热计量标准等，完善行业污染防治技术政策和清洁生产评价指标体系 建立京津冀、长三角区域大气污染防治协作机制，由区域内省级人民政府和国务院有关部门参加，协调解决区域突出环境问题，组织实施环评会商、联合执法、信息共享、预警应急等大气污染防治措施，通报区域大气污染防治工作进展，研究确定阶段性工作要求、工作重点和主要任务。	修订相关法律，为区域大气污染防治提供法律保障 目前实施的《大气污染防治法》已不能适应新形势下的大气污染防治要求，需要进行修订，以对相应的政策措施提供法律支持。一是把对人体健康有重要影响的 $PM_{2.5}$ 和 O_3 作为中国大气污染防治的核心内容，在继续深化工业污染治理的同时，突出抓好中小锅炉、扬尘、餐饮油烟、装修喷涂等面源污染，以及机动车等移动源污染防治工作。二是把空气质量改善作为大气环境管理的核心内容，进一步明确城市政府在其辖区大气质量达标管理中的责任和义务。三是完善区域空气污染联防联控机制，解决大气污染物跨行政边界传输的问题。四是进一步强化对违法行为的处罚，提高大气环境违法成本。五是重视非道路移动源的排放控制。将船舶、飞机、火车以及非道路用机械的废气排放纳入大气法管辖范围，明确管理职责 根据区域内城市间污染传输关系、不同城市大气环境质量现状、环境承载力等因素，划分出对区域空气质量有重大影响的核心控制区，如京津冀、长三角、珠三角等区域型复合大气污染严重地区，严格落实分类管理政策，促进区域产业、能源与区域大气环境功能区划相协调。

《大气污染防治行动计划》	2012 年国合会建议
国务院与各省（区、市）人民政府签订大气污染防治目标责任书，将目标任务分解落实到地方人民政府和企业。将重点区域的细颗粒物指标、非重点地区的可吸入颗粒物指标作为经济社会发展的约束性指标，构建以环境质量改善为核心的目标责任考核体系。 国务院制定考核办法，每年年初对各省（区、市）上年度治理任务完成情况进行考核；2015 年进行中期评估，并依据评估情况调整治理任务；2017 年对行动计划实施情况进行终期考核	建立区域大气污染联防联控协调的联席会议制度、健全会商机制和通报制度。严格落实各城市治污责任，强化动态评估考核，对未按时完成规划任务且空气质量状况严重恶化的城市，严格控制新增大气污染物排放的建设项目。 完善促进区域大气污染防治一体化的政策措施，实施重大项目联合审批制度，建立区域性污染应急处理机制和跨界污染防治协调处理机制
环保部门要加强与气象部门的合作，建立重污染天气监测预警体系。到 2014 年，京津冀、长三角、珠三角区域要完成区域、省、市级重污染天气监测预警系统建设；其他省（区、市）、副省级市、省会城市于 2015 年年底前完成。要做好重污染天气过程的趋势分析，完善会商研判机制，提高监测预警的准确度，及时发布监测预警信息。 京津冀、长三角、珠三角等区域要建立健全区域、省、市联动的重污染天气应急响应体系	加强重点区域空气质量监测，建立区域环境信息共享平台

2013 年 8 月，环境保护部公布了 2013 年上半年全国环境质量状况，数据显示，城市环境空气污染形势依然十分严峻。

2013 年 9 月，北京市发布了《北京市清洁空气行动计划（2013—2017 年）重点任务分解措施》，提出到2017年全市空气质量明显改善，重污染天数较大幅度减少，每年年初对各区县政府、市有关部门和市属国有企业上年度任务完成情况进行考核，考核结果作为领导班子考核评价的重要内容，适时向社会公布，并实行“一票否决”。

三、建议：构建中国区域绿色均衡发展战略

国合会在2012年的政策建议中提出，应当构建国家区域平衡发展的总体思路和战略，形成区域绿色发展大格局。在目前主体功能区划的基础上，将不同的发展目标、产业发展方向和空间布局细化落实到具体的行政管理区域上，增强可操作性。各区域之间，应通过产业、市场、资源、基础设施和发展潜力优势互补、协同推动地区间的均衡发展。在东部地区实行“节约优先、保护优先”的发展原则，建立政府引导、市场推动的机制，促进环境与发展的优化与绿色转型。在中西部地区，政府要建立和加大综合性的生态环境保护转移支付制度，通过政府的引导和支持，逐步走上绿色转型的轨道。加大生态补偿和相关经济措施力度。

中国政府自1999年实行西部大开发战略以来，在推进区域平衡发展方面做了大量卓有成效的工作。2011年国务院发布的《全国主体功能区划》中，大部分限制开发的国家重点生态功能区和禁止开发区域位于中西部地区，如何平衡中西部地区生态保护与经济发展之间的矛盾成为中国政府的新课题。

2013年6月，国家发改委发布了《贯彻落实主体功能区战略推进主体功能区建设若干政策的意见》。

四、建议：保护海洋环境、建设海洋强国

国合会在2012年的政策建议中提出“加强海洋区域环境保护，建设海洋强国”。中国是海洋大国，建设海洋强国是一项长期、艰巨的历史任务，必须统筹规划、分步推进。建设海洋强国就必须构建美丽海洋。一年来，中国在构建美丽海洋方面，出台了一系列政策，并且获得了最高领导层的大力支持。

中共中央总书记习近平在主持学习时强调，建设海洋强国是中国特色社会主义事业的重要组成部分。习近平指出，要保护海洋生态环境，着力推动海洋开发方式向循环利用型转变。要下决心采取措施，全力遏制海洋生态环境不断恶化趋势，让

我国海洋生态环境有一个明显改观，让人民群众吃上绿色、安全、放心的海产品，享受到碧海蓝天、洁净沙滩。要把海洋生态文明建设纳入海洋开发总布局之中，坚持开发和保护并重、污染防治和生态修复并举，科学合理开发利用海洋资源，维护海洋自然再生产能力。要从源头上有效控制陆源污染物入海排放，加快建立海洋生态补偿和生态损害赔偿制度，开展海洋修复工程，推进海洋自然保护区建设。

国合会在2012年的政策建议中提出，中国应当尽快制定国家海洋开发与环境保护总体规划，提出海洋开发与海洋环境保护关系的基本政策和策略，为海洋环境管理提供指导方针和依据。2013年1月，国务院批准了《国家海洋事业发展“十二五”规划》。规划提出了提高海洋污染防控力度、加强海洋环境监测与评价、强化海洋重大污染事件管理与处置等措施；在海洋生态保护和修复方面，规划提出了加强海洋生物多样性保护、推进海洋生态系统修复、强化海洋生态监测和生态灾害管理等措施。

为科学规划海洋经济发展，合理开发利用海洋资源，根据《中华人民共和国国民经济和社会发展第十二个五年规划纲要》和《全国主体功能区规划》有关精神，2013年1月，国务院公布了《全国海洋经济发展“十二五”规划》，作为“十二五”时期我国海洋经济发展的行动纲领。

国合会在2012年的政策建议中提出，中国应当建立健全海洋环境管理立法、执法与管理体制，加强国家海洋主管部门的海洋环境保护执法监督管理能力，组建统一的国家海上执法队伍，建立中国海洋环境行政督察制度和执法体系。2013年3月，全国人大批准了新一轮的国务院机构改革方案，重新组建国家海洋局，推进海上统一执法。改革的方案是将现国家海洋局及其中国海监、公安部边防海警、农业部中国渔政、海关总署海上缉私警察的队伍和职责整合，重新组建国家海洋局，由国土资源部管理。为加强海洋事务的统筹规划和综合协调，此次机构改革还设立了高层次议事协调机构国家海洋委员会，负责研究制定国家海洋发展战略，统筹协调海洋重大事项。国家海洋委员会的具体工作由国家海洋局承担。

五、建议：改善环境治理体系

国合会在历年的政策建议中，都非常关注中国的环境法治建设、公众参与以及中国参与国际环境合作的问题。国合会始终认为，完善的环境法治、充分的公众参与以及积极地参与国际环境合作，是促进中国的绿色转型，改善环境质量，建设美丽中国以及树立中国作为负责任的大国形象的必要条件。一年来，中国政府以建设生态文明为宗旨，在环境法治、信息公开与公众参与以及国际环境合作方面作出了新的探索与努力。

（一）资源、能源与环境法律法规

一年来，中国继续完善相关环境、资源保护法律法规。最受关注的莫过于《环境保护法》的修改。2012 年，《环境保护法修正案》（草案）公布之后，引发学界的猛烈批评。学界普遍认为修正案属于小修小补，用处不大。就连环境保护部也极为罕见地向全国人大常委会法制工作委员会发出《关于报送对 < 环境保护法修正案（草案）> 意见和建议的函》，考虑到反对声音较大，全国人大常委会决定继续修改完善《环境保护法修正案》（草案）。2013 年 6 月，全国人大常委会再次公布了《环境保护法修正案（草案二次审议稿）》及其说明，并邀请社会公众针对法律草案提出意见和建议。与 2012 年的草案相比，2013 年的二次审议稿修改力度明显增大，充分体现了新时期对环境保护工作的指导思想，突出强调政府责任，完善了环境管理基本制度，加大了处罚力度，规定了“按日计罚”制度。但二次审议稿规定由“中华环保联合会以及在省、自治区、直辖市设立的环保联合会”独揽环境公益诉讼起诉权引起了公众的强烈不满。2012 年修改的《民事诉讼法》首次规定“法律规定的机关和有关组织”可以提起环境公益诉讼，当时许多人认为中国迎来了环境公益诉讼的春天。但 2013 年 1 月 1 日新《民事诉讼法》生效以后，包括中华环保联合会在内的诸多环保团体提起的环境公益诉讼并未被法院受理，法院的理由大多是尚未有明确的司法解释规定何谓“法律规定的有关组织”。《环境保护法修正案》（草案二次审议稿）有关环境公益诉讼主体的规定的初衷可能是为了进一步明确《民事诉讼法》含糊不清的规定，但对于主体资格范围过于狭窄的规定引发其他环保团体的一直反对，包括中华环保联合会自身也认为无力“包揽”所有的环境公益诉讼。当然，《环境保护法修正案》仍处于审议阶段，还存在进一步修改的空间。

另一个备受关注的法律文件是 2013 年 6 月最高人民法院、最高人民检察院发布的《关于办理环境污染刑事案件适用法律若干问题的解释》。全国人大常委会 2011 年 2 月通过的《刑法修正案》（八）把《刑法》原第 338 条规定的“重大环境污染事故罪”修改为“污染环境罪”，但此后两年多，最高人民法院并未对新罪名所要求的“严重污染环境”的含义作出解释。此次解释列举了认定“严重污染环境”的 14 项标准。与 2006 年 7 月最高人民法院制定的《关于审理环境污染刑事案件具体应用法律若干问题的解释》相比，新的司法解释显著降低了污染环境犯罪的入罪门槛。在公布新的司法解释的同时，最高人民法院还公布了四起环境污染犯罪的典型案例。伴随着新的司法解释，各地环保部门和司法部门也纷纷加大了对于污染环境犯罪的惩处力度。

一年来，国务院以及各相关行政主管部制定或修改的规章包括《国家核应急预案（2013 修订）》《土地复垦条例实施办法》《湿地保护管理规定》《低碳产品认证管理暂行办法》和《分布式发电管理暂行办法》《危险化学品安全使用许可证实施办法》《民用建筑能耗和节能信息统计暂行办法》《矿山地质环境恢复治理专项资金管理办法》《中国清洁发展机制基金有偿使用管理办法》《粉煤灰综合利用管理办法（2013 修订）》等。

（二）信息公开与公众参与

国合会在多份政策建议中都提出要加强环境保护领域的信息公开和公众参与。2012 年国合会在政策建议中再次提出：提升公众对环境保护工作的推动作用和监督约束作用，促进环境保护领域社会组织的培育，构建全民参与的社会行动体系，完善社会监督制衡机制。

尽管中国各级政府近年来增强了环保领域信息公开和公众参与的力度，但仍有不少企业和政府部门并未很好地履行这两项义务，决策过程中不重视公众的参与。环保决策的不透明日益加重了公众对政府的不信任，其直接后果是公众通过群体性事件对一些重大项目进行抗议。面对社会稳定的压力，很多地方政府选择了放弃经济发展项目。这种决策方式、公众参与方式和政府的屈从，无论对于当地的经济发展和民生建设还是对于环境保护都不属最优的选择。

在促进环境信息公开和公众参与方面，媒体尤其是微博发挥了重要作用。这一年来受到广泛关注的企业向地下排污事件、悬赏环保局长下河游泳事件、黄浦江死猪事件等，最早都是通过微博透露出来的。微博已经成为公众了解环境信息、参与环境决策、投诉环境违法行为的主要平台之一。

面对民众越来越高的环保意识，各级政府部门应转变决策思维，摒弃“暗箱操作“ “为民做主”的传统做法，积极搭建政府、民众、企业三方对话的平台，进行充分的信息公开和公众参与，让矛盾和分歧尽早展示出来，尽早化解或者采取其他适当的处理手段，进而实现政府了解民意、企业尊重民意、民众理解政府企业行为的良性局面。

为了进一步提升信息公开和公众参与的水平，2012 年 10 月，环境保护部办公厅发布了《关于进一步加强环境保护信息公开工作的通知》。2013 年 5 月，环境保护部就《国家重点监控企业自行监测及信息公开办法（试行）》和《国家重点监控企业污染源监督性监测及信息公开办法（试行）》草案公开征求意见。2013 年 7 月，环境保护部又发布了《关于加强污染源环境监管信息公开工作的通知》。

（三）积极参与全球环境合作

作为一个负责任的大国，中国一直力所能及地推动全球环境合作。2013 年 4 月 13 日，美国新任国务卿克里访华的当天，中美两国签署并发布《中美气候变化联合声明》。在全球应对气候变化进程举步维艰之时，中美间的这一声明无异于给世界打了一剂强心针。

2013 年 6 月 7 日，国家主席习近平在美国加利福尼亚州安纳伯格庄园同美国总统奥巴马举行中美元首会晤。双方同意加强在气候变化领域的协调与合作，通过两国气候变化工作组，推动气候变化领域的务实合作。双方同意共同并与其他国家合作，通过包括利用《蒙特利尔议定书》的专长和机制在内的多边方式，来逐步削减氢氟碳化物（HFC）的生产和消费。削减氢氟碳化物，进一步彰显了中国在应对气候变化问题上的负责任大国的风范。

六、结语

2012 年，国际金融危机深层次影响持续显现，世界经济复苏充满不确定性、不稳定性，国内经济形势也面临着严峻的考验。在这种艰难的背景下，中国政府因势利导，充分利用国际金融危机形成的倒逼机制，加快淘汰落后产能，顺利完成了 2012 年的节能减排指标，显示了中国政府深化产业结构战略转型的坚定决心。

党的十八大报告系统阐述了生态文明建设的重要意义，标志着中国的环境保护事业迈入一个新的、更高的阶段。“美丽中国”成为中国梦的重要组成部分。各级政府部门显著加强了环境保护的力度，公众对于“美丽中国”有了更多的憧憬，在实践中也越来越积极地为保护自身的环境权益而斗争。政府和公众在建设生态文明、实现美丽中国的问题上有了更多的共识和良性互动。

回顾过去一年中国政府的环境与发展政策，我们需要特别重视一些重要的政策发展迹象：

第一，中国最高领导层对生态文明的认识提升到全新的高度。习近平同志提出的“保护生态环境就是保护生产力、改善生态环境就是发展生产力”的理念，标志着中国最高领导层对环境保护和经济发展之间的辩证关系有了全新的把握。

第二，环境管理思路战略转变面临着多重压力和困境。在2012年的政策建议中，国合会提出环境管理要实施从总量控制转向以总量控制、环境质量改善和环境风险防控为综合性目标的战略转型。“十一五”节能减排高歌猛进，成果显著，但是在肯定污染减排成果的同时环境质量却没有得到实质性的改善，老百姓对于环境管理的工作成效产生了质疑。转变环境管理思路时不我待，未来需要以环境质量为导向制定环境政策，以环境改善的结果为环境工作成效的判断标准。2013年，环境保护部已经提出要以环境质量改善为目标导向，实施更加严格的环境质量标准。但是这个转变过程面临着很多制度、标准、管理乃至思想上的困境。

第三，重拳治污需要配合法制建设。以司法手段打击违法犯罪，加强纪检监察的对官员的行政责，已经付诸行动，并彰显出强烈的决心。这些于相关的生态环境管理部门和相关政府官员、执法来说，具有双重意义。这不仅仅可以为环境管理提供司法和制度保障，还是对环保部门和环保人员的约束，亟须他们加强自己的业务素质，改进工作作风，做到依法行政，廉洁行政，高效执法。

第四，环保责任终身追究制需要具体的操作规范。长期以来，中国环境法治的主要弱点在于，无论是对企业还是对政府工作人员，法律规定的法律责任都太轻，而且在实践中还往往难以落实，更不可能“终身追究”。习近平提出的“对那些不顾生态环境盲目决策、造成严重后果的人，必须追究其责任，而且应该终身追究”的理念，极大地完善了目前中国的环境保护法律责任体系。当然，“终身追究制”要落到实处，还需要相关立法的进一步完善，但这种观点的提出再次显示了中国最高领导层对于强化环境保护政府责任的决心。

第五，信息公开和公众参与的力度进一步增强。中国政府越来越意识到，更加充分的信息公开和公众参与不但能最大限度地避免经济受损和社会动荡，而且能够显著提升政治合法性。一方面，环保部门提出开展环保工作的好办法，归根结底来自人民群众的丰富实践。另一方面，越来越多的普通公民为了自身或公共的环境利益，申请政府公开与自身生活密切相关的环境信息。

第六，生态文明建设需要加强环保部门自身建设，维护环保部门声誉。长期以来，环保部门职能不清、多头管理、重复检查给企业的日常生产经营带来很多额外成本，环保部门在排污收费过程中，一些官员与企业私下交易的行为也影响了执法者的形象。未来一段时间，改进工作作风、密切联系群众和贯彻实施中央八项规定和六项禁令将成为推动环保部门形象建设的一个重要契机。“打铁还需自身硬。”在环境状况异常严峻、公众权利意识日渐高涨的时代，各级环保部门加强廉政作风建设，对于加强生态文明建设无疑是十分必要的。

2013 年是全面贯彻落实党的十八大精神的开局之年，是实施“十二五”规划承前启后的关键一年，是为全面建成小康社会奠定坚实基础的重要一年。建设生态文明和美丽中国的理想在政府和民间形成了高度共识。中国政府充分利用国内外的有利形势，坚定不移地推动经济结构的战略性转型，推动环保事业的发展。美丽中国，正在一步步从理想照进现实。

中国环境与发展重要政策进展与国合会政策建议影响

（2011—2012）

2011 年是“十二五”规划实施的第一年。面对复杂多变的国际政治经济环境和艰巨繁重的国内改革发展任务，中国政府以加快转变经济发展方式为主线，继续推进节能减排，大力发展绿色产业、循环经济，加强生态保护，着力解决人民群众关心的环境问题，积极参加并推动国际环境合作，基本实现了“十二五”环境与发展工作的良好开局。

《中华人民共和国国民经济和社会发展第十二个五年规划纲要》提出，未来五年的发展主题是科学发展，主线是转变经济发展方式。在“十二五”的开局之年，中国环境与发展国际合作委员会将年会的主题确立为“经济发展方式的绿色转型”，明确指出绿色转型是经济发展方式转变的方向和重要内容，也是全球潮流所向。绿色转型将为中国“参与未来 20 年全球范围内的绿色竞争找到准确的定位，中国可以通过绿色转型来创造未来的社会福利与财富”。在第七次全国环保大会上，李克强阐述了对发展与转型的关系认识。李克强对于转型的意义、转型方向与国合会提出的绿色转型的理念是完全一致的。

围绕“绿色转型”，2011 年国合会以创新绿色经济发展机制与政策、探索低碳工业化道路、以投资与贸易促进绿色发展三个课题组，以及绿色供应链、汞污染问题与防治政策两个专题政策研究为基础，向中国政府提出了具体的政策建议。这些政策建议在过去的一年里有很多被中国政府采纳，或者已经成为一项重要的政策与社会议题。

一、持续推进经济发展方式的绿色转型

国合会在2011年的政策建议中指出：绿色经济是以环境保护与资源的可持续利用为核心的经济发展模式，是包含低碳经济、循环经济等模式在内的，集资源高效利用、低污染排放、低碳排放以及社会公平发展等核心理念于一体的经济活动，是最具活力和发展前景的包容性经济发展方式。从中国的实践来看，绿色经济的实质是要在发展经济与保护环境之间建立良性互动关系，使之相互平衡、相互协调、相互促进，发展绿色经济是实现绿色转型的核心动力和重要途径。为此，国合会建议，构建中国绿色经济发展体系，全面推动经济发展方式的绿色转型。

（一）经济结构调整推动绿色转型

国合会在2011年政策建议中提出，发展绿色经济、推动经济绿色转型，制定相应的战略目标和框架，从工业、农业和服务业三大产业全面推动，调整产业结构，加速经济向劳动力密集型和技术密集型转变。

“十二五”以来，为推动绿色经济发展，中国在新能源、节能环保等战略新兴产业和循环经济的发展方面出台了一系列新举措。

促进节能环保产业发展。在年度政策建议中，国合会提出要加大对战略新兴产业的支持力度，进一步放宽战略新兴产业的准入条件，尽快制定和实施七大战略新兴产业的发展规划。2012年6月，国务院发布了《“十二五”节能环保产业发展规划》，提出了“十二五”节能环保产业发展的四大目标。

制定资源回收利用目标。2011年12月，国家发展改革委发布了《“十二五”资源综合利用指导意见和大宗固体废物综合利用实施方案》。2012年4月，国务院办公厅发布了《建立完整的先进的废旧商品回收体系重点工作部门分工方案》。2012年6月，国家发展改革委、环境保护部、科技部、工业和信息化部联合发布了《国家鼓励的循环经济技术、工艺和设备名录（第一批）》。

开放新能源领域的投资。2012年6月，国家能源局发布了《鼓励和引导民间资本进一步扩大能源领域投资的实施意见》，继续支持民间资本全面进入新能源和可再生能源产业。

推进城市和工业园新能源示范。2012年5月，国家能源局发布了《关于申报新能源示范城市和产业园区的通知》。

在过去的一年中，除国家层面的规划、政策和标准措施之外，一些地方也出台

了相关法规发展循环经济，推动清洁能源、可再生能源的发展。甘肃省和山西省都制定了《循环经济促进条例》，浙江省制定了《可再生能源开发利用促进条例》，大同市制定了《再生资源回收利用管理条例》。

（二）以节能减排倒逼经济发展方式转变

“十一五”的经验表明，中国的节能减排工作对于促进经济的绿色转型发挥了重要作用。节能减排成为经济发展方式转型的硬抓手和助推器。中国的节能减排目标与政策措施与国际上“绿色增长”和“绿色发展”的理念是吻合的。

2011 年，节能减排指标已经分解到地方政府和重点排污单位，这标志着目标责任也得到了落实。随着《“十二五”节能减排规划》的相继出台，新一轮的节能减排工作已经全面启动。为了推动节能减排，一些地方政府也制定了地方性法规或规章。

在 2011 年的政策建议中，国合会提出“推动可持续消费”，需要改变人们的行为和生活方式，需要政府、企业、公众的共同参与。政府通过绿色采购和自身的节能减排引导示范绿色消费；公众要从家庭做起，从节约水电、减少垃圾入手，树立可持续消费观念；企业要建立绿色供应链。这种全民参与节能减排和推动绿色转型的局面在“十二五”开局之年已经初步展露。

开展全民节能减排。“十一五”期间，节能减排工作主要在企业层面展开。为了充分调动全社会参与节能减排的积极性,2012 年 2 月,国家发展改革委会同中宣部、教育部、科技部、农业部、国管局、全国总工会、共青团中央、全国妇联、中国科协、解放军总后勤部、全国人大常委会办公厅、全国政协办公厅、财政部、环境保护部、国资委、中直管理局共同制定了《节能减排全民行动方案》。

建筑节能全面推进。建筑耗能总量在中国能源消费总量中的份额已经接近三成。降低建筑能源是国合会多年来关注的一个重要领域。2011 年的政策建议中，国合会提出要设立建筑行业的能效准入标准，对于新建大型公共建筑和商品化住房将进行建筑能专项测评，达不到强制标准的，不得办理竣工手续。同时建立建筑能效标准核查制度和许可证制度。

在过去的一年里，财政部、住房和城乡建设部和科技部发布了建筑节能规划和建筑节能科技规划，全面推动建筑节能工作。2012 年 4 月，财政部和住房和城乡建设部联合发布了《关于加快推动中国绿色建筑发展的实施意见》。“十二五”期间，建立有利于绿色建筑发展的体制机制，推广新建单体建筑评价标识，到2014年政府投资的公益性建筑和直辖市、计划单列市及省会城市的保障性住房全面执行绿色建筑标准。紧随其后，住房和城乡建设部颁布了《“十二五”建筑节能专项规划》。科技部提出了《“十二五”绿色建筑科技发展专项规划》。地方层面上，天津市制定了《建筑节约能源条例》，银川市制定了《建筑节能条例》。

加强节能减排工作的落实。节能减排的目标已经制定，未来目标能否实现关键是要落实。国合会在2011年的政策建议中提出，应当加大对节能减排监测、指标和考核体系建设，强化节能目标责任考核，健全奖惩制度。为了规范“十二五”主要污染物排放量核算工作，环境保护部相继制定了《“十二五”主要污染物总量减排核算细则》和《“十二五”主要污染物总量减排监察系数核算办法》。地方层面上，为了加强节能管理，规范节能监察工作，保障节能法律、法规、规章的实施，浙江省、宁夏回族自治区、武汉市、南京市都制定了节能监察办法。

（三）绿色经济政策稳步推进

国合会在2011年的政策建议中提出，要不断完善市场机制，加强对发展绿色经济的政策引导和支持，通过综合与平衡运用税收、金融、绿色采购和转移支付等政策手段，引导和推动产业结构“绿化”与升级。

2011年以来，中国继续加快制定和实施一系列环境经济政策，通过有效运用经济手段，促进环境保护和产业结构调整，取得积极成效。

绿色信贷政策继续深化。《国务院关于加强环境保护重点工作的意见》指出要“加大对符合环保要求和信贷原则的企业和项目的信贷支持”。2012年2月，银监会制定了《绿色信贷指引》，对银行业金融机构实施绿色信贷提出了具体操作规范。

环境污染责任保险取得积极进展。《国务院关于加强环境保护重点工作的意见》提出“健全环境污染责任保险制度，开展环境污染强制责任保险试点”。《国家环境保护“十二五”规划》提出“健全环境污染责任保险制度，研究建立重金属排放等高环境风险企业强制保险制度”。环境保护部也制定了环境污染责任保险的配套技术规范。继公布氯碱企业环境风险划分方法后，环境保护部发布了《环境风险评估技术指南—硫酸企业环境风险等级划分方法（试行）》《关于开展环境污染损害鉴定评估工作的若干意见》和《环境污染损害数额计算推荐方法（第I版）》。地方环境污染责任保险试点继续深入推进。

制定和完善环境经济政策配套综合名录。《国务院关于加强环境保护重点工作的意见》要求“制定和完善环境保护综合名录。对‘高污染、高环境风险’产品，研究调整进出口关税政策”。环境保护部会同行业协会制定了环境经济政策配套综合名录（2011 年版）。

排放权交易制度开始试点。《国务院关于加强环境保护重点工作的意见》提出要“开展排污权有偿使用和交易试点，建立国家排污权交易中心，发展排污权交易市场”。国务院副总理李克强在第七次全国环境保护大会上阐述了排放交易的经济、环境与技术效益，提出要在总结国内外经验的基础上，逐步推广排放交易。国合会在 2011 年的政策建议中提出：“充分引入市场机制，发挥市场机制在节能减排中的潜力和作用。推行排放权交易制度，建立包括常规污染物和碳排放交易市场与平台。”在过去的一年里，中国无论是在碳排放交易还是常规污染物排放交易领域，都取得了重大进展。 2011 年 10 月，国家发展改革委办公厅发布了《关于开展碳排放权交易试点工作的通知》。2012 年 6 月，国家发展改革委颁布了《温室气体自愿减排交易管理暂行办法》。《国家环境保护“十二五”规划》提出了常规污染物和重金属污染的排放权交易计划。

资源价格机制改革取得进展。国合会多年来倡导的阶梯电价终得以在居民用电领域得到实施。自 2012 年 7 月 1 日起，全国大部分省市开始实施阶梯电价。在全国范围实施原油、天然气资源税从价计征改革。国合会在 2011 年的政策建议中提出：“积极建立有利于绿色发展的税收体系，加快推进资源税改革……适当提高现行成品油及其他高耗能产品的税率。”2011 年 9 月，国务院修改了《中华人民共和国资源税暂行条例》，原油、天然气的资源税将从现行的从量计征改为从价计征。

以政府绿色采购带动绿色消费。政府采购对于绿色经济不仅具有带动作用，还具有示范效应。国合会在 2011 年政策建议中，有两项涉及绿色消费的建议，都强调了政府绿色采购在其中的重要作用，提出通过政府公共采购平台，以环境标志产品标准为切入点，推行绿色产品采购指标，制定政府绿色采购通用原则及指南。建立政府绿色采购产品的环境信息系统网络和公开制度。《国家环境保护“十二五”规划》提出逐步提高环保产品在绿色采购中的比重，研究推行环保服务政府采购。制定和完善环境保护综合名录。2012 年 7 月发布的《“十二五”国家战略性新兴产业发展规划》也提出“大力推进环境标志产品认证和政府绿色采购制度，积极倡导绿色消费”。2012 年 5 月，财政部提出要完善节能环保产品“优先采购和强制采购”制度。

（四）绿色投资与绿色贸易取得进展

国合会在2011年的政策建议中提出应当调整和完善中国的引资政策，引导外商直接投资流向战略性部门，对现有的《外商投资产业指导目录》进行修改和更新，根据外商直接投资出资国特别是那些环保标准较高的出资国先进经验，进一步修订和完善中国吸引外资的法律框架，鼓励绿色投资。

2011年12月，中国修改了《外商投资产业指导目录》。与2007年修订的《外商投资产业指导目录》相比，该目录进一步鼓励外资在节能环保等领域的投资。该目录充分体现了中国政府加快推动经济发展绿色转型的思路。

坚持绿色贸易是促进中国产业结构调整，发展绿色经济的重要手段。为此，国合会在2011年政策及建议中提出：通过降低关税等措施鼓励高能耗产品的进口，减少国内高耗能产品产量，推动国内产业结构升级。鼓励和扩大低能耗和低环境损害产品出口，完全取消“两高一资”产品的出口退税，征收“两高一资”产品的出口关税。

2012年，中国继续坚持绿色贸易政策，一方面鼓励能源资源性产品的进口，另一方面限制“两高一资”产品的出口，以减轻中国的环境资源压力，促进经济结构调整和经济发展方式转变。

二、环境污染防治取得新进展

（一）重金属污染防治进一步加强

鉴于近年来中国重金属污染尤其是汞污染事件高发，对生态环境和人民健康构成了严重威胁，国合会在2011年政策建议中提出应当重视汞污染问题，全面防治严重危害公众健康的重金属污染。

2011年12月4日，工业和信息化部发布了《有色金属工业“十二五”发展规划》。

（二）实施新的《环境空气质量标准》

长期以来，中国的大气污染十分严重。由于中国的《环境空气质量标准》太过宽松，致使环保部门公布的空气质量结果与人民群众的切身感受存在巨大差距。原有的《环境空气质量标准》已经无法满足公众对于清洁空气的实际需求。

2012 年 2 月，环境保护部发布了新的《环境空气质量标准》（GB 3095—2012），对原有的《环境空气质量标准》（GB 3095—1996）进行了重大修订。

考虑到中国不同地区的空气污染特征、经济发展水平和环境管理要求差异较大，新修订的《环境空气质量标准》将分期实施。

贯彻实施新的《环境空气质量标准》的前提是地方需要具备相应的监测能力。环境保护部发布了《关于加强环境空气质量监测能力建设的意见》，提出“十二五”期间环境空气质量监测能力建设的总体目标。2012 年 5 月，环境保护部审议并原则通过《重点区域大气污染防治规划（2011—2015 年）》。

（三）实施最严格的水资源保护措施

水污染防治和水资源保护工作进一步深化。在过去一年里，密集出台了《全国地下水污染防治规划（2011—2020 年）》《重点流域水污染防治规划（2011—2015 年）》《关于实行最严格水资源管理制度的意见》《全国重要江河湖泊水功能区划（2011—2030 年）》四项涉及水污染防治和水资源保护的重要文件。

2011 年 10 月，国务院批复了《全国地下水污染防治规划（2011—2020 年）》。2012 年 1 月，国务院发布了《关于实行最严格水资源管理制度的意见》。

2012 年 2 月，国务院批复水利部会同国家发展改革委、环境保护部拟定的《全国重要江河湖泊水功能区划（2011—2030 年）》。水功能区划采用两级体系。

2012 年 5 月，环境保护部发布了经国务院批复的《重点流域水污染防治规划（2011—2015 年）》，提出了 2015 年的水质目标。

为进一步加强集中式饮用水水源环境保护，指导和推进《全国城市集中式饮用水水源地环境保护规划（2008—2020 年）》的落实，提升饮用水安全保障水平，2012 年 3 月，环境保护部发布了《集中式饮用水水源环境保护指南（试行）》。

地方政府也加大了水资源保护力度，福建省、南京市、合肥市、长沙市、厦门市、淄博市等制定了水环境（水资源）保护（管理）条例，浙江省、青海省、四川省、包头市等制定了饮用水水源地保护条例。

三、环境法制的新进展

（一）资源、能源与环境法律法规

一年来，中国继续进一步完善相关环境、资源保护法律法规。《清洁生产促进法》的修订、《环境保护法》修正案都进一步加强了企业的环保责任；尽管目前的《环境保护法》修正案并未提及一直以来呼声很高的环境公益诉讼，但新修订的《民事诉讼法》写入了公益诉讼条款，从另一条路径实现了环境公益诉讼的突破。完善的法律法规体系是建设绿色经济的保障。国合会在给中国政府的建议中指出，要以环保法修订为契机，强化政府责任、强化环境民事责任和明确企业的环保责任。这三部已经修订和正在修订的法律无一不是遵循这样的原则。

2012 年 2 月，全国人大通过了修改后的《清洁生产促进法》。

2012 年 8 月，《民事诉讼法》修正案获得通过。新修订的民事诉讼法增加了公益诉讼条款。

2012 年 9 月，全国人大常委会审议《环境保护法》修正案。这是 1979 年，中国颁布《环境保护法（试行）》33 年后的首次修订。环境保护法在保护环境、保障公民健康与环境权益方面已经明显落后于形势的发展。在万众期待中，环境保护法的修订终于列入日程。全国人大在修订说明中提出了本次修订的主要在 4 个方面实现的突破。此外，加强企业的环境保护责任也是本次修订案的一个亮点。

除了修订重要的环境保护法律之外，国务院相关政府部门也按照分工负责的要求制定相应的环境保护法规。包括《放射性废物安全管理条例》《中华人民共和国资源税暂行条例实施细则（2011）》，《河流水电规划报告及规划环境影响报告书审查暂行办法》，《中华人民共和国海上船舶污染事故调查处理规定》《生产建设项目水土保持监测资质管理办法》，《危险化学品输送管道安全管理规定》《危险化学品建设项目安全监督管理办法》和《危险化学品登记管理办法（2012）》，《绿色信贷指引》，《污染源自动监控设施现场监督检查办法》和《环境污染治理设施运营资质许可管理办法（2012）》，《温室气体自愿减排交易管理暂行办法》，《废弃电器电子产品处理基金征收使用管理办法》。

（二）司法促进环境保护

司法部门也积极推动环境保护工作。2011 年，最高人民法院重点开展了水资源司法保护专项工作，贯彻实施《关于审理船舶油污损害赔偿纠纷案件若干问题的规定》。最高人民法院与环保、海洋等行政执法相协调，探索建立跨行政区域水资源的司法保护机制。

设立环保法庭，推动环境公益诉讼制度。中国已有12个省（市）成立了各种类型的环保法庭42家。2011年10月，曲靖市中级人民法院受理北京市自然之友环境研究所、重庆市绿色志愿者联合会和曲靖市环境保护局联合提起的针对云南陆良化工实业有限公司铬渣污染的环境公益诉讼。这是中国第一起由“草根”NGO提起的环境公益诉讼。

四、公众参与与信息公开推动社会管理创新

在过去的一年中，几起重要事件的发生彰显了民间环境保护的巨大力量，也预示着，公民环境意识已经崛起，中国的公民参与发展到了一个新的水平。公民参与的扩大，参与水平的提高，以及民间力量的崛起将会改变整个环境治理的格局。这些变化是不可逆转的，对于政府的环境管理理念、方式方法都将提出挑战。

第一个著名的事件是全民参与讨论《环境空气质量标准》是否应当加入$PM_{2.5}$指标事件。公众的呼声引起了国家最高决策层的关注。温家宝总理11月15日在会见国合会外方委员时指出，要重视完善环境监测标准，逐步与国际接轨，使监测结果与人民群众的切实感受更加接近。李克强副总理在第七次环保大会讲话中要求，要抓紧修订和发布环境空气质量标准，改进空气质量评价方法，依据各地空气污染特征、经济发展水平和空气质量要求分期实施，逐步与国际标准接轨，使评价结果与人民群众切身感受相一致。最终在《环境空气质量标准》（GB 3095—2012）指标中将$PM_{2.5}$的监测纳入其中，并在全国分阶段实施。在较早《环境空气质量标准》的修订中并没有将$PM_{2.5}$纳入监测范围，也没有相关标准，这主要是由于很多地方政府和某些行业担心将$PM_{2.5}$引入环境空气质量标准指标可能导致空气质量达标率骤降并影响经济发展。但在公众的强烈呼吁下，国家加快了在环境决策上的步伐，这不能不说是公众环境运动的一次巨大胜利。

另两起事件是两个建设项目引发的群体冲突事件。这两起事件的特别之处在于，引发民众抗议的项目并没有形式建设，也没有造成事实上的环境与健康损害，民众的不满在于政府决策的不透明和对于政府环境问题上的不信任。环境问题已经由过

去的民众与污染者之间的冲突转移为民众与政府管理者之间的冲突。这一个月内发生在中国的相似事件表明，中国公众的环境意识和权利意识正得到普遍的提升，在这样的背景下，环境与发展的矛盾必将更为激烈。

纵观这三起事件，尽管公众的参与方式有很大的不同，引发事件的原因也不尽相同，但是它们却揭示了当下在经济快速发展、社会结构剧变的中国，存在着大量的问题在阻碍环境良治局面的形成。

一是民众与政府在环境与经济的平衡上出现分歧。民众的权利与环境意识增加，环境与经济的天平越来越向环境倾斜，而很多地方政府在经济发展与环境保护上，依然是经济优先。

二是民众与政府对待环境法律法规态度上的分歧。很多地方政府在决策过程中，把环境法律法规视为软约束，以牺牲环境换取经济发展的现象依然存在，把公众参与决策的要求，看成一个形式化的过程。然而，环境法律赋予公众的参与权在政府那里还是一个形式的时候，公众已经把它当成一项实质性的权利，当成硬法来看待，为了捍卫权利，公众要求有法必依。

三是公众决策所需要的认知水平与政府掌握的信息之间的存在巨大鸿沟，普通公众不可能掌握科学决策的全面的信息，由于缺乏与政府之间的沟通，其信息诉求得不到满足，只能靠零散的信息决策，难免做出非理性的举动，更为严重的问题是，政府诚信的下降绑架了决策信息，致使民众对于原本科学的内容持否定态度。

四是政府与民众之间正在形成不良的互动模式。三起事件都以民众的诉求得到满足而平息，但是事实的原委并没有厘清，是决策程序上存在问题还是决策内容上出现了问题，地方政府的让步将会让民众把所有类似项目等同视之，这类项目以后会很难发展，以后其他地方政府也将面临很大的决策压力。

由于地方政府发展理念上没有转变，加之缺乏法治观念、管理方式粗暴，政府与公众之间的信任下降，可以预见，在环境问题的处理上，如果政府不能尽快作出相应的调整，未来政府与公众之间激烈冲突还会频繁上演。

信息公开是环境公众参与的基本保障。环境保护信息公开是中国政府确定的政府信息公开工作的八个重点领域之一。环保领域的环境信息公开一直以来都走在各政府部门的前列，2007 年《环境信息公开办法》是依据《国务院信息公开条例》第一个发布的部门信息公开办法。2012 年 8 月，环境保护部召开全国环境信息公开大会，总结了环保部门环境信息公开所取得的成绩。

五、积极推动国际环境合作

作为负责任的大国，中国一直以来都积极推动国际环境合作，应对全球环境挑战。在 2011 年 10 月以来国际社会召开的三次重大国际环境会议——德班气候变化会议、首尔核安全峰会、里约 +20 峰会中，中国都发挥了建设性的作用。

中国积极推动全球气候谈判。在联合国德班气候会议前，中国为推动会议取得成果，按照“共同但有区别的责任”的原则，提出了一套兼顾各方利益的公平解决方案：按照《巴厘行动计划》的要求，坚持《京都议定书》要有第二承诺期，同时要将没有参加《京都议定书》的发达国家囊括进来，并作出有可比性的减排承诺。在《联合国气候变化框架公约》下，发展中国家开展自主减排的行动，被纳入最后的整体方案。

在 2012 年 3 月举行的首尔核安全峰会上，中国提交了《中国在核安全领域的进展报告》。时任国家主席胡锦涛作了重要讲话，提出了新形势下增进核安全的四点主张。

在 2012 年 6 月召开的里约 +20 峰会（联合国可持续发展大会）上，温家宝同志出席会议并发表重要演讲，全面阐述中国对可持续发展国际合作的原则立场，并就推进可持续发展提出三点建议。

国际社会普遍认为，温总理在开幕式后率先发言，发出中国致力于可持续发展的明确、积极信息，为大会讨论奠定了基调。在世界经济前景暗淡、欧债危机持续发酵背景下，温总理在会上宣布的有关举措，引起广泛、积极反响，提振了国际社会促进可持续发展的信心，鼓舞了可持续发展国际合作的势头，为大会取得积极成果发挥了重要作用。

六、结语

回顾过去 5 年，中国虽然遭受了众多自然灾害，经受了金融危机、债务危机的冲击，但在经济上依然取得了巨大的成就，以年均 11.2% 的速度增长，大大超出了“十五”期间 9% 的增长率。进入“十二五”，中国经济已显现出放缓迹象，展望“十二五”或者未来更长的 10 年乃至 20 年，面临着的不仅仅是经济发展方式转变和经济增长速度的挑战，还有资源与环境约束的“瓶颈”问题。

“十一五”期间，中国国内生产总值已经跃居世界第二位，中国对于世界的经济影响力已大大提升。与此同时，中国在环境领域，主要污染物的排放也位居前位，二氧化碳排放总量已经居世界第一，中国对于世界环境问题的解决发挥着重要作用。随着“十二五”规划大幕的拉开，国际社会对于中国未来 5 年、10 年乃至更远的发展前景也给予了极大的关注。

2012 年，亚洲开发银行发布报告①指出，“十一五”期间中国经济取得了重大成就同时也应看到，在四大因素的驱动下未来中国将面临极大的挑战。世界银行在 2012 年发布的一项报告，分析了中国未来经济绿色转型的优势和问题②。

国合会在过去 20 年里，在环境与发展领域为中国政府献计献策，做出了巨大的贡献。在回顾国合会贡献、肯定国合会的成果的同时，也需要清楚地认识到，作为中国政府的高层咨询机构，中国发展面临的困难和挑战越大，国合会需要承担的责任也就越大。新一届国合会需要不断的努力，持续的创新以保持其活力，为中国环境与发展作出新的贡献。

2012 年是“十二五”的第二年。为了实现“加快转变经济发展方式”的目标，中国政府出台了一系列的政策。

回顾过去一年中国政府的环境与发展政策，我们需要特别重视一些重要的政策发展迹象：

第一，首次提出基本的环境质量、不损害群众健康的环境质量是一种公共产品，是一条底线，是政府应当提供的基本公共服务。

第二，首次将全面防范环境风险列为重要的规划任务。《“十二五”规划》首次将全面防范环境风险列为重要的规划任务。

第三，公众参与环境保护达到一个新的层次。正如国合会在 2011 年的政策建议中提出的那样，发展方式的绿色转型不仅仅是政策、制度和技术问题，也是社会文化价值观问题。环境保护不仅要担负起改善民生和优化经济的使命，还要担负起重建社会道德和环境伦理的历史重大责任。

第四，《环境保护法》修订过程中显示环保良治上的分歧。尽管此次环保法的修订与之前的法律相关有了很大的进步，但是此次修订定位于“有限修改”，还是与人们的期望存在着很大的差距。30 多年的经济发展，环境与经济之间的利益冲突已经公开化，环保法修订过程中涉及的中央与地方、政府部门之间、企业与监管理者、

① *Toward an Environmentally Sustainable Future: Country Environmental Analysis of the People's Republic of China*
② *China 2030:Building a Modern, Harmonious, and Creative High-Income Society.*

公众与政府和企业之间存在着利益博弈，环保法的修订不得不平衡这些利益。正是在这种利益纠葛中，此次环保法定位于有限修改，诸多公众期待的环境权益、公益诉讼、加强违法处罚等内容并未涉及，制约部门利益的规划与政策环评也未能写入，修订案加强了企业的环保责任，但是对于企业颇具约束力的信息公开、报告制度并未实现突破。此次环保法的修订，将不仅仅是一次法律意义上的调整，更能体现出经济社会变革中的中国在环境保护良治上的分歧。

2012 年是实施"十二五"规划承上启下的重要一年，中国共产党召开了举世瞩目的第十八次全国代表大会。由于 2011 年节能减排的任务未能全部完成，2012 年的节能减排工作将面临更大的压力。但我们相信，随着中国政府一系列有利于加快经济发展绿色转型的政策的出台，中国的绿色转型正在一步一步实现。正如温家宝总理在 2012 年政府工作报告中指出的那样："我们要用行动昭告世界，中国绝不靠牺牲生态环境和人民健康来换取经济增长，我们一定能走出一条生产发展、生活富裕、生态良好的文明发展道路。"

中国环境与发展重要政策进展与国合会政策建议影响
（2010— 2011）

2010 年，“十一五”计划圆满收官。中国政府成功应对金融危机、系列重大自然灾害等国内外复杂形势和一系列挑战，顺利完成“十一五”规划的主要经济和社会发展目标，国民经济迈上新的台阶。到 2010 年年末，中国国内生产总值达到 39.8 万亿元，年均增长 11.2%，而同期能源消费年均增速为 6.6%，低于国内生产总值的增速；财政收入从 3.16 万亿元增加到 8.31 万亿元。与此同时，节能减排、生态建设和环境保护也取得了显著进步。5 年累计单位国内生产总值能耗下降 19.1%，化学需氧量、二氧化硫排放量分别下降 12.45%、14.29%，倍受关注的这三项节能减排指标基本完成或超额完成。中国积极参与国际应对气候变化行动，提出到 2020 年我国控制温室气体排放行动目标和政策措施，制定实施节能减排综合性工作方案。林业重点生态工程完成造林 2 529 万公顷。综合治理水土流失面积 23 万平方千米，重点流域水污染防治、大气污染防治和工业“三废”治理得到加强。

回顾“十一五”期间，中国环境与发展领域取得了明显的进步。具体来说：

环境保护的认识发生重大转变，全社会环境保护意识普遍增强。中央提出的海洋开发与环境保护日益受到重视。

2011 年以来，国务院先后批复了《山东半岛蓝色经济区发展规划》《浙江海洋经济发展示范区规划》《广东海洋经济综合试验区发展规划》3 个“国家战略”的海洋经济发展规划。2011 年 7 月 7 日，国务院正式批准设立浙江舟山群岛新区。这是继上海浦东新区、天津滨海新区和重庆两江新区后，党中央、国务院决定设立的又一个国家级新区，也是国务院批准的中国首个以海洋经济为主题的国家战略层面新区。这些动作显示了中国政府大力发展“海洋经济”的雄心。

伴随着海洋资源开发利用的热潮，海洋环境污染和海洋资源的可持续利用问题日益提上日程。为此，2010 年，国合会专门设立课题组就这一问题进行研究，并在给中国政府的政策建议中提出："中国应充分考虑陆地、流域、沿海地区发展对海洋生态系统的影响，以生态系统为基础，坚持陆海一体、河海一体的基本原则，统筹海洋开发与生态环境保护之间的关系，统筹沿海区域和流域的经济社会发展，加强海洋和海岸带生态环境保护与修复，提高海洋和海岸带的生态系统服务能力，加强全球和区域层次上的海洋生态环境保护国际合作与交流，确保海洋资源的可持续利用。近期应高度关注渤海流域，制定中国海洋绿色发展战略，实现海洋经济社会和环境资源的协调发展。"中国政府也已经认识到了这个问题，并加大了海洋环境保护的力度。《中华人民共和国国民经济和社会发展第二十五年规划纲要》（以下简称《纲要》）提出，"十二五"期间，要"统筹海洋环境保护与陆源污染防治，加强海洋生态系统保护和修复"。国务院也表示要根据《全国主体功能区划》编制全国海洋主体功能区规划。

除了上述战略性、综合性的规定和规划之外，相关政府部门自 2010 年年底以来也采取了一系列政策和措施加强海洋环境保护，包括：

（1）为了防治船舶及其有关作业活动污染海洋环境，2010 年 11 月 16 日，交通运输部发布了《船舶及其有关作业活动污染海洋环境防治管理规定》。

（2）为规范海洋环境保护执法工作，进一步明确各级海监机构的区域管辖、层级管理和案件查处等问题，全面提升海洋环境保护执法工作效率和水平，2010 年 12 月 22 日，国家海洋局发布了《中国海监海洋环境保护执法工作实施办法》。

（3）针对部分地方盲目和过度的围填海，破坏海洋资源环境的行为，2010 年 12 月 31 日，国土资源部、国家海洋局联合发布了《关于加强围填海造地管理有关问题的通知》。

（4）为提高船舶污染事故应急处置能力，控制、减轻、消除船舶污染事故造成的海洋环境污染损害，2011 年 1 月 27 日，交通运输部发布了《船舶污染海洋环境应急防备和应急处置管理规定》。

（5）为了指导和推进省级海岛保护规划编制工作，2011 年 1 月 28 日，国家海洋局发布了《国家海洋局关于编制省级海岛保护规划的若干意见》。

（6）为有效防范和坚决遏制重特大事故，促进海洋石油安全生产形势持续稳定好转，2011 年 4 月 12 日，国家安全监管总局办公厅发布了《关于开展海洋石油安全生产专项督查的通知》，定于2011年4月下旬至7月上旬组织开展海洋石油安全生产专项督查工作。

（7）海域动态监视监测是《海域使用管理法》确立的一项重要制度，也是提升海域管理信息化、规范化和科学化水平的重要手段。为切实加强国家海域动态监视监测管理系统的运行和应用，全面推进海域动态监视监测工作，2011年4月18日，国家海洋局发布了《关于全面推进海域动态监视监测工作的意见》。

（8）为规范港口、码头、装卸站以及从事船舶修造、打捞、拆解等作业活动单位的防治船舶污染海洋环境能力专项验收工作，2011年6月9日，中国海事局发布了《防治船舶污染海洋环境能力专项验收实施细则》。

尽管在过去的一年里，中国政府各个部门都开始重视海洋的环境保护，但是近两年里渤海接连发生的两起漏油事件再次向中国敲响了警钟。一年之内两起严重的海上漏油事件，使得海洋环境保护问题成为中国政府必须认真面对的问题。这些事件再一次暴露出在海洋污染事故处置上中国依然存在的很多问题，包括企业责任意识不强、信息披露不及时、对责任方的处罚力度太弱、政府应急处置能力不强、损害赔偿机制和制度不健全等问题。从更深层面上，中国的海洋环境管理体制急需根本性的变革。

一、重金属污染防治规划获批，成为第一个公布的“十二五”专项规划

重金属污染是“十一五”凸显的重大环境问题之一，受到决策层和普通百姓的广泛关注。2010年，国合会组织了土壤保护战略专题政策研究，报告指出“部分地区土壤污染严重，成为危害生态环境、危及食品安全的重要因素，严重威胁公众健康”。为此，课题组建议，完善法规和相关标准，制定规划，加强防治和修复技术创新，建立监管体系，完善资金筹集机制等。中国九成被污染土壤与重金属有关。加强重金属污染的防治对于解决中国目前土壤污染具有重要意义。2011年年初，国务院批复《重金属污染综合防治“十二五”规划》（以下简称《规划》），这是我国第一个“十二五”专项规划，体现了国家对土壤污染防治的重视。

《规划》部署了一系列行动加强重金属污染防治，《规划》提出，到2015年，重点区域铅、汞、铬、镉和类金属砷等重金属污染物的排放，比2007年削减

15%。重金属污染防治被列为2011年九部门环保专项行动的重点。

二、审慎处理核电发展速度与核安全监管问题

随着核能开发的加快，核安全监管能力建设也在不断加强。近几年里，在发展低碳经济，加大新能源开发的呼吁声中，国合会也不断提出安全问题的警示。特别是2009年，国合会给中国政府的政策建议中提出“中国政府目前积极推进核电建设的政策，对于改善环境质量、减少温室气体排放、应对全球气候变化将发挥重要作用。但是核安全是核电发展的前提，中国政府应保证核电安全、稳定和健康地发展”。2010年一年的时间里，国家核安全监管部门的技术支持人员增加了600余人，成为环境保护部门编制增加最快的领域。日本福岛核泄漏事故发生后，国家进一步加强了核安全监管能力建设，将国家核安全局下设业务司由原来的一个扩编到三个，并增加了几十个行政编制。

2011年3月11日，日本福岛核电震后泄漏事故再次引发了世界对发展核电安全隐患的重视。以此为契机，中国政府更加重视核电发展的安全问题。国务院的规定还要求立即组织对核设施进行全面安全检查，并切实加强正在运行核设施的安全管理。此举标志着中国国家战略层面上对核电开发开始变得更加谨慎。

同日，环境保护部与国家质监总局联合发布《核动力厂环境辐射防护规定》，对核电厂的选址明确提出了多项要求。除了要求在选址时必须考虑地震等自然因素外，规定还提出，核电厂必须在核动力厂周围设置非居住区和规划限制区。非居住区和规划限制区边界的确定应考虑选址假想事故的放射性后果。

据媒体报道，8月底，中国核电安全大检查已完成核查报告并上报国务院。《核电安全规划》正在制定中，2011年年底前有望发布征求意见稿。随着一系列规划的出台，此前一直暂缓的新建核电项目审批工作或于明年年初重启。2007年出台的《核电中长期发展规划》正在修订中。

根据核电安全检查结果，即将出台的《核电安全规划》提出，未来新上核电项目要按照国际先进标准设计下一代核电站，在核电技术设备上要全面引进国际第三代核电技术。 同时要求尽量新上大容量设备，安全指标和质量标准均比《核电中长期发展规划》要求更高。

三、大力发展节能环保和新能源等战略性新兴产业

2010 年 10 月 10 日，国务院发布了《关于加快培育和发展战略性新兴产业的决定》。决定指出：战略性新兴产业是引导未来经济社会发展的重要力量。加快培育和发展战略性新兴产业是全面建设小康社会、实现可持续发展的必然选择。发展战略性新兴产业，已经成为中国经济结构转型的重要标志。

为此，“十二五”规划进一步明确了战略性新兴产业的地位，提出了相关的发展策略。《纲要》指出要大力发展包括节能环保和新能源产业在内的七大战略性新兴产业，把战略性新兴产业培育发展成为先导性、支柱性产业。各主要政府部门也对节能环保产业和新能源产业的发展制定了相关的发展规划。作为配套措施，科技部在《国家“十二五”科学和技术发展规划》（国科发计〔2011〕270 号）也指出“节能环保”产业的要求。环境保护部发布了《关于环保系统进一步推动环保产业发展的指导意见》（环发〔2011〕36 号），指出“十二五”环保产业的重点发展方向。

“制定环境经济政策，引导传统企业的绿色转型，培育新兴和环保产业”是国合会向中国政府提出的关于助推经济发展方式的绿色转型的重要建议之一。从上述环境政策的制定和落实来看，中国政府大力发展节能环保和新能源等战略性新兴产业的决心已经不可动摇，并且取得了巨大的成就。据专家测算，到 2015 年，节能环保产业总产值预计将超过 3 万亿元，占 GDP 的 8% 左右。到 2020 年，中国新能源发电装机 2.9 亿千瓦，约占总装机的 17%。

四、“节能减排”在“十二五”开局之年得到深化

“节能减排”是“十一五”规划的一大亮点，显示了中国政府践行“绿色发展”的坚强决心。“十一五”规划要求的减排目标超额完成，节能目标基本完成。“十二五”规划又增加并细化了一系列约束性的节能减排指标。作为资源节约和环境保护“硬抓手”的节能减排，也就顺理成章地成为环保工作的“重中之重”。

2011 年 7 月 19 日，国务院总理、国家应对气候变化及节能减排工作领导小组组长温家宝主持召开国家应对气候变化及节能减排工作领导小组会议，审议并原则同意“十二五”节能减排综合性工作方案，以及节能目标分解方案、主要污染物排

放总量控制计划，研究部署相关工作。

会议强调，“十二五”期间，节能减排的重点工作包括：① 推进重点领域节能减排。② 进一步调整优化产业结构。③ 实施节能减排重点工程。④ 推广使用先进技术。⑤ 加强节能减排管理。⑥ 完善节能减排长效机制。

会议强调，要积极开展应对气候变化国际合作。坚持以《联合国气候变化框架公约》和《京都议定书》为基础，坚持“共同但有区别的责任”原则和公平原则，按照“巴厘路线图”授权，在哥本哈根协议和坎昆协议的基础上，建设性地推动应对气候变化国际谈判进程，使德班会议在加强公约和议定书全面、有效和持续实施方面，取得进一步的积极成果。

在政策上，中央各部门相继出台了一系列的节能减排政策，从不同方面推动节能减排的深化和“十二五”节能减排目标的实现。

首先，节能减排在重点行业、关键领域得到深化。① 节能减排深入农村与小城镇，绿色小城镇和绿色能源示范启动。2011 年 4 月 6 日，财政部、国家能源局、农业部联合发布了《绿色能源示范县建设补助资金管理暂行办法》。此外，为了促进我国小城镇健康、协调、可持续发展，2011 年 6 月 3 日，财政部、住房和城乡建设部还联合发布了《关于绿色重点小城镇试点示范的实施意见》。② 进一步推动公共建筑和公共交通节能。为了充分挖掘公共建筑节能潜力，促进能效交易、合同能源管理等节能服务机制在建筑节能领域的应用，2011 年 5 月 4 日，财政部、住房和城乡建设部联合发布了《关于进一步推进公共建筑节能工作的通知》，提出争取在“十二五”期间，实现公共建筑单位面积能耗下降 10%，其中大型公共建筑能耗降低 15%。2011 年 6 月 27 日，交通运输部发布了《公路水路交通运输节能减排“十二五”规划》。经国务院批准，“十二五”期间中央财政从一般预算资金和车辆购置税交通专项资金中安排适当资金用于支持公路水路交通运输节能减排。为规范资金管理，提高资金使用效益，财政部、交通运输部还发布了《交通运输节能减排专项资金管理暂行办法》（财建〔2011〕374 号）。③ 发布重点行业节能减排指南。水泥行业是我国国民经济建设的重要基础材料产业，也是主要的能源资源消耗和污染物排放行业之一。为了促进水泥行业提高能源资源利用效率、降低污染物排放，2010 年 11 月 25 日，工业和信息化部发布了《关于水泥工业节能减排的指导意见》。2011 年 5 月 18 日，工业和信息化部还发布了《关于建立工业节能减排信息监测系统的通知》，以便及时跟踪了解工业节能减排进展情况，准确把握和分析发展趋势，提供基础数据支撑。

其次，节能减排的科技研发、治理工具以及试点示范投入力度加大。2011 年 6 月 9 日，环境保护部发布了《国家环境保护“十二五”科技发展规划》，拟在国家层面投入 220 亿元用于 12 个领域的重点科技任务。2011 年 6 月 22 日，财政部、国家发展改革委联合发布《关于开展节能减排财政政策综合示范工作的通知》。为切实解决重点流域水污染问题，2011 年中央财政将安排资金 50 亿元，专项用于“三河三湖”及松花江流域的水污染防治，并全面实行“以奖代补”。

再次，加强节能减排的监督与兑现。2011 年 6 月 29 日，环境保护部发布了《环境保护和污染减排政策措施落实情况监督检查方案》，要求内蒙古、江苏、浙江、江西等 14 个省（区）于 2011 年 8 月 31 日前将自查报告报环境保护部。环境保护部将会同各成员单位组成检查组，于 2011 年 9 月开展本年度监督检查工作。

五、《全国主体功能区规划》实施

国合会在 2010 年的政策建议中提出：“以资源环境承载力为约束，实施绿色区域发展战略，建立区域生态环境保护合作机制。中国需要高度重视处理好区域振兴与绿色转型的关系问题。首先，区域发展规划和战略要符合国家发布的主体功能区划的要求，要以资源环境承载力为约束性条件来确定区域发展方向，切实避免随着产业的梯度转移造成污染转移和生态破坏；其次，在经济基础较好的东部地区以生态环境优先为原则，实施区域优化发展战略。在西部生态环境脆弱区，实施以生态创新为核心的绿色区域发展战略，高度关注生物多样性保护的需要，确保区域发展符合建设资源节约型和环境友好型社会的根本要求；最后，加强各地方政府间的协调和合作，全面建立区域生态保护的合作机制和污染防治的联防联控联治机制。”

2010 年 12 月 21 日，国务院发布了《关于印发全国主体功能区规划的通知》（国发〔2010〕46 号）。《全国主体功能区规划》是国土空间开发的战略性、基础性和约束性规划。推进形成主体功能区，就是要根据不同区域的资源环境承载能力、现有开发强度和发展潜力，统筹谋划人口分布、经济布局、国土利用和城镇化格局，确定不同区域的主体功能，并据此明确开发方向，完善开发政策，控制开发强度，规范开发秩序，逐步形成人口、经济、资源、环境相协调的国土空间开发格局。

《全国主体功能区规划》将我国国土空间分为“优化开发区域、重点开发区域、限制开发区域和禁止开发区域”。

优化开发区域是经济比较发达、人口比较密集、开发强度较高、资源环境问题更加突出，从而应该优化进行工业化城镇化开发的城市化地区。

重点开发区域是有一定经济基础、资源环境承载能力较强、发展潜力较大、集聚人口和经济条件较好，从而应该重点进行工业化城镇化开发的城市化地区。优化开发区域和重点开发区域都属于城市化地区，开发内容总体上相同，开发强度和开发方式不同。

限制开发区域分为两类：一类是农产品主产区，一类是重点生态功能区。

禁止开发区域是依法设立的各级各类自然文化资源保护区域，以及其他禁止进行工业化城镇化开发、需要特殊保护的重点生态功能区。

在开发原则上，《全国主体功能区规划》特别提出了“保护自然”原则。即按照建设环境友好型社会的要求，根据国土空间的不同特点，以保护自然生态为前提、以水土资源承载能力和环境容量为基础进行有度有序开发，走人与自然和谐发展的道路。① 把保护水面、湿地、林地和草地放到与保护耕地同等重要位置。② 工业化城镇化开发必须建立在对所在区域资源环境承载能力综合评价的基础上，严格控制在水资源承载能力和环境容量允许的范围内。③ 在水资源严重短缺、生态脆弱、生态系统重要、环境容量小、地震和地质灾害等自然灾害危险性大的地区，要严格控制工业化城镇化开发，适度控制其他开发活动，缓解开发活动对自然生态的压力。④ 严禁各类破坏生态环境的开发活动。⑤ 加强对河流原始生态的保护。⑥ 交通、输电等基础设施建设要尽量避免对重要自然景观和生态系统的分割，从严控制穿越禁止开发区域。⑦ 农业开发要充分考虑对自然生态系统的影响，积极发挥农业的生态、景观和间隔功能。⑧ 在确保省域内耕地和基本农田面积不减少的前提下，继续在适宜的地区实行退耕还林、退牧还草、退田还湖。在农业用水严重超出区域水资源承载能力的地区实行退耕还水。⑨ 生态遭到破坏的地区要尽快偿还生态欠账。生态修复行为要有利于构建生态廊道和生态网络。⑩ 保护天然草地、沼泽地、苇地、滩涂、冻土、冰川及永久积雪等自然空间。

《纲要》第五篇“优化格局　促进区域协调发展和城镇化健康发展”第十九章“实施主体功能区战略”也规定了有关实施全国主体功能区划的要求。“十二五”期间，要基本形成适应主体功能区要求的法律法规和政策，完善利益补偿机制。中央财政要逐年加大对农产品主产区、重点生态功能区特别是中西部重点生态功能区的转移支付力度，增强基本公共服务和生态环境保护能力，省级财政要完善对下转移支付政策。实行按主体功能区安排与按领域安排相结合的政府投资政策，按主体功能区安排的投资主要用于支持重点生态功能区和农产品主产区的发展，按领域安排的投资要符合各区域的主体功能定位和发展方向。修改完善现行产业指导目录，明确不同主体功能区的鼓励、限制和禁止类产业。实行差别化的土地管理政策，科学确定各类用地规模，严格土地用途管制。对不同主体功能区实行不同的污染物排放总量控制和环境标准。相应完善农业、人口、民族、应对气候变化等政策。

为了保障《全国主体功能区规划》的贯彻实施，《全国主体功能区规划》和《纲要》都规定了创新的考核机制，按照不同区域的主体功能定位，实行差别化的评价考核。对优化开发的城市化地区，强化经济结构、科技创新、资源利用、环境保护等的评价。对重点开发的城市化地区，综合评价经济增长、产业结构、质量效益、节能减排、环境保护和吸纳人口等。对限制开发的农产品主产区和重点生态功能区，分别实行农业发展优先和生态保护优先的绩效评价，不考核地区生产总值、工业等指标。对禁止开发的重点生态功能区，全面评价自然文化资源原真性和完整性保护情况。

推进形成主体功能区，是深入贯彻落实科学发展观的重大举措，有利于推进经济结构战略性调整，加快转变经济发展方式，实现科学发展；有利于按照以人为本的理念推进区域协调发展，缩小地区间基本公共服务和人民生活水平的差距；有利于引导人口分布、经济布局与资源环境承载能力相适应，促进人口、经济、资源环境的空间均衡；有利于从源头上扭转生态环境恶化趋势，促进资源节约和环境保护，应对和减缓气候变化，实现可持续发展；有利于打破行政区划界限，制定实施更有针对性的区域政策和绩效考核评价体系，加强和改善区域调控。

六、生态环境保护受到重视

“生态保护”是 2010 年国合会给中国政府提出的核心建议。“委员们注意到，在国际社会推动绿色发展的众多角度和措施中，有一个方面还没有引起足够重视，这就是保护和提高生态系统的功能和服务问题。持续的经济高速增长、国内消费升级给生态系统带来的压力已非常紧迫，需要我们高度重视。”

环境保护部部长周生贤在 2011 年全国环境保护工作会议上的讲话中指出：2011 年的重点工作之一，就是进一步加强生态保护。具体包括做好《中国生物多样性保护战略与行动计划》（2011—2030 年）任务分解工作；落实国务院办公厅《关于做好自然保护区管理有关工作的通知》；启动《全国生态环境十年变化（2000—2010）遥感调查与评估》。2011 年 4 月 8 日，环境保护部发布了国家环境保护标准《环境影响评价技术导则　生态影响（HJ 19—2011）》，自 2011 年 9 月 1 日起实施。“十二五”规划也有专章对“促进生态保护和修复” 进行阐述。

重要生态区的生态保护工作正在加紧推进。2010 年年底以来，中国政府已经针对中国的两大生态区——大小兴安岭林区和青藏高原区域制定了生态保护规定。2010 年 12 月 16 日，国家发展改革委、国家林业局发布了《大小兴安岭林区生态保护与经济转型规划（2010—2020 年）》，提出到 2020 年，大小兴安岭的森林面积要比 2009 年增加 170 万公顷，森林覆盖率提高 4 个百分点，林木蓄积量增加 4 亿 m^3，占全国新增林木蓄积量的 30% 以上。2011 年 3 月 30 日，国务院常务会议讨论通过了《青藏高原区域生态建设与环境保护规划（2011—2030 年）》，将青藏高原区域划分为生态安全保育区、城镇环境安全维护区、农牧业环境安全保障区和其他地区四类环境功能区。

针对草原的生态保护补助奖励机制正在稳步推进。根据国务院常务会议的决定，国家在 8 个主要草原牧区省（区）及新疆生产建设兵团，全面建立草原生态保护补助奖励机制。为确保草原生态保护补助奖励政策落到实处，2010 年 12 月 31 日，财政部、农业部联合发布了《关于做好建立草原生态保护补助奖励机制前期工作的通知》。

“生态补偿”制度是加强生态保护的关键制度。国合会在 2010 年的建议中提出应当“加快生态补偿的立法进程，健全相关政策和机制。”目前，由国家发展改革委牵头的《生态补偿条例》正在紧锣密鼓地制定。《生态补偿条例》将明确实施生态环境补偿的基本原则、主要领域、补偿办法，确定相关利益主体间的权利义务和保障措施，并以此为依据，进一步细化流域、森林、草原、湿地、矿产资源等各领域的实施细则。三江源地区将建设成为中国第一个“国家生态保护综合试验区”，《三江源生态补偿机制总体实施方案》也在酝酿中，这将是中国首个生态补偿机制方案。由此，我国生态补偿已在法规、政策和实践三方面得到同步推进。

七、农村污染防治和生态环境保护工作进一步加强

农村环境保护很长一段时间以来都是中国环境保护的“软肋”。国合会在 2010

年的政策建议中提出："全面加强农村生态环境保护，缩小城乡生态文明建设差距。目前，中国的农村生态环境问题十分突出，已成为中国生态环境保护的薄弱环节和短板，直接影响到中国大部分人口的生活质量和对中国发展成果的公平分享。在'十二五'期间，中国政府应全面加强农村生态环境保护，并力争取得突破性进展。"

自从 2005 年开展"新农村建设"以来，农村环境保护工作开始逐渐引起党和政府的重视。2008 年 7 月，国务院全国农村环境保护工作电视电话会议召开，标志着农村环境保护工作正式全面启动。《纲要》也对农村环境保护的问题作出了相关规定。

2011 年 3 月 15 日，环境保护部发布了《关于进一步加强农村环境保护工作的意见》（环发〔2011〕29）。意见指出了"十二五"农村环境保护总体思路和"十二五"农村环境保护的主要目标。

2011 年 3 月 28—29 日，环境保护部召开了全国农村环境保护工作会议。会议指出，"十二五"我国农村环境保护的工作重点可以概括为"一二三四五"五个重点。

农村占了中国国土面积的大部分，农民占了中国人口的大部分。农村环境保护的成效，关系到中国大多数人口的切身利益，也决定了中国环境保护的成效。近年来触目惊心的重特大环境污染事件，大多数都发生在农村地区。随着城市区域环境质量的逐步好转，中国政府正在把环境保护的重点转向农村区域。"十二五"期间，农村环境形势恶化的趋势有望得到显著遏制。

八、中国环境治理的新进展

（一）资源、能源与环境法律法规

立法领域涉及环境与自然资源保护的立法，包括《刑法》中的污染环境罪以及《水土保持法》的修订。

2011 年 2 月 25 日，十一届全国人民代表大会常务委员会第十九次会议通过的《刑法修正案（八）》降低了环境犯罪定罪的门槛。这里的变化包括：①"造成重大环境污染事故，致使公私财产遭受重大损失或者人身伤亡的严重后果的"修改为"严重污染环境的"。这一修改是最重大、最核心的变化，更加突出了对环境本身的保护，而不是仅仅把环境利益作为人身利益和财产利益的附带利益进行保护。相应地，本罪的罪名也由“重大环境污染事故罪”改为“污染环境罪”。② 将排放、倾倒或者处置的物质，由“危险废物”修改为“有害物质”，删除了“向土地、水体、大气”排放、倾倒或者处置的规定，极大地降低了入罪的门槛。

2010 年 12 月 25 日，全国人民代表大会常务委员会通过了修订后的《水土保持法》。修订后的《水土保持法》，增加了保护优先、突出重点、科学管理等方针，进一步强化了水土保持规划的法律地位，进一步完善了水土流失各项预防措施和治理措施，完善了水土保持监测体系和监督措施，加大了对各种水土保持违法行为的处罚力度。

2010 年 10 月至 2011 年 7 月，国务院制定了《土地复垦条例》，修改了《危险化学品安全管理条例》。国务院 2009 年 2 月 25 日颁布的《废弃电器电子产品回收处理管理条例》也于 2011 年 1 月 1 日起正式施行。作为配套规章，2010 年 12 月 15 日，环境保护部发布了《废弃电器电子产品处理资格许可管理办法》。

此外，环境保护部等部门还制定和修改了《固体废物进口管理办法》《放射性同位素与射线装置安全和防护管理办法》《突发环境事件信息报告办法》、《环保举报热线工作管理办法》《环境行政执法后督察办法》等部门规章。

（二）司法促进环境保护

一年来，环境司法领域也出现了可喜的进步。又有部分地方新设环境保护法庭。公益诉讼案例也逐渐增多，诉讼赔偿额度提升。发生在中国西南两省份的两起公益诉讼案件的宣判，标志着中国正式开启了公益诉讼之门。

（三）信息公开和公众参与

中国环保领域的信息公开和公众参与仍然是“喜忧参半”。2010 年 12 月 28 日，由民间环保组织发布的 2009—2010 年间 113 个城市污染源监管信息公开指数报告《环境信息公开：进退之间》显示，2009—2010 年度，中国污染源监管信息公开总体上继续扩大，部分城市有明显提升，但环境信息公开的进展还不均衡，部分城市低位徘徊，少数城市不进反退。

近期发生的渤海漏油污染事件又将环境信息公开和公众知情问题推向了风口浪尖。该事件再次引发了公众对于环境信息公开的关注，显示了中国的环境信息公开还有很长的路要走。但该事实最早由公众通过微博发布，这也说明新的信息传播方式加强了公众参与环境信息传播的能力，提升了公众的监督力度。

在公众参与方面，在过去一年里最著名的事件当属长江上游珍稀特有鱼类国家级自然保护区调整案和南京梧桐树事件。

可以说，中国环境领域的信息公开和公众参与在艰难前行。尽管相对于中国的其他领域而言，环境领域的信息公开和公众参与已经处于领先水平，但距环保的实际需求和公众的要求还有很大的差距。

九、结语

2010 年，面对极其复杂的国内外环境，中国顺利实现了“十一五”规划的节能减排目标。这一目标的实现再次表明，无论国内外环境如何变化，中国政府转变经济发展方式、建设资源节约型、环境友好型社会的决心是不动摇的。“十一五”目标的实现极大地提振了中国环境保护实现历史性转变、走出一条环保新道路的信心，也使中国从“十五”环境保护目标失败的阴影中重新走出来，为“十二五”环境保护目标的实现积累了宝贵的经验。“十一五”有许多成功的经验值得中国政府特别是环境保护部门总结。系统地评估环境保护的成果，分析其中的得失已经成为 2011 年的一个热点话题。

2011 年开始，在科学发展观的指导下，中国又走进了下一个充满希望和挑战的五年，有了新的目标、新的任务。从开局之年来看，中国政府各部门已经开始提早行动起来，从已经公布的和透露的主要环保专项规划来看，中国政府的环境与发展未来的五年线索已经很清晰：在科学发展观的指引下，以转变发展方式为主线，发展绿色经济，促进资源节约和环境友好型社会的建设；发展战略新兴产业促进经济结构调整，在产业发展层面进一步调整经济与环境之间的关系；从生态的视角来审视和管理环境污染与自然资源的保护，制定更为系统的促进区域、城乡区域的环境政策；主体功能区划规划的制定，从国土利用的空间规划的高度上来协调区域间的发展与环境保护，为环境影响的评价提供新的框架和红线；切实解决影响人民群众健康的环境问题，特别是土壤污染和重金属污染；环境保护经济手段与强制手段并用，环境经济政策的应用范围进一步拓展，限批、强化环规划、战略环评和环境责任追究等强制手段也在逐步加强。这就为中国构建起了环境与发展的框架。

回顾过去一年中国政府的环境与发展政策，我们需要特别重视一些重要的政策发展迹象：

（1）生态保护已经上升到与“节能减排”同等重要的地位。长期以来，由于环境污染有具体的受害人，而生态破坏一般没有具体的受害人，以及环境污染一般发生在经济较为发达的地区，而生态破坏一般发生在经济较为落后的地区，生态保护无论是在官方还是民间都没有引起足够的重视。但是，随着生态保护对于可持续发展、对于应对气候变化的重要性日益被发现和重视，中国政府和公众越来越意识到，环境污染的最终结果就是破坏生态，保护环境的终极目的其实就是保护生态。由此，无论是从《“十二五”规划纲要》，还是《全国主体功能区规划》，还是政府各部门的政策中，我们都可以看出，“生态保护”的地位已经大大提升。“限制开发区”和“禁止开发区”概念的提出和实践，在中国的环境保护史上具有里程碑式的意义。

（2）节能环保和新能源等“战略性新兴产业”成为环境保护和经济发展的最佳契合点，但是需要警惕在发展过程中的潜在环境影响。“绿色发展”的应有之义，就是大力发展环境友好型的产业。环境友好型的产业既能解决经济发展和就业问题，又能为污染减排提供新的技术和设备支撑，减少资源、能源消耗，有助于对传统污染行业的改造升级。2010 年以来，中国政府出台了一系列优惠政策鼓励这两个战略性新兴产业的发展。目前，中国新能源产业的发展速度已经处于世界领先水平，节能环保产业也获得了长足发展，从而带动了整个中国经济结构的更新换代，也大大推动了中国的节能减排工作。但是，决策者也应该警惕的是，节能环保和新能源等战略性新兴产业虽然对经济发展的整体而言具有战略性，对于环境保护也提供了新的产业选择，但是其本身是否是环境友好需要谨慎判断。日本核泄漏事件为中国“大干快上”的核电事业敲响了警钟。

（3）“城乡”环境保护均衡的时代已经开启。农村的环境保护长期以来都是中国环境保护的薄弱环节。由于农村地广人稀以及环保部门人力物力财力有限，农村环境保护在很长一段时间内都被忽略了。随着城市区域的环境标准越来越严格，重污染企业向农村地区转移的趋势十分明显。农业产业化，特别是畜禽养殖的规模化造成的面源污染也日益严重。农村环境保护问题，既是污染问题也是生态保护问题，不但直接关系到城乡食品安全和人民群众的健康，还涉及环境正义的问题，即农村居民是否能够享受和城市居民同等程度的环境保护的问题。“十一五”末，中国政府将土壤污染、农村环境保护等问题提上了议事日程，一些政策和资金开始向农村地区倾斜。中国的环境保护已经开启“城乡”均衡的时代。农村生态保护和污染防治将成为“十二五”的重点。

(4) 环境法制进一步加强，公众参与的意识和能力在不断提高。环境立法进一步强化了企业的违法责任追究和地方环境管理责任，以法制促进环境管理的思想非常明确。信息公开在推动公众参与方面的作用日益显现，公众参与环境保护热情不减。信息公开法规的健全为公众参与提供了制度保障，而信息技术的发展则为公众参与提供了更为便利的技术支持。微博的发展使每一位公民成为信息接收及发布者，信息的传播速度和影响力空前提高。通过微博，中国公众参与环境保护的水平必将深化。公众参与将对环境管理的方式与方法产生革命性的影响，需要政府部门提起高度重视。公益诉讼制度虽然进展缓慢，但毕竟已经启航，这就是公众参与环境保护的有力手段。可以预见，随着经济生活水平的逐渐改善和法治理念的强化，公众参与环境事务的热情还将不断高涨。

2011 年是“十二五”开局之年，尽管有“十一五”打下的良好的经济和环境成就，但中国的经济转型和环境保护仍然面临严峻的形势。从国际上看，随着有关气候变化的谈判陷入僵局，作为全球温室气体第一排放国，中国面临着越来越大的减排压力。与此同时，作为发展中国家，中国又有强烈的发展经济的需求。国内的情形也与此类似。一方面，中国的环境形势日益严峻，多年以来积累的环境污染和生态破坏近年来集中暴发，造成严重的社会问题，甚至影响社会稳定。另一方面，经济结构调整的难度越来越大，结构性矛盾突出，并且经常反复。面临国内、国际的双重压力，又要大力发展经济，又要节能减排，这给中国政府提出了相当大的难题。可以说，实现“十二五”节能减排的目标将不会平坦。但“十一五”的成功，让我们有充分的信心相信中国走“绿色发展”之路的决心已定，这个目标是可以实现的。

2011 年，第四届国合会即将圆满闭幕。在过去 5 年里，国合会围绕建设小康社会目标，紧密结合中国政府环境与发展政策诉求，有计划、系统地开展了大量预警性和前瞻性政策研究。其中一些研究走在国内相关领域的前列，掀起了国内研究的热潮（包括低碳经济、绿色经济、绿色行政等）。第四届国合会，是在中国发展已经紧密融入经济全球化进程这一新的格局下开展的。国合会在推动中国的可持续发展成为全球可持续发展的重要内涵方面作出了重要贡献，并履行了推进中国建立经济发展与环境保护的新型关系、探索环境保护优化经济发展的新道路的使命。除了对一些国内重大问题提供直接的支持外，第四届国合会对一些热点和难点问题也不回避，对化学品的管理问题、土壤环境保护问题、环境与健康问题、气候变化问题等开展了预警性、前瞻性的课题研究。第四届国合会无论在政策研究的选题、内容、方式，还是政策建议的水平上都上升了一个新的台阶，将国合会的发展推向了新的阶段。

2011 年，国合会迎来了成立 20 年。过去的 20 年里，国合会作为高规格的环境政策咨询机构和中国环境决策智库，在中国环境保护与经济发展协调方面起到了重要作用。国合会在过去的 20 年中将国际上的环境保护思想、经验介绍到中国，并以其独特的方式积极推进中国环境保护进程。未来 5 到 10 年，对中国的环境与发展事业来说显得尤为重要，这将是中国切实推进科学发展、实现经济方式转变、经济结构调整、消费模式转变以及“两型”社会建设的关键时期，直接决定了建设全面小康社会的目标能否实现。这样的时代和发展阶段为国合会发挥更大的作用提供了舞台。国合会应负起使命，总结过去 20 年的成功经验，更加积极和努力地投身于这场伟大的变革中，为促进中国的科学发展发挥更大的作用。

中国环境与发展重要政策进展与国合会政策建议影响
（2009—2010）

2009 年是 21 世纪以来中国经济发展最为困难的一年。在世界经济仍然处于衰退的情况下，中国在世界率先实现经济回升向好，全年国内生产总值达到 33.5 万亿元，比 2008 年增长 8.7%。2010 前两个季度，中国加快推进经济发展方式转变和结构调整，国民经济总体态势良好，国内生产总值同比增长 11.1%。

2009 年，受国际金融危机和世界经济衰退的影响，中国经济增速陡然下滑，因此政府的经济政策以“保增长”为主。进入 2010 年，金融危机的影响逐渐削弱，世界经济逐渐复苏，中国政府适时地将经济政策从 2009 年的“保增长”调整为 2010 年的“促转型”，大力促进产业结构的调整和升级，发展绿色产业。在此背景下，节能减排和生态环境保护的力度进一步加大。

在 2010 年 3 月的《政府工作报告》中，温室宝同志提出 2010 年要大力推动经济进入创新驱动、内生增长的发展轨道，促进经济发展方式的转变。培育包括新能源、节能环保在内的战略性新兴产业，以迎接新的科技革命和产业革命，抢占经济科技制高点，并对 2010 年的节能减排工作作出了部署，打好“十一五”节能减排攻坚战和持久战。报告提出，一要以工业、交通、建筑为重点，大力推进节能，提高能源效率。二要加强环境保护，积极推进重点流域区域环境治理及城镇污水垃圾处理、农业面源污染治理、重金属污染综合整治等工作，所有燃煤机组都要加快建设并运行烟气脱硫设施。三是要积极发展循环经济和节能环保产业。四要积极应对气候变化。加强适应和减缓气候变化的能力建设。大力开发低碳技术，推广高效节能技术，积极发展新能源和可再生能源，加强智能电网建设。加快国土绿化进程，增加森林碳汇。要努力建设以低碳排放为特征的产业体系和消费模式，积极参与应对气候变化国际合作，推动全球应对气候变化取得新进展。

一、发展绿色经济，促进经济发展方式的绿色转型

2009 年国合会年会上，绿色经济作为国合会给中国政府的政策建议中提出的核心概念，逐渐为中国领导人所接受，他们在各种场合强调了发展绿色经济的必要性，并有意识地在这个概念下推动中国经济发展方式的转型。2009 年年底，在接受新华社专访时，温家宝总理表示，每次经济危机都在酝酿着一次科学革命，而应对经济危机的关键还是人的智慧和科技的力量。为应对这次经济危机，中国政府已经着手培育新的经济增长带，迎接新一轮的科技革命。本轮科技革命中最重要的一项就是促进环境保护技术的创新，发展绿色经济和低碳经济。在 2009 年 3 月召开的全国人大十一届三次会议和政协十一届三次会议上，“低碳经济”“绿色经济”成为最热门的关键词，“两会”委员提出了大量相关话题的议案。全国人大常委会委员长吴邦国在作报告时，提出“将加强应对气候变化相关的绿色经济、低碳经济立法工作”；全国政协主席贾庆林作常委会工作报告时也提到，未来要“推进节能减排，发展循环经济、低碳经济，应对气候变化”。

2009 年 5 月，李克强同志在绿色经济与应对气候变化国际合作会议上重申了 2008 年和 2009 年国合会政策建议中关于发展“绿色经济”、实施“绿色新政”的建议，并对中国发展绿色经济的思路进行了系统阐述。

李克强同志提出了发展绿色经济和应对气候变化的三点建议：

一是中国将加快转变经济发展方式，积极推动绿色发展。

二是牢固树立生态文明理念，大力倡导绿色消费。

三是完善经济全球化机制，形成有利于绿色经济发展的环境。

很显然，国合会关于“发展绿色经济促进经济发展方式转变”“发展节能与环保绿色产业”“使绿色产业成为中国经济新的增长点和战略性新兴产业的重要组成部分”“倡导可持续消费”“加强国际合作，共同推动绿色经济发展”“反对贸易保护主义，扩大和促进资源能源节约和环境与气候友好技术转让”等政策建议，已经开始进入决策层的思考范围，并影响着政策制定的方向。

2010 年以来，中国政府出台了一系列政策来促进经济发展方式的转型，这些措施为推动中国发展绿色经济奠定了基础。《关于 2009 年国民经济和社会发展计划执

行情况与2010年国民经济和社会发展计划草案的报告》指出，要下更大的功夫推动经济发展方式转变和经济结构调整，提高经济发展质量和效益，增强发展的可持续性，实现又好又快发展。要依法淘汰落后产能，强化节能减排和环境保护。2010年5月，为进一步落实国家调整经济结构、转变发展方式的总体安排，国务院批转了国家发展改革委《关于2010年深化经济体制改革重点工作的意见》，意见确定了2010年经济体制改革的重点，对于促进经济发展方式转变作出了一系列的制度安排和部门分工，其中就深化资源性产品价格和环保收费改革提出了要求。

各部委也从本部门的职能出发，相继出台了一系列新的措施来促进产业结构绿色转型。

2009年1月1日，《循环经济促进法》正式施行，标志着发展循环经济正式纳入法制化轨道。国合会2009年政策建议中，发展循环经济是促进绿色经济发展的核心内容之一。2010年5月，国家发展改革委发布了《关于发挥试点示范作用　为实现“十一五”节能减排目标作贡献的通知》，要求把发展循环经济作为推进节能减排的重要举措。就发展循环经济相关的制度，中国政府先后作出了一系列安排，并在地方启动了开展循环经济规划和示范区建设。2010年5月，商务部发布了《关于进一步推进再生资源回收行业发展的指导意见》，2010年7月，中国发布了《中国资源综合利用技术政策大纲》，列出了三类资源综合利用技术。2009年12月24日，国务院正式批复了《甘肃省循环经济总体规划》，提出努力把甘肃省建成国家循环经济示范区。这是我国第一个由国家批复的区域循环经济发展规划，实现了循环经济由理论到实践的重大突破，是循环经济上升为国家发展战略的又一个标志性事件。在此前后，国家发改委先后批复了山西省、河南省、天津市等地的循环经济发展总体规划和试点实施方案。

通过发展生态、低碳农业和生态系统服务管理来促进农村地区发展绿色经济工作是国合会发展绿色经济建议的一项重要内容。《中共中央、国务院关于加大统筹城乡发展力度　进一步夯实农业农村发展基础的若干意见》（中发〔2010〕1号）明确提出“构筑牢固的生态安全屏障”，“编制林地保护利用规划，启动森林经营工程，增强森林生态服务功能，提高林地综合产出能力，大力增加森林碳汇”，“加强农业面源污染治理，发展循环农业和生态农业”。过去一年中，国家林业与农业部门积极行动，国家林业局发出《关于开展碳汇造林试点工作的通知》，正式启动“碳汇造林”试点工作。开展“碳汇造林”试点，主要目的是探索与国际接轨并具中国特色的森林碳汇计量监测方法，为测算不同区域、不同模式、不同树种的营造林碳汇提供技术支撑和科学依据，为全国森林碳汇可测量、可报告、可核查奠定基础。同时，引导企业自愿捐资造林增汇，参与应对气候变化行动，体现企业社会责任，并探索社会资金参与公益造林的林业投融资机制改革。“碳汇造林”试点阶段将采取社会捐资与林业重点工程国家补助相结合的投入方式。

农业部门也在积极推动高效生态能源和低碳农业的研究与示范工作。农业部与山东省联合在黄河三角洲建设高效生态农业示范区，重点就资源科学集约利用、产业循环高效发展、环境保护与生态文明建设三大任务，推进高效生态种植业、高效生态畜牧业、高效生态渔业、外向型农业发展和科技支撑能力建设。2010 年，低碳农业这一概念日益进入决策部门的议程。农业部积极探索保障粮食安全与应对气候变化的有效措施，先后编写了《低碳农业——应对气候变化农业行动》，并组织了系列全国层面的研讨会，探讨全球气候变化对我国农业生产造成的各种不利影响，寻求为“十二五”规划提供科技支撑。

在倡导可持续消费和低碳生活方面，中国继续实施环境标志产品政府采购，目前已经公布六期采购清单。上海世博会继承和发扬北京绿色奥运的遗产，打造绿色世博和低碳世博。上海要在“低碳、和谐、可持续发展城市”这三大主题下，勾勒创新型新一代城市雏形。上海市发布了《中国 2010 年世博会环境报告》，从改善环境质量、世博会绿色实践以及社会公众参与 3 个层次阐述了建设环境友好型城市、实践绿色世博的历程。为促进公共参与，上海世博还发布了低碳交通卡，鼓励公众乘坐公共交通，通过购买碳指标抵消参观世博的碳排放。

发展绿色经济，加快产业结构转型已经成为中国各级政府和中国人民的共识，同时也是世界各国对中国的期待。大力发展绿色经济，不仅是中国加快经济结构调整和发展方式转变的自主行动，也是我们应对全球气候变化的必要措施。

二、大力发展低碳经济

中国继续以积极的姿态参与国际气候变化的谈判。2010 年 10 月，中国成功承办天津气候变化谈判会议，这也是中国首次承办联合国框架下的气候谈判会议。在 2009 年 12 月哥本哈根会议前，中国的碳减排目标——到 2020 年，中国单位国内生产总值二氧化碳排放比 2005 年下降 40% ～ 45%，将作为约束性指标纳入国民经济和社会发展中长期规划，并制定相应的国内统计、监测、考核办法。这是中国政府在充分考虑中国国情的基础上作出的坚定承诺，表现了中国应对气候变化的诚意和推动国际气候变化谈判的积极态度。2009 年 12 月 18 日，温家宝总理在哥本哈根气候变化领导人会议上再次重申了中国政府降低碳排放的承诺。应该承认，国合会在这方面作出了巨大贡献。在 2009 年政策建议中，国合会建议中国政府“按照到 2020 年单位国民生产总值的碳排放强度比 2005 年有明显下降的总体要求，建立明确的低碳经济发展量化目标，力争单位国内生产总值碳排放年均降低 4% ～ 5%，并按照地区和行业特征对目标进行分解”。这一建议与中国政府最终的承诺基本一致。

低碳经济、低碳城市的试点示范工作如火如荼地开展起来。除早些时间部分地方与国外的一些机构或者政府合作开展试点外，中国政府已经开始在全国层面上统一部署低碳城市、低碳经济的试点与示范工作，力图通过试点总结经验，为在“十二五”建立全国范围的温室气候排放统计和管理体系奠定基础。2009 年 12 月，环境保护部发布《关于在国家生态工业示范园区中加强发展低碳经济的通知》，自 2010 年起，在国家生态工业示范园区建设和发展中，将发展低碳经济作为重点纳入园区建设内容。2010 年 8 月，国家发展改革委发布了《关于开展低碳省区和低碳城市试点工作的通知》，

节能和提高能效是中国发展低碳经济的一个重要渠道，也是中国对减缓全球气候变化的一个重大贡献。国合会政策建议充分肯定了节能与提高能源对于发展低碳经济的重要性，建议“从推进节能和提高能效入手，不断优化能源结构和发展低碳能源，大幅提高碳生产力”。为了推动节能、提高能效，实现“十一五”能耗目标，中国政府在过去一年里出台一系列措施，其中有一些措施十分强硬。

优化产业结构、实现节能减排目标的一项重要工作是加速淘汰落后产能。2010 年，国务院先后下发数个文件推动落实淘汰落后产能，包括 2 月的《关于进一步加强淘汰落后产能工作的通知》和 5 月下发的《关于进一步加大工作力度　确保实现“十一五”节能减排目标的通知》。针对具体行业，2010 年 6 月，国务院发布了《关于进一步加大节能减排力度　加快钢铁工业结构调整的若干意见》，指出钢铁工业是节能减排潜力最大的行业，在节能减排工作中占有举足轻重的地位，除国家已批准开展前期工作的项目外，2011 年年底前不再核准、备案任何扩大产能的钢铁项目。

此外，为了进一步加强各行各业的节能减排工作，各部委也在各自职能范围内出台了系列规定。国资委发布了《中央企业节能减排监督管理暂行办法》；工业和

信息化部发布了《关于进一步加强中小企业节能减排工作的指导意见》《关于开展单位产品能耗限额标准执行情况和高耗能落后机电设备（产品）淘汰情况专项督查的通知》；2010 年 5 月，国家电力监管委员会办公厅发布了《关于进一步加强电力行业节能减排监管工作的通知》；农业部办公厅发布了《关于进一步做好农机化节能减排工作的通知》。

为了促进节能技术和产品的推广与应用，推动行业的发展，中国政府实施财政补贴、管理创新、鼓励和引导民间投资等一系列经济、技术与管理措施。2010 年 5 月，国务院发布了《关于鼓励和引导民间投资健康发展的若干意见》，鼓励和引导民营企业发展循环经济、绿色经济，投资建设节能减排、节水降耗、新能源、环境保护、资源综合利用等具有发展潜力的新兴产业，为此，要求清理和修改不利于民间投资发展的法规政策规定，切实保护民间投资的合法权益，培育和维护平等竞争的投资环境；创新和灵活运用多种金融工具，加大对民间投资的融资支持。2010 年 4 月，国务院办公厅转发了国家发展改革委等部门《关于加快推行合同能源管理　促进节能服务产业发展意见的通知》，提出了完善促进节能服务产业发展的政策措施。

“探索和建立自愿性的碳排放交易体系，促进碳融资和技术引进，利用市场机制推动低碳经济发展”是国合会向中国政府提出的关于制定和实施可操作的发展低碳经济政策和机制的建议之一。据国家发展改革官员在联合国气候变化天津会议期间透露的消息，中国将很快出台《中国温室气体自愿减排交易活动管理办法（暂行）》，鼓励和支持有条件的地区和行业探索碳排放交易，规范自愿减排的碳交易市场，为中国将来实施强制性减排市场提供可操作性的市场经验。这将有力地促进中国开展国内碳排放交易的开展，也将为中国实现 2020 年碳排放强度减排目标提供有力支持。

为发展低碳经济，优化能源结构，目前中国政府正在制定《新兴能源产业发展规划》，最终稿有望在 2010 年年底出台。《国家核电中长期发展规划》也正在调整过程中，中长期目标将达 8 000 万千瓦。在发展核电的同时，中国也日益强化核安全监管，2010 年 4 月，在核安全峰会上，胡锦涛同志指出，核安全问题事关核能和经济可持续发展，事关社会稳定和公众安全，事关国际和平与安宁。加强核安全符合各国共同利益，需要我们携手努力。中国已建立较为完善的核安全法规和监管体系，采取有效措施确保核材料和核设施安全，保持着良好核安全纪录。

为加强对能源工作的领导和确保节能减排目标的实现，国家还加强了机构能力建设，加大了考评和问责力度。2010 年 1 月 22 日，国务院决定成立国家能源委员会，温家宝总理任主任。国家能源委员会负责研究拟订国家能源发展战略，审议能源安全和能源发展中的重大问题，统筹协调国内能源开发和能源国际合作的重大事项。其成立将有效地提升我国开发利用新能源、减少碳排放的能力。为了实现节能减排的目标，中央政府加大了考核力度和问责制，公布了对省和部分企业的考核结果。

三、改革和完善经济政策，提高能源效率和环境管理水平

中国政府领导人已经在很多场合表示过，要通过法律、行政、经济等综合手段来促进环境保护。随着法治理念和市场经济的完善，经济手段受到了越来越多的重视。2009 年国合会政策建议中专门有一项“改革和完善经济政策，提高能源效率和环境管理水平”的政策建议，并分别就能源资源价格改革、实施环境税收、强化绿色信贷政策和健全环境污染责任保险提出了相关建议。2010 年，中国的综合经济管理部门、金融政策和监管部门相继密、集出台了一系列政策，积极推动实施绿色经济政策，政策建议中的一些措施不同程地度得以实现。这其中有些措施依然停留在指导性政策层面，但也有不少政策措施已经开始落实和实施，比如阶梯水价、电价制度，绿色信贷支持节能减排项目和限制“三高一资”以及产能过剩项目都已经开始实施，环境税正在考虑实施试点，环境责任保险制试点顺利推进。

《关于 2010 年深化经济体制改革重点工作意见》提出要深化电价、水价、成品油等资源性产品价格，改革环保收费制度。

《关于 2010 年深化经济体制改革重点工作意见》还就环境与资源税改革提出了要求，提出出台资源税改革方案，逐步推进房产税改革，完善消费税制度，研究开征环境税的方案。

针对高能耗企业取消电价和税收优惠政策。2010 年 5 月，国家发展改革委、国家电监会、国家能源局联合发布了《关于清理对高耗能企业优惠电价等问题的通知》，决定取消对高耗能企业的优惠电价措施。针对部分高污染、高耗能产品，财政部、国家税务总局发布了《关于取消部分商品出口退税的通知》。

绿色信贷政策进一步加强，金融机构在节能环保中的作用进一步凸显。绿色信贷通过限制资金向高污染、高能耗产业和产能过剩产业的流入，加大对新兴产业和重点行业的资金支持力度，来引导投资者和企业行为。2009 年 12 月 22 日，中国人

民银行、银监会、证监会、保监会发布了《关于进一步做好金融服务　支持重点产业调整振兴和抑制部分行业产能过剩的指导意见》。同时，对这些企业和项目严格发行债券、资本市场融资审核程序。指导意见还明确提出，要实施“绿色信贷”，积极支持企业技术改造和淘汰落后产能，进一步加大对节能减排和生态环保项目的金融支持，支持发展低碳经济。鼓励银行业金融机构开发多种形式的低碳金融创新产品，对符合国家节能减排和环保要求的企业和项目加大支持力度。探索建立和完善客户环保分类识别系统，支持发展循环经济，从严限制对高耗能、高污染和资源消耗型企业和项目的融资支持。2010 年 4 月和 5 月，有关部门又发布了《关于支持循环经济发展的投融资政策措施意见的通知》和《关于进一步做好支持节能减排和淘汰落后产能金融服务工作的意见》，分别要求各个金融机构加大对发展循环经济的投融资政策支持力度，促进循环经济形成较大规模，进一步加强和改进信贷管理，从严把好支持节能减排和淘汰落后产能信贷关。

环境责任保险继续稳步推进。环境保护部与中国保险监督管理委员会以举办环境污染责任保险培训班的形式，加强实施环境责任保险的能力建设。

四、解决城市发展中突出的能源环境问题

对城市化发展中的能源与环境问题，国合会从探索新型城市化道路、城市生活与消费模式、城市建筑节能、交通发展规划等角度提出了诸多建议。过去一年中，中国城市化进程中的一些问题日益凸显，如房价过快上涨、城市汽车保有量大幅上升以及由此带来的拥堵和能耗上升等问题困扰着许多大城市，中央和地方政府为此先后采取系列应对措施。这些措施与国合会的政策建议很大程度也是一致的。

全国妇联、中央文明办、国家发展改革委于 2010 年 2 月联合发起了“深化节能减排家庭社区行动　开展‘低碳家庭 - 时尚生活’主题活动”，在广大妇女和家庭中开展系列低碳活动，宣传和普及低碳知识，倡导广大家庭实行低能量、低消耗、低开支、低代价的低碳生活方式，形成节约能源资源和保护生态环境的生活理念、消费模式。

在建筑领域，住房和城乡建设部积极推动公共建筑的节能降耗，制定了 2010 年公共机构能源消耗指标在 2009 年基础上降低 5% 的目标，要求全国城镇新建建筑执行节能强制性标准的比例达到 95%以上；2010 年完成北方采暖地区既有居住建

筑供热计量及节能改造 5 000 万 m^2，“十一五”期间完成 1.5 亿 m^2 改造任务。为了促进节能，住房和城乡建设部还要求，要积极推行利用合同能源管理方式实施节能运行与改造，重庆、内蒙古、江苏要做好省级动态能耗监测平台建设试点工作，在有条件地区要研究制定公共建筑能耗限额标准。2010 年 2 月，《关于进一步推进供热计量改革工作的意见》提出要加强城市供热管理，完善新建建筑供热计量的监管机制，进一步加大供热系统节能管理，支持供热管网、热源节能改造，降低能耗，实行供热系统计量管理。2010 年 8 月，《居民采暖用锅炉效率标准〈征求意见稿〉》发布，对燃煤锅炉和燃气或燃油锅炉作出了不同的效率要求。

面对不断上涨的房价，中央政府和地方政策都采取了一系列措施，但仍不能扼制上涨态势。为此，2010 年 9 月，国家出台了房地产调控以来最为严厉的系列政策，以扼制非理性住房需求和投机行为，这包括：限定居民家庭购房套数；严格实行问责制，对政策落实不到位、工作不得力的，要进行约谈，直至追究责任；完善差别化的住房信贷政策，各商业银行暂停发放居民家庭购买第三套及以上住房贷款；调整住房交易环节的契税和个人所得税优惠政策，加强对土地增值税征管情况的监督和检查，重点对定价明显超过周边房价水平的房地产开发项目进行土地增值税的清算和稽查；加快推进房产税改革试点工作，并逐步扩大到全国；增加住房有效供给，特别是中小套型普通商品住房和保障性住房的建设；依法查处炒买炒卖、哄抬房价行为。这些房地产政策在国合会的政策建议看来与城市建设和资源环境密切相关，与在国合会“设定城市人均建筑拥有面积限值”“尽快实施物业税，通过市场机制减少市场对建筑的非理性需求”等政策建议是高度吻合的。

在交通领域，为了促进节能和新能源汽车的推广，相关政府部门也出台了一系列政策。2010 年 5 月，财政部、国家发展改革委、工业和信息化部印发了《“节能产品惠民工程”节能汽车（1.6 升及以下乘用车）推广实施细则》，2010 年 5 月 31 日，财政部、科学技术部、工业和信息化部、国家发展改革委发布了《关于开展私人购买新能源汽车补贴试点的通知》。

五、编制绿色“十二五”规划

目前中国正在紧锣密鼓地制定“十二五”发展规划，并将于 2011 年 3 月正式批准和实施。处在这样一个时间点上，2009 年国合会政策建议中前瞻性地指出：

“‘十二五’规划的制定要突出增强中国可持续发展能力，将包括低碳经济在内的绿色经济作为规划的重要组成部分。大力推动经济的绿色转型与繁荣，把环境保护、提高能源效率放在更加突出的战略位置，为中国加速转变发展方式、走新型工业化和城市化道路、在农村地区适应气候变化和保护生态系统，适应以绿色经济为特征的全球新一轮经济结构调整打下坚实基础。”

“十一五”环保规划执行情况中期评估基本完成。结果表明，“十一五”环保规划实施首次达到进度要求，部分指标超额完成，主要规划目标有望如期实现，是我国历史上执行得最好的一个五年环保规划。中国将在全面总结“十一五”经验的基础上制定“十二五”规划。

虽然“十二五”规划尚未正式出炉，但据参加过该规划草案编制的清华大学公共管理学院教授、清华大学国情研究中心主任胡鞍钢透露：“即将于明年3月开始正式实行的中国‘十二五’规划，绿色规划指标占该规划47个重要指标的51%，该规划将成为中国第一个绿色发展规划，成为中国绿色现代化的历史起点，中国将由世界最大的‘黑猫’变成世界最大的‘绿猫’。”

六、加强农村能源环境管理，推动农村环境保护

2010年中央一号文件《中共中央　国务院关于加大统筹城乡发展力度　进一步夯实农业农村发展基础的若干意见》再次聚焦农村、农业问题，体现了中央对这一问题的关注。文件对于农村能源和环境保护提出了一些新的要求和工作方向，据此，环境保护部门和农业部门制定了相应的农村环境保护和能源政策。

环境保护部要求，2010年进一步深化“以奖促治”政策措施，加大农村环境保护投入。在环境问题集中区域，实施连片综合治理，建设集中治污设施；对居住分散、经济条件差、边远地区的村庄，推广分散型、低成本、易管理的污水处理模式；鼓励城市污水和垃圾处理设施服务覆盖范围向周边村镇延伸，实现城乡环境基础设施共享共用。开展农村集镇生活污水和规模化畜禽养殖污染减排试点工作。建立完善农村环境综合整治目标责任制。

农业部提出“切实加强农村生态环境保护，促进农业可持续发展”，这包括：

一是加快发展农村清洁能源。

二是促进农业农村节能减排。

可见，在过去一年中，中国政府出台的一些农村、农业环境保护和能源发展以及低碳农业（参见“发展绿色经济，促进经济发展方式的绿色转型”部分）等方面的政策呼应了国合会在政策建议中提出的关于发展农村可再生能源、加强农村环境保护的政策建议。国合会在政策建议中特别提出，“应对气候变化注意加强生物多样性保护，保存国内和国际基因库的生物多样性信息”，而 2009 年是联合国生物多样性年，中国政府为此发布了《中国生物多样性保护战略与行动计划（2011—2030 年）》，其中将农业生物多样性和提高应对气候变化能力与生物多样性保护列为优先领域，并提出了相关的行动计划。比如“制定生物多样性保护应对气候变化的行动计划”“评估生物燃料生产对生物多样性的影响”，“通过推广户用沼气、生态农业、生态旅游、草场轮牧、人工草场建设、舍饲、圈养等实用技术，改变当地生产生活方式，来实施西北生态脆弱地区替代生计示范工程”。

国合会提出“国家自愿性碳交易机制和为贫困农户削减污染物和温室气体排放提供补贴是促进低碳农业的有效方法，同时也将有助于消除贫困目标的实现”。尽管目前在国家层面上尚未出台相关政策措施，但是在新疆、四川等一些地方政府与国际组织合作已经开展了相关的试点工作，并取得了显著的成果。

七、中国环境与发展之立法、司法与公众参与进程

国合会历来重视中国环境治理结构的改善，在历年的政策建议中都有关于加强立法、司法与改善公众参与水平的政策建议。治理结构的改善对于形成科学的环境与发展政策，及时应对新出现的环境与发展问题具有重要意义，同时，也是确保政策得到全面贯彻和实施的基础。在过去的一年里，无论是立法、司法还是公众参与都有了长足的进步，中国环境与发展的治理结构和能力得到了进一步的改善和提升。

（一）资源、能源与环境立法

2009 年 11 月至 2010 年 9 月，仅环境保护部门就完成了 61 项国家环境标准的制定、修改工作，现行国家环保标准达到 1 200 项。中国的环境资源法律体系进一步完善。

2009 年 11 月至今，全国人大常委会制定了《海岛保护法》、《石油天然气管道保护法》、《侵权行为法》（专章规定了“环境侵权责任”），修订了《可再生

能源法》。根据《全国人大常委会2010年立法工作计划》，目前正在审议的环境法律包括《水土保持法》（修改）、《自然保护区法》、《森林法》（修改）以及《土地管理法》（修改），预备审议《大气污染防治法》（修改）和《能源法》。

国务院制定了《放射性物品运输安全管理条例》《消耗臭氧层物质管理条例》及《古生物化石保护条例》。

环境保护部等部门制定、修改了《新化学物质环境管理办法》《环境行政处罚办法》《进出口环保用微生物菌剂环境安全管理办法》《地方环境质量标准和污染物排放标准备案管理办法》《放射性物品运输安全许可管理办法》及《突发环境事件应急预案管理暂行办法》。

国家发展改革委制定了《固定资产投资项目节能评估和审查暂行办法》，建立了类似“环境影响评价”的“节能评估”制度；国资委制定了《中央企业节能减排监督管理暂行办法》。

为了加强能源管理，规范传统能源的开发与利用和适应新能源的发展，能源部门启动了一系列的立法修改和新的立法工作程序，这包括修改《煤炭法》，制定《核电管理条 例》和《水电开发管理条例》。

（二）司法促进环境保护

2009年12月9日，最高人民法院发布了《关于认真贯彻中央经济工作会议精神　为实现明年经济发展目标提供有力司法保障的通知》提出，要妥善审判执行好在加强宏观调控、调整经济结构等方面发生的节能减排、企业破产、重组改制等方面的案件，为夺取应对国际金融危机冲击全面胜利、保持经济平稳较快发展提供良好的司法服务。2010年年初，最高人民法院《关于贯彻宽严相济刑事政策的若干意见》指出：当前和今后一段时期，对于重大环境污染、非法采矿、盗伐林木等各种严重破坏环境资源的犯罪，要依法从严惩处，维护国家的经济秩序，保护广大人民群众的生命健康安全。

2010年6月29日，最高人民法院印发了《关于为加快经济发展方式转变提供司法保障和服务的若干意见》。其中指出，“要依法受理环境保护行政部门代表国家提起的环境污染损害赔偿纠纷案件，严厉打击一切破坏环境的行为”，这意味着为环境公益诉讼打开了一扇门。此外，最高人民法院还表示：在环境保护纠纷案件数量较多的法院可以设立环保法庭，实行环境保护案件专业化审判，提高环境保护司法水平。

（三）信息公开和公众参与

在各方的积极努力下，2010 年以来，中国在环境信息公开和公众参与方面有了一些新的进展。

中国政府信息公开的力度加大。2010 年 1 月 20 日，国务院办公厅发布了《关于做好政府信息依申请公开工作的意见》。在受理依申请公开政府信息过程中，对于需要或者可以让社会广泛知晓的政府信息，行政机关应在答复申请人的同时，通过政府网站等渠道主动公开，尽量避免将公共性政府信息只向个别申请人公开，以减少对同一政府信息的一再申请，节约行政成本，提高工作效率。

除了政府作为信息公开主体要及时发布相关信息外，2009 年出台了相关规定，对作为排污者的企业公布环境信息也提出了新的要求。为了保障公众的知情权，2010 年 9 月 14 日，环境保护部发布了《上市公司环境信息披露指南（征求意见稿）》。此外，环境保护部发布《关于进一步规范环保不达标生产企业名单定期公布制度的通知》，推动企业违法信息的公开。

在公益诉讼领域，地方立法有了新的突破。2010 年 1 月 8 日通过了《贵阳市促进生态文明建设条例》。该条例是中国第一个规定环境公益诉讼条款的地方性法规。

依照政府信息公开的相关制度，向公众公开环境领域的一些重要信息，对于保护公民的环保信息知情权，扩大公众参与的深度具有重要意义。2010 年，政府部门公布的重要或有利于公众参与环境监督的信息主要有：

（1）《第一次全国污染源普查公报》。第一次清晰地呈现了工业源、农业源、生活源和集中式污染治理设施的污染状况，为我国环境保护“十二五”规划的制定提供了科学依据。

（2）2010 年 5 月 14 日，环境保护部办公厅发布了《关于限期完成上市环保核查整改承诺的通知》，公布了未按期完成整改和出现新环保问题的上市公司名单。

（3）为进一步明确环境重点监管对象，切实做好国家重点监控企业在线监控等环境监管工作，环境保护部办公厅发布了《2010 年国家重点监控企业名单》。

（4）2010 年 3 月，环境保护部发布了《关于 2009 年重点流域和环境保护重点城市环境质量状况的公告》，详细公布了 2009 年重点流域水环境质量状况和 2009 年环境保护重点城市环境空气质量状况。

八、结语

2009年是中国经济发展最困难的一年。2010年发展环境虽然好于去年，但是面临的形势依然极为复杂。从国际上看，虽然世界经济有复苏的迹象，但基础仍然脆弱，金融领域风险没有完全消除。从国内来看，经济回升向好的基础进一步巩固，市场信心增强，但是经济社会发展中仍然存在一些突出矛盾和问题。经济增长内生动力不足，自主创新能力不强，部分行业产能过剩矛盾突出，结构调整难度加大。这既给中国的经济发展带来很多困难，也给中国的节能减排和环境保护带来了很大压力。

2010年上半年单位GDP能耗同比上升0.09%，给今年的节能减排工作敲响了警钟。确如中央所判断的那样，节能减排是一场攻坚战、持久战，任何时刻都不能掉以轻心。此外，2009年以来发生的一系列突发环境污染事件和累积性污染事件，也让中国政府和中国人民意识到：中国已经进入环境污染事故高发期，迫切需要政府采取更严厉、更有效的手段来应对。中国政府正在采取铁腕手段，来实现节能减排和可持续发展的目标。尽管困难重重，但是，从改革开放以来的经验来看，只要中国政府下定决心要实现一个目标，基本上都能够实现，因此，全面甚至超额完成"十一五"规划的节能减排目标，以及实现产业结构绿色转型走向可持续发展的道路不是不可期的。

回望过去一年中国政府的环境与发展政策，我们需要特别重视一些重要的政策发展迹象：

（一）通过环境保护促进产业转型将成为长期的政策选择

"十一五"以来，我们可以明显看出，在中国中央政府的统一部署下，有越来越多的部门开始运用各自的权限，在其职能范围内淘汰落后产能，引导绿色经济的发展。"绿色转型"已不再只是环保部门等个别部门的行动，而是成为所有政府部门的共识和共同行动。无论是立法机关、行政机关还是司法机关，它们的决策和政策都正在或者已经"绿化"。中国政府已经向全世界庄严承诺了2020年的减排目标。可以预计，至少在未来的10年内，中国政府仍将坚持目前的政策选择，通过环境保护的指标倒逼产业结构的绿色转型。而10年后，中国也许已经完成产业结构的绿色转型，进入经济发展和环境保护良性循环的历史新时期。

（二）环保部门的话语权和环境管理能力继续提升

一方面，在目前的环境形势和国际压力下，政府和公众都非常重视环境保护工作，环保部门的工作得到了政府和公众的大力支持；另一方面，从中央到地方各级环保部门充分发挥主观能动性，利用有利的外部条件努力提升执法能力，进行制度创新，为自身进一步赢得广泛的赞誉和支持。可以预见，由于规划环评等制度的完善，环境保护在宏观调控中的重要作用以及环境执法力度的加强，环保部门的话语权和环境管理能力在未来将会继续提升。

（三）市场手段在环境管理中的地位不断提高

政府已经意识到，通过市场手段来促进环境管理不但可能比直接的行政手段更加节约成本，而且可能更加有效。在过去的一年中，绿色信贷和环境污染责任保险进一步展开，通过税收、价格等手段淘汰落后产能、引导绿色经济正在实施，环境税也即将开始试点。金融、税收等经济政策直接关系到企业的生产经营，如果运用得当，可以起到最大的调控效果。随着市场经济的逐渐完善，经济政策在环境管理中的地位也将不断提高。

（四）信息公开程度及公众参与的意识和能力在不断提高

从长远来看，信息公开和公众参与才是提升环境管理绩效的根本动力。随着经济生活水平的逐渐改善和法治理念的强化，公众参与环境事务的热情不断高涨，一些明显的环境决策失误很容易引发公众的强烈反对，这种情形会促使决策部门尽早启动公众参与程序，从而促进决策的民主性和科学性。在过去的几年中，环境领域的信息公开和公众参与已经明显走在了中国信息公开和公众参与实践的前列。环保部门制定了一系列的规章来保障信息公开和公众参与。未来，信息公开和公众参与将成为推进中国环境保护事业的不竭动力。

（五）中国开始越来越多地履行作为一个大国的环境义务

正如温家宝同志在哥本哈根会议上指出的那样：中国政府确定减缓温室气体排放的目标是中国根据国情采取的自主行动，是对中国人民和全人类负责的，不附加任何条件，不与任何国家的减排目标挂钩。我们言必信、行必果。作为全球最大的能源消费国和碳排放国家之一，中国对全球环境的影响举足轻重。作为一个负责任的大国，自愿承担减排义务，既是履行国际义务，也是自身走可持续发展的必经之途。

在过去的一年，中国环境与发展国际合作委员会的很多政策建议都已经体现在中国政府实际执行的政策之中。可以看出，国合会对于中国环境与发展政策具有越来越深刻的洞察与把握。国合会不仅着眼于中国环境与发展的长远走向，而且结合了国内最新政策进展和政府面临的新问题，从环境保护与发展的角度，以国际和国内两个视角审视对中国环境与发展蕴含的意义，提出的见解和主张引起了中央领导和各政府部门的重视。

国合会政策建议影响和中国环境与发展重要政策进展（2008—2009）

2008年，中国在努力克服历史罕见的特大自然灾害和国际金融危机冲击的不利影响的同时，国民经济继续保持较快发展，全年国内生产总值比2007年增长9.0%。2009年上半年，在受到国际金融危机严重冲击下，中国国内生产总值仍同比增长7.1%。为应对国际金融危机对中国经济带来的严重影响，中国政府及时采取了“一揽子”经济刺激计划，把大力调整经济结构作为应对经济动荡的关键，并注重继续加强和推动生态环境保护与节能减排工作。

2009年是实施“十一五”规划的关键之年。国务院向全国人民代表大会常务委员会会议所作的“十一五”规划《纲要》实施中期情况评估报告。报告指出，展望未来，需要大力促进经济再平衡以推动实现这些目标，巩固已经取得的社会成果。报告认为，中国在基本实现中长期目标方面拥有良好的业绩记录，在作出适当的政策调整的情况下，中国应当既能应对目前全球经济下滑的挑战，同时又能实现“十一五”规划提出的中长期目标。

一、在刺激经济复苏中继续加强环境保护

为应对国际金融危机给中国经济带来的巨大影响，中国政府出台了一系列扩大国内需求的措施。从2008年第四季度到2010年年底，中国将增加4万亿元人民币投资用于加快民生工程、基础设施、生态环境建设和灾后重建。中国还制定实施“一揽子”计划，制定实施十大重点产业调整振兴规划，推动企业兼并重组，积极支持企业加快技术改造，淘汰落后产能，发展先进生产力，努力提高产业集中度和资源

配置效率。其中，节能减排和加强生态保护成为了中国经济刺激计划的一个重要组成部分。已经公布的 4 万亿元刺激计划中节能减排、生态工程上的直接投资约为 2 100 亿元，约占总投资的 5.25%。

在刺激经济复苏计划中，中国还把“绿色新政”“世界产业技术革命的新趋势”、“科技与体制创新”等理念融入政策实践，其中的很多方面都是国合会关注的重点。在国合会 2008 年《政策建议》中提出：“加快转变经济增长方式的步伐，加大清洁能源和生产技术创新的力度，培育和壮大清洁产业，发展低碳经济，增强解决环境污染和应对气候变化的能力，维持中国的长久繁荣。”在 2009 年 4 月举办的圆桌会议上，国合会又提出中国应抓住机会，大力推动绿色发展，发展绿色经济和低碳经济。2009 年 5 月，李克强副总理在出席财政部支持新能源与节能环保等新兴产业发展工作座谈会时强调，要研究跟踪世界上发展“绿色经济”的趋势，要把保增长、扩内需与调结构、上水平有机结合起来，把握世界产业技术革命的新趋势，针对中国经济运行中遇到的新问题，推动战略性新兴产业加快发展，培育新的经济增长点，促进经济长期平稳较快发展。

经济刺激计划所要进行的大规模投资给环境保护的监管带来了巨大的压力。这是经济与环保两者孰轻孰重的又一次较量。为保增长而进行的一系列的投资新项目能否在不放松环境要求的前提下开工建设，是中央政府以不牺牲环境为代价刺激经济恢复承诺能否兑现的具体体现，更决定了经济刺激计划中环保投资项目的效果以及经济发展方式改变的成败。

国合会 2008 年《政策建议》提出：“世界金融危机从根本上暴露了过度相信市场的力量而缺乏有效监管带来的巨大风险。发挥市场机制对环境保护的激励作用。市场手段的实施同样需要有效的监督管理及其相应的能力建设，例如，排放监测、数据规范、减排考核和违法处罚。”环境保护部面对投资刺激内需的紧迫性，严把审批关，对“两高一资”项目严格执行环评制度，从源头上严格控制。对存在环境隐患、总投资达 1 040 亿元的 14 个化工、石化、钢铁、火电、造纸等项目，实行了暂缓审批或者是不予批复。

中央政府有关部门还加大了违法处罚力度。2009 年 4 月，中国环境保护部、国家发展改革委等八部门宣布将联合开展环保专项行动，严管高耗能、高污染、资源性行业，集中开展钢铁、涉砷行业的环保检查；专项行动还将着力整治城镇污水处理厂、垃圾填埋场的环境违法问题，发挥治污设施的减排效益。2009 年 6 月，环境保护部叫停华能集团和华电集团建设项目。环境保护部对中国电力巨头——华能集团和华电集团开出了历史上最严厉的环评罚单，暂停审批两家企业除新能源及污染防治项目之外的建设项目。

国家审计署也加强了对国有大企业的环保审计工作，并向社会通报了对 41 家中央企业节能减排情况。41 家企业节能减排情况总体进展尚好，但仍存在节能效果不佳、二氧化硫排放量超标以及主要污染物排放浓度超标的问题。国家审计署列出了这些节能减排滞后的中央企业的名单，他们分属中国石化、中国华能、中国华电、中国国电、中国大唐、中国铝业、宝钢、鞍钢 8 家大型中央企业集团公司。

在过去的一年里，中国的环境执法、环境监测与环境监察工作继续得到加强；中央政府各部门以及地方政府之间的协调有新的改进和完善，这对于解决日益复杂的环境问题，提高环境政策和措施的有效性具有十分重要的意义。

环境保护部环境监察局和华南、西南、东北、西北、华东、华北六大环保督察中心监察体系全面建成。这一体系将针对地方政府重经济、轻环保、不履行环境保护责任的行为开展执法监督。部际、省际就解决重点水污染问题加强协作。2009 年数次召开了全国环境保护部际联席会议，环境保护部和国家发展改革委、财政部、国土资源部、住房和城乡建设部、农业部、交通运输部、水利部相关负责人一道，分别对太湖流域、松花江流域、黄河中上游流域水污染防治工作进行部署和指导。

二、发展低碳经济、应对气候变化的国家政策

应对全球气候变化是国合会长期关注的一个问题。国合会 2007 年和 2008 年《政策建议》分别提出，“中国应该在‘共同但有区别的责任’原则下为全球气候变化和可持续发展作出新的贡献，逐渐将国际环境合作拓展为可持续发展合作，并加强南南环境合作”，“从长远考虑，中国应发展低碳经济。中国发展低碳经济，一方面可以帮助解决国内的资源环境问题，另一方面也可以增强应对气候变化的能力，提高国际竞争力。因此，中国政府对发展低碳经济问题应给予更多的关注，做好相关的技术与政策准备，并在“十二五”规划中考虑制定发展低碳经济的目标，将低碳经济发展融入当前的战略和行动中”。

2009 年 8 月，国务院总理温家宝主持召开国务院常务会议，研究部署应对气候变化有关工作。会议强调，中国作为一个负责任的发展中大国，充分认识到应对气

候变化的重要性和紧迫性，主张通过切实有效的国际合作，携手努力，共同应对。中国将继续坚持“共同但有区别的责任”原则，坚持可持续发展；从国情和实际出发，承担与我国发展阶段、应负责任和实际能力相称的国际义务，为应对气候变化作出应有的贡献。会议要求：

（1）把应对气候变化纳入国民经济和社会发展规划。把控制温室气体排放和适应气候变化目标作为各级政府制定中长期发展战略和规划的重要依据。

（2）抓好国家方案的落实。努力实现“十一五”单位国内生产总值能耗降低20% 左右、可再生能源比重提高到 10% 左右等目标。在“十二五”期间继续完善和实施《应对气候变化国家方案》。

（3）大力发展绿色经济。紧密结合扩大内需促进经济增长的决策部署，培育以低碳排放为特征的新的经济增长点，加快建设以低碳排放为特征的工业、建筑、交通体系。

（4）强化应对气候变化综合能力建设。制定应对气候变化的科技发展战略与规划，开展低碳经济试点示范，推动形成资源节约、环境友好的生产方式、生活方式和消费模式。加大资金投入力度，提高应对气候变化政策措施的实施保障能力。

（5）健全应对气候变化的法律体系。加快建立相配套的法规和政策体系，制定相应的标准、监测和考核规范，健全必要的管理体系和监督实施机制。

（6）积极开展国际交流与合作。继续对外开展应对气候变化政策对话与交流，拓展国际合作渠道，加快资金、技术和人才引进，有效消化、吸收国外先进的低碳技术和应对气候变化技术。

2009 年 8 月，中国立法机关——全国人民代表大会常务委员会就应对气候变化通过决议案，建议把应对气候变化纳入立法议程，决议案呼吁中国要加强节能减排，努力控制温室气体排放；增强适应气候变化能力；充分发挥科学技术的支撑和引领作用；立足国情发展绿色经济和低碳经济；把积极应对气候变化作为实现可持续发展战略的重要内容，纳入国民经济和社会发展规划，明确目标、任务和要求；努力提高全社会应对气候变化的参与意识和能力，动员全社会广泛参与到应对气候变化的行动中。

2009 年 9 月，中国国家主席胡锦涛在联合国气候变化峰会上表示，中国将进一步把应对气候变化纳入经济社会发展规划，并继续采取强有力的措施：一是加强节能、提高能效工作，争取到 2020 年单位国内生产总值二氧化碳排放比 2005 年有显著下降。二是大力发展可再生能源和核能，争取到 2020 年非化石能源占一次能源消费比重达到 15% 左右。三是大力增加森林碳汇，争取到 2020 年森林面积比 2005 年增加 4 000 万公顷，森林蓄积量比 2005 年增加 13 亿 m3。四是大力发展绿色经济，积极发展低碳经济和循环经济，研发和推广气候友好技术。

三、资源、环境立法

中国的环境法律体系日益完善。随着环境问题的出现，新的法律、法规和标准应运而生，或需要作出相应的修订以适应环境保护形势的新需要。2009 年，开始进入立法规划或法律修订议程的，与资源、能源和环境有关的法律法规涉及众多方面，包括《能源法》、《可再生能源法》（修订）、《大气污染防治法》（修订）、《煤炭法》（修订）、《矿产资源法》（修订）、《环境监测管理条例》、《畜禽养殖污染防治条例》、《消耗臭氧层物质管理条例》、《节约用水条例》、《太湖管理条例》、《湿地保护条例》、《排污许可证条例》、《城镇排水和污水处理条例》。

根据环境保护部公布的数据，2008 年，仅环境保护部就完成 123 项国家环保标准的制订、修订工作，现行国家环保标准数量突破 1 100 项。

特别需要提及的是，国务院 2009 年 10 月颁布了《规划环境影响评价条例》。该条例规定，编制土地利用的有关规划和区域、流域、海域的建设、开发利用规划，以及工业、农业、畜牧业、林业、能源、水利、交通、城市建设、旅游、自然资源开发的有关专项规划，应当进行环境影响评价，对规划实施可能产生的环境问题作出科学评估，以从源头上预防环境污染和生态破坏，保障经济社会的可持续发展。

四、能源效率和能源价格政策

为了实现降低单位 GDP 能耗的约束性指标，即到 2010 年万元 GDP 能耗在 2005 年基础上降低 20% 左右，提高能源效率、调整能源结构是主要的措施。2008 年国合会《政策建议》呼吁要提高能效、发展清洁能源和创新能效和新能源技术，建议“创新环境技术产品需求市场；对企业和消费者使用环境技术产品进行补贴等经济激励，降低环境技术产品推广应用的成果；大幅增加国家对环境创新行动的资金投入，建立环境创新基金，重点支持重大清洁技术专项”。

为建立高效、规范的节能监察制度，确保节能法和各项节能减排政策措施的贯彻落实，实现“十一五”规划节能目标，国家发展改革委出台了新的办法加强节能监察，起草完成了《节能监察办法》，贯彻落实新修订的《节约能源法》；加强节能执法能力建设，完善节能管理体系，强化节能执法监督，确保实现“十一五”规划规定的节能目标。一些地方为了实现节能目标还成立了专门的节能监察机构，上海、北京、浙江、山东、辽宁等24个省、市已相继建立了节能监察机构。

一年来，中国政府加强了对能效技术的减免税收支持力度和对节能产品的财政支持，涉及工业设备、生活节能及交通和建筑节能等多个领域。新修订的增值税政策对企业在更新技术设备方面的投资提供税收优惠，鼓励企业淘汰能耗高的设备，促进节能减排。加快实施了十大重点节能工程，支持企业节能技术改造，推进大型公共建筑和已有居住建筑节能改造，鼓励合同能源管理的应用。实施“节能产品惠民工程”，采取间接补贴消费者方式，扩大节能环保产品使用和消费，调低了小排量乘用车车辆购置税。

国家还采用财政补贴方式推广高效照明产品，并支持在北京、上海、重庆等13个城市开展节能与新能源汽车示范试点。中国新能源和可再生能源发展迅速，水电、核电、风电和太阳能等新能源建设步伐大大加快。截至2008年年底，中国风电总装机规模远远超过“十一五”规划目标，装机容量已跃居世界第四位。太阳能利用方面，2009年3月，国家财政部和住房和城乡建设部联合出台“太阳能屋顶计划”，对在建筑上安装太阳能发电装置的业主给予20元/瓦的财政补贴。财政部目前正在制订“金太阳”工程计划，将采取财政补贴的方式，加快启动国内光伏市场。据预测，到2020年光伏发电安装量将要达到2 000万千瓦。

2008年国合会《政策建议》中还提出，“利用目前主要矿产资源和石油价格下降的时机，中国应加快资源能源价格改革的进程，内化资源能源消费所造成的环境成本”。2008年12月，中央经济工作会议提出，要深化价格体制改革，加快建立能够充分反映市场供求关系、资源稀缺程度、环境损害成本的资源要素价格形成机制。2009年1月，财政部、国家发展改革委、水利部联合印发《水资源费征收使用管理办法》，开始将中央直属水电厂和火电厂纳入征收范围。新的征收标准中对高耗能、高污染企业资源费在所公布的分类标准基础上加收50%，对超额取水部分实行超定额累进加价制度。

五、环境经济政策和市场手段

基于市场的环境经济政策已经成为中国环境管理的一个不可或缺的手段。历年国合会政策建议中都会强调环境经济政策的重要性，而具体一些环境领域的政策建议也多数会强调应加强环境经济手段的运用。2007 年国合会《政策建议》强调了环境经济手段对于促进环境保护历史性转变的重要意义，提出“充分利用市场机制为基础的经济政策，推动环境与发展战略转型，包括环境税、资源能源税、绿色信贷、环境保险、生态补偿和排污交易”。2008 年国合会的政策建议更强调了在运用经济手段时应更加注重监管。

过去一年中，以下经济手段在中国的应用值得关注：

（一）环境污染责任保险试点稳步推进

湖南、江苏、湖北、宁波、沈阳等省（市）试点工作取得成效。全国首个污染责任保险理赔工作圆满完成，绿色保险取得了阶段性进展。湖南株洲某农药公司 2008 年 9 月初购买了平安公司环境责任保险产品，2008 年 9 月底发生了氯化氢泄漏事故，污染了附近村民的菜田。平安保险公司依据“污染事故”保险条款向 120 多户村民赔偿损失。江苏省设立了船舶污染责任保险。湖北省在武汉城市圈范围进行试点，其中，武汉市专门安排 200 万元资金作为政府引导资金，为购买保险企业按保费 50% 进行补贴。宁波市已有 4 家保险公司开展了环境污染责任保险业务，并在危险品运输、化工园区开展试点。沈阳市率先在地方立法实现突破，在 2009 年 1 月 1 日起实施的《沈阳市危险废物污染环境防治条例》中明确规定，“支持和鼓励保险企业设立危险废物污染损害责任险种；支持和鼓励产生、收集、贮存、运输、利用和处置危险废物的单位投保危险废物污染损害责任险种”。

（二）排污交易深化

排污交易地方在排污交易试点基础上加强跨区联合。上海环境能源交易所与杭州产权交易所签署合作协议，双方就共同推进环太湖流域排污权交易平台建设达成了一致，希望通过跨区域的合作，能够为未来全国排污权交易市场的广泛合作“探路”，为环境保护市场化机制的深入开展提供新思路。2008 年，太湖流域在全国率先启动排污权有偿使用和交易试点。碳排放进入交易所成功实现交易。2009 年 8 月 5 日，国内自愿碳减排第一单交易达成，来自上海的天平汽车保险股份有限公司出资 277 699.6 元成功购买奥运期间北京绿色出行活动产生的 8 026 吨碳减排指标，用于抵消该公司自 2004 年成立以来至 2008 年年底全公司运营过程中产生的碳排放，成为第一家通过购买自愿碳减排量实现碳中和的中国企业。

（三）绿色采购力度加大

中国不断完善政府采购相关政策，优先采购节能产品，使政府“绿色采购”成为发展循环经济的重要推动力量。国务院有关部门先后印发了《节能产品政府采购实施意见》及节能产品政府采购清单，出台了《关于环境标志产品政府采购实施的意见》及“绿色采购清单”——环境标志产品政府采购清单。2008 年我国政府的“绿色采购”比例占到 30% 以上。

六、环境创新与政策支持体系

2008 年国合会《政策建议》指出：“中国目前正处于迎接挑战的关键时期，创新是唯一的出路，但中国的环境创新水平总体而言处于较低的水平。中国应该加强原始创新能力，解决环境创新中的体制、机制和能力问题，增加资金投入，加强知识产权的保护和合作，加强创新过程中的全方位影响评估”；并建议“中国应建立和启动《2010—2020 年国家环境创新行动计划》”。

2009 年 1 月，温家宝同志在国务院科技领导小组会上讲话指出，经济增长方式粗放，人口、资源、环境压力越来越大。保持经济平稳较快发展，推动产业结构升级，转变经济发展方式，建设资源节约型和环境友好型社会，必须紧紧依靠科技进步和提高劳动者素质。

过去一年来，国家进一步加大了对资源、环境和可持续发展重大技术创新计划的投入。科技部启动了节能和新能源汽车示范和推广、水污染治理先进技术、城镇污水处理、新农村建设中环境综合治理技术、工业场地污染土壤恢复、生物质燃料利用技术等一系列重大技术研究项目；同时，国家级可持续发展试验区，建设资源节约型、环境友好型社会试验区等重大示范项目逐步扩展，环境保护和持续发展创新战略从国家向地方、企业迅速传播。

2009 年 7 月，科技部启动了对《国家中长期科学和技术发展规划纲要（2006—2020 年）》在“十一五”期间执行情况的评估工作，其中评估重点之一是技术创新对调整产业结构、转变增长方式、改善民生的支撑和引领作用，特别是在应对金融危机、培育战略性产业和新兴产业等方面的贡献。

环境保护部提出要针对目前实现污染减排目标的严峻形势，面向污染源头控制、总量削减、达标排放和改善生态环境等科技需求，逐步建立较完备的国家污染减排环保科技支撑体系，特别是削减和控制氮氧化物排放的标准、污染防治技术政策。2009 年环保科技工作重点是推进“环境科技创新、环保标准体系建设和环保技术管理体系”三大环保科技工程建设，增强环境科技创新能力，进一步强化科学决策机制。环境保护部将加快建设科技创新工程，启动相关科技支撑计划项目。在环境标准方面，将完善现行水、大气环境质量标准体系，建立新的声、土壤环境质量标准体系。针对钢铁、有色金属、制浆造纸、电力等重点行业，修订现行国家污染物排放标准，提高排放控制技术水平，制定新的重点行业国家污染物排放标准。在推进环境技术体系建设方面，将继续筛选发布《国家先进污染防治技术示范名录》和《国家鼓励发展的环境保护技术目录》。

七、国家环境与健康行动计划

国合会 2008 年的《政策建议》中，针对环境与健康问题提出了多项建议，建议中国政府要“采取有效措施防范环境与健康风险；建立政府主导、广泛参与的环境与健康管理体系；加强环境与健康的立法；加大财政投入，加强能力建设；公开环境与健康信息，鼓励公众参与；针对重点地区和重点问题开展工作” 。

2009 年 9 月，环境保护部和卫生部联合召开“第四届国家环境与健康论坛”会议，会议提出要把关注人体健康作为环境保护的一项核心工作。环境保护部提出主要从几个方面着手推进和加强环境与健康相关工作，包括开展重点流域、城市大气、农村土壤环境综合整治，投入 5 亿多元用于农村环境综合整治工作，600 个环境问题突出的村庄得到治理。加大环境监测基础能力建设力度。近两年，环境保护部在监测能力建设上投资超过 150 亿元。开展全国土壤污染状况调查、全国污染源普查。到 2008 年年底，共采集土壤和农作物等样品 78 940 个，完成了 78 852 个样品的分析测试，获得近 300 万个有效调查数据。积极推进环境保护部和卫生部联合发起的《国家环境与健康行动计划（2007—2015）》，启动了大气污染、水污染和土壤重金属污染对人群健康损害状况的调查工作，进一步完善空气质量评价标准体系，并为适时更新《国家环境与健康行动计划》奠定了工作基础。

2009年下半年以来，针对重金属污染引起的健康问题，环境保护部专门召开了全国重金属污染防治工作会议，研究重金属污染防治工作，并进行了全面部署。环境保护部提出，要抓紧制定《重金属污染综合整治实施方案》，对重金属污染防治执行大检查活动，编制重金属污染防治规划，对落实防治专项资金和加强危害及卫生防护科普宣传等作出具体部署。要开展重点区域、重点流域的环境与健康专项调查，摸清底数，逐步启动有关条例、法规和标准的制定工作，尝试建立环境与健康综合监测体系。要构筑环境健康损害的预防、预警、应急体系，不断提高防范重大环境与健康风险水平。要加强科普教育和新闻宣传，让广大群众认识到环境污染的危害，增强自我防护意识。

八、地方行动：绿色世博会与绿色奥运经验

2008年国合会《政策建议》提出，“绿色奥运的成功实践为中国留下了丰富的环境保护遗产，这些遗产既有硬件，包括奥运会绿色建设示范工程、改善环境和服务公众的城市基础设施建设等，也有深刻影响经济和社会方式的软件，包括生态文明观念逐步在全社会树立，环境管理水平的提高，信息公开与公众参与等。2010年上海世博会为推广绿色奥运经验提供了一个很好的机会，中国政府应该让上海世博会主题体现出更多的绿色”。

北京奥运会和残奥会之后，北京依然保留下了很多的奥运期间的措施，比如“车辆限行”。不仅如此，在某些方面北京市还加大了工作力度，如北京加快了不符合机动车新排放标准的在用车淘汰步伐；同时，也制定和公布了对高污染排放机动车实施淘汰的鼓励政策。

上海汲取了北京绿色奥运的经验，以举办世博会为契机，努力推动一个“绿色世博”。上海确定了以节能减排和环境质量改善为核心，滚动实施的环保三年行动计划，重点地区污染整治成效显著，主要污染物排放总量持续下降，环境质量稳步改善。2009年8月，联合国环境规划署在上海发布了《中国2010年上海世博会环境评估报告》，报告指出，2009年，上海在环保方面的投资已达420亿元人民币（约60亿美元），是2000年的3倍。环境空气质量为优的天数达101天，比5年前的60天左右上升68%。在交通领域，上海自20世纪90年代末开始发展轨道交通，有望在世博会开幕前建成总长超过400千米的轨道交通系统。上海“公交优先”的城

市管理理念值得在全球推广。上海和世界上许多快速发展的城市一样，在经济发展与环境保护领域面临着巨大挑战，而上海的经验可为中国乃至世界其他城市提供非常有价值的借鉴。中国在上海世博会筹办过程中的环保努力，不仅将惠及 7 000 万人次的世博会参观者，长远来看，将为上海市 2 000 万市民留下一份绿色资产。

九、信息公开和公众参与

积极推动信息公开和公众参与是国合会致力于改善中国环境治理结构的一个重要主张。历年来，国合会都会提出在信息公开与公众参与方面的建议。2007 年国合会《政策建议》中提出，为促进中国环境与发展的历史性战略转变，应该“提高公众的参与行为，使社会各界在战略转型中都能发挥作用。鼓励民间环保组织参与”。2008 年《政策建议》中，又重申了信息公开与公众参与对于其他政策建议的重要性，提出“为加强中国环境决策的公众基础和信心，必须加强环境法规的有效贯彻执行，更多地采用环境经济政策，建立可靠的信息公开机制。法规的执行如果能达到改变行为方式的程度，将对培养创新技术，改善环境与健康条件起到决定性的作用。同样不可或缺的是，可信的信息公开可以形成积极变化的基础”。

一年以来，中国在环境信息公开与公众参与方面有了新的进展，无论在信息公开的广度还是深度方面，都有了比较明显的提升。特别是一些地方法院开拓性地受理环境保护公益诉讼案件，标志着公众参与的水平在过去一年来取得了历史性的突破，可以说，这开启了中国环境保护领域公众参与的新篇章。

2008 年 12 月，环境保护部公布了修订后的《环境行政复议办法》。新的复议法进一步明确了申请行政复议的方式、期限以及环保部门受理行政复议案件的条件、审查方式和期限等，对于畅通行政复议申请渠道，切实维护公民、法人或其他组织的合法权益将起到重要作用。在地方环保举报热线电话成功运作的基础上，2009 年 6 月，环境保护部开通环保举报热线电话，主要受理群众对突发环境事件、跨省界污染以及应由环境保护部直接调查处理的环境举报。各地群众对省（自治区、直辖市）环保部门未能解决的环境举报可以通过拨打电话向环境保护部投诉，并可通过该电话查询已投诉事项的办理情况。

十、结语

在过去的一年里，中国与世界其他国家一样，共同经历着一场百年不遇的金融危机与经济下滑。在这场危机中，中国抓住机遇，在世界经济衰退的大背景下，克服巨大困难，采取一系列重大措施，使中国经济自 2008 年下半年以来增长明显下滑趋势得到遏制，经济形势总体呈现企稳向好势头，中国 2009 年 GDP 有望实现 8% 左右的增长目标。更为重要的是，取得这样的进展，中国并没有牺牲环境。中国政府践行了在经济危机暴发之初的宏观环境与发展政策目标，即“绝不会以牺牲环境保护来换取经济稳定”。

目前，国际金融危机引发的经济动荡尚未结束，我们尚不可能准确预测未来的所有变化，但可以肯定的是，如果中国政府在环境与发展始终保持政策的一致性，中国将会把她的成功延续下去；并且，根据过去一年来环境与发展领域重大政策的调整和发展趋势，人们可以乐观地判断，中国应该能够抓住这次经济危机带来的机遇，加速推动实现环境与发展的战略转型，加速推动环境保护的历史性转变。对过去的一年，我们应该特别注意一些重要的政策发展迹象：

第一，中国的环境与经济之间的政策，从没有像过去的一年这样组合得如此高度协调一致。在经济刺激计划中，中国在节能与环保方面的投资占到了较高的比重；在其他行业普遍萧条之时，中国的环境保护产业、新能源与节能产业受到前所未有的重视，被视为经济复苏的一个重要增长极；绿色经济、低碳经济的政策理念迅速为中国政府所接受，并为高层决策者所采纳。这一切都标志着中国的环境与发展战略转型进入了一个加速时期。

第二，中国的环境治理能力得到了重大的提升。环境保护部成立之初，尚有人对环境保护部的机构改革效果持观望态度，但过去一年多的事实证明，正是在经济危机这样特殊的时期，中国环境保护部门的监管能力得到了实质性的提升。环境保护部门加强了实施经济刺激计划中强化环境保护工作的话语权，对于违法行为的监督与处罚力度得到了空前的加强。环境保护部门历史上从没有像过去一年这样频繁的召集中央部门和地方政府召开环境保护协调会议，这也从一个侧面说明环境保护部的成立和有力运作极大地提升了中国环境保护的行政能力和权威。

第三，加强环境保护、促进可持续发展的政策手段使用范围正日益扩大，并越来越呈现多层次、多渠道、全方位推进的格局。各种经济政策和市场手段逐渐得到应用，并发挥作用；政策手段从国家层面的制定到地方一级的试点，再到国家的整体推动，进程明显加快，环境经济政策和市场机制的灵活性与适应性得到了比较好的体现。

第四，中国公众的环境保护意识并没有因为经济的下滑而淡化，公众参与渠道日益拓展，公众参与环境保护的热情不减，这对于促进中国未来环境与发展的战略转型将奠定坚实的基础。公众意识的提升意味着环境与发展之间的并重，环境先行并通过环境保护来优化经济增长的政策取向已经没有走回头路的可能。

第五，中国与全球环境保护和可持续发展进程的相互影响继续增强，中国在全球环境事务中的作用受到越来越多的关注。中国的影响不仅仅体现在它是最大的发展中国家，对全球环境的影响举足轻重，而且体现在中国在解决世界环境问题上采取的更加负责任的态度，发挥着更加积极的作用。中国在解决全球气候危机中的立场和主张，彰显了中国愿意为应对全球环境问题承担与自身发展水平相对应的国际义务，采取积极的行动。

回顾一年来中国环境与发展领域取得的进展，中国环境与发展国际合作委员会应该为她的工作而感到自豪，我们希望也期待国合会今后的工作能继续对中国环境与发展政策的制定与调整发挥应有的影响；我们更期待今后 10 年或者更长一些时间，中国将能基本完成环境与发展战略的整体转型，使人们在享受经济繁荣的同时，还使中国保持着“蓝天白云，绿水青山”的良好环境。

国合会政策建议与中国环境与发展政策（2007—2008）

过去的一年对于中国环境与发展来说是具有转折意义的一年。2007 年 10 月的中共十七大对环境与发展的关系做了阐述，为中国未来若干年处理环境与经济发展之间的关系和制定相关的政策提出了指导原则；而“十一五”建设和环境保护也进入了关键的一年，可以说是实施“十一五”环保任务的攻坚年，更是实施“十一五”规划承上启下的一年。而 2008 年则是加快转变经济增长方式，建设资源节约型、环境友好型社会的关键年，对于夺取全面建设小康社会新胜利具有重大战略意义和紧迫现实意义。因此，从 2007 年末以来的近一年时间里，中国政府虽然按照原有的工作部署按部就班地推进工作，但又围绕“节能减排”这一工作主线或加快了工作进程，或为解决紧迫问题新出台了一系列重大政策和措施。

一、组建成立环境保护部，机构能力建设加强

2008 年 3 月，十一届全国人大一次会议通过政府改革方案，成立环境保护部。2008 年 4 月 23 日，环境保护部通过并发布《环境保护部工作规则》，定位环境保护部为主管全国环境保护工作的国务院组成部门，应突出职能转变，强化宏观调控、综合协调、监督执法和公共服务职责。其主要职责是统筹协调环境保护工作，拟订并组织实施环境保护规划、法律、法规、政策和标准，组织编制环境功能区划，开展环境质量监测评估，监督管理环境污染防治、生态保护、核与辐射安全，协调解决重大环境问题等。6 月 25 日，国务院常务会议审议通过部分国务院组成部门、直属机构和部委管理国家局的《主要职责、内设机构和人员编制规定》（“三定”方案）。

为确保实现“十一五”环保目标，环境保护部编制了《国家环境监管能力建设“十一五”规划》（以下简称《规划》）。国家发展改革委、财政部联合审批并以发改投资〔2008〕639号文印发全国。《规划》总投资149.59亿元，以建设先进的环境监测预警体系和完备的环境执法监督体系为重点，统筹环境监测、环境监察、核与辐射、环境科研、环境信息与统计、环境宣教等各个领域。

《规划》确定的13项建设任务包括完善环境质量监测网络、加强污染源监督性监测能力、提高应急监测能力、加强核与辐射环境监测能力、推进环境监察机构标准化建设、建设国控重点污染源自动监控系统、提高核与辐射监管水平、加强固体废物监管能力、提高自然保护区管护能力、改善国家级环保机构基础设施和基本工作条件、整合建设重大科研平台、推进环境宣教机构标准化建设、加快环境信息与统计能力建设。

二、各项配套逐步措施完善，节能减排初显成效

“十一五”期间环境保护工作主要以节能减排为中心。2007年，节能减排工作初见成效，全国单位GDP能耗下降了3.27%，节能8 980万吨标准煤，二氧化硫和化学需氧量排放总量分别下降了4.66%和3.14%，首次实现了“双下降”。

2007年11月17日，国务院转发国家发展改革委、统计局和国家环境保护总局分别会同有关部门制订的《单位GDP能耗统计指标体系实施方案》《单位GDP能耗监测体系实施方案》《单位GDP能耗考核体系实施方案》（以下称“三个方案”）和《主要污染物总量减排统计办法》《主要污染物总量减排监测办法》《主要污染物总量减排考核办法》（以下称“三个办法”）。

2008年7月27日，国家发展改革委发布2007年节能目标责任评价考核结果公告，公布全国30个省、自治区、直辖市2007年节能目标完成情况和节能措施落实情况，并进行了评价考核。

为提高能源利用效率，缓解石油和电力供应紧张状况，促进经济社会可持续发展，2008年8月1日，国务院下发《国务院关于进一步加强节油节电工作的通知》（国发2008〔23〕号）。通知提出，解决我国能源问题的根本出路在于坚持节约与开发并举、节约优先的方针。当前要突出重点，抓住汽车、锅炉、电机系统、空调、照明等应用面广、潜力大、见效快的关键设备和产品，采取综合配套措施，形成有

效的激励和约束机制，加快高效节能产品和技术的推广应用，提高用油用电效率。

（一）汽车采取五大方面的节油措施

一是严格执行车辆淘汰制度。力争到 2013 年年底前实现全部营运车辆达到燃料消耗量限值标准。二是鼓励使用低油耗节能环保型汽车和清洁能源汽车。进一步扩大不同排量汽车消费税税率差距。把节能环保型汽车和清洁能源汽车列入政府采购清单。三是完善汽车燃油经济性标准。建立并实施强制性汽车燃料消耗量申报、公告、标识制度。四是加强运输节能管理。五是大力发展公共交通。加快建设快速公交和轨道交通，加强公共交通、区域内交通及对外交通的有效衔接，提高公共交通运营效率。

（二）锅炉（窑炉）节油措施

所有火电厂（包括新建电厂）燃煤锅炉都要采用微油点火技术和低负荷稳燃技术。继续把关停燃油机组作为关停小火电的重点，减少燃油发电。在电网调度中，燃油机组不得作为基础负荷机组，只能作为系统备用调峰负荷机组。工业窑炉要逐步停用燃料油。

（三）电机系统节电措施

一是加快淘汰低效电机及拖动设备。二是推广高效节能电机及相关设备。对符合《节能节水专用设备企业所得税优惠目录》规定的，其投资额按税法规定享受抵免所得税优惠。对实施电机系统节能改造的项目，依据有关规定按取得的节能量予以奖励。三是加强电机系统节电管理。制定高效节能电机产品标准，加快完善电机及拖动设备强制性能效标准和运行标准。加快建立电机检测机构，把能效指标作为电机及相关设备出厂检测的重要内容。

（四）空调节电措施

一是加快推广高效节能空调。严格执行国家强制性空调能效标准。严格实施空调能效标识制度。实行鼓励消费者购买高效节能空调的财税政策。鼓励发展非电空调。二是强化空调运行管理。严格执行公共建筑空调温度控制标准。三是加强现有空调系统的改造和维护。

（五）照明节电措施

一是加快淘汰低效照明产品。二是减少城市照明用电。三是加强照明节电管理。优化照明系统运行，改进电路布设和控制方式。

（六）办公节电措施

从强化固定资产投资项目节能评估和审查、加强重点用油用电单位管理、加强电力需求侧管理、落实促进节油节电的价格政策、加快节油节电科技创新和成果推广、强化监督管理、加大执法力度、广泛开展宣传教育活动等方面加强对节油节电工作的管理。

为了抑制大排量汽车的生产和消费，鼓励小排量汽车的生产和消费，促进国家节能减排工作目标的实现。财政部、国家税务总局决定从 2008 年 9 月 1 日起调整汽车消费税政策。

2008 年 8 月 1 日，国务院出台《公共机构节能条例》，对全部或者部分使用财政性资金的国家机关、事业单位和团体组织提出了节能管理规范。

与此同时，国务院还颁布了《民用建筑节能条例》。

三、高层重视气候变化问题，低碳经济受到关注

2007 年 11 月 9 日，中国清洁发展机制基金及其管理中心启动。中国清洁发展机制基金由国务院批准建立，是政策性与开发性兼顾的、公益性、长期性的、开放式和不以营利为目的的国有独资基金。基金的主管部门是财政部。基金的发展战略和主要业务方向由国家发展改革委、财政部、外交部、科学技术部、农业部、国家环境保护总局和中国气象局组成的基金审核理事会共同审定。基金的主要资金来源是基金代表国家在《京都议定书》下清洁发展机制项目国际合作中收取的国家收益，与此同时，基金积极发展与各方面的资金合作，广泛筹集资金，并在此基础上，积极推动政府投入、国际援助与合作资金和社会资金在国家应对气候变化行动中参与和协同。

基金采取赠款、优惠贷款和其他工具相结合的使用方式，支持国家开展能力建设、公众意识提高、减缓气候变化和适应气候变化等方面的活动，支持和促进《中国应对气候变化国家方案》的实施。基金将依托广泛的国内合作与国际合作开展业

务活动，充分发挥资助源、资金合作平台、行动合作平台和信息交流平台的作用。

中共中央政治局进行第六次集体学习。这次集体学习安排的内容是全球气候变化和中国加强应对气候变化能力建设。胡锦涛强调，充分认识应对气候变化的重要性和紧迫性，坚定不移地走可持续发展道路，采取更加有力的政策措施，全面加强应对气候变化能力建设。各级党委和政府要把应对气候变化纳入经济社会发展规划，制定符合本地区本部门实际的措施，增强应对气候变化工作的组织和实施能力。

中国坚持《联合国气候变化框架公约》及其《京都议定书》确定的共同但有区别的责任原则，主张发达国家应该率先承担减排义务，并向发展中国家提供资金援助和技术转让。同时也主张发展中国家通过促进可持续发展为应对气候变化作出努力。

中国应对气候变化应以保障经济发展为核心，以节约能源、优化能源结构、加强生态保护和建设为重点，以科技进步为支撑，努力控制和减缓温室气体排放，不断提高适应气候变化能力，不断增强可持续发展能力，促进经济发展与人口资源环境相协调。

应对气候变化要做好 5 个方面的措施：

一是要大力落实控制温室气体排放的措施，坚持实施节约资源和保护环境的基本国策，坚持走中国特色新型工业化道路，加快转变经济发展方式，强化能源节约和高效利用，积极发展循环经济、低碳经济，不断扩大森林覆盖率。

二是要大力增强适应气候变化能力，加强农田基本建设，合理开发和优化配置水资源，继续开展生态保护重点工程建设，加强气候变化综合影响评估。

三是要大力发挥科技进步和创新的作用，加快减缓和适应气候变化领域重大技术的研发和示范，加强应对气候变化基础研究，加强气候变化领域国际科技合作。

四是要大力健全应对气候变化的体制机制，完善应对气候变化的法律法规，推进能源管理体制和价格改革，完善多灾种的监测预警应急机制、多部门参与的决策协调机制、全社会广泛参与应对气候变化的行动机制，特别是要提高应对极端气象灾害的综合监测预警能力、抵御能力、减灾能力。

五是要大力提高全社会参与的意识和能力，营造全民应对气候变化的良好环境。

四、加大环保资金投入力度，发挥财税杠杆作。

财政部门加强了环境保护力度，越来越多的财政税收政策开始在环境保护领域中应用，发挥了有效的杠杆作用，促进了环境保护的开展。过去一年里，财政部已经制定或表示要尽快出台一套实施节能减排的政策路径：

一是设立专项资金，加大节能资金投入。加大投入科技研发资金。通过 863 计划、973 计划、科技支撑计划、国家自然科学基金等多种渠道，对节能技术、节能产品科研给予支持。根据《节能技术改造财政奖励资金管理暂行办法》，企业节能量达到 1 万吨标准煤以上的节能技术改造项目可以获得中央财政的奖励。

二是调整税收制度，鼓励节能，促进合理开发和利用能源，拟进一步扩大消费税的征税范围，对一些严重污染环境或者消耗大量资源的产品开征消费税，进一步增强消费税在节能减排方面的调控功能。

三是完善政府采购政策，鼓励政府机关带头节能。

四是完善资源有偿使用和环境保证金制度，完善城市污水处理和排污收费制度，促进能源成本完全化，使价格真实反映成本；研究运用市场手段或机制推进节能减排工作，包括实行排污权有偿取得和交易制度；建立跨流域生态补偿机制；全面推进矿业权有偿取得和建立矿山企业矿区环境治理和生态恢复责任机制，以及研究建立碳交易制度。

五是将结合形势不断完善燃油税改革方案，择机开征燃油税，对特殊行业和种粮农民给予补贴，为逐步理顺成品油价格创造稳定的环境，为最终形成有利于节约用油的价格机制创造条件。

六是设立可再生能源专项资金，支持可再生能源和新能源的开发利用，逐步减少对传统能源的依赖。生物能源财税扶持政策限定了支持对象，不会对粮食安全和粮价造成影响，争取尽快出台支持秸秆能源化利用的财政政策。

2008 年，财政部安排了 270 亿元节能减排专项资金，包括十大重点节能工程奖励资金 75 亿元，中西部地区城市管网建设奖励资金 70 亿元，淘汰落后产能奖励资金 40 亿元，“三河三湖”及松花江流域治理奖励资金 50 亿元，环境监测能力建设及节能基础工作等 35 亿元。加上中央建设投资中安排的 148 亿元，2008 年中央财政共计安排 418 亿元用于支持推进节能减排工作。

五、多项环境经济政策实施，广泛应用市场机制

中国从来没有任何一个时期像过去一年那样广泛、系统地提出和运用市场机制来解决环境问题。新颁布和实施的《中华人民共和国节约能源法》《循环经济促进法》中都明确的、大篇幅地提出要发挥经济手段和市场经济规律推动相关行动。其中，新的节能法专门新增“激励政策”一章，明确国家实行财政、税收、价格、信贷和政府采购等政策促进企业节能和产业升级，并明确了一系列强制性措施限制发展高耗能、高污染行业，包括制定强制性能效标识。

（一）绿色信贷政策

国家环境保护总局、中国人民银行、中国银监会于 2007 年 7 月中旬联合出台了《关于落实环境保护政策法规　防范信贷风险的意见》。继与国家环境保护总局联合发布绿色信贷后，银监会相继于 7 月和 11 月发布了《关于防范和控制耗能高污染行业贷款风险的通知》和《节能减排授信工作指导意见》，要求各银行业金融机构积极配合环保部门，认真执行国家控制“两高”项目的产业政策和准入条件，并根据借款项目对环境影响的程度大小，按 A、B、C 三类，实行分类管理。

（二）绿色保险政策

2008 年 2 月 18 日，国家环境保护总局和中国保监会联合发布《关于环境污染责任保险的指导意见》，决定开展环境污染责任保险先期试点。按照路线图的计划，两大部委将于今年对生产、经营、储存、运输、使用危险化学品企业，易发生污染事故的石油化工企业和危险废物处置企业，特别是近年来发生重大污染事故的企业和行业开展责任保险试点。“十一五”期间，初步建立环境污染责任保险制度，在重点行业和区域开展环境污染责任保险的试点示范工作，初步建立重点行业基于环境风险程度投保企业或设施目录以及污染损害赔偿标准。到 2015 年，基本完善环境污染责任保险制度，并在全国范围内推广，基本健全风险评估、损失评估、责任认定、事故处理、资金赔付等各项机制。

（三）绿色证券政策

国家环境保护总局于 2008 年 2 月正式出台了《关于加强上市公司环保监管工作的指导意见》。绿色证券是继绿色信贷、绿色保险之后的第三项环境经济政策。

绿色证券的指导意见将以上市公司环保核查制度和环境信息披露制度为核心，遏制“双高”行业过度扩张，防范资本风险，并促进上市公司持续改进环境表现。指导意见要求对从事火电、钢铁、水泥、电解铝行业以及跨省经营的“双高”行业（13类重污染行业）的公司申请首发上市或再融资的，必须根据国家环境保护总局的规定进行环保核查。按照中国证监会《关于重污染行业生产经营公司IPO申请申报文件的通知》（发行监管函〔2008〕6号）规定，“重污染行业生产经营公司申请首次公开发行股票的，申请文件中应当提供国家环境保护总局的核查意见；未取得环保核查意见的，不受理申请”。

（四）绿色贸易政策

2008年2月26日，国家环境保护总局公布2008年第一批“高污染、高环境风险”产品名录。针对名录中39种产品，国家环境保护总局向财政部、税务总局提出了取消其出口退税的建议，同时还向商务、海关等部门提出了禁止其加工贸易的建议。为了优化我国出口商品结构，抑制高污染、高环境风险商品出口，推进加工贸易转型升级，商务部、海关总署昨天联合发布了2008年第22号公告，公布了2008年版加工贸易禁止类目录，主要是根据2008年《中华人民共和国进出口税则》、国家限制“两高一资”的政策和国家宏观调控的要求，对此前发布的加工贸易禁止类目录商品编码进行了技术性调整。

（五）排污交易制度

排污交易在中国已经有多年的历史。中国政府先后开展过一系列的排污交易试点，2006年《关于落实科学发展观　加强环境保护的决定》中也提出“有条件的地区和单位可实行二氧化硫等排污权交易”，但是直到目前国家尚未制定一部全国统一的排污交易方面的规范性文件。但是，这并没有妨碍地方政府利用这一市场机制推进地方环境保护的积极性。2007—2008年，全国许多地方都在排污交易上迈出了实质性的步伐。

六、多部重要法律法规出台，环境法制日益完善

目前中国已经有环境资源保护相关的28部法律，国务院出台了66个法规，环

境资源保护工作基本做到了有法可依。但是，随时经济社会的发展，环境资源保护法律在很多方面暴露出来了问题，修订现有法律、制定新法律法规的任务已经很繁重。2007—2008 年，又有 4 部法律通过修订并实施，一系列新的法规出台。

（一）环境法律

《中华人民共和国节约能源法》已于 2007 年 10 月 28 日修订通过，自 2008 年 4 月 1 日起施行。新的节能法在法律层面将节约资源确定为中国的基本国策，国家实行节能目标责任制和节能考核评价制度，将节能目标完成情况作为对地方人民政府及其负责人考核评价的内容。新的节能法进一步明确了节能执法主体，强化了节能法律责任。同时，新的节能法在法律调整范围和可操作性上有较大变化，进一步规范了工业领域的节能管理规定，并针对当前节能工作的薄弱环节，对建筑、交通运输和公共机构等领域新增了有关节能管理规定。

《中华人民共和国水污染防治法》（以下简称《水污染防治法》）2008 年 2 月 28 日修订通过，自 2008 年 6 月 1 日起施行。修订后的《水污染防治法》首次以法律规定明确了水污染防治工作在国民经济和社会发展规划中的地位，奠定了以环境保护优化经济社会发展的法律基础，细化和完善了水污染防治管理制度体系。在对原有环境管理制度完善和调整的基础上，修订后的《水污染防治法》新确立了水环境保护目标责任制和考核评价制度、生态补偿机制、排污许可制度、区域限批制度、行政代执行制度、水污染损害诉讼法律援助制度等制度、机制的法律地位；明确了地方政府水污染防治的责任，明确了县级以上地方政府对本行政区域的水环境质量负责，并将水环境保护目标完成情况作为对地方人民政府及其负责人考核评价的内容；进一步加大了违法行为的法律责任。修订后的《水污染防治法》罚款幅度普遍提高，取消了对某些行为罚款的上限；增加了应受处罚的行为种类，对未安装自动监测设备的、未与环保部门联网并保证监测设备正常运行的、未进行自我监测并保存原始监测记录的、排污超过标准的、排污超过总量指标的、私设暗管的、建设不符合国家产业政策的小型重污染项目的、不按照规定制定水污染事故的应急方案的、事故发生后未及时启动事故应急方案并采取应急措施的，明确了有关处罚规定；强化了环保部门的执法权限，赋予了环保部门对超标或超总量排污行为的限期治理的行政处罚权，明确授权环保部门在限期治理期间可以责令排污单位限制生产、限制排放或者停产整治；适当增加了强制执行手段。

《中华人民共和国城乡规划法》于2007年10月28日通过，自2008年1月1日起施行。从坚持的原则来看，与原有法相比，原来法是“指导建设”，而新法则是强调资源保护。新法从规划的编制到组织实施，始终贯穿着对耕地、自然资源、文化遗产资源、风景名胜资源的保护，而且对规划区内的各类资源进行多种形式的保护。

为了促进循环经济发展，提高资源利用效率，保护和改善环境，实现可持续发展，2008年8月29日，全国人大常委会表决通过《循环经济促进法》。该法于2009年1月1日起施行。

在减量化的要求中，《循环经济促进法》提出，国家将定期发布鼓励、限制和淘汰的技术、工艺、设备、材料和产品名录；从事工艺、设备、产品及包装物设计，应当按照减少资源消耗和废物产生；采用先进或者适用的节水技术、工艺和设备，制订并实施节水计划，加强节水管理，对生产用水进行全过程控制；国家鼓励和支持企业使用高效节油产品；开采矿产资源，应当统筹规划，制定合理的开发利用方案，采用合理的开采顺序、方法和选矿工艺；设计、建设、施工的建筑物及构筑物采用节能、节水、节地、节材的技术工艺和小型、轻型、再生产品；应当推进土地集约利用，鼓励和支持农业生产者采用节水、节肥、节药的先进种植、养殖和灌溉技术，推动农业机械节能，优先发展生态农业；国家机关及使用财政性资金的其他组织应当厉行节约、杜绝浪费，带头使用节能、节水、节地、节材和有利于保护环境的产品、设备和设施，节约使用办公用品；餐饮、娱乐、宾馆等服务性企业，应当采用节能、节水、节材和有利于保护环境的产品，减少使用或者不使用浪费资源、污染环境的产品；国家鼓励和支持使用再生水；限制一次性消费品的生产和销售。

在再利用和资源化的要求中，法律提出，应当通过调整产业结构，促进企业在资源综合利用等领域进行合作，实现资源的高效利用和循环使用，特别是产业园区企业间开展资源的综合利用合作；要对工业废物、废水、余热、余压、建设废物、农副产品、废旧农用薄膜、林业废物等开展综合利用，建立废物交换信息系统；国家鼓励和推进废物回收体系建设；加强电子设备的回收管理；开展机动车零部件、工程机械、机床等产品的再制造和轮胎翻新；县级以上人民政府应当统筹规划建设城乡生活垃圾分类收集和资源化利用设施，建立和完善分类收集与资源化利用体系，提高生活垃圾资源化率。

（二）环境法规规、章标、准等规范性文件

为保障依法、全面、足额征收排污费，纠正排污费征收过程中的违法违规行为，国家环境保护总局于 2007 年 9 月 7 日公布《排污费征收工作稽查办法》，并自 2007 年 12 月 1 日起施行。2008 年月，环境保护部对关于征收污水、废气排污费的有关问题作出解释，并认为厂界噪声超标应征收噪声超标排污费。

2007 年 12 月 10 日，国家环境保护总局、商务部、科技部联合发布《国家生态工业示范园区管理办法（试行）》。对国家生态工业示范园区的申报、创建、管理、命名和验收工作作了规定。国家生态工业示范园区，是指依据循环经济理念、工业生态学原理和清洁生产要求而设计创建的新型工业园区。通过园区的创建，可加快实现工业园区的生态化改造，促进我国工业粗放型增长方式的转变和高新技术产业发展，从根本上缓解环境污染的压力。

2007 年 12 月 31 日，《国务院办公厅关于限制生产销售使用塑料购物袋的通知》（国办发〔2007〕72 号）要求，从 2008 年 6 月 1 日起：禁止生产、销售、使用超薄塑料购物袋，实行塑料购物袋有偿使用制度，加强对限产限售限用塑料购物袋的监督检查，提高废塑料的回收利用水平。

国家环境保护总局 2007 年 11 月发布《主要污染物总量减排监测办法》，环境保护部于 2008 年 4 月 9 日发布《污染源自动监控设施运行管理办法》（以下简称《办法》），已于 2008 年 5 月 1 日起施行。《办法》对污染源自动监控设施运行提出了明确要求，规定污染源自动监控设施必须经县级以上环境保护行政主管部门验收合格后方可正式投入运行，并按照相关规定与环境保护行政主管部门联网。

在电子废物、危险废物、核管理以及海洋污染防治、生物多化性保护等方面也有一系列规范性文件出台。国务院关于修改《中华人民共和国防治海岸工程建设项目污染损害海洋环境管理条例》的决定，自 2008 年 1 月 1 日起施行。为了防治电子废物污染环境，加强对电子废物的环境管理，《电子废物污染环境防治管理办法》于 2008 年 2 月 1 日起施行。环境保护部和国家发展改革委联合发布新修订的《国家危险废物名录》。该名录自 2008 年 8 月 1 日起施行。该名录根据《固体废物污染环境防治法》的有关规定制定。为了规范危险废物出口管理，防止环境污染，根据《控制危险废物越境转移及其处置巴塞尔公约》，2007 年 12 月 25 日，国家环境保护总局公布《危险废物出口核准管理办法》，该办法自 2008 年 3 月 1 日起施行。

在核安全管理方法，先后出台《进口民用核安全设备监督管理规定（HAF604）》《民

用核安全设备焊工焊接操作工资格管理规定（HAF603）》《民用核安全设备设计制造安装和无损检验监督管理规定（HAF601）》《民用核安全设备无损检验人员资格管理规定（HAF602）》《国家生态工业示范园区管理办法（试行）》。

国家标准委将2008年的工作重点定位在集中抓好与《中华人民共和国节约能源法》、《循环经济促进法》配套的82项国家标准以及《企业节能标准体系编制通则》的制修订和颁布实施工作。根据我国节能减排任务，加大用能产品、设备能效标准和高耗能产品能耗限额等市场准入标准的研制力度，拓宽能效标识领域。国家标准委还与国家发展改革委等部门联合编制了《2008—2010年资源节约和综合利用标准发展规划》，提出2008—2010年制修订标准项目1 121项，其中制修订国家标准项目676项，行业标准项目445项。2008年，国家又实施了一批涵盖机动车排放、杀虫剂使用、垃圾填埋场污染控制、环保产品技术要求等方面的标准。

七、环境信息公开范围拓展，公众参与得到保障

为了推进和规范环境保护行政主管部门（以下简称环保部门）以及企业公开环境信息，维护公民、法人和其他组织获取环境信息的权益，推动公众参与环境保护，2007年2月8日经国家环境保护总局公布的《环境信息公开办法》（试行），2008年5月1日起生效。这是继国务院颁布《政府信息公开条例》之后，政府部门发布的第一部有关信息公开的规范性文件，也是第一部有关环境信息公开的综合性部门规章。2008年1月30日，国家环境保护总局就环评报告是属于适用《环境信息公开办法》（试行）作出解释（环函〔2008〕50号），环保部门在办理环境影响评价审批中获得的由建设单位编制的建设项目环评文件，包括环境影响报告书（表）等，不属于《环境信息公开办法》（试行）所列的主动公开的政府信息范围。但根据《环境影响评价公众参与暂行办法》的有关规定，建设单位应向受影响的公众公开环境影响报告书简本。

八、环境保护关注范围扩大，关注新型环境问题

随着中国城市化、工业化进程的深化，新型的环境问题日益突出。中国环境保护事业的关注范围正在拓展，在解决传统主要关注工业污染、污染物防治的同时，也开始重视生态、农村污染新型环境问题。政府加快制定相关法规，做到对这些新

型环境问题领域的管理有法可依，而对一些重点和紧迫的问题政府已经开始投入资金和人力进行管理。

（一）生态保护

2007年12月7日，国家环境保护总局发布《国家重点生态功能保护区规划纲要》《全国生物物种资源保护与利用规划纲要》。《全国生物物种资源保护与利用规划纲要》提出了生物物种资源保护和利用的战略思想和战略任务。

《国家重点生态功能保护区规划纲要》针对生态功能区保护的特点，明确了生态功能保护区建设的指导思想、基本原则和主要任务。规划纲要明确指出重点生态功能保护区属于限制开发区，生态功能保护区建设要坚持统筹规划、分步实施，高度重视、精心组织，保护优先、限制开发，避免重复、互为补充的原则，在保护优先的前提下，合理选择发展方向，发展特色优势产业，加强生态环境保护和修复，加大生态环境监管力度，保护和恢复区域生态功能。

该规划纲要是我国环境保护史上第一个自身建设规划，是国家发展改革委、财政部落实科学发展观、重视环保工作的重要体现。

（二）环境与公共健康

2007年11月6日，卫生部，国家环境保护总局连同其他十六部委共同发布了《国家环境与健康行动计划（2007—2015）》，这是中国承诺将保护公众健康与实施环境保护作为一项基本国策的一个标志。党的十七大为环境保护提供了历史性的机遇，为环境与健康工作开创了良好的条件。该行动计划已于2008年1月20日正式启动。

（三）农村环境

2007年11月13日，国家发展改革委、农业部、建设部、卫生部、水利部、国土资源部、国家环境保护总局、林业局联合发布《关于加强农村环境保护工作的意见》（国办发〔2007〕63号）（以下简称《意见》）。《意见》是深入贯彻党的十七大精神，落实科学发展观，构建社会主义和谐社会，指导我国农村经济、社会与环境协调发展的一份纲领性文件。《意见》明确了要着力解决的七大突出农村环境问题：

一是加强农村饮用水水源地保护和水质改善；二是大力推进农村生活污染治理；三是严格控制农村地区工业污染；四是加强畜禽、水产养殖污染防治；五是控制农业面源污染；六是积极防治农村土壤污染；七是加强农村自然生态保护。

《意见》提出了强化农村环境保护工作的六大措施。一是完善农村环境保护的政策、法规、标准体系。二是建立健全农村环境保护管理制度。三是加大农村环境保护投入。四是增强科技支撑作用。五是加强农村环境监测和监管。六是加大宣传、教育与培训力度。

（四）土壤污染

2008 年 1 月 8 日，国家环境保护总局在北京召开第一次全国土壤污染防治工作会议。2008 年将初步完成全国土壤污染状况调查数据库及信息系统建设和土壤污染防治法规政策标准建设。加快推进《中华人民共和国土壤污染防治法》的立法工作。积极配合全国人大环资委、法工委开展立法研究工作，争取早日将《中华人民共和国土壤污染防治法》列入人大立法规划。6 月 6 日环境保护部发布《关于加强土壤污染防治工作的意见》，提出了土壤污染防治的主要目标。

九、积极开展国际环境合作，在重点领域达成共识

在过去的一年里，气候变化是中国开展国际环境合作的一个重要领域。中国正以更加积极的态度参与到国际气候变化的工作中。2007 年 12 月，在印度尼西亚巴厘岛举行的联合国气候变化大会上，中国表现出了积极的态度，国际社会对中国政府的作用给予了很高评价。

2008 年 7 月 9 日，胡锦涛同志应邀参加了 G8 峰会，并在经济大国能源安全和气候变化领导人会议上讲话。在讲话中，他提出了中国应对气候变化的指导思想、原则和措施。

胡锦涛指出，在看待中国的排放问题时，应考虑 3 个因素：一是中国属于发展中国家，正处于工业化、现代化的过程中，城乡、区域、经济社会发展仍不平衡，人民生活水平还不高，中国目前的中心任务是发展经济、改善民生；二是中国人均排放较低，人均累积排放更低，而且排放总量里很大一部分是保证人民基本生活的生存排放；三是由于国际分工变化和制造业转移，中国承受着越来越大的国际转移排放压力。

他还阐明了中国减排的一系列措施：① 把建设生态文明确定为一项战略任务，强调要坚持节约资源和保护环境的基本国策，努力形成节约能源资源和保护生态环

境的产业结构、增长方式、消费模式；② 把积极开展节能减排作为应对气候变化的切入点，采取节约能源、优化能源结构、提高能源效率、开展植树造林等一系列措施，取得了显著成效；③ 为适应气候变化，中国不断增强在农业、自然生态系统、水资源等领域的适应气候变化能力，高度重视防灾减灾，努力减少灾害性天气和极端气候事件造成的损失。

此外，就气候变化问题，中国多次派代表团参加国际会议，表明中国在气候变化上的态度和积极参与国际应对气候变化的立场。

中国在很多环境保护领域开拓性的进展是从多双边国际合作开始的。过去一年中，中美、中日就一些共同关注的国际环境问题、中国国内紧迫的环境问题开展合作，"以外促内"的环境管理模式发挥着重要作用。

中美两国于 2007 年 12 月 12—13 日在北京举行了第三次战略经济对话。双方签署了加强发展生物质资源转化燃料领域合作的谅解备忘录，并磋商了一项合作打击非法采伐和相关贸易的谅解备忘录，以促进森林可持续经营。中方将制定和实施全国范围内的电力行业二氧化硫排放交易项目。美国将为该项目、基础性水污染管理项目以及采用清洁燃料和机动车政策等提供技术支持。中美双方重申双方在世界贸易组织（WTO）框架下关于"削减或酌情取消环保产品和服务的关税和非关税壁垒"的承诺。

中美两国于 2008 年 6 月 17—18 日在美国马里兰州安纳波利斯海军学院举行了第四次中美战略经济对话（SED）。双方发表联合声明。

日本内阁总理大臣福田康夫于 2007 年 12 月 27—30 日对中国进行正式访问，两国签署了《中华人民共和国政府和日本国政府关于推动环境能源领域合作的联合公报》，公报就推动双方环境能源领域合作问题达成多项共识。

2008 年 5 月 7 日，中国国家主席胡锦涛访日期间与日本签署了《中华人民共和国政府和日本国政府关于气候变化的联合声明》，双方提出携手努力，合作应对气候变化，建立应对气候变化伙伴关系。除重申对国际气候变化公约和应对气候变化原则的一致立场外，双方还表示，将积极参与加强"巴厘路线图"所确定的关于现在、2012 年前和 2012 年后的富有成效进程和框架的谈判，以便在 2009 年年底在哥本哈根举行的公约和议定书缔约方会议上取得结果。联合声明还提出，加强在应对气候变化方面的技术转证、能力建设合作，在一些关键领域开展合作研究，特别是对行业方法测量减排的作用问题进行研究、强化适应气候变化技术与能力、加强应对气候变化资金投入方面的研究，等等。

十、结语

显而易见，过去的一年是中国迄今为止为改善环境与发展付诸努力最为活跃的一年，广泛开展了大量的行动。通过国合会的观察，我们有能力相信中国已经开启了一个变革的时代，或者说开始了一个历史性的转变。但是，我们这里所列的政策进展不应当被作为评价政策执行是否成功的一个标准。政策执行成功与否的评价是一个更为复杂的任务。

列出所有的政策创新意见以及在短时间内要完成的具体工作是一项艰巨的任务，下面所列的政策创新及具体工作指出了国合会过去一直在关注的几点内容。其中包括：

协调政府内横向和纵向的行动。跨部门协调的水平，潜在的重复工作，责任界限的不明确，以及不同级别政府间公信力的需求，始终还是亟待解决的问题。

“三种转变”旨在将环境问题与经济决策等同起来，但是对相关承诺的要求却不清晰。例如，现有对能源使用的补贴就与要求的节能相抵触。

加强新成立环境保护部的建设。环境保护部仍面临人力匮乏的问题，因为有大量的协调工作和管理职责需要执行。

环境与发展的资金水平。GDP 的 1.35% 的确是一笔极大的投资，但是这一比例在其他有些国家看来还是低于最佳水平。而且如何充分地使用这笔资金也是一个大的问题，尤其是在能力问题还有待于解决的限制条件下。

需要一种清晰且协调的途径解决诸如环境技术创新等关键问题，以及一种强有力的方法解决环境与健康问题。国合会 2008 年会将讨论商议环境与健康这两个主题。

环境与发展能力建设的途径与方法应视具体执行的需要而定，同时充分考虑到中国中小企业的局限性，以及保证中国贫困地区能充分参与到环境保护行动中。

为改善中国环境公正性的质量，应保证对破坏环境的行为实施充分的制裁，或是保证对改善环境的行为予以适当的奖励或补偿，还有就是消除既对环境保护又对社会经济发展有害的腐败问题。

中国对国际环境与发展政策方向的影响力将在今后显著增强，而且中国目前在国内能源与环境方面的努力，无疑突出了其作为一个负责任的大国的形象。但遗憾的是，国际社会在诸如气候变化等问题上的行动过于迟缓。从长远来说，这无益于中国，因此迫切需要识别应对这些挑战的新方法。

继续加强对政策进展的监测与分析是十分重要的。中国的决策者们已经充分认识到了这一点，并为此采取了一系列措施。但是高质量信息的搜集仍存在大量风险，并且要求数据只有更好的兼容性，以及能够提供最准确现状的独立分析。

在过去的一年里，环境与发展领域有很多重要的里程碑事件，反映出这一主题在中国正在不断地深化与延展。其中突出的事件包括：

采取行政措施促使环境信息更加公开化。这是在环境与发展决策中为加强公众参与而迈出的重要一步。财政部门在信贷、保险、投资等方面广泛参与。对低碳经济的关注日益增长，主要是从能源与环境规划以及贯彻循环经济行动的角度考虑。

这些政策战略方面的元素应该在今后不断凸显出其对中国的重要性。

当然，有些主题还没有详尽阐述。其中两个突出的主题就是北京奥运会期间中国实施的环境政策与行动。一个主体是通过车牌单双号限制车辆使用的政策。这一政策也可以适用在其他地方。另一个主题是中国在汶川地震和其他灾害过程中成功执行的政策为中国在自然灾害方面制定新的方向起了重要作用。2008 大事记报告中会对这一主题进行阐述和分析。

最后，尽管受全球金融和信贷危机的影响，此时确定在中国以及中国国际关系中可能出现的新的政策方向，还为时尚早，但是在接下来的几个月和一年时间内，无疑会有对环境与发展产生的深远影响。

中国因其在 2007—2008 年所作出的重大努力，将环境与发展定位为国家政策中显著变革的部分，而赢得众多赞誉。

附　录

中国环境与发展国际合作委员会第四届、第五届研究课题一览（2007—2016）

中国环境与发展国际合作委员会第四届、第五届研究课题一览（2007—2016）

年度主题	编号	研究课题名称	年度	研究组成员	
				组长	成员
2007：创新与环境友好型社会 Innovation For an Environmentally Friendly Society	1	中国实现“十一五”环境目标政策机制 Task Force on Policy Mechanism towards Successful Achievement of the 11th Five-Year Plan Environmental Targets	2007	汪纪戎，Brandon Gillespie	王金南、郝吉明、冯飞，Jeremy Schreifels, Wit Siemieniuk, Jeremy J. Warford
	2	化学品管理专题政策研究 Special Policy Study for Environmentally Sound and Strategic Management of Chemicals in China	2007	胡建信，Ulrike Kowalski	刘建国、李政禹、毛岩，Silke Schmidt, David van Hoogstraten
	3	环境与发展战略转型专题政策研究 Strategic Transformation of Environment and Development in China: Global Experience and China's Solutions	2007	叶汝求，Christopher Flavin	任勇、潘家华，Jerry Warford, Tariq J. Banuri

年度主题	编号	研究课题名称	年度	研究组成员	
				组长	成员
2008： 机制创新与和谐发展 Harmonious Development Through Innovation	4	创新与环境友好型社会 Task Force on Innovation and Environment-Friendly Society	2007—2008	冯之浚，David Strangway	孟伟、王凯军、柳卸林、王春法、薛澜，Kelly Gallagher, Granger Morgan, Tom Preststulen
	5	环境与健康研究 Task Force on Environment and Health	2007—2008	郭新彪，一方井诚治 (Sejilkkatai)	冯东方、王灿发、王雪凝、胥树凡、井村秀文 (Hidefumilmura)、上家和子 (Kazuko Kamiya)，Linda Greer, Carlos Dora, KritinAunan
	6	中国生态足迹报告联合研究 Program on Ecological Footprint Report in CHINA	2007—2008		Claude Martin, Chris Hails,Dermot O' Gorman, 李琳、成升魁、谢高地、曹淑艳，Justin Kitzes, Susannah Buchan, Steven Goldfinger
2009： 能源、环境与发展 Energy, Environment and Development	7	能源效率的环境保护经济政策 Task Force on Energy Efficiency and Economic Instruments for Environment Protection	2008—2009	叶汝求，Ernest von Weizäscker	贾康、任勇、叶燕斐、周道许、祝宝良、杨宏伟，Jean-Philippe Barde, Mikael Skou Andersen, Jota (Joe) Shohtoku, Motoko Aizawa, Kai Schlegelmilch
	8	城市发展的能源效率（建筑和交通） Task Force on Energy Efficiency and Urban Development (Building and Transport Sector)	2008—2009	江亿、周伟，Laurence Tubiana	毛其智、李强、齐晔、江玉林、姜克隽，Bertrand CHÂTEAU, Albert BRESSAND, Shobhakar DHAKAL, Nick EYRE, Partha MUKHOPADHYAY, Mark MAJOR
	9	中国发展低碳经济途径研究 Task Force on China' s Pathway towards a Low Carbon Economy	2008—2009	刘世锦，Gordon Canway, BjörnStigson	冯飞、胡鞍钢、夏光、潘家华、姜克隽，Tomas Kaberger, Knut Alsfen, Haw Kuangh Lim, Mattia Romani/Melinda Bohannon, Trevor Houser

年度主题	编号	研究课题名称	年度	研究组成员	
				组长	成员
2009：能源、环境与发展 Energy, Environment and Development	10	中国农村发展的能源、环境与气候变化政策 Task Force on Rural Development and its Energy, Environment and Climate Change Adaptation Policy	2008—2009	林而达，杜丹德	徐华清，高庆先，董红敏，赵成义，徐晋涛，李俊清，居辉，Anil Markandya, Brian Fisher, Martin Parry, Luis Gomez-Echeverri, Zack Willey
	11	中国煤炭可持续利用与污染控制政策 Task Force on Sustainable use of Coal and Pollution Control Policy in China: Strategy and Policy	2008—2009	濮洪九，彼泽森，杰卡德	张玉卓，彭苏萍，岑可法，王金南，李政，克劳德·芒迪，罗杰·比尔，Y.P. 楚，汉斯·波斯科
	12	中国—印度环境与发展政策联合研究 Environment for Development:China and India	2008—2009	祝光耀，帕乔里	葛察忠，蒋洪强，李娜，董战锋，杨琦佳，朱东海，刘兰翠，薛达元，ShilpaNischal, Anshuman, Ashish Agarwal, Sumit Sharma, Yogesh Gokhale, Suneel Pandey, Suruchi Bhadwal, Prima Madan, Atul Kumar
	13	促进城市低碳发展能源与环境政策示范 Task Force on Energy Efficiency and Urban Development	2008—2009	周大地，李子扬	郁聪，高庆先，姜鑫民，Christian Kornevall

年度主题	编号	研究课题名称	年度	研究组成员	
				组长	成员
2010：生态系统管理与绿色发展 Ecosystem Management and Green Development	14	中国生态服务与管理战略研究 Task Force on Ecosystem Service and Management Strategy	2008—2010	陈宜瑜，Beate Jessel	傅伯杰，雷光春，高吉喜，马超德，于秀波，Leon Braat, Peter Kareiva, Nordin Hasan, John Soussan, Lailai Li, Jamie Pittock
	15	中国海洋可持续发展的生态环境问题与政策 Task Force on Ecosystem Issues and Policy Options addressing Sustainable Development of China’ s Ocean and Coast	2009—2010	苏纪兰，Peternal Harrison	唐启生，张经，洪华生，周名江，于志刚，孟 伟，Meryl Williams, Chua ThiaEng, Carl Gustaf Lundin, Ellik Adler, Per Wilhelm Schive
	16	中国土壤环境保护专家政策研究 Developing Policies for Soil Environmental Protection in China	2010	李发生，TonHonders	Anton Roeloffzen, Wit A. Siemieniuk, 林玉锁，王树义，万洪富，白利平，Michiel Gadella, 杨俊诚，王静
	17	中国生态足迹报告2010（联合研究）Report on Ecological Footprint in China 2010	2010		李琳，谢高地，曹淑艳，罗志海，Sarah Humphrey, 成升魁，盖力强，李海英，Brad Ewing
	18	提高水生态系统服务功能的政策框架（背景报告）Policies for Environmentally Sustainable Use of China’ s Water（Background Paper）	2010		王浩，杨爱民，王建华，王琳，赵勇，秦大庸，马静，王明娜，陈求稳，李利峰，罗伯特使彼得，John Mackinnon

年度主题	编号	研究课题名称	年度	研究组成员	
				组长	成员
2010：生态系统管理与绿色发展 Ecosystem Management and Green Developmen	19	将生物多样性保护纳入中国绿色发展主流（背景报告） Mainstreaming Biodiversity Conservation into China' s Green Development (Background Paper)	2010	Jeffery A. McNeely, 王毅	Jeffery A. McNeely, John MacKinnon, Spike Millington, Sue Mainka, John Fellowes, Carsten Germer, Arthur J. Hanson, Andrew Smith, Matthew Durnin, 徐晋涛，胡丹，王毅
	20	气候信息纳入现有的生态系统服务管理（背景报告） Integration of Climate Information into Existing ecosystem Management(Background Paper)	2010	姜彤，Andreas Wilkes	姜彤，陈迎，赵景柱，王岩，殷剑敏，Andreas Wilkes
2011：经济发展方式的绿色转型 Economic Transformation Mode: Green Development	21	中国低碳工业战略研究 Task Force on Low Carbon Industrialization Strategy in China	2010—2011	冯飞，Bernice Lee	胥和平，戴彦德，苏明，张希良，王庆一，Tomas Kaberger, Knut Alfsen, David Strangway, Kandeh K. Yumkella
	22	中国绿色经济发展机制和政策创新研究 Task Force on Research on the Development Mechanism and Policy Innovation of China' s Green Economy	2010—2011	杨朝飞，里杰兰德	原庆丹，苏明，曹东，杨朝光，李平，李周，夏杰长，燕娥，西蒙·厄普顿，比约·斯蒂格森，芭芭拉·K·布什纳，华强森
	23	投资、贸易与环境 Task Force on Trade, Investment and Environment	2010—2011	潘家华，约翰·福格齐	李善同，周国梅，张燕生，大卫·鲁诺兹，西蒙·扎德科，相泽元子，瓦利·穆萨，伊米德·哈德，李琳

年度主题	编号	研究课题名称	年度	研究组成员	
				组长	成员
2011： 经济发展方式的绿色转型 Economic Transformation Mode: Green Development	24	中国环境与发展展望可行性研究 Report on the Feasibility of a China Environment and Development Outlook (CEDO)	2009—2011	夏光，玛瑞	
	25	绿色供应链的实践与创新专题政策研究 Special Policy Study Report on Practices and Innovation of Green Supply Chain	2011	唐丁丁，格温·路塔	周国梅，张小丹，邢厚媛，曹富国，安德鲁·霍夫曼，艾伦·麦克雷，尼克·圣福罗
	26	中国汞管理专题政策研究 Special Policy Study on Mercury Management in China	2011	柴之芳，Barry Stemshorn	郝吉明，江桂斌，胡建信，冯新斌，蓝虹，孙 阳 昭，Thorjorn Larssen, Uwe Lahl, Kees den herder, Conrad Chin, Sam Baird
2012： 区域平衡与绿色发展 Regional Balance and Green Development	27	中国实现“十二五”环境目标机制与政策研究 Task Force on Policy Mechanism Towards Environmental Targets for 12th “Five-Year” Plan	2011—2012	汪纪戎， Dan Dudek	吴舜泽，王金南，郝吉明，张庆杰，冯飞，Brendan Gillispie，Laurence Tubiana，Mary Gade，Martin Jaenicke，Norm Brandson
	28	中国西部环境与发展战略及政策研究 Task Force on Strategy and Policies on Environment and Development in Western China	2011—2012	丁仲礼， Robyn Kruk	刘纪远，欧阳志云，刘卫东，张惠远，周宏春，邓 祥 征，Xuemei Bai，Stein Hansen，Derek Thompson

年度主题	编号	研究课题名称	年度	研究组成员	
				组长	成员
2012：区域平衡与绿色发展 Regional Balance and Green Development	29	区域大气综合质量控制体系专题政策研究 Special Policy Study on Regional Air Quality Integrated Control System Research	2012	郝吉明，Michael P. Walsh	贺克斌，杨金田，汤大钢，Meinolf Drueke，Catherine Witherspoon，Markus Amann
	30	中国东部发展转型中的环境战略与对策 Special Policy Study on Environmental Strategy and Measures for Transformation of Development Mode in Eastern China	2012	廖秀冬，姚思	唐孝炎，Andrew Gouldson，张世秋，栾胜基，陆书玉，吴承坚，余小萱，张振钿，任洪岩
	31	以渤海溢油为案例的中国海洋环境管理机制研究 Special Policy Study on China' s Marine Environmental Management Mechanism Based on the Case Study of the Oil Spill Incident in the Bohai Sea	2012	史培军，Olof Soren Linden	于君宝，刘曙光，杜群，Peter K. Velez，Per W. Schive
2013：环境保护与社会发展 Environmental Protection and Green Development	32	环境保护与社会发展 Task Force on Environmental Protection and Social Development	2012—2013	范必，伊丽莎白·多德斯韦尔	韩文科，刘应杰，夏光，王敏，黄浩明，莎拉·库克，贝克斯，安德莉亚，何秀珍

年度主题	编号	研究课题名称	年度	研究组成员	
				组长	成员
2013： 环境保护与社会发展 Environmental Protection and Green Developmen	33	可持续消费与绿色发展 Task Force on Sustainable Consumption and Green Development	2012—2013	徐庆华，迈克尔·昆特	彭近新，张燕生，郭敬，原庆丹，赵萍，汉斯·范德·弗利斯特，奥克萨娜·蒙特，赫利奥·麦特，马瑞·科恩
	34	促进中国绿色发展的媒体和公众参与政策 Media and Public Participation Policies on Promoting China' s Green Development (Special Policy Study)	2013	贾峰，伊莎贝尔·希尔顿	董关鹏，曾繁旭，黄河，埃里克·珀利，戴维·苏特，赵月枝
	35	中国绿色发展中的企业社会责任 Special Policy Study on Corporate Social Responsibility in Green Development in China	2013	郝芳华，华威濂	李海生，彭华岗，钟宏武，任洪岩，迪特马，霍夫曼，胡涛
	36	促进城市绿色出行政策研究 Special Policy Study onPromoting Urban Green Travel	2013	周伟，马克·马其尔	江玉林，陈锁祥，贺克斌，赵全厚，曼斯·劳伦斯，彼得·琼斯，迈克尔·雷普罗格，尤纳斯·埃利亚松
2014： 绿色发展的管理制度创新 Management and Institutional Innovation in Green Development	37	中国绿色转型进程评估与展望 Task Force on Evaluation and Prospects for a Green Transition Process in China	2013—2014	樊纲，宾杜·罗哈尼	王小鲁，夏光，邹乐乐，苏铭，里杰兰德，西蒙·厄普顿，李永怡，盛馥来，拉兹罗·平特

年度主题	编号	研究课题名称	年度	研究组成员	
				组长	成员
2014： 绿色发展的管理制度创新 Management and Institutional Innovation in Green Development	38	生态文明建设背景下的环境保护制度体系创新研究 Task Force on Ecological Civilization and Innovation of Environmental Management System	2014	王玉庆，罗宾·克拉克	夏光，彭近新，张全，马中，王毅，丽莎·杰克逊，杜丹德，米兰达·施鲁尔
	39	基于生态文明理念的城镇化发展模式与制度研究 Good City Models under the Concept of Ecological Civilization	2014	李晓江，Hans van der Vlist	方创琳，吴舜泽，叶青，GoerildHeggelund，HidefumiImura，Vijay Jagannathan，Beate Weber–Schuerholz
	40	生态保护红线制度创新研究 Institutional Innovation of Eco–Environmental Redlining	2014	欧阳志云，Derek Thompson	高吉喜，林坚，张丽君，Scott Perkin，John MacKinnon，Tundi Agardy
	41	政府环境审计制度研究 Green Accounting and Environmental Performance Evaluation	2014	王金南，魏仲加	蒋洪强，陈基湘，曾贤刚，Rob Smith，Jan Bakkes，Glenn–Marie Lange
	42	大气污染防治行动计划绩效评估与区域协调机制研究 Performance Evaluation on the Action Plan of Air Pollution Prevention and Control and Regional Coordination Mechanism	2014	郝吉明，Michael P. Walsh	杨金田，贺克斌，鲍晓峰，Steinar Larssen，Jeremy Schreifels，Markus Amann，Martin Lutz

年度主题	编号	研究课题名称	年度	研究组成员	
				组长	成员
2015： 绿色转型的国家治理能力 Enabling Governance Capacity for Green Transformation	43	国家绿色转型治理能力研究课题组 Task Force on National Governance Capacity for Green Transformation	2015	薛澜，彼得·汉尼克	邓国胜，王毅，夏光，赵昌文，克劳迪亚·本特利，丽莎·杰克逊，罗宾·克鲁克，丹尼尔·马兹曼尼亚，米兰达·西罗斯
	44	绿色金融改革与促进绿色转型课题组 Task Force on Green Finance Reform and Green Transformation	2015	陈雨露，Andrew Steer	马中，马骏，周茂清，马险锋，王金南，苏明，王文，蓝虹，Nick Robins，Thomas C. Heller，Bert Hofman，Jan Corfee-Morlot，Klas Eklund
	45	法制与生态文明建设研究课题组 Task Force on Rule of Law and Ecological Civilization	2015—2016	孙佑海，Donna Campbell	常纪文，王凤春，别涛，韩德强，Ulf Bjällås，Sabine Schlacke，James K. Thornton，Alex Wang，杨婉华
	46	土壤污染管理专题政策研究 Special Policy Study on Soil Pollution Management	2015	王树义，Wit Siemieniuk	李挚萍，林玉锁，罗吉，Mary Gade，ThorjørnLarssen，Ruud Cino
	47	生态环境风险管理专题政策研究 Special Policy Study on Eco-Environmental Risk Management	2015	毕军，George Greene	张世秋，张金良，於方，Haakon Vennemo，Jonathan Wiener，Ortwin Renn
	48	应对气候变化与大气污染治理协同控制专题政策研究 Special Policy Study on Coordinated Actions for Addressing Climate Change and Air Pollution	2015	郝吉明，Lars-Erik Liljelund，Michael P. Walsh	田春秀，杨金田，张世秋，鲍晓峰，徐洪磊，吴烨，Johan Kuylenstierna，Drew T. Shindell，Lyne Monastesse，Alberto Ayala，Barbara Finamore，韩国义

年度主题	编号	研究课题名称	年度	研究组成员	
				组长	成员
2016： 生态文明：中国与世界 Ecological Civilization: China and the World	49	中国绿色转型展望：2020—2050 China Green Transition Outlook 2020-2050	2016	刘世锦， McGlade Jacqueline	张永生，郑新业，叶谦，黄阳华，Jan Bakkes，Brendan Gillespie，Jørgen Randers
	50	生态文明与南南合作 South-South Cooperation for Ecological Civilization	2016	顾学明， 云盖拉	毛小菁，邹骥，韩传峰，董战峰，王韬，福格齐，舒尔兹，李琳
	51	中国在全球绿色价值链中的作用专题政策研究 China's Role in Greening Global Value Chains	2016	王毅， Jim Leape	赵忠秀，张建平，卢先堃，金嘉满，牛红卫，Jason Potts，Jim Harkness